国家科学技术学术著作出版基金资助出版

软土基坑工程变形与安全控制

郑　刚　著

中国建筑工业出版社

图书在版编目（CIP）数据

软土基坑工程变形与安全控制 / 郑刚著．-- 北京 ：中国建筑工业出版社， 2024．6．-- ISBN 978-7-112-30064-8

Ⅰ．TU471．8

中国国家版本馆 CIP 数据核字第 2024KL6603 号

《软土基坑工程变形与安全控制》一书是作者及其团队在相关领域基础研究成果的综合和多项相关工程经验的总结。本书既有深厚的专业理论知识，又有相当范围的专业内容，作者旨在向读者系统介绍软土基坑工程变形与安全控制的基本理论和基本技术，并展示了作者独创的几项成果：基坑施工全过程变形的精细分析与控制方法、基坑变形主动控制理论与技术、大面积基坑绿色低碳无内支撑支护新技术、基坑工程整体安全控制理论与方法。

全书共有 6 章内容，分别是：1 绪论，2 基坑施工全过程变形及其对周边环境影响分析，3 基坑变形的被动控制与主动控制，4 基坑引发环境变形的囊体扩张主动控制技术理论与应用，5 基坑绿色低碳无支撑支护技术理论及应用，6 基坑工程的连续破坏机理及防连续破坏韧性控制。

本书适合岩土专业的师（生）和从事基坑施工的人员阅读、使用。

责任编辑：沈文帅　张伯熙　杨　允

责任校对：王　烨

软土基坑工程变形与安全控制

郑　刚　著

*

中国建筑工业出版社出版、发行（北京海淀三里河路 9 号）

各地新华书店、建筑书店经销

北京鸿文瀚海文化传媒有限公司制版

北京中科印刷有限公司印刷

*

开本：787 毫米×1092 毫米　1/16　印张：26¼　字数：528 千字

2024 年 10 月第一版　　2024 年 10 月第一次印刷

定价：**128.00** 元

ISBN 978-7-112-30064-8

（43175）

前　言

基坑是为进行建（构）筑物基础与地下结构的施工所开挖的地面以下空间。21 世纪是地下空间开发的世纪，随着城市的高密度立体开发，以及大型交通枢纽、大型城市综合体等的建设，基坑工程的发展呈现两个主要趋势，一是基坑工程大型化，基坑变形由传统的数千平方米发展到数万甚至数十万平方米，深度由 10～20m 发展至 20～40m 甚至更深；二是基坑周边环境复杂化，基坑周边的环境条件由传统的建（构）筑物、道路、地下管线发展为各类对变形要求严格的交通基础设施或其他工程结构。

基坑大型化和环境复杂化使基坑面临着三大突出问题：（1）环境影响问题：基坑周边的环境控制条件为一般的各类建（构）筑物、道路、地下管线时，其对基坑施工引起的变形控制要求通常为厘米级。随着大量高速铁路、地铁及其他对变形的要求非常严格的建（构）筑物等的建成，当基坑邻近其进行施工时，基坑施工对环境影响的变形控制要求提升至毫米级。然而，目前大型基坑对环境影响的毫米级变形控制仍采用中、小型基坑基于厘米级变形控制经验的传统方法，例如，加强基坑支护体系、加固土体、基坑分区施工，甚至分区支护、分期施工等。传统方法在导致基坑工程材耗、造价、工期显著提升的同时，大量工程实践表明，毫米级变形不能得到有效控制甚至引起邻近地铁隧道等既有工程结构产生过大变形，甚至造成有害影响的事例屡见不鲜，说明传统厘米级变形控制理论与方法已不能满足毫米级变形控制要求，基坑变形的毫米级控制理论和方法成为基坑大型化和环境复杂化后变形控制的重大挑战和需求。(2) 基坑工程整体安全问题：大型基坑由局部破坏引发大范围连续破坏的事故时有发生，基坑工程垮塌占建筑工程领域垮塌事故的比例最大，但基坑工程由局部破坏引发连续破坏的演化机理和演化过程、防止发生连续破坏的性能评价与控制理论与方法的研究尚很少见。防连续破坏性能评价与控制成为基坑大型化后整体安全控制的关键需求。(3) 绿色与低碳建造问题：大型基坑的大面积水平支撑造价高、材耗大，且又是临时性结构，地下结构施工完成后将被拆除废弃，因此取消水平支撑是实现大面积基坑节材降耗的重要发展方向；此外，基坑施工对环境变形影响的传统控制方法也可导致基坑工程材耗和造价显著提升，基坑绿色、低碳建造成为基坑工程大型化、环境复杂化后的重要发展方向和需求。

针对上述三大技术难题，本书基于国家重点研发计划项目“城市复杂地质条件深基坑安全管控关键技术和装备研发及应用示范”、国家重点研发计划课题“地铁与地下管廊工程施工事故应急处置与快速修复技术”、国家自然科学基金重点项目“软土工程局部破坏引发连续破坏机理及连续破坏控制理论研究”、国家自然科学基金重点项目“软土地区交通基础设施变形主动控制理论与方法研究”、国家重点基础研究发展计划（“973”计划）课题“灾害环境下地下工程安全性控制原理和方法”、国家重点研发计划课题“超高层建筑深基坑施工安全控制技术与渗漏检测装备研究”“十二五”国家科技支撑计划项目子课题“可持续发展的基坑工程支护技术”及天津市科技支撑计划重点项目“深基坑施工引起的微承压含水层水位下降及环境影响的回灌控制成套设计理论与技术”等研究项目，由天津大学郑刚教授带领其研究团队，经过30余年的产学研攻关和大量工程实践，最终形成本书的几项成果：基坑施工全过程变形的精细分析与控制方法、基坑变形主动控制理论与技术、大面积基坑绿色低碳无内支撑支护新技术、基坑工程整体安全控制理论与方法。

本书由郑刚著。作者的学生程雪松教授、刁钰副教授、周海祚教授参加了统稿工作，全书各部分参与整理及编写的研究生有：何晓佩、王若展、栗晴瀚、郭知一、刘照明、黄建友、苏奕铭、衣凡、焦陈磊、甄洁、高洁、石建成、田帅、赵林嵩、李晓凡、韩玉涛、盛鲁腾、薛易鸣、张广鑫、崔翔、王子和、王鸣鹤、周世龙、郭千卉、卜祥禾、吴平江等。

目　　录

1 绪论

1.1 岩土工程的品质

美国航天工程学家西奥多·冯·卡门说，科学家研究世界的本来面目，而工程师则创造不曾有的世界。因此，工程技术一定程度上反映了人类的创造力。岩土工程是指各类工程建造时涉及的岩石、土体、地下水利用和改造的工程措施及形成的以岩土体为主组成的构造物，包括地基、基础、边坡、地下工程等，是房屋建筑、交通、资源、能源、海洋、生态等与社会发展和民生息息相关的工程建设的重要保障。岩土工程在工程建设中几乎无处不在。

人类建造工程，工程服务人类，人与工程密不可分。岩土工程的品质提升和可持续发展是全面建成小康社会、全面建设社会主义现代化强国、不断创造美好生活的重要支撑。进入21世纪以来，人类更加认识到可持续发展对保护人类的家园、创造人与自然和谐共生美好生活的重要性。2019年7月18日～7月22日在天津召开的中国土木工程学会第十三届全国土力学及岩土工程学术会议上（作者为大会组委会主席），与会2500多名专家经深入研讨形成了“不懈追求岩土工程品质提升，创新引领岩土工程可持续发展”的第十三届全国土力学及岩土工程学术大会天津共识，并由作者代表大会在大会闭幕式上进行了宣布。该共识指出，面向未来的岩土工程应具备“韧性、绿色、智能、人文”的品质，不懈追求岩土工程品质提升，坚持创新引领岩土工程可持续发展，是新时代岩土工作者的使命。

岩土工程的品质主要体现在以下四个方面：

1. 韧性

突破传统安全理念，建立岩土工程新的安全观，提升岩土工程抵御自然灾害或人为因素引发严重灾害的能力，并最大程度保持其功能，以及在灾后尽快恢复其功能的韧性性能，是岩土工程支撑韧性城市和韧性社会建设的重要需求，是新时代岩土工程品质的必备要求。

2. 绿色

绿色是指充分应用现代科学技术，包括新理论、新结构、新材料、人工智能、可再生能源等，并充分利用多学科交叉，在岩土工程建造过程和运维全寿命周期内，在工业化、节能、节材、降耗、减碳、环境友好、生态保护方面，实现绿色和可持续发展，从而实现工程与自然和谐发展。绿色是新时代岩土工程品质的重要特征。

3. 智能

第四次工业革命是以人工智能、机器人技术、虚拟现实、量子信息技术、可控核聚变、清洁能源以及生物技术等为技术突破口的工业革命。传统的岩土工程正在面临第四次工业革命带来的变革和发展机遇，开展多学科交叉合作与创新，推动岩土工程建造、服役和维护的智能化，是新时代岩土工程品质的重要挑战和机遇。

4. 人文

人类建造工程，工程服务人类，人与工程密不可分。工程承载着不同的人类文明和地域文化特色。岩土工程对生态保护、人居环境、文化传承等都有重要作用和意义。培养有求实、求真、求新的科学精神和有理想、有担当、有情怀的人文精神的工程师，建立有人文精神的工程观，建设有人文精神的岩土工程是新时代岩土工程品质的重要追求。

1.2 软土基坑工程及其可持续发展

可持续发展是永恒的主题。不懈追求岩土工程品质提升，创新引领岩土工程可持续发展是新时代岩土工作者的神圣使命。第四届地下空间利用国际会议于1991年在东京召开，会议上一致通过的《东京宣言》指出“21世纪是人类地下空间开发利用的世纪”，城市地下空间开发建设是21世纪岩土工程可持续发展的重要方向和需求。基坑是岩土工程的一种重要形式，是为进行建（构）筑物基础与地下结构施工所开挖的地面以下空间，各类地下空间开发大量涉及基坑。下面将对基坑工程的可持续发展及其面临的问题展开介绍。

1.2.1 基坑工程及软土地区基坑支护形式

基坑：建筑物地下室、地下商场、大型城市地下综合体、地下停车场、地铁车站、地下街道等的建设，采用明挖法施工时，需向地面以下开挖土体形成基坑，为地下结构的建造提供所需要的地下空间，并在基坑中进行各类建（构）筑物基础或地下结构的施工，如图1.2-1所示。

基坑工程与基坑支护结构：城市中的基坑周边往往有建筑物、道路、地下管线、立交桥，甚至地铁车站、地铁隧道、高铁等，因此，基坑支护结构除了要保

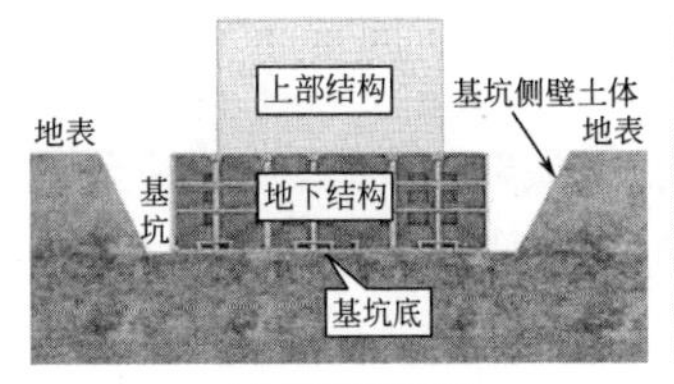

(a) 基坑示意图

(b) 基坑工程实景一

(c) 基坑工程实景二

图 1.2-1 基坑工程

证基坑开挖形成的基坑侧壁土体不发生垮塌、支护结构不发生倒塌失稳，还要控制基坑内土方开挖、降水引起的支护结构（支护桩/墙、内支撑）变形、基坑周边土体的变形及其对环境的影响。因此，基坑工程是指通过放坡或设置基坑挡土结构（排桩或墙，必要时设置内支撑或锚杆）、止水结构，经过降水、土方开挖形成地下结构施工所需的基坑，并且在基坑开挖和地下结构施工期间保证基坑和周边环境安全的技术措施的总称。其中竖向支护结构（桩、墙）、内支撑或锚杆等总体上构成基坑支护结构。

软弱土中常用基坑支护形式主要分为两类，包括无内支撑支护和有内支撑支护，见图 1.2-2。

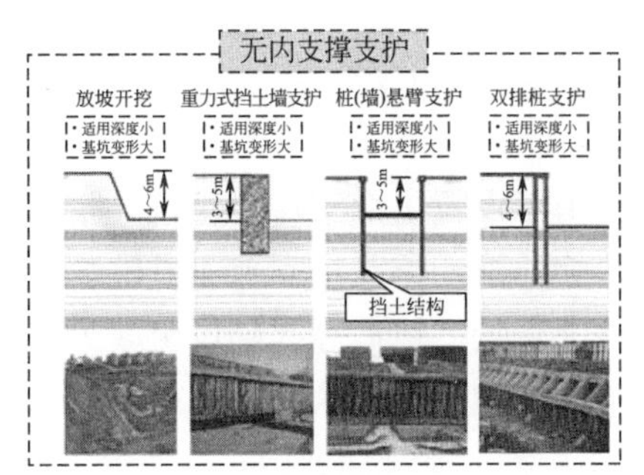

(a) 无内支撑支护

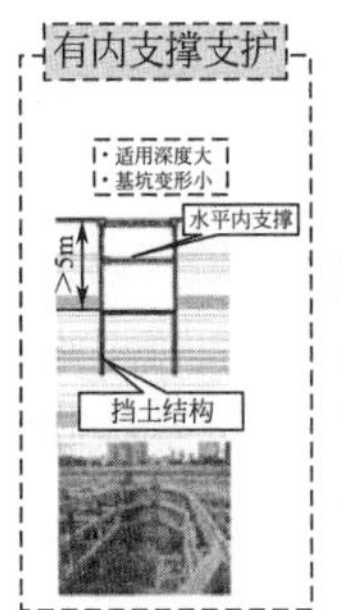

(b) 有内支撑支护

(c) 无内支撑支护基坑实景

图 1.2-2 软弱土地区基坑支护的两类主要支护形式

基坑无内支撑支护。传统的无内支撑支护形式包括放坡开挖、重力式挡土墙支护、桩（墙）悬臂支护、双排桩支护等，如图 1.2-2（a）所示。因没有设置内支撑，基坑内土方和地下结构施工较为方便，但当土质软弱、基坑开挖深度较大时，基坑开挖一般会产生较大的变形，并可能对基坑周边建筑物、道路、地下管线、地铁等基础设施造成损害，因此，无内支撑支护主要适用于开挖深度较小（一般为地下一层地下室开挖深度，软土中一般不大于 4m）、土质条件相对较好、基坑周边没有或较少有重要建筑物或基础设施、对变形要求不严格的情况。当土质条件软弱、基坑开挖深度超过地下一层深度、基坑周边建筑物、道路、地下管线、地铁等基础设施较多，对基坑变形要求较为严格时，无内支撑支护形式一般就不适用了。

基坑有内支撑式支护。当土质软弱、基坑开挖深度较大时（地下二层甚至更深的基坑深度），为控制基坑施工引起的土体变形对周边的影响，一般需要在基坑内设置水平支撑或锚杆，形成有内支撑式支护，见图 1.2-2（b）、图 1.2-3。基坑开挖到底后，随着基坑内的地下结构的逐层施工，基坑内支撑需被逐步拆除。因此，基坑内支撑是基坑施工过程中的临时性、一次性使用的措施。

内支撑式支护需先在地层中施工竖向的支护桩（或地下连续墙），并在水平方向设置内支撑，并随着基坑沿深度方向的开挖，逐渐设置各道内支撑，使基坑的开挖是在内支撑对变形的控制下进行。当基坑周边因环境条件复杂而对变形要求严格时，地下一层开挖深度一般也需设置水平支撑。图 1.2-4、图 1.2-5 为某地铁车站大长度基坑及其钢管内支撑、某大型综合体的大面积基坑及其设置的钢筋混凝土水平支撑的实景。

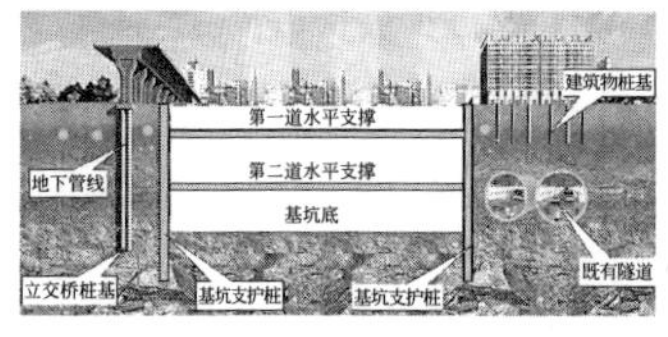

图 1.2-3　内支撑示意图

图 1.2-4　长条形基坑水平支撑

图 1.2-5　大面积基坑水平支撑

相对于无内支撑式支护，有内支撑式支护，由于设置了内支撑，基坑开挖引起支护结构的变形、周边土体的沉降和水平位移均比第一类基坑支护引发的变形显著减小，对保护基坑周边的建筑物、道路、地下管线、地铁等基础设施较为有利。因此，几十年来，第二类基坑支护一直是国内外软弱土地区基坑支护长期采用的主要形式。

此外，一些地区对深度不大的软弱土地区的基坑，还采用土钉支护等方式。当土质条件较好、基坑周边环境及当地政策允许时，对深度较大的基坑，还可采用桩（墙）锚支护形式。

1.2.2　基坑工程可持续发展面临的问题

随着城市的高密度立体开发，以及大型交通枢纽、大型城市综合体等的建设，基坑工程的发展呈现两个主要趋势，一是基坑工程大型化，基坑变形由传统的数千平方米发展到数万甚至数十万平方米；二是基坑周边环境复杂化，基坑周边的环境条件由传统的建（构）筑物、道路、地下管线发展为各类对变形要求严格的交通基础设施或其他工程结构。基坑工程大型化和周边环境复杂化，以及人类绿色低碳可持续发展要求，使基坑工程面临如下新的难题和发展需求：

1. 毫米级变形控制要求给基坑工程基于厘米级变形控制的传统变形分析理论与变形控制技术均提出了挑战

深基坑施工可引起基坑周边地层产生变形，并相应引起周边各类地上、地下建（构）筑物的变形，如图 1.2-6 所示。因此，基坑施工引起周边环境变形的控制是基坑工程设计的重要内容和要求。基坑工程变形控制包括设计阶段和施工阶段。设计阶段的变形控制设计要进行基坑施工引起的变形预测，并根据变形预测结果，进行基坑支护结构设计及其他减小变形的控制措施设计；施工阶段的变形控制指根据施工过程的变形监测，对各类变形控制措施进行适时优化调整。

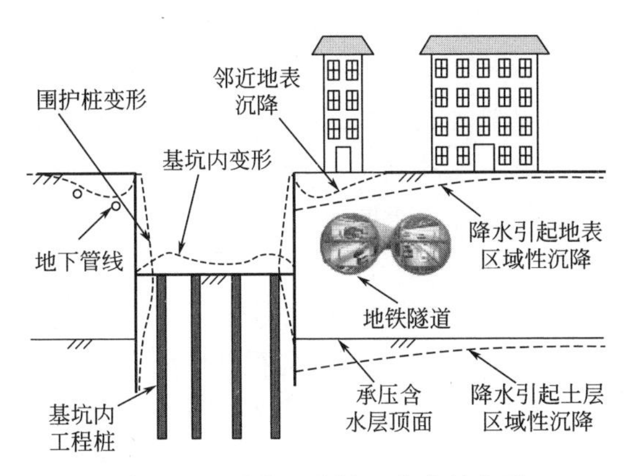

图 1.2-6　基坑工程施工产生的变形

长期以来，基坑的周边环境的变形控制条件（即保护对象）主要是建（构）筑物、道路、地下管线、立交桥等，这些保护对象的变形控制要求一般为数个厘米，即厘米级的变形控制要求。因此，传统的基坑工程变形控制理论与方法也主要基于厘米级变形控制要求，作者将其称为厘米级变形控制理论和方法。

厘米级变形控制方法主要包括加强基坑支护结构、加固软弱土体、设置隔离桩、基坑分区施工等措施，通过减小基坑施工引起周边的土体变形，从而减小基坑施工引起的周边环境变形。

随着大量地铁、高铁等交通基础设施的建成，邻近已运营交通基础设施的城市地下工程施工日益常态化。对于地铁、机场、高铁及其他对变形需严格控制的环境控制条件，基坑施工引起的环境变形的控制要求由厘米级提升至毫米级变形控制（一般为 0～20mm，其中高铁、已长期运营且健康状态不好的地铁隧道的变形要求更为严格）、控制精度亚毫米级（即 0.1～1mm）。由于如下原因，基于厘米级变形控制的传统厘米级变形控制理论与方法已不能满足毫米级变形控制要求：

（1）“算不准”。岩土工程在设计阶段，对变形的控制措施依赖对变形的预测，根据变形预测来确定岩土工程结构设计和施工过程。然而，岩土工程的设计和施工过程存在着较大的不确定性（土层分布、岩土参数、计算模型、施工过程、作用荷载等均有不同程度的不确定性）和岩土工程变形预测理论的局限性，难以在毫米级准确分析、预测岩土体的变形，以及岩土体变形引起周边环境的变形和内力。

（2）“控不住”。由于对保护对象的保护措施依赖于设计阶段变形预测的准确性和可靠性，因此，“算不准”时常导致施工过程中出现变形“控不住”的现象，即施工过程中实际发生的变形超过该阶段被保护对象变形的预测值或控制值，导致后续工程难以正常施工，并对被保护对象的正常使用或安全造成影响。

（3）“难逆转”。由于变形控制的主要机理和方法的出发点是提高基坑支护结构及周围土体抵抗变形的刚度，因此，对变形控制的出发点也是将基坑施工引起的变形减小到预期控制值范围内。基坑施工过程中一旦出现被保护对象的变形过大时，只能在已经发生的变形基础上，通过进一步加强变形控制措施，尽可能减小后续施工阶段引起的变形增量，但对已产生的变形不能减小、消除或逆转。

（4）“效率低”。传统的基坑变形控制方法主要包括加强基坑支护结构体系、基坑内外土体加固、基坑分区施工（将大面积基坑分为多个基坑，分阶段开挖）、基坑分区支护分区施工等方法。这些措施实质上是一种刚度控制方法，变形控制措施工程量大、造价高、耗材多、工期长，且由于被保护的交通基础设施的尺度往往显著小于大面积基坑，因此，刚度控制的方法相当于“千斤拨四两”，对邻近拟保护对象的变形的控制效率相对不高，较多的情况下不能有效、高效解决被保护对象的毫米级变形控制问题。

（5）“材耗高”。长期的工程实践表明，传统的厘米级变形被动控制方法用于毫米级变形控制要求的大型基坑时，可导致基坑工程造价不同幅度提升、工期、材耗不同程度加长，有时甚至大幅度增加。

由于传统厘米级变形控制方法没有引入外源作用力来对被保护对象进行控制，因此，作者将其称为变形被动控制方法。由于变形被动控制技术的局限性，用于保护交通基础设施等毫米级变形控制要求的各类建（构）筑物时，在工程造价、工期、耗材增加的同时，交通基础设施等需严格控制变形的被保护对象发生过大变形，影响被保护对象正常服役甚至造成损坏的事例屡见不鲜，其中基坑工程施工引起交通基础设施产生过大变形并影响其安全运营已成为城市建设的突出问题和难题。因此，在传统的基坑变形的厘米级被动控制理论与实践经验基础上，建立毫米级变形的控制理论与方法，解决传统厘米级变形控制理论与方法应用于毫米级变形控制时，存在的“算不准、控不住、难逆转、效率低、材耗高”的问题，实现基坑毫米级变形的高效控制和绿色控制，成为基坑工程变形控制设计新的重大需求和发展方向。作者已开展的研究和工程实践表明，引入外源作用力，通过对在基坑外被保护对象的邻近土体（即变形控制关键区）施加主动控制应力，来取代传统的被动控制措施，基于构建的数字孪生系统，研发了测控一体化主动控制技术，可实现四两拨千斤，对被保护对象的变形进行靶向、实时、主动、高效控制。

2. 基坑施工全过程的变形控制是一个动态的系统工程

长期以来，一些基坑工程从业者对基坑的变形控制的注意力往往局限于基坑在土方开挖阶段。实际上，大量工程实践和研究表明，基坑工程的变形可能发生在围护结构施工、基坑内工程桩施工、基坑降水、土方开挖、土方回填、拆除支撑等环节，基坑工程的施工往往又是分区域、分阶段（围护结构施工、降水、土方开挖各阶段）、分步骤（每个阶段可能分为若干步骤）动态施工，包括分区域制定基坑支护方案，分区域与分层降水，分区域与分层开挖，分区域与分层回填等，在较大的深基坑工程中，这些阶段还可能发生时间与空间上的交叉，从而产生相互影响。此外，温度变化、降雨等也可对基坑的变形产生不同程度的影响。因此，基坑的变形控制是一个动态的过程，是一个贯穿基坑施工全过程复杂的系统工程。当基坑周边变形控制条件为毫米级变形控制要求时，基坑工程的变形控制贯穿基坑施工全过程的系统工程。

3. 承压水控制成为超深基坑安全和变形控制的一个关键

在上海、天津、武汉、太原等地的深基坑普遍有承压水控制问题。以天津为例，当基坑深度≥14m时，需要考虑对承压水进行治理，因此，天津将深度＞14m的基坑定义为深基坑，并对可以进行超过14m深度的深基坑设计、施工的单位提出了专门的资质要求。

国内外有不少因承压水引发的坑底突涌或因流土引发的工程事故。对于超深基坑，一旦发生坑底突涌、流土，很难控制，后果很严重。此外，当承压层含水层（以下简称承压层）厚度增加，即使采用很深的地下连续墙或超深止水帷幕也难以截断承压层与基坑内外的水力联系时，或即使能截断，但会使得基坑工程的造价和工期大幅度增加时，承压层抽水降压对环境的影响及对其如何高效控制就成为一个重要课题。

4. 基坑局部破坏引发大范围垮塌事件屡见不鲜，基坑工程的大型化和周边环境复杂化，使基坑工程的整体安全性能成为基坑工程安全的重要课题，基坑工程的整体安全性能是大型基坑需要考虑和解决的重要问题

基坑工程是公认的高风险工程领域。近年来基坑发生较多因局部破坏引发基坑大范围连续破坏的事故，坍塌长度可达数十米至数百米，造成的人民生命财产损失和社会影响巨大。近年来，出现了由若干个基坑组成的大型基坑群，基坑总面积可达数十万平方米，甚至上百万平方米。此外，基坑周边环境日益复杂化，例如，随着大量交通基础设施的建成，城市基坑周边往往分布各类隧道，因此，随着基坑的大型化和环境条件复杂化，基坑一旦发生失稳破坏，影响范围远、损失巨大。然而，国内外在基坑工程防连续破坏方面的理论、方法和技术标准的研究相对较少，现行的技术标准、实用分析方法均是将基坑的稳定问题简化为二维问题，并主要从构件和节点的层次进行基坑支护体系的安全设计，基本没有考虑基坑一旦发生局部破坏，连续破坏是否会发生、连续破坏会发展到多大范围以及如何控制连续破坏的整体安全问题。

为了保障大型基坑工程的整体安全性能，需要揭示大型基坑工程由局部破坏引发连续大变形和连续破坏过程中的土体—支护结构的复杂相互作用机理，以及大型基坑连续大变形和连续破坏的全过程演化规律，提出基坑整体安全性能评价指标和评价方法，建立了大型基坑工程的整体安全性能水准划分方法，构建基于多水准的基坑安全控制设计理论和安全性能提升技术。

5. 基坑工程本质上是基坑施工阶段的临时性施工措施，随着基坑工程的大型化和环境条件复杂化，基坑支护体系造价高、耗材多、工期长、施工难的问题越来越突出。研发节材、降耗、节能、减碳、工业化施工的绿色基坑支护技术已成为绿色可持续发展的重要需求

软弱土中深度小于4～5m的基坑，当基坑周边变形控制要求不严格时，可采用悬臂式排桩、重力式挡土墙、双排桩等无内支撑的支护结构。当基坑深度虽然小于4～5m，但基坑周边变形要求较为严格，或基坑深度大于4～5m的基坑，一般均需设置内支撑，形成内撑式支护结构。然而，内支撑是临时性结构，主要是控制基坑施工期间的基坑稳定和变形，地下结构施工完成后，支撑均需要拆除。对软弱土中采用钢筋混凝土内支撑的大面积基坑工程，基坑支撑体系的材料消耗（砂石、水泥和钢材）、工程造价均可占基坑支护结构体系总材料消耗和总造价的20％～40％甚至更多，且存在着造价高、耗材多、拆除时将产生大量固体废弃物、噪声、粉尘等突出的问题。由于钢材、水泥等的生产过程都是高能耗、高碳排放，因此，对于深度大于5m的软土地区量大面广的深基坑工程，内支撑能否取消成为基坑绿色低碳建造的重大需求和长期存在的共性技术瓶颈。因此，如能研发无须设置内支撑就能高效控制深度相对较大的基坑的变形和稳定的绿色、低碳支护技术，就可显著降低基坑工程的材料消耗、能耗和碳排放，提升基坑工业化施工水平，并为实现“双碳”目标做出重要贡献。

此外，随着基坑大型化和环境条件复杂化，基坑施工对环境变形影响的传统控制方法也可导致基坑工程材耗和造价显著提升，发展基坑变形的高效、绿色低碳控制技术，也是基坑工程绿色可持续发展的重要需求。

6. 基坑工程的数字化与智能化

基坑工程的设计和施工过程存在着较大的不确定性和复杂性，包括土层分布、岩土参数、本构模型、施工过程、作用荷载等均有不同程度的不确定性和复杂性，因此，基坑工程的变形控制及安全控制也越来越依赖现代信息技术和人工智能技术的发展。基于基坑工程的数字化，充分利用现代基坑信息化监测技术，发展基坑工程的数字孪生技术，实现对基坑变形和安全控制的测控一体化，对于提升基坑工程的安全控制水平，也越来越显出其必要性。

2 基坑施工全过程变形及其对周边环境影响分析

2.1 概述

基坑内土体的开挖将导致基坑发生变形，而基坑的变形不仅影响基坑支护结构的稳定性，同时对坑外环境也将产生重要影响。当基坑周边有对变形较为敏感的建（构）筑物或其他重要设施时，需对基坑施工产生的变形及其对环境的影响进行严格控制。由于基坑的施工是一个复杂的过程，为了对基坑施工产生的变形进行严格、科学的控制，需要对基坑施工全过程产生的变形进行分析，并根据各个施工阶段产生变形的机理、占基坑施工全过程总变形的大小，对各个施工阶段的变形进行针对性控制，从而实现对基坑变形及其对周边环境影响的有效控制。

基坑的变形严格意义上有三个阶段：基坑开挖前、开挖过程中、开挖完成后。在这三个阶段中，基坑变形将受到不同因素的影响，且各个阶段的变形各有特点。其中，基坑开挖前的相关施工可包括基坑内工程桩施工、基坑支护桩（墙）和止水帷幕施工、基坑和基坑外被保护（建）构筑物之间土体加固或隔离桩施工、基坑开挖前的基坑内预降水等；基坑开挖过程中的施工包括基坑内分层分区降水、分层分区开挖土方、分层设置基坑支撑（锚）的循环过程，当基坑开挖深度足够大时，还可能涉及为保证基坑底抗水突涌而开展的基坑底隔水层以下承压层的抽水减压；基坑开挖到底后，可包含基础防水与基础结构施工、地下结构逐层施工、地下结构与基坑支护桩（墙）之间土方逐层回填、内支撑逐层拆除等过程。

现有的研究主要考虑基坑分层设置内支撑并分层降水开挖、分层回填并拆除内支撑这两个阶段产生的变形，然而在软弱土、高水位地区的深基坑工程，支护结构施工、基坑开挖前的预降水、基坑底以下承压水抽降阶段均可能产生可观的变形，当需要精细控制变形时，对这些施工阶段产生的变形必须重视。此外，一些条件下，基坑内工程桩施工也会引起基坑周边变形和环境影响。因此，当基坑周边环境对变形要求严格时，应考虑对基坑施工全过程的变形进行分析与控制。

2.2　基坑内工程桩施工群孔效应引发的变形

2.2.1　基坑内工程桩施工引发变形案例

某地粉土地层上拟建一栋地上 10 层、地下 2 层的建筑，基坑面积约 5200m^2，挖深 12m，采用钻孔灌注桩作为围护桩，设置两道钢筋混凝土水平内支撑。建筑桩基采用 CFG 桩，用长螺旋钻管内泵压法施工，桩径 400mm，间距 1600mm，共计 2000 余根。现场首先施工钻孔灌注桩围护桩，然后施工 CFG 桩工程桩，根据设计要求，CFG 桩的混凝土应灌注至基坑底部以上 4m，其上的 8m 空孔要逐个采用灌砂回填。然而实际施工时，由于桩顶上部 8m 深的空桩孔直径较小，且因土质较弱导致混凝土灌注后的空孔缩颈导致回填困难，最终未能及时回填混凝土超过部分之上的桩孔，导致基坑周边建筑物产生了不同程度的沉降，各建筑物沉降量如图 2.2-1 所示，其中基坑南侧 7 层建筑物最大沉降超过了 50mm，基坑东侧 15m 外的一幢 6 层的建筑物也产生了 30mm 以上的沉降。

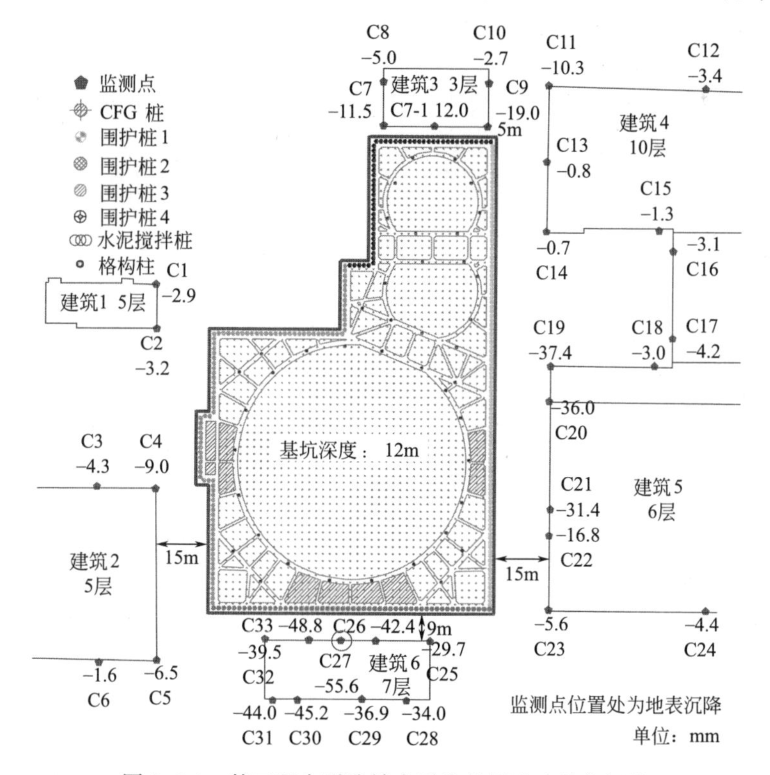

图 2.2-1　某工程中群孔效应引发的周边建筑物沉降

上述案例说明，软土地区地下水位高，土质软弱，土体受工程活动影响较大。对有一定基础埋深并在基坑开挖前施工工程桩时，灌注桩及 CFG 桩从桩顶标高至地表范围内会留下空孔。当大量空孔同时存在，其在土层中产生的应力释放作用会导致周边地层产生较大变形，对周围环境造成较大影响，即大量空桩孔存在会引发群孔效应[1-3]，其作用机制如图 2.2-2 所示。

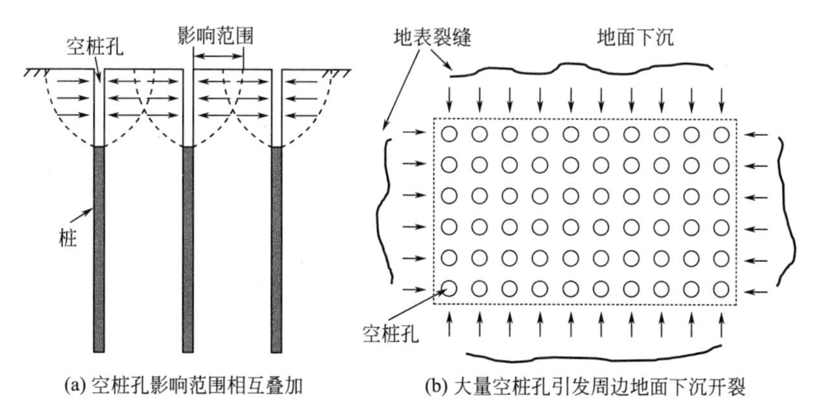

(a) 空桩孔影响范围相互叠加　(b) 大量空桩孔引发周边地面下沉开裂

图 2.2-2　群孔效应示意图

2.2.2　群孔效应机理的离心机试验

为了验证群孔效应产生的环境影响，揭示群孔效应的内在机理，进行了单孔及群孔的离心机试验。选用弱超固结土，研究 3 种工况，试验工况布置图如图 2.2-3 所示。其中，工况 1 模拟直径 1.6m、孔深 8m 单个空孔成孔；工况 2 利用

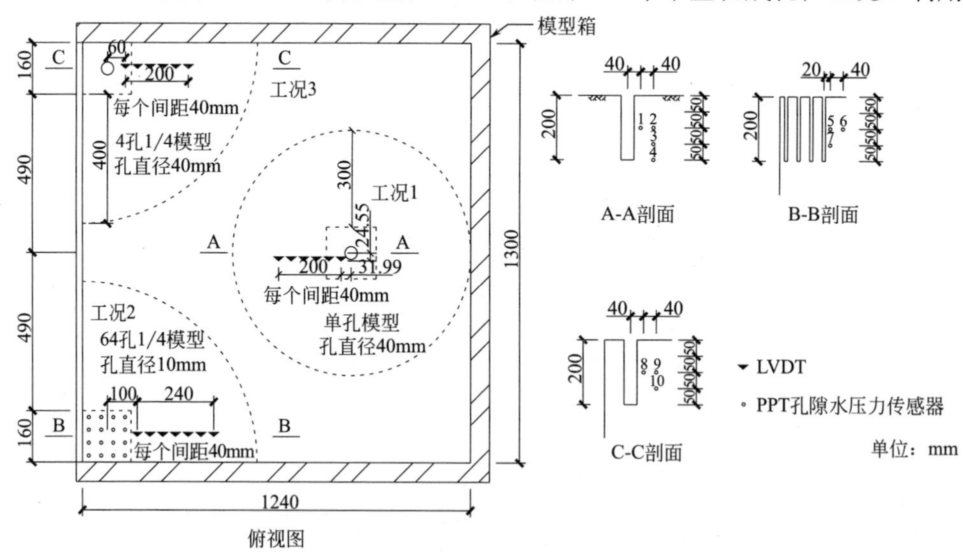

图 2.2-3　单孔和群孔成孔效应离心机试验

轴对称模拟 64 个直径 0.4m、孔深 8m 空孔成孔，桩孔总面积为 8.034m^2；工况 3 利用轴对称模拟 4 个直径 1.6m、孔深 8m 空孔，桩孔总面积为 8.034m^2，桩孔总面积与工况 2 相同，研究桩孔总面积相同时，桩孔数对群孔效应的影响。工况 3 与工况 1 对比，研究桩孔直径相同，但桩孔数量不同时的影响。离心机试验时，通过把预先设置在土体中的模型桩拔出，观测拔出后产生的空孔引起的土体变形，从而研究空孔的影响。

单孔和群孔成孔引起地表沉降见图 2.2-4。对比工况 1（单孔）和工况 3（4 孔）可知，桩孔直径相同时，与单孔相比，4 个桩孔引起的地表沉降值与影响范围更大。同时，多孔共存导致空孔内缩变形较单孔时增大。单孔及群孔精细化数值模拟结果表明，单孔情况下，孔周土体会出现水平环向应力拱和竖向应力转移，有效限制孔壁内缩变形；而当大量空孔存在且孔间距较小时，孔周边土体水平和竖向应力拱相互影响削弱导致每个空孔的内缩变形均大于单孔时的变形值，这是群孔效应引发周边土体变形严重的主要原因。

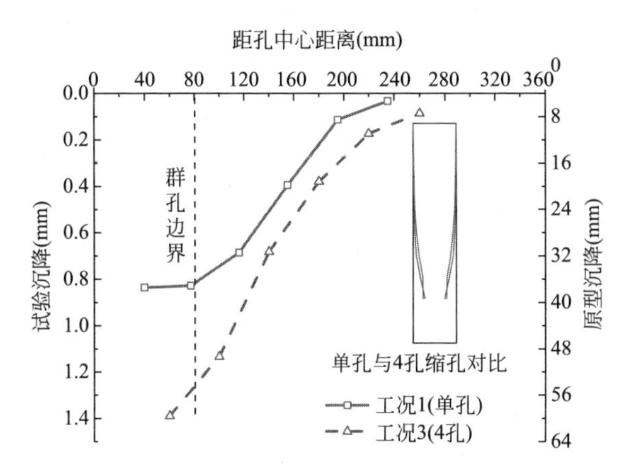

图 2.2-4　单孔和群孔成孔引起地表沉降

多孔合并前后地表曲线对比见图 2.2-5。工况 2 和工况 3 中孔的总面积相同，在距离群孔边界 120mm（原型中为 4.8m）内，工况 3 中的地表沉降大于工况 2 的地表沉降；但在距离群孔边界 120mm（原型中为 4.8m）外，工况 3 中直径 40mm 的 4 孔产生的地表沉降与工况 2 中直径 10mm 的 64 孔产生的沉降基本吻合，说明可采用等面积多孔合并法用于距离空孔一定范围外群孔引发的沉降预测。这为建立大量群孔引发的地层变形简化分析方法提供了思路。

2.2.3　群孔效应简化模拟方法与控制措施

当实际工程中可能存在大量空桩孔引发环境影响问题时，可以采用有限元或者有限差分等数值模拟方法提前计算评估群孔效应导致的环境变形，并采取相应

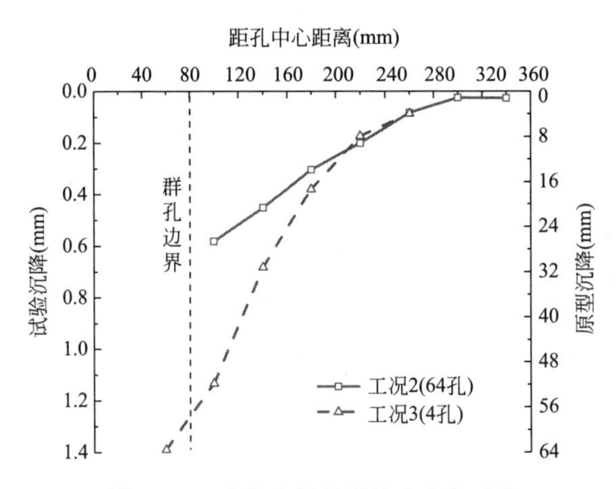

图 2.2-5　多孔合并前后地表曲线对比

的控制措施。然而实际工程中很多情况下会有成百上千个空桩孔，且空桩孔截面多为圆形，由此导致数值模型极为复杂，单元数量巨大，依靠常规的计算能力，无法计算或计算时间过长，导致群孔效应环境影响评估困难。根据前面的研究，为解决工程中大量空孔情况下群孔效应数值模拟难题，提出了群孔效应多孔合并模拟简化方法，如图 2.2-6 所示。例如，在前面所述的工程案例模拟中，对 2000 余个深 8m 空桩孔，将 25 个桩孔合并为 1 个六边形大孔（确保其面积与 25 个桩孔面积相同），以此方式进行合并简化，工程案例模型图及多孔合并示意图如图 2.2-7 所示，由此使得数值计算规模大幅减小。其中，转化前圆形桩孔、转化后正六边形及多孔合并后 25 孔合 1 的桩孔横截面面积分别为 S_1、S_2，β 为孔转化系数，γ 为多孔合并转化系数，S_1、S_2 的转化关系为 $S_2=25\times S_1\times\beta\times\gamma$。监测点沉降模拟值和实测值对比如图 2.2-8 所示，数值模拟结果与实测结果中邻近建筑物的沉降分布与量值均接近。

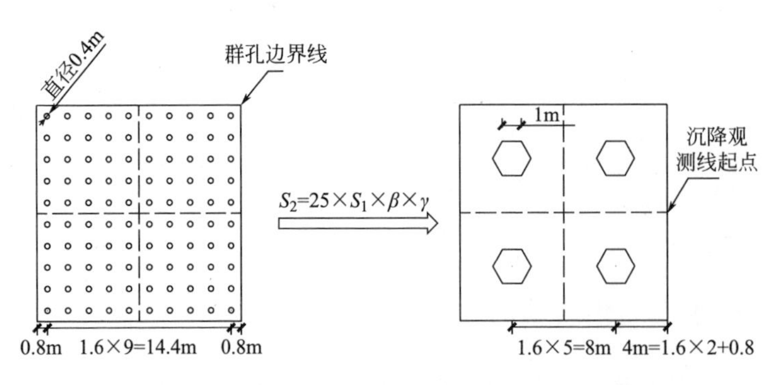

图 2.2-6　群孔效应多孔合并模拟简化方法示意图

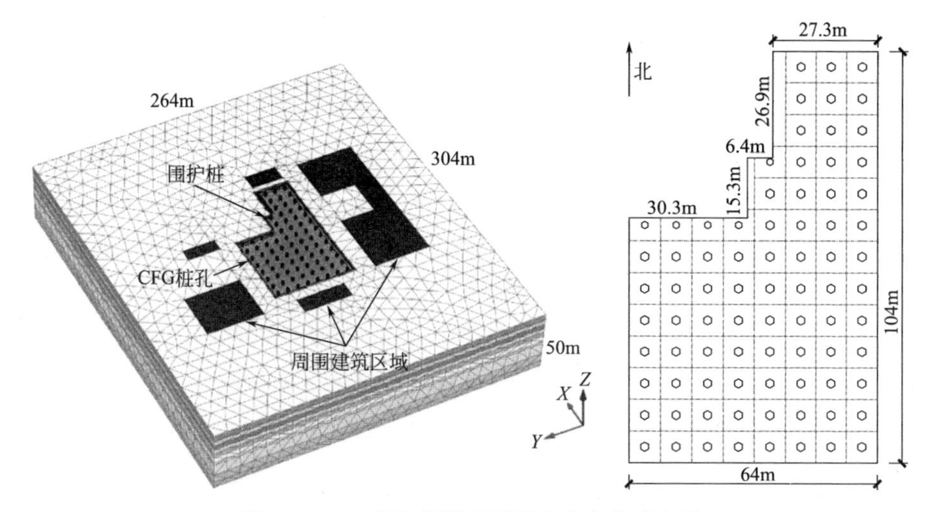

图 2.2-7 工程案例模型图及多孔合并示意图

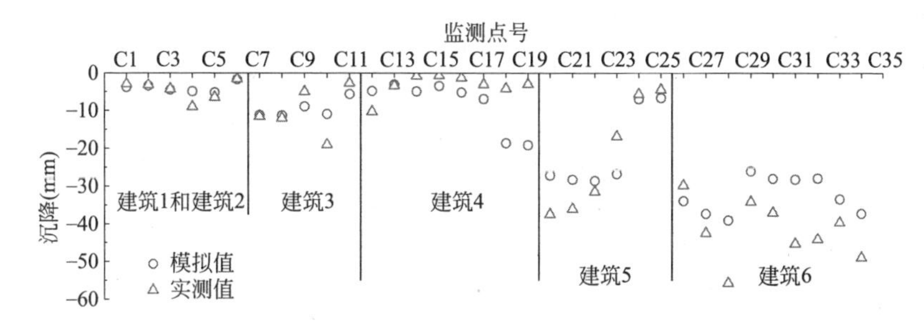

图 2.2-8 监测点沉降模拟值和实测值对比

为了控制基坑开挖前工程桩施工群孔效应对周边环境的影响，可采取提前施工基坑支护桩（地下连续墙）、将外围空孔优先回填及在施工基坑内工程桩前提前施工第一道支撑等控制措施。采用空孔回填措施时，回填整个群孔区域外围及中部一定排数空孔就可起到较好的效果，对于矩形基坑，回填的区域见图 2.2-9。实际工程中，若基坑周边存在对变形控制要求严格的建（构）筑物，建议在工程桩施工前提前施工围护桩墙，并且先施工支撑下方的工程桩，然后设置基坑第一道支撑后再施工其余工程桩，这样可以大幅度增加围护结构的抗侧移刚度，进一步减小围护结构的水平变形，降低群孔效应引发的环境影响。

2.2.4 小结

软土地区地下水位高、土质软弱，在这类地区进行灌注桩及 CFG 桩桩基施工时会在地层内遗留大量空桩孔，形成群孔效应，进而对周围环境会造成较大影响。在对某 CFG 桩大量桩孔引发邻近建筑严重沉降的工程案例进行实测与分析基础上，利用离心机模型试验及大量数值模拟，对单孔及群孔引发周边地层变形

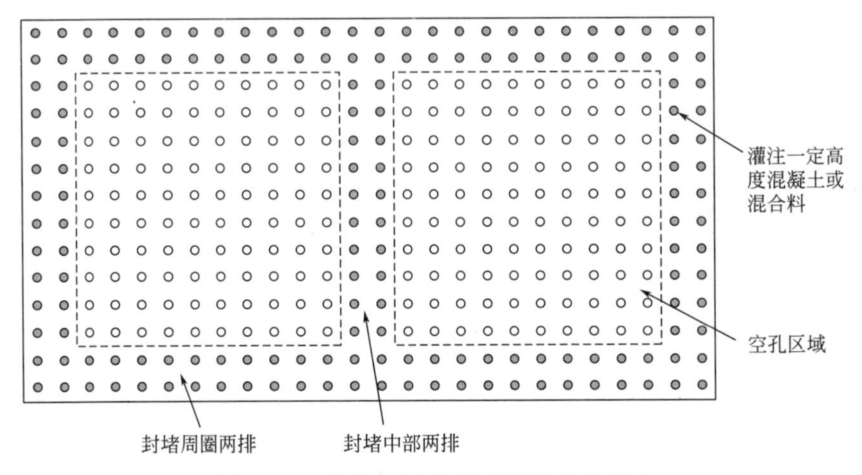

图 2.2-9 部分空孔回填控制群孔效应影响

的规律进行了研究，通过孔周土体变形及应力变化分析等揭示了群孔效应的内在机理。进一步讲，对于实际工程中大量桩孔较难模拟的问题，提出了多孔合并法及等效基坑法等简化模拟方法。在此基础上，针对群孔效应提出了提前施工地下连续墙、空孔回填及提前施工第一道支撑等经济有效的控制措施。

2.3 基坑围护结构施工引发的变形

与基坑开挖、隧道掘进等大规模的土体卸荷相比，基坑围护结构施工，例如地下连续墙成槽、钻孔灌注桩成孔、CFG 桩钻孔、SMW 工法桩等施工引起的应力释放虽然较小，但仍会不同程度地引发周围地层变形。过去在分析基坑施工引起的变形时，一般不考虑基坑围护结构施工引起的土体位移，认为在地下连续墙施工期间，土体没有较明显的变化。然而很多工程实例表明围护结构施工会引起可观的土体变形[4,5]，严重时，将会对施工周边环境造成重大影响。

2.3.1 工程实例

以天津地区某基坑工程围护结构施工为例。某工程项目占地面积 62033m^2，基坑开挖深度 12～18m，基础类型为桩基础。基坑分为南北两部分，北侧基坑采用反压土放坡开挖，南侧基坑则采用内支撑支护。基坑南侧的围护结构为地下连续墙，外侧距离地下连续墙 12cm 处有作为止水帷幕的三轴水泥土搅拌桩。基坑南侧毗邻京沪高铁地下直径线隧道。为了减小基坑施工对隧道的影响，在基坑和基坑南侧京沪高铁地下直径线隧道之间布置了一排灌注桩作为隔离桩。

由于基坑外南侧京沪高铁地下直径线隧道的变形控制要求极其严格（沉降、水平位移均要小于 5mm），因此，基坑南侧的搅拌桩和地下连续墙施工期间启用了南侧的 4 个监测断面 1、2、3、4，测点布置如图 2.3-1 所示，监测基坑南侧的搅拌桩和地下连续墙施工引起的基坑外土体变形。监测断面测点布置如图 2.3-2 所示，在同一断面上各种功能的孔位平行排列，自西向东分别是土体测斜管、孔隙水压力测管。测斜管沿埋深每 0.5m 设一个测量点，孔隙水压力测点沿埋深每 5m 设一个测量点，对地下连续墙施工的监测历时 2 个月。为了能同时体现围护结构施工造成的土体位移对于整个施工期间的影响程度，将基坑开挖时的监测数据与围护结构施工监测数据进行比较。

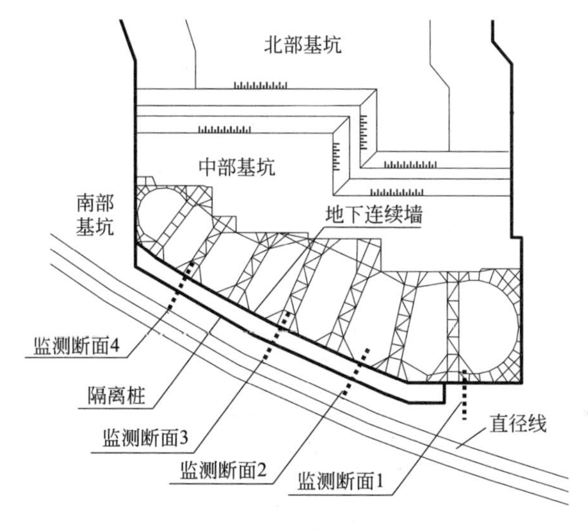

图 2.3-1 测点布置图

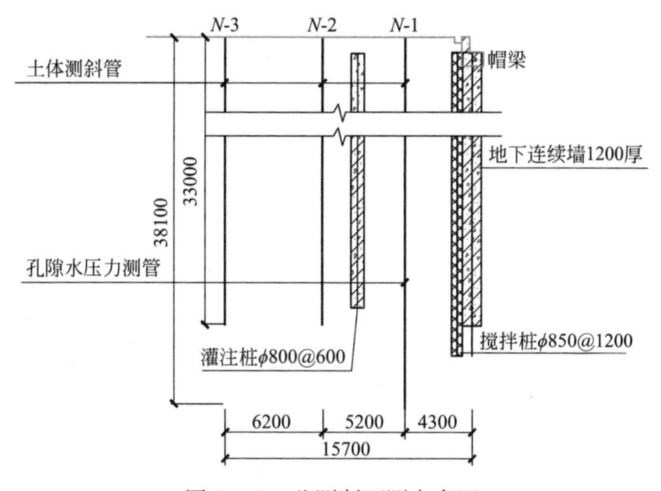

图 2.3-2 监测断面测点布置

2.3.2 围护结构施工引发的变形实测结果分析

地下连续墙成槽引起土体水平位移如图 2.3-3 所示。对比断面 1、2、3 在地下连续墙施工期间和基坑开挖期间的监测数据，不同施工期间测斜值对比如表 2.3-1 所示。在地下连续墙施工期间，地下连续墙施工引起的土体水平位移占施工全过程引起的土体水平变形的一半以上，在 1-2、2-2、3-2 测点，即距地下连续墙 1.5 倍槽段宽度的距离处，这一比例超过 65%。证明围护结构施工引起的土体变形非常可观，不容易被忽视。

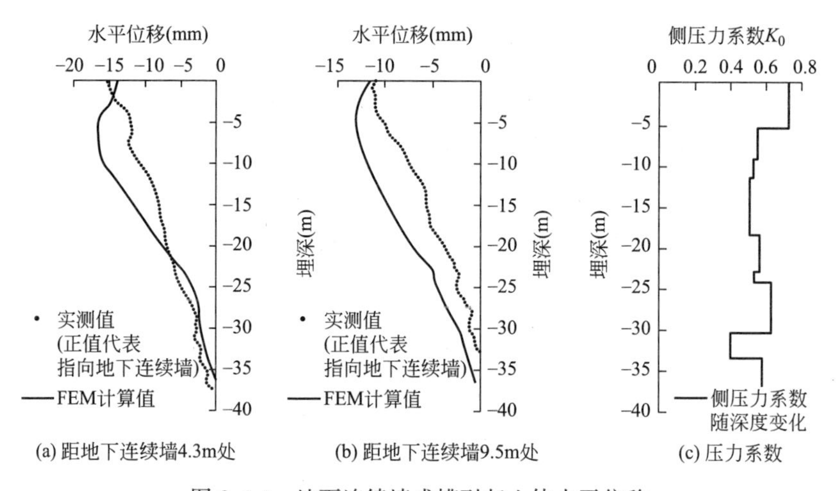

图 2.3-3 地下连续墙成槽引起土体水平位移

不同施工期间测斜值对比 **表 2.3-1**

测点	整个施工阶段测斜值(mm)	围护结构施工测斜值(mm)	百分比	基坑开挖测斜值(mm)	百分比
1-1	74.35	34.3	46.13%	40.05	53.87%
1-2	54.78	35.97	65.66%	18.81	34.34%
1-3	61.94	35.18	56.80%	26.76	43.20%
2-1	84.65	40.79	48.19%	43.86	51.81%
2-2	67.12	44.43	66.19%	22.69	33.81%
2-3	49.58	33.61	67.79%	15.97	32.21%
3-1	72.47	47.21	65.14%	25.26	34.86%
3-2	38.29	29.36	76.68%	8.93	23.32%
3-3	62.84	17.48	27.82%	45.36	72.18%

2.3.3 小结

工程实例表明，地下连续墙施工过程中周边土体变形主要经历两个阶段：第一阶段为开挖成槽阶段，该阶段由于泥浆重度值较小，产生的侧向压力不足以抵抗土体的侧向应力，故会产生指向地下连续墙槽内的土体位移；第二阶段为灌注混凝土阶段，该阶段产生的土体侧向挤压力大于土层初始水平向应力，从而使土体产生背离地下连续墙方向的位移。相关研究也发现[6,7]，地下连续墙施工成槽环节会对周边环境产生较大影响，其影响范围可达到1.5～2倍槽深，其引起的变形值也十分可观，水平位移最大可达0.07%倍槽深，沉降值最大为0.05%～0.15%倍槽深，在一些工程中，地下连续墙成槽所引发的沉降量甚至可占基坑引发总沉降量的40%～50%，这种情况下，若基坑周边环境保护要求较高，对地下连续墙成槽的影响必须给予足够的重视。

2.4 基坑开挖前预降水引发的变形

基坑降水过程分为开挖前的预降水、伴随开挖过程的分层降水、当基坑具有承压水突涌风险时的承压层减压降水。基坑正式开挖土方前，一般都要进行降水运行试验（简称预降水）以检验降水设计的有效性和基坑止水帷幕系统是否存在渗漏。工程实践表明，软土地区的预降水可能引起基坑及周边环境显著变形，但往往没有被工程界注意，对其专门监测、研究和控制。

2.4.1 预降水引起基坑及土体变形的工程实例

下面首先通过一个现场试验来介绍预降水引发的变形。

1. 工程概况

以天津地铁3号线某车站基坑平面布置为例，该地铁基坑由三部分组成，分别是基坑A、基坑B、换乘基坑（与6号线换乘用）。基坑及测点平面布置见图2.4-1。

该基坑支护结构为钢筋混凝土地下连续墙，墙厚0.8～1m（除盾构井处墙厚1m以外，其余位置墙厚0.8m），墙深33～42m（除换乘基坑墙深42m以外，其余位置墙深33m）。

基坑B周围有许多建筑，其中，基坑B南侧距离其不到8m有一幢3层的砖砌结构建筑，由于该建筑物的特殊重要性，且其支撑在浅基础之上，是基坑施工产生变形影响的重点保护建筑，要求其沉降不得大于10mm。同时，它的存在也使得该基坑的安全等级被定为一级[8]，并且基坑施工过程中地面最大沉降量不能

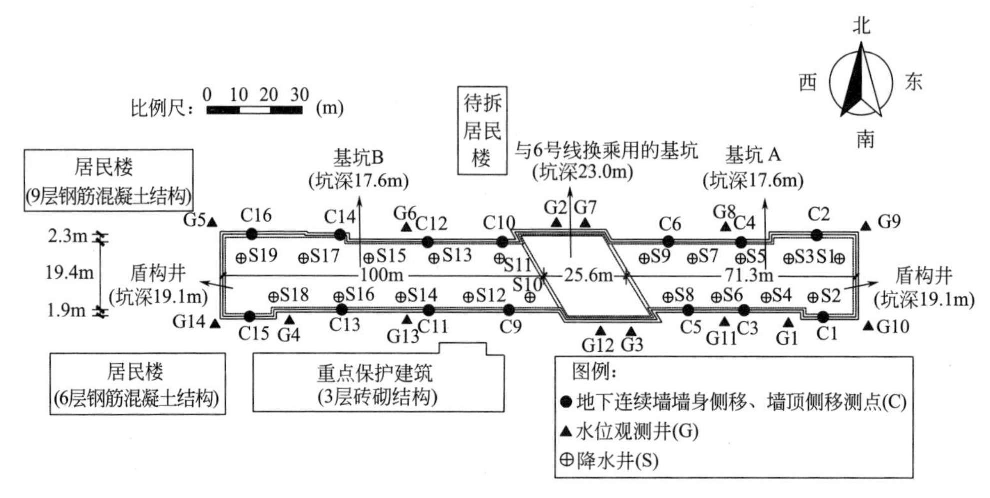

图 2.4-1　基坑及测点平面布置

超过 0.10%H（即 19.1mm），支护结构最大水平位移不能超过 0.14%H（即约 27.0mm），其中，H 为基坑开挖深度。

2. 土层条件

根据现场岩土工程原位测试及室内土工试验，场区土层条件及常规土性参数见表 2.4-1，典型土层剖面见图 2.4-2。

场区土层条件及常规土性参数　　　　**表 2.4-1**

土性	水文条件	埋深(m)	天然重度 γ(kN/m^3)	含水量 ω(%)	初始孔隙比 e_0	塑性指数 PI(%)	标贯击数 N(击数/0.3m)
粉质黏土	Aq0	0～5.5	19.35	29.9	0.811	13.3	4.4
粉土	Aq0	5.5～11	19.30	26.5	0.792	8.3	11.2
粉质黏土	AqD	11～19	20.10	26.4	0.696	12.1	7.5
粉土	AqⅠ	19～24	20.15	21.9	0.640	7.6	22.4
黏土	AqⅠ	24～27	19.75	30.4	0.764	18.6	16.1
粉土	AqⅠ	27～33	20.65	20.2	0.583	7.4	26.7
粉质黏土	AqD	33～37	20.50	22.4	0.611	10.9	16
粉、细砂	AqⅡ	37～42	20.05	18.2	0.585	—	49.3
粉质黏土	AqD	42～50	19.30	23.8	0.676	12.7	—
粉、细砂	AqⅢ	50～55	19.10	21.2	0.554	—	50
粉质黏土	AqD	55～70	20.50	25.5	0.617	12.1	—

注：潜水含水层，记为 Aq0；第一、二、三承压层（即承压含水层），分别记为 AqⅠ、AqⅡ、AqⅢ；软透水层，记为 AqD。

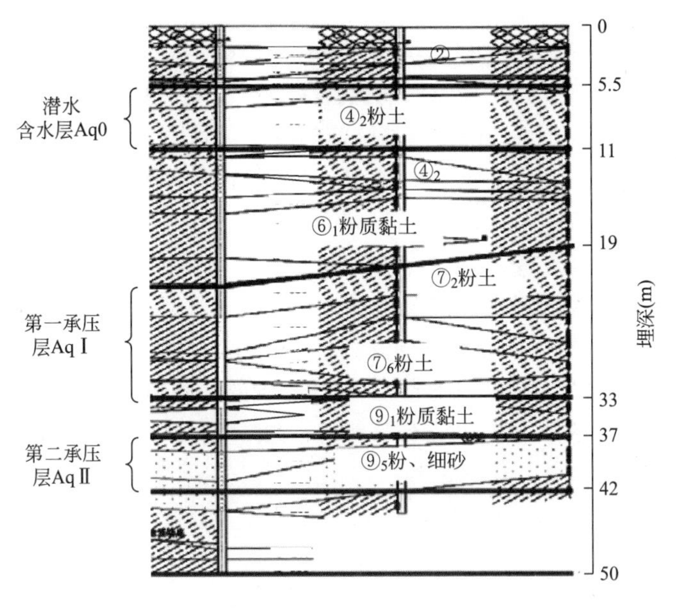

图 2.4-2 典型土层剖面

场区土层分布符合天津市区的典型地层分布，即：埋深约 37m 内为由软至硬的粉质黏土和粉土，其下至埋深约 42m 为密实的粉、细砂，而局部有砂质粉土夹层。下层土（至埋深约 50m）为硬黏性土，其下至埋深约 55m 为非常密实的粉、细砂。在这层砂土以下为硬粉质黏土，直至本工程钻探的最深处（埋深约 70m）。

从水文地质的角度看，场区有一层潜水含水层（被记为 Aq0）和三层承压层（被记为 AqⅠ～AqⅢ）。各含水层被四层弱透水层（被记为 AqD）分隔。潜水水位埋深 0.8～2.9m，第一、二、三承压层水位埋深分别为地下 3.26m、4.12m、5m。

3. 降水井及监测点布置

在降水试验开始之前，先将地下连续墙和降水井完成施工。见图 2.4-1，基坑 A 和基坑 B 中分别设置 9 口（S1～S9）和 10 口（S10～S19）降水井，降水井孔径为 650mm，内置直径为 273mm 的钢管井，井管的过滤管布置在埋深 2m 至坑深以下 3m，确保基坑开挖过程中可将坑内水位降至坑底以下。过滤管以上的钻孔与井壁空隙用黏土球封实。

见图 2.4-1，测斜管被绑在地下连续墙的钢筋笼上，总共有 14 根测斜管（C1～C14），但是，C5 和 C6 在地下连续墙施工过程中被破坏，因此降水试验过程中得不到它们的数据。为了监测含水层在基坑外的水位，将 14 口水位观测井布置在坑外（G1～G4 用于观测 AqⅡ的水位，G5～G14 用于观测 Aq0 的水位）。

4. 降水试验

基坑开挖前，在基坑 A 和基坑 B 中分别开展了潜水降水试验（分别称为基坑 A 的降水试验 T1 和基坑 B 的降水试验 T2）。本节主要介绍 T1，T1 模拟一种常见的基坑工程施工工况（在开挖基坑前的降水过程中未施工第一道水平支撑）。

T1 持续时间为 10d，在试验过程中，基坑 A 所有降水井均正常抽水，通过将降水井井泵设置在不同深度（4m、8m、12m、16m），对基坑进行分层降水试验，各层降水时间为 2.5d，共计降水 10d。

由于未对基坑 A 内降水井安装流量计，因此，在 T1 中无法准确获得单井抽水量 q，但在 T2 中的每口降水井均安装了流量计。由于 T1 和 T2 所在场地条件和降水井布置条件几乎一致，因此 T2 中观测到的 q 可以直接反映 T1 中的 q。

T2 开始的第一天，单井抽水量 q 为 6～20m^3/d（对于不同的降水井）；而降水 5d 后，q 减小到 0.3～7m^3/d。

根据地区经验，坑内土体疏干度 η 可以由式（2.4-1）粗略估算：

$$\eta \approx (q_0 - q_t)/q_0 \tag{2.4-1}$$

式中，q_0、q_t 是降水刚开始及降水开始后 t 时刻的平均单井抽水量。显然，在降水过程中，η 的值将趋近于 1。

根据式（2.4-1），对于 T2 而言，降水 5d 后，坑内土体疏干度可达到 0.65。由于同样的降水井布置，可以推测当试验 T1 持续降水 10d 后，坑内土体疏干度将大于 0.65。

5. 地下连续墙侧移实测分析

图 2.4-3 为 T1 过程中地下连续墙侧移，由图 2.4-3 可以看出，降水过程中地下连续墙发生了明显的指向坑内侧移。侧移形式为悬臂形，这与基坑悬臂开挖所导致的墙体侧移类似。最大墙体侧移量约为 10mm，达到该工程允许最大墙体侧移的 37.6%[9]。

C3 的墙体侧移相对于 C1 的侧移更大，表现出合理的基坑变形边角效应[11-13]。然而，在基坑 A 的北侧，C4、C2 的墙体侧移则相差不大（特别是在降水 4d 以后），并且它们均小于基坑 A 南侧对应位置的墙体侧移。

这应当是由于基坑 A 处埋深 11～19m 的弱透水层顶、底板出现起伏使得其厚度发生变化所致。实际上，在基坑 A 南侧，该弱透水层约 8m 厚，而在 C4 和 C1 处，其厚度分别为 9～12m 和 6m，在同样的降水时间里，C4 附近的降水井将由于更厚的弱透水层（渗透系数低）的存在而抽出相对较少的地下水，因此 C4 处的墙体侧移比 C3 处的墙体侧移更小。此外，如果在同等条件下（土层分布与降水时间等），边角效应无疑使得 C4 处的墙体侧移要大于 C1 处的墙体侧移，但是由于 C1 处较薄的弱透水层的存在，使得 C1 和 C4 处的墙体侧移相差不大。

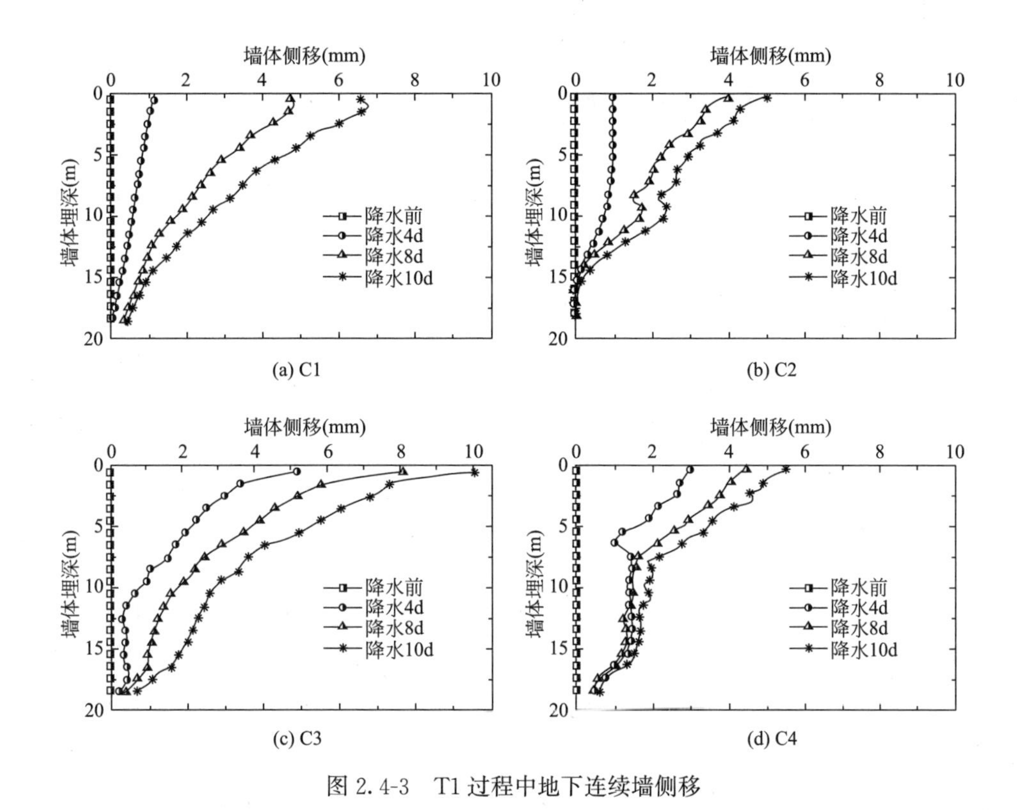

图 2.4-3　T1 过程中地下连续墙侧移

图 2.4-3 中墙体侧移的大小是结合墙体测斜和墙顶侧移观测结果，然后自上向下推导而得到的，其中，墙顶侧移是利用全自动的全站仪测量[14]。由图 2.4-3 可以看出，在测斜管底部（埋深约 19m），墙体仍有 0～1mm 的侧移。

此外，在 T1 过程中，坑外地下水水位变化不大，最大水位降低发生在 G8 处，约 129mm，其余观测井的水位波动介于－35mm（水位下降）至 98mm（水位抬升）。

通过上述分析可知，在基坑开挖前的潜水降水过程中，地下连续墙明显地具有指向坑内的侧移，如果降水前墙顶的基坑内支撑还未设置，那么墙体侧移为悬臂形。对于本工程而言，基坑内分层降水 10d（最深泵深为 16m），最大墙体侧移为 10mm（发生在墙顶），达到该工程允许最大墙体侧移的 37.6％。对于一个还未进行开挖施工的基坑工程而言，当基坑周边对变形要求严格时，墙体发生如此显著的侧移是不可接受的。此外，墙体发生指向坑内的侧移必然引起墙后土体发生沉降。

为了揭示基坑开挖前预降水引起的上述变形机理，开展了如下数值分析和理论研究。

2.4.2 潜水降水三维数值计算模型的建立与验证

1. 潜水降水三维数值计算模型的建立

（1）计算假定

假定土体的力学变形行为服从修正剑桥理论，地下连续墙和降水井则服从线弹性理论。在潜水降水（以下简称降水）前，土体被认为处于正常固结状态；在降水过程中，土体被视为饱和土，并假定自由水位以上孔隙水压力为0。

实际上，随着自由水位的下降，其上土体将变为非饱和土，因此，其上土孔隙中将产生基质吸力，并且地下水在土中的渗流也会减慢。然而，一方面，自由水位以上能形成的最大基质吸力相对较小（对于砂土为－15～－2kPa；对于黏土为－20～－6kPa），并且其主要影响土体沉降；另一方面，本书主要研究降水引起的支护结构变形机理、规律及控制策略，而并不是分析非饱和区的非饱和渗流。因此，为了简便，本书不考虑土体的非饱和特性。

（2）土层模拟

根据2.4.1节中的工程实例，采用Abaqus软件进行三维的流固耦合模拟。选取AqⅢ顶板（埋深50m）以上的土体空间作为土层模拟对象，为了简便，将所有的土层顶、底板看作是平整的，忽略局部地方土层厚度的变化。表2.4-2中汇总了各层土体修正剑桥模型的主要参数，其中，λ、κ、M是根据三轴试验得到的，K_0是根据旁压试验得到的，e_{cs}是根据土体初始应力状态、初始孔隙比、λ、κ而计算得到的。此外，将粉质黏土及黏土的泊松比设置为0.33，将粉土和粉、细砂的泊松比设置为0.3。土体采用C3D8P实体单元模拟，考虑流固耦合。潜水降水有限元模型的网格见图2.4-4。

各土层修正剑桥模型参数 **表2.4-2**

土性	水文条件	埋深(m)	K_0	K_H	K_V	e_{cs}	λ	κ	M
粉质黏土	Aq0	0～5.5	0.49	0.1	0.1	0.961	0.0553	0.0065	0.979
粘质粉土	Aq0	5.5～11	0.43	0.5	0.5	0.906	0.0312	0.0036	1.192
粉质黏土	AqD	11～19	0.5	5×10^{-4}	1×10^{-4}	0.890	0.0445	0.0052	0.979
砂质粉土	AqⅠ	19～24	0.42	1	1	0.777	0.0293	0.0034	1.202
黏土	AqⅠ	24～27	0.55	5×10^{-5}	5×10^{-5}	0.962	0.0397	0.0046	0.800
砂质粉土	AqⅠ	27～33	0.35	1	0.7	0.727	0.0283	0.0033	1.202
粉质黏土	AqD	33～37	0.39	5×10^{-4}	3×10^{-4}	0.786	0.0320	0.0037	0.900
粉、细砂	AqⅡ	37～42	0.3	2.5	1.5	0.686	0.0191	0.0022	1.382
粉质黏土	AqD	42～50	0.39	5×10^{-4}	2×10^{-4}	0.851	0.0305	0.0035	0.900
粉、细砂	AqⅢ	50～55	0.279	—	—	—	—	—	—
粉质黏土	AqD	55～70	0.305	—	—	—	—	—	—

注：K_0为土体侧压力系数；K_H为土体水平向渗透系数；K_V为土体竖直向渗透系数；e_{cs}为参考压力（1kPa）下土体的临界状态孔隙比；λ为剑桥模型压缩系数；κ为剑桥模型回弹系数；M为临界状态应力比。

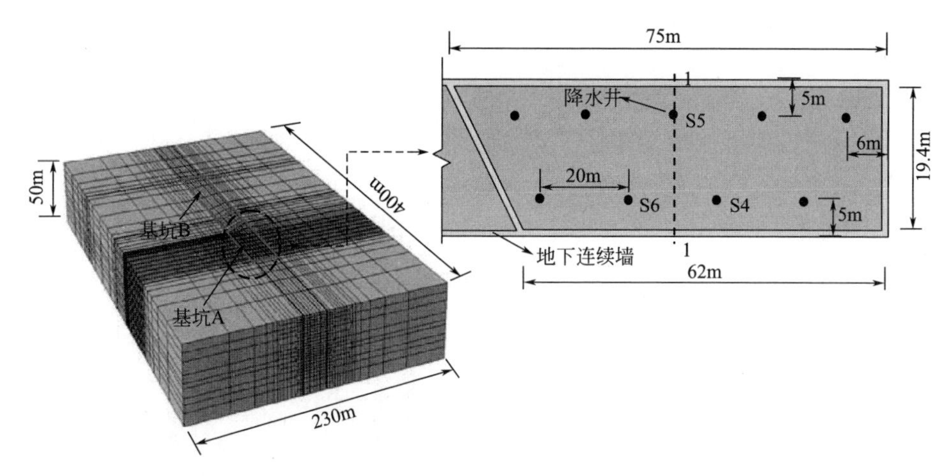

图 2.4-4 潜水降水有限元模型的网格

为了减小模型边界对计算结果的影响，水平方向的土体边界被设置在墙后超过 6.5 倍最大降水深度的位置，这个距离超过了根据 Sichardt 公式计算的抽水影响半径[10]。在土体的侧向边界设置两个水平方向约束，并设置总水头在地面（模型顶部）常水头补给。在土体的底面设置两个水平方向和一个竖直方向的约束，并设置为不透水边界。在土体顶面不设置任何变形约束，但设置 DOF 渗流边界条件模拟降水井的过水断面。

（3）地下连续墙及降水井模拟

数值模型中基坑、地下连续墙及降水井的尺寸大致与工程实例的相同。为了简便，基坑宽度均被设置为 19.4m，并忽略降水井管与井孔间的间隙。地下连续墙及降水井的杨氏模量分别为 30GPa 和 210GPa，泊松比均设置为 0.2。此外，地下连续墙采用 C3D8I 实体单元模拟，降水井采用 S4 壳单元模拟。对于土与地下连续墙及土与降水井的接触面，参数 γ_{crit} 和 μ 均分别设置为 5mm 和 0.3。

（4）降水过程模拟

如图 2.4-5 所示，从几何上来说，模型中过水断面为紧邻降水井的土体单元面，而该单元面上被设置了一个渗流边界条件（DOF 边界是其中一种渗流边界条件）。降水井旁的地下水可以通过过水断面被降水井抽出。此外，随着图 2.4-5 中过水断面范围的向下延伸，进行不同深度的分层降水即可实现，见图 2.4-5(a)～(d)。

为了更精确地模拟一个实际的降水过程，对比了以下方法：①在过水断面上指定一个抽水速度；②在过水断面上设置一个零孔压的边界条件；③在过水断面上设置 DOF 渗流边界条件。这些方法均可以在降水井旁形成水力梯度，而在水力梯度的作用下，周围土体中的地下水将会被降水井排出。而第 3 种模拟方法更接近实际的降水过程，并且可以得到更好的模拟结果，本研究采用的是第 3 种模拟方法。

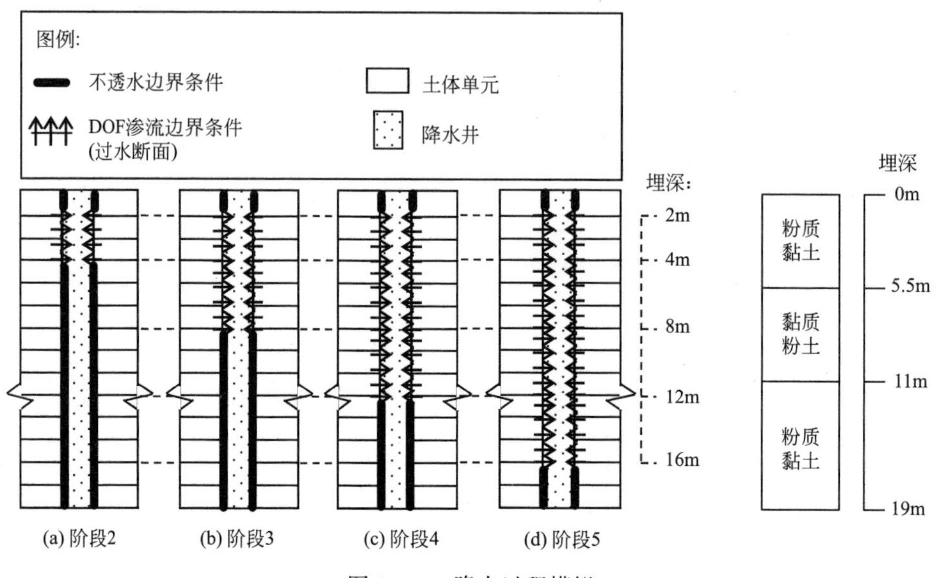

图 2.4-5　降水过程模拟

关于 DOF 边界条件，在有限元模型中，DOF 边界条件可以被设置在单元面上以控制其排水条件。它的具体意义为：当单元面上的孔隙水压力 p_w 为正时，单元面上外法线方向的孔隙流体速度 $v_n=k_s p_w$，其中，k_s 为渗流系数，当 p_w 为负时，v_n 等于 0。k_s 的计算公式见式（2.4-2）：

$$k_s=K/(\gamma_w l) \tag{2.4-2}$$

式中，K 为周围土体的渗透系数；γ_w 为水的密度；l 是土体单元网格的特征长度。然而，k_s 实际是反映单井抽水量 q 的一个参数，但是式（2.4-2）中却没有关于 q 的参数。因此，用式（2.4-2）模拟一个实际的降水过程是不适合的。建议采用如下计算方法：

过水断面面积 A_s 可以根据降水井直径 D 和过水断面长度 L 计算，见式（2.4-3）：

$$A_s=\pi DL \tag{2.4-3}$$

过水断面上的平均抽水流速 v_s 见式（2.4-4）：

$$v_s=\frac{q}{A_s}=\frac{q}{\pi DL} \tag{2.4-4}$$

令 $v_s=v_n$，则有式（2.4-5）：

$$k_s=\frac{q}{\pi DLp_w} \tag{2.4-5}$$

虽然 T1 中没有观测 q，但 T2 中对于 q 的观测结果可以应用在式（2.4-5）中，因为 T1 与 T2 的场地条件及降水布置条件几乎一致。根据现场观测到的 q，即可利用式（2.4-5）对k_s 进行求解。

（5）模拟步骤

降水井和地下连续墙采用“wish-in-place”处理，不考虑降水井和地下连续墙施作过程的影响，对潜水降水的模拟步骤如下：

阶段 1，根据各土层的埋深、有效土体重度及土体静止侧压力系数建立土体的初始应力状态；同时，原位生成地下连续墙和降水井以及土与它们的接触面；此外，设置模型的初始孔隙水压力场，使得初始地下水位在地表（即模型顶面）。

阶段 2～5，开始降水过程模拟。在 T1 中，由于降水井采用分层降水，且每层降水时间为 2.5d，因此分步开启模型中相应位置的 DOF 边界条件，如图 2.4-5 所示。

实际上，降水井在降水过程中有井损，地下水也可以从潜水泵的下方进入降水井，也就是说，实际的过水断面范围将大于如图 2.4-5 所示的过水断面范围。

然而，T1 中的降水井在抽水之前进行了充分的洗井，并且所有降水井在 T1 中均是第一次使用，因此，降水井降水过程中的井损会被忽略。为了简便，在分层降水模拟过程中，降水泵以下土体与降水井接触的单元面被视为不透水边界。

利用上述降水三维有限元模型对 2.4.1 节中的降水试验进行模拟计算，下面将计算结果与现场降水试验结果进行对比，验证模型的合理性与准确性。

2. 降水三维数值计算模型的验证

（1）单井抽水量 q

单井抽水量计算值与实测值的对比见图 2.4-6。在最开始的 2.5d 内（阶段 2），降水泵埋深 4m，因过水断面面积相对较小，单井抽水量相对较少，且变化不明显。然而，当降水泵进入粉土后（阶段 3），单井抽水量明显增加。随后在各个降水阶段，随着降水时间延长，单井抽水量又明显减少。

在 T1 中，阶段 3 到阶段 4 的降水持续时间（5d）和降水泵埋深（12～16m）与 T2 的类似（见 2.4.1 节第 4 小节），因此，图 2.4-6 中将 T1 中的单井抽水量计算值（阶段 4～阶段 5）与 T2 中单井抽水量实测值作了对比，可以看出，计算值与实测值的变化规律基本相符。

（2）地下连续墙侧移 δ_h

由于数值模型中的土层划分与基坑 A 南侧实际土层更加符合，故图 2.4-7 对 C1 和 C3 的地下连续墙侧移计算值与实测值进行对比。在图 2.4-7 中，埋深 19m 以上的地下连续墙侧移计算值与实测值吻合较好，同时，该图也表明埋深 19m 以下直至墙底均有侧移，侧移大小为 0～1mm。

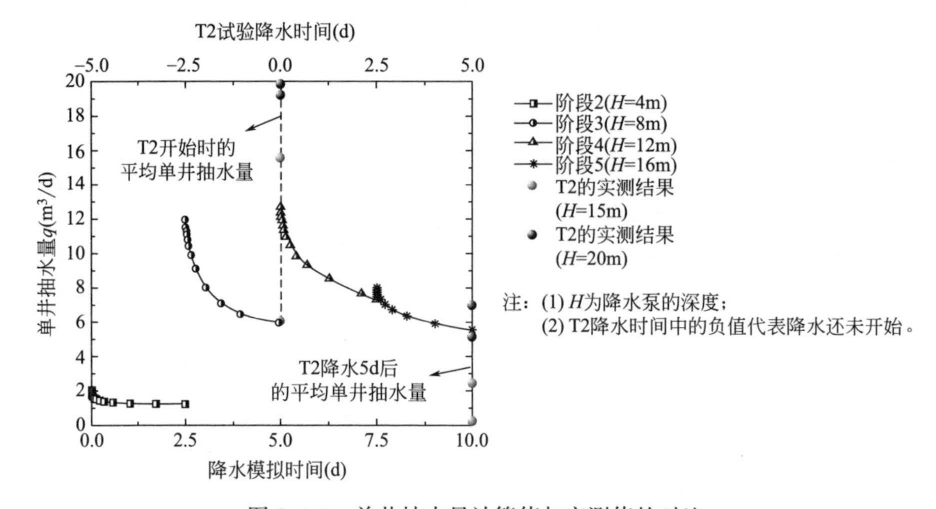

图 2.4-6　单井抽水量计算值与实测值的对比

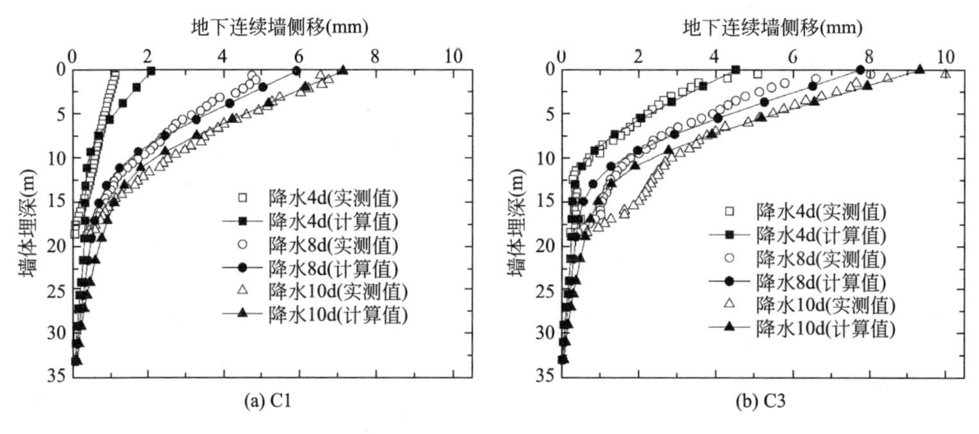

图 2.4-7　降水过程中地下连续墙侧移及其与实测值的对比

2.4.3　降水引起基坑变形的机理

Roscoe et al.[15]、Roberts et al.[16] 曾经报道了英国的某个基坑工程，其采用降水井减小排桩支护结构外水压力，最终减小了坑内的水平支撑数和排桩的水位位移。这个方法也被收录在 Cashman[17] 的专著中。因此，可以预期，降水过程中支护结构侧移应当与其两侧的土体变形及应力状态有很大关系。

为了清楚地反映降水过程中支护结构两侧土体变形及应力状态的变化，并进一步揭示潜水降水引起支护结构侧移机理，在 2.4.2 节建立的潜水降水有限元模型中标记一些监测点及监测断面，如图 2.4-8 所示。OS1～OS3、IS1～IS3 及

CT1～CT3 被用来监测土体应力，而 H1～H4 被用来监测不同埋深土体侧移及沉降，V1～V4 被用来监测距离右侧墙体不同距离竖直断面的土体侧移。

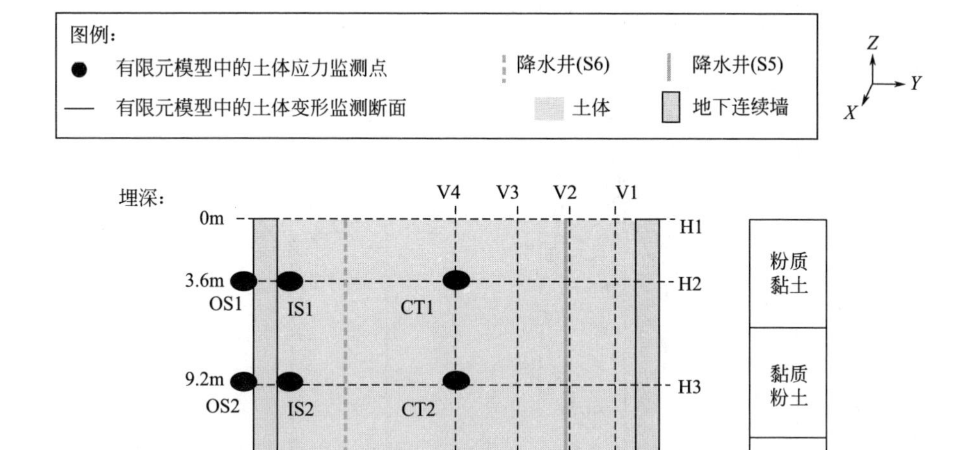

图 2.4-8　降水模型中基坑 A 的 1—1 断面处土体应力、变形监测点布置

1. 土体水平位移

（1）总体趋势

图 2.4-9、图 2.4-10 为降水过程中 H1～H4 和 V1～V4 位置处土体水平位移计算结果。其中图 2.4-9 是不同水平监测断面位置的土体侧移，图 2.4-10 为各不同竖向监测断面位置的土体侧移，正数代表指向坑内的侧移，即土体水平位移方向指向基坑中轴，负数代表指向坑外的侧移，即土体水平位移方向背离基坑中轴，分别记作$+\delta_s$和$-\delta_s$。

在图 2.4-9 和图 2.4-10 中，基坑内大部分位置的土体均发生指向坑内的位移（$+\delta_s$）。图 2.4-9 表明，$+\delta_s$ 大体上与基坑中轴对称。图 2.4-10 表明，在各个竖向监测断面，$+\delta_s$ 沿深度方向呈悬臂形，而且在基坑内大部分位置，同一个水平断面上距离地下连续墙越近，$+\delta_s$ 越大。

实际上，正是由于基坑内土体发生了指向坑内的侧移，使地下连续墙进而发生变形协调的侧移。接下来将探讨引起基坑内土体侧移并相应引起地下连续墙侧移的原因。

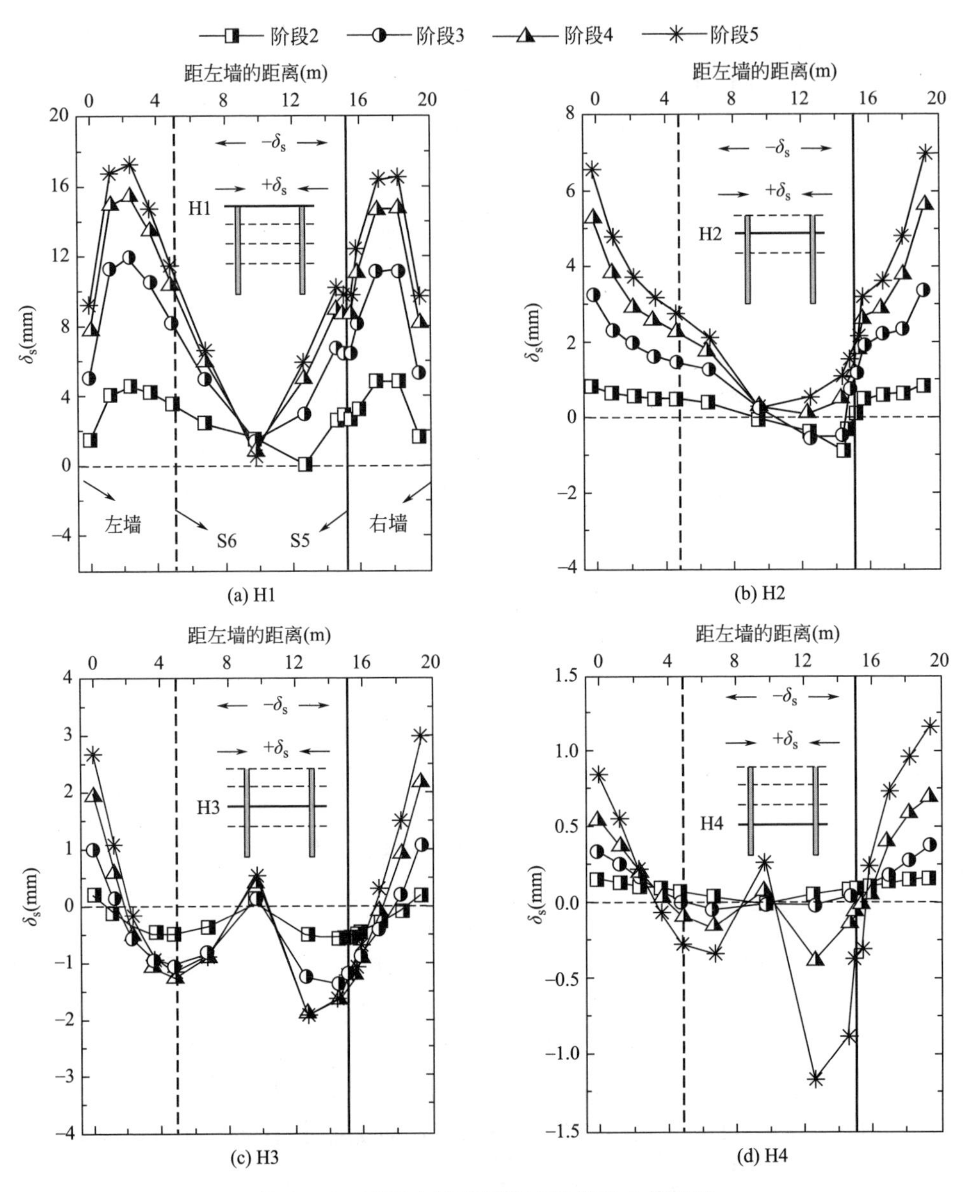

(a) H1

(b) H2

(c) H3

(d) H4

图 2.4-9　不同水平监测断面位置的土体侧移

（2）渗流力的影响

如图 2.4-9（b）～（d）所示，降水井 S5 左侧出现了$-\delta_s$，意味着降水井附近的土体发生指向降水井的侧移。而该侧移是由降水井周围因降水而形成的渗流力所引起的。作为一种体积力，渗流力 J 可由式（2.4-6）计算[18]：

$$J=\gamma_w i \tag{2.4-6}$$

式中，γ_w 为水的重度；i 为水力梯度。

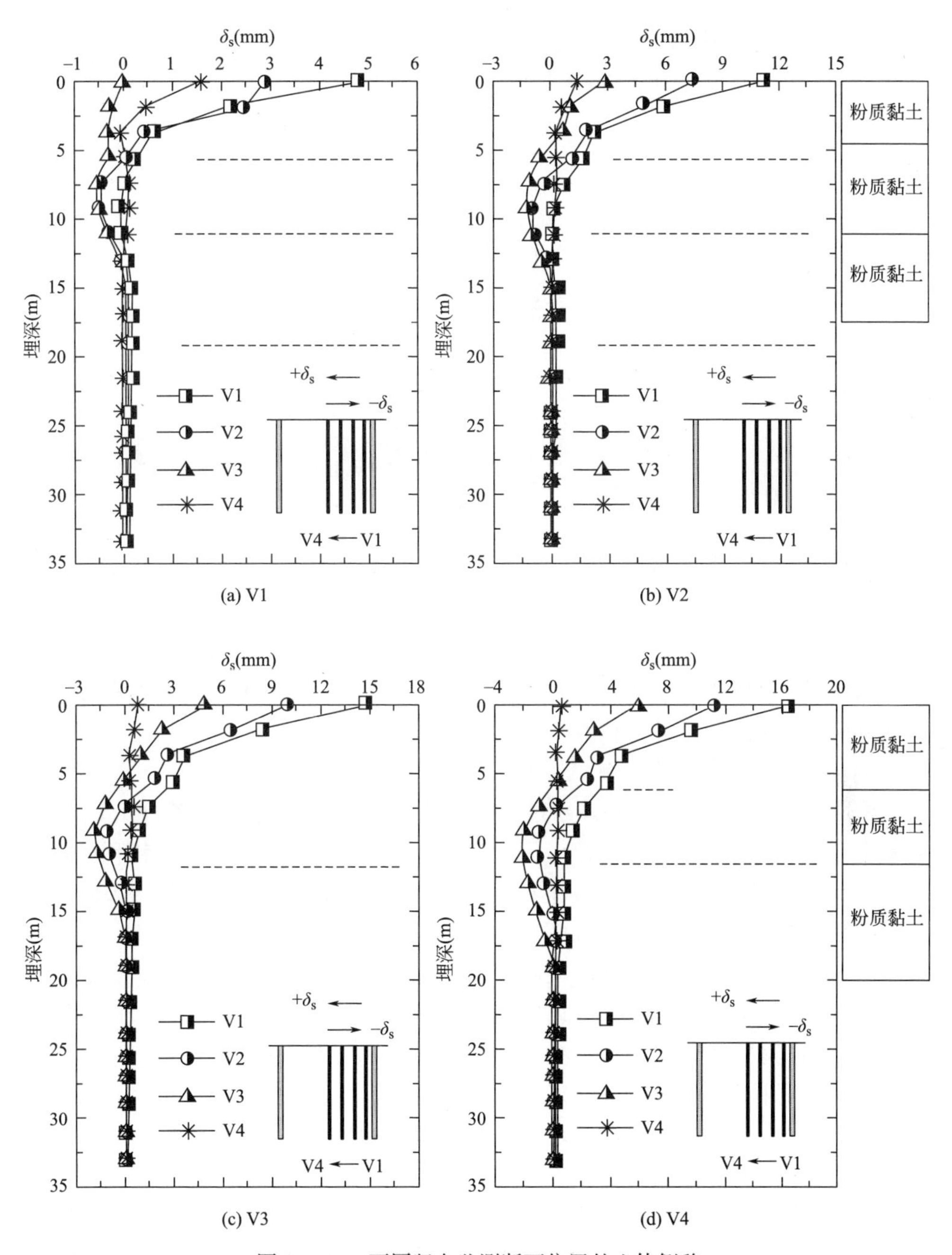

图 2.4-10 不同竖向监测断面位置的土体侧移

图 2.4-11 为降水过程中 H2～H4 V3 断面与降水井 S5 之间水力梯度的计算值。在图 2.4-11 中，h_1 和 h_2 分别为 V3 断面和降水井 S5 位置处的压力水头，L

为 V3 与 S5 间渗流路径的长度。在 H2 与 H3 位置处，i 的值基本为 0.5～1.5，而 H4 处 i 的值不小于 4。因此，V3 断面与降水井 S5 之间渗流力为 5～40kN/m³，然而，大部分土体的天然重度为 12.7～23.2kN/m³[18]。

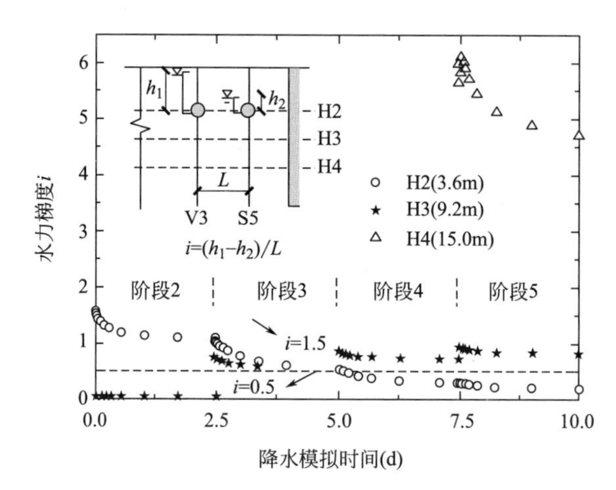

图 2.4-11 降水过程中 H2～H4 处 V3 断面与降水井 S5 之间水力梯度计算值

因此，由降水而引起的渗流力大小与大部分土体天然重度的量级相当，渗流力足以使降水井附近的土体发生明显的变形。在渗流力的作用下，土体将沿着渗流的方向（即指向降水井的位置）发生运动。

（3）墙土相互作用的影响

由图 2.4-9 可以看出，在降水过程中，H2～H4 的最大土体侧移（$+\delta_{sm}$）始终发生在紧邻地下连续墙的位置，并且距离地下连续墙越远，土体水平变形越小。相反，在 H1，$+\delta_{sm}$ 始终发生在距离墙体一定距离的坑内。这个结果体现了墙土的相互作用，说明墙土接触面发生了位移协调。

因为土体刚度随着围压的增大而增大，地表位置（即 H1）土体刚度小于地表以下（H2～H4）土体的刚度。因此，如图 2.4-10 所示，V1 在渗流力作用下，H1 处的 $+\delta_s$ 明显大于 H2 处的 $+\delta_s$，并且它们间的差值可以达到 12mm。

相反，地下连续墙的刚度相对土体而言更高，并且沿着墙体深度基本一致。一方面，较大的墙体弯曲刚度和足够的墙体嵌固深度限制了墙顶侧移的发展，而通过墙土相互作用，墙顶附近紧邻墙体的坑内土体水平侧移的发展也得到限制，这使得墙顶处坑内最大土体侧移发生在降水井附近，而不是在墙土接触面；另一方面，较高的墙体刚度使得相对较大的墙顶侧移可以更顺利地向下传递，使得 H1（地表）和 H2（埋深 3.6m）处墙体侧移相差不大于 3mm。

土体和墙体在变形竖向传递上的规律差别使得 H2～H4 断面墙、土接触面处的土体水平应力增大，因此土体被水平压缩，并发生最大土体侧移。

(4) 渗流力与墙土相互作用的综合影响

在降水过程中，H2 断面位置降水井 S5 左侧土体发生的负侧移（$-\delta_s$）逐渐变成正侧移（$+\delta_s$）；然而，在 H3～H4 断面处，降水井 S5 左侧始终出现$-\delta_s$，并且随着降水时间的延长，数值增大。这表明基坑内土体水平位移的发展受到渗流力和墙土相互作用的综合影响。

H2～H4 断面墙土接触面处逐渐增大的土体水平应力能影响坑内一定范围内的土体，进而引起土体发生压缩变形。因此，如果上述由于降水而形成的降水井左侧的渗流力并不十分大，则由墙土接触面传递到降水井左侧位置处的土体水平应力可能会平衡该渗流力进而引起降水井左侧位置处的土体发生指向坑内的侧移（正侧移）。但是反过来，如果降水井左侧的渗流力无法被平衡，则该位置处的土体将仍然发生指向降水井的侧移（即负的侧移）。

这个机制在 H2～H4 断面位置发生了作用。如图 2.4-11 所示，随着降水的进行，H2 断面位置降水井 S5 左侧的渗流力（用水力梯度 i 来表示）不断减小，而其在 H3～H4 断面则不断增大。由于在阶段 2～阶段 4 过程中，降水泵深度没有达到 15m，因而在这个过程中，埋深 15m 位置处 V3 与 S5 之间的水力梯度非常小。

总而言之，降水过程中，坑内大部分位置出现了指向坑内的土体水平变形，尤其在墙体与降水井间的位置。坑内土体水平变形主要由以下两个原因引起：①降水引起的降水井周围的渗流力；②墙土相互作用。正是由于坑内土体在这两个因素作用下发生了指向坑内的侧移，墙体随之发生变形协调的侧移。

2. 土体竖向位移

图 2.4-12 为降水结束后各水平监测断面处土体竖向位移。由图 2.4-12 可以看出，基坑内土体发生槽形竖向位移，即靠近地下连续墙处的土体竖向位移较小，而靠近基坑中轴处的土体竖向位移较大。这反映了地下连续墙通过墙土接触面对坑内土体变形的限制作用。

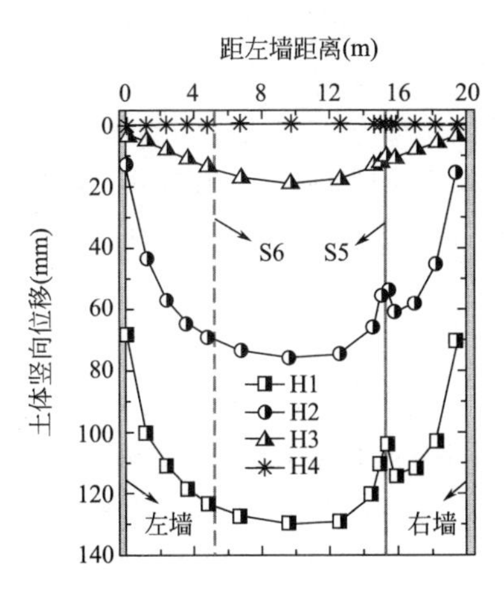

图 2.4-12 降水结束后各水平监测断面处土体竖向位移

2.4.4 小结

通过现场实测和数值模拟对超深基坑开挖前降水引发的基坑变形进行分析，介绍了降水引发基坑变形的计算理论和计算模型，揭示了降水引起基坑变形的机理。并得出以下结论：

(1) 对于长条形地铁基坑而言，进行 4～

10d 的降水（最深泵深为 16m）可引起地下连续墙发生 5～10mm 的水平位移，最大可达到所报道工程允许最大墙体侧移的 37.6%；引起坑外地面发生 5～10mm 的沉降，最大可达到所报道工程允许最大地面沉降的 55.5%。因此，当基坑周边环境条件对变形控制要求严格时，基坑开挖前的基坑内预降水引起墙体的侧移是不能忽视的。

（2）基坑降水引起支护结构发生指向坑内侧移的机理包括以下几个方面：

一是在降水引起的降水井周围渗流力和墙土相互作用的影响下，基坑内部土体发生指向坑内的侧移，地下连续墙则因墙土变形协调而同步发生指向坑内的侧移。

二是土体和墙体材料性质上的差异使得变形协调机制在墙土界面发生作用，因此，墙前约 1/2 倍最大降水深度范围内的墙土总压力减小，这打破了墙两侧原有土压力的平衡，并使得墙体发生指向坑内的侧移。

三是坑内土体由于降水而发生显著的孔隙水压力减小，使得坑内土体有效竖向应力显著增大，这将引起坑内土体发生较大沉降，因此墙前会产生负摩擦力，并且该负摩擦力大于墙后负摩擦力。墙体两侧摩擦力的不同也将引起墙体发生指向坑内的侧移。

2.5 基坑开挖引发的变形在不同支护结构变形下的规律

精细化研究基坑开挖引起的基坑周边土体的位移变化规律，对于分析基坑开挖对复杂环境的影响非常必要。已有研究表明，受水平支撑沿深度的布置间距、不同深度水平支撑提供给支护桩（墙）的水平支撑刚度及同一标高时，不同平面位置的水平支撑刚度不同，均会影响基坑围护结构侧移沿深度的分布规律，使围护结构沿深度方向上的挠曲变形可以表现为多种形式，因而相应的坑外地表曲线也会呈现三角形和凹槽形等不同分布形式，坑外深层土体变形也将具有显著差异。

2.5.1 基坑开挖引发的围护结构变形

作者对某工程深基坑开挖全过程中围护桩的水平位移进行实测[19]，如图 2.5-1 所示，CX6、CX9 和 CX10 为围护结构不同平面位置水平位移监测点。基坑开挖深度 21m，采用 4 道钢筋混凝土内支撑。CX6 正好位于基坑钢筋混凝土水平支撑环梁的顶部，CX10 位于基坑的对撑位置，CX9 邻近 CX10。3 个监测点在基坑开挖到底部后的桩身侧移及其对比见图 2.5-2。由于同一个基坑在不同位置水平支撑提供的支撑刚度不同，不同位置的围护桩可产生不同的水平位移分布模式，且最大水平位移值也存在明显差别。

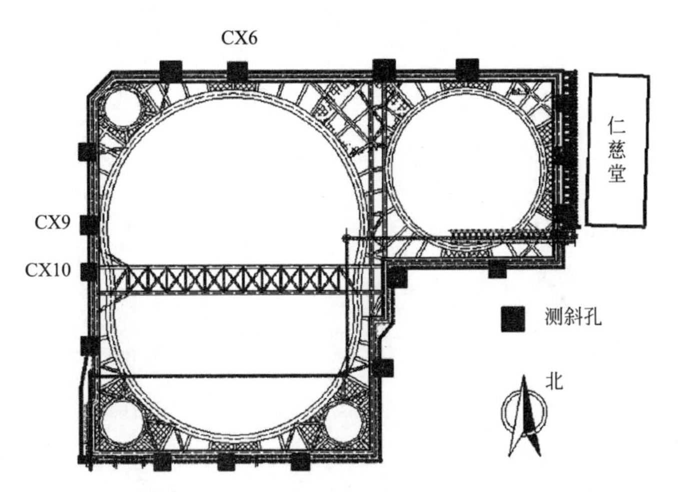

图 2.5-1 某基坑工程支护结构平面图和支护桩侧移变形监测点

从图 2.5-2 中可见，CX6 的土体水平位移在土方开挖前期表现出上大、下小的变形特点，与悬臂变形相似。在基坑开挖完成后，变形模式改变，变为复合变形。而 CX10 的水平位移由初始的悬臂形变为典型的内凸变形，CX9 与之表现出类似的变形。通过图 2.5-2（d）可看出，由于水平支撑提供的支撑刚度不同（CX10 水平支撑刚度最大，CX9 水平支撑刚度次之，CX6 水平支撑刚度最小），不同位置的围护桩可产生不同的水平位移分布模式，且最大水平位移值也存在明显差别。

可将围护结构变形总结为 4 种变形，见图 2.5-3，后续将它们简称为悬臂变形、踢脚变形、内凸变形、复合变形。在不同的围护结构变形下，除已有研究指出地表沉降分布不同外，坑外深层土体的变形特性也可能存在明显的差别。研究各种变形下墙后深层土体的变形曲线分布特点，对比不同变形在同一深度处的扰动程度，以便针对周边具体环境，选择恰当的设计施工方法使得围护结构产生合理、有利的变形，从而减小对相应位置土体的扰动，对于实际工程中精细、精准控制基坑施工引起的周边环境变形很有必要。

2.5.2 内凸变形坑外土体变形特性

图 2.5-2、图 2.5-3 表明，对同一个基坑，基坑不同位置的围护桩桩体可能会产生不同大小、不同模式的水平位移，从而必然影响其对应产生的基坑外土体位移和环境[21-23]。通过建立精细化有限元模型，针对 4 种典型围护墙变形引起的坑外地表的沉降和水平位移、坑外土体的深层土体沉降进行对比分析[19]。

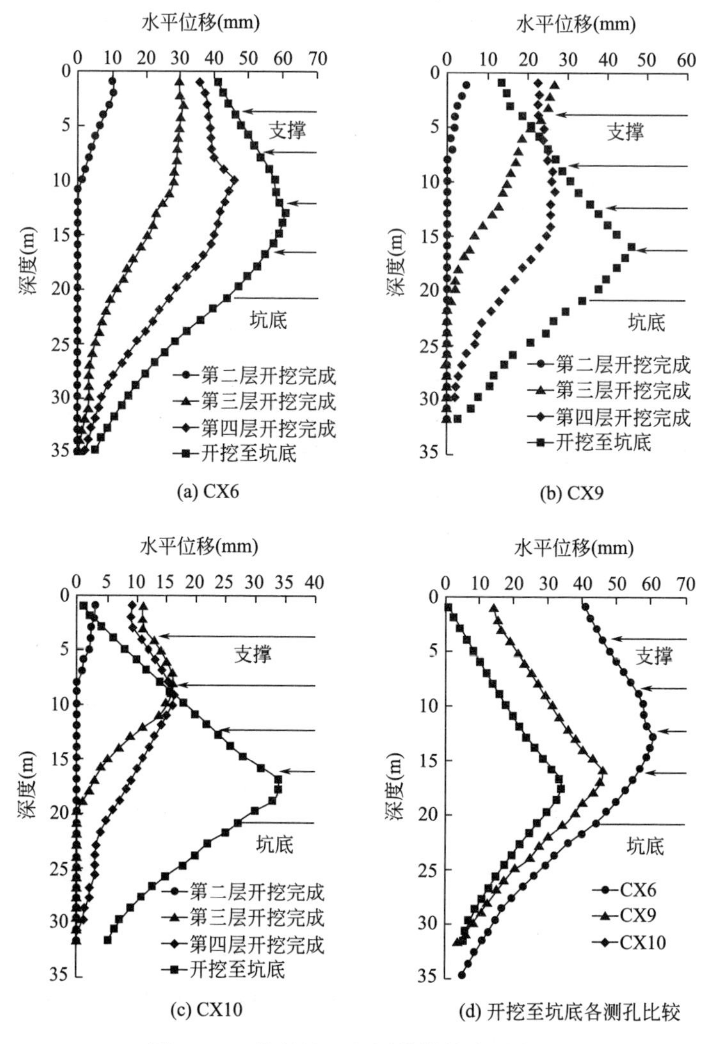

图 2.5-2　某基坑工程围护结构变形实测

1. 计算模型及参数介绍

为研究内凸变形的基坑开挖过程中深层土体的变形特性，采用 Plaxis 有限元软件中的小应变硬化模型（HSS）进行建模计算，并选取天津市区土层中典型的粉质黏土层参数。模型中取基坑的开挖深度为 18m，开挖宽度为 60m。为减少模型计算量，节约计算成本，考虑对称性，取 1/2 基坑尺寸进行建模，即模型中坑内宽度为 30m，同时，模型坑外范围为 120m，而坑底以下为 54m，能基本满足模型边界条件对基坑变形无影响的要求。

模型几何尺寸示意图如图 2.5-4 所示，其余 3 种变形将在内凸变形基础上调整围护结构（围护墙）刚度、支撑位置、支撑刚度。

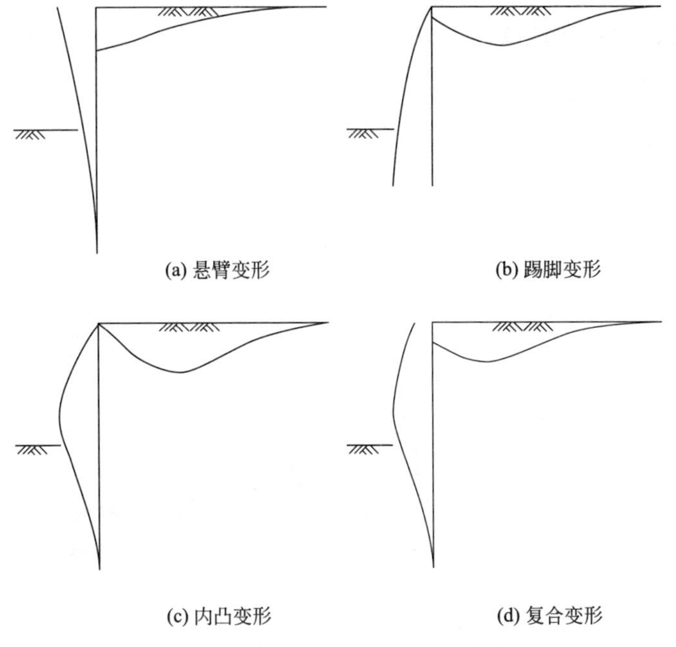

(a) 悬臂变形　　(b) 踢脚变形

(c) 内凸变形　　(d) 复合变形

图 2.5-3 围护结构 4 种变形[24]

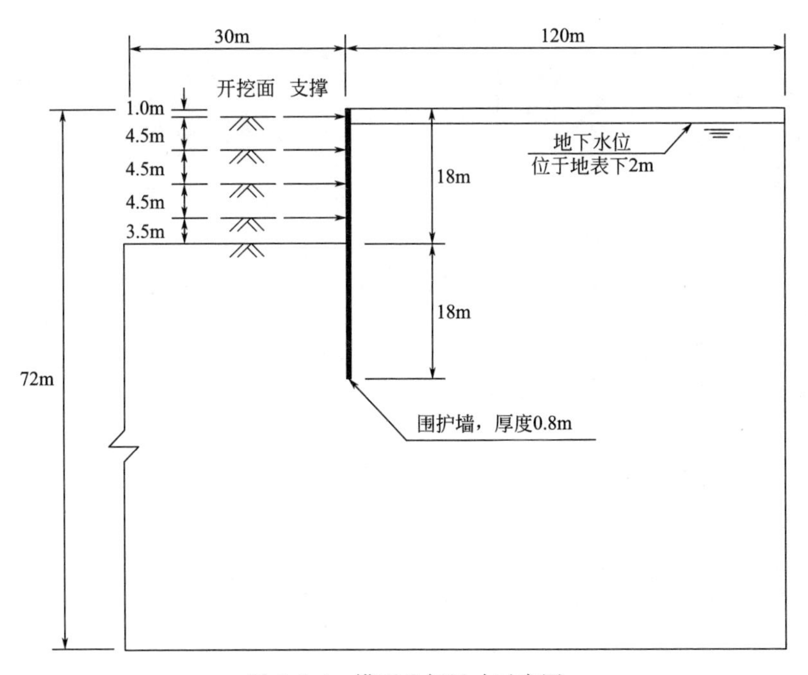

图 2.5-4 模型几何尺寸示意图

2. 内凸变形下坑外土体变形特性分析

首先，以内凸变形为例，分析其引起的坑外土体变形规律。其次，再与其他围护墙变形引起的坑外土体位移进行对比分析。

根据模型尺寸和参数，当围护结构产生内凸变形，最大水平位移达到 45mm 时，不同开挖深度下围护墙水平位移以及坑外地表变形如图 2.5-5 所示。

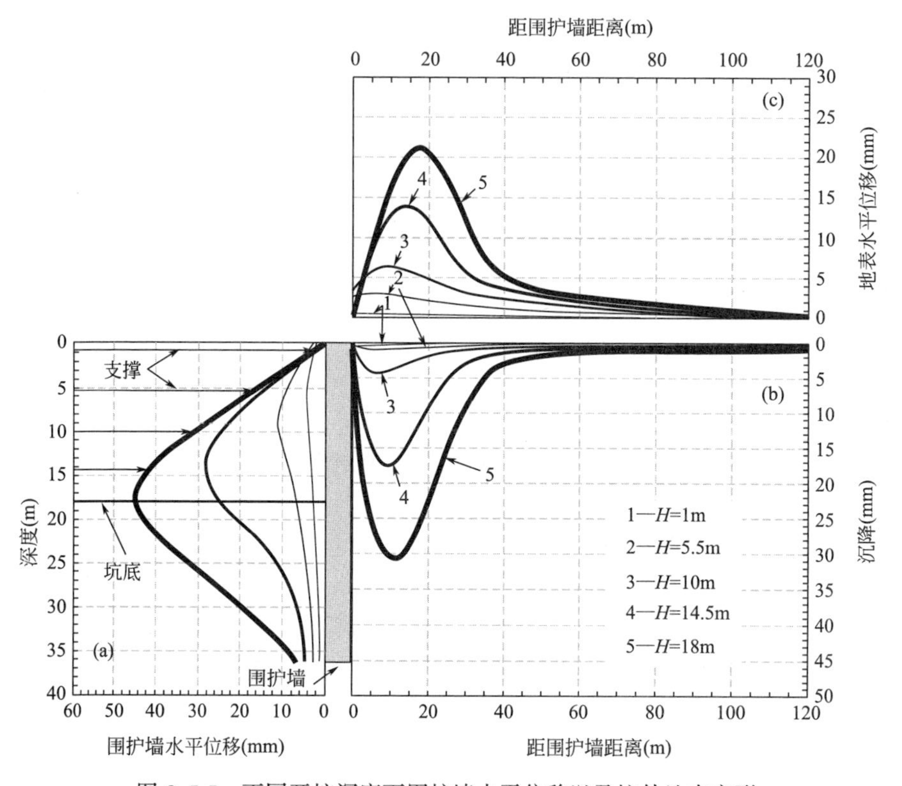

图 2.5-5　不同开挖深度下围护墙水平位移以及坑外地表变形

由于围护墙顶部位移几乎为零，使得坑外紧邻墙体处地表基本不发生沉降，曲线分布呈凹槽形，最大沉降值超过 30mm，发生在距围护墙 10m 左右的开挖深度，并且沉降槽主要影响范围集中在 2 倍开挖深度以内。

地表水平位移分布形式与沉降类似，亦呈凹槽形分布，但是位移最大值相比于沉降略小，约为 0.7 倍最大沉降值，即 21mm，出现在坑外约 1 倍挖深处，距围护结构的距离比沉降最大值发生位置距围护结构的距离更远。

在实际工程中，人们往往更多地关注地表沉降对于坑外环境的影响，但从计算结果来看，与沉降相比，坑外地表水平位移的影响范围更大，因此，在施工过程中同样需要引起注意。

基坑开挖完成后，围护墙的变形曲线如图 2.5-6（a）所示，相应的坑外深层土体在不同深度处的竖向变形分布曲线如图 2.5-6（b）所示。其中，横坐标为距围护墙距离与基坑深度之比，纵坐标为土层深度。为表述方便，定义土体发生沉降为正，隆起为负，并在位移关键位置（如紧邻围护结构、最大竖向位移点等）标注出其相应变形值，单位为 mm。

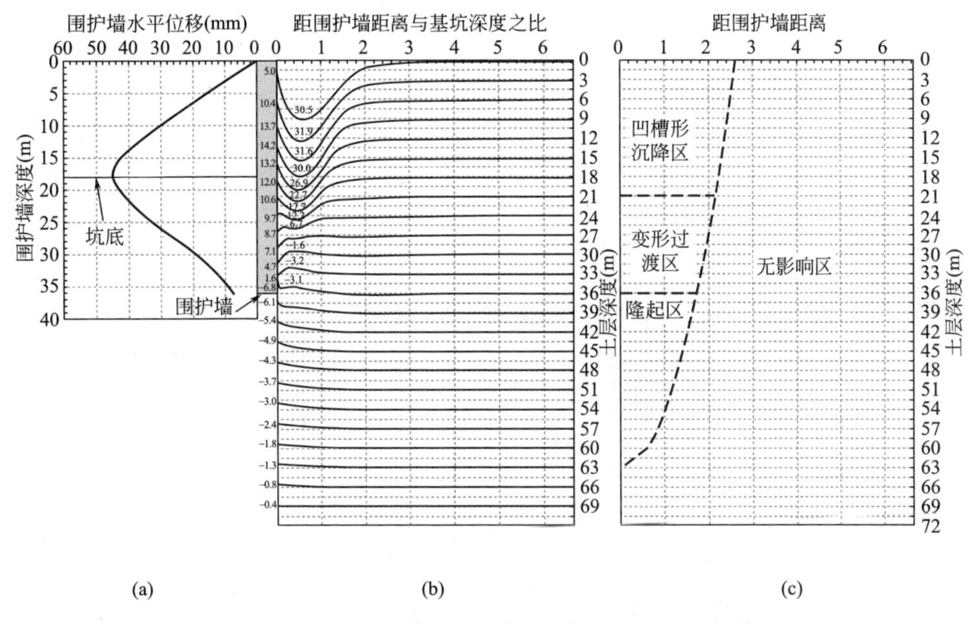

图 2.5-6 开挖完成后坑外深层土体竖向变形及影响区划分示意图

从图 2.5-6（b）中可以看出，基坑开挖引起的坑外深层土体竖向变形情况较为复杂。随着深度的增加，土体位移的影响范围逐渐减小，在主要影响区之内，根据其变形特点可以将坑外土体分为不同的区域：

（1）凹槽形沉降区。从地表至其以下 24m 深度，影响区内的沉降曲线均与地表相似，呈凹槽形分布。但是沉降发生的最大位置并非在地表，而是在地表以下 3～6m。虽然在此区域之内沉降槽的影响范围随深度增加逐渐减小，然而曲线沉降最大值位置距围护墙距离却均保持在 0.5 倍挖深左右，不随深度改变而改变，在实际工程中对于该位置处的结构应注意。

（2）变形过渡区。地表下 24～33m，土体变形情况比较复杂。该区域内土体最大沉降点由距围护墙一定距离处向紧邻围护墙位置转移，变形曲线由凹槽形逐渐过渡为三角形。随着深度的增加，由于受到基坑内土体卸荷作用的影响，深层部分区域的土体会产生一定的隆起变形。

（3）隆起区。受坑内土体卸荷回弹的影响，围护墙同样产生上浮变形，从而带动墙底附近及墙底以下深度的土体产生隆起（除墙后小范围内由于墙身向坑内移动的影响而产生一定的沉降外），该区域内土体主要表现为隆起变形，变形曲线形态呈现三角形分布，紧邻基坑位置隆起量最大，距基坑越远变形越小。

根据上述分析，围护墙呈内凸变形时，可以将坑外深层土体按照变形特点分区，如图 2.5-6（c）所示。基坑周围环境中往往分布着不同类型的结构，如地表的不同类型建筑物、浅层中的市政管线和建筑物浅基础、深层地铁车站和隧道等结构。由图 2.5-6（c）可知，坑外不同深度处土体的竖向变形趋势不同，对围护墙的影响也不同，在实际工程中应根据具体情况区别处理。

开挖完成后坑外深层土体水平位移及影响区划分示意图如图 2.5-7 所示。定义水平位移向坑内移动为正，向坑外移动为负，并在位移关键位置（如地表、最大水平位移点等）标注出相应变形值，单位为 mm。横纵坐标轴定义与图 2.5-6 表述相同。

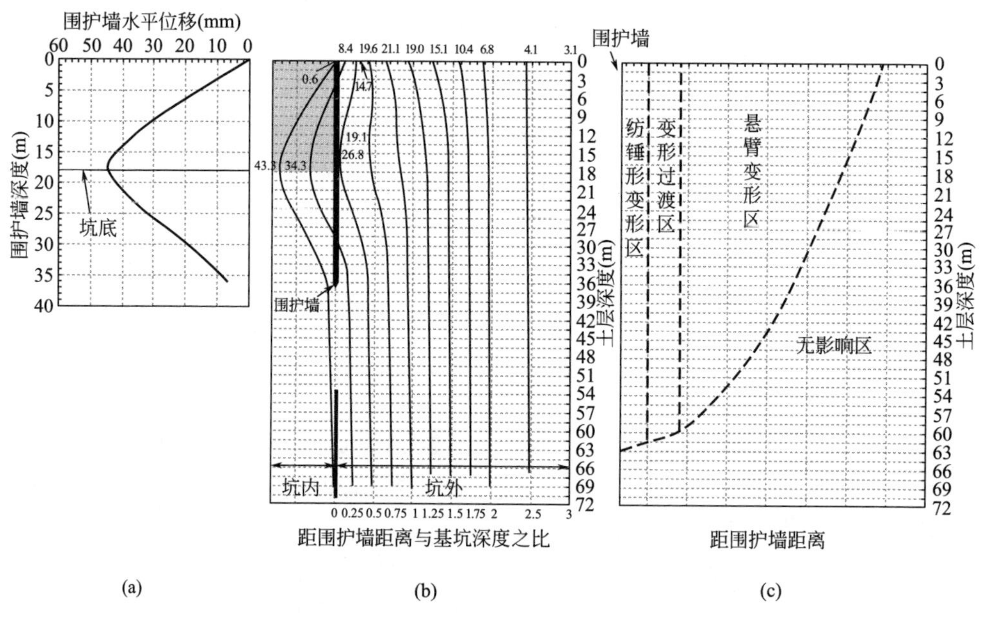

图 2.5-7　开挖完成后坑外深层土体水平位移及影响区划分示意图

水平位移的影响亦随距离增加而逐渐减少，在主要影响区之内，不同区域土体变形具有如下的特点：

（1）当距围护墙距离与基坑深度之比小于 0.5 时，水平位移曲线与墙体变形模式相似，呈比较明显的纺锤形分布，位移在曲线中间最大，而上部下部的位移相对较小。该区域另一个显著特征是，随着与墙体的距离增加，地表水平位移逐渐增大，而土体深层的最大水平位移逐渐减小，且深层最大水平位移产生的影响逐渐减少，曲线趋于平滑，但是曲线仍表现为比较明显的纺锤形。

（2）继续远离围护墙，地表水平位移接近甚至超过中部最大位移，曲线呈 S

形分布，并逐渐向悬臂形过渡。

（3）当与围护墙距离与开挖深度的比值大于1.0，水平位移曲线完全为悬臂型曲线。并且随着距离的增加，地表最大水平位移逐渐减小，曲线趋于平缓，表明基坑开挖对坑外深层土体水平位移的影响已经很小。

与沉降曲线相似，距围护结构距离不同，坑外的水平位移变化趋势也不同。对于坑外建（构）筑物侧移的影响也应按照不同距离、不同深度的土体位移特点加以区分，并依据扰动形式有针对性地预测和保护。此外，建筑物经常采用工程桩作为基础，根据上述分析，对于邻近基坑的桩基础，由于不同距离处土体水平位移曲线分布形式不同，对桩身产生的主要影响可能也不同，紧邻基坑处更需要关注桩身中部的弯曲变形，距离较远处则对桩顶的位移影响更大，在分析基坑施工引起的周边环境变形及控制时需要区别对待。

2.5.3 不同围护变形对坑外土体变形的影响对比

在前述内凸变形基础上，进一步探讨其他变形对坑外深层土体位移的影响，并将相应的变形特性进行对比分析，深入了解不同围护结构变形下周围环境的变形状况。

在内凸变形的基础上，通过调整水平支撑刚度、水平支撑标高和围护结构刚度，在围护结构最大位移45mm不变的前提下，得到4种典型围护结构变形，如图2.5-8（a）所示。

1. 坑外地表竖向变形对比

如图2.5-8（b）所示，与内凸变形曲线对比，其余3种变形的曲线各自存在以下特点：

（1）悬臂变形。地表沉降曲线的最大沉降点几乎发生在紧邻围护结构位置处，随距离增大沉降值迅速减小，曲线表现为三角形分布，并且沉降影响范围明显小于内凸变形。

（2）复合变形。当围护结构变形为复合变形，与内凸变形相似，沉降曲线为凹槽形。但是由于允许墙顶产生一定的位移，对土体的约束减弱，导致紧邻围护结构位置产生一定的沉降。约1倍坑深以外，复合变形与内凸变形曲线分布基本一致，两种变形对坑外沉降的影响范围相同。

（3）踢脚变形坑外地表同样产生凹槽形沉降分布，但与内凸变形相比，沉降最大值略小，但距围护结构距离更远，沉降影响范围更大。

（4）围护结构产生不同变形导致坑外沉降曲线分布也不相同，除悬臂变形坑外表现为三角形曲线外，其余曲线均为凹槽形沉降。沉降影响范围为悬臂变形最小，内凸变形和复合变形居中，踢脚变形影响范围最大。

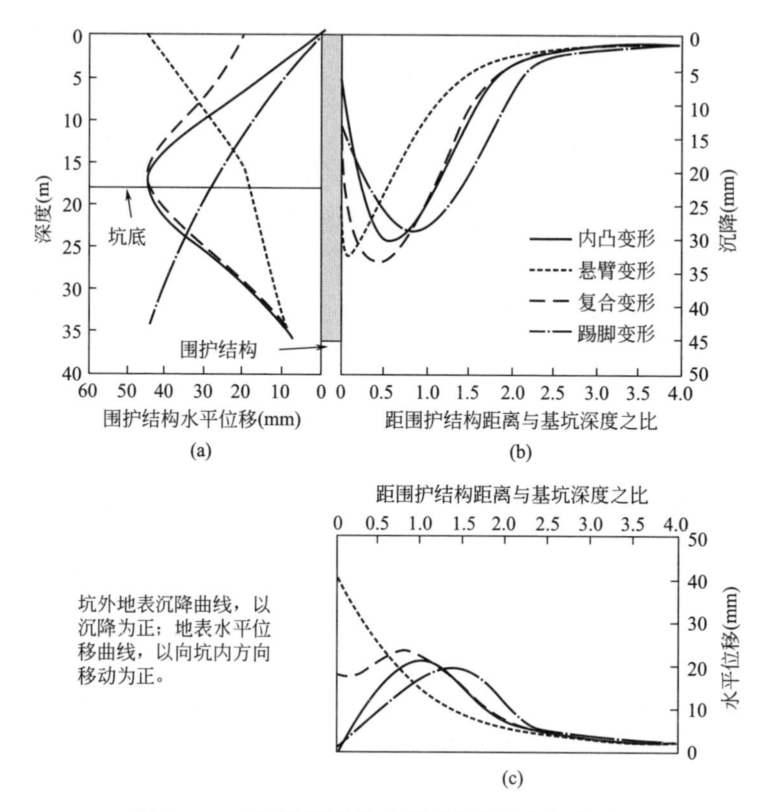

图 2.5-8　不同围护结构变形下坑外地表变形对比

2. 坑外地表水平位移对比

如图 2.5-8（c）所示，通过与内凸变形曲线对比，其余 3 种变形的地表水平位移曲线各自的特点如下：

（1）悬臂变形。坑外地表水平位移分布同样表现为三角形分布，由于围护结构顶部位移最大，导致地表最大水平位移明显大于内凸变形，对于坑外存在地表建筑物及浅层结构应当尽量避免此种变形的发生。但位移影响范围却比内凸变形位移影响范围更小。

（2）复合变形。坑外地表水平位移分布曲线呈凹槽形分布，由于允许墙顶移动，紧邻围护结构地表亦产生一定的位移，但距围护结构 1 倍坑深以外两曲线基本重合。

（3）踢脚变形。地表水平位移分布曲线亦表现为凹槽形分布，但发生位置转移至 1.5 倍坑深处，影响范围明显偏大。

（4）不同围护结构变形引起的坑外地表水平位移变形也各有特点，悬臂变形水平位移曲线由于受到墙体变形的影响呈三角形分布，并且最大值远大于其余曲线的最大值；但对于水平位移影响范围而言，悬臂变形影响范围最小，内凸变形和复合变形影响范围居中，踢脚变形影响范围最大。

以悬臂变形和深基坑最常见的复合变形对比，虽然对应的坑外地表最大沉降值基本相同，但悬臂变形产生的坑外地表土体沉降、水平位移最大值基本就在墙后，而且可引起大得多的地表土体水平位移，其主要影响范围为坑外 1.5*H*（*H* 为基坑深度）范围以内，1.5*H* 以外的影响就很小了。因此，悬臂变形可对距离基坑较近的道路、建（构）筑物、浅埋地下管线等造成影响。而踢脚变形产生的坑外最大沉降点和最大水平位移点则分别约距墙 1.0*H* 和 1.5*H* 处，影响范可达 2.5*H*。

3. 坑外深层沉降对比

在围护结构最大水平位移相同情况下，4 种变形模式引起的坑外深层土体竖向变形曲线也各有特点，内凸变形下的分布特点已有描述，另外 3 种模式的具体特点为：

（1）悬臂变形。如图 2.5-9 所示，墙底以上区域土体基本表现为三角形曲

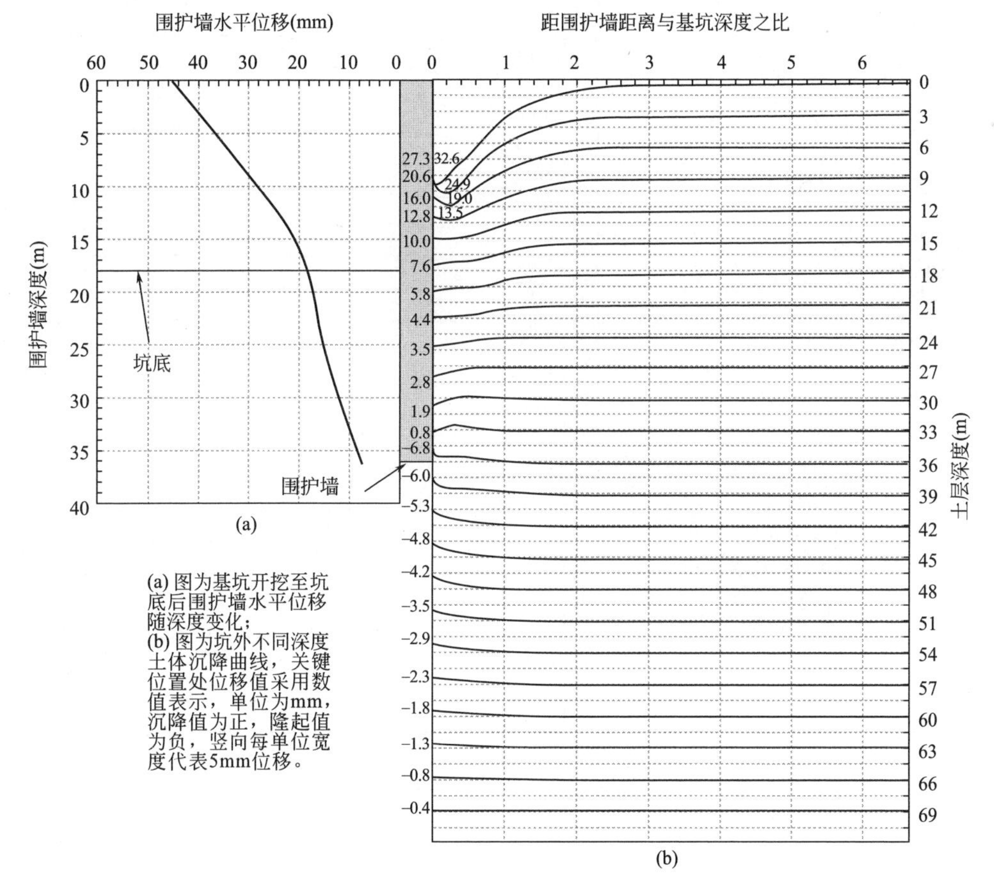

图 2.5-9　悬臂变形下坑外深层土体沉降竖向变形

线，随深度增加曲线趋于平缓，且深层土体由于受到坑内卸荷回弹的影响，部分区域产生一定的隆起。而围护结构墙底以下，土体全部产生隆起变形，且曲线呈三角形。综上所述，在基坑开挖的主要影响范围内，可以将悬臂变形坑外土体分为两个区域，分别为三角形沉降区和隆起区，其中，隆起可发生于坑外墙底以上一定高度处。

（2）复合变形。如图 2.5-10 所示，在主要影响区范围内，坑外土体竖向变形分布特性与内凸变形非常相似，包括上部区域的凹槽形沉降区、下部深层土体的三角形过渡区、墙底以下的隆起区，其中，隆起可发生于坑外墙底以上一定高度处。但是对于凹槽形沉降区，由于围护结构复合变形允许墙顶产生一定位移，对紧邻墙体位置的土体约束减弱，与内凸变形相比，墙体附近浅层土体的沉降值明显增大。

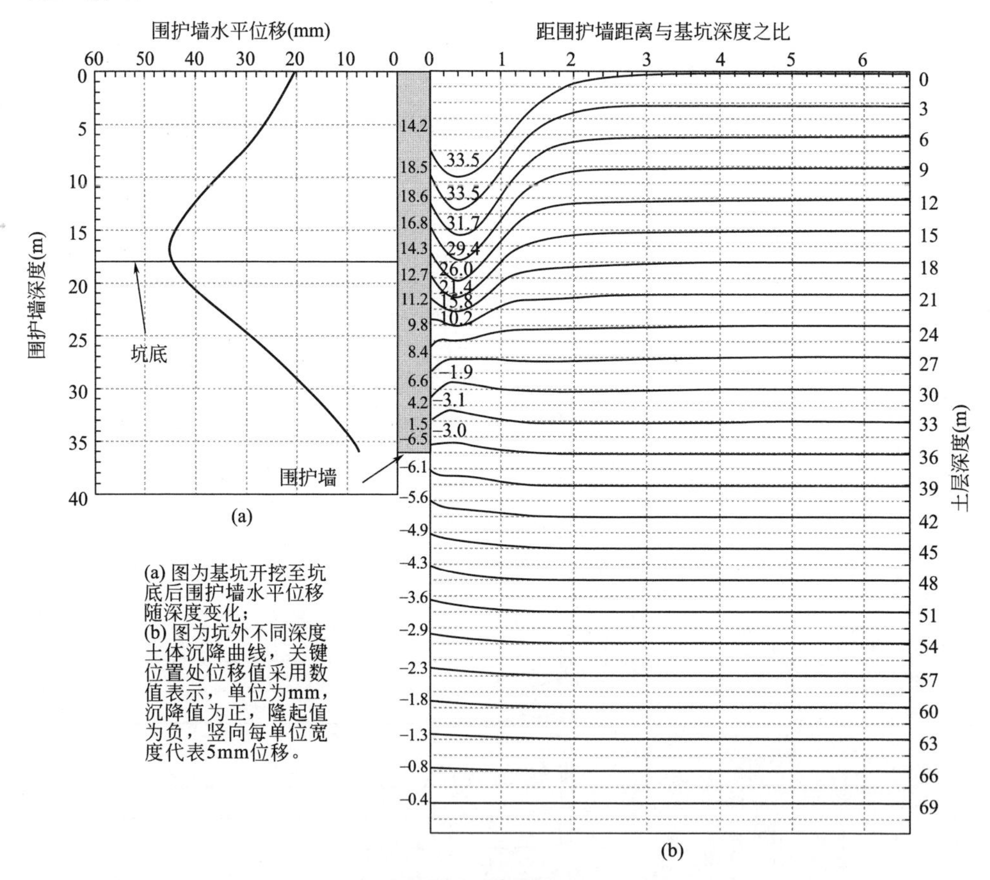

图 2.5-10　复合变形下坑外深层土体沉降竖向变形

（3）踢脚变形。由于墙体最大位移发生在底部，因此，对坑外深层土体竖向变形分布产生很大的影响。从踢脚变形下坑外深层土体沉降竖向变形图 2.5-11

可以看出，与内凸变形相比，踢脚变形坑外深层土体中凹槽形沉降区的深度明显增加，并且沉降槽的宽度比内凸变形更大。即踢脚变形沉降槽更平缓，但是影响范围更广，影响距离更远。同时，三角形过渡区的范围明显减小，局部隆起也不明显。根据上述分析，同样可以将踢脚变形影响区内分为凹槽形沉降区、三角形过渡区和墙底以下的隆起区。凹槽形沉降区的影响宽度和深度均较大，三角形过渡区相对范围小，甚至可以被忽略。

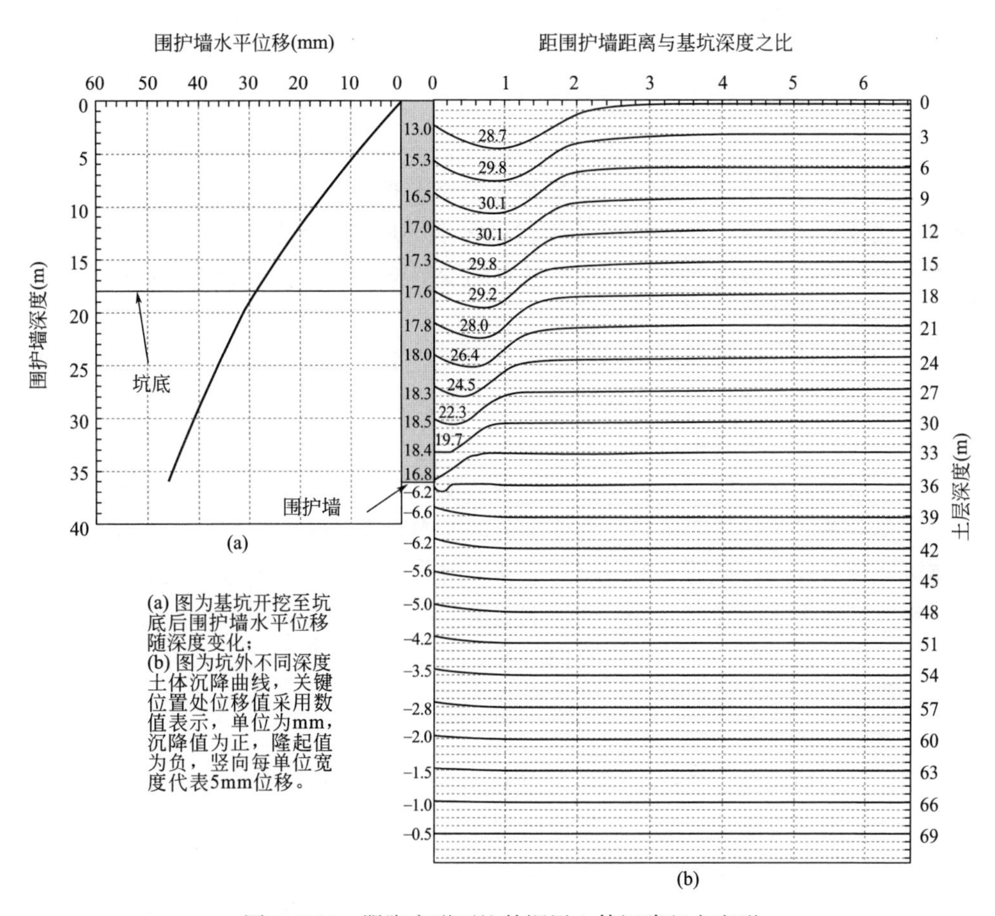

图 2.5-11 踢脚变形下坑外深层土体沉降竖向变形

悬臂变形对坑外土层深层沉降的影响主要局限于 H 深度范围内，因此，当基坑外的基坑开挖深度以下分布有地铁隧道时，悬臂变形支护则对隧道的影响最小；而踢脚变形产生的坑外土体深层沉降在坑外 $1.5H$ 深度处仍然很大。

因此，在支护结构设计时，除应控制围护结构最大位移外，还应充分考虑坑外既有建（构）筑物的类型、基础形式、相对于基坑围护结构的位置、对沉降或水平位移的敏感性，控制合理的围护结构变形模式，从而减少对结构扰动，保护结构安全。例如，当地面有距离基坑围护结构较近的柱下扩展基础的低层框架结构、垂直于基坑边的地下管线时，由于其对结构的水平向拉应变较为敏感，因此要特别注意避免产生围护结构“上大下小”的悬臂变形。而当基坑附近的地表没有要被保护的建（构）筑物、管线，而基坑外较大深度处有地铁隧道时，则应尽可能将支撑的配置以控制基坑下部的围护结构变形为主要原则，减小对坑外隧道的影响，增加围护结构插入深度，尽可能避免产生踢脚变形。

2.5.4 小结

本节详细分析了围护结构内凸变形下基坑开挖对于坑外土体位移场的影响，进而在此基础上探讨了在保持围护结构最大水平位移相同的情况下，悬臂变形、复合变形和踢脚变形引起的坑外土体各自的变形特点，并将 4 种变形特性进行对比，得到如下结论：

（1）在基坑开挖过程中，不同围护结构变形不仅会随着挖深的增加而逐渐改变，而且由于支撑体系刚度在基坑中分布不均匀，在挖深相同情况下，不同位置处围护结构的变形模式也可能存在差别。

（2）根据竖向变形分布特点，可将内凸变形下坑外深层土体分为凹槽形沉降区、三角形过渡区和隆起区；复合变形分区与内凸变形基本相似，仅在墙后浅层土体沉降相对较大；悬臂变形下坑外土体主要分为三角形变形区和隆起区；踢脚变形导致坑外土体凹槽形沉降区的影响宽度和深度均较大，而三角形过渡区范围小，甚至可以被忽略。坑外土体竖向位移，尤其是对浅部土层，围护结构呈悬臂变形的影响范围最小，内凸变形和复合变形影响范围居中，而踢脚变形的影响范围（尤其是对于浅部土层）最大。

（3）围护结构变形模式不同将导致坑外位移场分布及影响范围发生显著变化。基坑周围环境复杂多变，在支护结构设计时应充分考虑坑外既有建（构）筑物的类型、基础形式、相对于基坑围护结构的位置，控制合理的围护结构变形模式，从而减小对结构扰动、保护结构安全。同时，在设计施工过程中应保证围护结构刚度及入土深度，并尽量减小最后一道水平支撑与开挖面之间的距离，避免产生围护结构踢脚变形，防止对周围环境产生不利影响。当然，针对不同围护结构变形下坑外土体位移场的分布特点还与基坑开挖深度、宽度，以及土质条件等因素有关，今后应继续对此进行深入研究。此外，建（构）筑物的存在也会改变土体刚度，进而影响位移场分布特点，因此对于基坑开挖对既有结构的影响，也应结合具体情况单独分析，判断对结构的扰动程度，进而有针对性地进行保护。

2.6 基坑减压降水引发的变形

在 2.4 节中介绍了基坑潜水降水引发支护结构变形的机理。当坑底下覆承压含水层（简称承压层）时，将基坑开挖至一定深度可能会存在承压水突涌的风险，此时就需要对承压层进行减压，使基坑底内的承压层水头降低至安全水头以下。最早采取基坑外降水的方式进行承压层抽水减压，但随着环境保护要求的日趋严格，现在多采用止水帷幕截断承压层或者采用基坑内降水的方式对承压层进行减压。随着基坑深度的增加，对基坑突涌稳定产生影响的承压层埋深逐渐增加，如果仍采用传统的截断承压层的措施，止水帷幕的长度会大幅增加，截断承压层的难度和造价大幅提升，止水帷幕质量也难以保障。而且，在天津市，有黏性土和砂性土互层地区，各含水层之间常出现一定的水力关联，完全截断承压层的难度逐渐增大，因此，越来越多地采取不截断基坑底以下承压层，并在基坑内对基坑底以下承压层抽水，降低承压层水头，满足基坑底抗突涌的安全要求，同时，在基坑外对承压层回灌，使基坑外承压层水头不因基坑内的同层承压层抽水减压而出现过多的下降，避免基坑外地层出现过大沉降。因此，研究承压层抽水减压引发土体变形规律和机理对于控制基坑对周边环境影响十分重要。

2.6.1 承压水降水引起土体变形的工程实例

通过某工程现场的承压层抽水降压现场试验来研究研究承压水降水引起的土体变形。

1. 场区水文地质概况

天津地铁五号线文化中心站位于黄埔南路和乐园道交叉口。场区潜水主要位于②淤泥质土、④黏性土、$⑥_1$ 粉质黏土，水位埋深约 1m，底板埋深约 12m；第一承压层（即承压水层）主要位于粉土$⑧_2$ 层、粉砂$⑨_{21}$ 层，承压水头埋深约 4.5m，顶、底板埋深约 16.5m、29m；第二承压层主要位于粉土$⑪_2$ 层、粉砂$⑪_4$ 层，承压水头埋深约 5.4m，顶、底板埋深为 35.5m、50.5m。典型地质剖面图如图 2.6-1 所示（原图纸内容不清晰，未表现②淤泥质土、④黏性土）。

2. 降水试验

在场区对第一、第二承压层先后开展单井抽水试验，每层的抽水试验又分为 3 个降深，分别为大降深、中降深、小降深；然后又进行了双井抽水试验，试验流程见表 2.6-1。试验中降压井、观测井及孔隙水压力、分层沉降、地面沉降监测点布置见图 2.6-2，其中，W2、W3 分别为第一、二承压层降压井；P2-1～P2-3、P3-1～P3-3 分别为第一、二承压层水位观测井；DCCJ01～DCCJ10 为地面沉

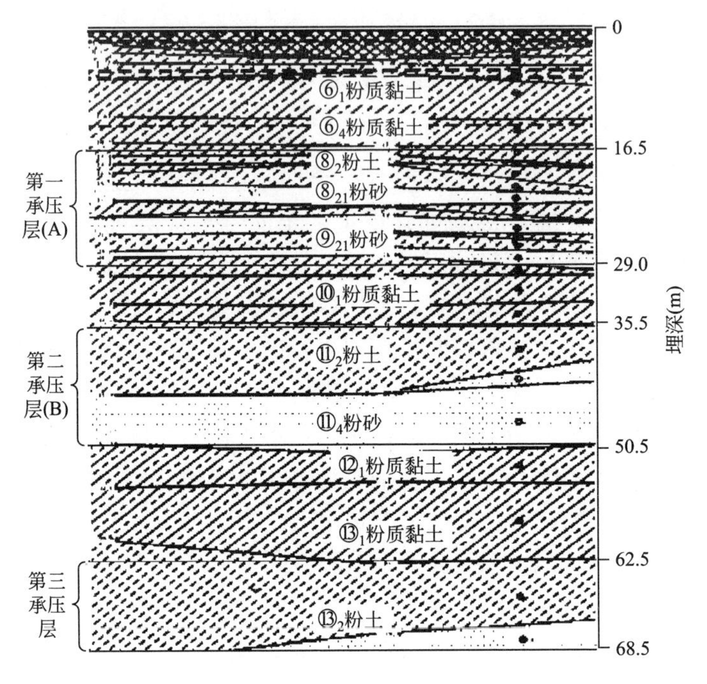

图 2.6-1　典型地质剖面图

降监测点，为了保护测点，将其布置在地表下 2m；分层沉降监测点和分层孔压监测点分别布置了 4 组，每组包括 3 个位置接近的测孔，如 FCCJ1-1～FCCJ1-3、KXS1-1～KXS1-3，3 个位置接近的测孔埋置深度为 4m、8m、12m。

降水试验流程　　**表 2.6-1**

承压层土层	降压井	类型[流量/($m^3 \cdot d^{-1}$)]	时间(月/日/时)
A	W2	大降深(284)	5/7/6～5/9/6
		中降深(203)	5/9/6～5/10/17
		小降深(115)	5/10/17/30～5/12
B	W3	大降深(223)	5/12～5/14
		中降深(130)	5/14～5/16
		小降深(42)	5/16/14～5/18/14
A、B	W2、W3	—	5/18/14～5/24/8

注：表中部分时间只表示月、日。

(1) 土体分层沉降及分层水位降深

在第一承压层大降深抽水试验结束后，该层水位会有一定程度的恢复，如图 2.6-3 所示。而水位恢复阶段的土体分层沉降不在本研究范围，大降深抽水试验结束后土体分层沉降见图 2.6-4，土层各位置处的水位降深见图 2.6-5。

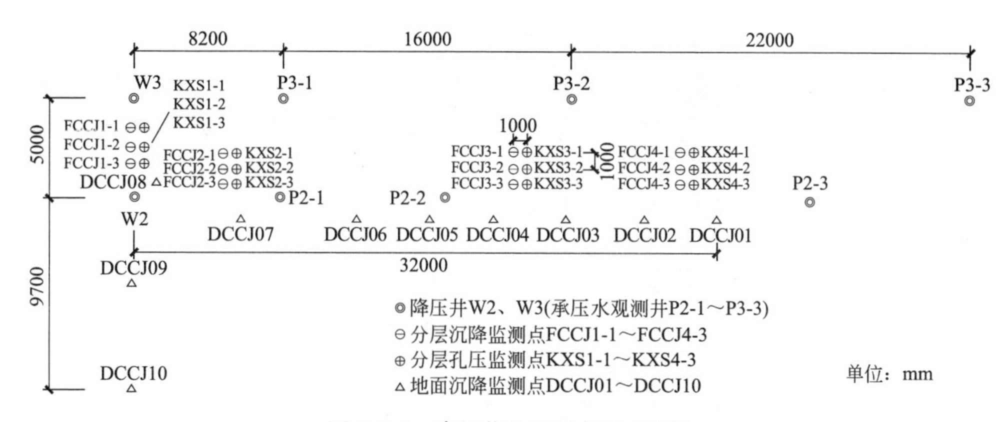

图 2.6-2　降压井及监测点平面布置

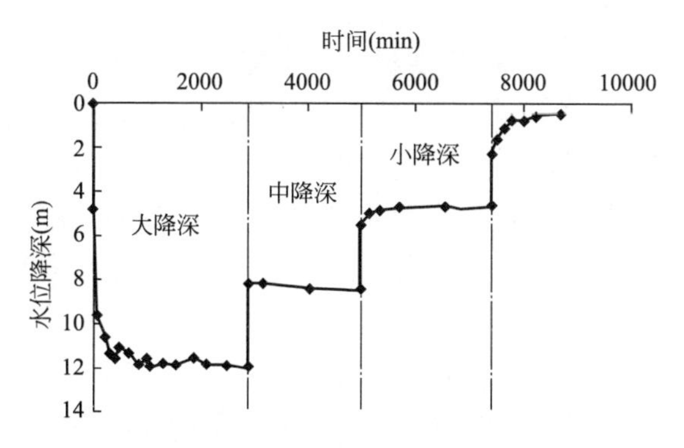

图 2.6-3　W2 降深—时间曲线

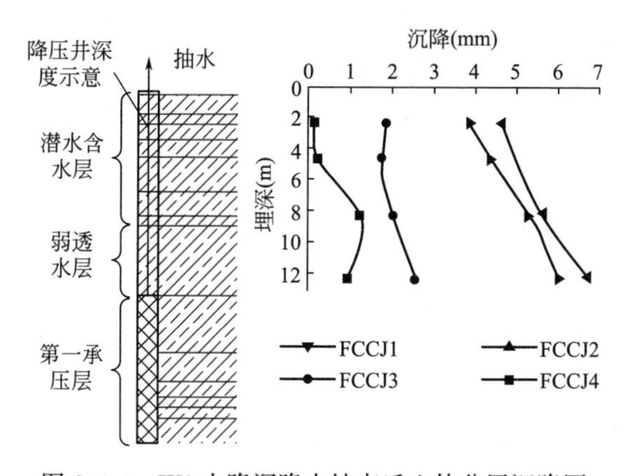

图 2.6-4　W2 大降深降水结束后土体分层沉降图

由图 2.6-5 可以看出，对第一承压层降压使得该层水位下降十分明显，其上覆弱透水层也有一定释水并产生水头下降，与之对应，该两层将发生压缩变形；而潜水含水层（尤其是中上部）的水位降深则不明显（这与承压水抽水时间较短

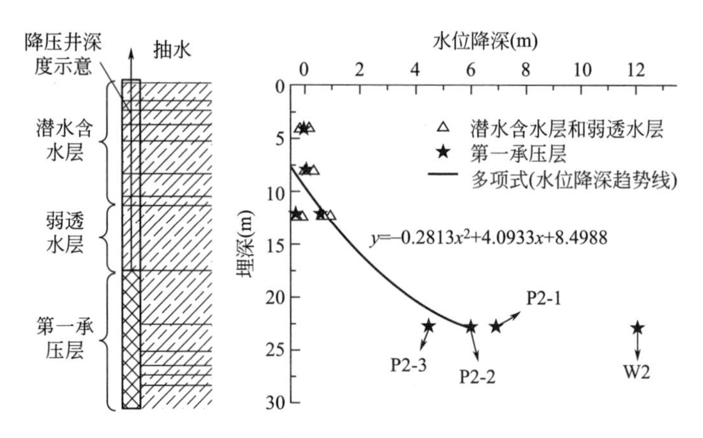

图 2.6-5　W2 大降深降水结束后各土层水位降深

有关），因此，不会发生明显压缩变形，只会随同下卧土层沉降而发生沉降。理论上说，这种沉降的大小应当等于下卧有明显水位降深的土层顶板沉降。但图 2.6-4 表明，越接近地面，土体沉降越小，越靠近抽水中心，这种“上小下大”的分层沉降规律越明显。因此，在潜水含水层中，沿深度方向出现“上小下大”的沉降，意味着沉降“上小下大”分布的深度范围内，土体是产生拉应变，其原因将在后面内容分析。

（2）土层水位升降与土层变形关系

由图 2.6-5 可知，被降压的承压层（粉砂）有明显水位降深，因而该层有明显变形的响应。为研究该层在水位升降条件下的土层变形特征，选取水位降深较大的观测井 P2-1、P3-2（P3-1 在试验过程中失效）及其附近的分层沉降测点 FCCJ2-3，将这 3 个测点在抽水试验过程中的响应时程曲线绘于图 2.6-6 中，由于 FCCJ2-3 埋设于地表下 12m 处，其相对其他沉降测点来说更能反映承压层本身的变形。

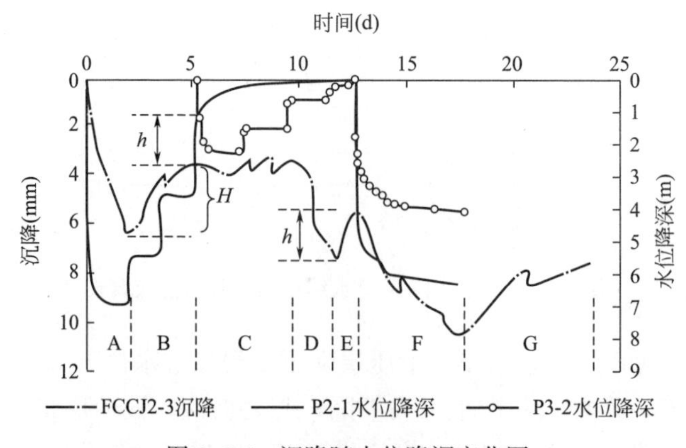

图 2.6-6　沉降随水位降深变化图

将图中 FCCJ2-3 曲线分为 7 个阶段（A～G），各阶段的土层隆沉与水位升降吻合良好。其中：

1）在阶段 A 第一承压层进行大降深降水，该层同步出现线性变形。

2）阶段 B 开始后，承压层水位得到恢复，该层迅速回弹，且回弹速率与沉降速率大致相同。

3）阶段 C 开始后，第二承压层开始抽水，而第一承压层关闭抽水井，进入水位恢复阶段。这个阶段测点的沉降值基本保持不变，说明第一承压层由于水位恢复产生的土层回弹与第二承压层由于水位降低引起的沉降大致相等。

4）阶段 D 开始后，测点的沉降值又开始增大，此时正处于第二承压层的小降深抽水阶段，因而该层应处于回弹状态（如果这时该层出现了之前大降深降水引起的滞后的压缩变形，那么该层在经历大降深后的水位应该已经达到临界水位[26]——该层历史上的最低水位，当该层地下水位下降至临界水位以后，含水层承受的附加应力增加至前期固结压力，其变形速率将发生转折，产生显著压缩变形——但是在 F 阶段中，该层的水位降深更大，却在阶段 G 出现几乎等速率的回弹，这说明该层应当没达到临界水位），第一承压层水位也没有变化，此时该层最可能存在滞后的回弹变形，但 FCCJ2-3 在此时出现沉降，其最有可能是第二承压层上覆弱透水层出现滞后的压缩变形[27]。

5）阶段 E 开始后，沉降测点出现迅速回弹，此时正处于第二承压层降压井刚被关闭的状态，该层地下水位不断恢复，因而这部分变形应为第二承压层回弹所致，进而可以推测第二承压层的回弹变形至少为 h（图 2.6-6），而阶段 C 之所以出现测点的沉降值没有发生变化，是由于第二承压层的压缩变形与第一承压层的回弹变形大致相等，而土层回弹变形至少小于同样条件下压缩变形，到此，可以进一步得出结论：阶段 B、C 第一承压层至少出现（$H+h$）大小的回弹变形，这说明，第一承压层在水位降深约 9m 以内时（实际上更深，因为此时 W2 水位降深达到 12m），基本处于线弹性状态。

6）阶段 F 开始后，进行第一、二承压层双井抽水试验，测点出现同步沉降；而 F 阶段结束，阶段 G 开始后，两承压层中抽水井被关闭，测点出现同步回弹，回弹速率与沉降速率基本相同，由此也可说明，第二承压层在水位降深约 4m 以内时（实际上更深，因为此时 W3 的水位降深达到 10m），基本处于弹性状态。

2.6.2 承压水降水引起土体变形的三维数值计算模型

1. 三维数值计算模型的建立

根据 2.6.1 节中的工程实例，建立承压水降水模型有限元网格见图 2.6-7。

根据 2.6.1 节抽水试验流程，模型模拟步骤见表 2.6-2。

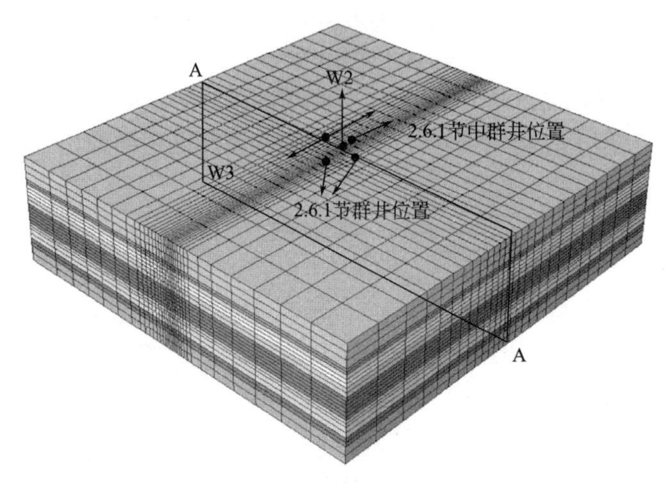

图 2.6-7　承压水降水模型有限元网格

模型模拟步骤　　表 2.6-2

分析步骤	含水层类型	模拟步骤	时间(min)
1	第一承压层	平衡地应力	—
2		W2 大降深抽水	2880
3		W2 中降深抽水	2130
4		W2 小降深抽水	2370
5		W2 停止抽水	300
6	第二承压层	W3 大降深抽水	2880
7		W3 中降深抽水	2880
8		W3 小降深抽水	2910

2. 三维数值计算模型的验证

(1) 水位

利用上节建立的模型对 2.6.1 节中的降水试验进行模拟计算，并用现场降水试验结果对数值模型验证。

图 2.6-8、图 2.6-9 为 W2、W3 抽水试验过程中相应层中观测井（观测井位置见图 2.6-2）水位变化实测值与计算值对比，由于 P3-1 观测井在试验过程中失效，因此没有数据。可以看出，每个观测井的 3 条曲线无论从数值上，还是变化规律上都比较吻合，这一方面说明 Modflow 反演出来的土层渗透系数和贮水率能够反映场地土层的水文特征；另一方面，Abaqus 利用该渗透系数和贮水率建立的渗流模型也得到了校核。

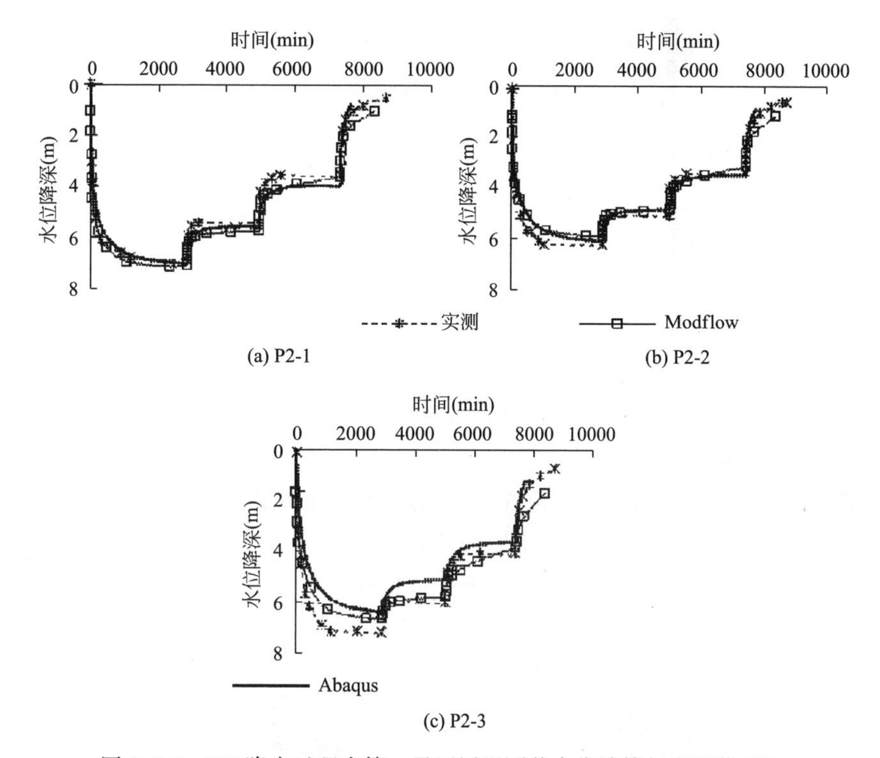

图 2.6-8 W2 降水过程中第一承压层观测井水位计算与实测值对比

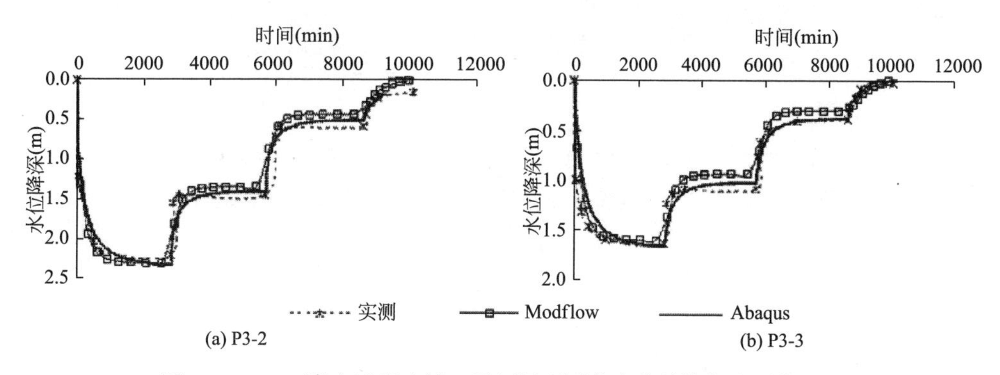

图 2.6-9 W3 降水过程中第二承压层观测井水位计算与实测值对比

(2) 沉降

图 2.6-10 为 W2 大降深降水结束后部分测点地面沉降实测值与计算值对比。由图 2.6-10 可以看出，模型计算值与实测值在距降水井较近时比较接近，而距降水井越远，降水引起的沉降越被高估，这可能与土体在较小应变时具有更高的刚度有关。

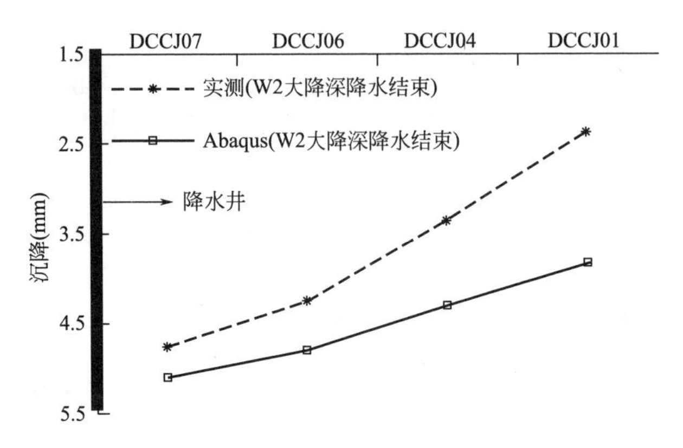

图 2.6-10　W2 大降深降水结束后部分测点地面沉降实测值与计算值对比

(3) 分层沉降

图 2.6-11 为 W2 大降深降水结束后土体分层沉降计算值与实测值对比。图 2.6-12 为 W2 大降深降水结束后土层水位变化计算值与实测值对比，说明用有限元计算得出了与 2.6.1 节中实测值结果一致的结论。

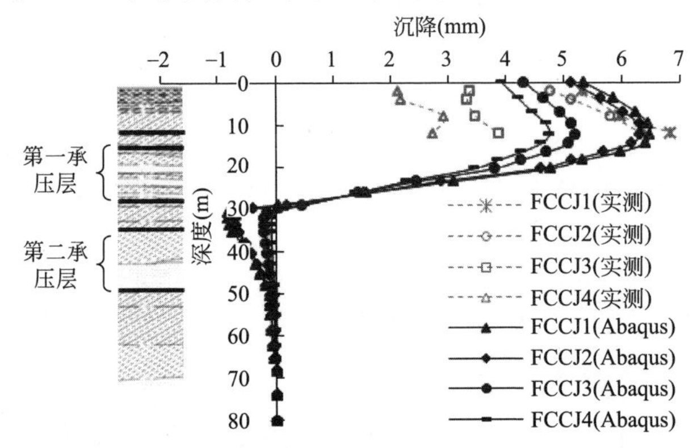

图 2.6-11　W2 大降深降水结束后土体分层沉降计算与实测值对比

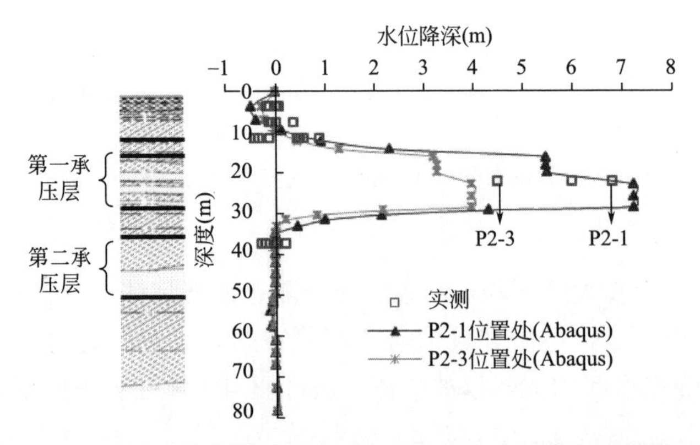

图 2.6-12　W2 大降深降水结束后土层水位变化计算与实测值对比

1）承压层短期降压引起上覆土出现“上小下大”的变形规律，且最大沉降出现在有明显水位降深的土层顶板处，而地表沉降则相对要小。在 FCCJ1、FC-CJ2 监测断面处，实测值与计算值吻合很好，而在距降水井稍远的测点 FCCJ3、FCCJ4 处，计算值与实测值有一定差别，并且降水引起的分层沉降被高估，这可能也与土体在小应变时表现出更大的刚度有关。

2）埋深约 12m 处弱透水层及其下至承压层底板处，土体分层沉降呈现“上大下小”，且在分布的深度范围内，土体产生了拉应变；而承压层底板以下土层出现隆起变形。

3）进行抽水降压的承压层上部一定范围内土体水位出现抬升（图 2.6-12），且同一深度处测点水位（或孔压）有的抬升，有的下降。对于前者，说明为该范围内土体产生了孔隙水压力上升[28]，这是由于抽水区域承压层发生压缩变形引发上部土层向下挠曲、受弯，进而导致上部土层下方水平受拉，上方水平受压，受压一侧土体孔隙水压力因此出现上升。对于后者，是由于实际埋设水位（或孔压）测点时，由于施工的原因，不能保证所有测点都达到设计深度，有的深，有的浅，但是由图 2.6-12 可以看出，在承压层上覆弱透水层厚度范围内水位变化较大（即水力梯度大），因而埋设稍微深的测点会测出水位下降，而埋设稍微浅的测点的则表现出水位抬升。

通过上述分析可知，采用 Abaqus 建立的承压水降水数值模型在地下水渗流和土体变形方面均能较好地反映实际场地土层特性，因而用其研究承压水降水引起的土体变形机理、规律是合理且有意义的。

2.6.3 承压水降水引起土体变形的机理

2.6.1 节和 2.6.2 节分别通过抽水试验实测和有限元计算得到承压层短期抽水降压引起土体“三段式”分层沉降的规律，其中，以前较少注意承压层上覆土体的“上小下大”变形规律和承压层下侧土体隆起现象。下面以 2.6.2 节中用 Abaqus 建立的模型对这两种现象进行机理研究。

1. 承压层上覆土体“上小下大”变形机理

工程中通常用分层总和法计算建筑基础的沉降量，其计算方法可由式（2.6-1）表示：

$$s = \int_0^z \sigma_z / E_s \mathrm{d}z \tag{2.6-1}$$

式中，z 为地基变形计算深度，也就是土体附加应力作用范围，因为根据有效应力原理，土体附加应力产生土体变形；σ_z 为土体附加应力。由于建筑物荷载作用在地表，因此地表以下土体所受附加应力均为压力，且土体附加应力沿深度呈“上大下小”分布，如图 2.6-13 所示，因此计算得出地表沉降最大。

对承压层进行短期抽水降压时，会在承压层高度内产生有效应力增量，W2大降深降水结束后观测井土体附加应力沿深度变化见图 2.6-13。该附加拉应力会导致承压层发生沉降。

由图 2.6-5 可看出，W2 大降深降水结束后，在承压层形成以 W2 为中心的降水漏斗，同样，在第一承压层中会产生以 W2 为中心的与降水漏斗相应的有效应力分布，导致第一承压层产生以 W2 为中心的与降水漏斗形状相似的沉降漏斗（不考虑其上的潜水含水层的影响时）。

但是，由于第一承压层上覆的潜水含水层的存在（相当于具有一定厚度和刚度的上覆厚板），第一承压层顶面的沉降漏斗会导致潜水含水层产生不均匀沉降，潜水层土体产生弯曲变形，并产生土拱现象，随着应力拱的建立，会限制上覆土层的沉降，使上覆土层沉降沿深度呈现“上小下大”分布，如图 2.6-14 所示，从而产生图 2.6-10 所示的 W2 大降深降水结束后的地面沉降，以及不同埋深处的沉降漏斗，如图 2.6-15 所示。

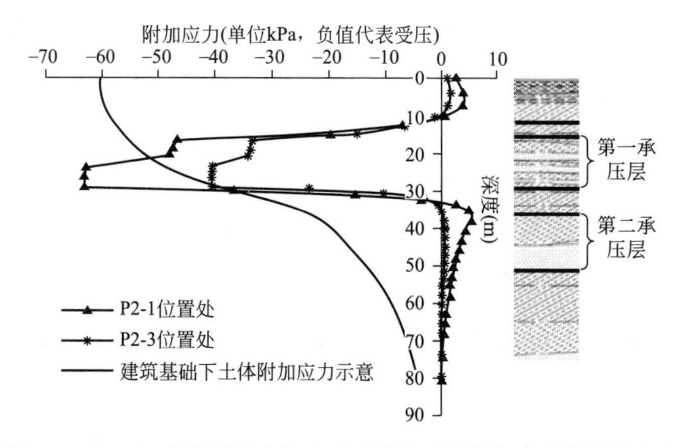

图 2.6-13　W2 大降深降水结束后观测井土体附加应力沿深度变化

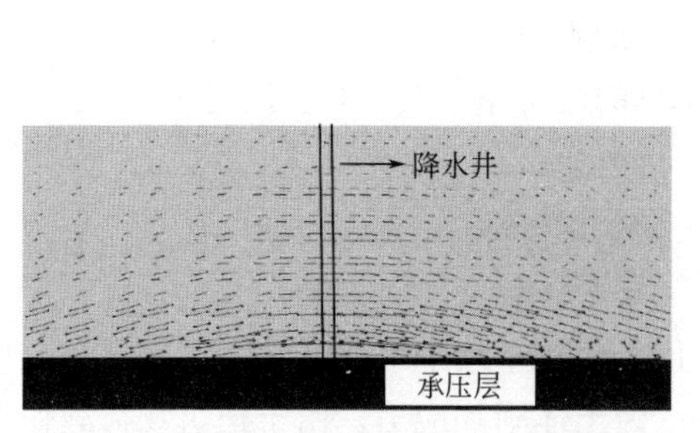

图 2.6-14　第一承压层中大降深结束后其上覆土体中主应力矢量

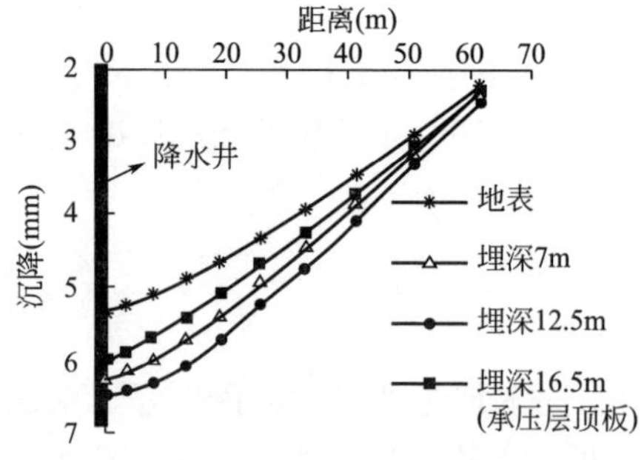

图 2.6-15　不同埋深土体不均匀沉降

综合图 2.6-4、图 2.6-11 和图 2.6-14，弱透水层顶板以上的潜水含水层土体出现“上小下大”的变形规律（图 2.6-13），结合数值分析，得到如图 2.6-13 所示的附加应力沿深度的变化曲线，可见在埋深约 12m（弱透水层顶板）以上土体中出现附加拉应力。但因承压层局部抽水降压导致上覆土层所受到的附加拉应力远远小于其自重应力，虽然出现上覆土层的局部竖向应力卸载现象，但上覆土层与承压层不会出现脱空。

现行的方法是采用分层总和法分析降水引起的地层沉降。但因为以往没有考虑成层土中承压层局部抽水降压时，其上弱透水土层的空间效应，若基于单井或小范围群井抽水试验反演的地表沉降经验系数，并采用分层总和法分析不同深度土层沉降时，将导致承压水局部降压引起的地表以下土体的沉降被低估，在分析承压层抽水减压对隧道及其他地下工程结构的沉降影响时必须注意。

2. 承压层下侧土体隆起机理

通过图 2.6-11 和图 2.6-13 还可看出，W2 井大降深降水结束后，第一承压层下方的弱透水隔水层以及其下方的第二承压层，均产生了向上的回弹变形，产生的土体附加应力为负值，出现了卸荷现象。这显然是因为弱透水层产生向第一承压层的释水，以及其下的第二承压层通过其上弱透水层向第一承压层产生越流，由此产生的自下而上的渗漏力引起的。

2.6.4 小结

上节通过现场实测和数值模拟对超深基坑承压层抽降引发的土体变形进行分析，揭示了承压层抽降引起土体变形机理，得出以下结论：

(1) 通过工程实测发现承压层进行短期降水（若干天）引起的土体变形呈现出“三段式”的特点：水位降深不明显的承压层上覆土体出现“上小下大”的变形规律，且最大沉降出现在有明显水位降深的土层顶板处，而地表沉降则相对较小；水位降深明显的承压层土体出现“上大下小”的变形规律，即承压层顶板沉降最大，承压层底板沉降最小；承压层下侧弱透水层土体出现隆起现象。

(2) 承压层抽（降）水引起土体变形的机理：承压层降水压使得其上土体出现不均匀沉降，并产生“土拱效应”，承压层上覆一定范围土体因而出现附加拉应力，在其作用下，土体出现张拉变形，此为承压层降压其上土体出现“上小下大”变形的根本原因。对于有降水的承压层，则会产生正常的“上大下小”的沉降分布。承压层短期降水压后可发生较大水位降深，导致其下土层产生向第一承压层的越流，并形成向上的渗流力，使弱透水层及其下卧层产生回弹变形。

2.7 基坑变形对邻近隧道的影响及不同支护结构变形对比分析

为保证既有地铁区间隧道及地铁车站安全运行，对车站及隧道结构变形要求十分严格。邻近既有地铁结构的深大基坑给运营地铁的保护工作带来全新挑战。然而，基坑开挖导致的卸荷效应将引起周边地表及深层土体产生较大位移，引起邻近地铁隧道、车站及其附属结构等产生不均匀变形，甚至发生开裂破坏，影响地铁结构，给运营安全造成隐患[24]。

目前我国针对基坑围护结构变形的相关规范要求是控制其最大变形。然而，由 2.5 节的分析可以看出，即使围护结构产生的最大水平位移相同，但由于围护结构的不同变形模式，基坑外地表沉降、深层土体水平和竖向位移、土体扰动影响范围，以及邻近建（构）筑物变形，也会存在较大差异。

基坑内不同的围护结构变形形式也将引起基坑外的既有隧道结构产生不同程度的变形。因此，分析基坑开挖对邻近既有隧道结构的影响，不能仅仅控制围护结构的最大位移，还要考虑围护结构不同变形模式产生的影响。采用考虑土体小应变刚度特性的 HSS 本构模型，建立包含基坑及盾构隧道的整体模型，针对不同围护结构变形模式下基坑开挖引起的坑外既有隧道变形进行精细化分析，研究各种围护结构变形模式下坑外不同距离、不同深度处隧道的变形特点及分布规律，并结合既有隧道变形控制标准，分别将 4 种变形下隧道产生过大位移的影响范围进行划分和比较，可以为实际基坑设计过程中，针对隧道位置选择合理围护结构变形模式，减小基坑开挖对既有隧道的影响提供参考依据。

相关规范也对坑外地铁变形影响分区给出粗略划分，如现行规范《既有轨道交通盾构隧道结构安全保护技术规程》T/CCES36[24] 给出了一个相对具体的分级影响区，根据既有隧道外部施工活动的接近程度，将其分为强烈影响区（A）、显著影响区（B）和一般影响区（C），并针对深埋矿山法和盾构法隧道进行了影响区划分。现行国家标准《城市轨道交通工程监测技术规范》GB 50911[25] 则针对基坑开挖对环境影响给出了分区建议，将基坑外划分为主要影响区（Ⅰ）、次要影响区（Ⅱ）和可能影响区（Ⅲ）。

在基坑围护结构的最大变形相同时，由于基坑围护结构不同变形模式、变形大小、不同变形控制标准等因素，基坑施工引起的邻近隧道的变形也会呈现不同的规律，并导致影响区产生变化。下面对基坑围护结构不同变形模式对变形影响区的影响进行分析。

2.7.1 基坑变形对邻近隧道影响计算模型

为研究基坑开挖对邻近隧道的影响，采用 Plaxis 有限元软件进行建模计算。仍然采用 2.5 节中的算例。模型中基坑的开挖深度为 18m，考虑对称性取 1/2 基坑尺寸进行建模，坑内宽度取 30m。同时，模型坑外半径取 120m，约为 6.7 倍开挖深度，而坑底以下取 3 倍挖深，即 54m，模型尺寸如图 2.7-1 所示，需要指出的是：为便于绘图，图 2.7-1 在水平方向未按比例绘制。

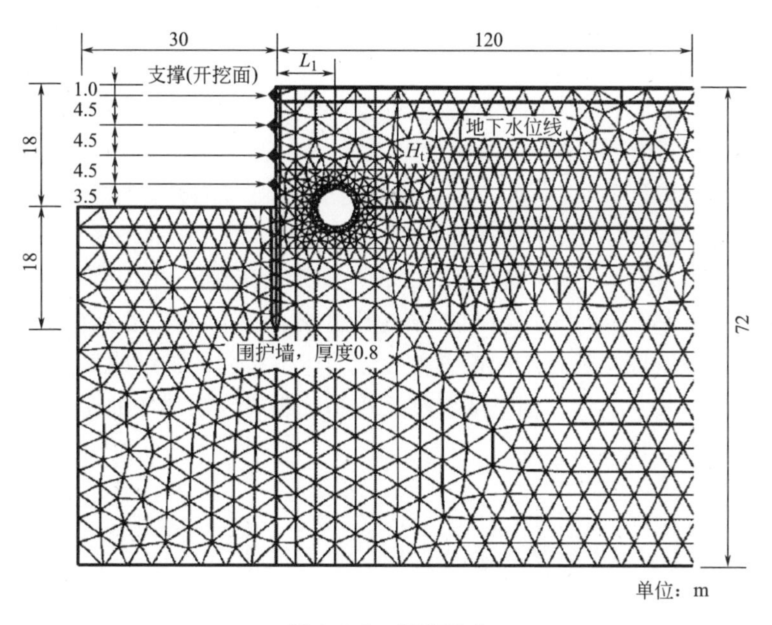

图 2.7-1 模型尺寸

模型中的土体采用 Plaxis 有限元软件中的小应变硬化模型（HSS）进行模拟，并选取天津市区土层中典型的粉质黏土层参数。模型中坑外既有隧道以天津地铁 2、3 号线实际设计为依据，管片外径 6.2m、管片厚度 0.35m。采用等效刚度法模拟既有隧道，假定混凝土管片在基坑开挖过程中一直处于弹性变形阶段，定义盾构隧道横向刚度有效率为 75%，用其反映管片间接头存在对既有隧道变形产生的影响。弹性模量取为 C50 混凝土模量值（E_{C50}=34.5GPa）的 75%，即 E=0.75、E_{C50}=25.875GPa，泊松比为 0.2。

为了分析基坑开挖对坑外不同位置隧道变形的影响规律，定义隧道中心距围护结构水平距离为 L_t、隧道中心埋置深度为 H_t，分别选取 8 种不同 L_t 值，包括 6m（0.33H）、9m（0.5H）、12m（0.67H）、15m（0.83H）、21m（1.17H）、27m（1.5H）、33m（1.83H）和 39m（2.17H）及 5 种不同 H_t 值，包括 9m（0.5H）、18m（1H）、27m（1.5H）、36m（2H）和 45m（2.5H）分

别组合，组成 40 种工况，H 为基坑深度，为 18m。其中，隧道中心埋深最浅为 9m，即隧道拱顶覆土厚度约为 1 倍管片外径的浅埋隧道；隧道中心距围护结构水平距离最小为 6m，即两者之间净距约为 0.5 倍管片外径。深度 36m、45m 虽然目前实际工程中很少采用，在此主要是为了对比考虑加大隧道埋深后的影响。

2.7.2 围护结构内凸变形下坑外既有隧道的变形特性

1. 不同位置处隧道变形特性

首先，以内凸变形为例，分析其引起的坑外既有隧道的变形规律，然后，再与其他围护结构变形引起的坑外既有隧道变形进行对比分析。

为对比内凸变形下不同位置处隧道的变形特性，将基坑开挖完成后不同位置处的隧道变形示意图绘制在同一图中（变形放大 200 倍），并在隧道关键位置处标注相应的位移值，如图 2.7-2 所示[23]。图中规定拱顶、拱底为竖向位移值，以隆起为正、沉降为负，而左右拱腰为水平位移值，以指向基坑方向移动为正，反之为负。需要指出的是：为便于绘图，隧道水平方向与深度并未按照相同比例绘制。

从图 2.7-2 中可以看出，当围护结构产生内凸变形时，墙顶位移几乎为 0，最大位移出现在坑底附近，不同位置处隧道均产生指向围护结构最大位移处的移动和相应的自身相对变形。但是随着隧道距基坑距离以及埋深的变化，不同位置处的隧道变形特性也有所差异。

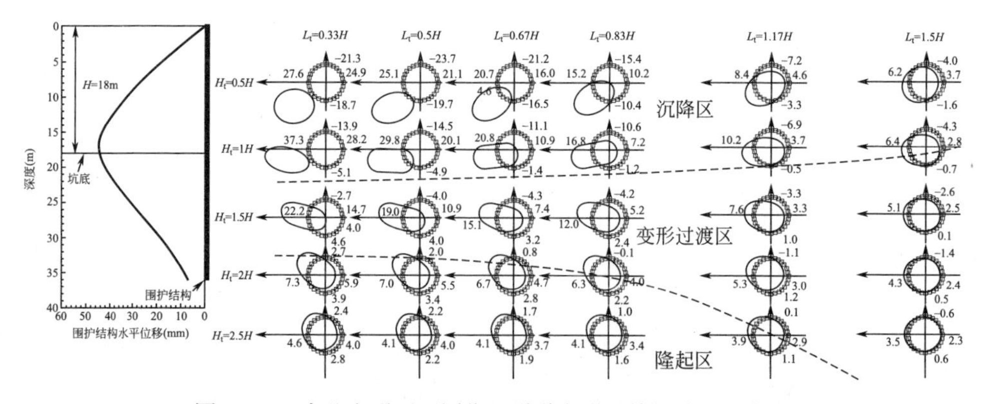

图 2.7-2 内凸变形下不同位置隧道变形及特性分区示意图

内凸变形下不同位置隧道变形及特性分区示意图见图 2.7-2。对于浅埋隧道（$H_t=0.5H$）而言，由于其位于基坑开挖面以上，当基坑开挖完成后，隧道在竖向均产生沉降，并且自身产生椭圆形相对变形以及一定程度的旋转。值得注意的是，当隧道距离基坑较近时（如 $L_t=0.33H$），由基坑开挖引起的隧道自身相对变形与其余位置相比相对较小，隧道主要表现为整体移动。根据 2.5 节内容，围护结构内凸变形下，坑外靠近基坑处的浅层土体，其水平位移随着距围护结构距离的增加而逐渐增大（紧邻围护结构的浅层土体存在水平方向的受压区），直至一定范围外才变为随距离增加，位移逐渐减小（土体在水平方向受拉）。地表下浅层土体受压区的存在对区域内的既有隧道水平方向卸荷产生一定的补偿作用，使得隧道更多表现为整体移动，而没有产生明显的自身相对变形。

当隧道中心埋深位于基坑开挖面深度处时（$H_t=1H$），隧道仍表现为沉降，但是由于围护结构在坑底变形达到最大，坑外土体在水平方向卸荷明显，导致该深度处的隧道产生比较显著的水平位移和自身相对变形。随着隧道埋置深度的增加，深层土体受基坑开挖卸荷影响产生隆起变形，隧道拱底逐渐由沉降过渡为上抬变形，形成拱顶沉降、拱底上抬的变形状态，此时隧道均产生一定程度的顺时针方向旋转。而当隧道中心埋深超过围护结构底部时，隧道拱顶也变为隆起状态，但此时基坑开挖对隧道变形的影响相对较弱，引起的隧道位移及自身相对变形均较小。

根据在围护结构内凸变形下，坑外不同位置既有隧道变形特性的描述，结合隧道拱顶、拱底的竖向变形规律，可以将距基坑较近范围内，不同位置处的隧道划分为 3 个变形特征区域，如图 2.7-2 所示。

（1）沉降区：是从浅层至坑底开挖面以下一定深度以内的区域，基坑开挖完成后隧道的拱顶、拱底均表现为下沉，隧道产生沉降变形。处于该区域内的隧道，尤其是浅埋隧道，竖向表现为明显的沉降变形，同时其水平位移也比较显著，两个方向的位移均需被关注。随着深度增加，受围护结构内凸变形影响，隧道水平位移逐渐增加，而沉降逐渐减小，水平位移成为隧道变形的主要因素。

（2）变形过渡区：该区域位于沉降区以下的一定范围内，主要表现为基坑开挖完成后，隧道拱顶下沉，拱底上抬，隧道由浅层的沉降变形逐渐向深层隆起变形过渡，故定义为变形过渡区。该区域内，隧道中心的竖向位移不大，但受围护结构变形影响，隧道水平方向仍存在较大的位移，因此，对该区域内的隧道，应更多关注其水平方向的变形情况。

（3）隆起区：受基坑开挖卸荷作用的影响，围护结构墙底附近及墙底以下深度的土体产生隆起，导致相应位置处隧道拱顶、拱底均呈上抬变形，但由于影响较弱，与沉降区及过渡区相比，隧道的隆起变形值很小。并且隆起区在水平方向的扩展范围有限，水平方向距墙底 1 倍挖深范围之外的隧道隆起变形可几乎被忽略。

由分析可知，隧道位置不同，受基坑开挖影响的变形特性也有差异。沉降区内的隧道，尤其是浅埋隧道，其水平位移与沉降均较大，而变形过渡区内的隧道则更应重视其水平方向的位移，因此，在实际工程中应结合隧道所处位置区别处理，制定合适的隧道保护方案。

内凸变形下隧道最大位移等值线分布图见图 2.7-3。根据相关规范，地铁两侧邻近 3m 内不能进行任何工程，因此隧道应位于基坑围护结构 3m 以外，隧道中心距围护结构最近距离为 0.33H（约 6m）。通常隧道埋深不应小于 1 倍隧道外径，因此，隧道应位于地表下 1 倍隧道外径以下区域，故隧道中心埋深最浅为 0.5H（约 9m）。

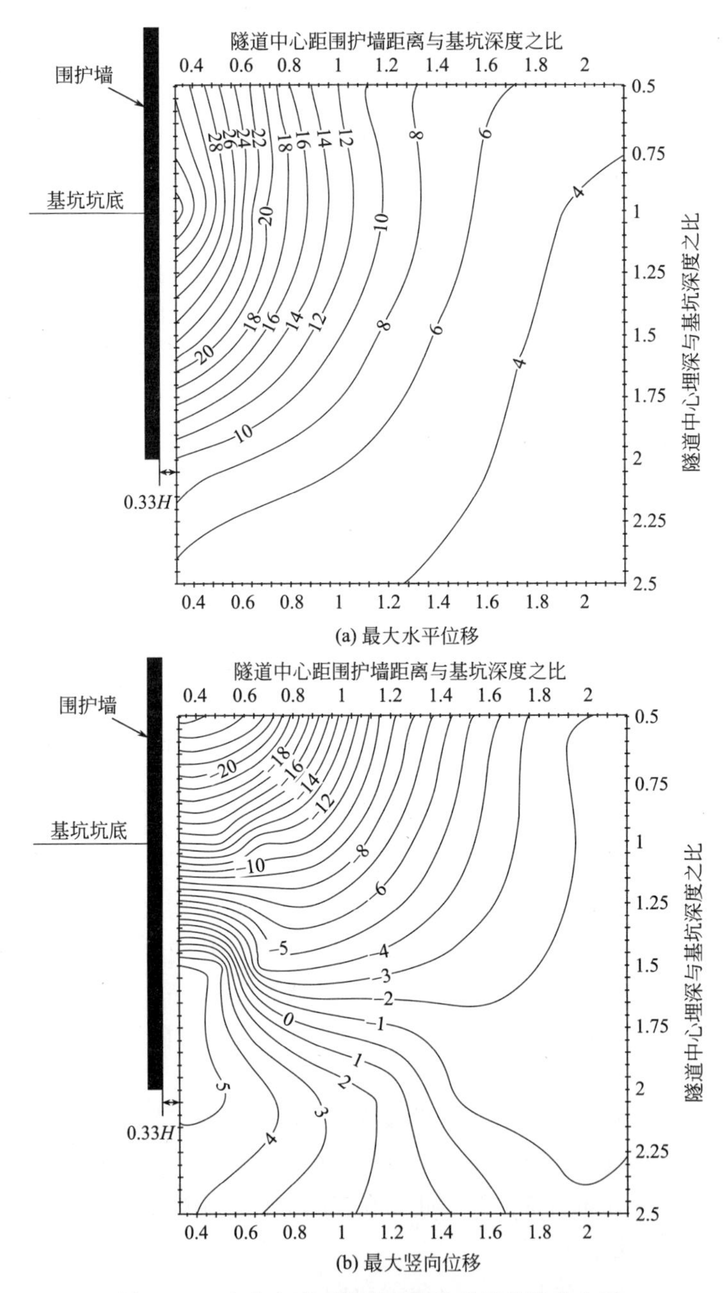

图 2.7-3　内凸变形下隧道最大位移等值线分布图

注：等值线数据单位为 mm。

从图 2.7-3 可以看出，当围护结构产生内凸变形时，隧道水平位移的最大值出现在紧邻基坑的坑底开挖面，表示隧道中心埋深位于坑底深度附近时，受围护结构内凸变形影响产生的水平位移最大，并随着距离的增加，位移值逐渐减小。隧道竖向位移则随着深度增加，沉降值逐渐减小，并且在坑底以下一定深度范围内过渡为隆起变形，但最大隆起值仅为 5mm 左右，说明此时隧道受基坑开挖的卸荷作用影响较小。

2. 隧道位移影响区划分

由于既有隧道结构对附加变形控制要求极高，上海市的地方规范[29] 要求地铁结构设施的绝对沉降量以及水平位移量均应小于 20mm；上海广场项目[30] 则将下卧隧道的水平位移和竖向位移的报警值定为±10mm，而两个方向的位移值必须控制在±20mm 以内。参考上述规定及类似工程项目的控制要求，规定基坑开挖时，坑外既有隧道最大水平和竖向位移的警戒值为±10mm，控制值为±20mm。此外，结合上海及广州的相似工程，对隧道收敛变形及两轨横向高差也进行监测，参考相应控制标准规定隧道收敛控制值为 20mm，两轨高差控制值为 2mm。

基坑开挖完成后，坑外既有隧道水平位移和沉降达到警戒值和控制值时的位移等值线分别绘制在图 2.7-4 中。从图 2.7-4 中可以看出，当围护结构发生内凸变形时，无论对于警戒值，还是控制值，与隧道沉降相比基坑开挖引起坑外既有

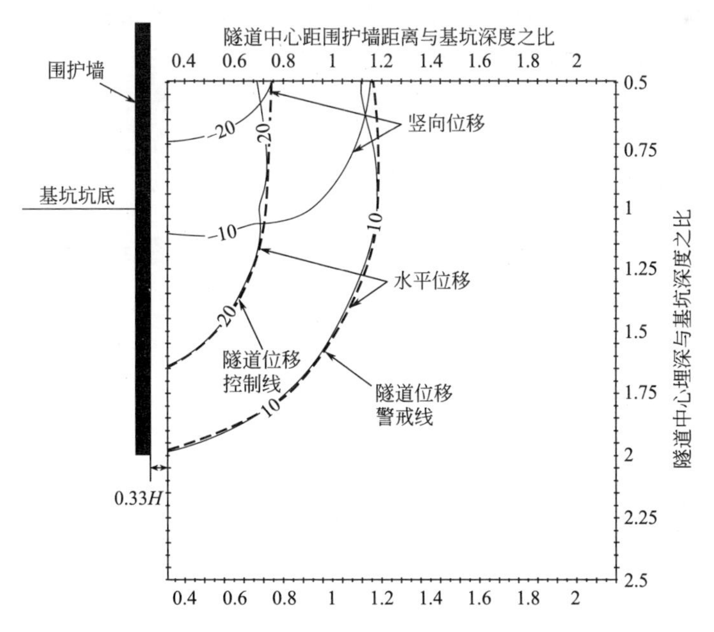

图 2.7-4 坑外既有隧道位移影响区划分

注：图中曲线上的数据单位为 mm。

隧道的水平位移影响范围更大，仅在埋深较浅时隧道沉降的影响范围略大于水平位移的影响范围。

将隧道沉降及水平位移分别达到±10mm警戒值时等值线所包络的范围以一条曲线近似代替，定义为隧道位移警戒线，当隧道中心点位于警戒线以外时，隧道受基坑开挖影响所产生的最大沉降及水平位移均小于警戒值，基坑开挖不会对结构安全造成严重威胁，此范围为隧道安全区；同样，可以近似定义一条曲线作为隧道位移控制线，包络隧道达到±20mm控制值时的等值线，该曲线以内的区域为危险区，对于中心点位于该区域内的隧道，其位移将会超过控制值，因此，在基坑施工过程中必须采取相应措施对隧道进行保护与修复，使隧道位移满足控制要求；而位于控制线与警戒线之间区域则为警戒区，在其内的隧道虽然位移尚未达到控制值，但应引起人们的高度重视，采取有效的防范措施，制定应急处理方案，防止隧道变形继续增加。

可以看出，在围护结构为内凸变形模式下，无论隧道的位移控制线，还是警戒线，均由隧道的水平位移影响范围确定，仅在浅层土体中由隧道的沉降影响范围控制。

根据计算结果可知，围护结构产生内凸变形，坑外不同位置隧道均随之发生水平直径拉伸、竖向直径压缩的相对变形，并产生不同程度的旋转。当围护结构最大位移为45mm时，不同位置隧道的水平和竖向直径收敛值的最大值仅达到9.89mm，远小于20mm的隧道收敛控制值；而两轨高差最大值约为1.64mm，也小于两轨间2mm的高差控制值。因此可以看出，在围护结构内凸变形下，当围护结构的最大位移为45mm时，应重点关注隧道的水平及竖向位移，尤其是隧道的水平向位移，必要时，应采取措施控制其发展；而对于隧道收敛以及两轨高差应密切监测，防止其超过相应的控制标准。

2.7.3 不同支护结构变形下基坑开挖对既有隧道变形影响

将在前述内凸变形的基础上进一步探讨悬臂变形、复合变形、踢脚变形对坑外既有隧道变形的影响，并将相应的位移影响范围进行对比分析，深入了解不同围护结构变形下坑外既有隧道的变形分布规律。

在内凸变形的基础上，通过在合理范围内调整水平支撑刚度、水平支撑标高和围护结构刚度等方法，在围护结构最大位移保持45mm不变的前提下，得到其余3种典型围护结构变形。

1. 悬臂变形下隧道变形特性及影响范围

图2.7-5为悬臂变形下，不同位置的隧道变形及特性分区示意图（变形放大200倍）。图2.7-6为悬臂变形下隧道产生的最大水平位移和最大竖向位移等值线图。

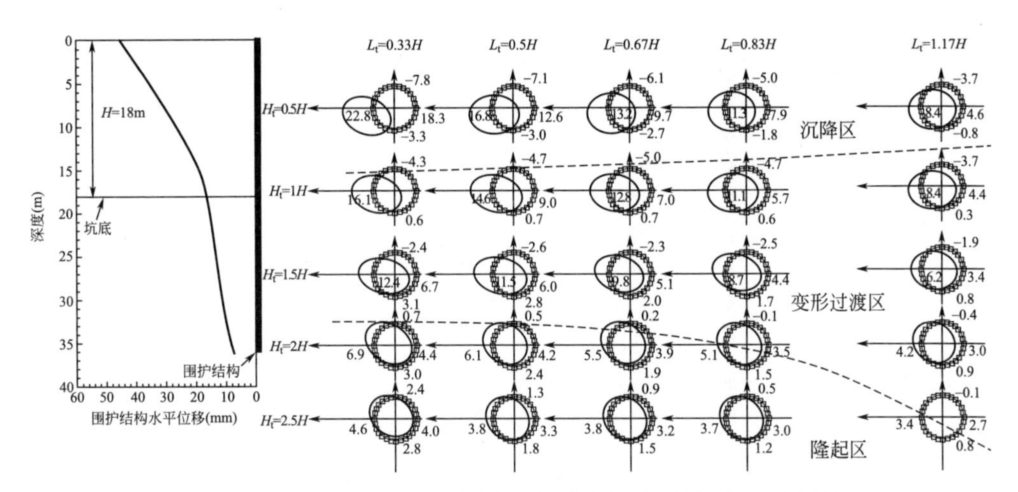

图 2.7-5 悬臂变形下，不同位置的隧道变形及特性分区示意图

结合图 2.7-5、图 2.7-6 可以看出：当围护结构是顶部位移最大、随深度增加位移逐渐减小的悬臂变形时，坑外既有隧道也表现为浅埋隧道（$H_t=0.5H$）的变形最大，随着埋深增加变形逐渐减小的趋势，即悬臂变形对浅埋隧道的位移影响更明显。

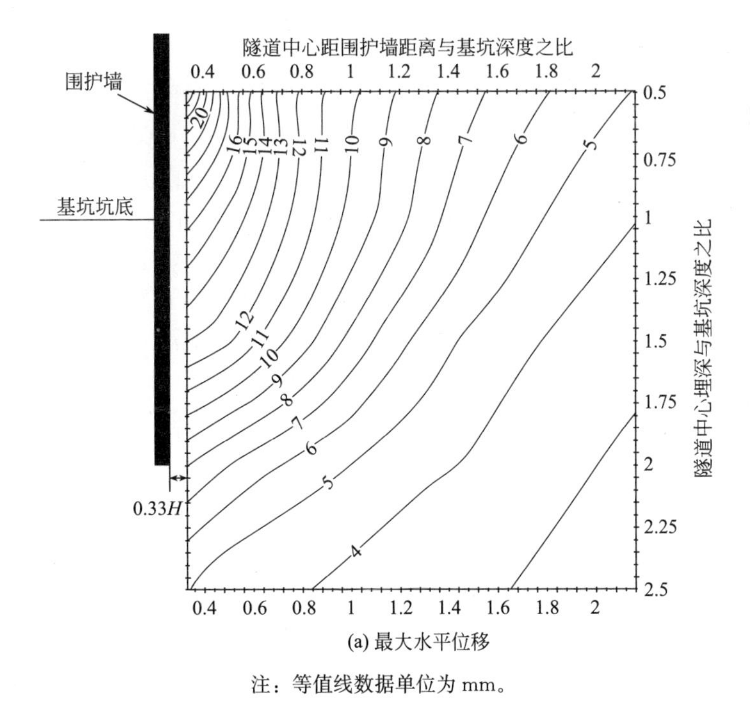

(a) 最大水平位移

注：等值线数据单位为 mm。

图 2.7-6 悬臂变形下隧道产生的最大水平位移和最大竖向位移等值线图（一）

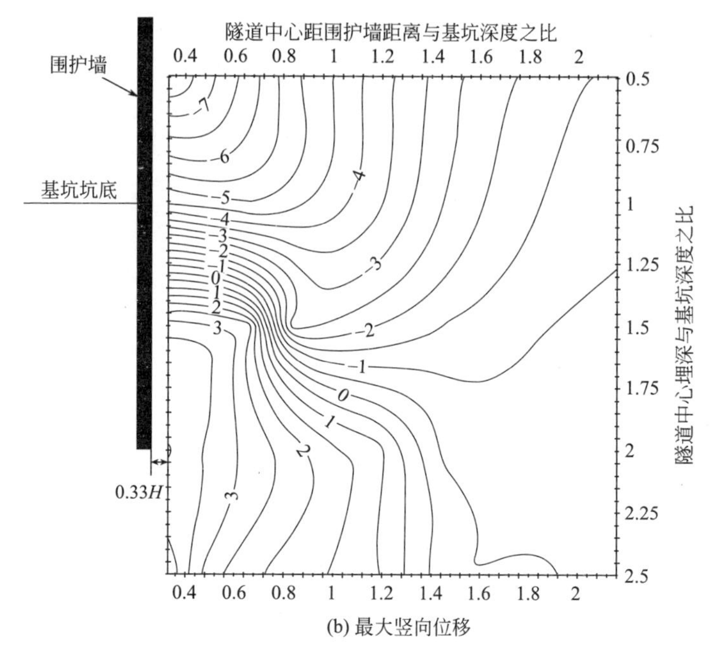

(b) 最大竖向位移

注：等值线数据单位为 mm。

图 2.7-6 悬臂变形下隧道产生的最大水平位移和最大竖向位移等值线图（二）

总体而言，围护结构悬臂变形下坑外隧道的位移以水平位移为主，并在整体位移和自身相对变形方面均明显小于内凸变形。由于围护结构的最大位移出现在顶部，只引起坑外近基坑处的浅层土体产生较大的变形，而隧道通常存在一定的埋置深度，受围护结构的变形影响相应减弱，尤其是对于隧道的竖向变形，最大沉降值小于 8mm。与内凸变形相似，悬臂变形坑外隧道变形特性同样可以分为沉降区、变形过渡区和隆起区，但是与内凸变形的各区范围相比，悬臂变形中沉降区的深度明显较小，位于开挖面以上，变形过渡区范围增加。

图 2.7-7 为悬臂变形下隧道位移影响区划分示意图。可以看出，与内凸变形相比，隧道产生 10mm 和 20mm 的水平位移等值线范围明显更小，尤其是隧道水平位移超过 20mm 的范围非常有限，仅出现在靠近围护结构的一小块浅层区域内。并且由于隧道产生的最大沉降不超过 8mm，最大隆起小于 5mm，低于±10mm 的位移警戒值，导致隧道的位移警戒线与控制线完全由隧道的水平位移等值线确定，表明当围护结构产生悬臂变形时，人们应更多关注坑外隧道在水平方向上的位移，并有针对性地采取措施减小其水平移动。悬臂变形下，围护结构最大位移达到 45mm 时，不同位置隧道的水平和竖向直径收敛值的最大值仅为 5.85mm，远小于 20mm 的隧道收敛控制值；而两轨高差最大值约为 0.87mm，也小于两轨间 2mm 的高差控制值。因此，当围护结构产生悬臂变形，最大位移为 45mm 时，应重点注意隧道的水平位移，采取措施防止其产生

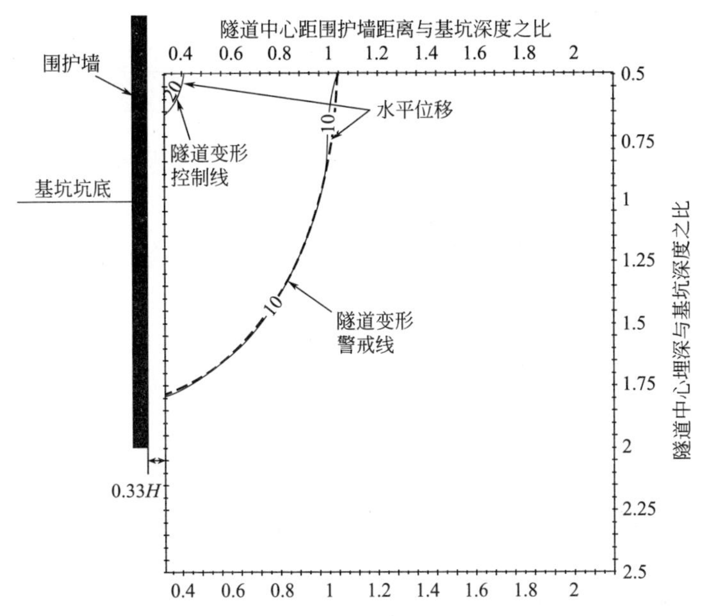

图 2.7-7 悬臂变形下隧道位移影响区划分示意图

注：图中曲线上的数据单位为 mm。

超过控制标准的移动，同时对于隧道竖向位移、收敛变形及两轨高差进行密切监测。

2. 复合变形下隧道变形特性及影响区范围

图 2.7-8 为复合变形下坑外不同位置隧道变形和特性分区示意图（变形放大 200 倍）；图 2.7-9 为复合变形下隧道最大位移等值线分布图。

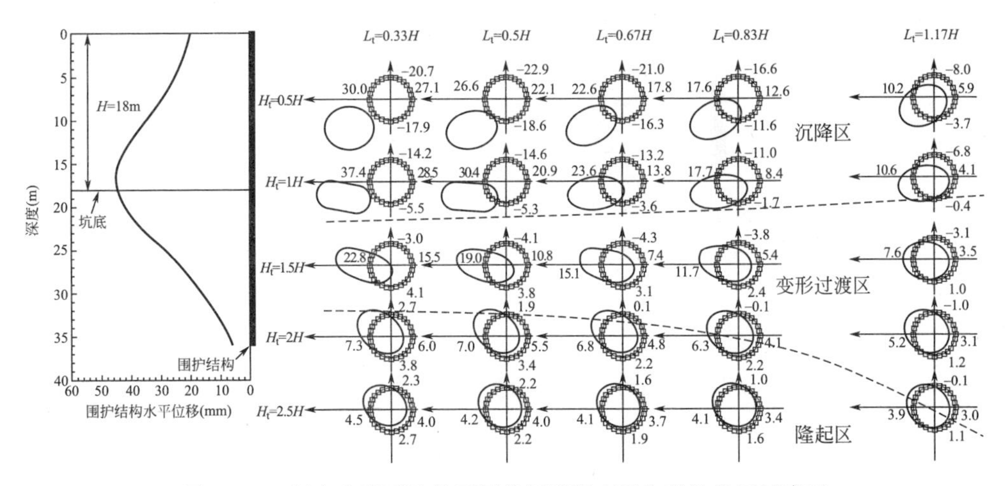

图 2.7-8 复合变形下坑外不同位置隧道变形和特性分区示意图

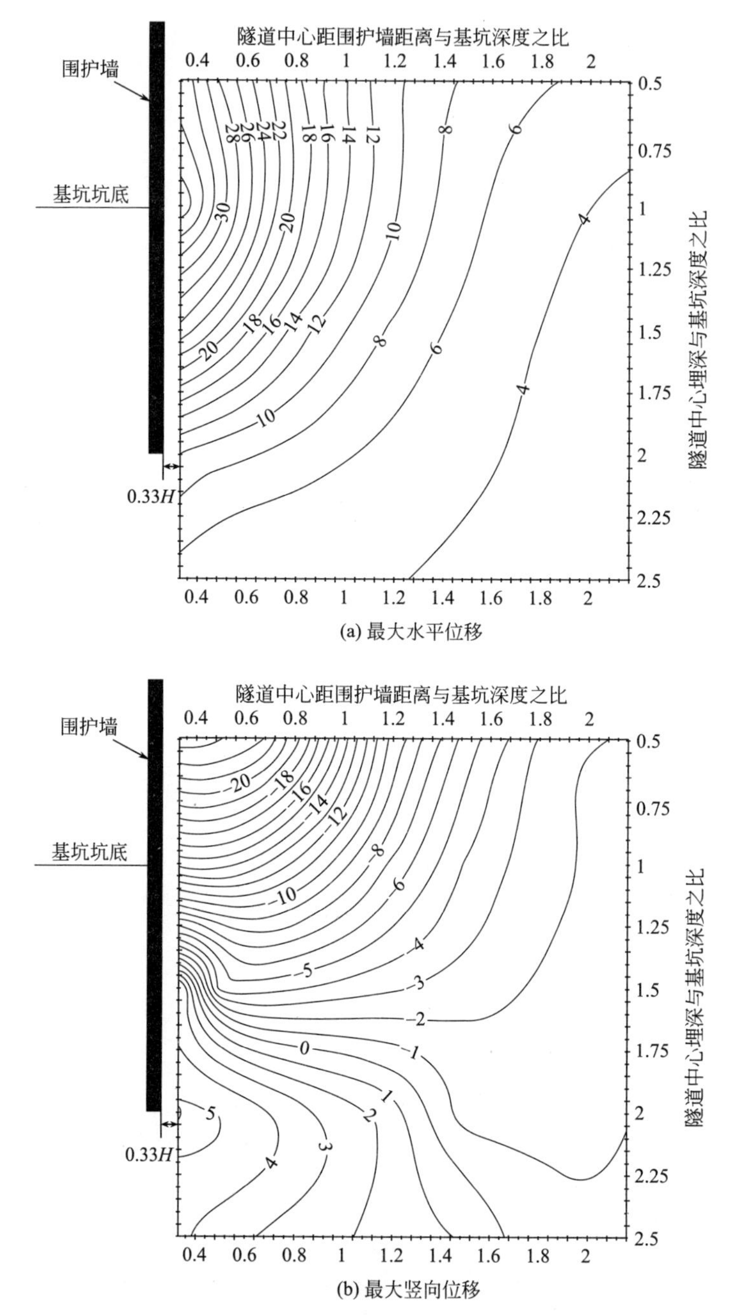

图 2.7-9　复合变形下隧道最大位移等值线分布图

注：等值线数据单位为 mm。

复合变形与内凸变形相似，墙身最大位移出现在坑底附近，区别在于复合变形下围护结构顶部会产生一定的位移。因此，通过比较可以看出，复合变形引起的坑外不同位置处隧道变形特性和位移等值线分布与内凸变形趋势相似，尤其对于坑底及坑底以下深度的隧道，其水平和竖向位移基本相同，导致沉降区、变形过渡区及隆起区的分布也趋于一致。仅对于浅埋隧道（$H_t=0.5H$）而言，由于围护结构顶部的位移引起隧道产生更大的水平方向移动，需要引起注意。

图 2.7-10 为复合变形下隧道位移影响区划分示意图。与内凸变形略有不同，在内凸变形下，当隧道埋深较浅时，隧道沉降的影响范围略大于水平位移，位移警戒线和控制线在浅层需根据沉降的影响范围确定，在达到一定深度后曲线才由水平位移曲线控制。而在复合变形下，水平位移超过 10mm 和 20mm 的等值线范围均大于相同条件下的沉降等值线范围，无论浅层还是深层，隧道变形控制主控条件由隧道水平位移控制。

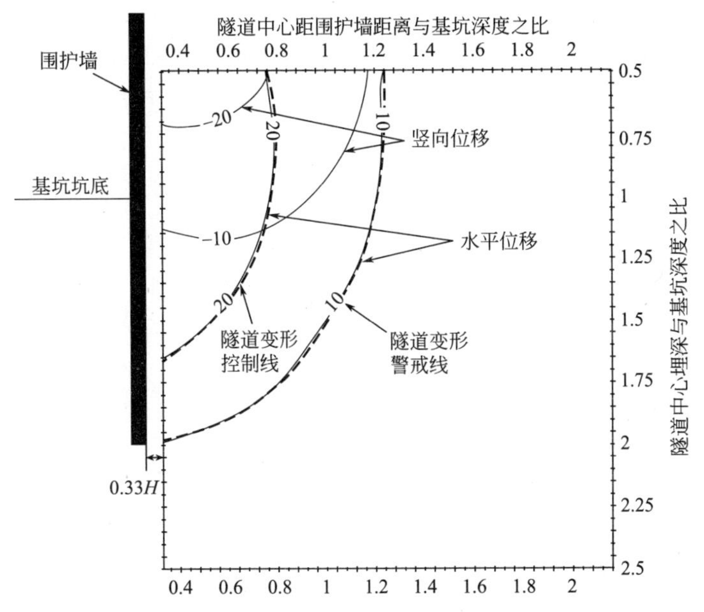

图 2.7-10 复合变形下隧道位移影响区划分示意图

注：图中曲线上的数据单位为 mm。

围护结构产生复合变形，最大位移达到 45mm 时，不同位置处隧道的水平和竖向直径收敛值的最大值约为 9.75mm，远小于 20mm 的隧道收敛控制值；而两轨高差最大值约为 1.68mm，也小于两轨间 2mm 的高差控制值。与内凸变形相似，对于坑外不同位置处的既有隧道同样应关注并限制其水平及竖向位移，尤其是水平向位移的发展，同时，对于隧道收敛变形和两轨高差也应密切监测。

3. 踢脚变形下隧道变形特性及影响范围

图 2.7-11 为踢脚变形下坑外不同位置既有隧道变形及特性分区示意图（变

形放大 200 倍）；图 2.7-12 为踢脚变形下隧道产生的最大水平位移和最大竖向位移等值线图。

结合图 2.7-11、图 2.7-12 可以看出，当围护结构发生踢脚变形时，与内凸变形相比，坑外隧道的变形在整体位移与自身相对变形方面均明显更大，且变形特性分布情况也有较大的不同。踢脚变形下隧道产生最大水平位移的位置位于坑底以下一定深度，但高于围护结构底部，其原因是：在紧邻围护结构处，坑外土体最大水平位移出现在墙底，并且随着水平距离增加，土体最大位移逐渐向上转移。而在实际中，隧道通常与围护结构存在一定距离，因而最大水平位移出现在墙底深度以上。受踢脚变形的影响，坑外隧道拱顶和拱底均产生沉降的区域与内凸变形相比也明显增加，隧道沉降区的范围显著增大，而相应的变形过渡区和隆起区位置均向下转移，并且影响范围明显减小。同时，隧道自身相对变形与内凸变形相比也显著增加，尤其是在墙底附近的隧道，变形更加剧烈。值得注意的是：对于近基坑处的浅埋隧道，受周围土体水平挤压作用的影响，隧道表现为竖向拉伸水平压缩的相对变形，与隧道施工完成时的竖向压缩水平拉伸的变形相反，但变形量较小。

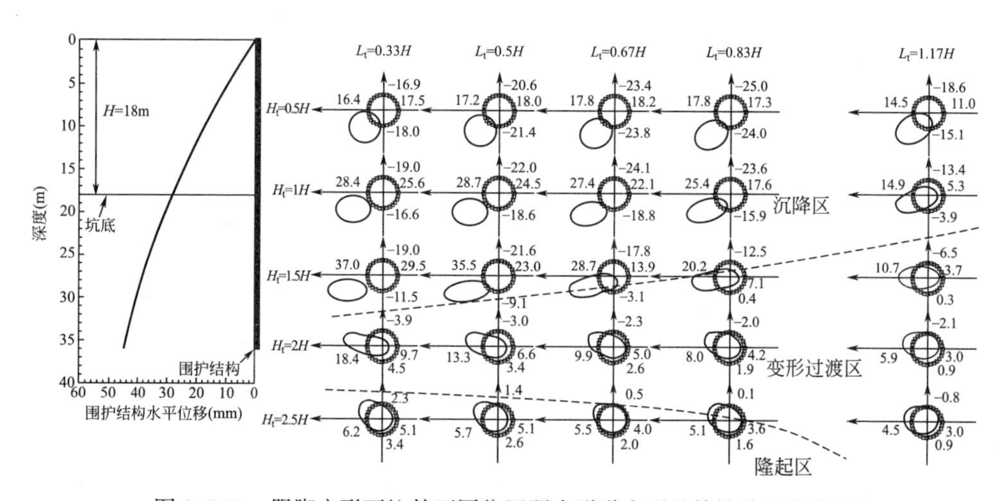

图 2.7-11　踢脚变形下坑外不同位置既有隧道变形及特性分区示意图

总体而言，当围护结构发生踢脚变形时，将引起坑外隧道产生更加剧烈的变形，尤其对于墙底深度附近的深埋隧道极为不利，应尽量避免。

图 2.7-13 为踢脚变形下隧道位移影响区划分示意图。与内凸变形相比，踢脚变形下隧道位移警戒线和控制线均由隧道的沉降与水平位移分布等值线综合绘制而成，浅层由沉降等值线控制，深层则由水平位移等值线控制。可以看出，踢脚变形下隧道沉降与水平位移分别达到 10mm 和 20mm 的水平及深度范围均比内凸变形有明显的增加，尤其是沉降的影响范围，导致隧道位移警戒线和控制线

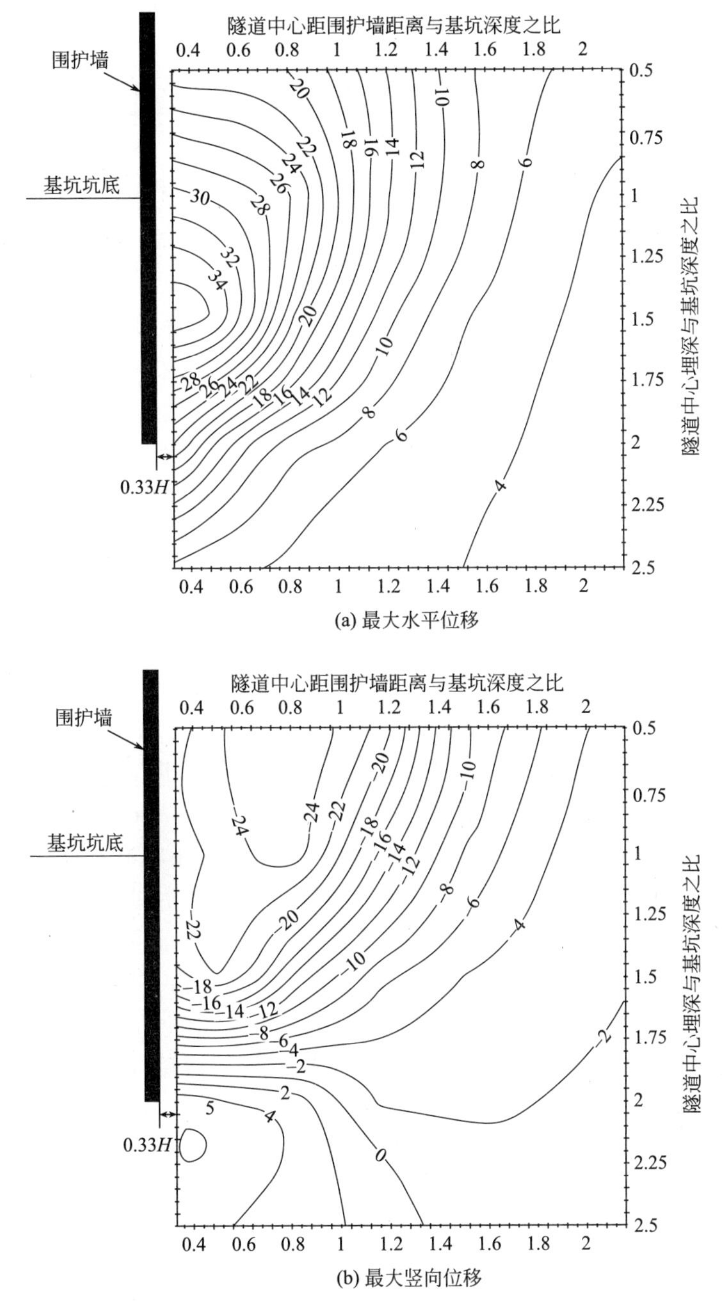

图 2.7-12 踢脚变形下隧道产生的最大水平位移和最大竖向位移等值线图

注：等值线数据单位为 mm。

在坑底开挖面深度以上的区域均是由沉降等值线构成的，可见踢脚变形对坑外隧道的竖向变形影响更加剧烈。

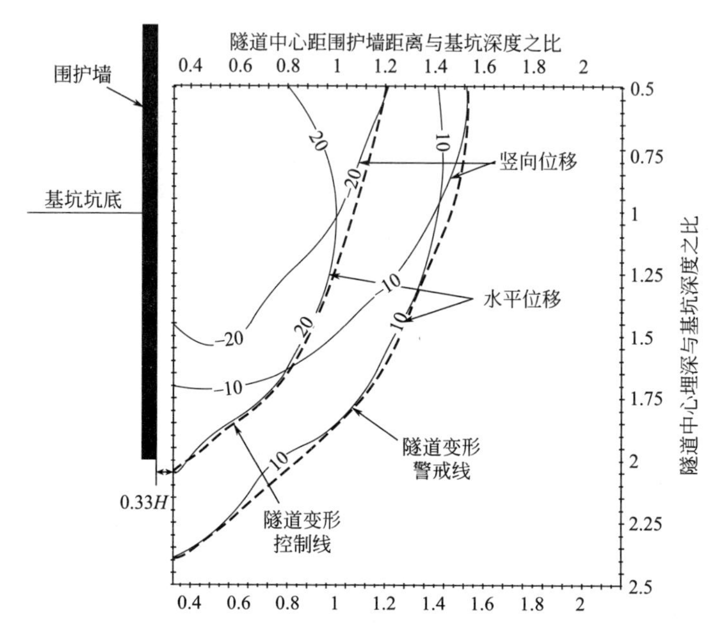

图 2.7-13 踢脚变形下隧道位移影响区划分示意图

注：等值线数据单位为 mm。

当围护结构发生踢脚变形，且最大位移达到 45mm 时，不同位置处隧道的水平或竖向直径收敛值的最大值约为 14.81mm，小于 20mm 的隧道收敛控制值。但是两轨高差最大值也达到 3.04mm，位置出现在中心埋深 1.5H、水平中心距 0.67H 处，超过两轨间 2mm 的高差控制值，因此，对此区域附近的隧道需要采取措施，限制其两轨高差发展，保护地铁车辆安全行驶。综上分析，在踢脚变形下，围护结构最大位移达到 45mm 时，坑外的既有隧道除了水平及竖向位移会超过位移控制值外，部分区域两轨高差也会超过控制要求，需要采取措施限制。而隧道的收敛变形虽然未超过控制要求，但也应密切监测。

4. 不同模式引起的坑外隧道位移影响区比较

通过大量数值分析并结合 24 个工程实测结果，提出了不同围护结构变形下，基坑开挖对基坑外隧道的变形影响分区，如图 2.7-14 所示。围护结构最大水平位移和隧道位移控制标准相同的条件下，针对隧道产生相同的变形，悬臂变形影响区范围最小、最浅；复合变形和内凸变形下影响区次之，且差异不大；踢脚变形下影响区范围最大。因此，对基坑外邻近处有埋深较大的隧道时，围护结构悬臂变形对隧道的影响最小，踢脚变形对隧道的影响最大，并应针对性控制隧道结构变形，从而更好地保护基坑外的既有隧道。

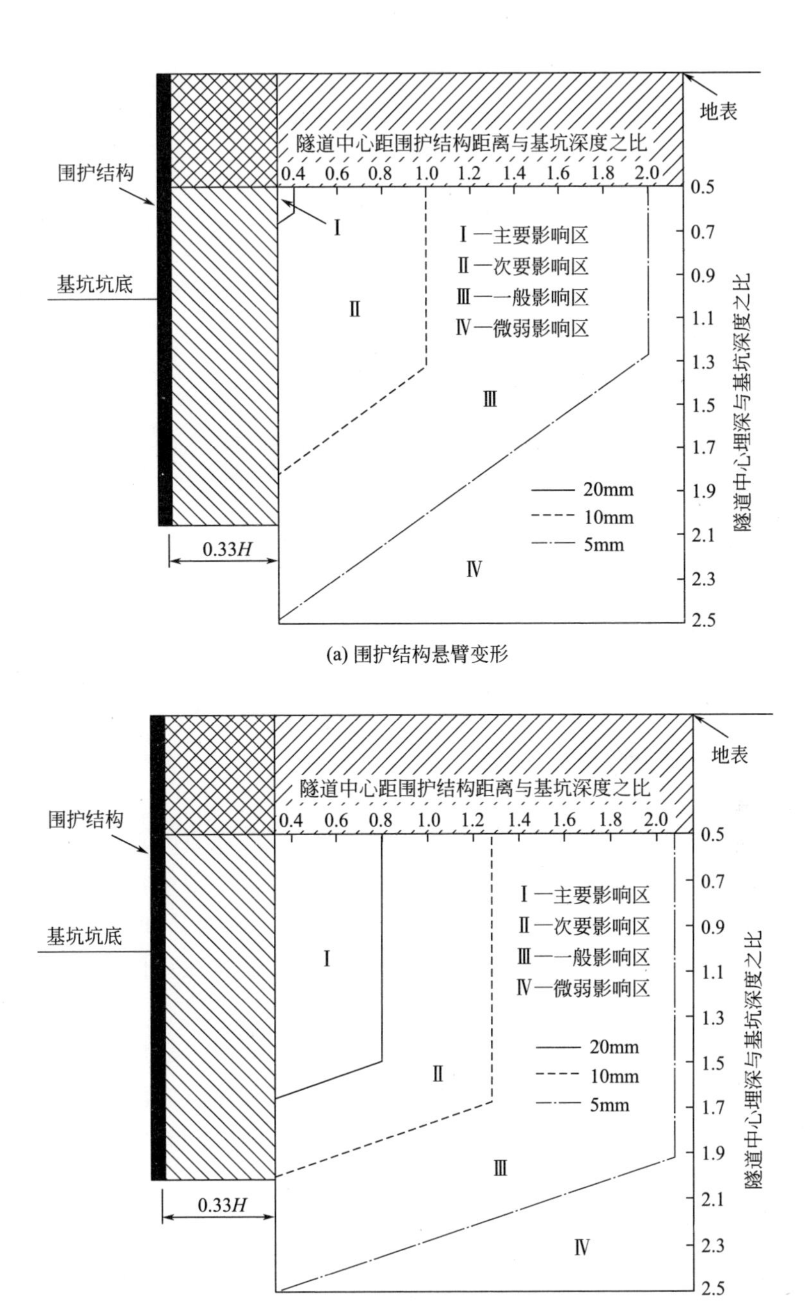

(a) 围护结构悬臂变形

(b) 围护结构复合变形

图 2.7-14 围护结构不同变形下隧道变形影响区（一）

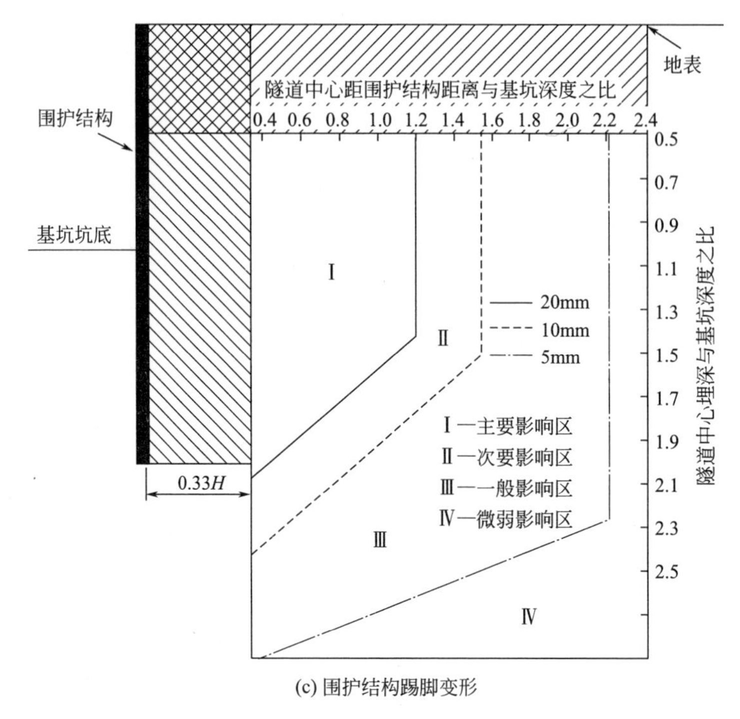

(c) 围护结构踢脚变形

图 2.7-14　围护结构不同变形下隧道变形影响区（二）

2.7.4　小结

为了研究不同围护结构变形下，基坑开挖对邻近既有隧道的影响，在考虑土体的小应变刚度特性的基础上，对隧道的变形进行了精细化分析，针对 4 种典型的围护结构变形，分析了围护结构最大水平变形值相同时，不同围护结构变形下坑外不同位置隧道的变形特性及位移影响范围。在算例条件下，得出以下结论：

（1）基坑开挖将引起坑外既有隧道产生变形，根据隧道拱顶、拱底的竖向变形特点，将变形划分为沉降区、变形过渡区、隆起区。内凸变形下，沉降区内的浅埋隧道沉降明显，总位移包括水平位移和沉降，随着深度增加，沉降减小，水平位移成为隧道变形的主要因素；变形过渡区内，隧道拱顶下沉，拱底上抬，隧道中心的竖向位移不大，隧道位移以水平方向为主；而隆起区内，隧道受基坑开挖卸荷作用的影响较弱，隆起变形很小，且范围只扩展至墙底和墙底以下。

（2）在围护结构 4 种变形中，根据拱顶、拱底的竖向变形特点，可将隧道变形按深度分为沉降区、变形过渡区、隆起区。复合变形下各区域的范围及特点与内凸变形基本相同；悬臂变形对坑外隧道竖向位移影响较弱，沉降区范围明显减小，隧道位移以水平位移为主；踢脚变形中由于围护结构最大位移出现在墙底，导致坑外的沉降区域明显增加，变形过渡区及隆起区位置向下转移，且影响范围明显减小。

（3）对于内凸变形、复合变形及踢脚变形，坑外靠近基坑处一定范围内的浅层土体由于受到围护结构上部变形的制约作用影响，导致该范围内土体产生水平方向的压应变，进而对此区域内的既有隧道变形有一定的约束作用，使得隧道更多表现为整体移动，踢脚变形下的隧道甚至产生竖向直径拉伸、水平直径压缩的相对变形。

（4）针对 4 种变形引起的隧道位移影响范围而言，悬臂变形下影响范围最小；内凸变形与复合变形下的影响范围基本相同，大于悬臂变形的影响范围，仅由于复合变形允许墙顶产生一定的位移，导致浅埋隧道的影响范围大于内凸变形的影响范围；而踢脚变形下对坑外隧道的位移影响范围最大，在工程中应尽量避免。

（5）围护结构变形，同时也会引起隧道产生收敛变形及轨道高差变化。当围护结构最大位移为 45mm 时，与收敛变形相比，悬臂变形引起的变化最小，内凸变形引起的变化和复合变形引起的变化居中，踢脚变形引起的变化最大，不过，所有变形均未超过控制标准的要求。而针对轨道高差变化，影响规律同收敛变形相同，但在踢脚变形下，局部区域内隧道的轨道高差已超过控制要求，因此，应尽量避免围护结构产生踢脚变形。

（6）在基坑实际使用过程中，仅限制基坑围护结构的最大水平位移并不能全面反映围护结构变形对坑外既有隧道的影响，同时，应结合既有隧道与基坑的相对位置，选择合理的基坑支护体系方案，既控制基坑围护结构最大变形，也控制围护结构变形，减小对隧道扰动，保护隧道安全。同时，在设计施工过程中应保证围护结构刚度及入土深度，并尽量减小最后一道水平支撑与开挖面之间的距离，坑底以下有软土时可进行坑底土体加固，避免产生踢脚变形，防止对隧道产生不利影响。

2.8 基坑变形对邻近不同距离与角度建筑物的影响分析

基坑开挖深度相同，而围护结构及支撑系统的差异将使得围护结构发生不同变形，坑外土体及邻近建筑物的变形也将存在差异[21-23]。更进一步，基坑周边建筑物即使完全相同，但其与基坑的距离、相对角度不同，建筑物对基坑变形的响应（包括变形特点、损伤程度）也可能存在显著差异。

2.8.1 建筑物与基坑边的相对位置关系

天津地铁 3 号线昆明路站平面布置图如图 2.8-1 所示。在天津地铁 3 号线昆明路站的基坑工程中，基坑长 311m、宽 32.4m，开挖深度为 17.3～19.2m，基坑周边密布民宅及公共建筑，其中，最近一座建筑距离基坑仅 5.8m，且由于这些建筑历史悠久，经历过地震，对地基土体变形的耐受能力差，如何合理地保护这些建筑成了该工程的难点[31]。

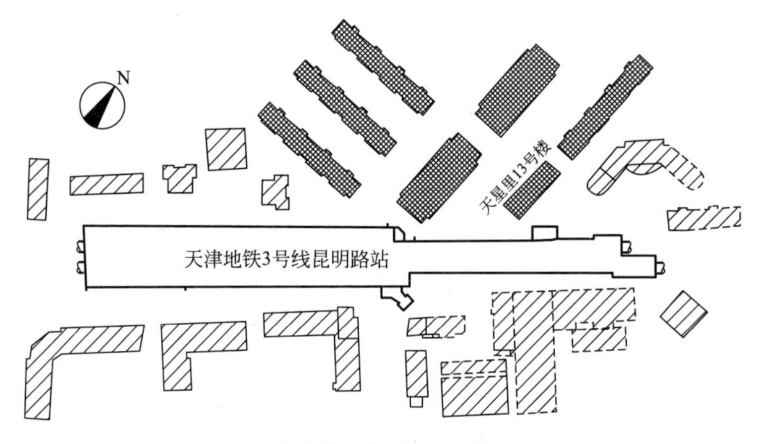

图 2.8-1 天津地铁 3 号线昆明路站平面布置图

为了研究与基坑边成不同角度、不同距离的建筑物受到基坑开挖的影响，取建筑物一角点作为参考点，如图 2.8-2 所示的 O 点，该参考点距地下连续墙的距离 D 分别取 1m、3m、6m、9m、12m、18m、24m 和 30m，且对应于每一距离 D，以 O 点为圆心，取建筑物纵墙与地下连续墙之间的夹角 α 分别为 0°、30°、45°、60°和 90°进行计算与分析。$\alpha=0°$时，建筑物纵墙与基坑边平行；$\alpha=90°$时，

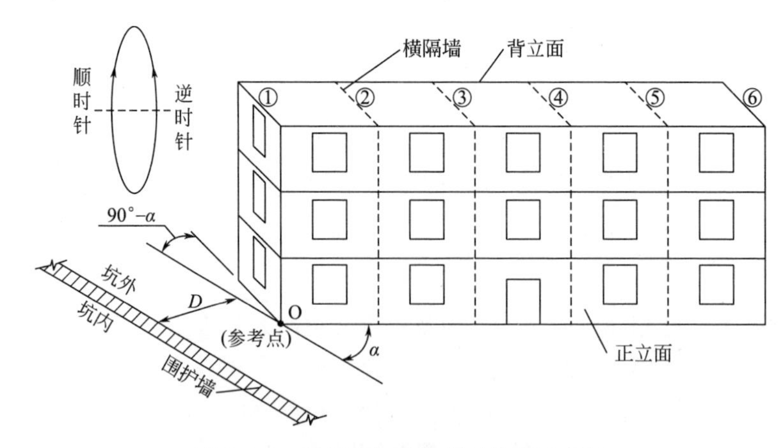

图 2.8-2 建筑物与基坑相对位置示意图

建筑物纵墙与基坑边垂直。

2.8.2 建筑物墙体沉降变形特点

对于与基坑边呈现不同角度的建筑物，在距基坑边不同距离时，其墙体沉降分布曲线如图 2.8-3 所示。基坑周边建筑物的存在对坑外土体的沉降变形趋势影

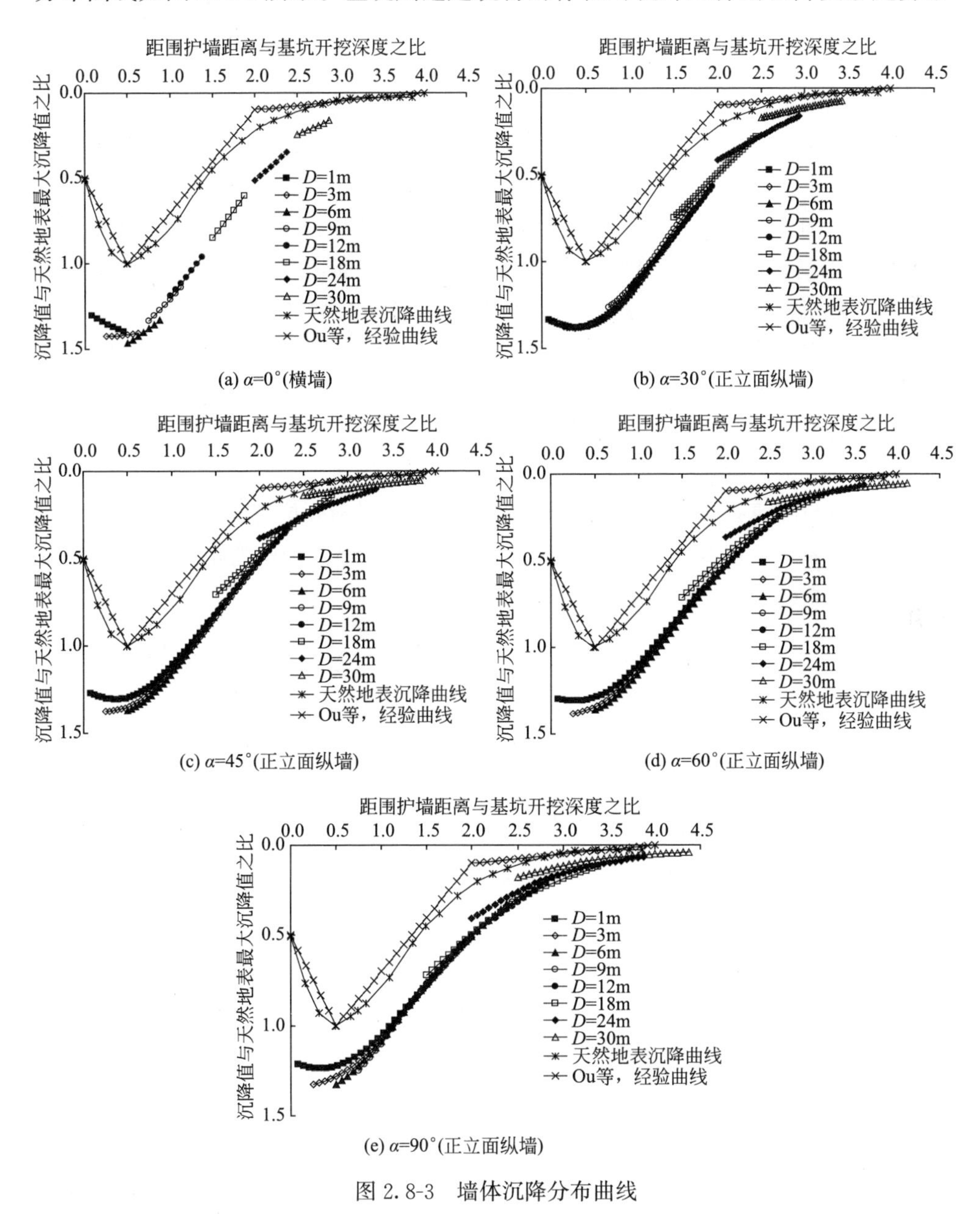

图 2.8-3 墙体沉降分布曲线

响不大，墙体沉降曲线变化趋势与天然地面沉降曲线变化趋势基本一致，但在坑外沉降槽最低点及沉降曲线的上凸区域，由于建筑物自身的刚度约束，使得该区域沉降挠曲程度显著降低，沉降曲线更为平缓。

同时，对比不同角度建筑物变化可知，随着建筑物纵墙与基坑边之间夹角的增大，建筑物对坑外土体沉降曲线的调整作用也逐渐增大。当建筑物横墙垂直于基坑边时（$\alpha=0°$），建筑物对坑外土体沉降的调整作用最小，当建筑物纵墙垂直于基坑边时（$\alpha=90°$），其调整作用则最强。这表明随着建筑物在垂直于基坑边方向长度的增大，建筑物的存在对坑外土体沉降的调整作用愈加显著。值得注意的是，在建筑物自重作用下，坑外沉降槽的主要影响区范围扩大至 3 倍的基坑开挖深度。

此外，随着建筑物与基坑边夹角 α 的增大，建筑物自重的影响对坑外土体沉降的增大幅度逐渐减小，且沉降值增幅介于天然地面沉降最大值的 1/3～1/2，其中，当建筑物纵墙平行于基坑边时，建筑物的存在对坑外土体沉降值的最大增幅可达天然地面沉降最大值的 1/2；而当建筑物纵墙垂直于基坑边时，最大增幅约达天然地面沉降最大值的 1/3。

2.8.3 建筑物墙体挠曲变形特点

为了分析建筑物因基坑开挖产生的挠曲变形，对不同位置建筑物采用纵墙相对挠度曲线表达，研究纵墙墙体相对其两端发生的相对挠曲变形，如图 2.8-4、图 2.8-5 所示。

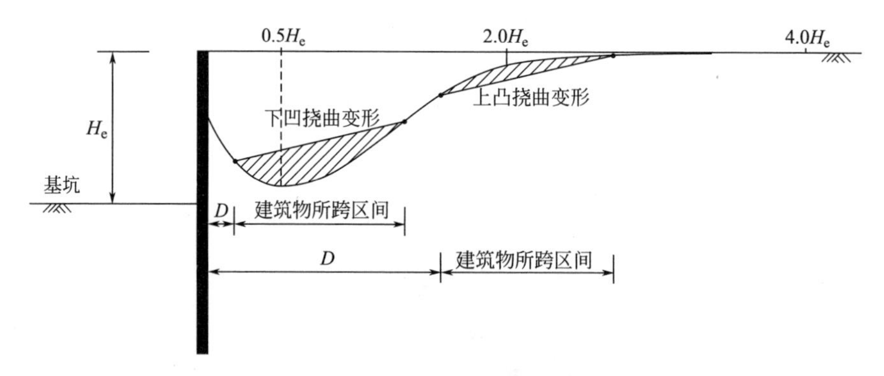

图 2.8-4 纵墙相对挠度曲线

由图 2.8-5 可知，随着建筑物与基坑边的距离 D 及夹角 α 的变化，虽然墙体自身刚度对建筑物长度范围内地表沉降有一定的调整作用，但墙体挠度曲线的变化趋势主要取决于天然地面沉降曲线的挠曲变化特征，并具有如下特点：

（1）当建筑物距基坑边很近时，建筑物将跨越坑外沉降槽最低点（$D=1$m 和 $D=3$m）时，随着 α 的变化，曲线将有不同程度的下凹挠曲变形。当建筑物纵

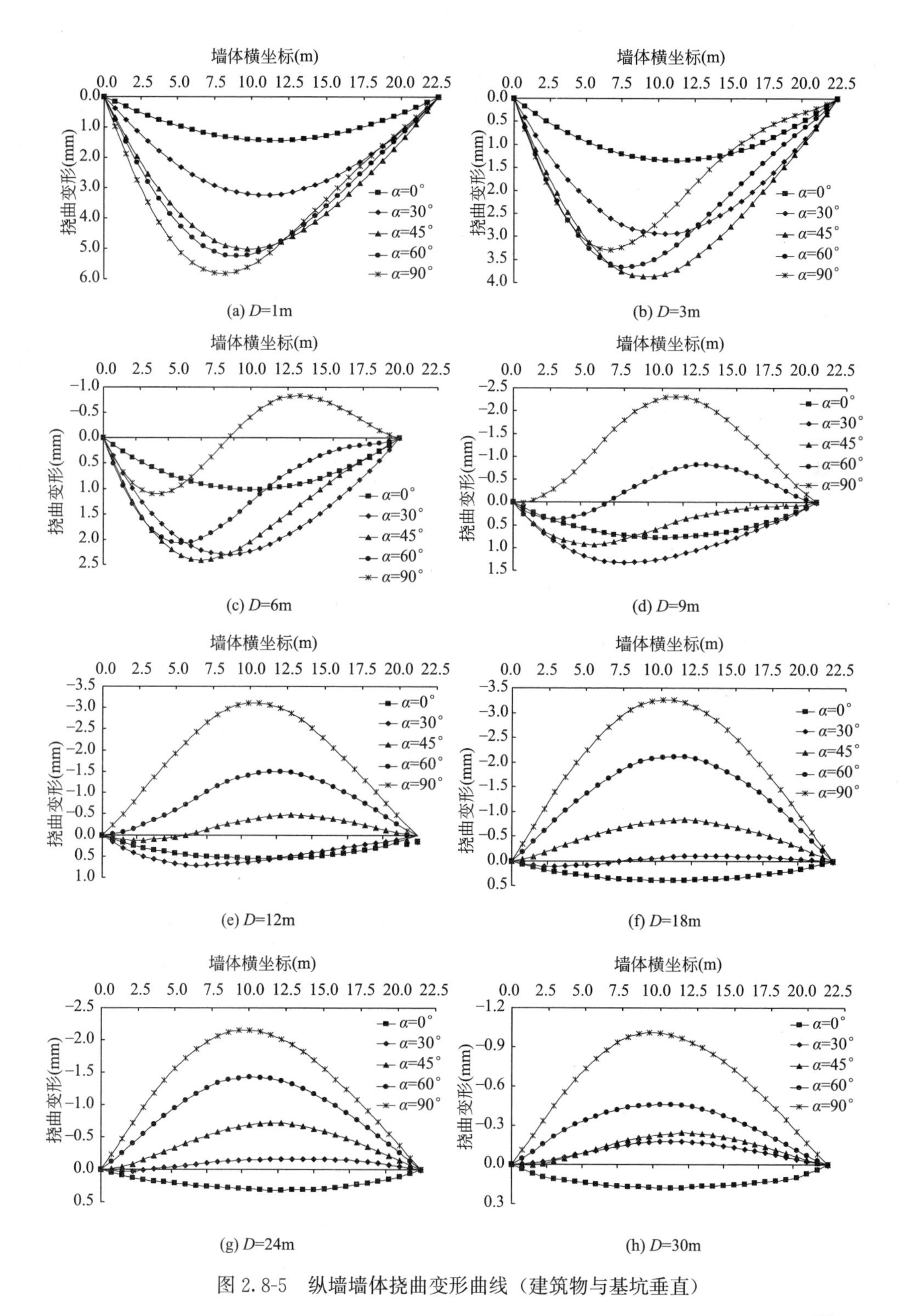

图 2.8-5 纵墙墙体挠曲变形曲线（建筑物与基坑垂直）

墙平行于基坑边时，墙体曲线仅发生很小的下凹挠曲变形；随着 α 增大，墙体受沉降槽差异沉降的影响将逐渐明显，曲线下凹挠曲变形的程度亦显著增大，且当纵墙垂直于基坑边时，曲线挠曲程度达到最大。

（2）当 $6\text{m}\leqslant D\leqslant12\text{m}$ 时，在 D 不变的情况下，随着 α 增大，由 $\alpha=0°$时的单纯下凹挠曲变形逐渐转为呈"∽"形的挠曲变形，曲线近基坑侧表现为下凹挠曲变形，而曲线远基坑侧表现为上凸挠曲变形，并进一步转化为单纯的上凸挠曲变形。

（3）当 $D\geqslant18\text{m}$ 时，在 D 不变的情况下，随着 α 增大，除建筑物在 $\alpha=0°$时曲线单纯的下凹挠曲变形外，曲线均呈明显的上凸挠曲变形。

（4）当建筑物中部位于距基坑边 2 倍开挖深度处时，即天然地面沉降曲线中上凸挠曲曲率最大处，建筑物变形程度将达到最大，如当 $D=12\text{m}$ 时，建筑物上凸挠曲变形最为显著。

2.8.4 建筑物墙体扭转变形特点

当建筑物墙体与基坑边互不垂直时，除了发生上述的挠曲变形外，建筑物还将发生扭转变形。为了更直观地了解不同角度建筑物的扭转变形情况，选取距基坑边相同距离、不同角度的建筑物沉降云图进行对比，如图 2.8-6 所示。

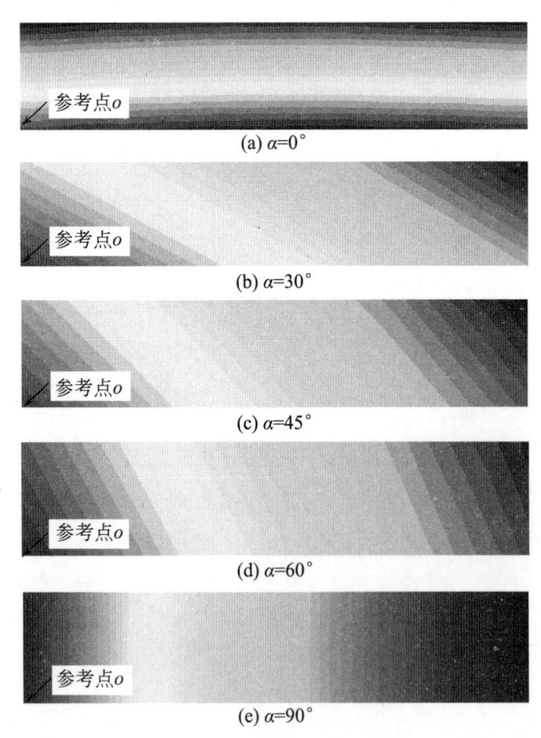

图 2.8-6 建筑物沉降云图

由图 2.8-6 可知，建筑物的沉降分布与基坑边之间夹角的变化而变化，但却始终与基坑边保持平行。这表明除了与基坑边相互垂直的建筑物外，其余角度的建筑物均将在坑外土体的不均匀沉降作用下产生扭转变形。

为进一步了解建筑物的扭转变形，通过建筑物正、背立面墙体沉降对比，采用如图 2.8-7 所示的方法计算建筑物正立面纵墙沉降和建筑物背立面纵墙沉降差值，并定义该差值为建筑物扭转变形，比较建筑物扭转程度，所得的各个角度及距离的建筑物扭转变形如图 2.8-8 所示。

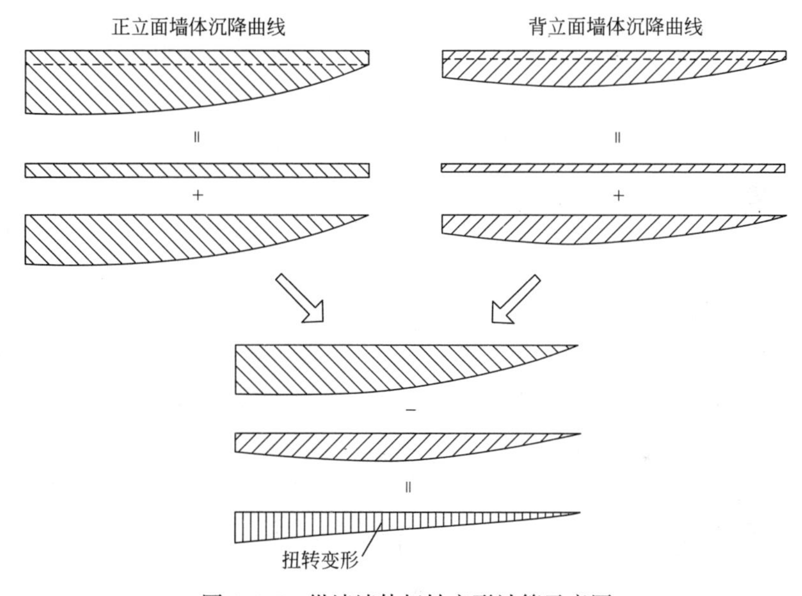

图 2.8-7　纵墙墙体扭转变形计算示意图

由图 2.8-8 可知，对于与基坑边有不同角度的建筑物，其扭转变形随角度的变化而呈现较大的变化。对于横墙（$\alpha=0°$）和纵墙（$\alpha=90°$）垂直于基坑边的建筑物，正、背立面纵墙墙体的沉降差异很小，建筑物所产生的扭转变形基本可被忽略，可知当建筑物墙体垂直于基坑边时，坑外土体的沉降并不会导致建筑物发生显著的扭转变形。

而当建筑物墙体与基坑边互不垂直时，正、背立面的墙体则存在一定的沉降差异，这表明建筑物发生了扭转变形，其具体特点如下：

（1）当建筑物距基坑边较近，并跨越坑外地面沉降槽最低点时，即建筑物主要发生下凹挠曲变形时，建筑物呈逆时针扭转变形，且随着距基坑边距离的增大而减小。比较纵墙墙体扭转变形曲线图 2.8-8，可以看出，当建筑物与基坑边之间的夹角不变时，均以 $D=1\text{m}$ 时建筑物扭转变形最大；而当建筑物与基坑边有不同角度时，又以 $D=1\text{m}$，$\alpha=30°$时，建筑物的扭转变形最大。

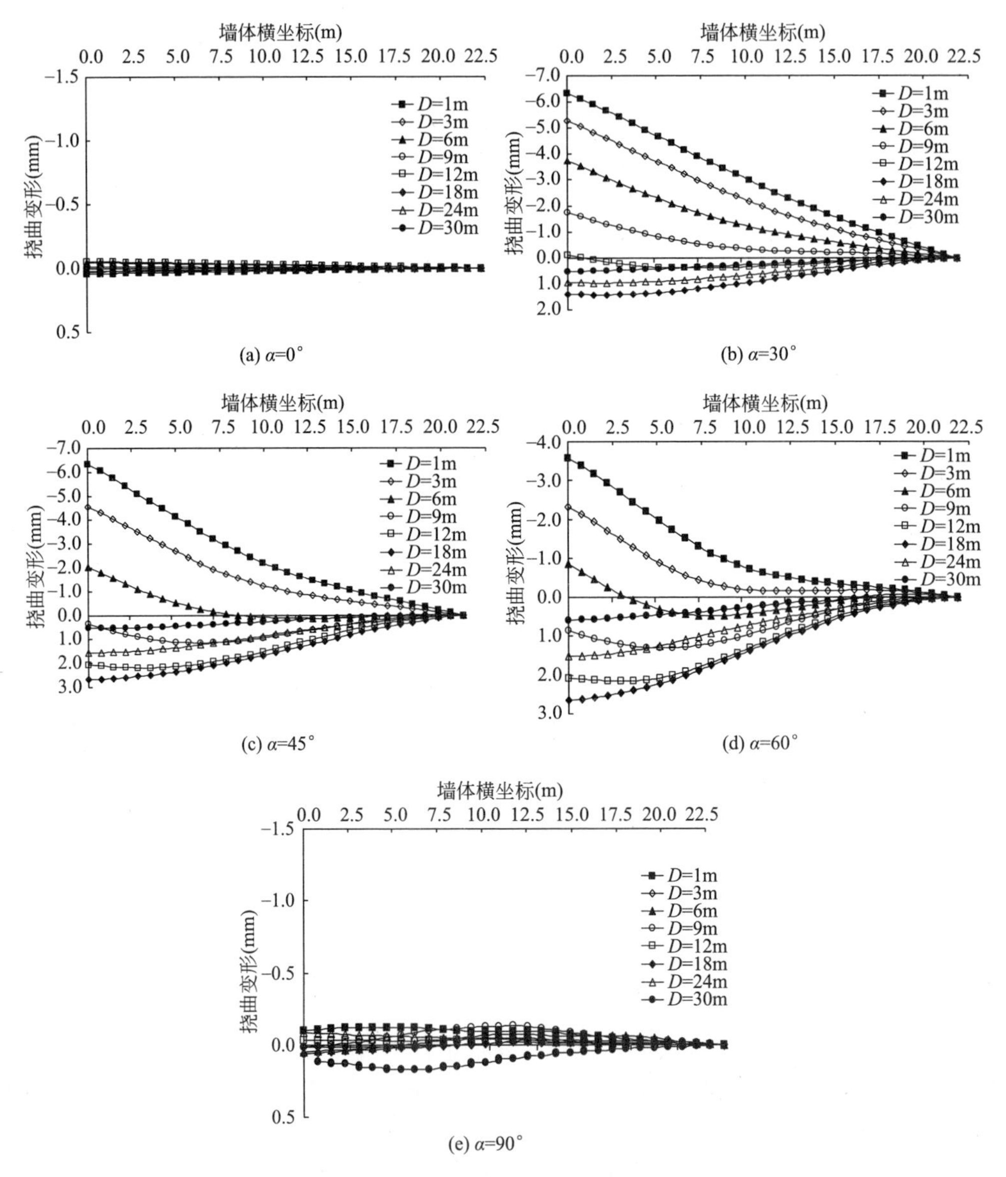

图 2.8-8　纵墙墙体扭转变形曲线（建筑物与基坑不垂直）

（2）当建筑物距基坑边距离增大至跨越坑外沉降槽的上凸区域时，建筑物则呈顺时针扭转，尤其是当建筑物中部跨越坑外距基坑约 2 倍开挖深度处，即建筑物主要发生上凸挠曲变形时，如 $D=12\text{m}$ 或 18m 时，其扭转变形最为显著，在此距离条件下，又以建筑物与基坑边之间的夹角为 60°时的扭转变形为最大。

2.8.5 建筑物墙体应变分布特点

1. 横墙垂直于基坑边的建筑物的应变分布

由图 2.8-9 和图 2.8-10 可知，对于横墙垂直于基坑边的建筑物，在基坑开挖的作用下，墙体仅发生较小程度的下凹挠曲变形，其中，纵墙的拉应变主要集中在边跨的门窗洞口处，而横墙的拉应变则主要集中在中部的横隔墙上，但无论是纵墙墙体，还是横墙墙体，由基坑开挖所引发的墙体拉应变值均很小，这表明基坑开挖对横墙垂直于基坑边的建筑物影响很小。

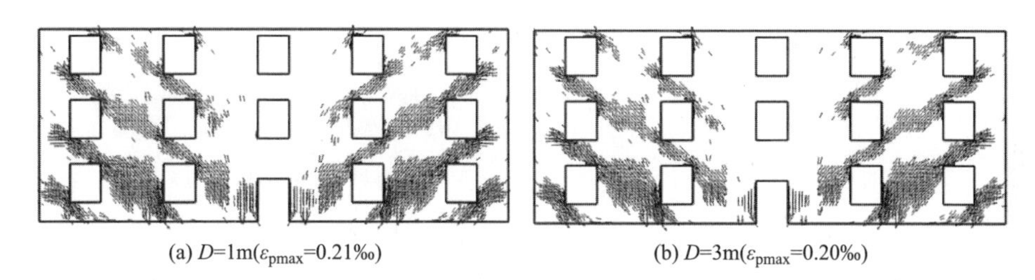

(a) D=1m(ε_{pmax}=0.21‰)　(b) D=3m(ε_{pmax}=0.20‰)

图 2.8-9 纵墙墙体主拉应变矢量图

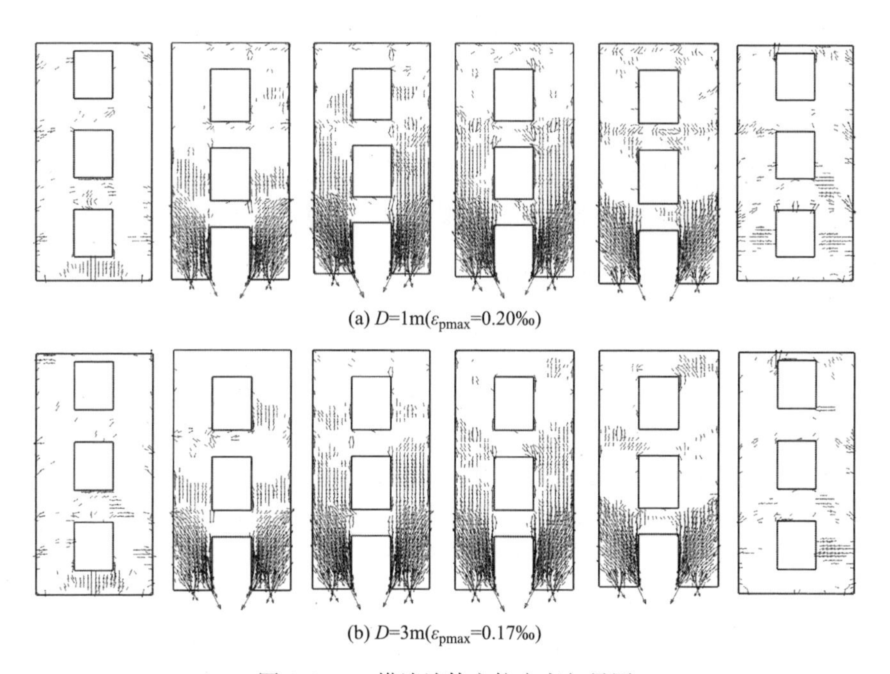

(a) D=1m(ε_{pmax}=0.20‰)

(b) D=3m(ε_{pmax}=0.17‰)

图 2.8-10 横墙墙体主拉应变矢量图

2. 纵墙垂直于基坑边的建筑物应变分布

对于纵墙垂直于基坑边的建筑物，纵墙墙体主拉应变矢量图见图 2.8-11、横墙墙体主拉应变矢量图见图 2.8-12。

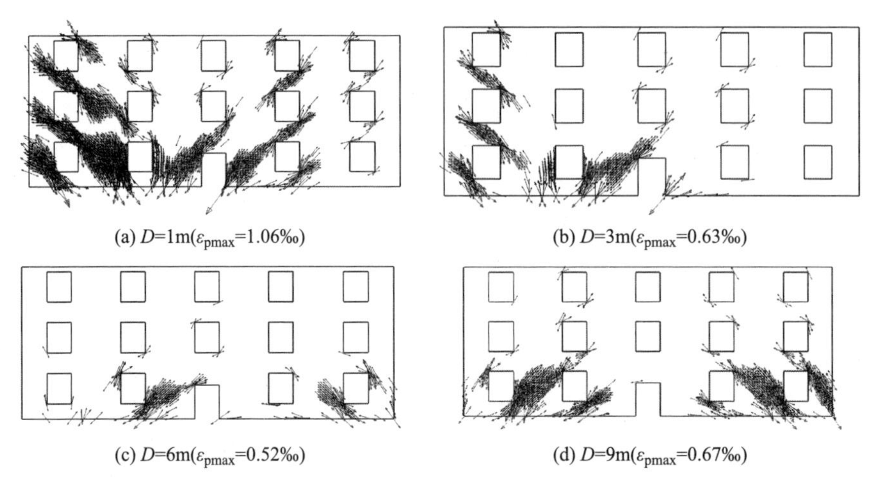

(a) D=1m(ε_{pmax}=1.06‰)　(b) D=3m(ε_{pmax}=0.63‰)

(c) D=6m(ε_{pmax}=0.52‰)　(d) D=9m(ε_{pmax}=0.67‰)

图 2.8-11　纵墙墙体主拉应变矢量图（纵墙垂直于基坑边）

由图可知，当建筑物纵墙垂直于基坑边时，墙体的拉应变分布特点如下：

（1）墙体发生下凹挠曲变形

当建筑物跨越坑外沉降槽最低点时，如 D 为 1m 和 3m 时，墙体将发生下凹挠曲变形，此时建筑物的挠曲变形均使得拉应变集中分布于沉降槽最低点的两侧，并呈现倒八字形分布。

（2）墙体发生上凸挠曲变形

当建筑物跨越坑外沉降曲线的上凸区域时，如 $D \geqslant 9$m 时，墙体将发生上凸挠曲变形，此时纵墙及横墙墙体的拉应变则主要集中于边跨，且纵墙墙体拉应变呈现正八字形分布。

（3）墙体发生"∽"形挠曲变形

当建筑物的近基坑端跨越坑外沉降槽最低点，而远基坑端跨越上凸区域时，如 D=6m 时，墙体将发生"∽"形的挠曲变形，此时墙体拉应变主要集中于墙体挠曲曲线斜率最大的区域，但由于此时建筑物的"∽"形挠曲变形程度较小，建筑物的墙体拉应变也相对较小。

3. 与基坑边互不垂直的建筑物的应变分布

由图 2.8-13 可以看出，与墙体垂直或平行于基坑边的建筑物变形特征不同，当建筑物与基坑边存在一定夹角时，其正、背立面墙体拉应变的分布存在显著差异。在扭转变形的作用下，墙体的拉应变呈类似反对称分布，其中，当建筑物跨越坑外沉降槽最低点时，由于此时的建筑物发生了逆时针扭转变形，且拉应变主要集中于正立面墙体的近基坑侧及背立面墙体的远基坑侧；而当建筑物跨越坑外沉降槽上凸区域时，建筑物发生了顺时针的扭转变形，其拉应变亦主要集中于正

(a) D=1m(ε_{pmax}=0.27‰)

(b) D=3m(ε_{pmax}=0.21‰)

(c) D=6m(ε_{pmax}=0.24‰)

(d) D=9m(ε_{pmax}=0.35‰)

图 2.8-12 横墙墙体主拉应变矢量图（纵墙垂直于基坑边）

立面墙体的近基坑侧及背立面墙体的远基坑侧，且在一层的边跨区域集中现象更为显著。此外，由图 2.8-14 可知，横墙在扭转变形的作用下也发生与扭转变形相对应的拉应变分布及集中现象。

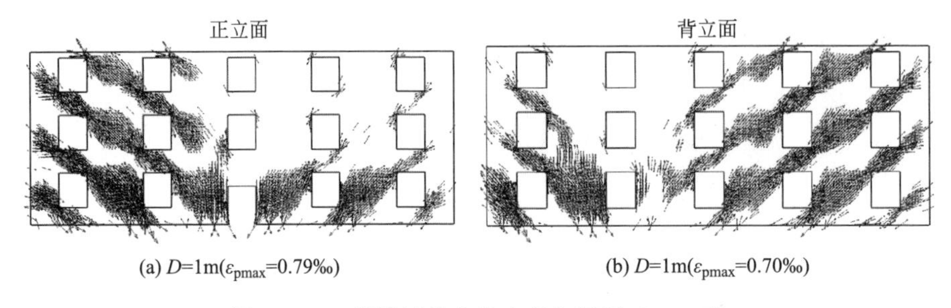

(a) D=1m(ε_{pmax}=0.79‰)　(b) D=1m(ε_{pmax}=0.70‰)

图 2.8-13　纵墙墙体主拉应变矢量图（α=45°）

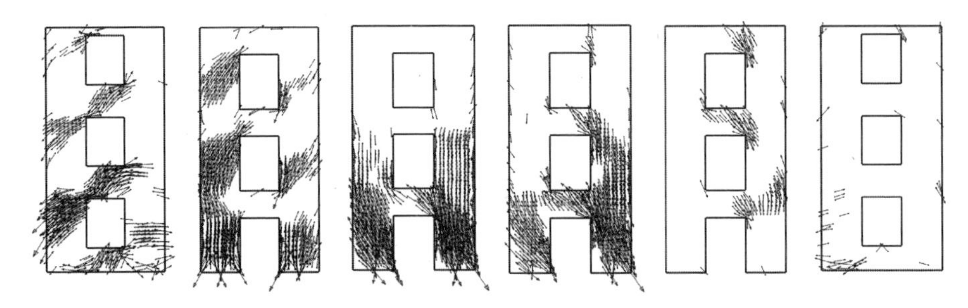

图 2.8-14　横墙墙体主拉应变矢量图（α=45°，D=1m，ε_{pmax}=0.52‰）

4. 墙体拉应变随建筑物角度变化特点

如图 2.8-2 所示建筑为分析对象，针对不同围护结构变形，考虑建筑物与基坑的不同距离和不同角度，对基坑开挖所引发的邻近建筑物的变形进行分析，利用三维有限元软件建立包含基坑及邻近建筑物的整体模型，充分考虑基坑变形与建筑物变形的相互耦合关系，而且考虑了土体的小应变刚度特性，建立建筑物的精细化模型，实现了基坑与邻近建筑物变形的精细化分析。

为了对比不同围护结构变形下建筑物墙体拉应变最大值的变化情况，图 2.8-15 列出了距基坑边不同距离的建筑物纵墙拉应变最大值[21]。可以看出，在距离基坑边 1.5H 深度范围内，踢脚变形在建筑物中产生的拉应变最大，内凸变形产生的次之，实际工程中最常见的复合变形产生的拉应变则显著小于前两者拉应变，而悬臂变形产生的最大拉应变最小。

由图 2.8-16 可看出，随着建筑物与基坑距离的变化和建筑物纵墙与基坑边夹角的变化，当建筑物位于天然地面沉降挠曲程度较大的位置时，建筑物的挠曲变形对墙体拉应变起主要作用，墙体最大拉应变发生在建筑物纵墙垂直于基坑边，即纵墙与基坑边相互垂直时是建筑物的最不利位置；而当建筑物位于天然地

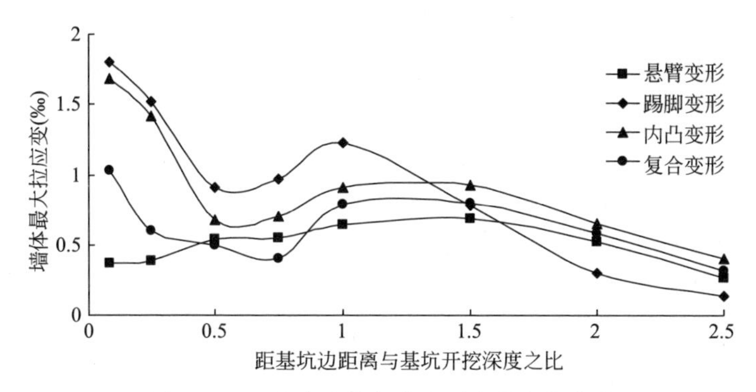

图 2.8-15 纵墙墙体拉应变最大值变化曲线

面挠曲程度较小的位置时，墙体的拉应变源于挠曲变形与扭转变形的共同作用，纵墙墙体的最大拉应变将发生在与基坑边呈现一定角度的建筑物纵墙上，此时，纵墙与基坑边垂直并不是建筑物的最不利位置[26]。

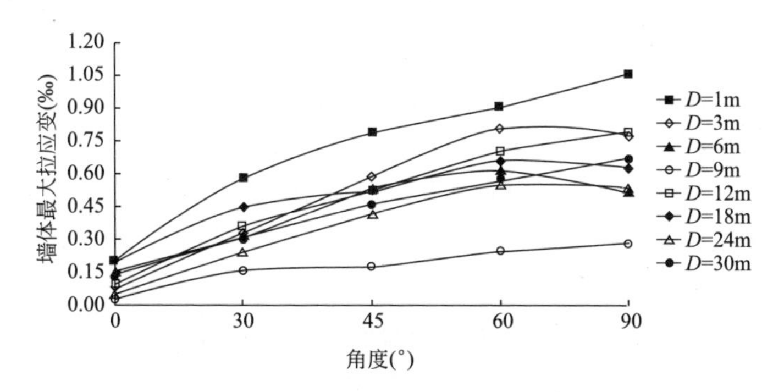

图 2.8-16 纵墙墙体拉应变最大值随角度变化曲线

随着建筑物与基坑边距离及夹角的变化，纵墙发生最大拉应变时所对应的角度并不一致，而是与建筑物所跨区间内沉降曲线的挠曲程度紧密相关，具体特点如下：

（1）当建筑物紧邻基坑且跨越沉降槽最低点（$D=1$m），或当建筑物中部跨越坑外沉降槽的上凸区域时（$D=12$m），建筑物所跨区间内土体沉降曲线的挠曲程度较大，所引发的建筑物挠曲变形与扭转变形亦较大，但此时建筑物的挠曲变形更显著，对墙体拉应变将起主要作用，尤其是当纵墙与基坑边夹角较大时，墙体挠曲变形（而不是扭转变形）的作用更为显著，且大于夹角 α 较小时挠曲变形与扭转变形的共同作用，其中，墙体最大拉应变发生在垂直于基坑边的建筑物纵墙上，此时，纵墙与基坑边垂直，也是建筑物的最不利位置。

（2）当建筑物所跨区间内土体沉降曲线的挠曲程度较小时，建筑物的挠曲变形与扭转变形也相对较小，当 D 为 3m、6m、18m、24m 时，纵墙墙体的最大拉应变发生在纵墙与基坑边呈 60°（即 $\alpha=60°$）的建筑物上，此时，墙体拉应变并非由挠曲变形或扭转变形单独起主导作用，而是源于挠曲变形与扭转变形的共同作用。因此，当建筑物所跨区间内土体沉降曲线的挠曲程度较小时，纵墙与基坑边垂直的建筑物并不是最不利位置。

2.8.6 小结

为了对基坑邻近建筑物受基坑开挖的影响进行精细化分析，采用考虑小应变特征的土体本构模型，并在确保坑外土体沉降分布合理的基础上，分析基坑开挖对坑外不同距离及角度的邻近建筑物的变形影响，得出了以下主要结论：

（1）建筑物的挠曲变形趋势及挠曲程度取决于建筑物所跨区间内土体沉降曲线的挠曲变形特征。当建筑物跨越坑外沉降槽最低点时，墙体将发生下凹挠曲变形；而当建筑物跨越坑外沉降曲线的上凸区域时，墙体将发生上凸挠曲变形。

（2）当建筑物与基坑边呈不同角度时，建筑物的沉降分布仍取决于天然地面的沉降变化趋势，且其沉降等值线始终与基坑边保持平行，而不随建筑物角度的变化而变化。对于建筑物纵墙（或横墙）与基坑边不垂直（或平行）的建筑物，将导致建筑物产生扭转变形。当建筑物跨越坑外沉降槽最低点及沉降曲线的上凸区域时，建筑物所产生的扭转变形最为显著。

（3）与墙体垂直或平行于基坑边的建筑物墙体拉应变分布不同，建筑物发生扭转变形将导致墙体发生应变重新分布，且墙体拉应变主要集中于正立面墙体的近基坑侧及背立面墙体的远基坑侧。

（4）当建筑物紧邻基坑且跨越沉降槽最低点，或当建筑物中部跨越坑外沉降槽的上凸区域时，建筑物所跨区间内土体沉降曲线的挠曲程度较大，所引发的建筑物挠曲变形与扭转变形均较大，但此时建筑物的挠曲变形对墙体拉应变起主要作用，墙体的最大拉应变发生在垂直于基坑边的建筑物纵墙上。此时，纵墙与基坑边垂直，也是建筑物最不利位置。

（5）当建筑物所跨区间内土体沉降曲线的挠曲程度较小时，建筑物的挠曲变形与扭转变形均相对较小，此时墙体的拉应变主要源于挠曲变形与扭转变形的共同作用，纵墙墙体的最大拉应变发生在纵墙与基坑边呈一定角度的建筑物上。此时，纵墙与基坑边垂直时并不是建筑物的最不利位置。

参考文献

[1] 孙宏宾，郑刚，程雪松，等．软土地区 CFG 桩群孔效应引发周边土体变形机理研究，石家庄铁道大学学报，2018（3），31（1），39-46.

[2] 郑刚，王若展，程雪松，张涛，等．软土地区桩基施工群孔效应作用机理研究［J］．天津

大学学报（自然科学与工程技术版），2019，52（S1）：1-8.

[3] 郑刚，李溪源，王若展，等．群孔效应对周边环境影响的控制措施研究［J］．石家庄铁道大学学报（自然科学版），2020，33（02）：8-15.

[4] 李姝婷．地下连续墙施工引起的土体变形实测与数值分析研究［D］．天津：天津大学，2014.

[5] 郑刚．软土地区基坑工程变形控制方法及工程应用［J］．岩土工程学报，2022，44（01）：1-36+201.

[6] 刘国彬，鲁汉新．地下连续墙成槽施工对房屋沉降影响的研究［J］．岩土工程学报，2004，26（02）：287-289.

[7] DING Y C，WANG J H. Numerical modeling of ground response during diaphragm wall construction［J］．Journal of Shanghai Jiaotong University，2008，13（4）：1-6.

[8] 天津市建设管理委员会，建科教［2009］288号，天津市轨道交通地下工程质量安全风险控制指导书，天津：天津市建设管理委员会办公室，2009.

[9] J. T. Blackburn，R. J. Finno，Three-Dimensional Responses Observed in an Internally Braced Excavation in Soft Clay［J］．Journal of Geotechnical and Geoenvironmental Engineering，2007，133（11）：1364-1373.

[10] Cashman P M，Preene M. Groundwater lowering in construction：a practical guide to dewatering. 2nd ed［M］．Boca Raton：CRC Press，2012.

[11] C. Y. Ou，D. C. Chiou，Three-Dimensional Finite Element Analysis of Deep Excavation［J］．Proc.，11th Southeast Asian Geotech. Conf.，1993：769-774.

[12] F. H. Lee，K. Y. Yong，K. C. N. Quan，et al. Effect of Corners in Strutted Excavations：Field Monitoring and Case Histories［J］．Journal of Geotechnical and Geoenvironmental Engineering，1998，124（4）：339-349.

[13] C. Y. Ou，B. Y. Shiau，Analysis of the Corner Effect on Excavation Behaviors［J］．Canadian Geotechnical Journal，1998，35（3）：532-540.

[14] Y. Tan，B. Wei，Observed Behaviors of a Long and Deep Excavation Constructed by Cut-and-Cover Technique in Shanghai Soft Clay［J］．Journal of Geotechnical and Geoenvironmental Engineering，2011，138（1）：69-88.

[15] H. Roscoe，D. Twine，Design Collaboration Speeds Ashford Tunnels［J］．World Tunnelling，2001，14（5）：237-241.

[16] T. O. L. Robots，H. Roscoe，W. Powrie，et al. Controlling Clay Pore Pressures for Cut-and-Cover Tunnelling［J］．Proceedings of the Institution of Civil Engineers：Geotechnical Engineering，2007，160（4）：227-236.

[17] P. M. Cashman，M. Preene，Groundwater Lowering in Construction：A Practical Guide to Dewatering［M］．Boca Raton：CRC Press，2012.

[18] 李勤奋，方正，王寒梅．上海市地下水可开采量模型计算及预测［J］．上海地质，2000，74：36-43.

[19] 郑刚，邓旭，刘畅，等．不同围护结构变形模式对坑外深层土体位移场影响的对比分析

[J]. 岩土工程学报，2014，36（02）：273-285.
[20] 龚晓南．深基坑工程设计施工手册 [M]. 北京：中国建筑工业出版社，1998.
[21] 郑刚，李志伟．不同围护结构变形形式的基坑开挖对邻近建筑物的影响对比分析 [J]. 岩土工程学报，2012，34（06）：969-977.
[22] 郑刚，李志伟．基坑开挖对邻近不同楼层建筑物影响的有限元分析 [J]. 天津大学学报，2012，45（09）：829-837.
[23] 郑刚，王琦，邓旭，等．不同围护结构变形模式对坑外既有隧道变形影响的对比分析 [J]. 岩土工程学报，2015，37（07）：1181-1194.
[24] 中国土木工程学会．既有轨道交通盾构隧道结构安全保护技术规程：T/CCES36-2022 [S]. 北京：中国建筑工业出版社，2022：11.
[25] 北京城建勘测设计研究院有限责任公司．城市轨道交通工程监测技术规范：GB 50911-2013 [S]. 北京：中国建筑工业出版社，2014：5.
[26] 魏子新．上海市第四承压含水层应力—应变分析 [J]. 水文地质工程地质，2002（1）：1-4.
[27] 郑刚，曾超峰，刘畅，等．天津首例基坑工程承压含水层回灌实测研究 [J]. 岩土工程学报，2013，35（增刊 2）：491-495.
[28] 郑刚，曾超峰，薛秀丽．承压含水层局部降压引起土体沉降机理及参数分析 [J]. 岩土工程学报，2014，36（5）：802-817.
[29] 上海市市政工程管理局．上海市地铁沿线建筑施工保护地铁技术管理暂行规定 [Z]. 沪市政法（94）第 854 号，1994.
[30] 况龙川．深基坑施工对地铁隧道的影响 [J]. 岩土工程学报，2000，22（3）：284-288.
[31] 郑刚，李志伟．基坑开挖对邻近任意角度建筑物影响的有限元分析 [J]. 岩土工程学报，2012，34（04）：615-624.

3 基坑变形被动控制与主动控制

3.1 基坑变形被动控制与主动控制理念

加强基坑支护结构、加固软弱土体、设置隔离桩、基坑分区施工等传统基坑变形控制措施，其实质是在变形预测基础上，通过增大基坑支护结构及周边土体刚度，即通过刚度控制减小基坑施工引起周边的土体变形，从而减小周边环境变形[1,2]。由于没有引入外源作用力对被保护对象的变形进行直接控制和动态调控，变形控制效果极大程度依赖变形预测的可靠性，时常存在施工过程中变形“控制不住”的现象，当基坑施工过程中被保护对象发生过大变形时，继续加强变形被动控制措施只能进一步减小基坑后续施工所发生的变形，对已经发生的变形无法减小、消除，甚至逆转，加之前述的“效率低”“材耗高”等局限性，因此，作者将其称为变形被动控制技术。

在工程实践中，由于基坑外往往在某一侧的局部有需要严格控制变形的保护对象（例如地铁隧道或地铁车站），但往往需要对整个基坑支护结构进行加强才能减小被保护对象的变形，使变形控制的代价高、效率低、工期长的问题进一步突出，因此，作者将这样的被动控制措施称为“千斤拨四两”。借鉴建筑物抗震的主动控制技术，基坑施工引起的周边被保护对象的变形是否可以用引入外源作用力来直接控制？已经进行的工程实践表明，变形主动控制措施可以高效地控制基坑施工引起的被保护对象的变形，特别是存在邻近交通基础设施等需要进行毫米级变形控制的被保护对象时，变形主动控制技术表现出了显著的优越性。目前已经开始应用的变形主动控制技术主要包括：①基坑的支撑与支护桩（墙）之间设置千斤顶，通过千斤顶主动调节或增大支撑轴力来减小支护桩（墙）的变形，从而减小基坑施工引起的被保护对象的变形[3]；②在基坑与基坑外的被保护对象之间，采用袖阀管向土里注入水泥浆液或设置可人为控制膨胀的膨胀体，通过注入浆液产生膨胀作用，可在土体中产生膨胀应力和相应的土体位移，对基坑施工引起的被保护对象的变形靶向控制，从而动态控制被保护对象变形（实时预控）或对已经发生的变形进行纠正[4]。由于主动控制仅仅针对直接影响被保护对象变形的局部支护结构或局部土体施加外源作用力，通过以应力控制取代传统的刚度控制，变形控制效率可大大提高、变形控制造价可显著降低，因此作者称其为“四两拨千斤”的变形控制技术。

3.2 基坑变形被动控制技术与应用案例

3.2.1 基坑变形被动控制概述

1. 加强支护结构

在基坑设计阶段加强支护结构，以期减少基坑围护结构侧向变形和基坑底的隆起变形，从而减少对邻近土体及建（构）筑物的扰动。加强支护结构的内容主要包括：①采用更多水平支撑；②增大支撑刚度；③增大基坑围护结构刚度；④增加基坑围护结构深度；⑤采用隔断墙或者扶壁墙。①、②是常规的内容，下面着重介绍③～⑤项内容。

（1）增大基坑围护结构刚度

Ng 等[5] 通过一系列的离心机试验和数值模拟，分析了基坑围护结构刚度对基坑开挖引起隧道响应的影响。研究结果表明，当采用地下连续墙代替钢板桩时，侧边隧道的沉降和应变分别减少了 22%和 58%。但增大基坑围护结构刚度的变形控制效果有局限性，Shi 等[6,7] 通过数值模拟研究发现，即使采用厚度 2m 的地下连续墙代替板桩墙，也仅使隧道最大横向拉应变降低 27%。

（2）增加基坑围护结构深度

Shi 等[6,7] 通过大量有限元模拟，研究了砂土中多种措施控制基坑开挖引起隧道变形的效果。结果表明，随着基坑围护结构深度的增加，隧道最大隆起变形和最大拉应变逐渐减小，但也有局限性，即使增加 3 倍围护结构深度后，隧道最大隆起变形和最大拉应变的降低幅度均小于 20%。

（3）采用隔断墙或者扶壁墙

隔断墙是指垂直于基坑围护结构且延长到对面围护结构的地下连续墙。扶壁墙是指垂直于基坑围护结构且没有延长到对面围护结构的地下连续墙。最早，隔断墙和扶壁墙常用于保护邻近基坑的建筑物。两种方法在减少基坑围护结构侧向变形和地面沉降都有较好的效果。Ou 等[7] 报道了使用扶壁墙的基坑工程，从现场实测数据可以看出，隔断墙处基坑围护结构侧向变形和地面沉降明显减小。扶壁墙在减小围护结构侧向变形或地面沉降方面的作用主要取决于扶壁墙与土体界面处可调动的土体抗剪强度和摩擦阻力的大小。如果基坑开挖造成围护结构侧向变形较大，扶壁墙对减小围护结构侧向变形或地面沉降有一定的作用。然而，当围护结构侧向变形已经较小时，扶壁墙再进一步减小围护结构侧向变形的作用就很小了。

2. 基坑分区支护与分期施工

基坑工程具有显著的时空效应，尤其是位于软土地区的深基坑工程。基坑的平面形状、尺寸、开挖深度及开挖步骤等均对基坑的变形及其稳定性有较大影响，表现为基坑工程的空间效应。对于软土地区的基坑工程，土体具有显著的流变性，尤其是对于软黏土，具有较强的蠕变性，作用在支护结构上的土压力及土体的变形随时间变化而发生变化，表现为基坑的时间效应。因此，应对基坑工程的时间效应有足够的重视。开挖工法及分段分步开挖的合理与否将改变基坑的空间变形状况。无支护暴露时间、未架设支撑时的悬臂开挖深度、支撑安装的及时程度，开挖初始阶段的悬臂深度、挡土墙接缝情况也将影响基坑的变形（特别是对于存在软弱下卧层的软土地区）。

对于大面积基坑，优化开挖方式主要指分期分区开挖；而对于长条形基坑，优化开挖方式主要指分段交替开挖。Chen 等[8] 通过实测数据得出分区交替开挖方式（DAEM）可有效地减小基坑开挖引起隧道的隆起变形。Tan 等[9] 通过案例分析得出大面积基坑分区开挖可有效地减小地下连续墙的变形，从而减小对隧道的影响。Li 等[10] 采用 Abaqus 模拟了 3 种基坑开挖方法：分区交替开挖法、平行分区开挖法、垂直分段开挖法，分别控制下卧隧道隆起的效果，模拟结果表明，分区交替开挖法由于有效地利用了时间效应和隧道的刚度，对于减小隧道变形最有效。Hu 等[12] 通过案例分析了分段交替开挖降低隧道变形的效果。张娇[13] 等计算表明，采用分区开挖大面积基坑能够减小单体基坑规模，有效地起到对邻近隧道变形的控制效果。

3. 加固土体

加固坑内、外土体主要是在坑内邻近基坑围护结构处施工水泥土搅拌桩、旋喷桩或注浆，或对基坑与被保护对象之间的土体进行加固，提高土体刚度和强度，减小被保护对象的变形。Hu 等[12] 通过案例分析了水泥搅拌桩加固坑内土体减小隧道变形的效果。Huang 等[14] 以既有隧道上方进行基坑开挖为工程背景，建立相应的有限元模型，分析坑内土体加固减小隧道变形的效果。研究结果表明，坑内土体加固可减小隧道隆起变形，减小率达 20%。此外，Tan 等[10]、Chen 等[8] 和 Li 等[11] 通过有限元模型分析了坑内土体加固的效果，结果表明，坑内土体加固可在一定程度上减小隧道变形。

4. 设置隔离桩/墙

当邻近基坑存在重要的建（构）筑物时，可在基坑与被保护对象之间设置隔离桩/墙[18,24]，阻断基坑变形传递，减小被保护对象的地层变形。隔离桩/墙最早用于减小盾构施工引起既有建筑物或者桩基的变形，随后也被应用在减小基坑施工引起邻近建筑物的变形。

3.2.2 优化土方开挖顺序控制基坑变形及环境影响

根据已有工程经验可知，在基坑开挖过程中，对于某一层土体开挖时，其开挖顺序会对不同侧地下连续墙变形及内力产生较大影响，在土层开挖至底层时影响更明显。

为分析基坑开挖中同一土层的开挖顺序对两侧地下连续墙变形的影响，进一步判断对基坑外被保护对象的影响，本节利用数值软件建模，对开挖过程中的基坑宽度、地下连续墙深度、土层厚度等各因素进行参数化研究。

1. **算例研究**

模型以基坑开挖方向为 X 轴，Z 轴为模型高度，考虑模型尺寸及计算能力，选取基坑剖面进行模拟分析，将 Y 轴定为模型单位宽度。

如数值模型示意图 3.2-1 所示，第一层基坑开挖深度取 1m，第二层基坑开挖深度取 2～5m，第三层基坑开挖深度取 4m，两侧地下连续墙深度 L 为基坑开挖深度的 2 倍，则地下连续墙深度为 14～20m；基坑开挖宽度 D 取 10～50m。

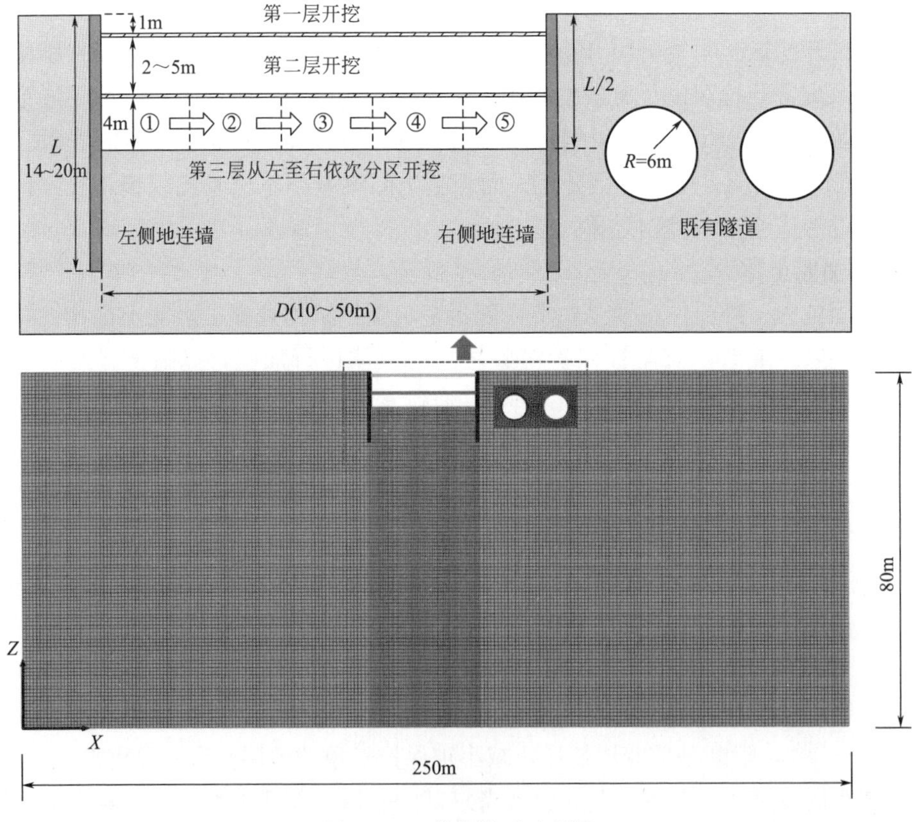

图 3.2-1 数值模型示意图

为避免边界效应，模型的平面尺寸取基坑平面尺寸的 3～5 倍，模型的深度取基坑开挖深度的 3～5 倍，因此模型 X 方向取 250m，Z 方向取 80m。每 2m 宽度设置一道混凝土支撑，模型厚度 Y 取 2m。其中底部边界条件为竖向水平约束，顶部为自由边界，四周均为水平方向约束。

模型中既有隧道外径为 6m，管片厚度取 0.35m，隧道与右侧地下连续墙间距为 4m。地下连续墙混凝土强度为 C30，混凝土支撑强度为 C35，隧道管片混凝土强度等级为 C55。模型结构单元参数见表 3.2-1。

模型结构单元参数 **表 3.2-1**

结构	截面(mm)	泊松比	弹性模量(MPa)
地下连续墙	1000(厚)	0.2	30000
混凝土支撑	1000×1000(长×宽)	0.2	31500

基坑开挖范围内主要土层为天津典型粉土，土体本构模型采用塑性硬化本构模型（Plastic Hardening），土体本构模型参数见表 3.2-2[15]。

土体本构模型参数 **表 3.2-2**

土层	γ (kN/m^3)	c' (kN/m^2)	φ' (°)	E_{50}^{ref} (kPa)	E_{oed}^{ref} (kPa)	E_{ur}^{ref} (kPa)	E_S (kPa)	G_0^{ref} (kPa)	$\gamma_{0.7}$ (×10^{-4})
天津粉土	19.50	6.00	28	15710	12200	80000	12200	92400	2

注：γ 为对应土层天然重度；c'为有效黏聚力；φ'为有效内摩擦角；E_{50}^{ref} 为三轴固结排水剪切试验的参考割线模量；E_{oed}^{ref} 为固结试验的参考切线模量；E_{ur}^{ref} 为三轴固结排水卸载再加载试验的卸载再加载模量；E_S 为土体压缩模量；G_0^{ref} 为小应变刚度试验的参考初始剪切模量；$\gamma_{0.7}$ 为当割线剪切模量衰减为 0.7 倍的初始剪切模量时对应的剪应变。

该数值模型中，通过激活和删除各单元组件来模拟实际隧道开挖、基坑开挖的施工过程，数值模型施工步序见表 3.2-3。

数值模型施工步序 **表 3.2-3**

施工步序编号	施工步序内容
1	生成初始地应力场
2	隧道内土体开挖＋生成隧道衬砌＋平衡地应力
3	生成地下连续墙＋平衡地应力
4	基坑第一层土体开挖＋生成第一道支撑＋平衡地应力
5	基坑第二层土体开挖＋生成第二道支撑＋平衡地应力
6	第三层土体①部分开挖＋平衡地应力＋统计两侧地下连续墙变形
7	第三层土体②部分开挖＋平衡地应力＋统计两侧地下连续墙变形
8	第三层土体③部分开挖＋平衡地应力＋统计两侧地下连续墙变形

续表

施工步序编号	施工步序内容
9	第三层土体④部分开挖+平衡地应力+统计两侧地下连续墙变形
10	第三层土体⑤部分开挖+平衡地应力+统计两侧地下连续墙变形

以上为一个完整的模型计算过程，通过改变第二层基坑开挖深度即施工步序5，改变整体基坑开挖宽度，研究不同变量对模型结果的影响。

通过算例分析，开挖顺序对地下连续墙的影响如下：

(1) 地下连续墙变形过程

如图3.2-2所示，展示了基坑开挖深度10m，基坑宽度30m时，随着基坑第三层土体从左至右依次开挖部分土体时，两侧地下连续墙变形曲线。根据土层由左向右开挖过程中，两侧地下连续墙变形趋势的变化，可将土方开挖顺序对地下连续墙变形影响分为三个阶段，并存在两个临界转折点：

1）左侧地下连续墙向坑内、右侧地下连续墙向坑外变形阶段

由图3.2-2可见，当开挖临近左侧地下连续墙的土体时，即开挖基坑第1部分、第2部分土体时，也就是距基坑左侧地下连续墙0～6m（相当于基坑宽度的20%）范围内的土体时，左侧地下连续墙发生向坑内变形，变形发展方向与土体开挖方向一致，而右侧地下连续墙则向坑外移动，位移方向也与土体开挖方向一致。显然是由于左侧地下连续墙的不平衡土压力产生对右侧地下连续墙向左侧的推动作用所致。该现象表明，当基坑某一侧有变形、有需严格控制的被保护对象时，基坑内应该首先由对侧的土体开始开挖。

2）左、右侧地下连续墙均向坑内变形阶段

由图3.2-2可见，在开挖基坑第1部分土体后，继续开挖第2部分和第3部分土体，即距左侧地下连续墙6～18m，相当于基坑宽度的20%～60%，左侧地下连续墙继续向基坑内变形，但变形增长趋势较第一阶段变缓很多；而右侧地下连续墙的变形则由向基坑外变形转为向基坑内变形，20%的基坑宽度大致为右侧地下连续墙变形方向的临界转折点。

3）左侧地下连续墙变形增量趋势转为向坑左侧（坑外）、右侧地下连续墙向坑内变形阶段

继续开挖第3部分、第5部分土体时，即距左侧地下连续墙18～30m（相当于基坑宽度的60%～100%）的土体。左侧地下连续墙变形增量方向变为向坑外，左侧地下连续墙受到右侧地下连续墙的回推作用，地下连续墙向坑内的总变形呈减小的趋势，60%的基坑宽度为左侧地下连续墙的变形增量方向转折点，60%宽度以后的基坑开挖，左侧地下连续墙受到右侧地下连续墙的回推作用；右侧地下连续墙向坑内变形的速率显著提高。

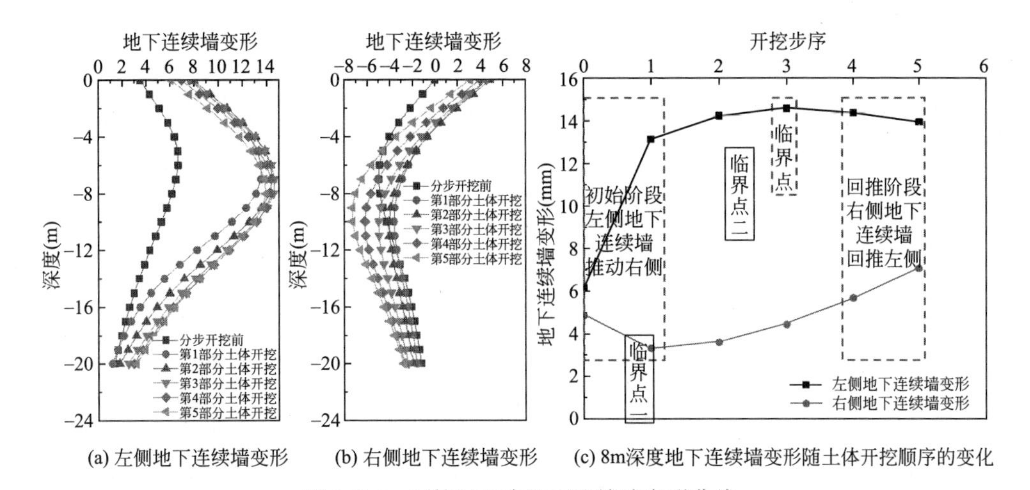

(a) 左侧地下连续墙变形　(b) 右侧地下连续墙变形　(c) 8m深度地下连续墙变形随土体开挖顺序的变化

图 3.2-2　开挖过程中地下连续墙变形曲线

注：图中变形正值表示向坑内变形，负值表示向坑外变形

(2) 基坑开挖深度对地下连续墙变形的影响

图 3.2-3 展示了基坑深度 7m，基坑宽度 30m，地下连续墙变形情况。可以发现，当基坑深度较小时（7m），基坑开挖顺序对于两侧地下连续墙的变形影响较小。第三层开挖过程中，左侧地下连续墙变形先逐渐增大，然后稳定，并未出现随开挖而向坑外移动的现象；右侧地下连续墙在第三层土体开挖的初始阶段未表现出向坑外移动的趋势，随分步开挖右侧地下连续墙逐渐向坑内变形。

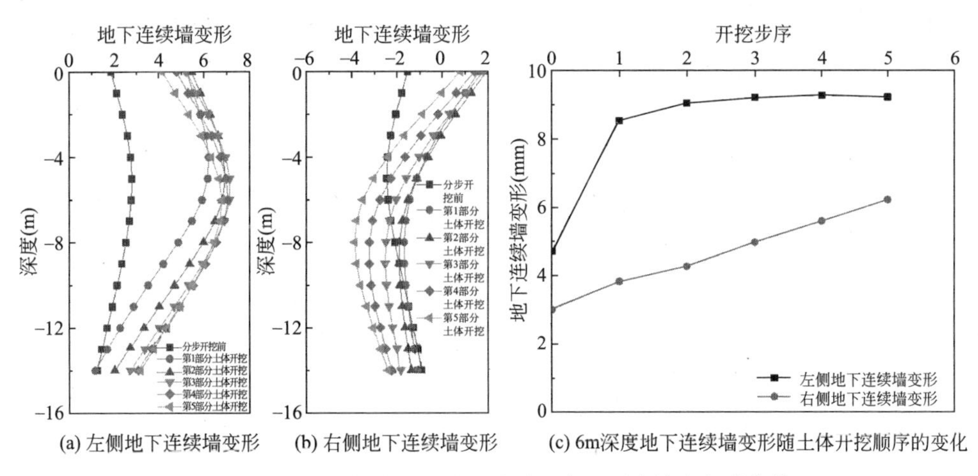

(a) 左侧地下连续墙变形　(b) 右侧地下连续墙变形　(c) 6m深度地下连续墙变形随土体开挖顺序的变化

图 3.2-3　基坑深度 7m 时开挖过程中地下连续墙变形曲线

(3) 基坑开挖宽度对地下连续墙变形的影响

以基坑开挖深度 10m 为基础，研究在不同基坑开挖宽度（10m、30m、50m）时，分步开挖对地下连续墙最大变形的影响。

图 3.2-4 为基坑宽度 50m 开挖过程中地下连续墙变形曲线。与基坑宽度为 30m 情况类似，左侧地下连续墙变形在第 2 部分土体开挖结束、第 3 部分土体开始开挖时出现变形增量转折点。在第 3 步开挖后，左侧墙体出现回推；右侧地下连续墙在开挖初始阶段的向坑外移动的现象明显，随后逐渐向坑内移动。

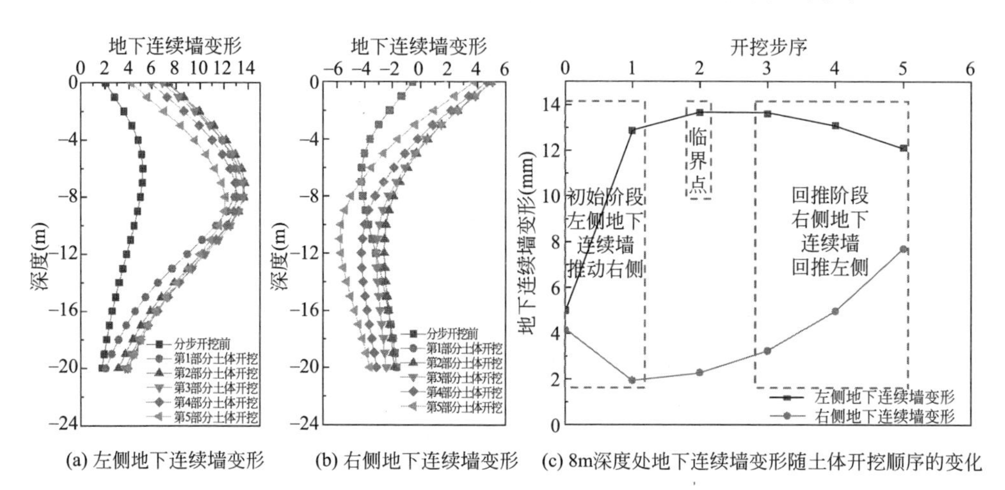

(a) 左侧地下连续墙变形　(b) 右侧地下连续墙变形　(c) 8m深度处地下连续墙变形随土体开挖顺序的变化

图 3.2-4　基坑宽度 50m 开挖过程中地下连续墙变形曲线

图 3.2-5 为基坑宽度 10m 开挖过程中地下连续墙变形曲线。在基坑从左至右开挖过程中，左侧地下连续墙未出现回推，在开挖 20%基坑宽度的土体后，继续开挖，左侧墙体的变形几乎不再增加，说明宽度较小的基坑，直接开挖墙体边较小宽度的土体，墙体几乎完成全部变形。右侧地下连续墙在初始阶段没有向坑外变形的趋势，随土体开挖顺序始终持续向坑内移动。

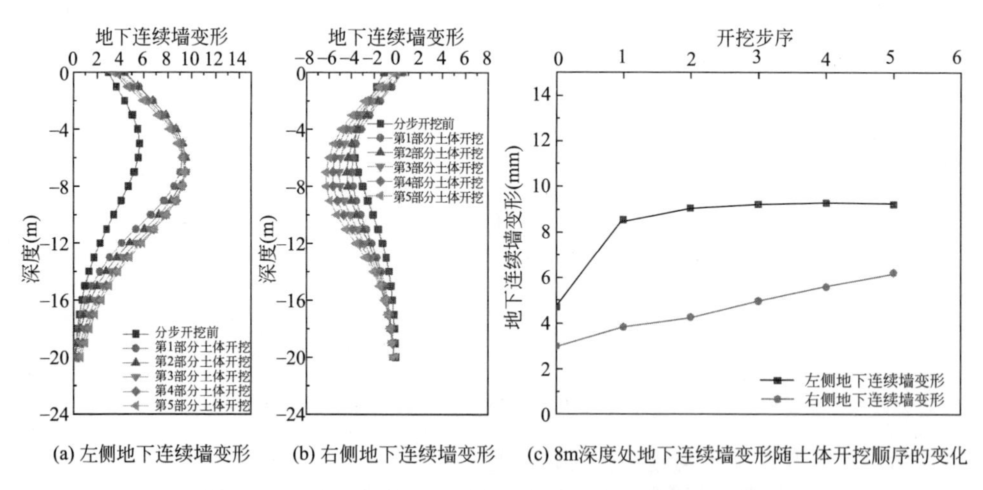

(a) 左侧地下连续墙变形　(b) 右侧地下连续墙变形　(c) 8m深度处地下连续墙变形随土体开挖顺序的变化

图 3.2-5　基坑宽度 10m 开挖过程中地下连续墙变形曲线

因此，当基坑开挖宽度较大时（30m、50m），地下连续墙随基坑分步开挖过程变形的初始阶段、临界点和反推阶段较为明显；当基坑宽度较小时（10m），地下连续墙随基坑分步开挖变形的特点不明显。

图 3.2-6（a）为 0m 深地下连续墙变形随土体开挖顺序的变化曲线。由图可知，在不同基坑宽度下，地下连续墙顶部的变形都存在初始阶段（左侧地下连续墙向坑内变形，右侧地下连续墙向坑外变形），临界点（左侧地下连续墙向坑内变形达到最大）和回推阶段（左侧地下连续墙向坑外变形，右侧地下连续墙向坑内变形）。

另外，在初始阶段，基坑宽度较大时（30m、50m）与基坑宽度较小时（10m）相比，左侧地下连续墙向坑内变形和右侧地下连续墙向坑外变形的速率明显变大。在回推阶段，基坑宽度较大时（30m、50m）与基坑宽度较小时（10m）相比，右侧地下连续墙对于左侧地下连续墙的回推作用也明显变大。

图 3.2-6（b）为 10m 深地下连续墙变形随土体开挖顺序的变化曲线。由图可知，在基坑宽度较大时（30m 和 50m），地下连续墙变形存在初始阶段、临界点和回推阶段；当基坑宽度较小时（10m），隧道中心深度地下连续墙变形不存在上述特征，两侧地下连续墙变形始终表现为向坑内发展的趋势。

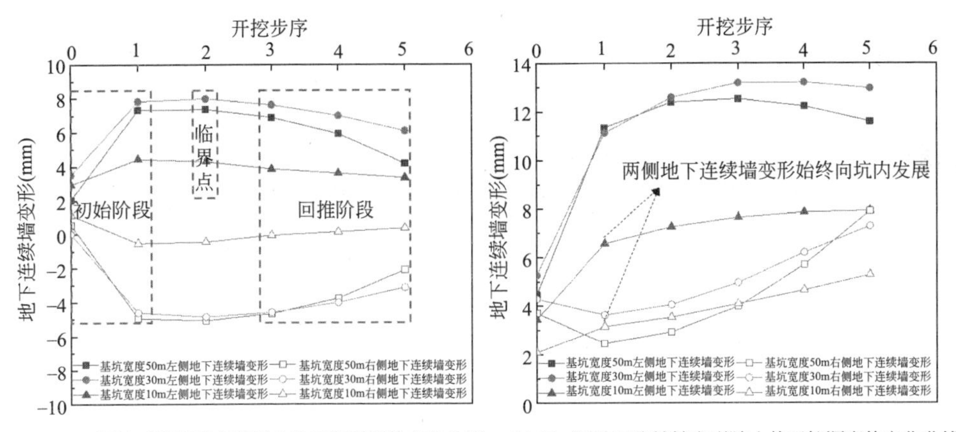

(a) 0m深地下连续墙变形随土体开挖顺序的变化曲线 (b) 10m深地下连续墙变形随土体开挖顺序的变化曲线

图 3.2-6 不同基坑宽度开挖过程中地下连续墙变形曲线

综上所述，当基坑深度较大、开挖宽度较大时，基坑底层土体的开挖顺序对两侧地下连续墙变形的影响逐渐增大。在第三层土体从左至右开挖的初始阶段，左侧地下连续墙向坑内变形，右侧地下连续墙向坑外变形；随着土体向右侧开挖到临界点时，左侧地下连续墙向坑内的变形和右侧地下连续墙向坑外的变形开始稳定；当开挖达到回推阶段时，左侧地下连续墙开始向坑外发生变形，右侧地下连续墙开始向坑内发生变形。

1）基坑深度较小时（小于 7m），基坑开挖顺序对于两侧地下连续墙的变形影响较小；

2）基坑宽度较小时（小于 10m），在基坑从左至右开挖过程中，地下连续墙未出现回推现象；

3）基坑开挖宽度较大时（30m、50m），地下连续墙随基坑开挖过程变形出现临界点和回推现象。

2. 案例分析

以天津机场交通中心基坑工程为背景，对开挖深度一致的对称基坑和开挖深度不一致的非对称基坑开展分步降水开挖过程有限元模拟，研究该过程围护结构变形性状，通过对比，结合对非对称基坑的研究，得到了非对称基坑由于开挖深度不一致引起的围护结构不利变形与受力规律，进而对非对称基坑的设计和施工提出合理的建议，计算模型网格局部图见图 3.2-7。

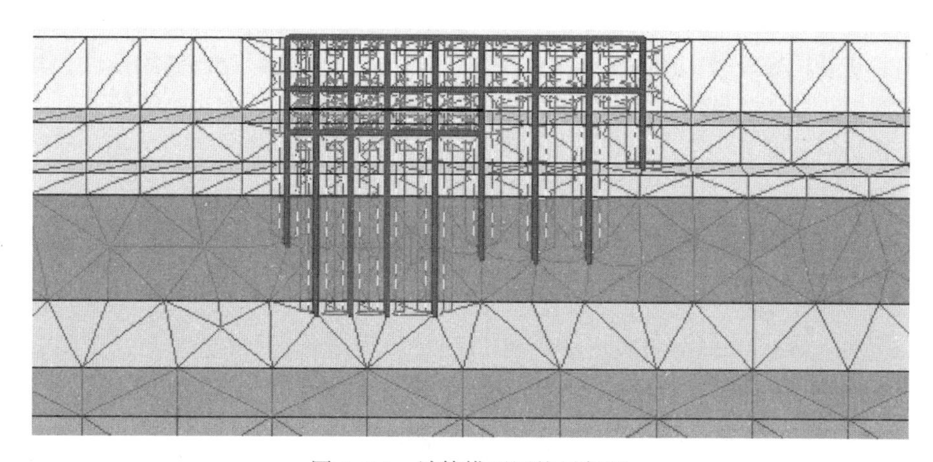

图 3.2-7　计算模型网格局部图

该基坑工程，深基坑深度为 20m，宽度为 40m，共有 4 根抗拔桩，桩长为 31m，间距为 7m、7m 和 10m；浅基坑深度为 10m，宽度为 30m，共有 2 根抗拔桩，桩长为 31m，间距为 10m。左侧地下连续墙长 38m，右侧地下连续墙长 29m，中部地下连续墙长 41m。模型的水平影响边界取深基坑开挖深度的 10 倍（200m），竖向影响边界取浅基坑开挖深度的 5 倍（100m），模型采用平面 15 节点单元。计算模型同时考虑地下水变化和土体开挖共同作用的影响模型两侧限制水平向位移，底部限制水平向和垂直向位移。两侧为定水头边界，底部为不透水边界。

由于本工程采用盖挖逆作法，考虑顶板和负一层底板的出土口，分别对其刚度进行折减，考虑地下连续墙中的钢筋作用，对地下连续墙的厚度进行等效抗弯刚度换算。围护结构的物理参数见表 3.2-4。

围护结构的物理参数　　表 3.2-4

序号	名称	EA（$\times10^7$kN/m）	EI（$\times10^6$kNm/m）	重度（kN/m/m）
1	桩	3.90	4.68	4
2	顶板（地下一层）	3.00	2.50	5
3	顶板（地下二层）	2.40	2.00	5
4	负二层底板	4.50	8.44	5
5	负一层底板（浅挖侧）	3.60	4.32	5
6	负一层底板（深挖侧）	1.44	0.432	3
7	外墙	4.03	6.04	5
8	中间墙	3.30	3.30	5
9	中间柱	1.66	0.318	4

土体参数中的静止侧压力系数 K_0 由 $K_0=1-\sin\varphi'$ 确定。根据 Janbu 的研究[16]，对于砂土和粉土，与模量应力水平相关的幂指数 m 一般可取 0.5。卸载再加载泊松比 ν_{ur} 采用 Plaxis 软件[16] 建议值，一般为 0.2。参考应力 p^{ref} 取为 100kPa。根据 Bolton[17] 的研究，对于砂土，剪胀角 ψ 可取为 30°；对于黏性土，ψ 一般取 0。有效黏聚力 c'、有效内摩擦角 φ' 取自于本工程的勘察报告，土层分布与物理力学指标见表 3.2-5。

土层分布与物理力学指标　　表 3.2-5

地层	岩性名称	厚度（m）	饱和重度（kN/m³）	E_{50}^{ref}（kPa）	E_{oed}^{ref}（kPa）	E_{ur}^{ref}（kPa）	黏聚力（kPa）	内摩擦角（°）	渗透系数（m/d）
1	灰色粉土	16.4	20.11	16580	16580	116100	7	40.5	0.1
2	灰黄色含黏性土粉砂	2.75	20.6	21060	21060	147400	5	39.5	0.8
3	灰黄色粉质黏土	8.83	19.64	12984	12984	90890	28	31.5	0.0001
4	灰黄色含黏性土粉砂	2.55	20.54	24024	24024	168200	9	38	1
5	灰黄色粉质黏土	4.92	19.9	23040	23040	161300	31	32	0.0003
6	灰黄—灰色粉砂	23.58	20.54	43252	43252	302800	5	39.5	2
7	灰褐色粉质黏土	15.25	20.1	26028	26028	182200	33	34.5	0.0005
8	灰黄色粉细砂	10.9	20.39	80950	80950	566700	4	41	1.2
9	黄灰色粉质黏土	13.48	19.95	40275	40275	281900	35	35	0.0008

(1) 非对称基坑变形

通过对非对称基坑分步降水开挖过程进行数值模拟，得到非对称基坑土体竖向最终变形云图，见图 3. 2-8，具体数值见表 3. 2-6。

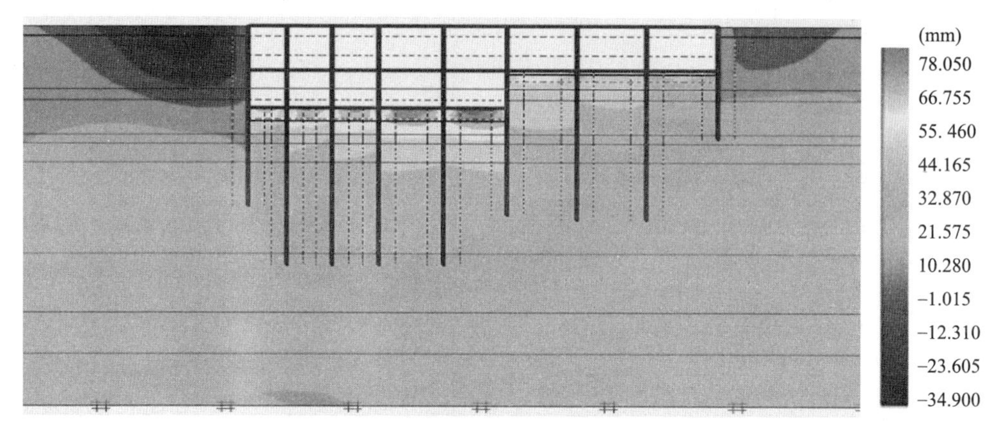

图 3. 2-8　非对称基坑土体竖向最终变形云图

非对称基坑土体竖向最终变形统计表（mm）　　**表 3. 2-6**

项目		负一层开挖		负二层开挖	
		深坑	浅坑	深坑	浅坑
坑底回弹		33. 76	37. 93	78. 05	42. 51
地面沉降		−23. 2	−15. 52	−34. 9	−16. 69
围护结构最大变形	水平	35. 22	26. 23	51. 75	23. 46
	竖向	2. 48	8. 38	8. 48	8. 91
结构柱最大变形	水平	12. 46	3. 98	16. 52	3. 68
	竖向	11. 74	16. 47	23. 19	18
抗拔桩最大变形	水平	5. 79	4. 01	3. 04	5. 48
	竖向	12. 83	14. 37	23. 31	18. 5

注：竖向变形向上为正，水平变形偏向坑内为正。

1）结构柱竖向变形

坑底隆起时程变化曲线如图 3. 2-9 所示。可以看出，随着负一层开挖的完成，坑底土体出现了较大隆起，浅基坑隆起量要大于深基坑隆起量。这是由于坑底抗拔桩间距不同，对坑底土体隆起量起到的控制作用不同而引起的，但随着深挖侧负二层开挖完成，其坑底土体产生较大回弹，致使回弹量远大于浅挖侧回弹量，这种差异回弹使得深、浅基坑竖向支撑体系产生差异隆沉。而对于采用盖挖逆作法的基坑，围护结构的整体刚度较大，这种差异隆沉会使整个基坑产生偏转，对整体结构的稳定性带来不利的影响。

2）围护结构的水平变形

随着基坑开挖的进行，整个围护结构的水平变形也会出现非对称效应，开挖

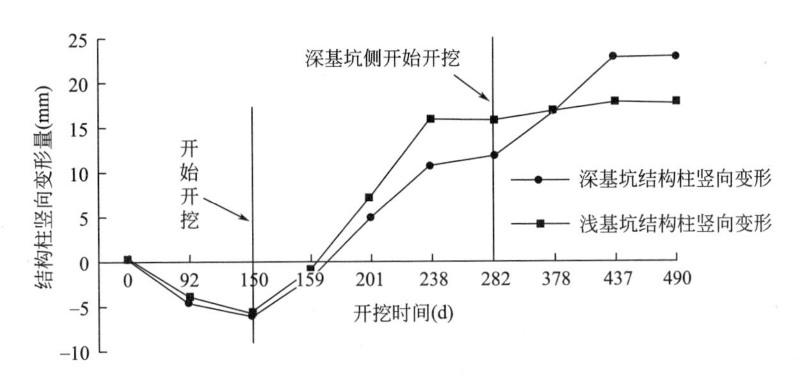

图 3.2-9 坑底隆起时程变化曲线

结束后，地下连续墙的侧向位移如地下连续墙的最终横向变形图 3.2-10 所示。

从图 3.2-10 看出，地下连续墙的侧向位移呈内凸式，深基坑侧墙顶侧向位移偏向坑内，而浅基坑侧墙顶侧向位移偏向坑外。随着分步降水开挖的进行，深基坑侧的地下连续墙最终竖向变形为 12.48mm，大于浅基坑侧的地下连续墙最终竖向变形 8.91mm，上述变形结果说明围护结构出现典型的非对称变形特点。

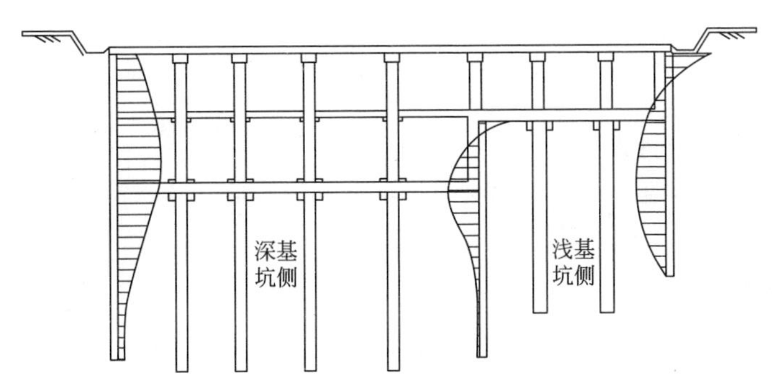

图 3.2-10 地下连续墙的最终横向变形图

(2) 与对称基坑比较

为了更好地反映出非对称基坑的变形特点，分别取 3 种不同工况进行数值模拟，模拟工况见表 3.2-7。

模拟工况 **表 3.2-7**

工况		基坑深度(m)	
		深基坑	浅基坑
工况 1	初始非对称	20	10
工况 2	对称	20	20
工况 3	非对称减小	15	10

将模型浅挖侧继续向下开挖，达到与深挖侧同样的开挖深度后，形成工况 2 的对称基坑模型进行模拟，模拟结果如图 3.2-11 所示。

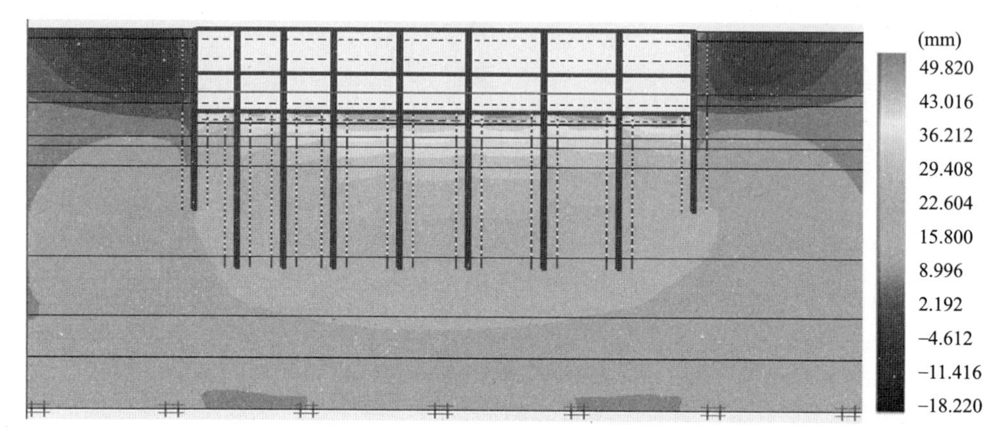

图 3.2-11　工况 2 对称基坑最终变形云图

将对称基坑的最终变形值与工况 1 的初始非对称基坑的变形值进行比较，见表 3.2-8。

对称基坑与非对称基坑最终变形值比较统计（mm）　　表 3.2-8

结构变形		初始非对称		对称
		深基坑	浅基坑	
坑底回弹最大值		78.05	42.51	49.82
地面沉降最大值		34.90	16.69	18.22
围护结构最大变形	水平	51.75	23.46	38.63
	竖向	8.48	8.91	3.97
结构柱最大变形	水平	16.52	3.68	11.72
	竖向	23.19	18.00	14.36
抗拔桩最大变形	水平	3.04	5.48	5.81
	竖向	23.31	18.50	14.26

注：竖向变形向上为正，水平变形偏向坑内为正。

通过比较坑底回弹可以看出，非对称开挖深基坑坑底回弹最大值为 78.05mm，而对称开挖深基坑坑底回弹最大值只有 49.82mm。同样，非对称开挖深基坑侧坑外地面沉降最大值为 34.9mm，远远大于对称开挖深基坑侧坑外地面沉降值 18.22mm，所以，根据以往的对称开挖经验来预测非对称开挖的变形特点和环境效应是不妥的。由图 3.2-11 可以看出，由于在第二层楼板标高处，深、浅基坑交界处的支护桩桩顶产生了向基坑右侧的位移，意味着此标高处楼板提供给基坑左侧的地下连续墙相应标高的支撑作用要小于对称基坑下的同等情况，从而导致左侧地下连续墙的水平位移大于对称工况时的水平位移。

将对称基坑的最终变形结果与工况 1 的初始非对称基坑的最终变形结果进行比较，见图 3.2-12。

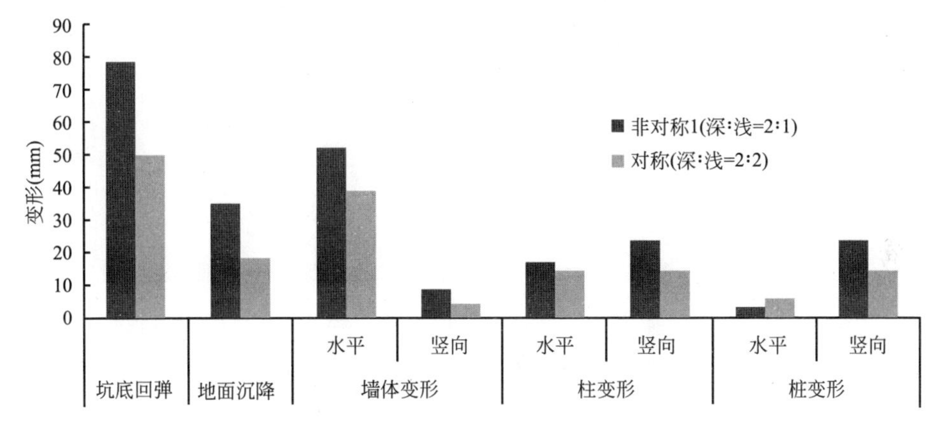

图 3.2-12　非对称基坑与对称基坑最大变形对比柱状图

可以看出，工况 1 的非对称基坑分步开挖完成后，深基坑侧的地下连续墙最终水平变形要大于对称情况的数值，加之坑底回弹量也大于对称情况的数值。对于结构柱隆沉，非对称基坑结构柱隆沉量要大于对称基坑结构柱隆沉量，同样的效应也体现在抗拔桩竖向变形上，而非对称基坑抗拔桩水平位移由于受中间地下连续墙的水平变形影响，其值要小于对称基坑抗拔桩的水平位移。

(3) 非对称性大小的影响

为了探讨非对称基坑非对称程度对围护结构变形性状的影响，在保证负一层开挖深度一致的前提下，将负二层底板抬升至－15m，这样深基坑部分的开挖深度为 15m，深、浅基坑深度差由 10m 减小为 5m，形成工况 3 进行数值模拟，其模拟结果如图 3.2-13 所示。

将工况 3 非对称程度减小的基坑最终变形值与工况 1 的初始非对称基坑的变形值进行比较，见表 3.2-9。可以看出，工况 1 的初始非对称基坑深挖处的坑底回弹值为 78.05mm，要远大于非对称程度减小的基坑的 25.81mm，可见非对称程度对基坑坑底回弹量有较大影响。初始非对称基坑的地面沉降左右两侧相差 18.21mm，而非对称程度减小后，其左右两侧的地面沉降只相差 7.06mm，说明随着非对称程度的增大，非对称基坑两侧地面沉降的变形差将会随之变大。

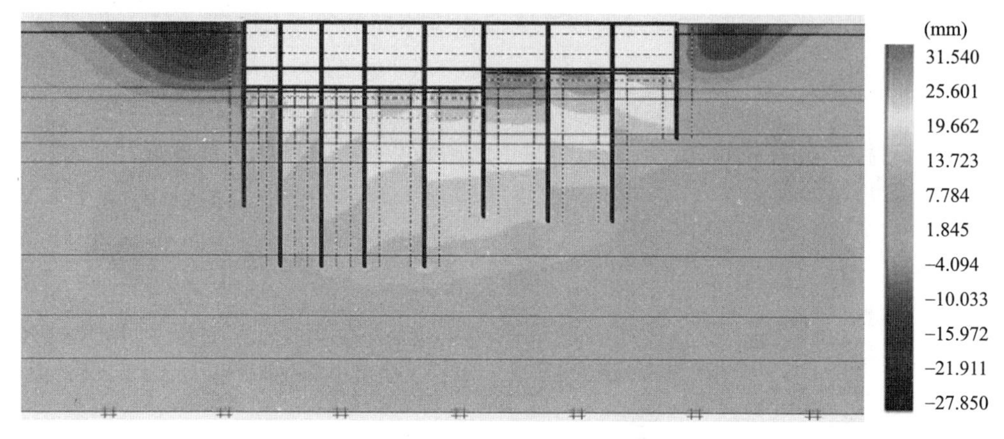

图 3.2-13　工况 3 非对称减小的基坑最终变形云图

非对称减小基坑与初始非对称基坑最终变形值比较统计（mm）　表 3.2-9

变形项目		初始非对称		非对称减小	
		深挖处	浅挖处	深挖处	浅挖处
坑底回弹的最大值		78.05	42.51	25.81	31.54
地面沉降的最大值		34.9	16.69	27.85	20.79
围护结构最大变形	水平	51.75	23.46	37.67	27.59
	竖向	8.48	8.91	3.25	5.68
结构柱最大变形	水平	16.52	3.68	12.59	3.41
	竖向	23.19	18.00	15.56	13.11
抗拔桩最大变形	水平	3.04	5.48	5.71	3.91
	竖向	23.31	18.5	16.1	13.11

注：竖向变形向上为正，水平变形偏向坑内为正。

同时，将对称基坑和非对称减小基坑变形进行比较，见图 3.2-14 和表 3.2-10。

可以看出，在负一层是同等开挖深度的前提下，工况 3 的深坑开挖深度约为对称基坑开挖深度的 3/4。由于其非对称性的影响，墙体的变形、柱变形、桩变形与对称基坑有同等效应，但其深坑墙体后的地面沉降要大于对称基坑的墙体沉降，由于其开挖深度要小于对称基坑开挖深度，所以坑底回弹值要小于对称基坑坑底回弹值。通过上述分析我们可以发现非对称基坑由于非对称性的存在，即使不大的非对称性也能对围护结构和周边环境产生较大不利影响。

（4）开挖顺序对非对称基坑变形的影响

进一步研究在非对称基坑中，不同土体开挖顺序对围护结构变形的影响。考虑分层降水开挖和地下水渗流的影响，采用固结分析方法，时间段完全按照实际工况选取。表 3.2-11 展示了有限元分析中分步降水和开挖的计算过程。

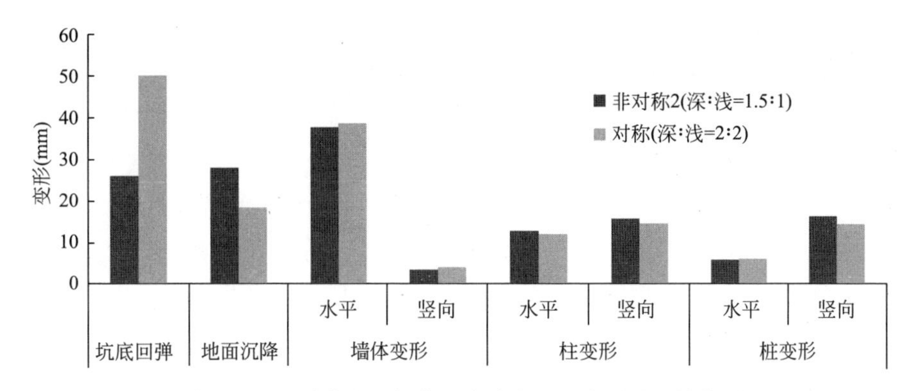

图 3.2-14 对称基坑与非对称减小基坑变形对比柱状图

非对称减小基坑与对称基坑最终变形值比较统计表（mm） 表 3.2-10

变形项目		非对称减小		对称
		深坑	浅坑	
坑底回弹的最大值		25.81	30.06	49.82
地面沉降的最大值		27.85	20.79	18.22
围护结构最大变形	水平	37.67	27.59	38.63
	竖向	3.25	5.68	3.97
结构柱最大变形	水平	12.59	3.41	11.72
	竖向	15.56	13.11	14.36
抗拔桩最大变形	水平	5.71	3.91	5.81
	竖向	16.1	13.11	14.26

注：竖向变形向上为正，水平变形偏向坑内为正。

有限元分析中分步降水和开挖的计算过程 表 3.2-11

施工步序	工况	时间(d)
0	计算初始应力场，地应力平衡	0
1	施工地下连续墙、工程桩、永久柱	92
2	施工顶板	48
3	将地下水位降到－1m	9
4	将地下水位降到－6m，从左至右开挖第一层土至－5m	42
5	将地下水位降到－10m，从左至右开挖第二层土至－9m	37
6	施工负一层底板	44
7	将地下水位降到－15m，从左至右开挖第三层土至－14m	54
8	施工混凝土支撑	42

续表

施工步序	工况	时间(d)
9	将地下水位降到－22m,从左至右开挖第四层土至－20m	59
10	施工负二层底板	53
11	拆除支撑,施工永久柱	46

如图 3.2-15 所示，根据施工过程，将非对称基坑分为四层土体进行开挖，每层土体分别从左至右开挖。

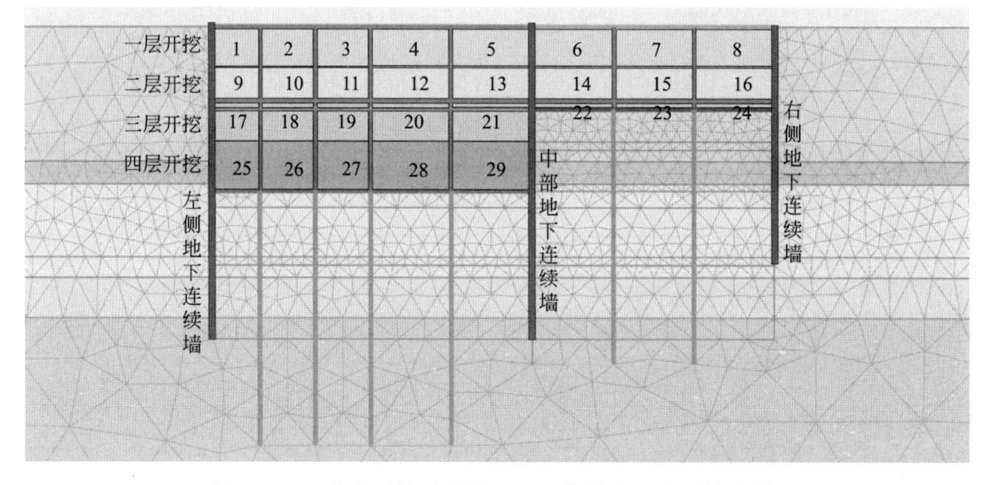

图 3.2-15　分步开挖示意图（以土体从左至右开挖为例）

表 3.2-12 展示了两种土体开挖顺序下的基坑两侧地下连续墙水平变形，可见从左至右开挖时，施工完成后左侧地下连续墙的水平最大变形值为 34.6mm，大于从右至左开挖时的变形值 31.6mm。对于右侧地下连续墙而言，从右至左开挖时的最大变形值 21.4mm 大于从左至右开挖时的变形值 20.9mm。另一方面，对于中部地下连续墙，从右至左开挖时的最大变形值 9.1mm 大于从左至右开挖时的变形值 7.4mm。可见，在从基坑一侧土体向另一侧开挖的过程中，靠近初始开挖土体的地下连续墙的最终变形值总大于远侧地下连续墙的最终变形值，并且位于深基坑侧的地下连续墙的表现更为明显。

两种土体开挖顺序下的基坑两侧地下连续墙水平变形　　表 3.2-12

项目	从左至右开挖值	从右至左开挖值
左侧地下连续墙水平最大变形	34.6mm	31.6mm
右侧地下连续墙水平最大变形	20.9mm	21.4mm
中部地下连续墙水平最大变形	7.4mm	9.1mm

如图 3.2-16 所示，展示了在两种开挖顺序时，深度 20m 两侧地下连续墙最大水平变形随基坑土体开挖顺序的变化曲线。由图可知，在前三层土体的开挖过程中，两种开挖顺序对于两侧地下连续墙水平变形的影响区别不大，造成两侧地下连续墙水平变形产生差异的土体主要为位于深基坑侧第四层－20～－14m 的土体。在四层开挖过程中，从左至右开挖引起左侧地下连续墙水平变形迅速增加，并趋于稳定；而从右至左开挖引起的左侧地下连续墙的水平变形逐步增加，但最终变形小于前者。另一方面，两种开挖方式引起的右侧地下连续墙水平变形差异不大，差异仅为 0.5mm。

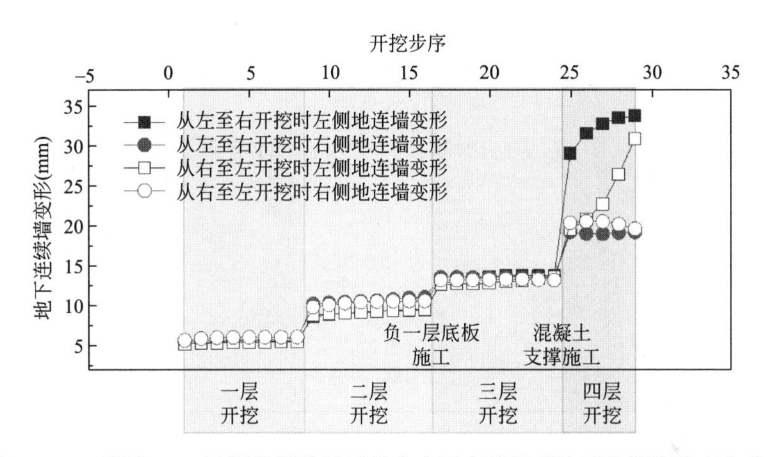

图 3.2-16　深度 20m 两侧地下连续墙最大水平变形随基坑开挖顺序的变化曲线

3.2.3　分期分区开挖及加强支护体系对基坑变形的控制作用

当邻近地铁进行基坑开挖时，需采取必要的措施以保证地铁安全。对于大面积基坑，分期开挖或分区支护、分期开挖可有效地减小邻近隧道的变形，达到对既有隧道的变形控制。

天津某大面积基坑长 380m、宽 299m，如图 3.2-17 所示。基坑北侧邻近已运营的天津地铁三号线区间隧道和车站。为减小基坑施工对北侧地铁隧道和车站结构的影响，考虑基坑面积较大，根据国内已有的基坑分区支护、分期施工减小对邻近运营地铁影响的经验，将基坑分为三个区进行支护，并相应分为三期依次施工，三期基坑都采用顺作法施工，这样相当于把一个大面积基坑分为三个面积更小的基坑，分别进行支护和施工，特别是把邻近地铁车站和区间隧道一侧形成一个面积较小的基坑，并对这个小基坑进一步采用四道横向地下连续墙，形成五个小仓。需要说明的是，完成二期基坑地下三层结构施工后项目停工了 6 个月。

为保证基坑与地铁结构的安全，在基坑施工期间对基坑和地铁结构的变形进行监测。采用全站仪自动监测地铁结构的水平位移，每个断面在单条隧道上布置

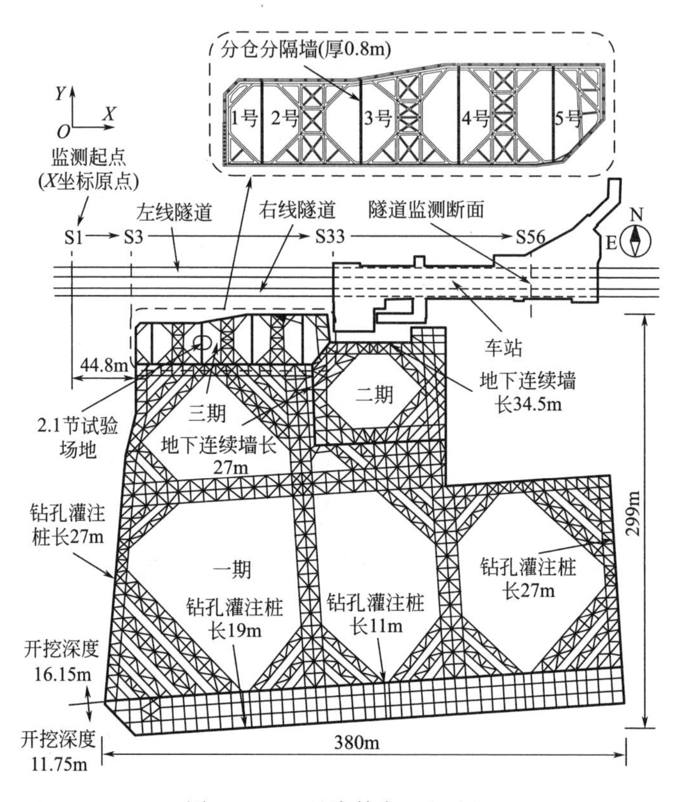

图 3.2-17 天津某大面积基坑

4 个监测点，基坑北侧与隧道相对关系的剖面图如图 3.2-18 所示。

为保证地铁结构安全和运营安全，采取分区支护、分期施工的变形被动控制措施：

（1）将本工程基坑分为 3 个区进行分区支护并分为三期施工。

（2）二期、三期基坑采用三道水平支撑，而一期仅采用两道水平支撑。

（3）由于三期基坑紧邻车站和隧道，对三期基坑设置分隔墙进行分仓开挖，分隔墙将三期基坑分为五个仓，进一步加强基坑支护刚度和基坑空间效应，施工时，五个仓同时开挖。

为了分析分区支护、分期施工被动控制措施对隧道变形的控制效果，采用数值分析对比了 4 种工况：

工况 1：按照基坑的施工顺序逐步模拟分区支护、分期施工的施工过程。

工况 2：在工况 1 的基础上模拟实际工程中在二期基坑施工完后，因基坑北侧外的地铁隧道指向基坑方向的位移过大，从而在三区基坑与隧道之间进行袖阀管注浆，利用注浆产生的膨胀应力，使隧道发生远离基坑的位移，从而将隧道发生的过大位移适当减小。此工况与实际工程中施工顺序完全一致。

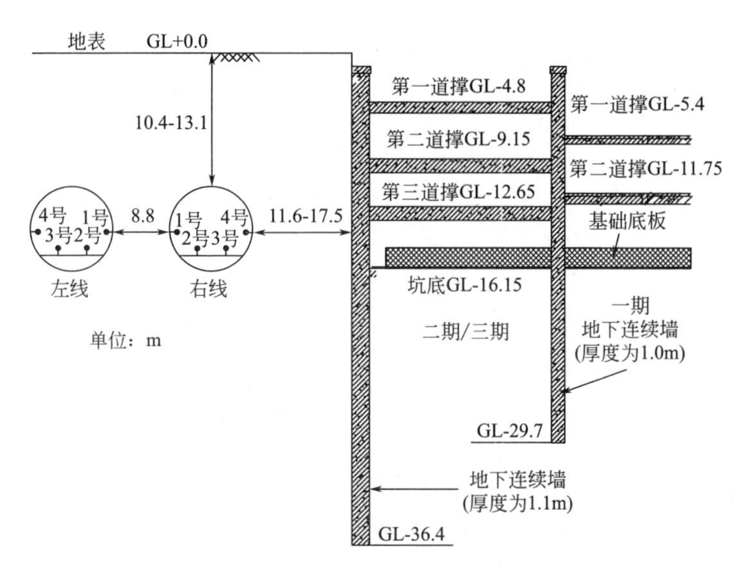

图 3.2-18 基坑北侧与隧道相对关系剖面图

工况 3：为进一步分析三期基坑分仓施工被动控制措施对隧道变形控制的有效性，在工况 1 的基础上，进一步考虑工况 3，取消三期基坑设置的分仓分隔墙，将三期基坑按照一个基坑来开挖。

工况 4：为进一步分析整个基坑的分区支护、分期施工被动控制措施对隧道变形控制究竟起到多大作用，考虑取消全部被动控制措施，而改为采用整体支护方式，仅考虑土方开挖顺序的影响。基坑每层土方均是从南到北分段开挖，如图 3.2-19 所示。

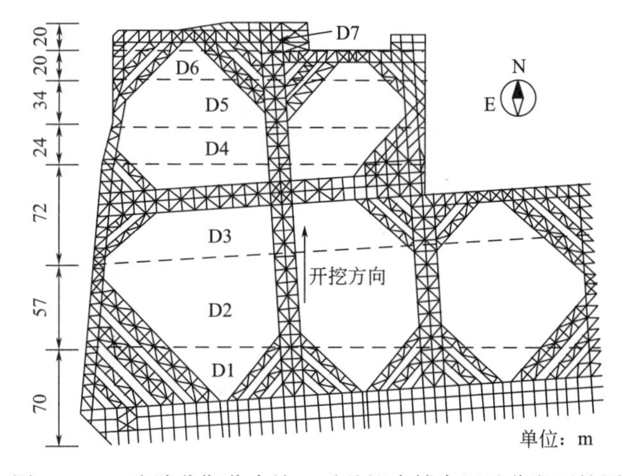

图 3.2-19 取消分期分仓施工后基坑支撑布置及分段开挖图

隧道水平位移实测和模拟结果对比图如图 3.2-20 所示。实测与模拟结果较为接近，可采用建立的数值模型进行多工况的对比分析。

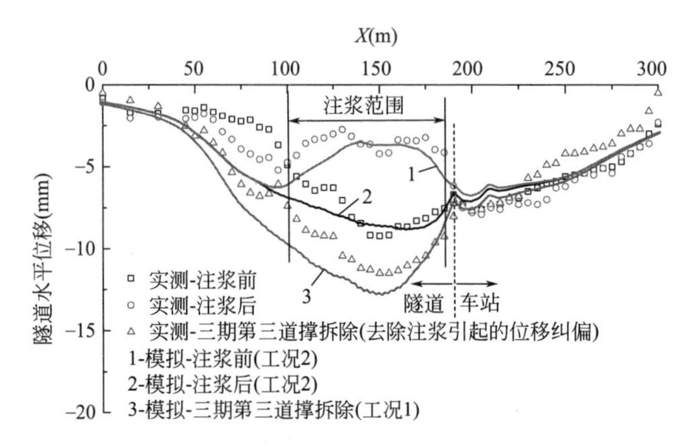

图 3.2-20 隧道水平位移实测与模拟结果对比图

工况 1、工况 3、工况 4 施工方式下地铁结构的水平位移对比如图 3.2-21 所示。

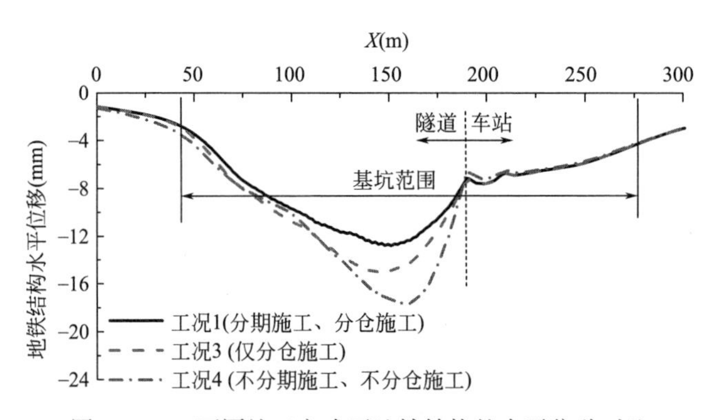

图 3.2-21 不同施工方式下地铁结构的水平位移对比

对比工况 1 和工况 3，可知三期基坑分仓施工可减小隧道的水平位移，由 15.06mm 减小至 12.78mm，减小比率为 15%。

对比工况 3 和工况 4，可知一期基坑的分区支护、分期施工可以减小隧道的水平位移，由 17.76mm 减小至 15.06mm，减小比率同样为 15%。但两者均可导致基坑支护造价、基坑施工工期大幅度增加，但对变形的减小效果有限，变形控制效率比较低。

3.2.4 坑底加固及分区开挖对基坑变形的控制作用

下面再以另一个实际工程案例来分析基坑分区（分块）开挖对变形的控制作

用。西青道隧道工程位于西站交通枢纽南广场南侧。隧道下沉段（东西向）在里程 XQK6＋603 处与天津地铁 1 号线（南北向）平面交叉，上跨已运营天津地铁 1 号线区间既有隧道箱体，其平面重叠范围约（16～22）m×38m，如图 3.2-22、图 3.2-23 所示。地铁一号线既有隧道箱体为钢筋混凝土箱形框架结构，从其上穿越的西青道下沉隧道基坑开挖深度为 4.75m。受西青道下沉隧道影响的既有隧道为 169～172 箱段，其中在下沉隧道基坑开挖后，170、171 箱段上方土体被完全挖除。新建隧道底板距既有地铁箱体顶板仅 0.3m。由于既有隧道箱体的存在，无法在其上方施工基坑围护结构，在既有隧道箱体范围以外的西青道下沉隧道基坑设置了型钢水泥土墙（SMW 工法）作为支护桩，桩径 850mm@600mm，桩长 15.5m，内插 H700mm×300mm×13mm×24mm 型钢，长为 11.4m。基坑开挖过程中，箱体上方未被工法桩封闭部位流入的地下水由基坑内排水沟和抽水设备及时排出。

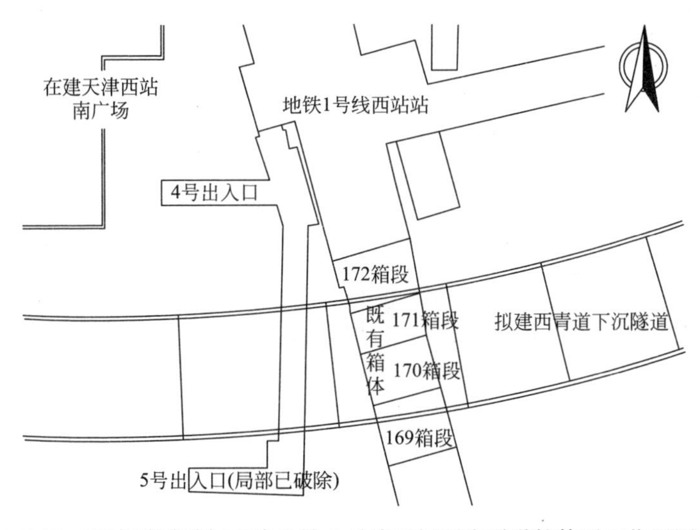

图 3.2-22　西青道隧道与天津地铁 1 号线区间既有隧道箱体平面位置图

因既有地铁隧道上方进行基坑开挖，相当于在隧道上方进行挖土减载卸荷，将可能引起隧道的隆起变形，因此，地铁管理有关部门提出了地铁保护标准：轨道两端差异隆（沉）控制值为±4mm；轨道隆（沉）位移控制值为±10mm；既有隧道箱体结构隆（沉）控制值为±10mm；结构水平位移控制值为±10mm。为满足上述结构和轨道的控制标准，施工中采取如下变形控制措施：

1. 土体加固

对可能受西青道隧道开挖影响的既有隧道箱体两侧土体采用三轴水泥土搅拌桩（850mm@600mm）加固，加固宽度为地铁箱体两侧各加 5m，深度为地表以下 16m。试图通过对隧道两侧土体的加固，减小因既有隧道箱体上方基坑开挖可

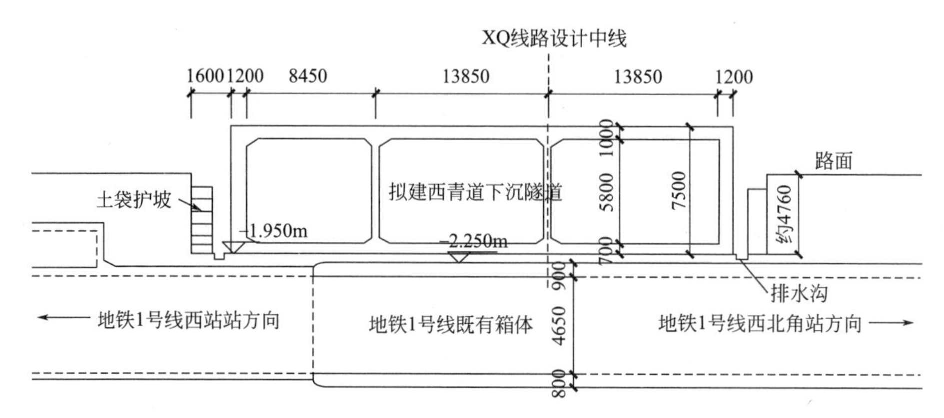

图 3.2-23　西青道隧道与天津地铁 1 号线区间既有隧道箱体竖向剖面图（mm）

能引起的隧道箱体的上抬量。隧道结构周边 0.5m 内采用双液注浆加固，使既有隧道箱体和周围加固体有效结合，见图 3.2-24、图 3.2-25。

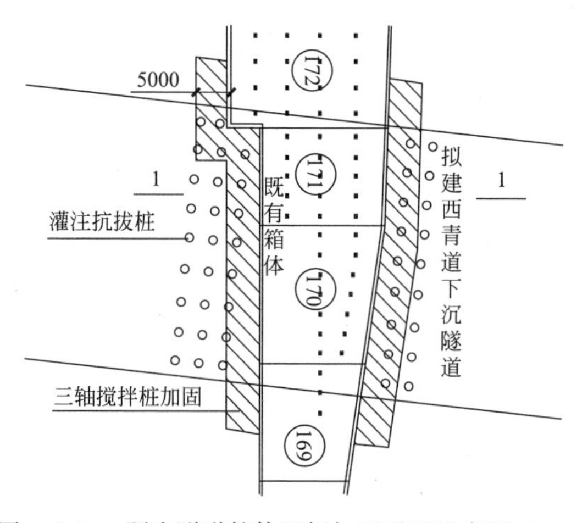

图 3.2-24　既有隧道箱体两侧加固平面示意图（mm）

2. 分段施工

根据时空效应原理，西青道隧道基坑内土体采用分段直立挖土、分段砂袋护坡、分段浇筑底板、分段堆载回压的方式，将该基坑（约 40m×41.5m）分成 3 个施工段施工。

3. 设置抗浮桩

天津地铁 1 号线既有隧道箱体两侧设置西青道下沉隧道的抗浮桩，该抗浮桩有利于减小因西青道隧道基坑开挖卸荷引起的天津地铁 1 号线既有隧道箱体周围土体的回弹，并且当抗浮桩与西青道隧道的底板形成有效连接后，相当于在天津地铁 1 号线既有隧道箱体周围形成一道“保护箍”，可限制箱体的变形。

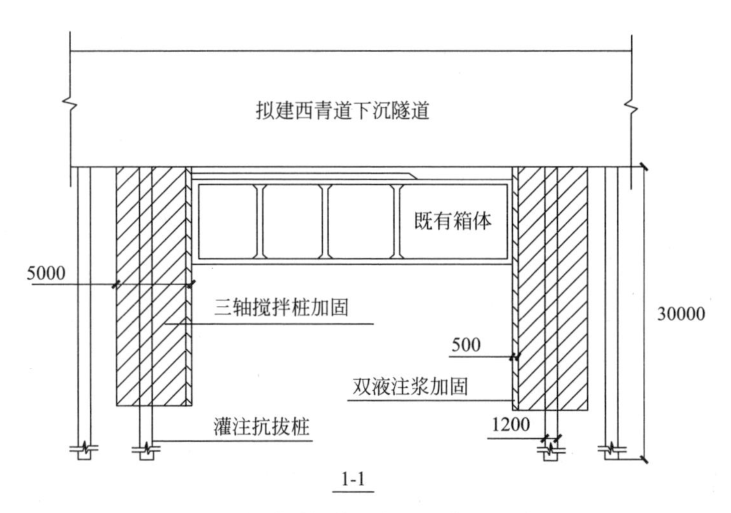

图 3.2-25 既有隧道箱体两侧加固剖面示意图（mm）

采用 Abaqus 软件对天津地铁 1 号线既有隧道箱体上方的基坑开挖与下沉隧道结构施工过程进行动态模拟。根据工程的设计和实际基坑施工情况，在有限元模拟中基坑开挖分块示意图见图 3.2-26。基坑开挖后，坑内土体外表面设置为排水面，将孔压设置为 0 来模拟坑内未封堵处地下水的排出。

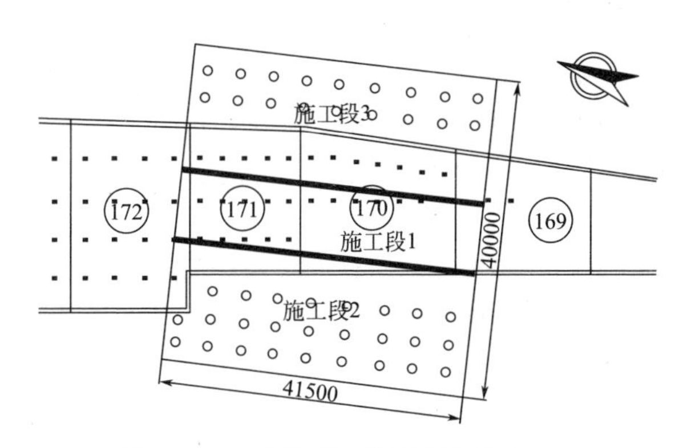

图 3.2-26 基坑开挖分块示意图（mm）

为了验证实际工程采用的既有隧道保护措施的效果，在模拟实际施工过程的模型（即实际工况）基础上，建立 4 种计算工况，见表 3.2-13。

如图 3.2-27 所示，将工况 2 与工况 1 对比可知，对箱体两侧土体加固后，坑内箱体左线轨道最大上抬量由 36.7mm 减小为 18.2mm，降幅 50%左右，而基坑范围以外的既有隧道箱体最大上抬量由 8.7mm 增加到 10.2mm，变形缝处的箱体间最大差异变形也因此而大幅减小，由 24.6mm 减小到 4.9mm。

计算工况 表 3.2-13

计算工况名称	既有箱体两侧进行土体加固	浇筑底板与抗浮桩形成“保护箍”	在浇筑完成的底板上堆载回压
工况 1	否	否	否
工况 2	是	否	否
工况 3	否	是	否
工况 4	否	是	是
实际工况	是	是	是

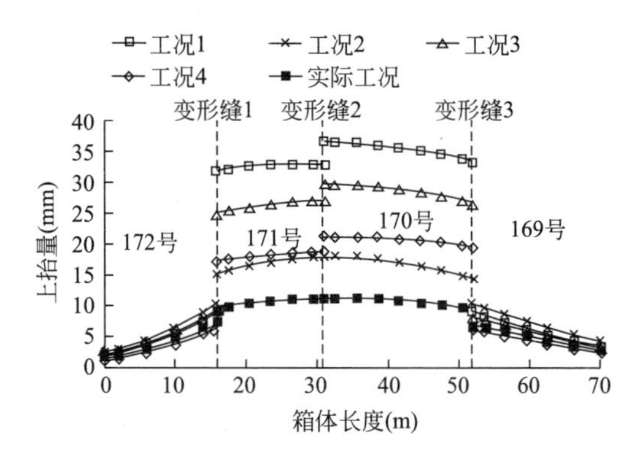

图 3.2-27 基坑开挖完成后各计算工况与实际工况的左线轨道隆沉分布曲线

将工况 3 与工况 1 对比可知，施工新建隧道底板，由于结构的自重效应以及与抗浮桩形成“保护箍”作用的综合影响，使坑内箱体左线轨道最大上抬量变为 29.6mm，而坑外箱体上抬量几乎不变，变形缝处的箱体间最大差异变形减小到 17.6mm。

由于施工新建隧道底板与堆载回压这两种保护措施具有关联性，不可能单独考虑堆载回压的影响与工况 1 进行对比，因此，通过对比工况 4 与工况 3 来说明堆载回压对控制箱体上抬的影响。在工况 3 的基础上进行堆载回压，坑内箱体左线轨道最大上抬量由 29.6mm 减小为 21.2mm，减小了 28%，坑外箱体由 8.6mm 减小为 6.0mm，减小了 30%，变形缝处的箱体间最大差异变形也随之减小为 13.0mm。

由上述的数据分析可知，土体加固对减小既有箱体轨道上抬的作用最为显著，尤其是对差异变形的影响，但由于加固区域和工法的限制，无法控制既有箱体下方土体的回弹，不能完全将箱体变形控制在要求范围内。

分块开挖后及时施工底板，与抗浮桩形成“保护箍”对控制箱体上抬有利，但需要随着基坑内底板结构浇筑的不断完成，最终形成整体，并与抗浮桩联合作用后才能起到效果，并不能及时、主动地控制箱体轨道上抬及差异变形的产生。

在每个分块浇筑的隧道底板上采取堆载回压措施，可以通过信息化施工主动控制箱体上抬，但需要在底板形成强度后才能进行，无法控制开挖初期的箱体轨道上抬及差异变形的产生，具有一定的局限性。对于基坑施工过程中的变形缝的差异变形，“保护箍”与堆载回压的控制效果远不如土体加固明显。

3.2.5 基坑变形隔离桩/墙控制技术

当邻近基坑存在重要的建（构）筑物时，可在基坑与被保护对象之间施工隔离桩/墙[18,24]，阻断基坑变形传递，减小被保护对象的地层变形。隔离桩/墙最早用于减小盾构施工引起既有建筑物或者桩基的变形，随后也应用在减小基坑施工引起地表邻近建筑物的变形，但在控制基坑引发隧道变形方面的应用与研究相对较少。

1. 隔离桩/墙控制盾构隧道施工引起既有建筑物或者桩基变形

盾构隧道施工过程中，因盾构机刀盘顶推力、盾壳摩擦力以及施工引起的土体损失等因素，盾构机周边土体及桩基会产生位移；尤其是因施工引起的土体损失可引起地表产生高斯曲线型的沉降槽，从而导致地表建筑产生一定程度的不均匀沉降。隔离墙作为一种有效的变形阻隔措施，在控制盾构施工对地表沉降影响中时常被应用。

Bilotta[18,19] 通过一系列离心模型试验及数值模型研究了隔离墙减小隧道施工引起周边土体位移的效果。研究结果表明，隔离墙可有效地减少周边土体位移及地表沉降，隔离墙的控制效果与隔离墙长度和墙体—土体界面粗糙度密切相关。轻质、粗糙隔离墙的控制效率可达 60%。随着墙体重量增加，控制效率降低。因此，水泥土搅拌桩可以认为是轻质、粗糙的墙体，可有效地减小地表沉降。Bilotta[20] 采用三维有限元分析方法研究了一排隔离桩控制盾构隧道施工引起周边建筑物变形的效果，进一步探讨了设置一排隔离桩时，隔离桩桩间距对控制效果的影响。研究结果表明，桩间距为 2～3 倍桩径时，地表沉降减小较为显著，可以较好地防止建筑物受损；桩间距为 5～6 倍桩径时，地表平均水平位移显著减小，也有助于防止建筑物受损。

邹文浩和徐明[21] 基于三维数值模型研究了隔离桩减小隧道开挖引起地面沉降的效果。研究结果表明，隔离桩的深度对隔断效果影响最为显著，隔离桩应至少延伸到隧道底部以下 1 倍隧道半径的深度；桩径和桩中心间距在合理范围内变化对隔断效果影响不大；隔离桩与地下连续墙的隔断效果差别较小。

2. 隔离桩/墙控制基坑施工引起既有隧道或建筑物变形

相较于隔离墙在控制盾构施工引起周边环境影响中的应用，隔离墙用于控制基坑施工对周边环境影响的研究则相对较少。

翟杰群等[22] 通过有限元模型研究了隔离桩控制基坑施工引起邻近建筑物沉

降变形的效果，并分析了 2 个使用隔离桩的工程案例。研究结果表明，隔离桩穿越主要的土层滑移面才能发挥减小地层变形的作用。此外，隔离桩刚度对于控制效果有较大的影响，建议采用钢筋混凝土结构。

郑刚等[23] 通过有限元模型分析了隔离桩控制邻近基坑隧道水平变形的作用机制。分析表明，隔离桩在控制坑外土体及隧道水平位移时同时存在阻隔作用和牵引作用；当牵引作用较大时，隔离桩反而可加大一定深度范围内土体及该范围内隧道的水平位移。由此提出埋入式隔离桩的形式，可减小其牵引作用，从而主要发挥其隔离作用，并减小隧道水平位移。

叶俊能等[24] 以宁波市轨道交通 1 号线世纪大道站—海晏北路站区间隧道附属隔离桩为背景，基于实测数据和有限元模拟结果，探讨了门架式隔离桩控制基坑开挖引起隧道变形的效果。研究结果表明，门架式隔离桩可显著减小基坑开挖引起的围护结构侧向变形、坑外土体水平位移、地表沉降及邻近隧道位移。

上述工程应用表明，隔离桩对于减小基坑开挖对坑外建筑物的变形影响，控制盾构隧道掘进对周边环境影响及控制大面积堆载下软土地基的应力传播效果是有效的。然而，将隔离墙用于控制基坑开挖引起隧道变形的研究及工程应用仍然较少。因此，开展了隔离桩在控制基坑开挖引发的隧道变形效果方面的研究，分析了隔离桩控制隧道变形的机制，对比了隔离墙在不同桩顶埋深、不同位置、不同隧道位置时的控制效率，以期为类似工程中隧道变形控制提供参考方案。

3. 隔离桩变形控制机制分析

（1）隔离桩控制效果评价指标

为评估隔离桩对坑外隧道变形控制的控制效果，定义隔离桩控制效率 η，见式（3.2-1）：

$$\eta=\frac{S_{ref}-S_{sp}}{S_{ref}} \tag{3.2-1}$$

式中，S_{ref} 为无隔离桩时坑外隧道水平位移或沉降变形指标；S_{sp} 为有隔离桩时坑外隧道对应的变形指标。

由式（3.2-1）可知，当 $\eta=0$ 时，隔离桩控制隧道变形无效果；当 $0<\eta<1$ 时，隔离桩控制隧道变形有效；当 $\eta<0$ 时，隔离桩的设置反而可加大隧道变形。

为验证隔离桩控制效果，计算无隔离桩工况。将基坑开挖至地表以下 16m 处的基坑坑底。开挖结束后，基坑围护结构和邻近隧道发生了如图 3.2-28 所示的变形。基坑地下连续墙产生了内凸变形，最大水平位移在基坑坑底。而坑外隧道产生了向坑内方向的变形，最大水平位移达到 16.15mm。

从图 3.2-29 可知，坑内土体的卸荷作用导致了坑内土体的隆起，而坑外土体相应地产生了向坑内滑动的趋势，其明显的位移影响区为图中虚线所示的三角

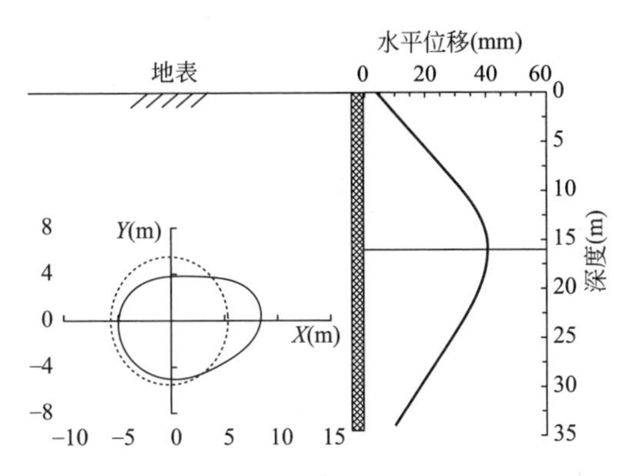

图 3.2-28 基坑开挖结束后基坑围护结构和邻近隧道变形图

形区域，下面称其为位移影响区。隧道右侧少部分进入了位移影响区，导致隧道产生了图 3.2-28 中的位移和变形。

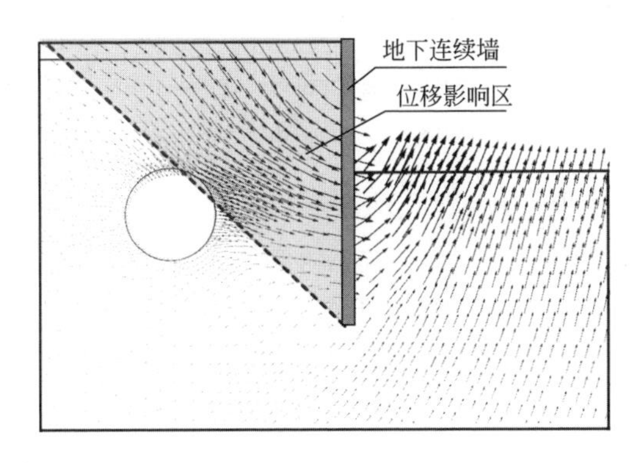

图 3.2-29 基坑开挖结束后局部土体位移矢量图

（2）不同条件下隔离桩控制效果对比分析

在隧道与基坑地下连续墙之间设置隔离桩，其位置示意图如图 3.3-30 所示，其中，H 为基坑开挖深度，为 16m，隧道边缘距离基坑围护结构距离为 D，$D=H$；隔离桩桩长为 L，距离隧道边缘距离为 d。

计算结果中对深层土体的沉降控制效果不明显，故隔离桩对隧道的沉降控制作用在此不作讨论，主要对隔离桩水平控制效率 η_H 进行讨论，下面将其简称为隔离桩控制效率。

分析 L 和 d 变化时，d 取 $0.2D$、$0.4D$、$0.6D$ 和 $0.8D$，L 取 $1.4H$、$1.6H$、$1.8H$、$2.0H$、$2.2H$ 和 $2.4H$。将以上两参数组合，有计算模型 24 个。隔离桩水平控制效率与桩位桩长的关系如图 3.2-31 所示。大部分情况下 η_H 为负值，隔离桩反而加大了隧道水平位移，对隧道控制不利。

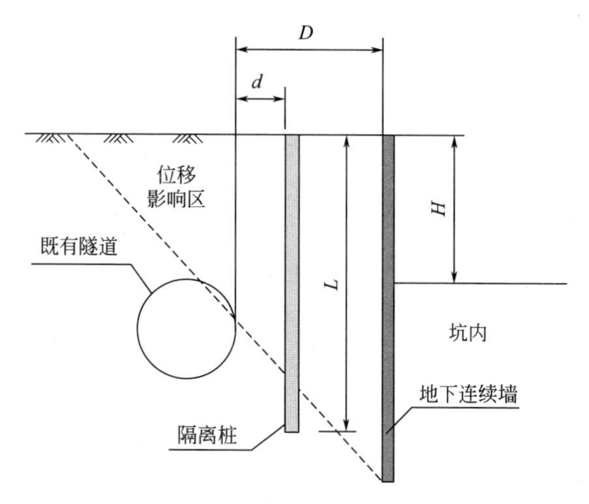

图 3.2-30 隔离桩位置示意图

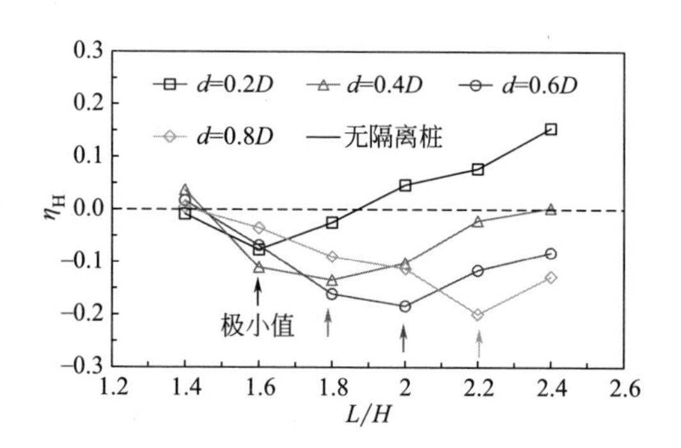

图 3.2-31 隔离桩水平控制效率与桩位桩长的关系

见图 3.2-32，当隔离桩插入位移影响区以下足够深度时，隔离桩能够减小地表及一定深度范围内土体水平位移，即隔离桩具有阻隔作用。另一方面，位移影响区土体水平位移显著大于位移影响区以下土体的水平位移，位移影响区的土体会对隔离桩产生推挤作用，导致隔离桩在位移影响区以下的桩体产生向坑内的附加位移，反而导致该部分土体、隧道的水平位移加大。

对比图 3.2-31 与图 3.2-32 可知，图 3.2-32 中无隔离桩时，墙后土体的位移影响区对应于 d 分别为 $0.2D$、$0.4D$、$0.6D$ 和 $0.8D$ 时的下部边界深度分别为 26.5m、29.6m、32.3m 和 35.8m，图 3.2-31 中 η_H 最低值对应的深度分别为 25.6m、28.8m、32m 和 35.2m，说明隔离桩下端处于位移影响区下边界时，阻隔作用最差，牵引作用最显著。显然，隔离桩若要充分发挥阻隔作用并减小牵引作用，必须嵌固到非位移影响区以下。

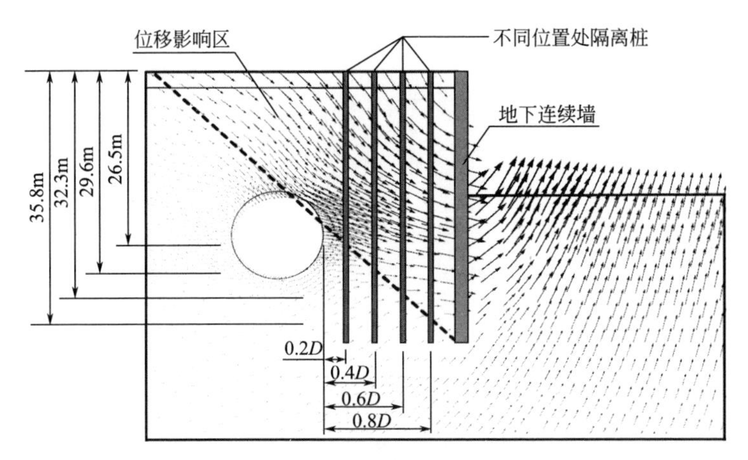

图 3.2-32 无隔离桩时基坑外土体位移场中加入隔离桩

4. 埋入式隔离桩与非埋入式隔离桩控制效率对比分析

阻隔作用主要由进入非影响区的桩身嵌固作用发挥，而牵引作用主要由因影响区范围内桩体所致。牵引作用对隧道水平位移控制不力，故将隔离桩设计成埋入式，如图 3.2-33 所示。在埋入式隔离桩中引入参数 h，即隔离桩桩顶距地表距离，下面将其称为桩顶埋深。

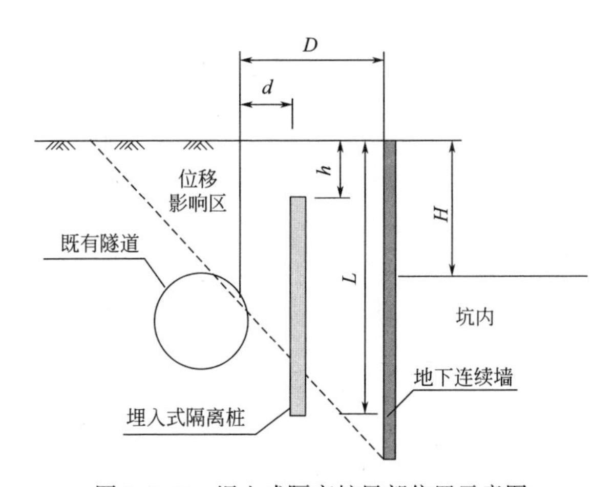

图 3.2-33 埋入式隔离桩局部位置示意图

1）不同桩顶埋深下隔离桩的控制效率分析

隔离桩水平控制效率与桩顶埋深桩长桩位的关系如图 3.2-34 所示。随着桩顶埋深 h 的不断增大，隔离桩处于位移影响区范围内的桩长减小，牵引效应减弱，隔离桩的控制效率提高。但随着 h 的不断增大，直至其到达位移影响区边缘或超出位移影响区范围时，阻隔作用大幅度减小，导致控制效率下降。因此，控制隔离桩在位移影响区范围内的桩长，最大程度发挥阻隔作用并减小牵引作用，是提高隔离桩控制效率的关键。

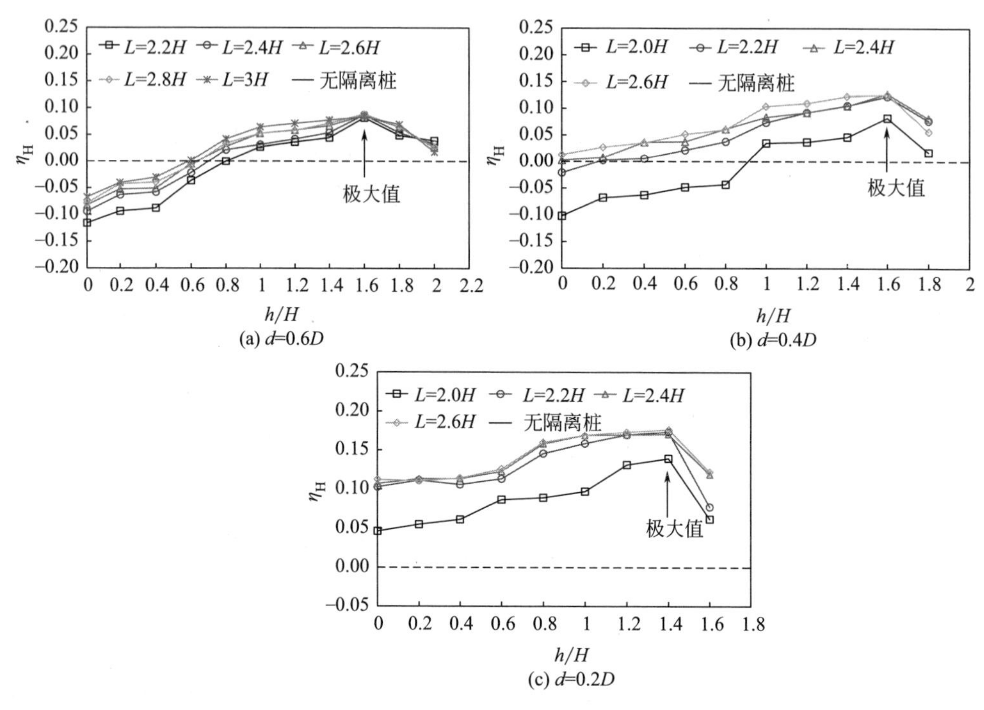

图 3.2-34 隔离桩水平控制效率与桩顶埋深桩长桩位的关系

2）不同桩位置隔离桩的控制效率分析

$L=2.2H$ 下不同桩顶埋深隔离桩控制效率与桩位置的关系如图 3.2-35 所示。在相同条件下，将隔离桩向隧道侧移动可以增大隔离桩位移影响区外桩长与影响区内桩长之比，增大阻隔作用而减小牵引作用。同等条件下，隔离桩位置应尽量靠近隧道，但要同时需考虑隔离桩施工对隧道的影响。

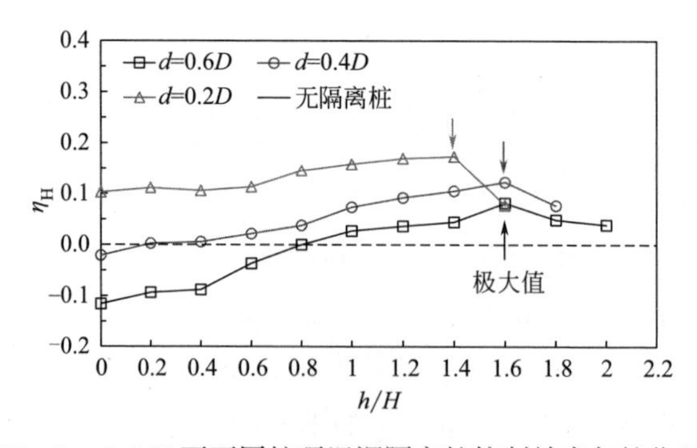

图 3.2-35 $L=2.2H$ 下不同桩顶埋深隔离桩控制效率与桩位置的关系

3）不同隧道位置隔离桩控制效率分析

以隧道右侧拱腰位置为参考点，设计 4 个不同隧道位置 P1～P4，如图 3.2-36 所示，隔离桩被布置在隧道与地下连续墙之间居中位置，图中 H 为基坑开挖深度，埋入式隔离桩埋入深度取值为 H，R 为隧道半径。

在 4 个不同隧道位置处，结合不同形式隔离桩，计算隧道在不同情况下的变形，计算结果用隔离桩控制效率给出，如图 3.2-37 所示。非埋入式隔离桩在不同隧道位置的控制效率低下，除 P3 位置外，会增大隧道的水平位移；相对而言，埋入式隔离桩在 P1～P4 位置处控制隧道变形效果较好，埋入式隔离桩在隧道变形控制方面优势明显，尤其在 P1 和 P2 位置优势很明显。将分析结果进行简单推广后可知，埋入式隔离桩能够很好地减小控制坑外土体变形过程中的牵引效应，不同隧道位置处，埋入式隔离桩对隧道变形的控制效果均优于非埋入式隔离桩的控制效果。

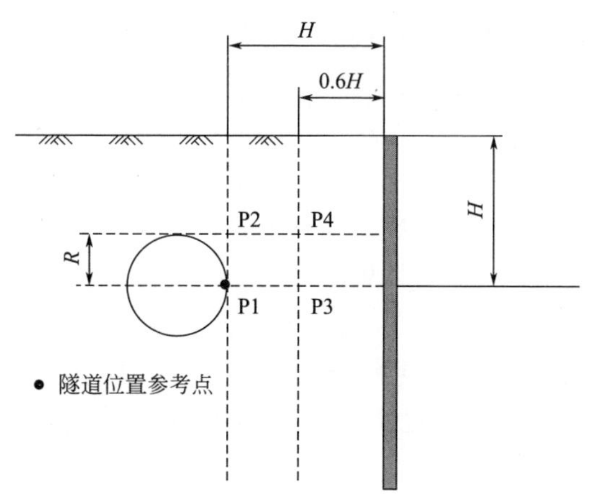

图 3.2-36　不同隧道位置 P1～P4 示意图

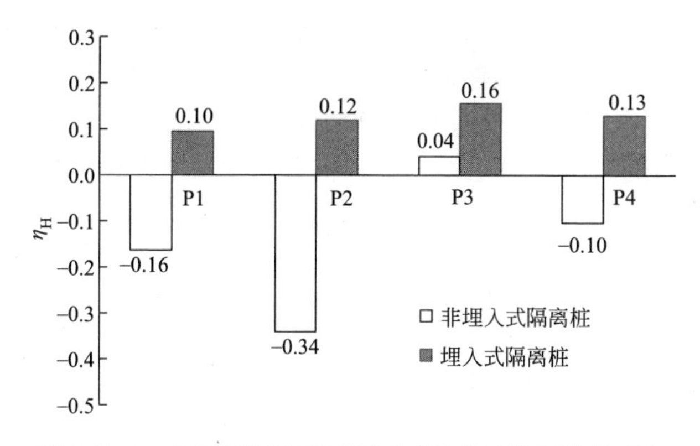

图 3.2-37　不同隧道位置不同形式隔离桩控制效率对比

根据上述分析，隔离桩可以有效地控制基坑开挖、盾构掘进对周边建筑物的变形，为进一步研究隔离桩在控制基坑开挖引发隧道变形中的使用效果，本节分析了隔离桩的工作机制，提出了隔离桩控制效果评价研究指标，对比了隔离桩在不同位置、不同桩顶埋深、不同桩底埋深的控制效率。

3.2.6 小结

在基坑开挖过程中对土方开挖顺序进行优化、分期分区开挖、加强支护体系及对基坑坑底进行加固、加设隔离桩/墙等被动控制技术，均可有效地控制基坑变形。为进一步研究被动控制技术的应用效果，选取了3个实际工程案例进行分析研究，对土方开挖顺序对地下连续墙变形影响、加强支护体系对基坑变形的控制、坑底加固对基坑变形的作用进行了系统讨论，得到以下结论。

(1) 在分部降水开挖过程中，非对称基坑的围护结构会产生偏转，同时，竖向支撑体系的差异沉降会对围护结构的变形和环境效应产生影响，非对称程度越大，这种影响越明显。在实际设计和施工过程中，应特别关注非对称基坑的非对称性带来的变形差异及对基坑外工程结构的不利影响，应充分考虑差异变形之间的关联性，并制定综合措施。

(2) 以某邻近地铁结构的大面积基坑工程为例，分析了基坑施工中地铁结构的变形规律，结果表明，分区分期施工、分仓施工、增加一道支撑会在一定程度减小基坑开挖引起的隧道水平变形，但减小效果有限。

(3) 在运营地铁隧道上方进行基坑开挖，相对于常规基坑施工具有施工难度大、风险高的特点。在施工过程中，通过采取分块施工、地基加固、抗浮桩等合理的施工方案及有效的保护措施，对控制地铁1号线既有箱体的变形起到了良好的效果。

隔离桩控制坑外既有隧道水平位移过程时，不仅表现出阻隔作用，还表现出一定牵引作用，而牵引作用对控制隧道的水平位移不利。基坑开挖的卸荷效应会在坑外形成位移影响区，当隔离桩桩身在此范围内，隔离桩的牵引作用更为显著。因此，提出了埋入式隔离桩的概念，通过控制桩顶埋深调整影响区范围内桩长，有效减小牵引作用。但桩顶埋深过大导致其达到影响区边缘或超出位移影响区，阻隔作用急剧减小，同样会减小隔离桩控制效果。在相同条件下，将隔离桩设置在靠近隧道处其控制效率要明显优于远离隧道处的控制效率。隔离桩应尽量选择近隧道位置布设。

3.3 基坑降水引发变形的传统控制策略

在长条形地铁基坑或者大面积建筑基坑的开挖过程中，为了减小支护结构因暴露时间太长而发生较大侧移，可采用分段开挖，并及时安装支撑系统[25-30]。同样，在基坑开挖前的潜水降水过程中，如果提前施作第一道水平支撑（即先撑后降），并分段开启基坑内的降水井，也可预期减小潜水降水引起的支护结构侧移。

由 2.4.2 节的内容可以看出，如果在进行基坑开挖前的潜水降水之前，不在墙顶设置第一道水平支撑，潜水降水后，地下连续墙将发生显著的悬臂变形水平位移。为此，在基坑 B，首先在墙顶设置一道水平支撑，然后再进行潜水降水试验，以探索“先撑后降”的变形控制效果。利用正式降水运行的疏干井（即 S10～S19）作为潜水降水试验的降水井和水位观测井。此外，为研究长条形基坑分段降水产生的空间效应对地下连续墙水平位移的影响，将基坑 B 分为 3 段，依次启动各段的降水井，进行潜水降水。基坑 B 降水试验阶段划分及监测点平面布置图见图 3.3-1。由于基坑 B 南侧地下连续墙外 7.8m 有重点保护建筑，故在该建筑上布置了沉降监测点。

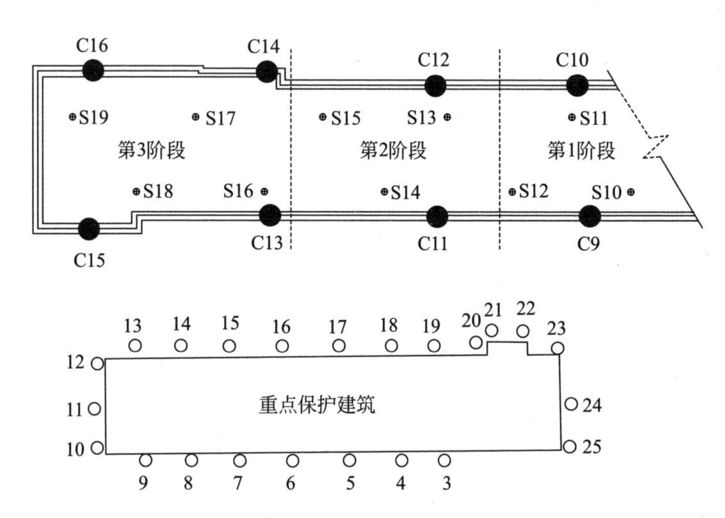

图 3.3-1　基坑 B 降水试验阶段划分及监测点平面布置图

3.3.1 先撑后降

1. 第 1 阶段

第 1 阶段仅开启 S10～S12 疏干井连续降水 46h25min，记录相关疏干井的水位变化以及降水井的抽水量，见表 3.3-1。

2. 第 2 阶段

第 2 阶段仅开启 S13～S15 疏干井连续降水 41h18min，记录相关疏干井的水位变化以及降水井的抽水量，见表 3.3-2。

第 1 阶段降水井及观测井基本信息　　表 3.3-1

井类	井号	水泵深度(m)	抽水量(m^3)	水位降深(m)
降水井	S10	15	11.75	6.63
	S11	20	38.30	8.04
	S12	19	14.80	10.50
观测井	S13	—	—	2.26
	S14	—	—	0.30

第 2 阶段降水井及观测井基本信息　　表 3.3-2

井类	井号	水泵深度(m)	抽水量(m^3)	水位降深(m)
降水井	S13	20	33.10	8.2
	S14	15	26.80	5.3
	S15	15	12.25	11.8
观测井	S12	—	—	−2.6
	S16	—	—	2.8

在第 2 阶段基坑抽水试验过程中，第 1 段基坑中 S12 号井水位出现上升，是因为第 1 阶段基坑抽水时该井水位下降 10.5m，而在第 2 阶段抽水开始后，由于该井已停止抽水，故水位有一定恢复。

3. 第 3 阶段

第 3 阶段仅开启 S16～S18 疏干井连续降水 44h55min，记录相关疏干井的水位变化以及降水井的抽水量，见表 3.3-3。

第 3 阶段降水井及观测井基本信息　　表 3.3-3

井类	井号	水泵深度(m)	抽水量(m^3)	水位降深(m)
降水井	S16	20	13.17	7.6
	S17	20	0.57	0.8
	S18	20	4.72	6.1
观测井	S19	20	9.74	7.5
	S15	—	—	−4.6

第 2 段基坑中 S15 号井水位出现上升，其原因同 S12 井。

降水过程中 C9 测斜孔地下连续墙侧移曲线见图 3.3-2。降水结束后 C11～C14 测斜孔地下连续墙侧移曲线见图 3.3-3。各曲线有如下特点：

(1) 无支撑降水试验，地下连续墙出现悬臂变形侧移；有支撑降水试验，则发生内凸变形侧移。

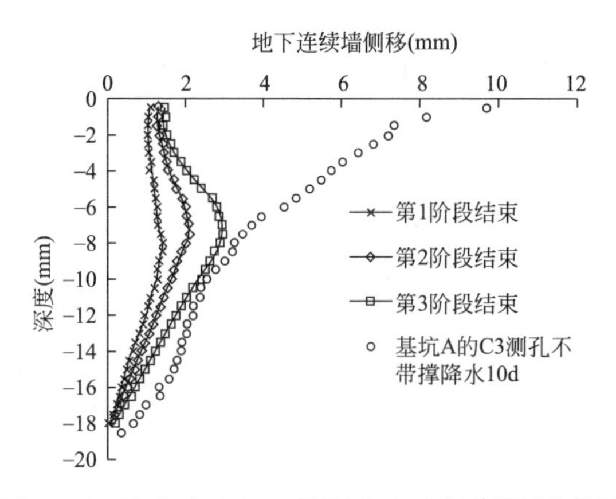

图 3.3-2 降水过程中 C9 测斜孔地下连续墙侧移曲线

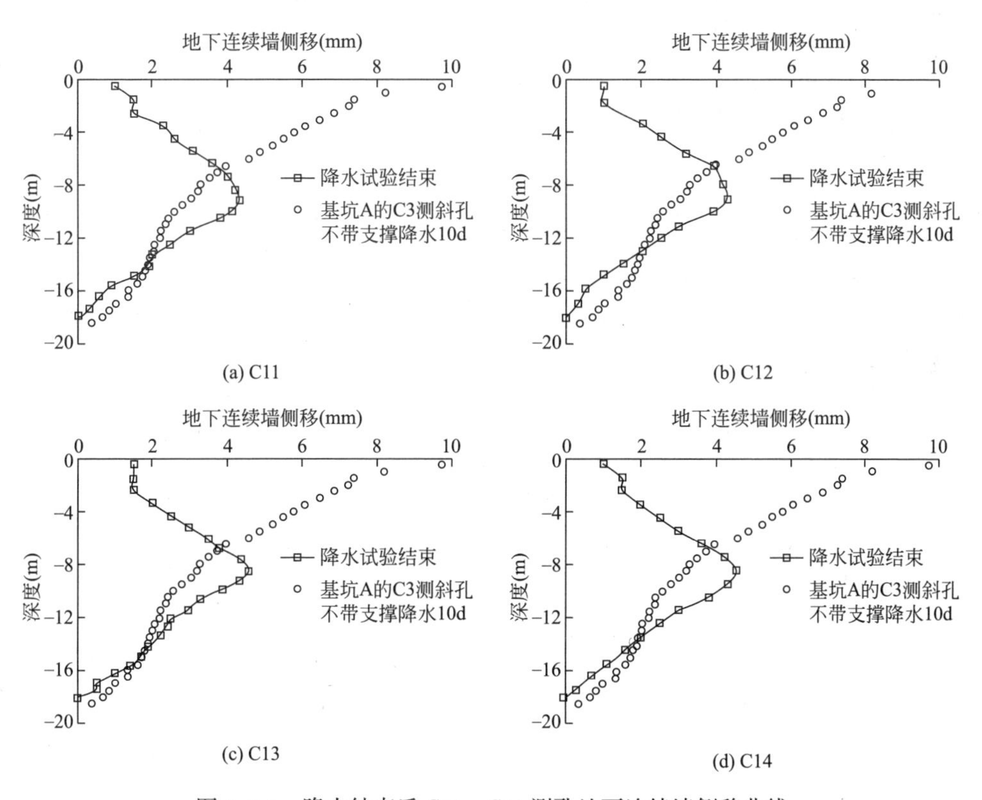

图 3.3-3 降水结束后 C11～C14 测孔地下连续墙侧移曲线

（2）在支撑的限制下，墙顶侧移、最大墙体侧移显著减小。通过图 3.3-2 和图 3.3-3 的对比，可以看出，最终在墙深 8m 以下侧移大致相同的情况下，有第一道水平支撑的地下连续墙墙顶侧移减小 84%，仅发生 1.3mm 侧移，其他各测斜孔墙顶侧移也仅在1mm左右。C11～C14测斜孔由于受两侧横墙约束较少，最大墙体侧移在4.3mm左右，较同样受空间效应较小的A段基坑C3测斜孔的最大墙体侧移减小56%；其余测斜孔（如C9测斜孔）由于距基坑端部较近，受边角效应的影响[31-34]，最大侧移为3mm。

(3) 各阶段降水均引起重点保护建筑的沉降，降水试验结束后，建筑北侧大部分测点沉降值都达到5mm以上，最大的为17号测点，沉降为8.8mm。试验结束后持续监测20d，各测点沉降继续增加，14号～18号测点沉降均超过10mm。由于降水试验过程中，坑外潜水和承压水观测井并没有明显水位降深（见2.4.1节），因此，重点保护建筑沉降应是降水过程中地下连续墙发生指向坑内侧移而形成的坑外土体体积损失导致[35]。

对于采取了先撑后降措施的基坑工程而言，在潜水降水过程中地下连续墙侧移的发展被较大幅度的限制，也同样较大幅度地减小了由于墙体侧移而引起的坑外土体体积损失[35]，即便如此，仍导致基坑外紧邻建筑发生5～10mm的沉降（图3.3-4）。可以推测，对于未采用先撑后降措施的基坑工程而言，地下连续墙由于发生更大幅度的悬臂变形侧移而导致的坑外建筑沉降将更大。

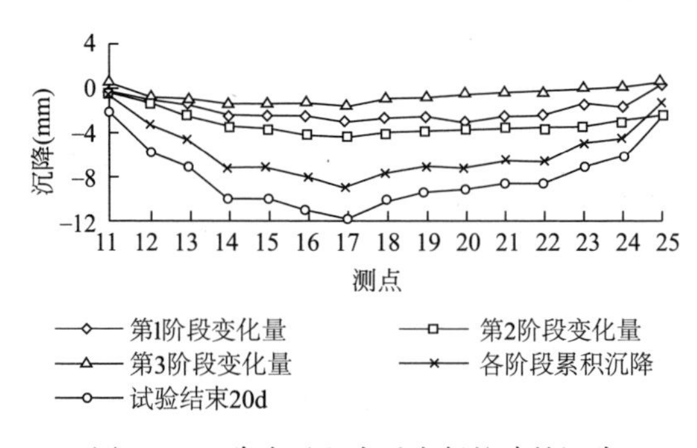

图3.3-4　降水过程中重点保护建筑沉降

由于在基坑开挖过程中通常要设置水平支撑体系，只是往往在基坑即将进行土方开挖前设置。因而，对于涉及潜水降水的基坑工程（尤其是地铁基坑），建议将第一道水平支撑的设置时间提前到潜水降水之前。

3.3.2　分段降水

由于采用先撑后降策略后，墙顶侧移和最大墙体侧移的发展均得到了限制。而从C9测斜孔地下连续墙侧移过程还可以看出，在3个阶段的分段降水期间地下连续墙均产生了水平位移。由于C9测斜孔位于第1分段，故第1分段降水引起的C9测斜孔墙体水平位移增量最大；第2、3分段降水引起的C9测斜孔水平位移增量大致为第1分段的50%。但是，应该注意，对应第2、3分段的降水过程，第1分段虽已停止降水，但水位未完全恢复，再加上墙体变形滞后于水位变化，故第2、3分段降水过程中，C9测斜孔的水平位移包含了第1分段降水引起位移的发展和其他分段降水引起的位移。也就是说，基坑内潜水降水的位置对地下连续墙侧移的发展有较大影响，某一位置处地下连续墙侧移的发展程度与相应位置处是否进行了潜水降水有紧密关系。

如果基坑进行整段的潜水降水，那么其对地下连续墙侧移的影响就像上述分析的第1阶段降水对C9测孔地下连续墙侧移的影响一样，显然，将引起相对较大的墙体侧移。而采用分段降水则可以减小基坑内任一指定墙体位置的潜水降水程度，仅使得被降水段对应的墙体发生相对较大的侧移，而非降水段则发生相对较小侧移，类似上述分析中第2、3阶段降水对C9地下连续墙侧移的影响。

可以预计，如果先分段施工支撑，再分段降水，进而分段挖土，并如此重复，疏干降水所引起的墙体位移将能得到更好的控制。

1. 有支撑条件下分段降水与整段降水的区别

对基坑B开展有支撑分段降水（方案A）和有支撑整段降水（方案B），为便于对比，两方案的降水水位基本相同。

（1）方案A

方案A为上述基坑B分段降水试验方案。由于实测仅给出几个测斜孔的位移，为更全面地了解基坑纵墙各断面侧移，将各降水阶段结束后纵墙墙体最大侧移（均在墙深约7m处）和第3阶段结束后墙顶侧移分布数值模拟结果绘于图3.3-5，由图3.3-5可以看出，随着降水井从右至左相继分段被启动，南、北侧墙体的内凸变形侧移也从右至左相继发展。同时，图3.3-5反映了分段降水使得被降水段对应的墙体发生相对较大的侧移，而非降水段则发生相对较小侧移，每一阶段降水所引起的对应基坑段的墙体侧移占该位置处墙体最终所发生的侧移的一半以上。

此外，由于墙顶支撑的限制作用，墙顶仅发生较小的侧移。

（2）方案B

开启基坑B内全部潜水降水井。降水完成后南侧、北侧墙体侧移规律如图3.3-5所示。2个方案中，纵墙墙体最大侧移在基坑东部相差不大，在基坑中部和西部，方案B的大于方案A的。此外，2个方案的纵墙墙顶侧移则基本相同。

（3）分段降水策略控制效果的量化分析

为了对比有支撑条件下，分段降水（方案A）与整段降水（方案B）对应的墙体侧移，将两方案下3个分段降水所对应的基坑段中心位置的最大墙体侧移进行对比，如图3.3-6所示。

可以看出，对于分段降水，无论最先进行降水基坑段的a-a断面，还是最后进行降水基坑段的c-c断面，引起的墙体最大侧移均小于整段降水所引起的最大

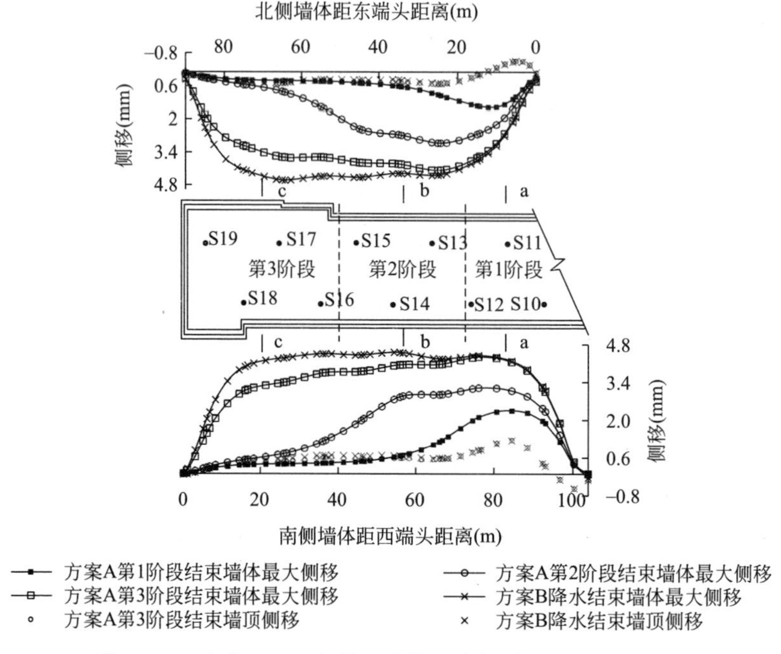

图 3.3-5 方案 A、B 条件下墙体最大侧移和墙顶侧移对比

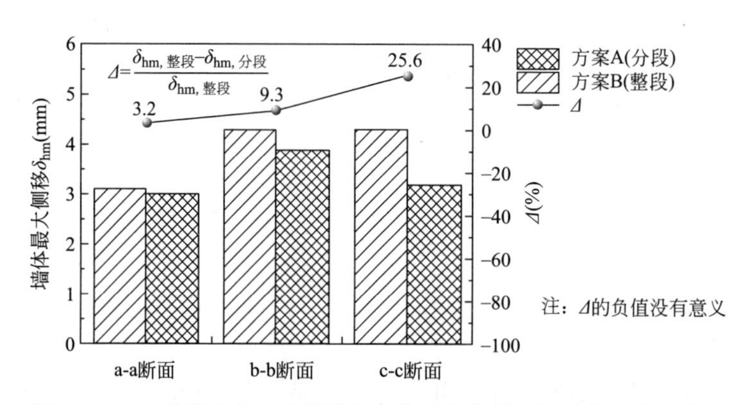

图 3.3-6 有支撑条件下分段降水方案对墙体最大侧移的减小百分比

侧移。对于 a-a 断面、b-b 断面、c-c 断面，Δ 依次为 3.2%、9.3%、25.6%。

可见，对于分段降水方案中最后进行降水的基坑段，减小的墙体侧移幅度是可观的。可以推测，对于基坑长宽比更大的地铁基坑或者大面积建筑基坑，分段降水方案对减小潜水降水引起的墙体侧移更有效。事实上，由于 c-c 断面距离基坑东端约 80m，因此对于长度大于 80m 的基坑，分段降水方案均能较好地起到减小潜水降水引起的纵墙墙体侧移的效果，换句话说，对于基坑长度大于 80m 的基坑，在采用了先撑后降策略后，进一步采用分段降水策略可以起到更明显的限制纵墙墙体侧移的效果。

2. 无支撑条件下分段降水与整段降水的区别

对基坑B开展无支撑分段降水（方案C）、无支撑整段降水（方案D），为便于对比，两方案的水位降深基本相同，且与上节方案A、方案B基本相同。

（1）方案C

本方案与方案A、方案B相比，区别在于该方案在B段基坑潜水降水前不施工墙顶支撑，这也是实际工程中常见的一种做法。本方案仍采用分段降水，各分段降水时间与方案A相同。

图3.3-7给出了方案C基坑纵墙墙顶侧移分布图，由于方案C降水前墙顶未设置支撑，故而降水后墙体发生较大悬臂变形侧移，且随着降水井从右至左相继分段启动，墙体悬臂变形侧移也从右至左相继发展。同时，图3.3-7也反映了分段降水使得被降水段对应的墙体发生相对较大的侧移，而非降水段则发生相对较小侧移。从图3.3-7可以看出，每一阶段降水引起的对应基坑段的墙体侧移占该位置处墙体最终发生侧移的一半以上。

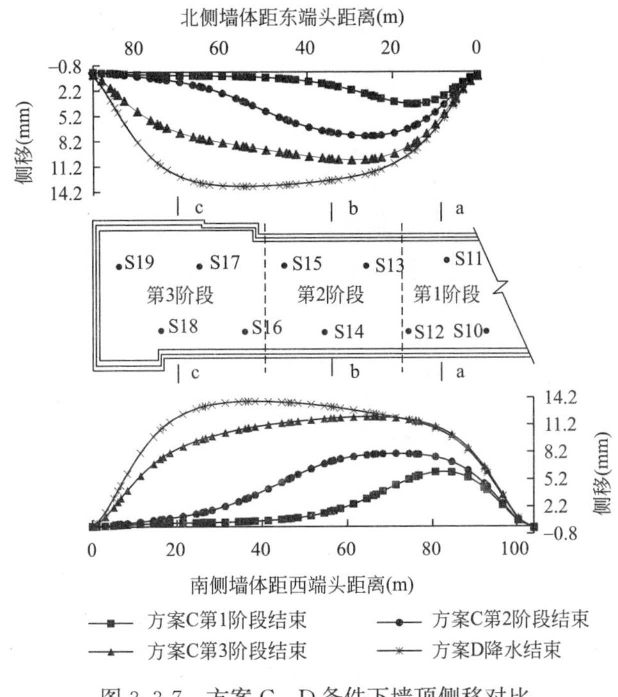

图3.3-7　方案C、D条件下墙顶侧移对比

（2）方案D

本方案为工程中最常用的降水方案，即潜水降水前不施工墙顶支撑，且同时开启基坑内全部潜水降水井。当降水深度与以上各方案基本相同时，方案D基坑

大部分位置的纵墙墙体侧移是 4 个方案中最大的。对比方案 D 与方案 C，如图 3.3-7 所示，基坑东部一定区域的纵墙墙顶侧移，两方案相差不大，而在基坑中部和西部，则出现方案 D 的纵墙墙顶侧移偏大的现象。这跟方案 A 与方案 B 之间的差别一致，说明这是整段降水方案与分段降水方案的区别。

(3) 分段降水策略控制效果的量化分析

为了对比在无支撑的条件下，分段降水（方案 C）和整段降水（方案 D）对应的限制墙体侧移，将两方案下 3 个分段降水所对应的基坑段中心位置的最大墙体侧移进行对比，如图 3.3-8 所示。

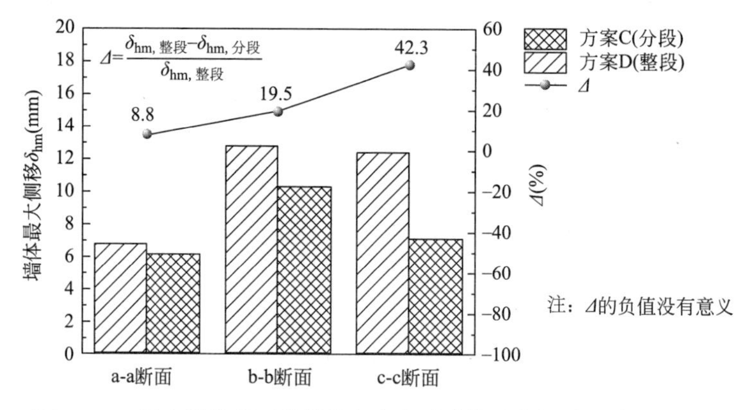

图 3.3-8　无支撑条件下分段降水方案对墙体最大侧移的减小百分比

由图 3.3-8 可以看出，对于分段降水，无论是 a-a 断面，还是 c-c 断面，其引起的墙体最大侧移均小于整段降水所引起的墙体最大侧移。对于 a-a 断面、b-b 断面、c-c 断面，Δ 分别为 8.8%、19.5%、42.3%，这比有支撑条件下分段降水对墙体侧移的限制效果更好。

事实上，由于 b-b 断面距离基坑东端头约 40m，也就是说对于长度大于 40m 的基坑，在无支撑条件下采用分段降水方案均能起到较好的限制潜水降水引起的纵墙墙体侧移的效果。因而，对于没有条件在潜水降水前设置墙顶第一道支撑的基坑（如，设计方案中将第一道支撑设置在地表以下一定埋深位置），应当采用分段降水的方案进行潜水降水，并且应及时进行第一道支撑的施工，以尽可能地减小潜水降水引起的墙体侧移。

3.3.3 小结

基于潜水降水引起基坑变形机理、规律的研究结果，从工程实测和数值计算两个方面得到了潜水降水引起基坑变形的主要控制策略，包括以下方面的内容：

(1) 先撑后降。先撑后降包括两个方面的含义：其一，在土方开挖前，先撑后降指的是先施工墙顶第一道支撑，再进行潜水降水；其二，在土方开挖过程中，先撑后降指的是先完成上一道支撑的施工，再进行下一层的降水。

先撑后降策略可以大幅度减小潜水降水引起的最大墙体侧移或墙顶侧移。相对于直接降水方案，其对墙体侧移的减小幅度达到56%～84%，并使得墙体由悬臂侧移转变为内凸侧移。

由于水平支撑体系在基坑开挖过程中通常是要设置的，只是设置时间往往在基坑即将进行土方开挖前。因而，对于涉及潜水降水的基坑工程（尤其是地铁基坑），建议将第一道水平支撑的设置时间提前到潜水降水之前。

(2) 分段降水。分段降水的含义是将基坑分成若干段，每次开启其中一段或者距离较远的若干基坑段中的降水井进行潜水降水。

分段降水使得被降水基坑段对应的墙体发生相对较大的侧移，而非降水段则发生相对较小侧移，通过工程实测和数值计算均发现，每一阶段降水所引起的对应基坑段的墙体侧移占该位置处墙体最终所发生侧移的一半以上。

在分段降水中，无论是最先进行降水的基坑段，还是最后进行降水的基坑段，降水所引起的墙体最大侧移均小于整段降水所引起的墙体侧移。

在采用了先撑后降的策略时，对于长度大于80m的基坑，进一步采用分段降水策略可以更明显地限制纵墙墙体侧移的发展，并减小约20%以上的最大墙体侧移（对于最后进行分段降水的基坑段，最大墙体侧移被减小的程度更大）；而对于长度小于40m的基坑，采用分段降水策略对纵墙墙体侧移的限制效果不明显。

对于没有条件在潜水降水前设置墙顶第一道支撑的基坑（如设计方案中将第一道支撑设置在地表以下一定埋深位置），应当采用分段降水方案进行潜水降水，并且应及时进行第一道支撑的施工，尽可能地减小潜水降水引起的墙体侧移。

3.4 基坑变形主动控制原理及现状

3.4.1 传统变形被动控制技术的局限性

随着城市大型交通枢纽、大型城市综合体、机场等的大量建设，基坑工程呈现向深、大、长发展的趋势，基坑施工引起的周边地层的变形及环境影响更加显著。我国已建成大量城市轨道交通、高速铁路、高速公路和市政道路等交通基础设施，形成了四通八达、覆盖极广的运营网络，为我国国民经济的发展发挥了巨大作用。因此，在地上、地下建（构）筑物、交通基础设施密集的城市，不可避免地出现大量基坑邻近既有交通基础设施或其他对变形控制要求的建（构）筑物进行施工的情况，基坑周边环境日益复杂化，使基坑施工引起的周边地层变形及环境影响的控制要求越来越严格。

这些邻近既有交通基础设施的基坑施工，会不同程度地造成既有交通基础设施周边土层的应力变化、地下水位变化，必然引起交通基础设施周边土体产生变形，进而引起交通基础设施的变形，对已经建成服役的交通基础设施产生不同程度的影响。这是现代城市建设面临的越来越突出的重大难题。

如图 3.4-1 所示，当基坑周边被保护对象为建筑物、道路时，变形的控制要求为厘米级。随着大量交通基础设施的建成，基坑周边的大量被保护对象变为已运营地铁、高铁等，其变形控制要求由厘米级提升为毫米级。例如：

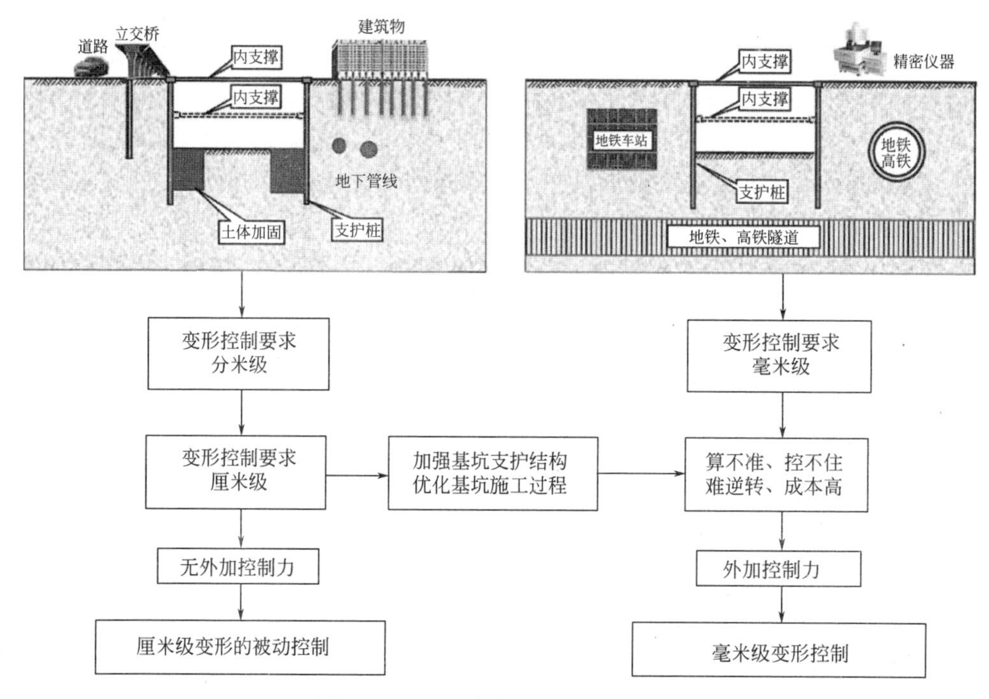

图 3.4-1　基坑毫米级控制标准需求

（1）城市地铁

现行标准《既有轨道交通盾构隧道结构安全保护技术规程》T/CCES36 规定：在健康度 H3 级时，既有隧道水平位移、竖向位移及径向收敛变形均须＜10mm。在工程实践中，对于服役年限长的地铁隧道的变形，地铁管理部门往往提出更小的变形限制要求。此外，要求隧道管片接封张开量小于 1mm，轨向高差每 10m 长，小于 4mm。现行国家标准《城市轨道交通工程监测技术规范》GB 50911 规定，无砟轨道线路路基工后不均匀沉降量，不应超过扣件允许的调高量，路桥或路隧交界处差异沉降不应大于 10mm，过渡段沉降造成的路基和桥梁或隧道的折角不应大于1/1000，其中隧道结构沉降控制值为3～10mm，隧道结构上浮控制值5mm，隧道结构水平位移控制值3～5mm。对于地铁轨道，轨向每10m长的差异沉降不得大于2mm，轨间沉降差也不得大于2mm。可见，这些变形控制标准都在毫米级。

（2）高速铁路

高速铁路由于运行速度可达350km/h或以上，运行速度很大，其对轨道沉降的控制极为严格，对于无砟轨道，由于采用轨道板，取消了道砟，一旦铁轨发生沉降，只能通过铁轨卡扣进行调整。由于卡扣的沉降调整量很小，通常要求高速铁路轨道的工后沉降不大于15mm，路桥过渡段的差异沉降不超过5mm。进一步，对已建成并投入运营的高速铁路，为保证列车高速运行时的安全，当线路附近有其他工程施工时，通常要求邻近工程施工引起的高铁沉降和水平位移都不得大于2.0mm。变形控制标准也是毫米级。

为了减小基坑施工对基坑周边的各类建（构）筑物、各类交通基础设施的影响，目前国内外的变形控制理论和方法大多是基于变形预测，在设计阶段确定变形被动控制措施。例如通过加强基坑支护结构（控制变形来源，减小基坑施工引起的土体源头变形），加固基坑内土体（控制变形来源），设置隔离桩（控制变形传递，减小源头变形在基坑与交通基础设施之间土体中的传递，从而减小交通基础设施的变形）、加固基坑与隧道之间土体（控制变形传递）等方法，减小基坑施工引起的基坑周边土体变形影响（即变形影响区）和变形大小，从而控制基坑施工对周边各类建（构）筑物、各类交通基础设施的影响。

在基坑大型化和环境复杂化的趋势下，特别是面临基坑周边毫米级变形控制要求时，传统变形被动控制方法存在着以下局限性：

① 设计阶段变形被动控制措施（控制变形来源、控制变形路径）极大地依赖对变形预测的准确性。由于目前的岩土工程变形预测理论水平难以在毫米级进行准确预测（算不准），导致施工过程中变形时常超过控制要求（控不住）。即使采取了很强的变形被动保护措施，在导致工程造价和工期大幅度增加的情况下，在基坑施工过程中或施工结束后，周边被保护对象的变形超过控制值的情况屡见不鲜。

② 变形被动控制措施对已经发生的变形无能为力（难逆转）。对于发生了超过预期的过大变形，但现有各种被动控制措施不能实现对已经发生的变形减小的情况，实际工程中，遇到类似情况而不得不取消后期工程的地下室施工从而取消基坑，甚至取消后期工程建设的案例屡见不鲜。

③ 被动控制措施成本高、材耗大、效率低。

因此，传统的变形被动控制方法存在着在设计阶段岩土体变形预测不准、施工阶段变形控制不住、过大的变形难逆转、变形被动控制措施成本高、工期长、效率低等方面的局限性。

3.4.2 基坑施工产生变形及环境影响的主动控制理念

基于传统变形被动控制方法用于大型基坑对环境影响的毫米变形控制时存在的局限性，研发控制机理更为明确、控制过程更为可控、控制技术更为便捷、控制效果更为可靠、控制措施更为经济的变形主动控制理论、控制方法与控制技术，实现不依赖岩土工程变形预测精确性，可对高速铁路、高速公路和地铁等交通基础设施的变形进行“精细、智能、靶向、高效、主动”控制，成为保障交通基础设施及其他对变形要求严格的建（构）筑物的服役安全、服役性能和服役寿命的重大需求。

根据前期大量研究，作者将岩土体的变形控制分为被动控制和主动控制两类[1,2,4,38,42]，其中被动控制是指通过加固岩土体、加强交通基础设施或加强邻近交通基础设施的新建工程结构（例如加强基坑支护结构）来减小交通基础设施产生的两类变形，实质上是通过增加变形控制刚度，而没有引入外源作用力来控制、调整交通基础设施变形；主动控制则是引入外源作用力，主动调节交通基础设施影响范围内的土体的应力和变形，从而对交通基础设施产生的两类变形进行主动调节，通过应力控制取代刚度控制，实现变形的靶向、实时、主动、高效控制。

针对被动控制技术的上述局限性，作者提出了“变形控制关键区”的概念[43]。如图 3.4-2（a）所示，基坑施工会导致基坑外一定范围土体的应力发生变化，并在一定的区域内引发土层产生变形，该区域可称为变形影响区。当基坑外的被保护对象位于变形影响区内时，基坑施工引起的土体的应力变化和变形会引起邻近保护对象产生变形和内力变化。传统的变形控制方法就主要是通过减小变形影响区大小和变形影响区土体变形，从而减小被保护对象因基坑施工引起的变形和内力。从图 3.4-2（b）可以看出，以隧道因施工引起的水平变形的控制为例，实际上，如果不是从加强整个基坑支护体系来减小隧道变形出发，而是对隧道左侧某个区域的土体应力进行控制，通过主动增大该区域土体的水平应力，就能对冲因基坑施工引起隧道左侧土体水平应力减小引起的隧道水平变形，实现对隧道的保护，而不必对整个变形影响区内其他区域土体的应力和变形进行控制。因此，“变形控制关键区”是从预防、减小、消除甚至纠正邻近保护对象产生水平位移、水平挠曲或沉降的角度，仅对某一个较小范围内的土体主动施加应力并产生强制变形，就能对邻近保护对象的变形进行主动、适时控制，预防、减小、消除甚至纠正基坑施工对保护对象引起的变形。

从图 3.4-2 可以发现，两者的基坑支护桩位移、坑内土体隆起量、基坑外土体位移（特别是隧道左侧）都基本相当（土中位移矢量比例相同)。说明只需在变形控制关键区内，使土体产生预定大小和预定方向的应力与变形，对冲基坑开挖引起的该区域内的水平应力和位移变化，就能把隧道水平位移控制住；或者在基坑开挖过程中，把隧道发生的过大水平位移进行主动减小、消除甚至可逆转，实现对隧道的全过程实时保护。显然，“控制关键区”远小于“变形影响区”。因此，如能实现以局部控制局部（即被保护对象）代替以整体控制局部，使主动控制方法效率和效果显著高于被动控制方法，在造价、工期、变形控制能力等方面具有显著优势。

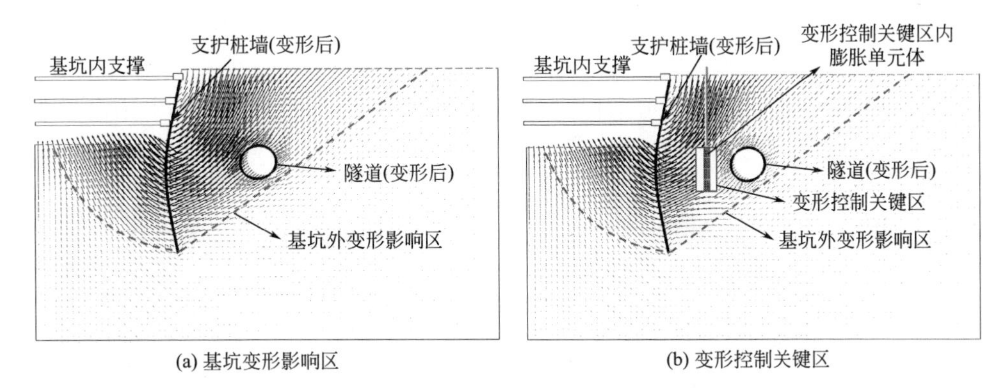

图 3.4-2　基坑变形影响区和变形控制关键区

以控制基坑施工对基坑外桩基础的变形影响为例，提出了变形影响区域及变形控制关键区域的概念。基坑施工会导致基坑外大范围土体的应力发生变化、产生相应变形，变形影响区域是指该区域内因基坑施工引起的土体的应力变化和变形会引起桩基础产生水平位移、水平挠曲或产生沉降。而变形控制关键区域则是从预防、减小、消除甚至纠正桩基础产生水平位移、水平挠曲或沉降的角度，仅对某一个较小范围内的土体主动施加应力并产生强制变形，就能对桩基础的变形进行主动、适时控制，预防、减小、消除甚至纠正基坑施工对保护对象引起的变形。

从图 3.4-2 可以看出，变形控制关键区比变形影响区小很多。例如，在沉降影响区域内土体的沉降可引起桩基础的沉降。但为了预防、减小、消除甚至逆转（抬升）基坑施工引起的桩基础沉降，可仅在变形控制关键区域施加向上的应力强制土体产生向上的变形，就可对桩基础的沉降进行主动、高效、靶向控制。因此，以桩基础沉降控制为例，基于测控一体化的变形主动控制方法可包括如下两个方面：

（1）预防沉降。通过监测桩基础的沉降和桩基础的桩端以下的变形控制关键区域的土体应力变化，在变形控制关键区域的土体适时施加竖向应力或竖向强制变形，防止桩基础产生沉降。

（2）减小、消除甚至逆转沉降。当桩基础已经因为基坑施工导致桩基础沉降影响区域内土体应力变化和产生沉降，导致桩基础已经产生过大沉降。此时，可在对桩基础沉降控制起关键影响的区域的土体施加竖向外力和竖向抬升变形，减小或逆转桩基础已经产生的沉降。

基坑支护体系本身只需进行正常设计，仅可能对支护结构局部进行加强，而不必采取对基坑支护结构体系整体进行加强甚至其他被动控制措施，从而可大大降低原有控制措施成本，缩短工期，达到保护对象的毫米级精准控制。解决了变形被动控制技术存在的“算不准、控不住、难逆转、效率低”问题，实现了“四两拨千斤，变形可逆转”的主动控制。

如表 3.4-1 所示，从岩土工程控制发展阶段看，“变形主动控制”理念属于最新发展阶段。

岩土工程控制发展阶段 **表 3.4-1**

特征	阶段一	阶段二	阶段三
大致时间	1960 年以前	1960～2020 年	2020 至今
控制类型	强度被动控制	变形被动控制	变形主动控制
阶段特征	明确的荷载下系统响应	复杂的荷载下系统响应	可控的荷载下系统响应
控制核心	强度	刚度	作用
系统构成	结构＋土	结构＋土＋结构	结构＋土＋主动控制＋土＋结构
典型场景	挡土墙、基础	地下工程施工对城市环境影响	应力控制、变形控制
重要技术	极限方法	数值计算	数字孪生、人工智能

1960 年以前，其控制类型主要是强度被动控制，控制核心是“强度”。典型场景为挡土墙、基础，系统构成简单，为结构＋土的简单相互作用。主要方法是极限方法，因此荷载是明确的。目标是探索体系在明确荷载下的稳定、承载力等强度问题。提高强度，采用被动方法是直接、有效、明确的。

1960～2020 年，其控制类型主要是变形被动控制，控制核心是“刚度”。典型场景是地下工程施工对城市环境影响，此时系统构成复杂，为结构＋土＋结构的复杂相互作用，例如基坑支护体系＋土＋邻近结构。地铁隧道、高铁等敏感结构，对变形提出了严格要求。上述工况下，土体处于非极限状态，荷载为变量。主要方法为数值计算，但系统的荷载丧失了明确性，过于复杂，只能通过增加系统刚度减小变形。减小变形，采用被动方式存在边际效应，往往算不准，效率低。

2020 年以后有较大的发展，其控制类型主要是变形主动控制，控制核心是“作用”。典型场景为采用各类主动控制技术，对系统施加明确可控制的应力和变形。通过主动可控的作用，解耦复杂系统。系统回归简单的结构＋土＋主动控制+土+结构，进一步结合数字孪生和人工智能，实现测控一体，控制效率显著提高。

目前较为成熟的基坑变形主动控制技术主要包括基坑水平支撑轴力伺服技术、袖阀管注浆变形控制技术和基坑外承压水回灌技术。

3.4.3 基坑水平支撑轴力伺服技术

基坑水平支撑轴力伺服技术在国内已广泛使用。当邻近地铁隧道进行大面积基坑开挖时，常将基坑分成多个区，并分期开挖；而在靠近隧道侧常设置一个或多个长条形小面积开挖区域，在该区域应用水平轴力伺服技术，以减小基坑施工对邻近地铁隧道的影响。

贾坚等[36] 介绍了钢支撑轴力伺服系统在上海会德丰广场深大基坑工程的应用情况。黄彪等[37] 研究发现，自补偿钢支撑不仅能及时弥补预应力损失，且较预应力钢支撑能更有效地限制墙体侧向变形，但过大的轴力控制阈值会引起坑外墙体弯矩显著增大。何君佐[38] 以上海某深基坑工程为背景，采用数值模拟与实测分析相结合的方法，对多点同步加载工法条件下的支撑轴力相干性与围护结构变形特征进行了研究，并与常规逐根加载方法进行对比。研究结果表明，相较于逐根支撑加载，虽然多点同步加载对加载区域外邻近支撑造成的轴力损失更大，但其影响范围基本没变，且同步加载区域内支撑间相互影响很小，超过 95%的钢支撑轴力损失率小于 5%；在多点同步加载下，围护结构水平位移不但在各横剖面上远小于常规加载，而且沿基坑纵向分布更均匀。

3.4.4 袖阀管注浆变形控制技术

传统的袖阀管注浆应用灵活，可以根据控制对象的变形相应开展施工，利用注浆在地层产生的压力控制，属于典型的主动控制技术。近年来，采用了在隧道下方、上方或侧面进行注浆，通过引起注浆点与隧道之间土体的强迫位移，使隧道的沉降、上浮、水平位移或收敛变形得以纠正[4,39,42] 的变形主动控制技术。

针对 3.1.3 中的案例，鉴于该工程虽然采取了强有力的变形被动控制措施，但在三区基坑尚未开始挖土前，基坑北侧的地铁隧道位移就已经超过控制标准，并导致有关部门不同意三区基坑继续施工的问题，郑刚等[4,38] 提出在基坑与隧道之间的土体中注浆，利用将浆液采用较高压力注入黏性土中产生的膨胀效应，使土体产生水平膨胀应力和变形，导致隧道产生远离基坑和注浆点方向的位移，从而使该基坑工程的一区和二区施工引起的隧道指向基坑的位移被减小甚至消除，给三区基坑施工预留可发生的位移余量，如图 3.4-3 所示。

在正式开始对隧道位移进行主动控制前，在尚未开挖的三区基坑所占用的场地进行了袖阀管注浆试验，注浆深度范围为地面以下 15～20m，监测了距离袖阀

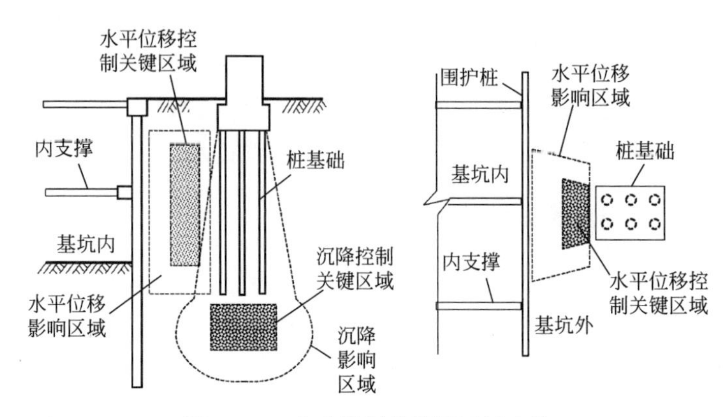

图 3.4-3　主动控制的关键区域土体

管注浆孔 3m、6m 和 9m 处的土体水平位移，如图 3.4-3 所示。可见，黏性土中的袖阀管注浆可主动迫使一定范围内土体产生侧向位移。因此，通过土体对注浆影响范围内的隧道产生的挤压作用，可迫使隧道产生一定的位移。图 3.4-4 是袖阀管注浆布置示意图，使注浆前隧道指向基坑的最大水平位移由 9.21mm 减小到 4.17mm，给三区基坑预留了隧道位移发展的余量，使三区基坑得以获准施工。上述注浆的费用不超过 200 万元，就能将隧道已经发生的最大水平位移减小 5.0mm 左右，与基坑被动控制措施付出的巨大资金和工期代价才能将隧道预期位移减小 5.0mm 相比，主动控制措施表现出了极高的效率，费用仅为已经采取的主动控制措施费用的 10%。

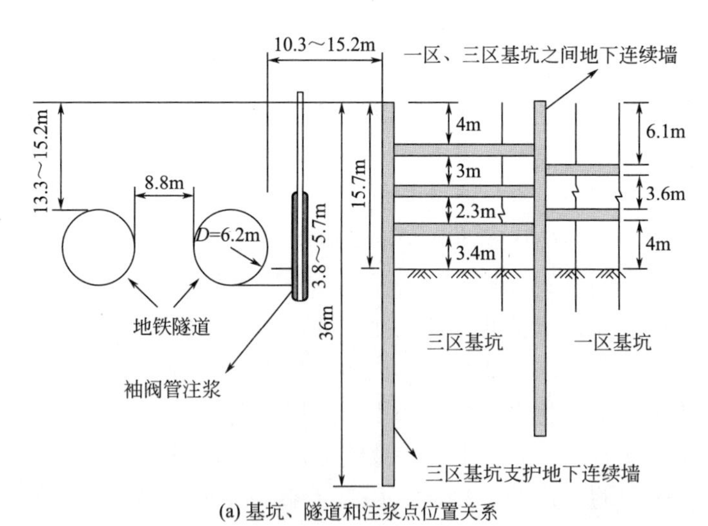

(a) 基坑、隧道和注浆点位置关系

图 3.4-4　袖阀管注浆布置示意图（一）

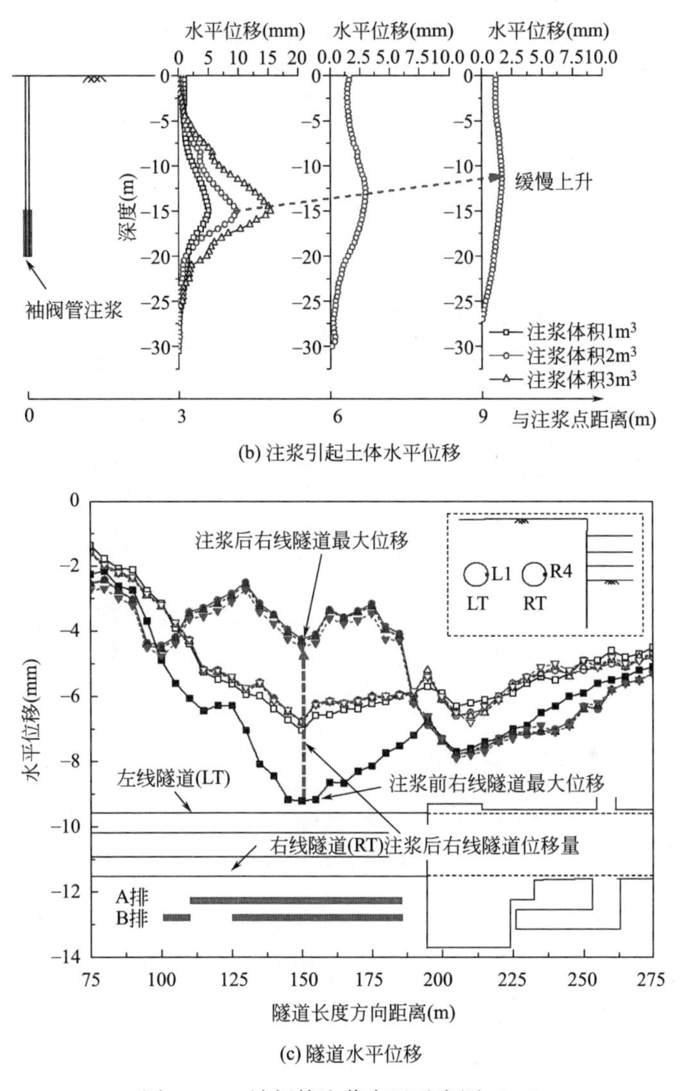

(b) 注浆引起土体水平位移

(c) 隧道水平位移

图 3.4-4 袖阀管注浆布置示意图（二）

注浆也可被用来纠正隧道结构的收敛变形。图 3.4-5 是上海地铁二号线某区间隧道纵向剖面图。其他单位隧道上方的地表进行了堆土，堆土范围 400m×120m，堆土高度 2～7m。

由于堆土相当于在地面施加了 40～140kPa 的荷载，导致从 280～600 环共计 320 环隧道受到地面堆载的影响，发生了水平方向伸长的收敛变形，其中，350～450 环管片的水平收敛达 1.79%～2.70%[40,41]，如图 3.4-5 所示，远远超过 0.5% 限值，导致隧道发生了管片开裂、接缝张开并发生渗漏、管片混凝土剥落等病害。

发现隧道出现上述问题后，立即要求有关单位把地表堆土清除，但由于隧道发生的过大水平收敛变形不会因堆土的移除（被动控制措施）而完全恢复，因此，除了在隧道内部对隧道结构采取钢板加固等被动治理措施外，还采取了在隧道两侧进行注浆的主动治理措施，如图 3.4-5 所示，利用注浆在土体中产生的水平膨胀力，使隧道的水平伸长变形得以减小，注浆后隧道的水平收敛值平均减小了 25.1%。

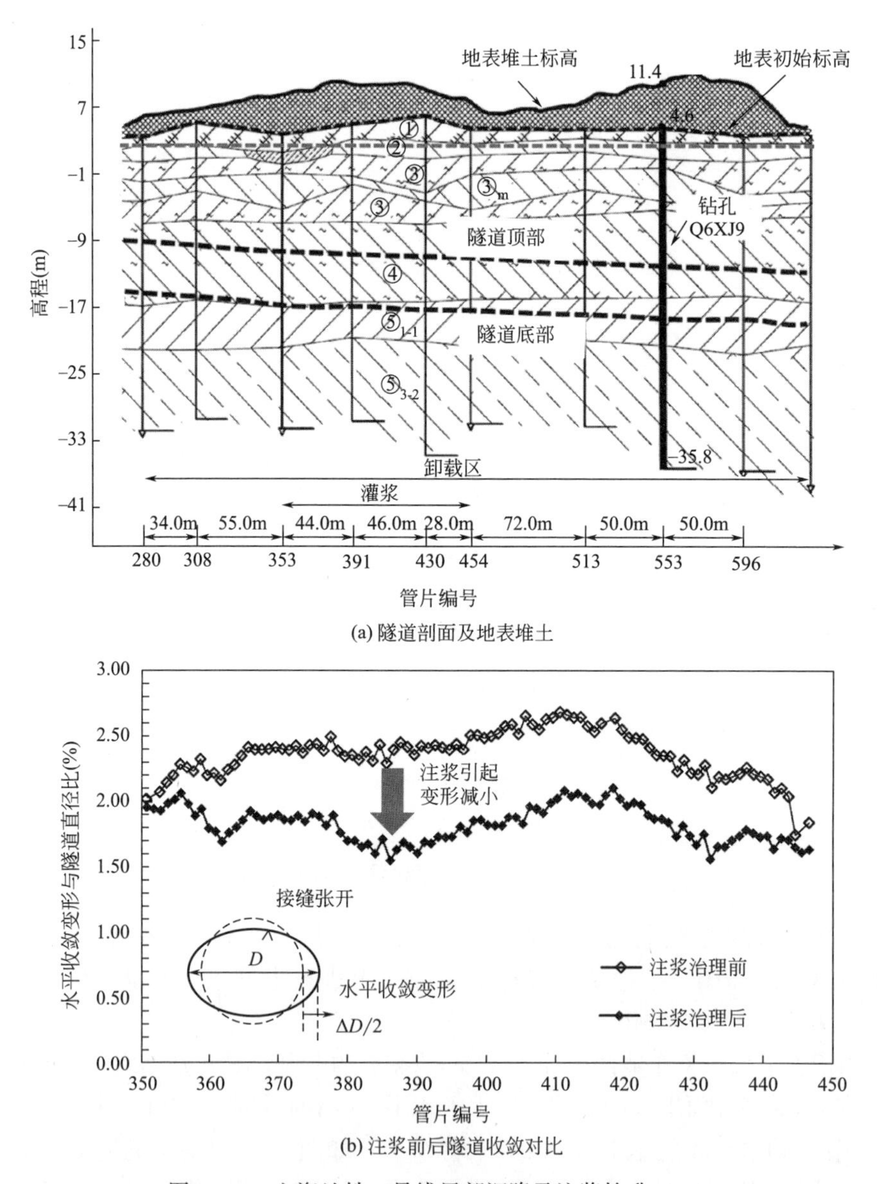

(a) 隧道剖面及地表堆土

(b) 注浆前后隧道收敛对比

图 3.4-5 上海地铁二号线局部沉降及注浆抬升（一）

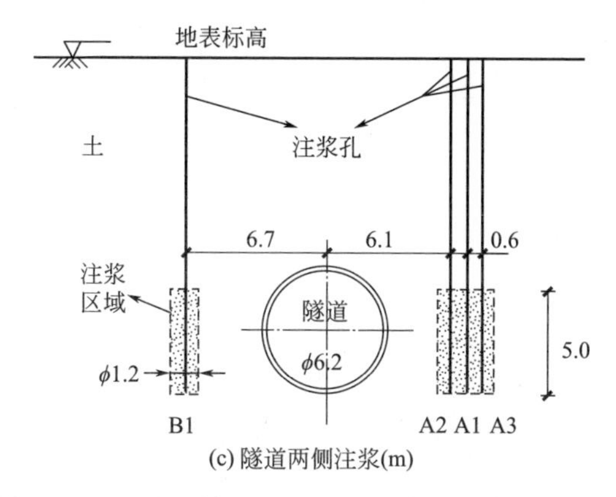

(c) 隧道两侧注浆(m)

图 3.4-5 上海地铁二号线局部沉降及注浆抬升（二）

当隧道产生沉降时，注浆也被开始用来主动控制和治理隧道的沉降。如图3.4-6所示，某段地铁区间隧道埋设于软土中，隧道顶埋深14.58m，于2009年开始地铁运营。监测发现自2010年2月到2010年5月，在16500～17200m发现隧道产生了不同程度的沉降，最大沉降值44mm，平均沉降速率0.3～0.4mm/d，远远超过地铁管理部门规定的0.02mm/d地铁沉降速率保护限制。隧道沉降导致道床和隧道脱离起鼓，如果不尽快治理，必然影响列车行车安全、隧道结构的安全[42]。

为此，采取了从隧道内对隧道下方的软土层进行注浆的措施，一方面加固隧道下方的地层，另一方面通过每次注浆对隧道实现一定量的抬升，从而使隧道不

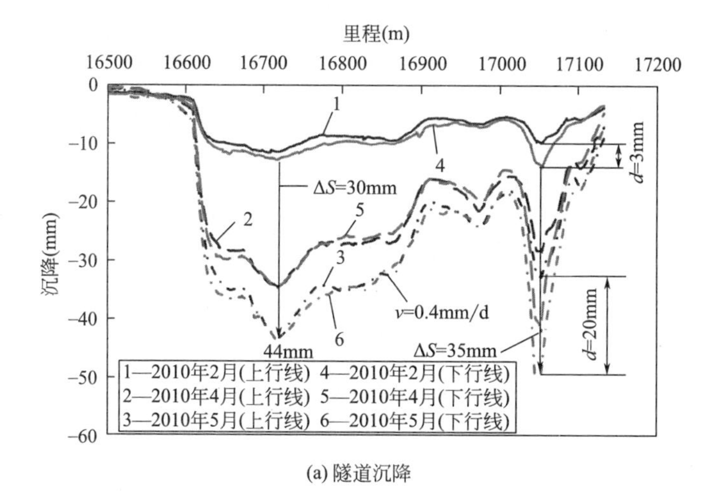

(a) 隧道沉降

图 3.4-6 隧道局部沉降及注浆抬升（一）

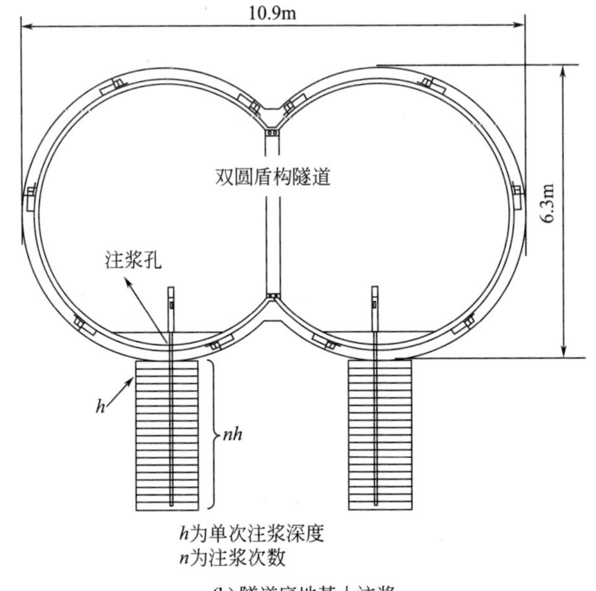

(b) 隧道底地基土注浆

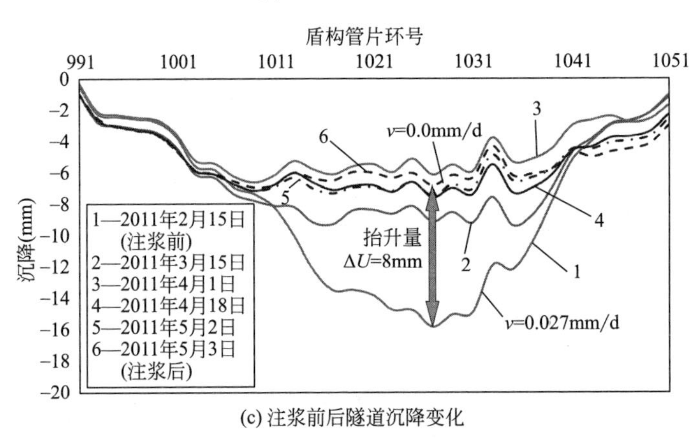

(c) 注浆前后隧道沉降变化

图 3.4-6　隧道局部沉降及注浆抬升（二）

再沉降或将沉降速率控制在允许值内。注浆时，每个孔的分层注浆是自上而下分层进行，每层注浆的时间间隔至少 48h，并可根据隧道沉降速率进行调整。当隧道沉降速率基本下降到零后，可将注浆间隔延长至 2～3 周一次，甚至数月一次，其目的是补偿后期隧道继续发生的工后沉降。图 3.4-6 给出了注浆前后隧道沉降的变化，隧道底下的注浆对隧道产生了显著的抬升，隧道纵向曲率大幅度减小，从而保证道床和轨面的平顺[41]。

3.4.5 基坑外承压水回灌技术

最初的人工地下水回灌是指将地表水注入地下进行渗透以增加地下水资源，甚至还包括防止海水入侵，以及区域沉降。随着城市沉降控制重心从区域沉降向局部更精细方向发展，人工回灌则被用于控制基坑外的水位变化和沉降发展。如果基坑的深度、面积大，周围环境复杂，所建场地必须严格控制沉降。如果坑底下覆承压层底板埋置较深时，采用落底式止水帷幕不仅造价高、工期长，而且施工质量难以保证，施工风险较大。在这种情况下，多采用悬挂式止水帷幕配合承压层减压，避免基坑突涌，但容易引发坑外水位下降。此时，可采用基坑外人工回灌的方法对坑外地表沉降进行控制（图 3.4-7）。基坑外人工回灌可以避免因工程降水引起的地下水位下降，是控制沉降，且经济、有效的方法之一。

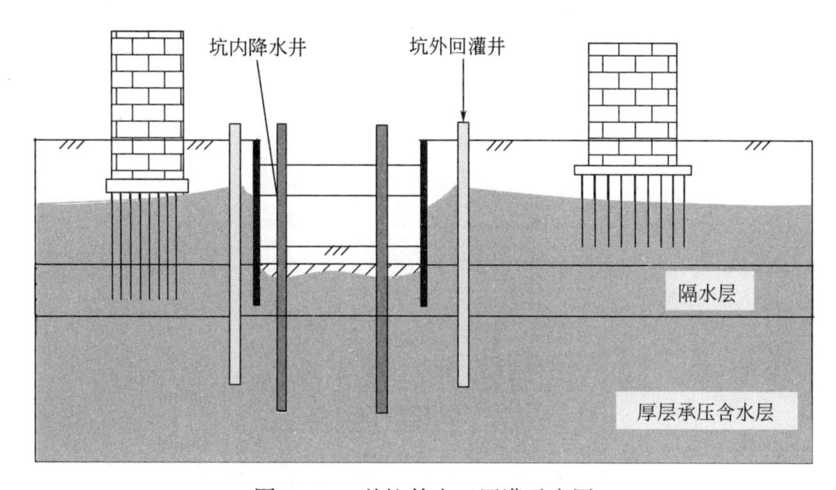

图 3.4-7 基坑外人工回灌示意图

近年来，我国研究人员逐步开始进行人工回灌技术对沉降控制方面的研究。俞建霖和龚晓南[44] 提出采用回灌措施控制基坑降水对坑外邻近建筑物的影响，首次提出了基坑工程中回灌系统的设计方案和设计步骤，并成功将该技术用于杭州市某基坑中，开启了我国基坑回灌工程的探索。Wang 等[45] 在上海市某空旷场地进行了“回灌—恢复”循环试验。通过多组“回灌—恢复”循环试验测试了不同回灌量以及时间下地下水水位的波动情况。同时，对比了重力回灌以及加压回灌条件下渗流场对于回灌压力下的响应，并借助数值三维有限差分计算软件进行了回灌过程中参数反演计算，证明了实施周期性的“回灌—恢复”过程能够更好地提高回灌效率。同样在上海，瞿成松[46] 等依据上海紧邻多条地铁线路的基坑降水工程，研究了基坑降水地下水回灌控制地面沉降的作用机理，建立水—土耦合地面沉降数值模型的结果与实测进行了对比，表明人工回灌是控制基坑降水工程引起地面沉降的有效手段。

而对于天津市低渗透性粉土、粉砂承压层，回灌可行性与适用性一直被怀疑，因此，天津市地下水回灌的研究与应用起步较晚，在 2012 年才首次进行了现场回灌研究[47]。天津市区某基坑深度 21.8m，为保护历史风貌建筑物，基坑东北侧采用 TRD 地下连续墙作为止水帷幕，墙趾位于地下 37m，完全截断第一承压层。典型地质剖面图见图 3.4-8。为减少坑外水位降深，在此工程场地上进行了为期 3 个月的回灌试验。图 3.4-9 为回灌井、观测井及监测点位置。其中，回灌井 5 个（H1、H3、H4、H7、H11）。同时，在基坑和被保护建筑之间设置多个观测井，记录水位波动，除第一承压层观测井 A3 以外，其余为第二承压层观测井。图 3.4-10 为回灌期间水位变化，图 3.4-11 为回灌期间沉降变化。在回灌期间，承压层的水位与监测点沉降协同发展，根据监测结果，支护结构在回灌期间位移较小。由此可以看出，基坑外水位的下降是被保护建筑物沉降的主要原因。

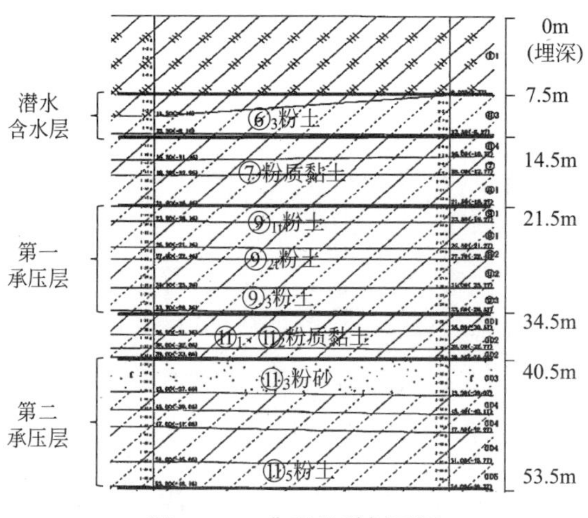

图 3.4-8　典型地质剖面图

由实测结果可知，在以粉土、粉砂为主的承压层中，建筑物的沉降会随着地下水位的下降而增大，水位抬升后，沉降不再显著发展并且也不产生明显回弹，但当水位再次下降时，沉降还将继续发展。水位多次变动会使土体产生大量塑性变形，后期通过回灌仅能保持土体沉降不再继续发展，恢复效果并不理想。同时，由于基坑外水位影响，被保护建筑物沉降发展极其不均匀，最大差异沉降达到 10mm 以上。该场地浅层主要以粉土以及粉质黏土为主，其特征为渗透性差、压缩性高，因此降水过程中，不均匀沉降更为明显。

从以上案例可知，地下水回灌可以有效避免因基坑降水引发的坑外被保护建

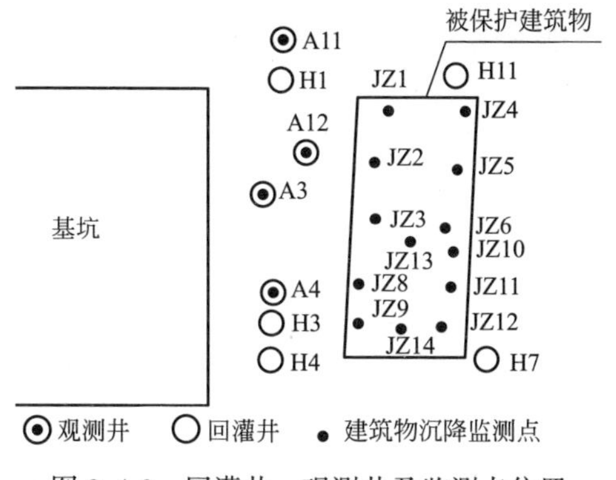

图 3.4-9 回灌井、观测井及监测点位置

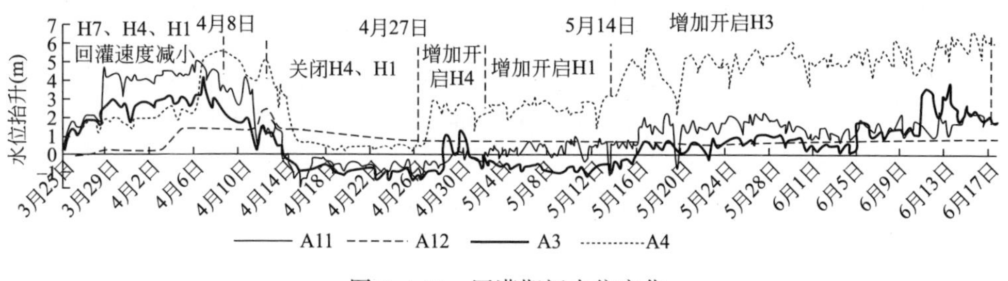

图 3.4-10 回灌期间水位变化

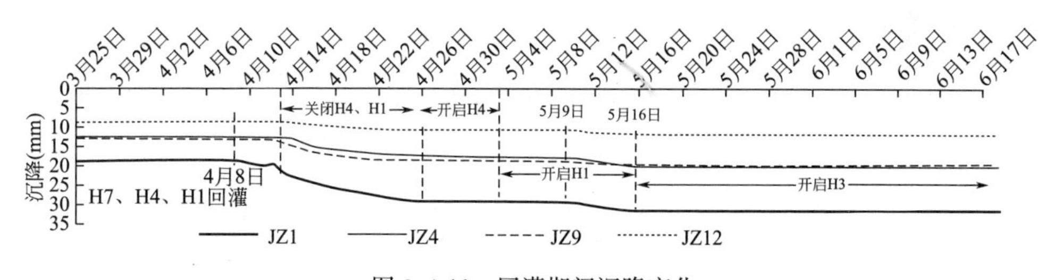

图 3.4-11 回灌期间沉降变化

筑附近水位下降，建筑产生沉降，但已经产生的沉降无法因回灌而恢复，这就要求基坑施工时设计合理的回灌方案，及时开启回灌井。

参考文献

[1] 郑刚，软土地区基坑工程变形控制方法及工程应用，岩土工程学报，2022，44（1），1-37.

[2] 郑刚，朱合华，刘新荣，等．基坑工程与地下工程安全及环境影响控制［J］．土木工程学

报，2016，49（06）：1-24.

[3] 秦宏亮．钢支撑轴力伺服系统技术在基坑开挖中的应用 [J]. 建筑施工，2019，41（7）：1195-1198.

[4] Zheng G，Pan J.，Cheng X S，et al. Use of Grouting to Control Horizontal Tunnel Deformation Induced by Adjacent Excavation. Journal of Geotechnical and Geoenvironmental Engineering，2020. 146（7）.

[5] Ng C W W，Shi J，Mašín D，et al. Influence of sand density and retaining wall stiffness on three-dimensional responses of tunnel to basement excavation [J]. Canadian Geotechnical Journal，2015，52（11）：1811-1829.

[6] Shi J W，Zhang X，Chen Y H，et al. Numerical parametric study of countermeasures to alleviate basement excavation effects on an existing tunnel [J]. Tunnelling and Underground Space Technology，2018，72：145-153.

[7] Ou C Y，Lin Y L，Hsieh P G. Case record of an excavation with cross walls and buttress walls [J]. Journal of GeoEngineering，2006，1（2）：79-87.

[8] Chen J J，Zhu Y F，Li M G，et al. Novel excavation and construction method of an underground highway tunnel above operating metro tunnels [J]. Journal of Aerospace Engineering，2015，28（6）：A4014003.

[9] Tan Y，Li X，Kang Z J，et al. Zoned excavation of an oversized pit close to an existing metro line in stiff clay：Case study [J]. Journal of Performance of Constructed Facilities，2015，29（6）：04014158.

[10] Li M G，Chen J J，Wang J H，et al. Comparative study of construction methods for deep excavations above shield tunnels [J]. Tunnelling and Underground Space Technology，2018，71：329-339.

[11] Li M G，Zhang Z J，Chen J J，et al. Zoned and staged construction of an underground complex in Shanghai soft clay [J]. Tunnelling and Underground Space Technology，2017，67：187-200.

[12] Hu Z F，Yue Z Q，Zhou J，et al. Design and construction of a deep excavation in soft soils adjacent to the Shanghai Metro tunnels [J]. Canadian Geotechnical Journal，2003，40（5）：933-948.

[13] 张娇，王卫东，李靖，等．分区施工基坑对邻近隧道变形影响的三维有限元分析 [J]. 建筑结构，2017，47（02）：90-95.

[14] Huang X，Schweiger H F，Huang H W. Influence of deep excavations on nearby existing tunnels [J]. International Journal of Geomechanics，2013，13（2）：170-180.

[15] 刘景锦，雷华阳，郑刚，等．基坑开挖对坑内土体刚度特性影响室内试验研究与本构模型应用分析 [J]. 施工技术，2017，46（S2）：77-81.

[16] Brinkgreve，R. B. J.，Swolfs，W. M. and Engin，E.（2011）. Reference Manual Plaxis. Plaxis.

[17] Bolton，Malcolm.（1986）. Strength and dilatancy of sands. Geotechnique. 36. 65-

78. 10. 1680/geot. 1986. 36. 1. 65.

[18] Bilotta E. Diaphragm walls to mitigate ground movements induced by tunnelling: experimental and numerical analysis [D]. Italy: Universities of Roma La Sapienza and Napoli Federico Ⅱ, 2004.

[19] Bilotta E. Use of diaphragm walls to mitigate ground movements induced by tunnelling [J]. Geotechnique, 2008, 58 (2): 143-155.

[20] Bilotta E, Russo G. Use of a line of piles to prevent damages induced by tunnel excavation [J]. Journal of Geotechnical and Geoenvironmental Engineering, 2011, 137 (3): 254-262.

[21] 邹文浩，徐明．考虑土体小应变刚度特征时隔断结构保护效果的三维数值分析 [J]. 岩土工程学报，2013，35 (S1)：203-209.

[22] 翟杰群，贾坚，谢小林．隔离桩在深基坑开挖保护相邻建筑中的应用 [J]. 地下空间与工程学报，2010，6 (01)：162-166.

[23] 郑刚，杜一鸣，刁钰．隔离桩对基坑外既有隧道变形控制的优化分析 [J]. 岩石力学与工程学报，2015，34 (S1)：3499-3509.

[24] 叶俊能，郦亮，郑翔，等．基坑开挖中门架式隔离桩对减小邻近地铁隧道影响的研究 [J]. 城市轨道交通研究，2020，23 (11)：32-37.

[25] Y. Tan, M. Li. Measured Performance of a 26 M Deep Top-Down Excavation in Downtown Shanghai [J]. Canadian Geotechnical Journal, 2011, 48 (5): 704-719.

[26] Y. Tan, B. Wei. Observed Behaviors of a Long and Deep Excavation Constructed by Cut-and-Cover Technique in Shanghai Soft Clay [J]. Journal of Geotechnical and Geoenvironmental Engineering, 2011, 138 (1): 69-88.

[27] Y. Tan, D. Wang. Characteristics of a Large-Scale Deep Foundation Pit Excavated by the Central-Island Technique in Shanghai Soft Clay. ii: Top-Down Construction of the Peripheral Rectangular Pit [J]. Journal of Geotechnical and Geoenvironmental Engineering, 2013, 139 (11): 1894-1910.

[28] Y. Tan, D. Wang. Characteristics of a Large-Scale Deep Foundation Pit Excavated by the Central-Island Technique in Shanghai Soft Clay. I: Bottom-up Construction of the Central Cylindrical Shaft [J]. Journal of Geotechnical and Geoenvironmental Engineering, 2013, 139 (11): 1875-1893.

[29] Y. Tan, B. Wei, Y. Diao, et al. Spatial Corner Effects of Long and Narrow Multi-Propped Deep Excavations in Shanghai Soft Clay [J]. Journal of Performance of Constructed Facilities, 2013.

[30] Y. Tan, B. Wei, X. Zhou, et al. Lessons Learned from Construction of Shanghai Metro Stations: Importance of Quick Excavation, Prompt Propping, Timely Casting, and Segmented Construction [J]. Journal of Performance of Constructed Facilities, 2014 (04014096): 1-15.

[31] J. T. Blackburn, R. J. Finno. Three-Dimensional Responses Observed in an Internally

Braced Excavation in Soft Clay [J]. Journal of Geotechnical and Geoenvironmental Engineering，2007，133 (11)：1364-1373.

[32] C. Y. Ou，D. C. Chiou. Three-Dimensional Finite Element Analysis of Deep Excavation [J]. Proc.，11th Southeast Asian Geotech. Conf.，1993：769-774.

[33] F. H. Lee，K. Y. Yong，K. C. N. Quan，et al. Effect of Corners in Strutted Excavations：Field Monitoring and Case Histories [J]. Journal of Geotechnical and Geoenvironmental Engineering，1998，124 (4)：339-349.

[34] C. Y. Ou，B. Y. Shiau. Analysis of the Corner Effect on Excavation Behaviors [J]. Canadian Geotechnical Journal，1998，35 (3)：532-540.

[35] R. B. Peck. Deep Excavations and Tunneling in Soft Ground [J]. In：Proceedings of the 7th International Conference on Soil Mechanics and Foundation Engineering，1969：225-290.

[36] 贾坚，谢小林，罗发扬，等．控制深基坑变形的支撑轴力伺服系统 [J]. 上海交通大学学报，2009，43 (10)：1589-1594.

[37] 黄彪，李明广，侯永茂，等．轴力自补偿支撑对支护结构受力变形影响研究 [J]. 岩土力学，2018，39 (S2)：359-365.

[38] 何君佐，廖少明，孙九春，等．软土深基坑钢支撑多点同步加载的轴力相干性研究 [J]. 土木工程学报，2020，53 (07)：99-107.

[39] 郑刚，潘军，程雪松，等．基坑开挖引起隧道水平变形的被动与注浆主动控制研究，岩土工程学报，2019，41 (07)：1181-1190.

[40] Dong-Mei Z，Zi-Sheng L，Ru-Lu W，et al. Influence of grouting on rehabilitation of an over-deformed operating shield tunnel lining in soft clay [J]. Acta Geotechnica，2018，14.

[41] Dongmei Zhang，et al. Rehabilitation of Overdeformed Metro Tunnel in Shanghai by Multiple Repair Measures [J]. Journal of Geotechnical and Geoenvironmental Engineering，2019，145 (11).

[42] Min Zhu，Xiaonan Gong，Xiang Gao，et al. Remediation of Damaged Shield Tunnel Using Grouting Technique：Serviceability Improvements and Prevention of Potential Risks [J]. Journal of Performance of Constructed Facilities，2019，33 (6)：04019062.

[43] 郑刚，苏奕铭，刁钰，等．基坑引起环境变形囊体扩张主动控制试验研究与工程应用 [J]. 土木工程学报，2022，55 (10)：80-92.

[44] 俞建霖，龚晓南. 基坑工程地下水回灌系统的设计与应用技术研究 [J]. 建筑结构学报，2001，22 (5)：70-74.

[45] Wang J X，Wu Y B，Zhang X S，et al. Field experiments and numerical simulations of confined aquifer response to multi-cycle recharge-recovery process through a well [J]. Journal of Hydrology，2012，(364/465)：328-343.

[46] 瞿成松．上海陆家嘴地区回灌试验分析 [J]. 地下空间与工程学报，2014，10 (2)：295-298.

[47] 郑刚，曾超峰，刘畅，等．天津首例基坑工程承压含水层回灌实测研究 [J]. 岩土工程学报，2013，35 (S2)：491-495.

4 基坑引发环境变形的囊体扩张主动控制技术理论与应用

4.1 囊体扩张主动控制技术背景

4.1.1 传统袖阀管注浆主动控制技术应用

以邻近地铁结构的大面积基坑工程为例[3]，在三区基坑尚未施工时，隧道的水平位移就超过了报警值并接近控制值，实测数据和数值模拟结果表明，分区分期施工、分仓施工、增加一道支撑会在一定程度减小基坑开挖引起的隧道水平变形，但减小效果有限。这 3 种被动措施显著增加基坑造价、延长工期，但仍可能不足以控制隧道变形。因此，根据变形主动控制的概念，可在三区基坑开始施工前，对一区、二区基坑施工引起的隧道位移进行主动控制，将其减小到隧道变形允许值以内，并在三区施工过程中做好再次进行主动控制的准备。为此，进行了传统袖阀管（以下简称袖阀管）注浆对隧道水平变形主动控制的应用实践。

在三区基坑场地的黏性土层中进行了袖阀管注浆对土体水平变形影响的试验，研究在黏性土注浆时，注浆体在形成的膨胀过程中对周边土体挤压作用产生的附加应力与强制变形机理和规律，验证在黏性土中注浆是否能对一定区域内土体的应力和变形进行主动调控，进而实现对保护对象的变形主动控制，预防、减小、消除甚至逆转基坑施工对保护对象引起的变形。袖阀管注浆对土体水平变形影响的试验布置图如图 4.1-1 所示。袖阀管注浆深度范围为地表以下 15～20m，注浆高度 5m，注浆影响范围内主要为粉质黏土层。在距注浆点 3m、6m 和 9m 处设置测斜孔，观测注浆引起的土体水平位移；P1～P5 为孔隙水压力计，分别观测距注浆点 3m、不同埋深（5m、10m、15m、17m 和 20m）处，因注浆引起的土体中的超静孔隙水压力。

注浆结束时，注浆量及注浆距离对土体水平位移的影响如图 4.1-2 所示。可以看出，在黏性土层中袖阀管注浆能够有效引起土层的水平位移，由图 4.1-2 可知，在距离注浆点 3m，随着注浆量的增大，土体水平位移逐渐增大。由图 4.1-2 可知，注浆后土体水平位移曲线呈现弓形模式，最大位移点位于注浆范围顶部，且随着注浆距离的增大，最大位移点逐渐上移。这是由于注浆对土体产生侧向挤

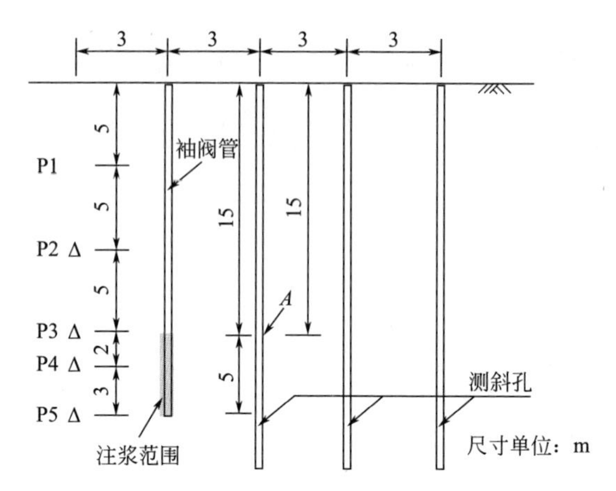

图 4.1-1　袖阀管注浆对土体水平变形影响的试验布置图

压，引发土体变形向斜上方发展。在注浆点距离为 3m 和 9m 的土体最大水平位移分别为 9.65mm 和 1.68mm，可见随着注浆距离的增大，土体变形衰减迅速，但仍具有一定的变形调控作用。

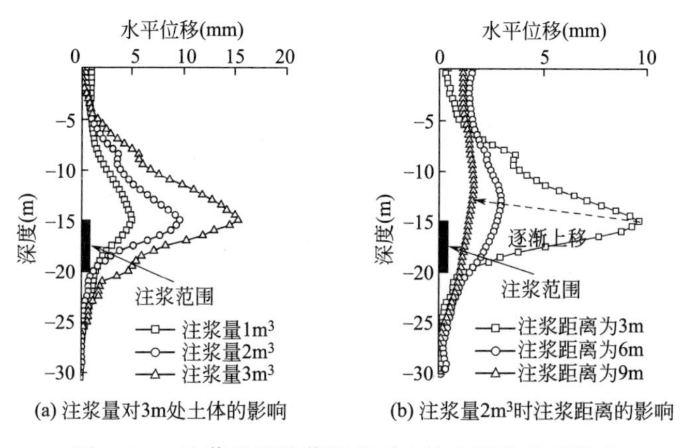

图 4.1-2　注浆量及注浆距离对土体水平位移的影响

由于注浆影响范围内土层主要为粉质黏土层，试验还监测了与注浆点不同距离土层中的孔隙水压力和土体侧移随时间的变化情况。选取图 4.1-1 中 A 点即 I2 测斜孔－15m 深度的数据观察土体水平位移随时间的发展规律，如图 4.1-3 所示，在注浆过程中，土体水平位移逐渐增大，注浆结束时，土体水平位移达到峰值，随后土体水平位移逐渐恢复，并在 1.5d 后趋于稳定。

基于图 4.1-3 的曲线，提出注浆控制率 η 的概念，其定义为注浆引起的孔压完全消散、土体固结完成时的土体水平位移 H_c 与注浆完成时的土体峰值水平位移 H_g 之比，即：

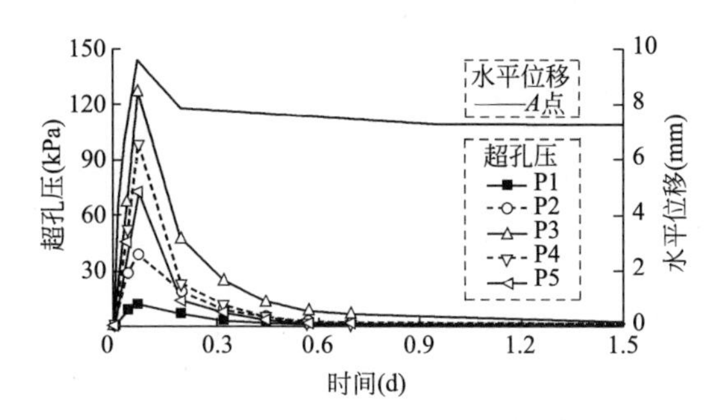

图 4.1-3 超孔压及 A 点土体水平位移随时间的发展规律

$$\eta = \frac{H_c}{H_g} \times 100\% \tag{4.1-1}$$

由式（4.1-1）可得到 A 点土体的 η 为 77%，说明虽然土体固结使注浆引起的土体水平位移有部分恢复，但剩余的有效水平位移仍然显著。

相关试验表明，黏性土中的袖阀管注浆可有效地引起、调节一定范围内土体的侧向变形。在此基础上，进一步开展了袖阀管注浆对邻近地铁隧道位移控制的试验，如图 4.1-4 所示，两个袖阀管注浆孔中心距为 4m，距离隧道管片 10.4m，单孔的注浆量为 $4m^3$，注浆压力为 0.3MPa，注浆深度为－20～－15m。假设浆液在注浆点 5m 高度内形成等直径的圆柱形注浆体，其在土体中形成的体积等效圆柱形膨胀体的直径为 1.1m。

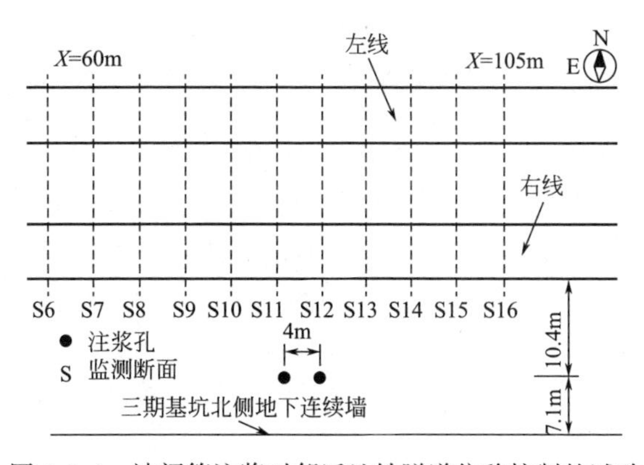

图 4.1-4 袖阀管注浆对邻近地铁隧道位移控制的试验

两个注浆点同时注浆引起的隧道水平位移如图 4.1-5 所示。可见，黏性土中的袖阀管注浆可以有效地引起、调节邻近的地下隧道变形，且引起的隧道变形可用高斯曲线描述，在隧道纵向上影响范围约为 40m。

由图 4.1-5 可见，注浆结束时隧道最大水平位移为 3.36mm，随着注浆引起的土体中超孔隙水压力的逐渐消散，隧道水平位移逐渐恢复，约在注浆结束 12h

后达到稳定，最终注浆引起隧道最大水平位移为 1.81mm，注浆对隧道位移的注浆控制率为 54%。

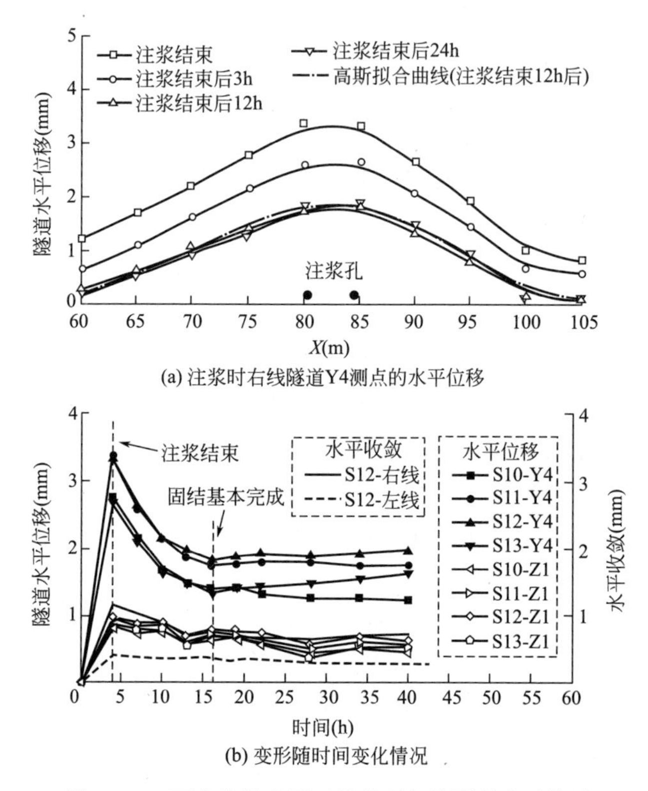

(a) 注浆时右线隧道Y4测点的水平位移

(b) 变形随时间变化情况

图 4.1-5　两个注浆点同时注浆引起的隧道水平位移

在上述试验基础上，针对工程案例二中的隧道在三区基坑施工前，其水平位移就达到 9.21mm，已经超过报警值并接近控制值，导致三区基坑无法开展施工的问题，根据图 4.1-5 试验结果，在三区基坑施工前，在三期基坑与隧道之间土体中布设了 A、B 两排袖阀管注浆孔，如图 4.1-6 所示，A 排注浆孔中心与隧道边缘的水平间距为 3.7m，A 排与 B 排的中心间距为 1.0m，每排孔中孔中心间距为 1.2m。采用袖阀管进行注浆时，注浆材料同样为双液浆。注浆深度为地表以下 10.3～15.5m。注浆在 2016 年 4 月进行，持续了 25d，累计完成 114 孔。在三期基坑开始开挖前，对 A 排孔开展了第一阶段注浆，每孔注浆量仅 0.5m^3，相当于在 10.3～15.5m 的高度内形成直径为 0.364m 的等直径圆柱形膨胀体，对一区、二区基坑施工引起的隧道位移进行纠正。

图 4.1-7 为第一阶段注浆引起的隧道水平位移和水平收敛变形。注浆可引起范围内右线隧道产生远离注浆点的位移，其最大值为 4.92mm，使隧道原来指向南侧（基坑方向）的位移部分恢复，同时，右线隧道水平收敛变形也减小

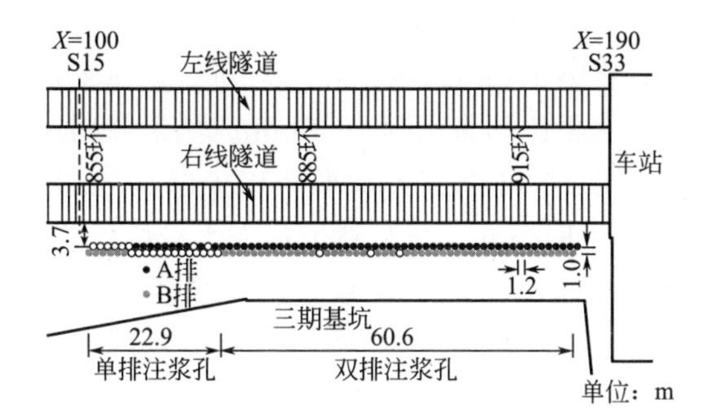

图 4.1-6 A、B 两排袖阀管注浆孔

3.57mm。注浆对左线隧道水平位移及水平收敛变形几乎无影响，这是由于注浆量小，且右线隧道起到了隔离作用。

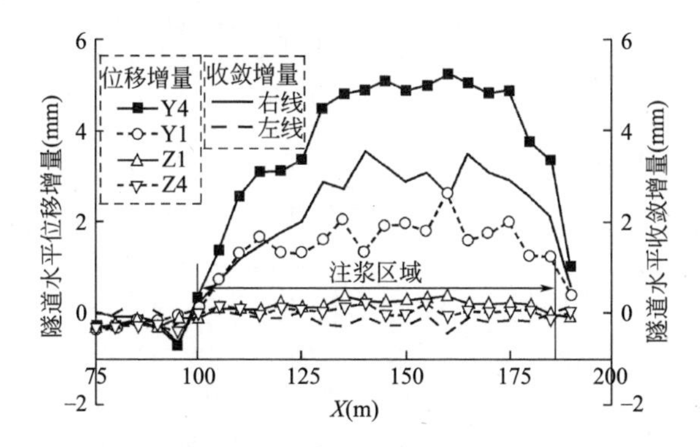

图 4.1-7 第一阶段注浆引起的隧道水平位移和水平收敛变形

由图 4.1-8 可看出，在注浆范围内，右线隧道的最大水平位移由 9.21mm 减小至 4.32mm，显著小于隧道变形报警值，从而为三区基坑施工预留了一定的隧道变形余量。

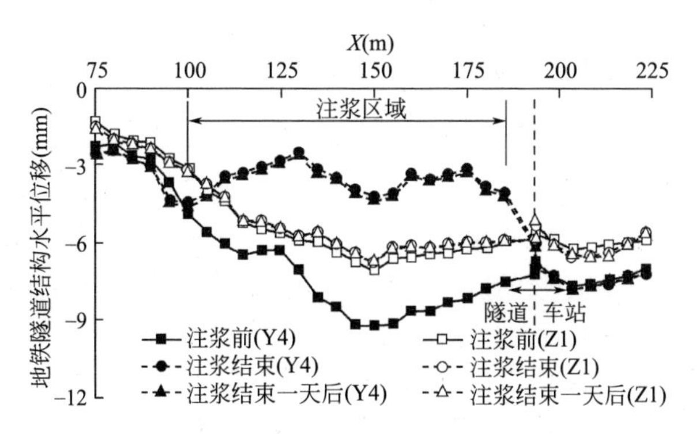

图 4.1-8 第一次注浆前后地铁隧道结构的水平位移

根据工程阶段性实测结果的反演数值分析，在这一工程案例中，如果不采取分区支护、分区施工，将整个基坑按照一个基坑进行整体支护和施工，基坑施工全过程引起的北侧隧道水平位移将达到 16.8mm。如果采用袖阀管注浆控制的技术，如图 4.1-9 所示，在每次隧道最大水平位移接近 8mm 时，启动一次袖阀管注浆，对隧道水平位移纠正 3mm，可将隧道最大水平位移减小至 5mm 以内，在施工全过程中，最多启动四次注浆，即可将隧道位移可靠地控制在 8mm 以内，而且注浆过程不单独占用基坑与地下结构施工工期，可降低基坑支护造价、减少耗材，缩短工期。

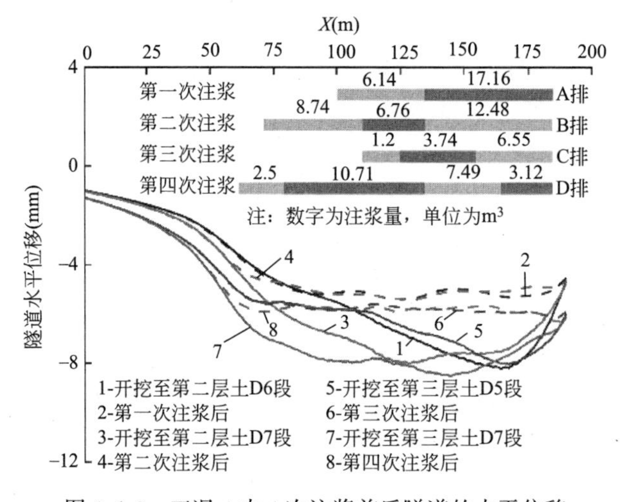

图 4.1-9　工况 4 中 4 次注浆前后隧道的水平位移

进一步的研究表明，在注浆策略上，多排孔注浆时“近距离、多孔位、小方量、由远及近”的注浆方案优于“远距离、少孔位、大方量、由近及远”的注浆方案。总之，袖阀管注浆具有成本低、工期短、实时控制隧道变形等优点，条件适当时明显优于分区分期开挖等被动控制措施。

4.1.2　袖阀管注浆技术局限性

虽然袖阀管注浆在地基处理领域已得到广泛的应用，但用于基坑引起的周边建（构）筑物的变形控制的经验还不多。并且，袖阀管注浆在地基处理中的应用实践表明，袖阀管注浆存在劈裂、渗透及窜浆的问题。Au 等[1] 在室内试验中采用不同的注浆材料研究注浆的劈裂形态，证明了注浆渗透劈裂会显著降低注浆效率。郑刚等[2,3] 通过袖阀管注浆原位试验指出：袖阀管注浆时，浆液上窜导致产生土体水平位移峰值的深度，出现在注浆深度范围上边界及以上，难以精确控制浆液在土体中产生的注浆体积、形状及位置，难以对预定区域的土体、结构物的变形进行精准调整和控制，若距离地下结构较近，窜浆会影响邻近结构物的安全。

为了进一步研究袖阀管注浆在更为复杂的场地的适用性，郑刚等[4] 在珠海某邻近地铁隧道的基坑工程的场地开展了常规袖阀管注浆对土体位移控制的试验。试验场地的地质条件主要为滨海软土，试验深度范围涉及强度低、含水率高、压缩性大、结构性强的淤泥、黏土及淤泥质土层，地下水位埋深为 1.52～2.65m，土层物理和力学指标见表 4.1-1。其中②$_2$ 淤泥层的含水率高达 77.8%，极为软弱，与其下的②$_3$ 黏土层的强度和压缩性相差极大，与②$_4$ 淤泥质土层也相差很大。

土层物理和力学指标 **表 4.1-1**

层号	土层	层厚(m)	γ(kN·m^{-3})	W(%)	e	φ(°)	c(kPa)
①	人工填土	3.66	17.5	—	—	10.0	8.0
②$_1$	淤泥质砂土	7.97	20.0	17.9	0.549	22.6	—
②$_2$	淤泥	8.80	15.2	77.8	2.079	1.5	2.1
②$_3$	黏土	3.86	18.0	32.3	0.977	17.1	21.4
②$_4$	淤泥质土	12.16	16.4	53.7	4.670	6.6	7.5
②$_5$	粗砂	8.00	20.2	15.2	0.504	29.1	—

注：γ 表示天然重度，W 表示含水量，e 表示孔隙比，φ 表示内摩擦角，c 表示黏聚力。

试验剖面布置如图 4.1-10 所示。距离每个袖阀管注浆试验孔 3m、6m、9m 处分别布置一根测斜管孔。距离每个注浆试验孔 4.5m，深度 8m、13m、18m、23m 和 28m 处埋设孔隙水压力计，监测袖阀管注浆在土体中引起的超静孔隙水压力。注浆高度 8.0m，即自地表以下 20.0～28.0m。注浆范围的上端进入②$_2$ 淤泥层，略高于②$_2$ 淤泥层与②$_3$ 黏土层的交界面，下端进入②$_4$ 淤泥质土层厚度的一半

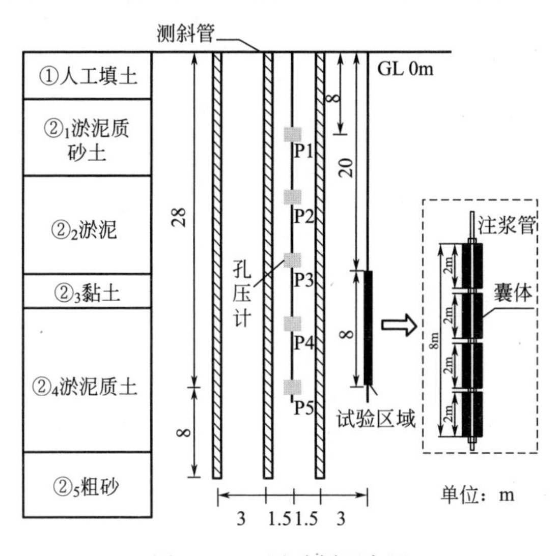

图 4.1-10 试验剖面布置

处。单孔注浆量 1.57m^3，相当于在 8m 高度形成直径 0.5m 的圆柱形膨胀体。

袖阀管注浆引起的不同距离处的土体水平位移如图 4.1-11 所示。与图 4.1-2 中注浆引起的土体水平位移分布大致与注浆高度范围对应的规律所不同，在②$_3$

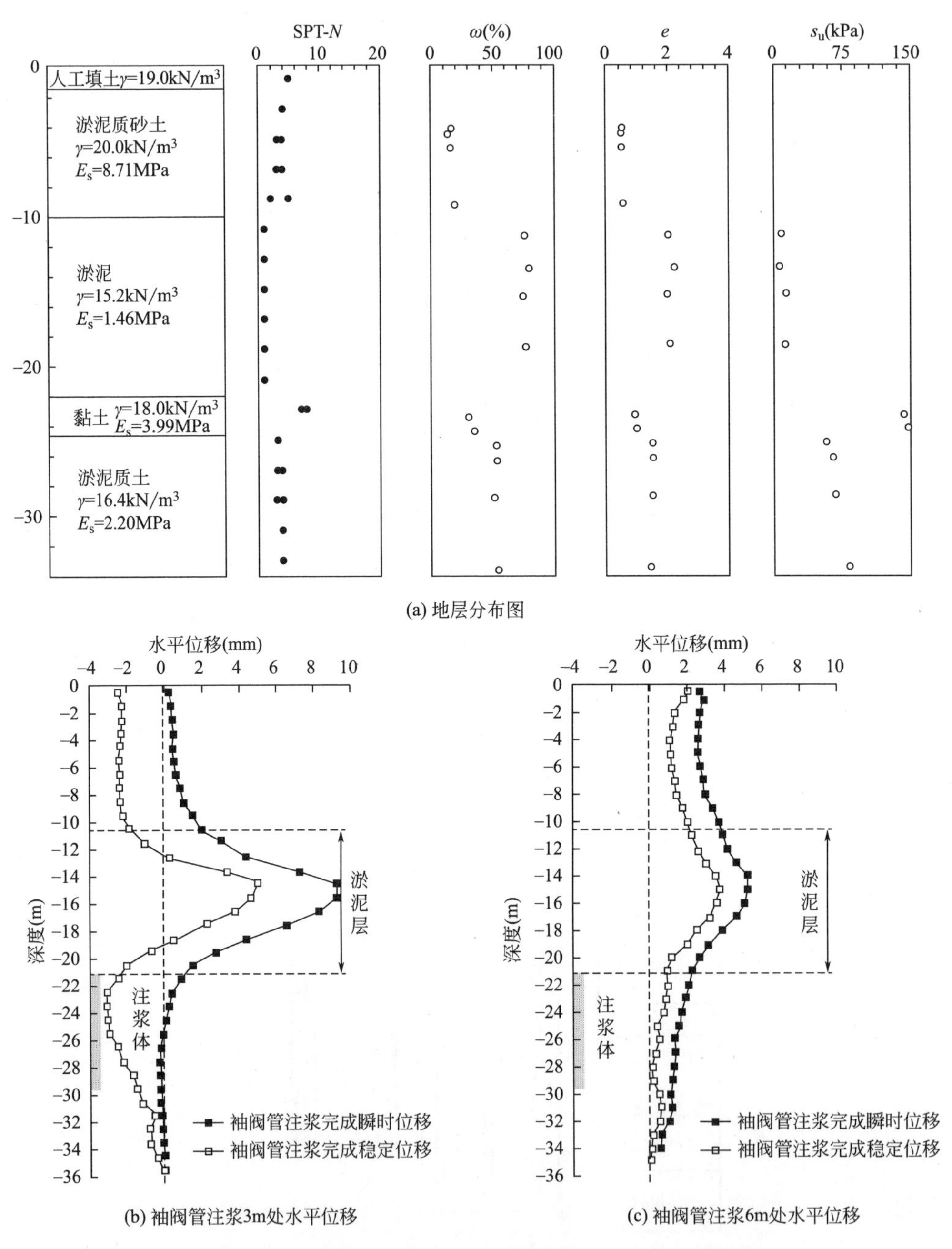

(a) 地层分布图

(b) 袖阀管注浆3m处水平位移

(c) 袖阀管注浆6m处水平位移

图 4.1-11 袖阀管注浆引起的不同距离处的土体水平位移

黏土层和②$_4$ 淤泥质土层为主的土层中的注浆，其引起的邻近土层的水平位移主要发生在②$_2$ 淤泥层中，而注浆高度范围内的土体的侧移则很小。分析其原因主要是因②$_2$ 淤泥层强度极低、压缩性极高，且水平向土侧压力又显著小于注浆范围内土体，通过袖阀管直接注入土体中的浆液沿袖阀管外表面与土接触面劈裂窜入②$_2$ 淤泥层，并在②$_2$ 淤泥层产生膨胀力，从而导致②$_2$ 淤泥层产生了较大侧移。这说明，在强度、压缩性差异很大的成层土中，采用袖阀管注浆技术直接把浆液注入土体中，希望通过浆液产生的浆泡形成的体积膨胀对邻近区域土体及工程结构的应力和变形进行靶向精准控制是难以实现的。

此外，当拟注浆范围内为渗透性较强的砂土时，由于浆液会在砂土中产生渗漏和渗滤，袖阀管注浆难以在土体中产生明确的预期膨胀压力，也难以产生有效的、预期的膨胀体积，因此，难以在目标范围内的土体产生预期的土体应力和位移调控量。

4.1.3 囊体扩张主动控制技术

为了解决袖阀管注浆在软硬交互土层以及砂土层中难以靶向、精细地控制目标区域内土体的应力和侧向变形的问题，本书作者提出了囊体扩张主动控制技术（以下简称囊体扩张技术）[4-8]，即将浆液注入预先植入在土体预定深度范围内的可膨胀囊体，使囊体产生预定深度、预定体积、预定形状（等直径圆柱、上大下小非等直径圆柱、纺锤形、糖葫芦形）的膨胀，实现对目标区域土体的应力和变形的靶向、精细调控，从而实现对目标保护对象的变形精准调控。囊体扩张前后对比图见图 4.1-12。

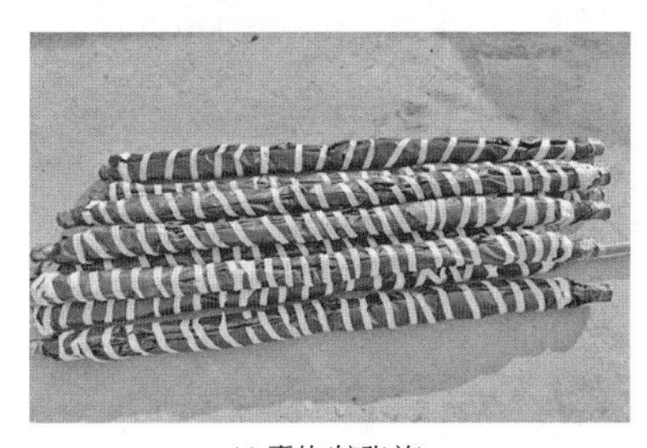

(a) 囊体(扩张前)

(b) 囊体(扩张后)

图 4.1-12　囊体扩张前后对比图

在如图 4.1-10 中所示的地层中，在进行袖阀管注浆试验研究的基础上，在该场地对比进行了囊体扩张对土体变形调控的试验。首先，将 4 个 2m 长的囊体预先植入－28.0～－20.0m 深度；然后，注入与袖阀管试验相同体积的浆液，浆液全部注入后的膨胀体（圆柱形）直径为 0.5m，孔压计和测斜管的布置方式也与袖阀管注浆试验相同。4 个囊体由下至上依次完成注浆扩张后，距试验孔引起的土体水平位移如图 4.1-13 所示。

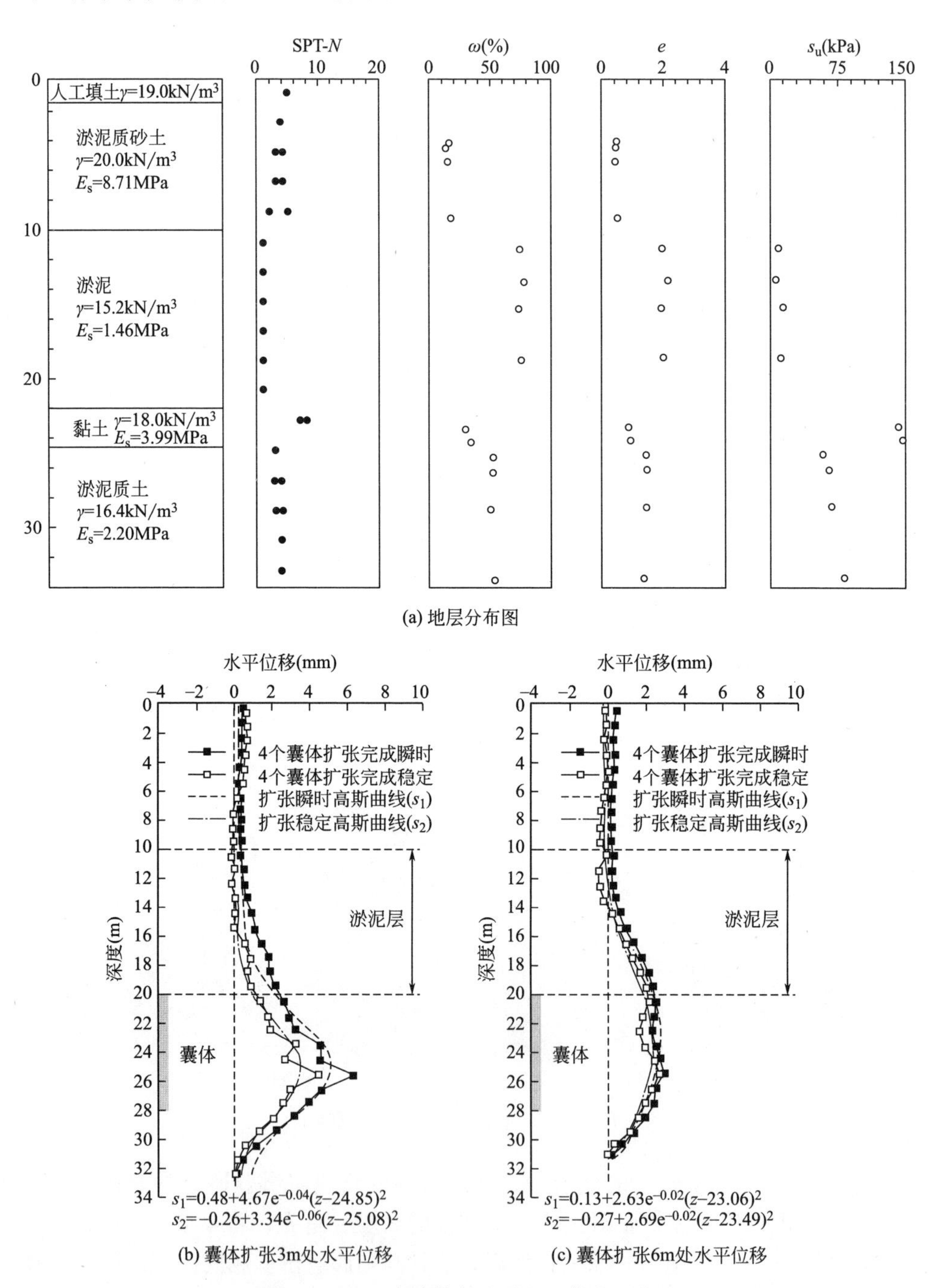

图 4.1-13　4 个囊体扩张引起土体水平位移

由图 4.1-13 可看出，囊体扩张 3m 处土体的最大水平位移为 6.8mm，囊体扩张 6m 处土体的最大水平位移为 2.8mm，囊体扩张引起邻近土体的变形趋势基本可用高斯曲线描述。土体水平变形主要分布高度范围与囊体注浆的高度范围对应较好，且变形曲线峰值位置精准地对应囊体中点对应的深度，证明了即使在软硬交互土层中，囊体扩张技术仍可以对邻近土体的变形实现精准的“靶向”控制，比袖阀管注浆控制土体位移更有优势。由于囊体技术的优越性，囊体扩张技术也可应用于渗透性强的砂性土层。

袖阀管注浆和囊体扩张引起的超静孔隙水压力—深度对比如图 4.1-14 所示。囊体扩张及袖阀管注浆均会在试验孔周边产生超静孔隙水压力，且其大小分布情况与如图 4.1-13 所示的不同深度处土体水平变形规律基本一致。对于袖阀管注浆，由于劈裂窜浆的缘故，最大超静孔隙水压力出现在淤泥层中 P3 测点（18m）处，即对应的变形峰值附近，而实际袖阀管注浆目标控制深度范围（20～28m）内产生的超静孔隙水压力非常小，其引起的孔隙水压力分布也进一步证明了实测得到的袖阀管注浆引起的土体水平位移分布的合理性。对于囊体扩张，首先同时启动 4 号与 3 号囊体，扩张共耗时 30min，最大超静孔隙水压力出现在 P5 测点。

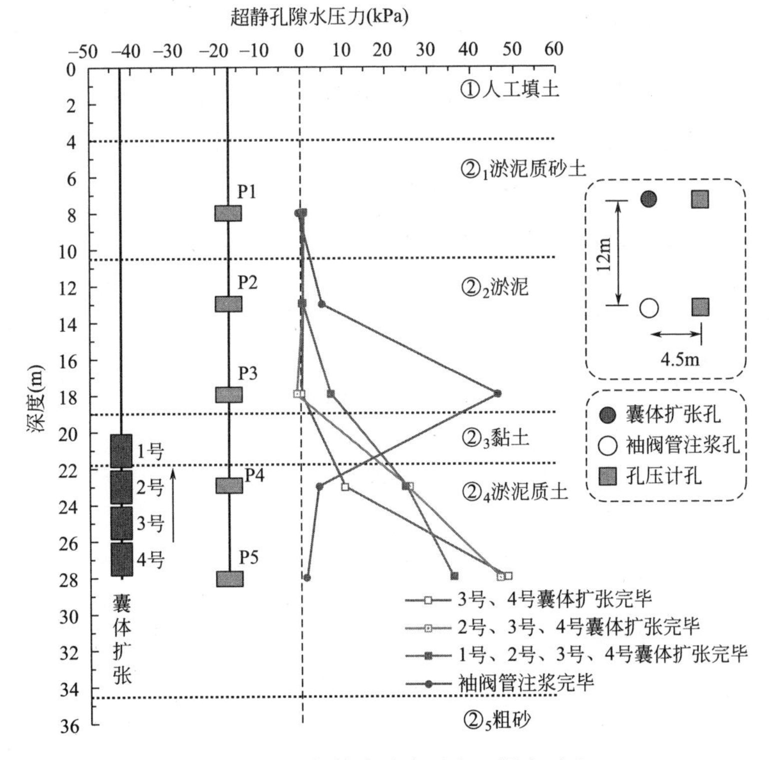

图 4.1-14　超静孔隙水压力—深度对比

其次，4 号与 3 号囊体扩张完成后立刻启动 2 号囊体，扩张耗时 30min，扩张后 P4 测点处超静孔隙水压力由 10kPa 增大至 21kPa，第一次扩张（4 号与 3 号囊体）引起的 P5 处超静孔隙水压力部分消散，然而由于 2 号囊体距离 P5 测点较近，2 号囊体的扩张也导致 P5 测点处引起新的超静孔隙水压力，两者叠加作用下 P5 处超静孔隙水压力呈现小幅度下降。2 号囊体扩张完成后立刻启动 1 号囊体扩张，扩张耗时 30min，扩张后 P3 测点处超静孔隙水压力明显增大，此时 P5 处超净孔隙水压力进一步消散，且 1 号囊体距离该处较远，新产生的超静孔隙水压力较小，两者叠加作用下 P5 测点处超静孔隙水压力从 48kPa 降低至 36kPa。可以发现，最大超静孔隙水压力分布深度随着囊体的自下而上依次启动（4 号—3 号—2 号—1 号）而逐渐上移，但基本都对应着扩张区域的中心深度。不同深度测点对应的超静孔隙水压力—时间对比如图 4.1-15 所示，不同深度的超静孔隙水压力峰值出现时间与对应深度囊体启动的时间保持一致。因此，无论从水平位移，还是从超静孔隙水压力变化情况，都说明囊体扩张控制的靶向性较好。

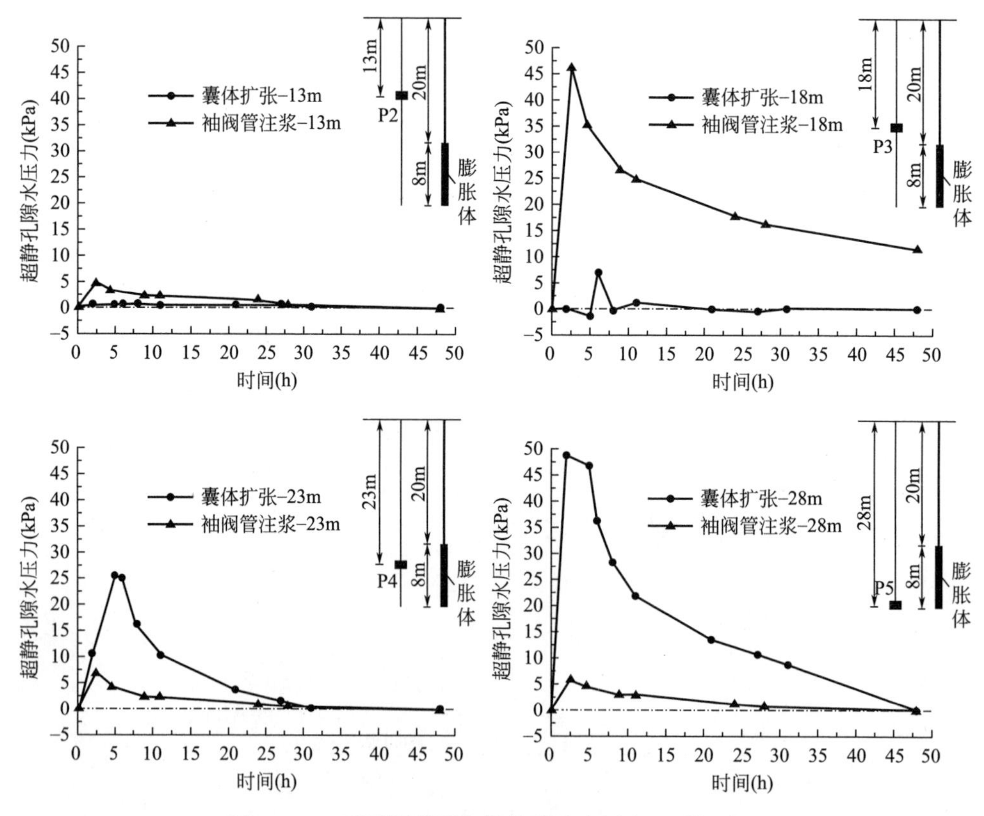

图 4.1-15　不同深度测点超静孔隙水压力—时间对比

为了进一步研究囊体扩张在不同土层中对土体水平变形影响，在天津津南区某基坑工程开展了原位试验。试验场地地质条件如图 4.1-16 所示，上层为淤泥质黏土（－10.5～－3.0m），下层为粉质黏土（－18～－10.5m）。

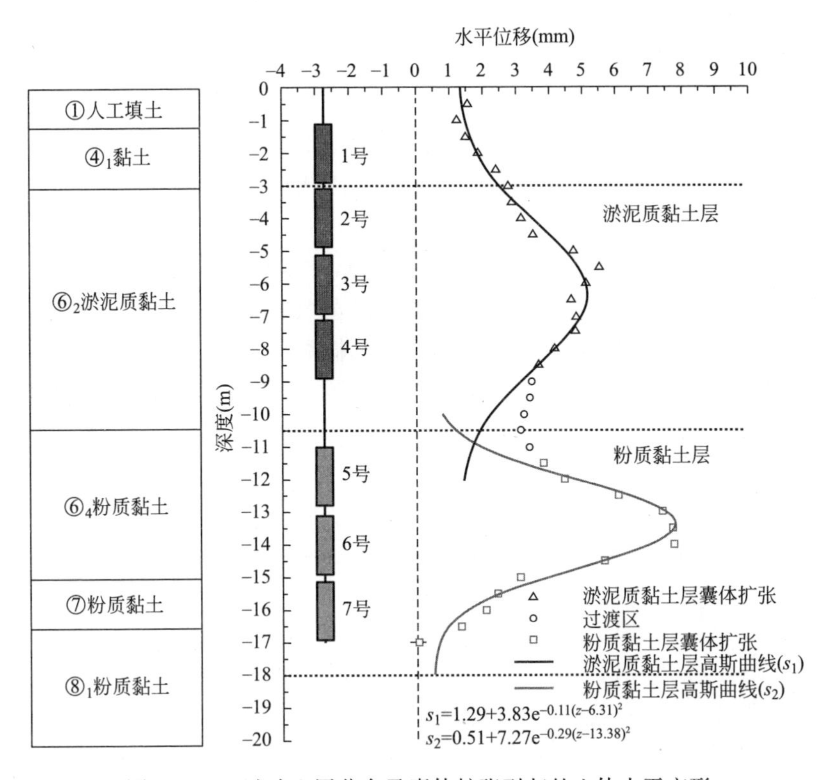

图 4.1-16　试验土层分布及囊体扩张引起的土体水平变形

囊体扩张分别在淤泥质黏土和粉质黏土层中开展，单囊长度为 2m，扩张直径为 50cm。试验中，同时启动 1～4 号囊体扩张，之后同时启动 5～7 号囊体扩张。在囊体扩张完成后，淤泥质黏土和粉质黏土土体最大水平位移分别为 5.5mm 和 7.8mm，土体水平位移曲线均符合高斯曲线分布，如图 4.1-16 所示。此外，在未注浆的土层边界处（－11～－9m），土体亦发生了最小值约 3mm 的水平位移，这是由于上下层注浆对中间未注浆土体变形具有叠加效应。试验结果表明，囊体扩张对不同性质土层均有良好的变形控制效果，且囊体扩张引起土体水平位移分布的高度范围与囊体扩张的高度范围对应性（即靶向性）较好，说明囊体扩张可以更为精准地调控目标高度范围内的土体应力和变形，从而实现对保护对象变形的靶向控制。

4.2 囊体扩张对土体变形主动控制

4.2.1 数值模型及验证

以4.1.3中囊体扩张控制邻近土体变形的现场原位试验结果为基础，建立三维有限元数值模型，进一步探究囊体扩张对土体变形控制的机理。为防止边界效应，模型场地平面尺寸为50m×50m，深度为70m。囊体埋深为−28～−20m，囊体充满后的膨胀体（圆柱形）的直径为0.5m，即单孔扩张量为1.57m^3。囊体扩张采用体积应变膨胀法模拟[9]，囊体扩张后的加固区域采用线弹性模型模拟，弹性模量设置为20MPa，泊松比为0.32。土体采用小应变硬化HSS模型模拟，土体本构模型参数见表4.2-1。在距离囊体水平净距3m和6m处分别设置监测线，其水平位移结果同4.1.3中的试验结果进行对照，以验证数值模型的可靠性。数值模型如图4.2-1所示。

土体本构模型参数 **表4.2-1**

土层	γ (kN/m^3)	c' (kN/m^2)	φ' (°)	E_{50}^{ref} (kPa)	E_{oed}^{ref} (kPa)	E_{ur}^{ref} (kPa)	G_0^{ref} (kPa)	$\gamma_{0.7}$ (10^{-4})
①人工填土	17.5	8.0	10.0	4210	5150	28770	75400	2
②$_1$ 淤泥质砂土	20.0	9.2	22.6	8710	7695	60970	183000	2
②$_2$ 淤泥	15.2	2.1	5.5	1850	1620	16200	48600	2
②$_3$ 黏土	18.0	21.4	17.1	4700	5060	32100	96300	2
②$_4$ 淤泥质土	16.4	7.5	6.9	2610	2850	234200	70200	2
②$_5$ 粗砂	20.2	1.0	30.1	12300	13160	84750	252000	2

数值模拟和试验结果对比如图4.2-2所示，其中，原位试验结果中距囊体扩张中心点3m与6m处土体的最大水平位移分别为6.8mm与2.8mm，对应的数值模拟结果分别为7.1mm与2.3mm，可以发现：数值计算结果中距囊体中心3m和6m处深层土体位移可以与实测结果较好地吻合，验证了该数值模型的准确性。

在上述模拟基础上，进一步采用数值分析研究土体不同压缩性、囊体形成的不同膨胀体引起土体变形的影响。为了排除土体成层性对参数研究的影响，采用均质土层进行简化计算分析。为考虑不同土质条件对于控制效果的影响，E_{50}^{ref}取3MPa、6MPa和9MPa，根据实测结果及数值模拟经验[7]，取$E_{ur}^{ref}=5\times E_{50}^{ref}$，$E_{oed}^{ref}=E_{50}^{ref}$，$G_0=2.7\times E_{ur}^{ref}$。

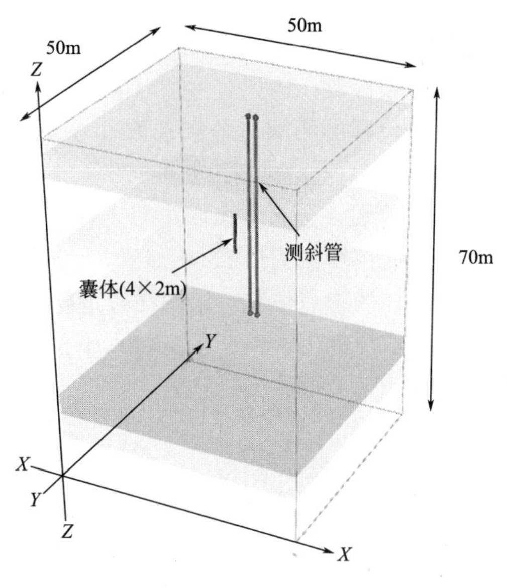

图 4.2-1 数值模型

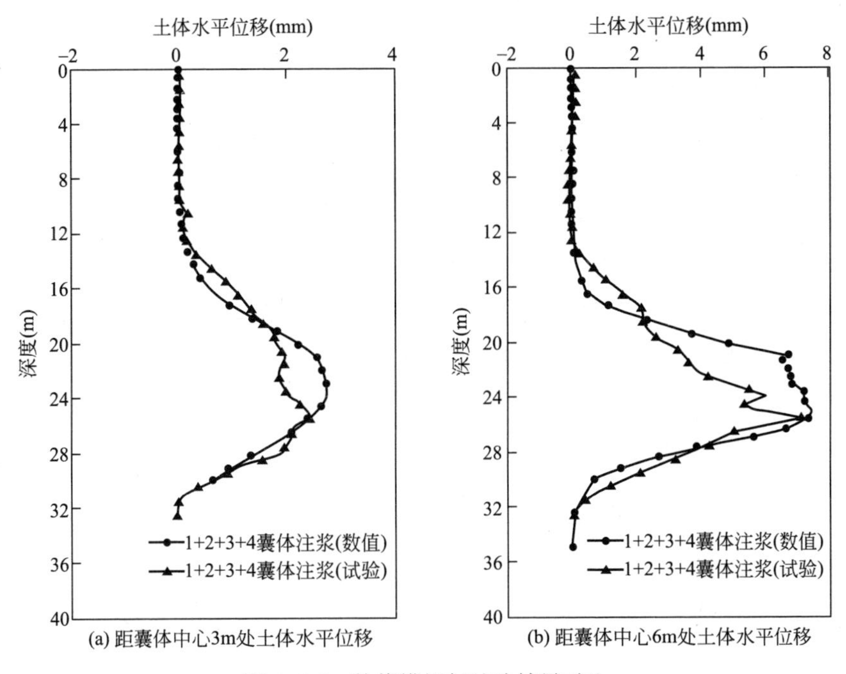

图 4.2-2 数值模拟与试验结果对比

4.2.2 控制距离对土体变形的影响

为了能更准确地确定膨胀参数，达到对保护对象的位移控制效果，需要研究膨胀在不同距离对土体水平位移的影响。分别选取 0.5m³、1.0m³、1.5m³ 膨胀量（相对应的等直径圆柱形膨胀体的直径为 0.178m、0.252m 和 0.309m）和 3MPa、6MPa 和 9MPa 土体模量，分析膨胀距离对土体变形的影响。膨胀模式为单孔膨胀，膨胀体的顶部和底部埋深为－20～－15m。结果表明：膨胀体周围土体位移最大值不出现在膨胀体的中点位置，出现在接近膨胀体顶部的位置。为了更好地与实际应用结合，选取埋深为－15m 的土体水平位移进行分析。膨胀距离对土体水平位移的影响如图 4.2-3 所示。

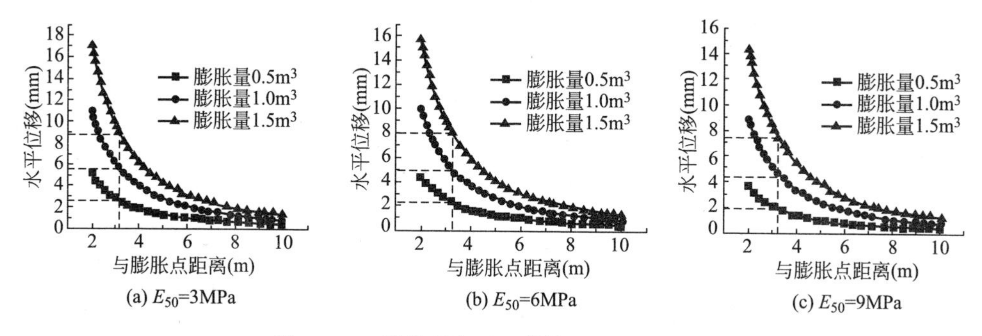

图 4.2-3 膨胀距离对土体水平位移的影响

由图 4.2-3 可以得出以下结论：①不同土体刚度参数、不同膨胀量时，土体位移呈现相同的规律。随着膨胀距离的增加，土体水平位移逐渐减小；当距离较近的时候，土体水平位移的衰减速度较快；当距离增加到一定程度之后，土体水平位移的衰减速度趋于平缓。②在同一土体刚度下，随着膨胀量的增加，周围土体水平位移增加，土体的水平位移衰减速度也增加。③将与膨胀点距离为 2m 处的土体水平位移作为基准位移，图中虚线所标注的点分别为 50%基准位移，以及对应的与膨胀点距离。同一土体刚度、不同膨胀量下，与 50%基准位移对应的膨胀点距离相同。

膨胀距离 H 为－15m 深度土体中某点与膨胀孔中心距离，研究不同膨胀量，土体水平位移（用 S 表示）随 H 变化规律。H 取值为膨胀加固区外边界至 10m。在加固区边界 1～10m 每隔 0.5m 取一点，共取数据点 20 个。考虑实际情况，膨胀量取值在 0.5～5m³，每隔 0.5m³ 取一个值，共取 10 个值，用变量 V 表示。同样，考虑不同粉质黏土条件下土体水平位移随 H 的变化规律，用变量 E 表示不同土质条件。现以 E＝5MPa，膨胀量为 1m³ 的工况为例，S 与 H 间关系如图 4.2-4 所示。

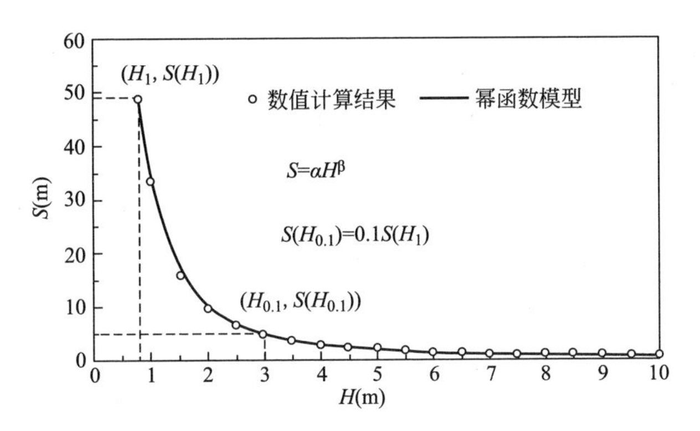

图 4.2-4　S 与 H 间关系（V=1m³、E=5MPa）

如图 4.2-4 所示，在膨胀量和土质条件不变的情况下，S 随着 H 增加而减小，并且表现出类似幂函数曲线的变化规律。随着 H 的增大，S 迅速减小，至 H=3m 时，S 已经衰减了约初始值的 90%，而后随着 H 继续增大，S 衰减速度逐渐放缓，至 H=10m 时，S 已基本衰减至 0。变量 V 和 E 组合变化得到的 30 个有限元模型计算结果均表现出如图 4.2-4 所示的变化规律，因此，可以近似采用幂函数对计算数据进行拟合分析，见式（4.2-1）：

$$S=\alpha H^{\beta} \tag{4.2-1}$$

式中，α 为幂函数乘数系数；β 为幂函数指数系数。

将 30 个有限元模型得到计算结果均采用式（4.2-1）进行拟合后，得到的参数 α 和 β 与 V 和 E 的关系，如图 4.2-5 所示。

如图 4.2-5（a）所示，α 与 V 呈现线性关系，即随着 V 的增大，α 亦线性增大。且 E=3MPa、5MPa 和 9MPa 时，三组点位置基本重合，可以认为 α 取值与参数 E 无关。同样，如图 4.2-5（b）所示，E 一定时，β 亦表现出随着 V 增大而线性增长的关系。虽然当 E 取值不同时稍有差异，但基本可以认为 β 取值同样与 E 无关。将图 4.2-5 中的数据点取得平均值后，得到如图 4.2-5 所示的黑色虚线，两条黑色虚线可用式（4.2-2）和式（4.2-3）表达：

$$\alpha=40.574V-7.570 \tag{4.2-2}$$

$$\beta=0.036V-1.790 \tag{4.2-3}$$

将式（4.2-2）和式（4.2-3）代入式（4.2-1）中，得到式（4.2-4）：

$$S=(40.574V-7.570)H^{(0.036V-1.790)} \tag{4.2-4}$$

由式（4.2-4）可以近似计算已知膨胀量条件下，与膨胀孔一定距离位置处土体在膨胀结束后的水平位移，可在膨胀施工前设计膨胀参数过程中起到一定指导作用。如图 4.2-4 所示，定义参数 $H_{0.1}$，当 $H=H_{0.1}$ 时，该距离处的 S 值衰减至初始 S 值（膨胀加固区边界位置 S 值）的 10%，见式（4.2-5）：

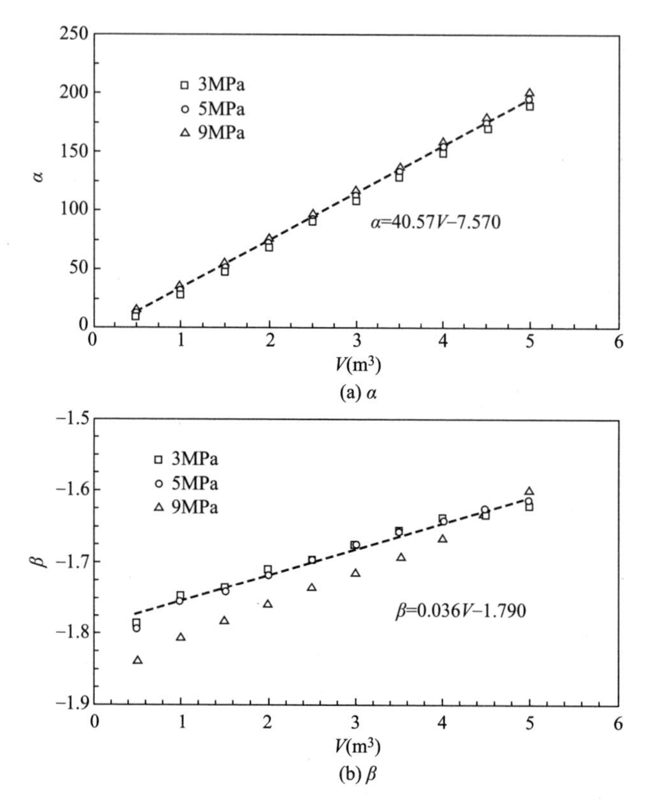

(a) α

(b) β

图 4.2-5 参数 α 和 β 与 V 和 E 的关系

$$S(H_{0.1})=0.1S(H_1) \tag{4.2-5}$$

考虑不同膨胀量与土体模量，计算 30 种工况下的 $H_{0.1}$，得到不同土体模量条件下 $H_{0.1}$ 与膨胀量 V 的关系如图 4.2-6 所示。

由图 4.2-6 可见，3 种不同土质条件下的数据点基本重合，可以认为 $H_{0.1}$ 数值的大小与膨胀场地粉质黏土性质无关。随着膨胀量的增大，$H_{0.1}$ 呈现缓慢增长趋势，但增长十分平缓，在工程常用膨胀量范围内，其平均值为 3m。因此可以认为，距离膨胀孔 3m 位置处土体的水平位移已经衰减至膨胀加固区周边最大水平位移的 10%，图 4.2-6 的膨胀量范围内的膨胀量的增大和场地粉质黏土压缩性的增大对 $H_{0.1}$ 的影响不显著。对于控制地下建（构）筑物变形的囊体扩张施工，当其与膨胀孔间的距离大于 3m 时，囊体扩张作用不明显。实际工程中为提高囊体扩张对地下建（构）筑物的水平变形控制效果，应尽量选择在 3m 内布设膨胀体，但考虑布设膨胀孔对地下建（构）筑物变形的不利影响，应综合考虑后确定膨胀孔布设位置。

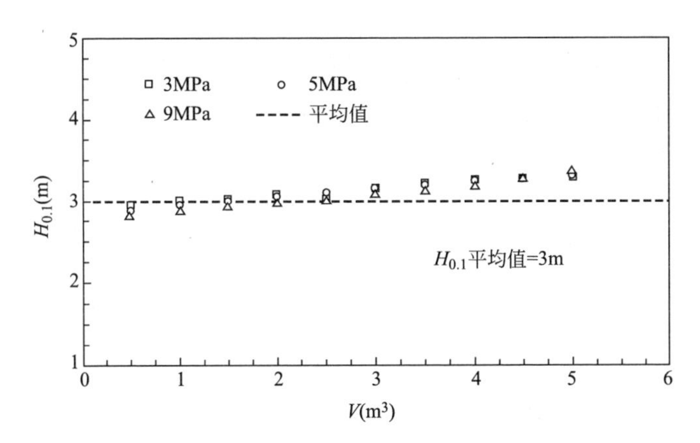

图 4.2-6 不同土体模量条件下 $H_{0.1}$ 与膨胀量 V 的关系

4.2.3 扩张体积对土体变形的影响

膨胀量的选取在膨胀参数的选取中十分重要，需要通过目标位移值确定膨胀量的大小。为了研究膨胀量和土体位移的关系，并结合实际工程中的膨胀量值，选取膨胀量 0.5～3m³ 进行分析。其中 0.5～1m³，每 0.1m³ 取值一次，1～3m³ 每 0.5m³ 取值一次。同时分析土体参数对膨胀量与土体位移之间关系的影响。膨胀深度选取为埋深－20～－15m，膨胀形式为单孔膨胀。选取埋深为－15m，距离膨胀孔位 3m、6m、9m 处的测点，汇总土体水平位移和膨胀量之间的关系，结果如图 4.2-7 所示。

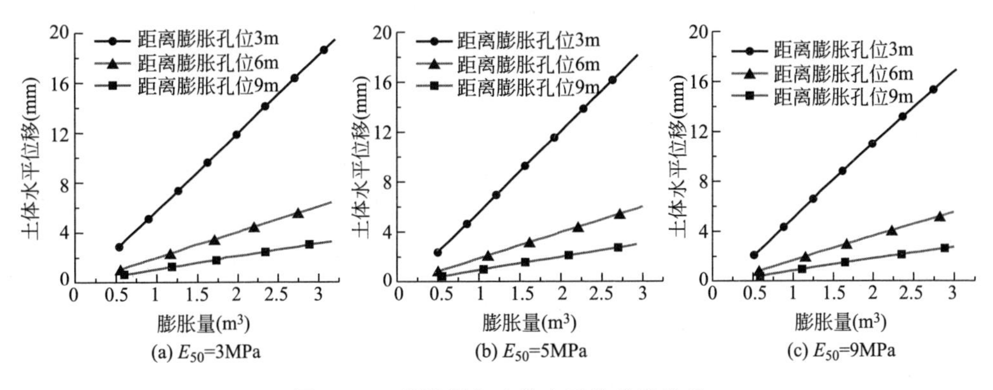

图 4.2-7 膨胀量与土体水平位移的关系

由图 4.2-7 可见：

（1）在不同的土体刚度参数下，膨胀量和土体水平位移均呈现线性关系；随着膨胀量的提高，土体水平位移呈现线性增长。

（2）在同一土体刚度参数下，与膨胀点距离不同的点，其膨胀量与土体位移线性关系的斜率有所不同；随着膨胀距离的增加，膨胀量和土体水平位移之间函数曲线的斜率逐渐减小。

（3）距离近，膨胀量和土体水平位移之间函数曲线的斜率较大，膨胀量的增加能显著增加土体水平位移，提高膨胀效果。

（4）距离较远，膨胀量和土体水平位移之间函数曲线的斜率较小，膨胀量的增加对增加土体水平位移的效果并不显著。

（5）不同土体刚度参数下，随着土体刚度参数的增加，膨胀量和土体水平位移之间函数曲线的斜率有所减小；但可以看出减小的值较小，为了达到相同的膨胀效果，可在土体刚度参数较大的情况下稍提高膨胀量值。

4.2.4 控制效率与膨胀量关系

囊体扩张效果的评价还取决于另一重要指标，即囊体扩张控制效率 η。仿照 4.2.1 节对深度为 −15m 位置各点控制效率 η 变化规律进行研究。计算模型仍取 30 个，研究不同土质条件 E，不同位置处 H，膨胀量 V 与囊体扩张控制效率 η 关系。其中，E 取值仍为 3MPa、5MPa 和 9MPa；另一参数 H 取值为 1～10m，每隔 1m 取一个值；膨胀量 V 为 0.3～1m^3，间隔 0.1m^3 取一个值，在 1.5～5m^3，间隔 0.5m^3 取一个值，共取 16 个值。以 E=3MPa、H=3m 为例，囊体扩张控制效率 η 与膨胀量 V 之间的关系如图 4.2-8 所示。

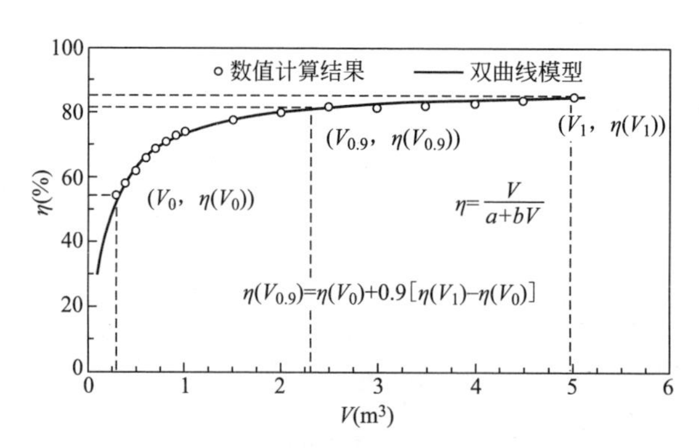

图 4.2-8 囊体扩张控制效率 η 与膨胀量 V 之间关系（E=3MPa，H=3m）

在膨胀距离和土体模量不变的情况下，η 随着 V 的增大而增大。当 V 小于 2m^3 时，η 增长迅速，从 54.6%增长至 80.3%，而随着 V 进一步增大，η 增长放缓，最大为 5m^3 时，η 达到 84.7%。其关系可以近似用双曲线公式拟合，见式(4.2-6)：

$$\eta=\frac{V}{a+bV} \tag{4.2-6}$$

仿照土体水平位移 S 与膨胀距离 H 间的关系，定义 V_0、$V_{0.9}$、V_1，其中，V_0 为初始膨胀量，V_1 为最终膨胀量。在本书中，$V_0=0.3\text{m}^3$，$V_1=5\text{m}^3$。$\eta(V_{0.9})$ 见式（4.2-7）：

$$\eta(V_{0.9})=\eta(V_0)+0.9[\eta(V_1)-\eta(V_0)] \tag{4.2-7}$$

即当 $V=V_{0.9}$ 时，η 增长至初始值 η（V_0）和最终值 η（V_1）差值的 90%。当膨胀量达到 $V_{0.9}$ 后，继续增大 V 对于增大 η 效果不明显。

仿照 4.2.1 节，将不同的 E 和 H 组合得到的 30 个模型计算数据均用式（4.2-6）拟合，得到不同土体模量条件下 a、b 与 H 关系，如图 4.2-9 所示。

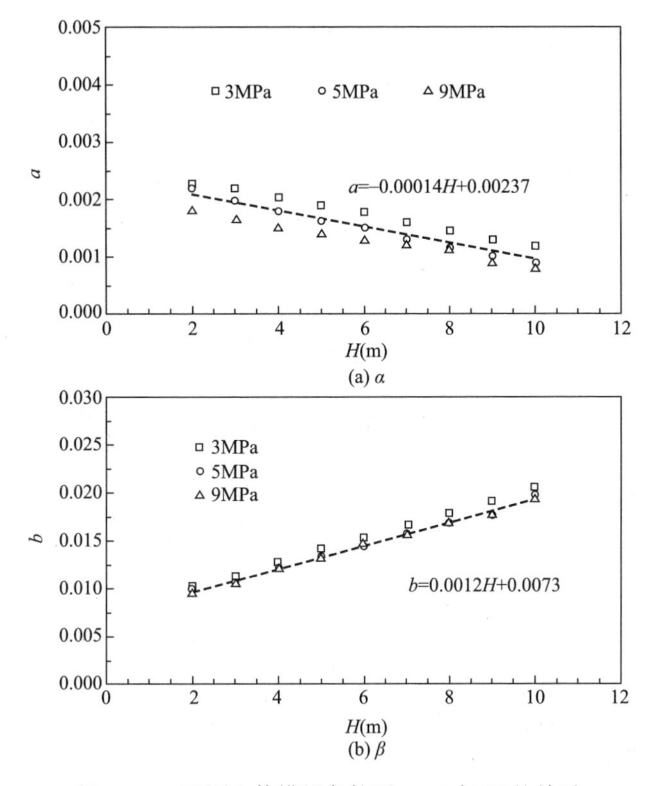

图 4.2-9　不同土体模量条件下 a、b 与 H 的关系

与图 4.2-5 类似，a、b 在不同土体模量条件下随 H 的变化均表现为线性关系。当 $E=3\text{MPa}$、5MPa 和 9MPa，图中数据点差异很小，可以认为 a、b 只与 H 相关，而与土体条件参数 E 无关。由图中的黑色数据平均值线得到参数 a 和 b 与膨胀距离 H 的线性关系见式（4.2-8）和式（4.2-9）：

$$a = -0.00014H + 0.00237 \tag{4.2-8}$$

$$b = 0.0012H + 0.0073 \tag{4.2-9}$$

将式（4.2-8）和式（4.2-9）带入式（4.2-6）中，则得到式（4.2-10）：

$$\eta = \frac{V}{(0.0012H + 0.0073)V - 0.00014H + 0.00237} \tag{4.2-10}$$

由式（4.2-10）可以近似地计算已知膨胀量条件下，与膨胀孔一定距离的囊体扩张控制效率 η。

考虑不同距离与土体模量，计算 30 种工况下的 $V_{0.9}$，得到不同土体模量条件下 $V_{0.9}$ 与膨胀距离 H 之间的关系，如图 4.2-10 所示。

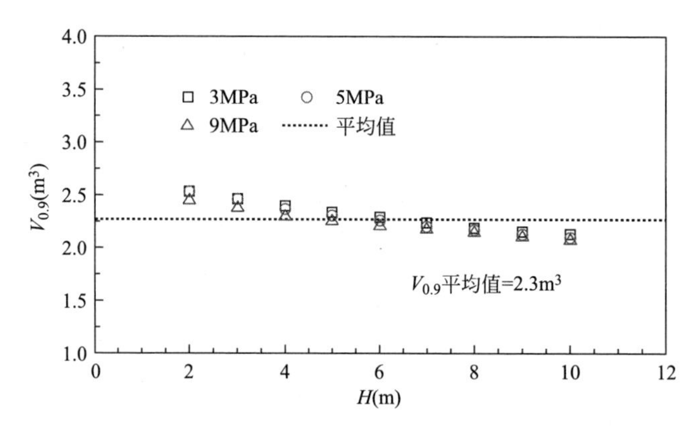

图 4.2-10　不同土体模量条件下 $V_{0.9}$ 与膨胀距离 H 的关系

由图 4.2-10 可知，三种不同土体模量条件下的数据点基本重合，可以认为 $V_{0.9}$ 数值的大小与场地粉质黏土性质无关。随着与膨胀孔距离的增大，$V_{0.9}$ 数值平缓减小，与距离 H 呈线性关系。距离膨胀孔 1m 处 $V_{0.9}$ 最大为 2.60m^3，而距离膨胀孔 10m 处 $V_{0.9}$ 最小为 2.08m^3，差异不大，取上述数据点的平均值为 2.30m^3，即 $V_{0.9}$=2.3m^3，而这个值与土质条件参数 E 和距离参数 H 无关。可以认为，囊体扩张控制效率 η 随着膨胀量的增大而增大，但在 2.3m^3 时，η 已经增长了 90%，继续增大膨胀量对于提高 η 意义不大，而这一数值在粉质黏土中不会因土体模量和与膨胀孔的距离不同而改变。因此，应结合需要控制变形的地下建（构）筑物的实际变形情况，综合考虑确定囊体扩张施工膨胀。

4.2.5　囊体扩张控制土体变形简化计算方法

基于原位试验与数值模拟方法对囊体扩张控制土体变形机理的探究，进一步采用解析手段提出囊体扩张控制土体变形的简化计算方法。

基于 Sagaseta 提出的镜像法进行推导，该方法最初用于计算由于土层损失所引起的地表沉降。传统的镜像法是将半无限体地层转化为无限体，将地面作为边界，假设在无限体中土层损失点对称的位置上有一个体积相同的膨胀点。通过分别求解土层损失点和膨胀点引起的法向应力和剪应力，可推导出在原始半无限体土层中任意一点的土体变形。

基于传统镜像法的思路，将土层损失点与膨胀点的位置互换，可求出由于囊体扩张所引起的土层任意一点产生的位移，具体推导过程如下：

第一步，忽略地表的存在，将实际土层的半无限体问题转化为无限体问题，现有体积膨胀点在原始地层表面产生法向应力 σ_0 和切应力 τ_0。

第二步，以原始地表为边界，在无限体中体积膨胀点对应的镜像位置处，假设存在一个等尺寸的土体损失点。土体损失点在原始地面位置产生法向应力 σ_0 和切应力 τ_0。

第三步，上述两个步骤在原始地表产生的法向应力相互平衡。在实际土层中，将产生的切应力反作用于半无限体的表面。

基于上述镜像法，在弹性、均质、各向同性、不可压缩土体中，如图 4.2-11 所示，位于点（x_0，y_0，h）、膨胀半径为 r 的囊体膨胀点在点 $P(x, y, z)$ 处产生的水平位移分量见式（4.2-11）～式（4.2-13）：

$$s_x = s_{x1} + s_{x2} \tag{4.2-11}$$

$$s_{x1} = -\frac{r^3}{3}\left(\frac{\Delta x}{r_1^3} - \frac{\Delta x}{r_2^3}\right) \tag{4.2-12}$$

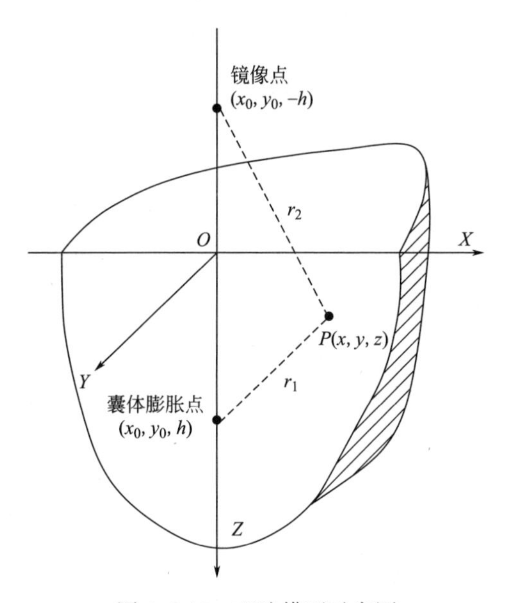

图 4.2-11　理论模型示意图

$$s_{x2}=\frac{2}{\pi}r^{3}\ \frac{h}{x}\int_{0}^{+\infty}r_{b}\cdot\frac{\alpha}{(h^{2}+\alpha^{2})^{\frac{5}{2}}}\cdot[I_{E}\cdot E(k)+I_{F}F(k)]\mathrm{d}\alpha \tag{4.2-13}$$

竖向位移分量见式（4.2-14）～式（4.2-16）：

$$s_{z}=s_{z1}+s_{z2} \tag{4.2-14}$$

$$s_{z1}=-\frac{r^{3}}{3}\left(\frac{z-h}{r_{1}^{3}}-\frac{z+h}{r_{2}^{3}}\right) \tag{4.2-15}$$

$$s_{z2}=\frac{2}{\pi}r^{3}hz\int_{0}^{+\infty}\frac{1}{r_{b}}\cdot\frac{\alpha}{(h^{2}+\alpha^{2})^{\frac{5}{2}}}\cdot[J_{E}\cdot E(k)+I_{F}F(k)]\mathrm{d}\alpha \tag{4.2-16}$$

竖向位移分量如式（4.2-17）～式（4.2-20）所示：

$$\Delta x=x-x_{0} \tag{4.2-17}$$

$$\Delta y=y-y_{0} \tag{4.2-18}$$

$$r_{1}=[\Delta x^{2}+\Delta y^{2}+(z-h)^{2}]^{\frac{1}{2}} \tag{4.2-19}$$

$$r_{2}=[\Delta x^{2}+\Delta y^{2}+(z+h)^{2}]^{\frac{1}{2}} \tag{4.2-20}$$

$E(k)$ 和 $F(k)$ 分别为第一类和第二类完全椭圆函数，见式（4.2-21）～式（4.2-26）：

$$k=\left(1-\frac{r_{a}^{2}}{r_{b}^{2}}\right)^{0.5} \tag{4.2-21}$$

$$r_{a}=\sqrt{(\alpha-\sqrt{\Delta x^{2}+\Delta y^{2}})^{2}+z^{2}} \tag{4.2-22}$$

$$r_{b}=\sqrt{(\alpha+\sqrt{\Delta x^{2}+\Delta y^{2}})^{2}+z^{2}} \tag{4.2-23}$$

$$I_{E}=1+\frac{1}{2}z^{2}\left(\frac{1}{r_{a}^{2}}+\frac{1}{r_{b}^{2}}\right) \tag{4.2-24}$$

$$I_{F}=-\frac{1}{r_{b}^{2}}(\alpha^{2}+\Delta x^{2}+\Delta y^{2}+2z^{2}) \tag{4.2-25}$$

$$J_{E}=-1+2[\alpha(\alpha-\sqrt{\Delta x^{2}+\Delta y^{2}})]\cdot\frac{1}{r_{a}^{2}} \tag{4.2-26}$$

实际囊体注浆时，在注浆管上按一定间距设置出浆孔。开始注浆后，浆液由各个出浆孔注入囊体，囊体实现均匀扩张，形成圆柱体的扩张区域，如图 4.2-12 所示。

使用囊体扩张区域点的体积膨胀模拟囊体扩张对周围土体产生的影响。如图 4.2-12 所示，假设囊体平面位置为（x_{0}，y_{0}），控制深度为 h_{1}，控制长度为 L，囊体扩张区域的轴线与 Z 轴平行，隧道轴线埋深为 Z 且与 Y 轴平行。由于注浆管上每隔一定间距有出浆孔，可将圆柱体囊体扩张区域看作是一系列沿深度方向均匀分布的体积膨胀点，用于计算的体积膨胀点个数为 N_{g}。在扩张时，假设总膨胀量为 V，则囊体扩张区域中单个膨胀点的膨胀半径 r 见式（4.2-27）：

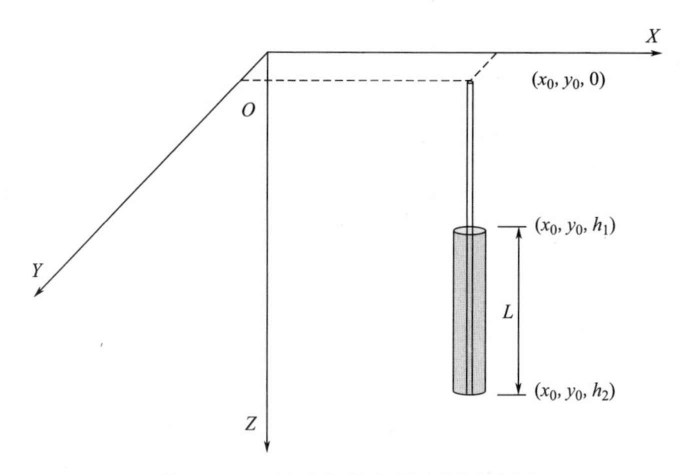

图 4.2-12　囊体注浆位置坐标示意图

$$r=\sqrt[3]{\frac{3V}{4\pi N_g}} \tag{4.2-27}$$

如图 4.2-13 所示，将实际囊体扩张区域的圆柱体看作是 N_g 个沿竖直方向均匀分布的体积膨胀点，控制深度为 h_1、控制长度为 L 的情况下，囊体扩张区域的体积膨胀点坐标（x，y，h）见式（4.2-28）～式（4.2-30）：

$$x=x_0 \tag{4.2-28}$$

$$y=y_0 \tag{4.2-29}$$

$$h=-\left(h_1+\frac{L}{N_g-1}n_g\right)(n_g=1,\ 2,\ \cdots,\ N_g) \tag{4.2-30}$$

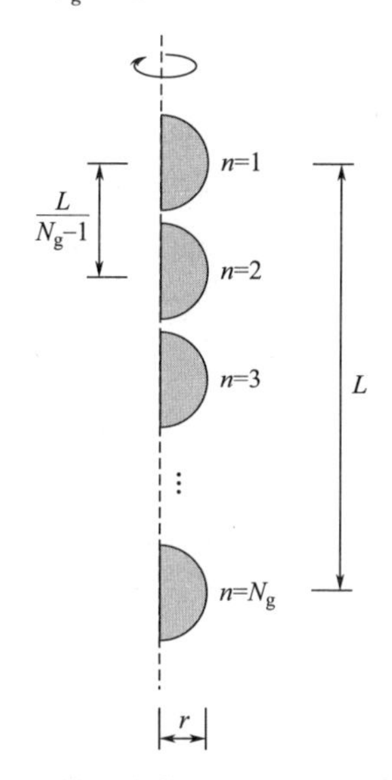

图 4.2-13　模拟囊体扩张计算点分布示意图

对于土体中任意一点（x，y，z），可将式（4.2-12）与式（4.2-13）改为式（4.2-31）、式（4.2-32）：

$$S_{x1}=-\frac{r^3}{3}\sum_{n_g=1}^{N_g}\left(\frac{\Delta x}{r_1(n_g)^3}-\frac{\Delta x}{r_2(n_g)^3}\right) \tag{4.2-31}$$

$$S_{x2}=\frac{2}{\pi}r^3\sum_{n_g=1}^{N_g}\frac{h(n)}{x}\int_0^{+\infty}r_b\cdot\frac{\alpha}{[h(n_g)^2+\alpha^2]^{\frac{5}{2}}}\cdot[I_E\cdot E(k)+I_F F(k)]d\alpha \tag{4.2-32}$$

将式（4.2-15）与式（4.2-16）改为式（4.2-33）、式（4.2-34）：

$$S_{z1}=-\frac{r^3}{3}\sum_{n_g=1}^{N_g}\left[\frac{z-h(n_g)}{r_1(n_g)^3}-\frac{z+h(n_g)}{r_2(n_g)^3}\right] \tag{4.2-33}$$

$$S_{z2}=\frac{2}{\pi}r^3 z\sum_{n_g=1}^{N_g}h(n_g)\int_0^{+\infty}\frac{1}{r_b}\cdot\frac{\alpha}{[h(n_g)^2+\alpha^2]^{\frac{5}{2}}}\cdot[J_E\cdot E(k)+I_F F(k)]\,d\alpha \tag{4.2-34}$$

4.3 囊体扩张对桩基变形的主动控制

4.3.1 原位试验

在天津某基坑工程开展了囊体扩张控制桩基变形原位试验研究，对比分析囊体扩张与袖阀管注浆对桩基变形控制效果。土层物理和力学指标见表 4.3-1，试验平（剖）面布置图见图 4.3-1。利用基坑格构柱浇筑混凝土，形成直径 1.2m、长 18m 的试验桩。距离试验桩 2m 处布置囊体扩张试验孔与袖阀管注浆试验孔，扩张/注浆深度均为−16～−12m，囊体最大扩张直径为 50cm，最大扩张体积为 0.78m^3。袖阀管注浆作为对照组试验，注浆量为 0.78m^3，注浆顺序为自下向上提管注浆。首先进行囊体扩张原位试验，注浆结束后持续监测桩身变形 2d 直至稳定，再进行袖阀管注浆原位试验，并监测 2d。

土层物理和力学指标 **表 4.3-1**

层号	土层	层厚 (m)	γ (kN/m^3)	c (kPa)	φ (°)	e	E_{50}^{ref} (kPa)	E_{oed}^{ref} (kPa)	E_{ur}^{ref} (kPa)	G_0^{ref} (kPa)
①	素填土	8.1	19.0	10.2	15	0.9	5000	5000	34000	102000
④$_1$	粉质黏土	2.2	19.0	20.1	14.5	0.8	4340	4340	30380	91140

续表

层号	土层	层厚 (m)	γ (kN/m^3)	c (kPa)	φ (°)	e	E_{50}^{ref} (kPa)	E_{oed}^{ref} (kPa)	E_{ur}^{ref} (kPa)	G_0^{ref} (kPa)
⑥$_3$	粉土	5.8	19.8	9.5	27.6	0.7	8150	8150	48900	146700
⑦$_1$	粉质黏土	3.1	20.8	19.5	18.2	0.8	5870	5870	41090	123300
⑧$_1$	粉质黏土	4.9	20.1	20.1	19.3	0.8	5260	5260	36820	110500
⑧$_2$	粉土	2.5	20.2	11.2	27.5	0.8	12690	12690	63450	190350

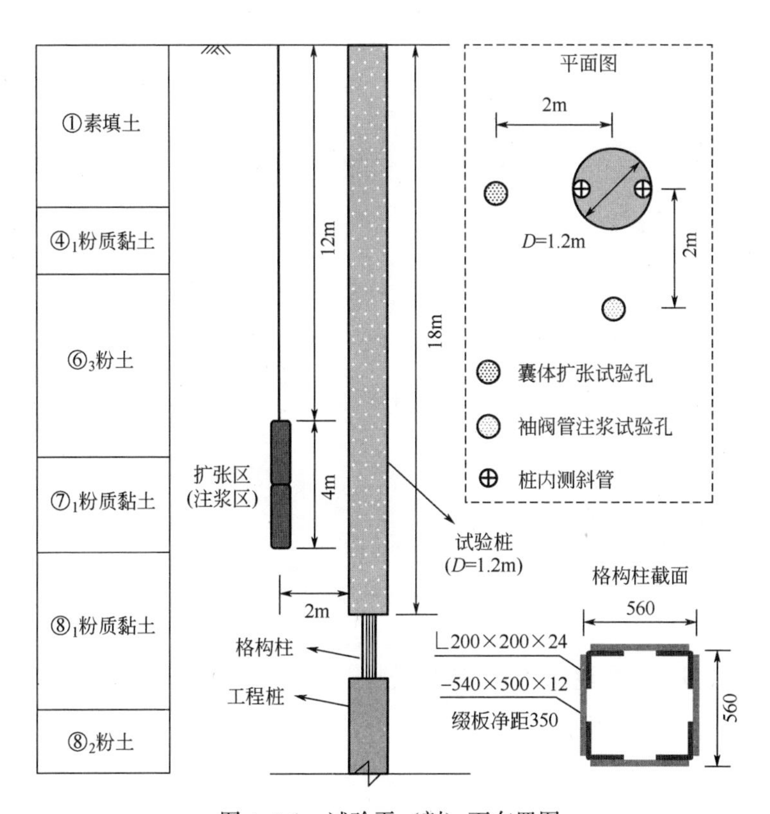

图 4.3-1 试验平（剖）面布置图

如图 4.3-2 所示，囊体扩张完成时，引起桩基最大水平位移为 5.5mm，囊体扩张引起的超孔压固结稳定后，桩基水平位移为 3.3mm，注浆效率为 60%，表明囊体扩张可有效控制桩基变形。袖阀管注浆引起桩基瞬时最大水平位移为 2.5mm，固结稳定后为 1.0mm，注浆效率约为 40%。由于袖阀管注浆可能会发生浆液渗透、劈裂从而导致控制效率低。同时，由于桩基刚度大、直径小，若袖阀管注浆发生劈裂窜浆，可能会导致控制效果较低。此外，注浆范围上方桩基出现了负水平位移，这与土体变形控制规律一致。但由于桩基自身刚度大，产生的负位移较小。因此，相比于袖阀管注浆，囊体扩张可精准、高效地控制桩基变形，且不会对桩基结构产生不利影响。

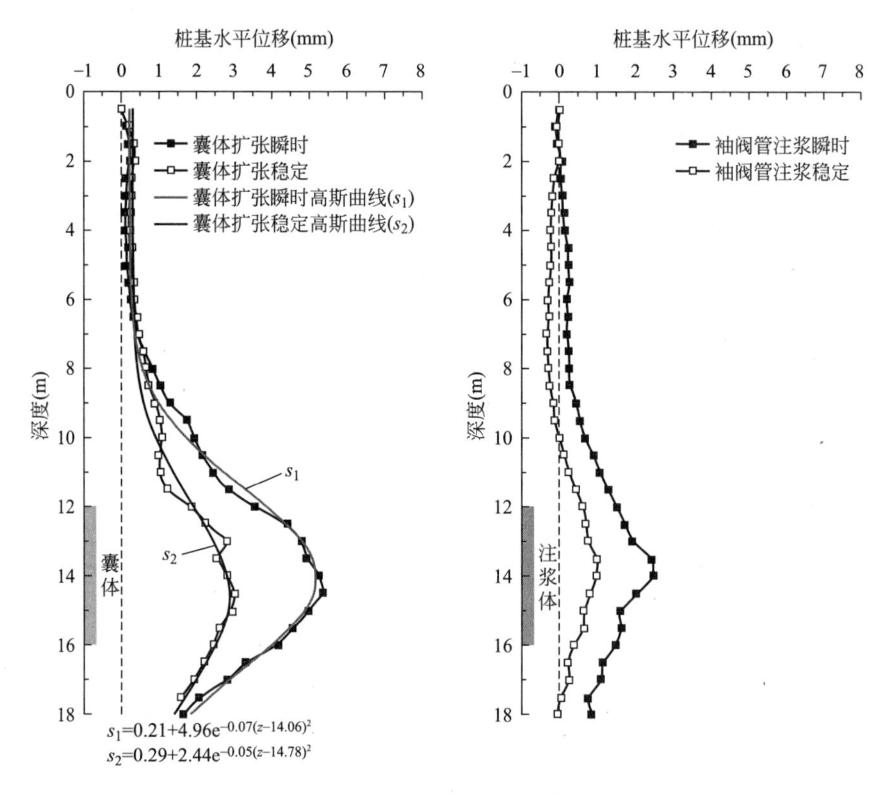

图 4.3-2 试验桩基水平位移

4.3.2 基坑开挖导致桩基变形及控制

(1) 工程概况与试验方案

为了进一步研究基坑开挖对邻近桩基影响及其囊体扩张主动控制桩基变形效果，在天津某地铁车站基坑开展了现场试验研究。基坑主体结构总长 343.0m，基坑标准段宽约 22.7m，基坑深度 23.5～25.2m，基坑共设 5 道支撑，其中第 1 和第 3 道为混凝土支撑，其余均为钢支撑。

现场试验布置见图 4.3-3。试验桩位于距离地下连续墙 10m 处，桩径为 0.6m，桩长为 15m，3 根桩间距为 4m。在桩与地下连续墙之间设置 3 个囊体扩张孔，分别用于变形实时动态囊体扩张和普通囊体扩张控制桩基变形。变形实时囊体扩张控制方法是指基坑开挖过程中动态监测坑外土体与桩基变形，利用囊体扩张实时注浆膨胀来补偿基坑开挖引起的基坑外土体的应力损失，通过控制基坑

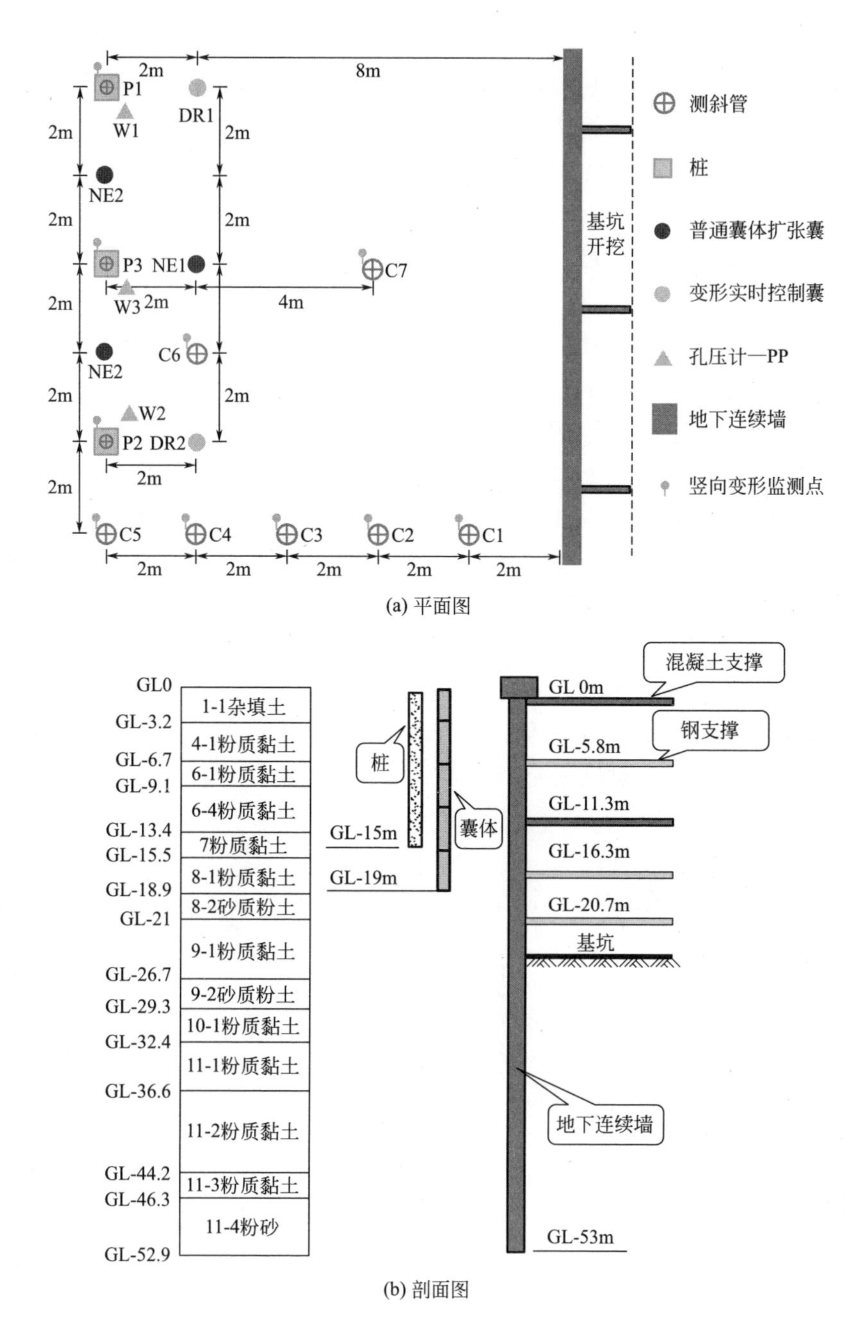

(a) 平面图

(b) 剖面图

图 4.3-3 囊体扩张变形现场试验布置

与桩基之间土体的应力，从而达到控制基坑施工对桩基变形影响的实时控制。本试验中，囊体串由 3 个 4m 长和 1 个 3m 长囊体单元连接而成，囊体串中每个囊体可独立控制扩张量，每个囊体单元完全扩张后直径为 50cm。对 P3 桩，采用普通囊体扩张控制方法，即基坑开挖完成后，桩基已发生较大变形，然后通过一次性的普通囊体扩张来纠正桩基水平变形，此时囊体串注浆是自下而上依次完成囊体扩张。对 P1、P2 桩，则是在基坑施工过程中，根据桩基实测变形，实时动态控制囊体串扩张顺序和扩张量，对桩基在基坑开挖过程中变形情况进行动态控制，使桩的侧向位移始终控制在较小的范围内，而不是在发生过大变形后再通过一次性主动控制进行一次性纠正。

（2）基坑开挖对坑外土体变形影响

如图 4.3-4 所示，在距地下连续墙 2m，当第二层开挖完（－11.3m），土体最大水平位移发生在－10m，为 6.6mm。随着基坑逐层开挖，土体最大变形位移深度逐渐下移，基本与基坑开挖深度一致，土体呈悬臂挠曲型变形。在第五层开挖结束后，距离 10m 处土体在－14m 深度产生了最大水平位移，为 15.7mm。而此时的开挖深度为－24m，10m 处土体最大变形深度显著高于开挖深度，土体呈鼓肚变形。因此，综合分析距离 2～10m 土体变形情况，基坑开挖过程中坑外土体最大变形位置随开挖深度而逐渐下移，距离较近处土体变形位置基本与开挖深度一致，而随距地下连续墙距离增大，土体最大变形位置逐渐上移，故基坑开挖对坑外土体变形影响从坑底开挖面向坑外斜向上发展。此外，由于基坑开挖卸载对基坑外 10m 处土体产生了较大的影响，故对距离 10m 处桩基会造成较大的影响，将针对桩基变形规律及其囊体扩张变形控制机理展开进一步研究。

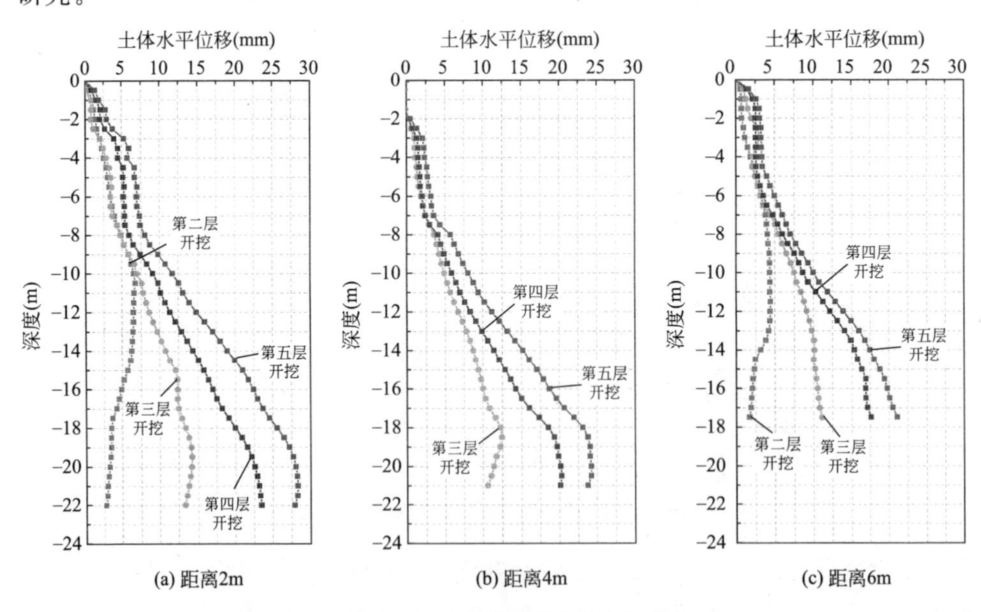

图 4.3-4　基坑施工引起基坑外土体水平位移（一）

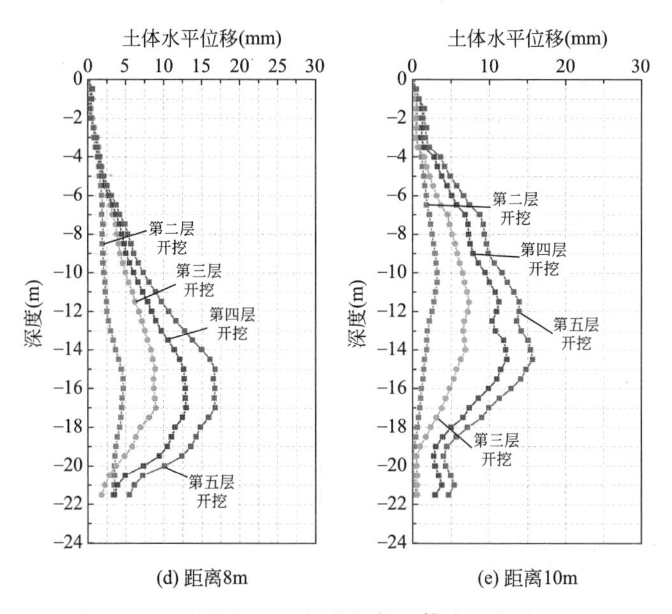

图 4.3-4 基坑施工引起基坑外土体水平位移（二）

（3）第二层土体开挖引起桩基变形与控制

如图 4.3-5（a）所示，第二层土体开挖导致 10m 处桩基（P1 桩、P2 桩和 P3 桩）在−7m 深度产生了最大水平位移，约为 2.5mm。桩身呈鼓肚变形，这与 10m 处土体变形模式相似。针对桩基已有变形，对 P2 桩开展囊体扩张适时控制，注浆量为 0.04～0.05m^3/m。如图 4.3-5（b）所示，囊体扩张引起距离 2m 处桩基最大水平位移为 1.8mm，孔压消散固结后水平位移减小至 1.1mm，囊体扩张控制效率为 61.1%。囊体扩张后，P2 桩变形明显小于未进行囊体扩张控制的 P1 桩和 P3 桩变形，故囊体扩张对已变形桩基有良好的纠偏效果。此外，由于囊体扩张补偿了部分由于基坑开挖导致的桩前土体应力损失，还可减小第三层土体开挖对桩基的影响。

（4）第三层土体开挖引起桩基变形与控制

如图 4.3-6（a）所示，P2 桩在第三层土体开挖的水平位移增量小于 P1 桩和 P3 桩水平位移增量。这表明第二层土体开挖后 P2 桩的囊体扩张减小了第三层土体开挖对桩基的影响，即囊体扩张补偿了 P2 桩前的土体应力损失。第三层土体开挖完，由于开挖深度增大，桩身形态逐渐从鼓肚变形变为悬臂挠曲变形。针对桩基已有较大变形，对 P1 和 P2 桩开展了第三层土体开挖后囊体扩张控制桩基变形，注浆量为 0.03～0.04m^3/m。如图 4.3-6（b）所示，囊体扩张引起 P1 桩最大水平位移为 1.3mm，固结后水平位移减小至 0.9mm，囊体扩张控制效率为 69.2%。囊体扩张引起 P2 桩最大水平位移为 1.7mm，固结后水平位移减小至

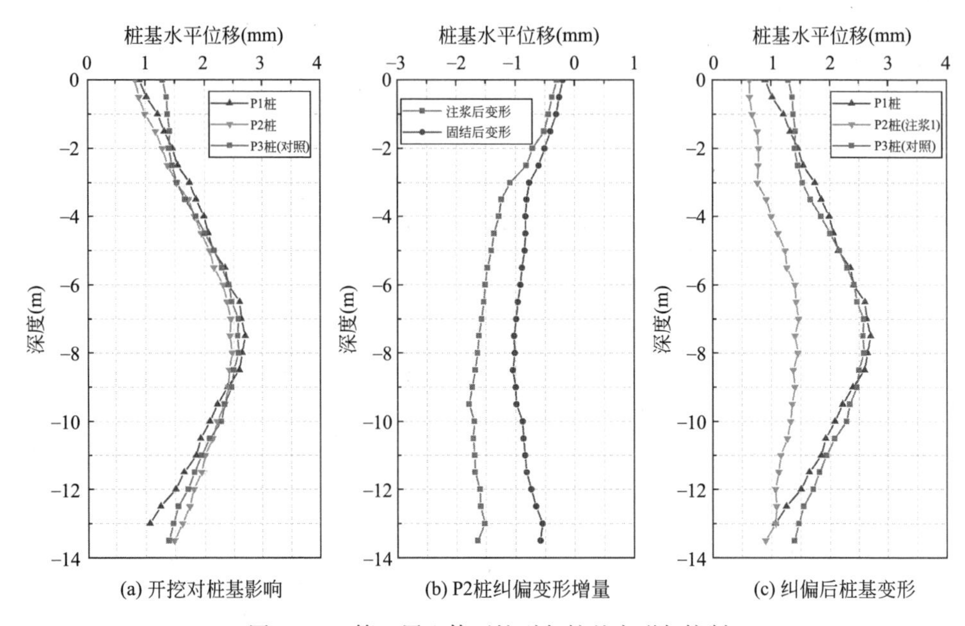

(a) 开挖对桩基影响　(b) P2桩纠偏变形增量　(c) 纠偏后桩基变形

图 4.3-5　第二层土体开挖引起桩基变形与控制

1.1mm，囊体扩张控制效率为 64.7%。从图 4.3-6（c）可以看出，经过两次囊体扩张控制后，P2 桩累计水平位移明显小于 P3 桩的水平位移，桩基变形得到有效控制。经过一次变形控制的 P2 桩水平位移也显著小于 P3 桩的水平位移。

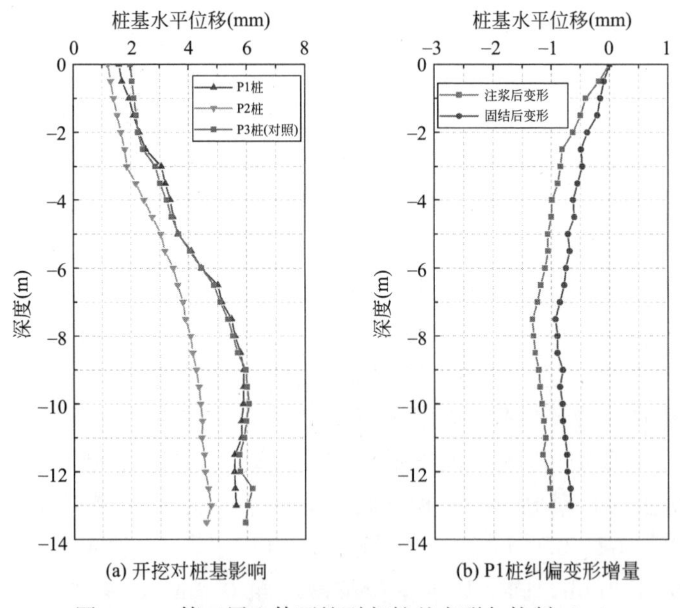

(a) 开挖对桩基影响　(b) P1桩纠偏变形增量

图 4.3-6　第三层土体开挖引起桩基变形与控制（一）

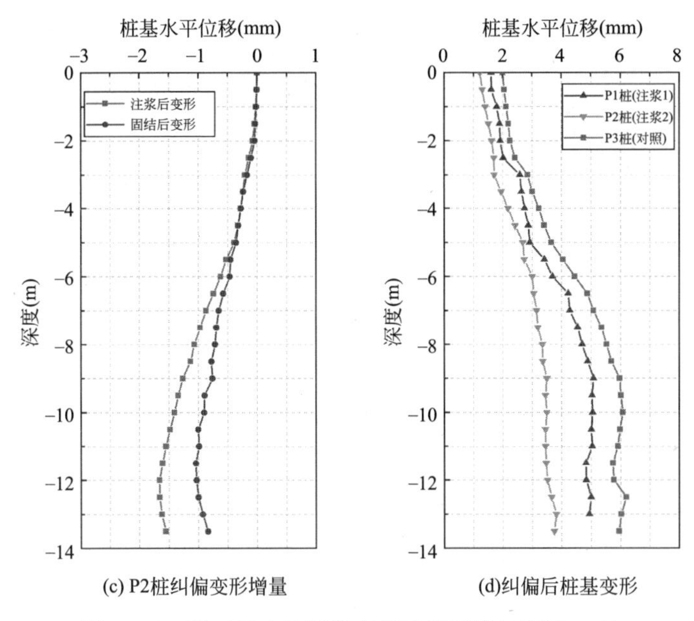

图 4.3-6　第三层土体开挖引起桩基变形与控制（二）

（5）第四层土体开挖引起桩基变形与控制

如图 4.3-7（a）所示，此时开挖深度为－20.7m，远大于桩长（15m），故桩基变形已由最初鼓肚形完全变为了踢脚形，最大变形位于桩底。对 P1 桩再次开展囊体扩张，注浆量为 0.06～0.07m³/m。如图 4.3-7（b）所示，囊体扩张引起 P1 桩最大水平位移为 2.6mm，固结后水平位移减小至 1.7mm，囊体扩张控制效率为 65.4%。经过两轮的囊体扩张，P1 桩和 P2 桩累计水平位移明显小于未进行变形控制的 P3 桩水平位移。

（6）第五层土体开挖引起桩基变形与控制

五层土体开挖完成后，P3 桩的最大水平位移为 13.2mm，而经过两次囊体扩张的 P1 桩和 P2 桩最大水平位移为 9.8mm，变形显著减小，如图 4.3-8（a）所示。对 P1 桩和 P2 桩开展第三次变形实时囊体扩张，注浆量为 0.08～0.1m³/m。囊体扩张引起 P1 桩最大水平位移为 3.6mm，固结后水平位移减小至 2.2mm，囊体扩张控制效率为 61.1%。囊体扩张引起 P2 桩最大水平位移为 4.3mm，固结后水平位移减小至 2.7mm，囊体扩张控制效率为 62.8%。此外，还对 P3 桩开展桩基变形后普通囊体扩张（一次性囊体扩张），注浆量为 0.14m³/m。如图 4.3-8（d）所示，普通囊体扩张引起 P3 桩最大水平位移为 5.8mm，固结后位移为 3.5mm，控制效率为 60.3%。最终三根桩的变形对比见图 4.3-8（e）。

图 4.3-9 为基坑施工全过程中，三根桩的变形实时囊体扩张控制和普通囊体扩张控制效果对比图。普通囊体扩张（一次性完全注浆扩张）虽然一次性注浆量

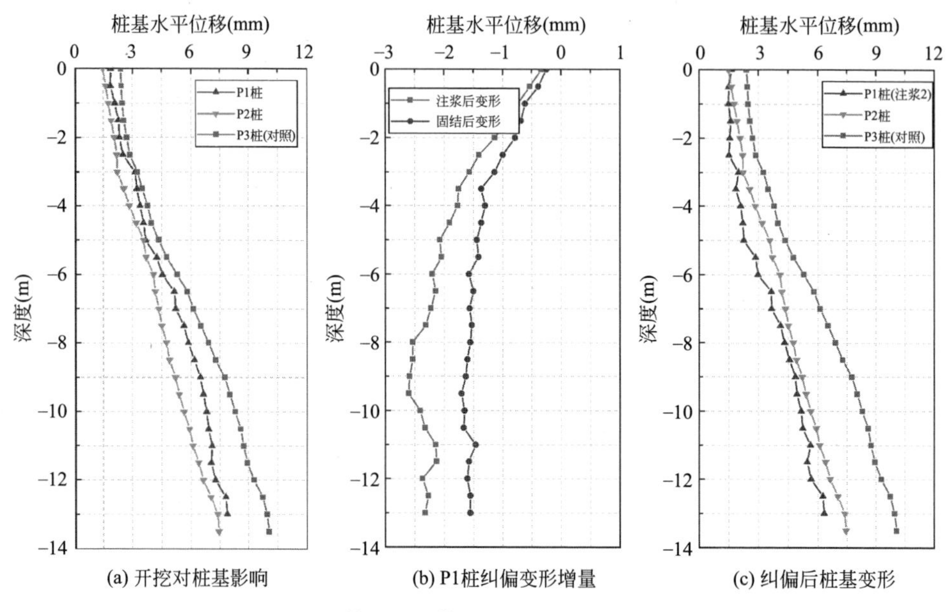

图 4.3-7　第四层土体开挖引起桩基变形与控制

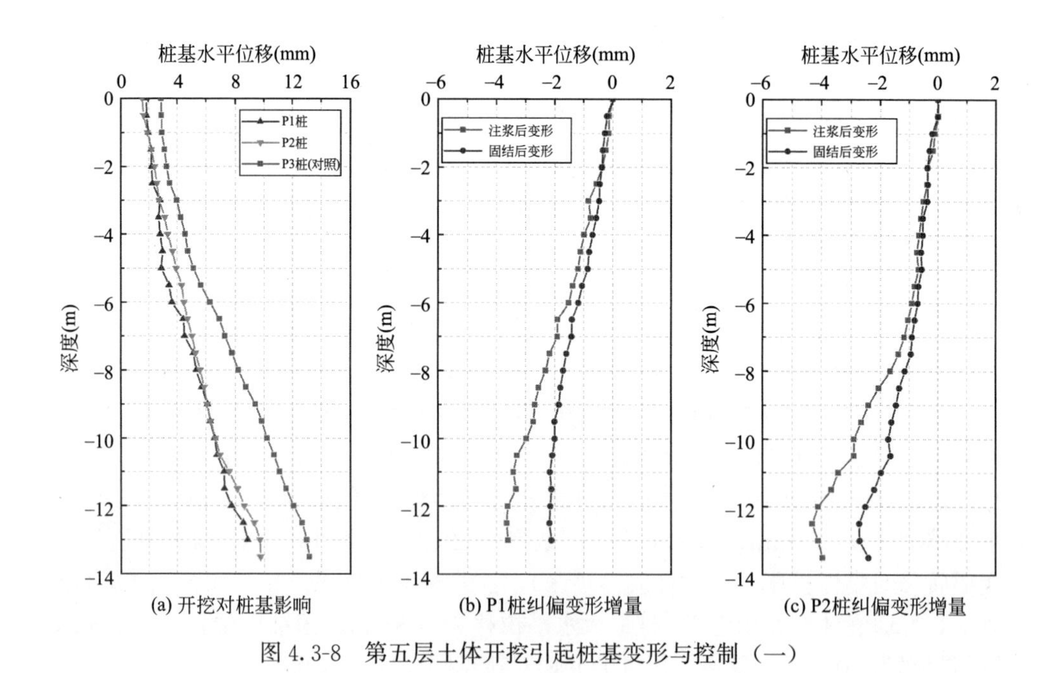

图 4.3-8　第五层土体开挖引起桩基变形与控制（一）

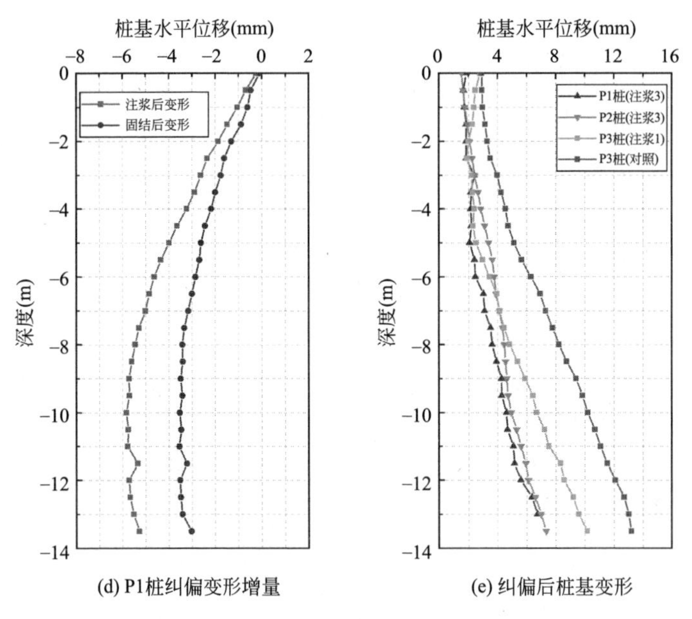

(d) P1桩纠偏变形增量　　(e) 纠偏后桩基变形

图 4.3-8　第五层土体开挖引起桩基变形与控制（二）

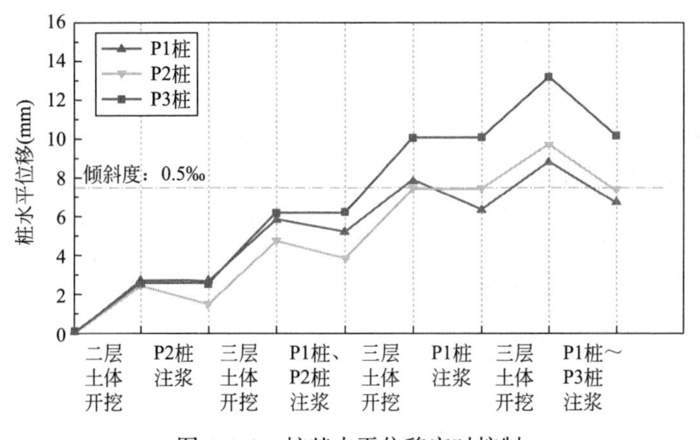

图 4.3-9　桩基水平位移实时控制

较大，所产生的桩基变形控制量也较大，但是从基坑开挖全过程来看，桩基已经发生了较大的变形，当变形要求严格时，可能已经超过要求。采用囊体扩张对桩基的控制，对桩基变形具有两方面控制效果：①囊体扩张直接对桩基水平变形进行过程中的适时纠正，体现了微扰动的特点。②囊体扩张对桩前土体应力损失具有一定的补偿作用，从而降低下一层基坑开挖对桩基的影响。实际过程中，考虑变形实时囊体扩张控制方法，从而增大变形控制效果，降低基坑施工及变形控制过程对桩基的过大扰动影响。

4.3.3 桩基变形控制机理分析

基于现场试验结果，采用有限元数值分析方法深入研究囊体扩张对桩基水平变形控制机理和控制效率。

（1）有限元建模与模型验证

根据现场试验建立有限元模型，有限元数值模型尺寸为长 40m、宽 40m、高 75m。囊体中心位于模型中心线，囊袋与桩之间距离为 2m，模型及其网格划分如图 4.3-10 所示。试验桩采用线弹性本构模型，弹性模量为 30GPa，泊松比为 0.2。囊体扩张采用温度膨胀来模拟。

为保证数值模型结果的准确可靠，将囊体扩张引起桩基变形数值结果与现场试验结果进行对比，如图 4.3-11 所示。数值计算所得桩基变形曲线与实测变形曲线趋势相似，数值结果中桩基在扩张后最大水平位移为 5.5mm，孔隙水压力消散后最大位移为 3.8mm，控制效率为 69.1%。固结后计算的桩基水平位移略大于实测结果，这可能是由于现场试验中土体的非均质性和结构性影响了超孔隙水压力的消散，而有限元模型中土体为均质土，从而造成了固结后水平位移略偏大。总体而言，计算结果与现场试验结果基本一致，表明所建立的有限元模型和参数选取是合理可靠的。

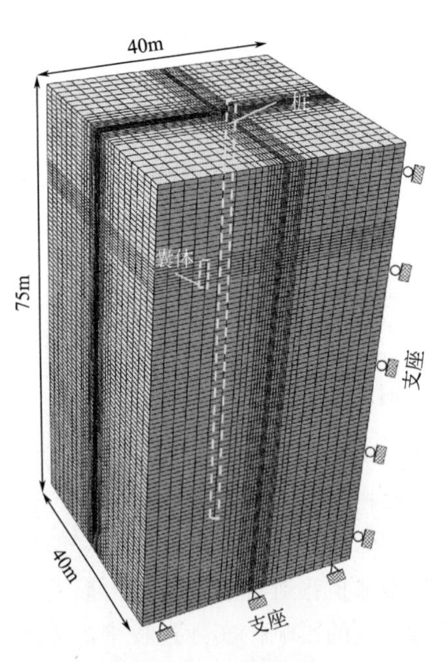

图 4.3-10 有限元模型

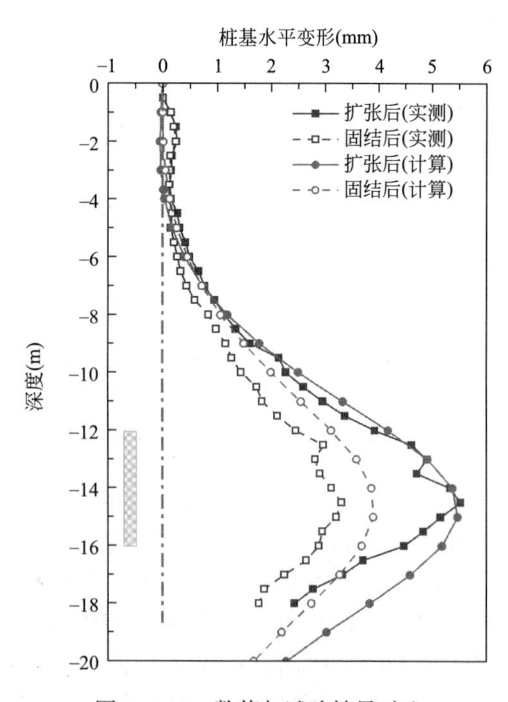

图 4.3-11 数值与试验结果对比

(2) 土体位移分析

如图 4.3-12 (a) 所示，囊体扩张后，土体以囊体为中心向外辐射位移。随着距囊体距离增加，土体位移迅速减小，其中 1mm 位移等高线半径约为 8m。桩周围的土体变形等高线轮廓凹陷，这表明桩对其后土体变形具有遮拦作用，说明囊扩张对桩在桩身的迎面产生了应力集中，导致桩身产生有效变形。囊体—土体—桩体之间的相互作用和应力转换机制是囊体扩张控制桩基变形的关键。与图 4.3-12 (a) 相比，固结阶段土体呈现相反的位移趋势。在固结过程中，囊体扩张引起的超孔隙水压力消散，转化为土体有效应力，导致土体压缩。此外，桩限制了土体的向外扩张位移，也限制了由超孔隙水压力消散引起的回缩位移。在固结阶段，由于桩的屏蔽作用，左侧土体变形大于右侧土体变形。桩前的超孔隙压力消散比桩后更显著，桩在两侧应力差的作用下反向变形，直至前后土体应力重新平衡。

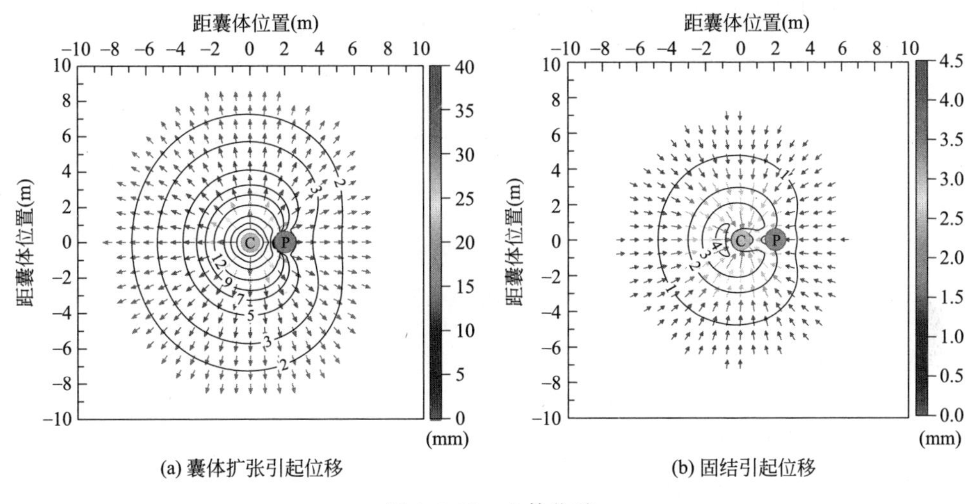

图 4.3-12 土体位移

(3) 孔隙水压力分析

如图 4.3-13 所示，在围绕以囊体为中心形成类圆形的超孔隙水压力分布区，中心最大超孔隙水压力约为 225kPa，向外逐渐减小。囊体扩张挤压周围土体，土体颗粒之间的孔隙水无法及时排出而导致孔隙水压力急剧增加。约 3m 外孔隙水压力变化不明显，故囊体扩张（扩张直径 50cm）对周围孔隙水压力的影响半径约为 3m。由于桩的遮拦效应，桩前（靠近囊侧）与桩后（背离囊侧）孔隙水压力差异巨大。囊体扩张引起桩前孔隙水压力增大了 74kPa，即挤压效应，也证明了囊扩张对桩在桩身的迎面产生了应力集中，而在桩侧后方孔隙水压力减小。这是由于桩后两侧土在桩两侧土体较大位移下被牵引位移，即牵引效应，而此位置挤压效应弱于牵引效应，故孔隙水压力降低。同理，在桩后土体的牵引效应和挤压效应相互抵消，因此桩后孔隙水压力几乎无变化。由囊体扩张引起的超孔隙水压力的消散会导致土体在附加应力下被压缩出现反向位置，这是桩基的控制效率降低的主要原因。

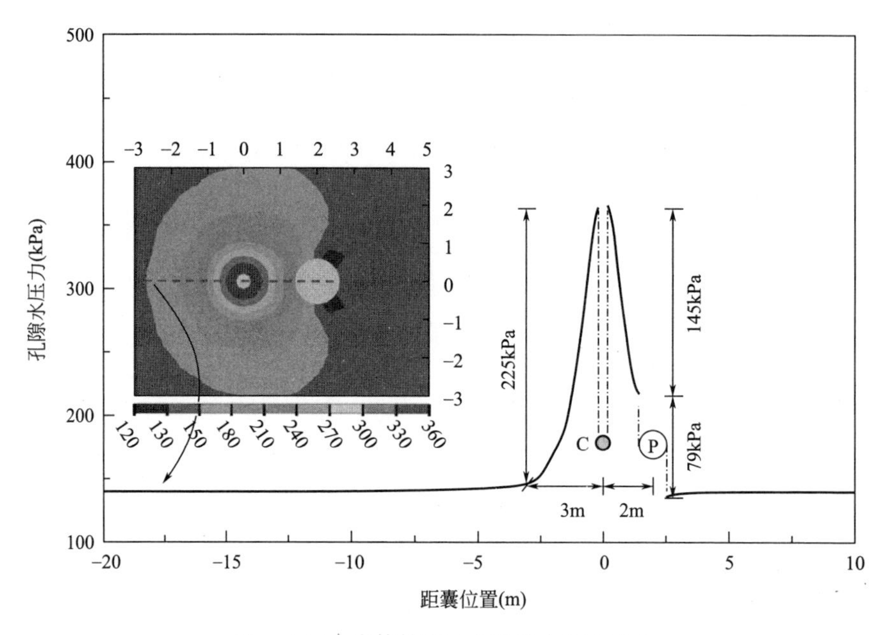

图 4.3-13　囊体扩张引起孔隙水压力变化

(4) 桩周围土体应力分析

如图 4.3-14 (a) 所示，囊体扩张后，桩前（F 点）的法向应力在囊体对应的深度范围内（－16～－12m）增加至 392kPa。由于囊体扩张，桩前土体的总应力增加了 84.6%，囊扩张对桩在桩身的迎面产生了应力集中，而桩后土体的总应力仅增加了 20.2%，这导致桩在两侧不均衡土体应力作用下发生变形。如图 4.3-14 (b) 所示，桩前土体的法向应力因囊体扩张而显著增加，初始、扩张后和固结后的法向应力分别为 208.7kPa、385.3kPa 和 316.1kPa。囊体扩张对桩前土体应力的影响范围约为 90°（45°～315°），同时桩后土体在扩张后和固结后的法向应力分别为 251.1kPa 和 240.7kPa。囊体扩张对桩后土体应力的影响范围约为 45°（155°～205°）。此外，应力释放发生在桩的南北两侧，固结后的法向应力低于初始应力。此外，应力释放区域正是在最大负超孔隙水压力的位置，如图 4.3-13 所示。在固结过程中，由于超孔隙水压力的消散，桩前土体的总应力显著降低了 20.3%，故桩体呈现反向位移。

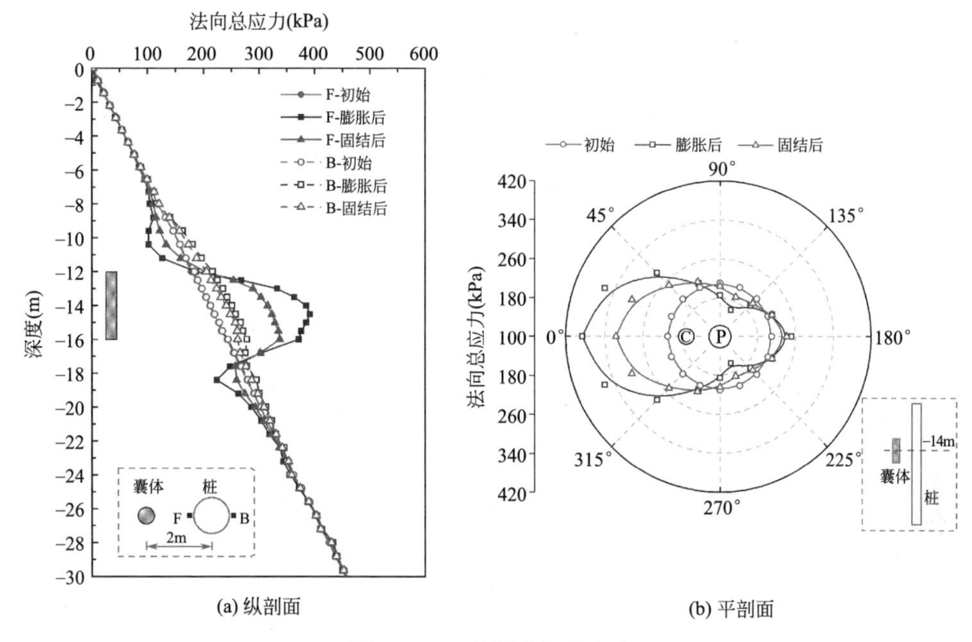

(a) 纵剖面　　(b) 平剖面

图 4.3-14　桩侧法向总应力

4.3.4　桩基变形控制的参数分析

（1）桩身直径影响

如图 4.3-15（a）所示，当扩张距离为 2m 时，桩基的最大水平位移随桩径增大迅速减小了 69.8%。而当注浆距离为 8m 时，桩最大水平位移随桩径增大而略有降低，仅减小了 6.9%。因此，囊体扩张对桩径在 0.4～1.6m 的桩具有一定的变形控制，尤其适用于小直径的桩基变形控制。此外，随桩径增大，囊体扩张的控制效率呈降低趋势。当扩张距离为 2m 时，0.4m 直径桩的控制效率高达 90.6%，而 1.6m 直径桩的控制效率仅为 65%。桩径大则桩遮拦效应会更显著，那么对孔隙水压力的影响可能也会较大，故导致控制效率的降低。当桩径为 0.4m 时，控制效率随扩张距离的增大而减小，而当桩径大于 0.4m 时，控制效率呈随扩张距离的增大而增大趋势。

（2）囊体扩张直径影响

如图 4.3-16（a）所示，随扩张直径的增大，桩的最大水平位移几乎呈线性增大，故增大扩张直径可显著提高囊体扩张对桩的水平变形控制效果。当扩张直径为 0.9m，扩张距离为 2m 时，桩水平变形控制高达 11.1mm。对于一些大直径桩的水平变形控制，可通过增大扩张直径来达到预期控制效果。由图 4.3-16（b）可知，随着扩张直径增大，囊体扩张控制效率呈微弱增大趋势。当扩张直径

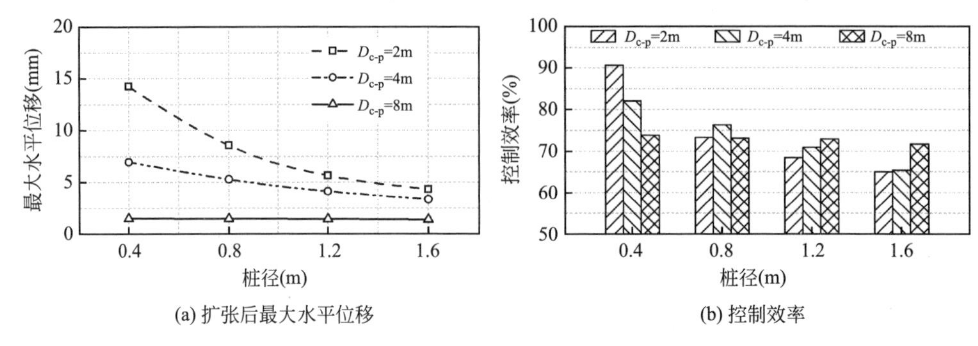

图 4.3-15 桩径对囊体扩张控制变形的影响

为 0.1m 时，2m、4m 和 8m 控制效率为 61.8%、65.4%和 70.2%，其随扩张距离增大而增大。这是由于囊体扩张对周围孔隙水压力影响直径有限，扩张距离越大，孔隙水压力受囊体扩张影响越小，故控制效率越高。例如扩张直径为 0.5m 时，其影响直径约为 3m，而 8m 处孔隙水压力固结前后变化小，因此控制效率较高。

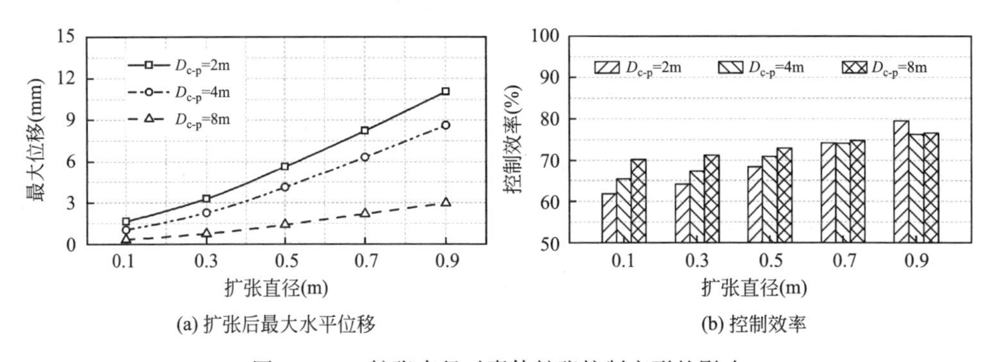

图 4.3-16 扩张直径对囊体扩张控制变形的影响

(3) 囊体与桩距离影响

如图 4.3-17 (a) 所示，当扩张直径为 0.5m 时，扩张距离（即囊体与桩的中心距）从 2m 增加到 8m，桩基最大水平位移减小了 74.7%，扩张距离对桩基变形控制效果影响显著。扩张距离越大，由扩张引起的桩前土体位移越小，故对桩的挤压推动效果越弱。扩张距离从 2m 增大 6m，桩最大水平位移减小速率较快，当扩张距离大于 6m 时，减小速率降低。因此，在囊体扩张控制桩水平位移的工程应用中，应在满足结构安全前提下尽量将囊体扩张靠近待纠偏的桩体。由图 4.3-17 (b) 可知，当扩张距离从 2m 增大到 8m，控制效率呈增大趋势，这是由于扩张距离越大，囊体扩张对孔隙水压力影响越小，故控制效率越高。此外，由以上参数分析结果可知，囊体扩张对桩的控制效率并不仅受单个因素独立影响，而受多个影响因素耦合作用，表现出复杂的变化趋势。

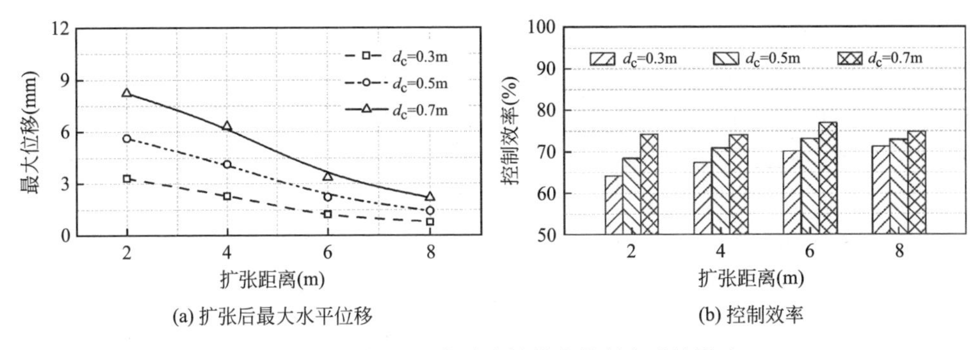

(a) 扩张后最大水平位移 (b) 控制效率

图 4.3-17 扩张距离对囊体扩张控制变形的影响

4.4 囊体扩张对隧道变形的主动控制

4.4.1 原位试验

基于天津某邻近既有地铁隧道的基坑工程，开展了囊体扩张对隧道变形控制的原位试验研究，以验证囊体扩张在主动控制隧道结构变形方面的有效性及精准性，为深入开展囊体扩张主动控制隧道变形的机理研究提供基础。

依据相关的勘察报告，所涉试验场地的土层分布情况及物理力学性质指标详见表 4.4-1。该场地地貌属于第四系海积冲积低平原，地质条件为典型的天津市软土，基坑开挖及隧道埋深区域基本处于粉质黏土区。地下水稳定水位埋深为 1.5～2.0m，相应水位标高为 0.8～0.9m。

土层物理和力学指标 表 4.4-1

层号	土层	层厚(m)	γ (kN·m^{-3})	w(%)	e	I_P	I_L	φ(°)	c (kPa)
①$_1$	素填土	2.10	19.0	—	—	—	—	—	—
①$_2$	素填土	1.70	19.3	25.3	0.8	11.2	0.59	14.6	35.0
④$_1$	粉质黏土	2.60	19.4	25.8	0.76	12.1	0.55	10.7	29.8
⑥$_1$	粉质黏土	5.10	19.2	30.3	0.84	10.9	1.12	18.8	10.6
⑥$_4$	粉质黏土	2.50	18.5	27.6	0.87	11.4	0.78	20.0	13.9
⑦	粉质黏土	3.30	20.0	23.6	0.68	11.7	0.43	16.8	13.7
⑧$_1$	粉质黏土	2.90	19.6	25.6	0.74	11.8	0.57	17.6	14.9
⑧$_4$	粉砂	3.50	20.3	18.6	0.55	—	—	30.8	15.5

注：γ 表示土体重度，w 表示土体含水率，e 表示土体孔隙比，I_P 表示土体塑性指数，I_L 表示土体液性指数，φ 表示土体内摩擦角，c 表示土体黏聚力。

如图 4.4-1（a）所示，地铁线路区间隧道为双线盾构区间，区间管片每环由 6 块管片拼装而成，隧道外径 6.2m，内径 5.5m，管片厚度 0.35m，隧道中心埋深约为 12.7m。囊体扩张技术对隧道水平变形控制的原位试验位于基坑与左线隧道之间。图 4.4-1 中规定左线隧道 Z830 监测断面为坐标原点（X=0m），后续左线隧道沿纵向所有断面的 X 坐标位置都以 Z830 断面为基准。

图 4.4-1（b）为试验平面布置图，共设置 3 个囊体扩张试验孔，孔间距为 3m，距离隧道净距 3.6m，三个试验孔位对应 Z925、Z930 和 Z701 三个监测断面，每个隧道监测断面设置 2 个位移监测点。C1、C2、C3 孔位对应的囊体扩张直径分别为 20cm、30cm、40cm，囊体全长均为 8m，囊体扩张深度为 8.7～16.7m，囊体中心正对隧道中心埋深 12.7m。

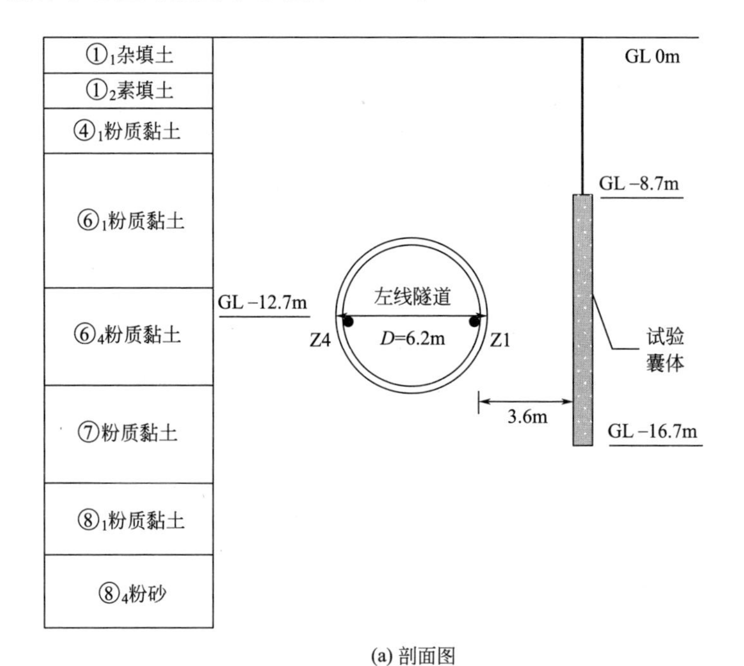

(a) 剖面图

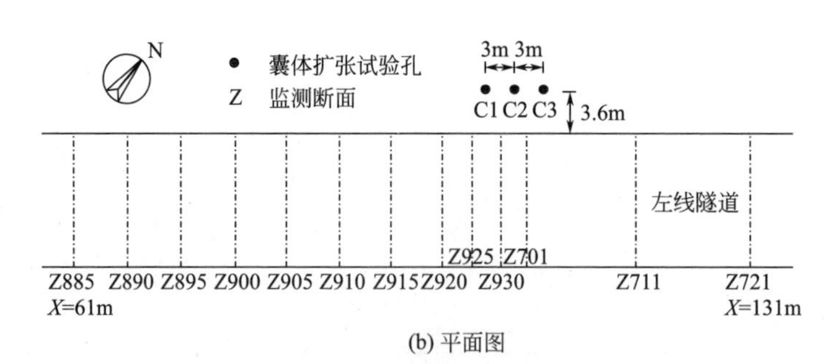

(b) 平面图

图 4.4-1 试验平剖面布置图

注浆试验按照 C1、C2、C3 的顺序依次启动囊体扩张试验孔，以距离试验孔最近的左线隧道的 Z1 监测点数据作为主要研究对象，分析囊体扩张对隧道变形的控制效果。从图 4.4-2 中可以发现，20cm 直径囊体扩张结束，隧道最大水平位移控制量仅为 0.21mm，控制效果不佳；当 30cm 直径囊体扩张结束，隧道最大水平位移控制量达到 0.79mm，控制效果提升明显。主要原因有：①20cm 直径的囊体扩张体积过小，由于囊体埋设前的钻孔直径为 140mm，囊体的有效扩张量实际上是由 140mm 扩张到 200mm，此过程有一定的体积损失，有效扩张体积小，控制效果不明显；②由于预埋设的囊体与周边土体接触不够紧密，第一次启动的 20cm 直径囊体起到了挤密缝隙的作用，因此，后续启动效果更明显。当 40cm 直径囊体扩张结束后，隧道最大水平位移控制量达到 1.49mm，最终隧道最大水平位移控制量稳定在 1.03mm，控制效率约为 69.2%，达到预期效果，满足控制要求。

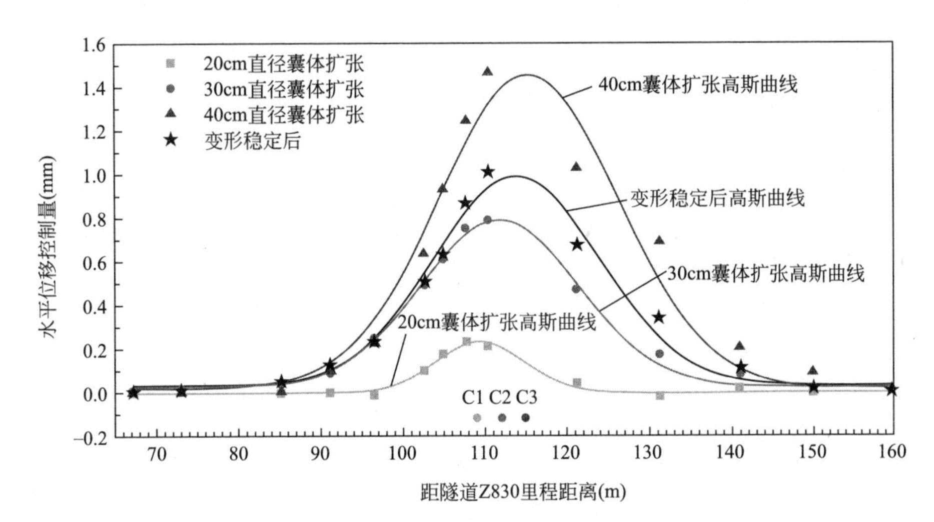

注：朝向隧道方向，反向基坑方向的位移控制量为正。

20cm囊体高斯公式：$y=-0.0024+0.234e^{-0.017(x-109.122)^2}$

30cm囊体高斯公式：$y=-0.0236+0.768e^{-0.005(x-111.831)^2}$

40cm囊体高斯公式：$y=-0.0186+1.439e^{-0.004(x-115.353)^2}$

注浆稳定后高斯公式：$y=-0.0307+0.961e^{-0.005(x-113.911)^2}$

图 4.4-2 试验隧道水平位移控制量

此外，如图 4.4-2 所示，三次囊体扩张试验后瞬时以及稳定后的隧道水平位移控制量分布均可以用高斯曲线描述。由于注浆试验孔间隔很小，三孔试验全部完成后并未出现多峰叠加现象，位移控制量曲线仍呈单峰形态。随着囊体按照 C1、C2、C3 的顺序依次启动，高斯曲线的峰值位置精确对应不同工况下所启动的试验孔位置。同时，在固结效应作用下隧道变形达到稳定，注浆引起的变形峰值略向左移动，但整体偏向于控制作用最强的 40cm 直径囊体孔位。

随着囊体扩张直径的增大，沿隧道纵向的变形控制范围亦逐渐增大，三孔全部启动完毕后变形控制范围达到 50m。因此，在 5.7 节的工程应用中也充分考虑了单孔扩张的影响范围，通过多次、间隔启动囊体扩张以防局部变形控制量过大而影响结构安全。

4.4.2 隧道变形控制机理分析

4.4.1 节中的现场原位试验结果证明了囊体扩张控制隧道结构变形具有较好的靶向性及高效性，为深入研究囊体扩张对隧道变形的控制机理，采用有限元数值分析方法探究囊体扩张引起隧道和土体变形特性，以及囊体—土体—隧道的相互作用。

如图 4.4-3 所示，利用有限元软件建立数值模型。基坑开挖深度为 18m，共设置四道水平支撑，地下连续墙厚 0.8m，嵌入深度 18m，地下水位埋深 2m。土体采用有限元软件中的小应变硬化 HSS 模型模拟，并且为排除土体成层性对变形控制机理研究的影响，采用单一土层进行计算分析。选取天津市区土层中典型 8-1 粉质黏土的参数为参考，具体的土体物理力学参数见表 4.4-2。为保证模型参数的准确性，取现场土体进行室内试验，c'、φ' 通过固结排水三轴试验取得，E_{50}^{ref} 通过排水三轴试验取得，$E_{\mathrm{ur}}^{\mathrm{ref}}$ 通过排水加卸载三轴试验取得，$E_{\mathrm{oed}}^{\mathrm{ref}}$ 通过固结试验取得，而 G_0 和 $\gamma_{0.7}$ 可以结合工程经验确定。

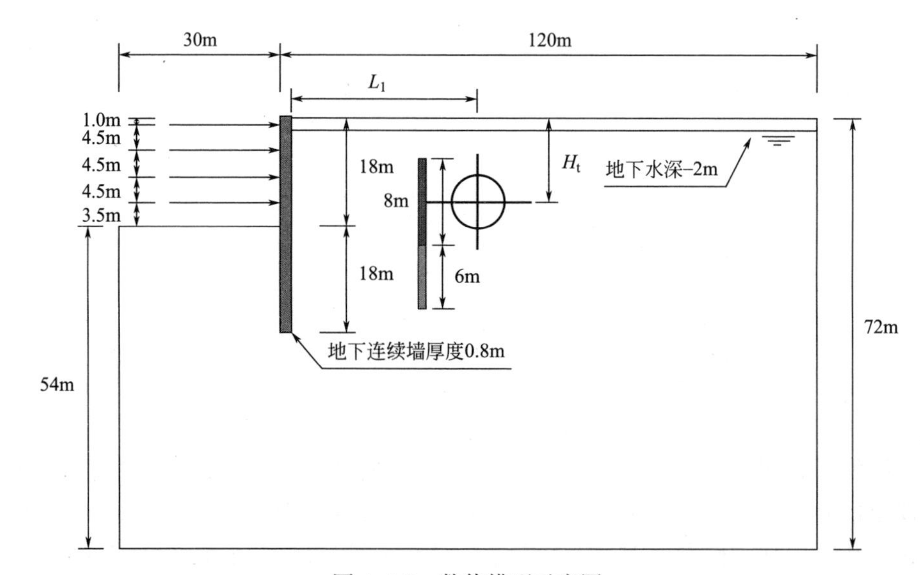

图 4.4-3 数值模型示意图

土体物理力学参数 表 4.4-2

土层	γ (kN/m^3)	c' (kN/m^2)	φ' (°)	E_{50}^{ref} (kPa)	E_{oed}^{ref} (kPa)	E_{ur}^{ref} (kPa)	G_0^{ref} (kPa)	$\gamma_{0.7}$ (×10^{-4})
天津粉质黏土	19.78	13.95	25.66	7210	5050	36770	92400	2

注：γ 为对应土层天然重度；c'为有效黏聚力；φ'为有效内摩擦角；E_{50}^{ref} 为三轴固结排水剪切试验的割线模量；E_{oed}^{ref} 为固结试验的切线模量；E_{ur}^{ref} 为三轴固结排水试验的卸载再加载模量；G_0^{ref} 为小应变刚度试验的初始剪切模量；$\gamma_{0.7}$ 为当割线剪切模量衰减为 0.7 倍的初始剪切模量时对应的剪应变。

按如图 4.4-3 中所示设置囊体，水平位移囊体长 8m，竖向位移囊体长 6m，囊体中心距隧道水平净距 3m，水平位移控制囊体中心与隧道中心埋深一致，通过囊体扩张控制基坑施工引起的基坑与隧道之间土体水平应力损失，从而控制隧道产生指向基坑的水平位移和收敛变形。竖向位移控制囊体位于隧道底标高以下，通过囊体扩张控制基坑施工引起的基坑与隧道之间、隧道底以下的土体水平应力损失，控制隧道产生沉降和竖向收敛变形。囊体扩张采用体积应变膨胀法模拟，膨胀到指定位置后，对囊体扩张后的加固区域采用线弹性材料进行模拟，弹性模量设置为 20MPa，泊松比设置为 0.32。

如图 4.4-4（a）所示，基坑开挖导致坑外距地下连续墙 2m 处的土体，自地表至地下连续墙底（36m 深度）内出现了明显的水平应力损失。当用水平位移控制囊体的扩张后，在囊体深度范围内的土体水平应力得到了明显补偿，并且远大

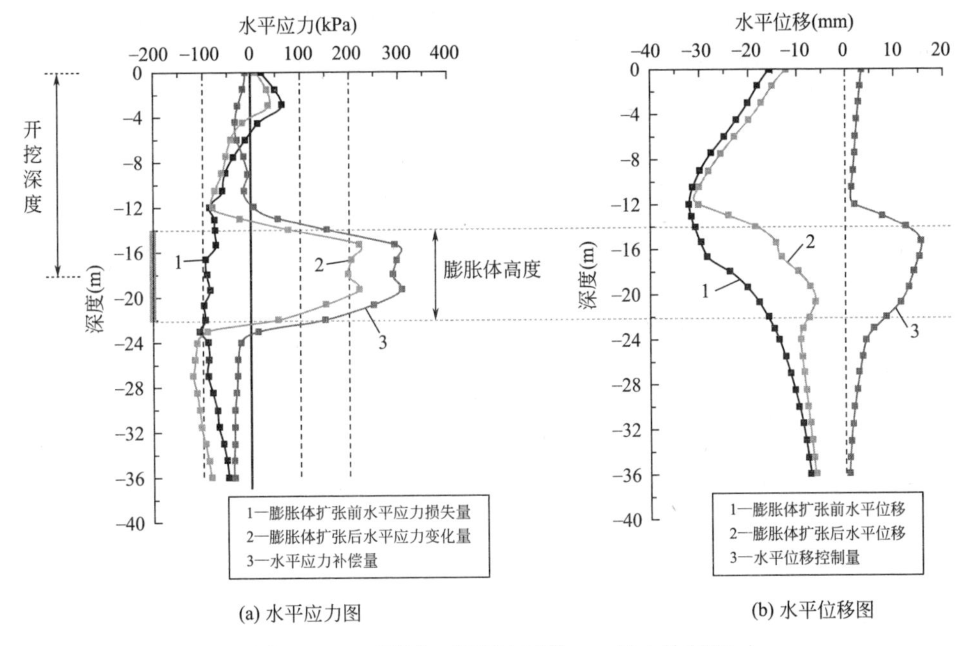

(a) 水平应力图 (b) 水平位移图

图 4.4-4 无隧道工况距离囊体 2m 处土体断面

于基坑施工引起的水平应力损失量。

如图 4.4-4（b）所示，在基坑开挖导致坑外土体产生了朝向基坑变形的基础上，通过水平位移控制囊体扩张，通过补偿水平应力可以部分纠正基坑开挖引起的土体变形。如需全部纠正，可进一步加大一次性囊体扩张量，或者从微扰动角度在基坑施工过程中，对土体应力进行动态控制来控制基坑施工引起的应力和变形。因此，可以通过囊体扩张补偿控制关键区内土体的应力损失，实现变形控制。

如图 4.4-5 所示在有隧道工况下，随着基坑开挖，坑外土体呈现大范围整体卸荷效应，基坑与隧道之间土体出现了明显的水平应力损失，引起基坑与隧道之间土体在较大深度范围内产生指向基坑的水平变形，进而会导致隧道产生指向基坑的水平位移、沉降及以水平为主的收敛变形。水平应力损失进一步导致竖向应力损失，隧道底部土体的竖向应力亦随之减小。

如图 4.4-5（c）所示，在水平位移控制囊体扩张后，会对隧道与囊体间局部范围土体的水平应力起到明显补偿作用，进而有效地控制隧道的水平变形（水平位移和收敛变形）。然而与图 4.4-4 中控制基坑外土体变形不同之处在于，当水平位移控制囊体扩张后，隧道中心深度区对应的水平土压力出现了明显的“凹陷”，这是由于隧道空心结构刚度小，囊体扩张挤压容易导致隧道中心深度出现挤压变形，从而在囊体和隧道之间产生局部的土拱效应，由此造成隧道中心深度范围水平应力较小，而隧道拱顶与拱底深度范围内水平应力较大。

进一步地，通过竖向位移控制囊体在隧道斜下方进行水平方向膨胀，通过增加隧道下方土体水平应力来增加隧道下方土体的竖向应力，从而对隧道起到有效的抬升控制效果。且水平变形控制囊体扩张导致的局部“凹陷”情况并未在抬升变形控制中出现，间接印证了上述分析。

如图 4.4-6 所示，根据数值分析的结果，进一步提出了“变形影响区”及“变形控制关键区”的概念。基坑施工会导致基坑外大范围土体的应力发生变化，产生相应变形，“变形影响区”指的是由于基坑施工引起的基坑外土体应力和变形较为显著的区域，继而可以引起该区域内的隧道产生水平变形和沉降的区域。变形影响区外，基坑施工引起的土体应力和变形可以忽略。而“变形控制关键区”则指的是可以通过在该区域内，主动施加应力并引起土体产生应力变形和强制变形，从而预防、减小、消除甚至纠正隧道变形的较小范围区域。因此在隧道前侧局部的“水平变形控制关键区”设置水平位移控制囊体，通过控制膨胀体的体积扩张量来产生所需水平控制应力 σ_h，进而控制隧道的水平变形。同时，在隧道的斜下方局部的“沉降变形控制关键区”设置竖向位移控制囊体，通过水平膨胀间接地补偿隧道底部的竖向土压力 σ_v，从而有效地控制隧道的沉降变形。因此，这种方法本质上是通过主动调控局部“变形控制关键区”内土体的应力和变

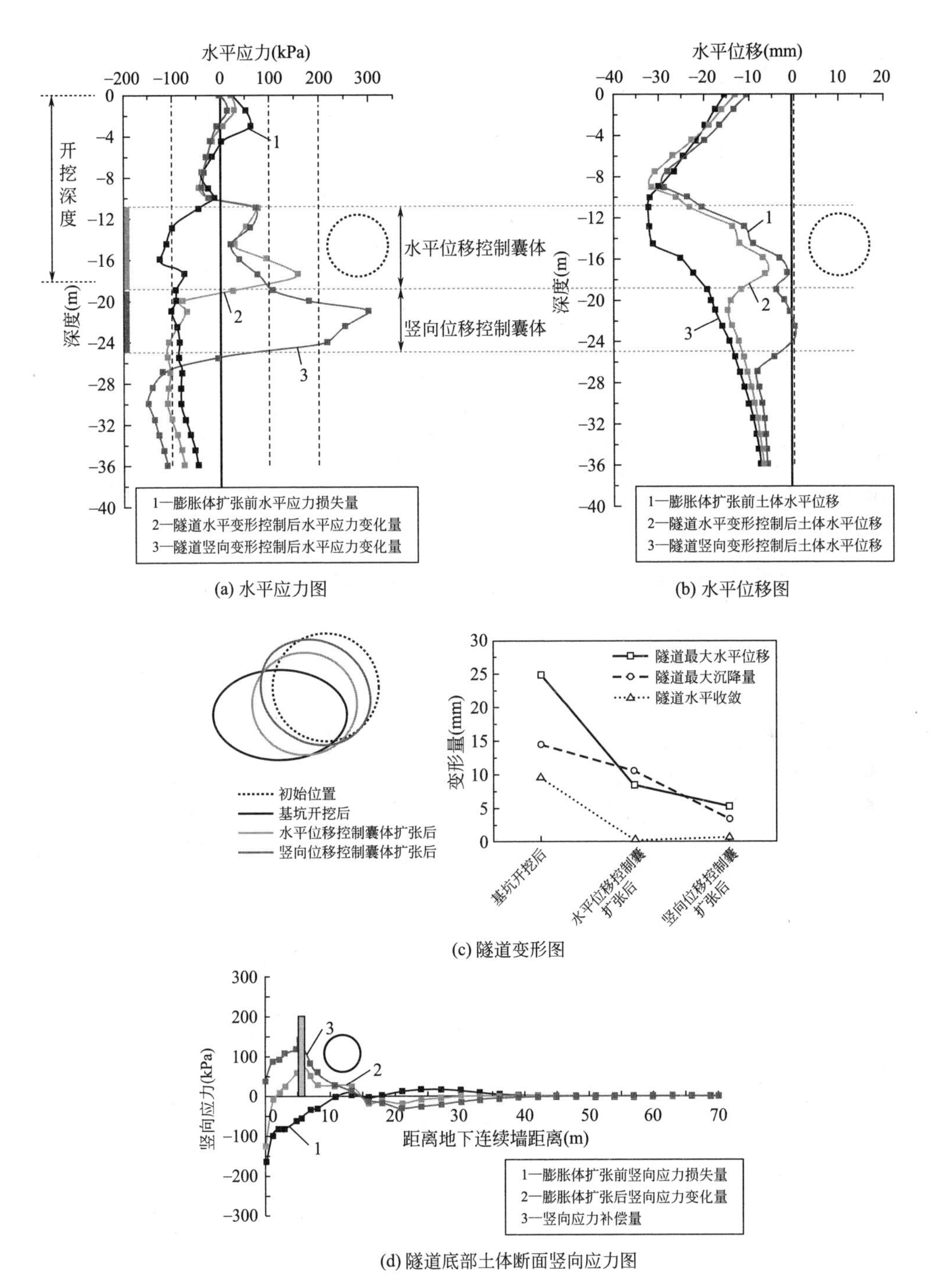

(a) 水平应力图

(b) 水平位移图

(c) 隧道变形图

(d) 隧道底部土体断面竖向应力图

图 4.4-5 有隧道工况囊体与隧道之间土体断面

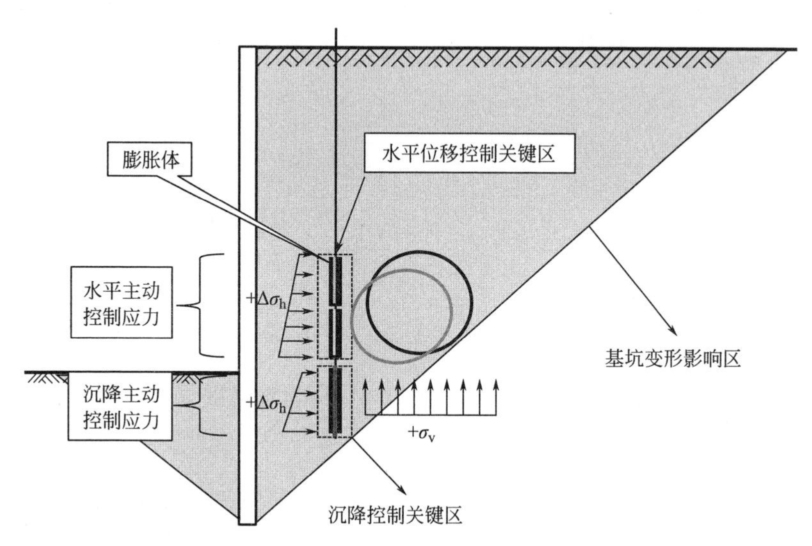

图 4.4-6　基坑外隧道变形囊体扩张控制机理示意图

形，用“以局部控制局部”实现对被保护对象的变形控制。

4.4.3　隧道变形控制参数分析

现场试验及工程应用验证了利用囊体扩张技术控制隧道变形的有效性，进一步的数值参数分析则有助于细化研究囊体扩张控制隧道结构变形的机理，亦可为该技术的推广应用提供指导。

（1）数值模型

为便于进行参数分析，以天津市中心妇产科医院基坑工程囊体扩张技术应用案例（见 5.7 节）为基础建立基坑—囊体—隧道体系的二维有限元数值模型，如图 4.4-7 所示。基坑开挖深度为 16m，为提高计算效率，建立开挖宽度为 65m 的对称模型。在 4.8m、9.2m 和 12.7m 深度各设置一道混凝土支撑，地下连续墙厚 1.0m，嵌入深度 19m，隧道直径为 6.2m，隧道中心深度为 16m，隧道与基坑距离为 1 倍的基坑开挖深度，即 16m。土体采用小应变硬化 HSS 模型进行模拟，并选取天津市区土层中典型 8-1 粉质黏土为基本参数。为排除土体成层性对变形控制机理研究的影响，采用均质土层进行计算分析，土体参数如表 4.4-2 所示。

（2）囊体扩张效果综合评价指标

在进行系统性研究之前，建立囊体扩张对隧道结构变形控制效果的综合评价体系。需要注意的是，囊体扩张使隧道变形恢复到基坑开挖前的变形最为合理。

隧道变形可分解为刚体位移和收敛变形。仅针对单环隧道来说，刚体位移对隧道变形及受力不产生影响。刚体位移为隧道中心点的位移，包括水平位移

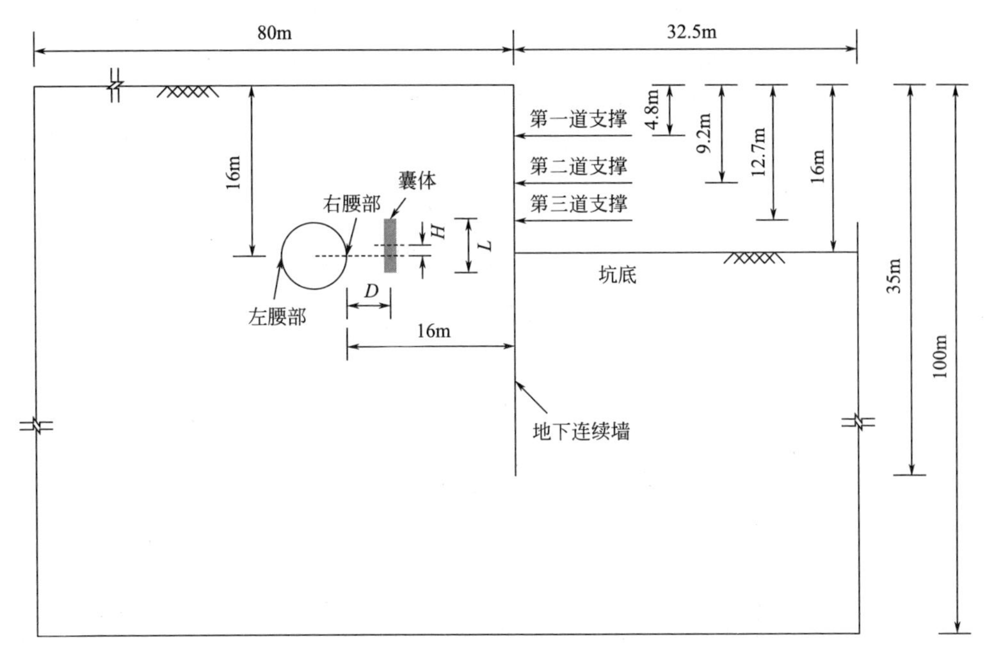

图 4.4-7 基坑—囊体—隧道体系示意图

和竖向位移，属于矢量位移。当然，对整体隧道来说，局部的管片的刚体位移会影响隧道沿纵向上的挠曲，从而引起隧道环间错台、纵向螺栓受力增大等不利情形。因此可采用隧道刚体位移恢复率来评价囊体扩张对隧道纵向变形的控制效果。

此外，对于单个隧道环，环内结构的收敛变形会影响隧道管片受力、环向接头张开、环向螺栓受力情况。因此，对于单个隧道环，最重要的评价指标是收敛变形。收敛变形可用椭圆度表示，因此，可采用椭圆度恢复率评价囊体扩张恢复隧道横向收敛变形的效果。

在设计囊体扩张方案时，尽可能地使隧道的刚体位移和收敛变形恢复到基坑开挖之前的状态。此外，隧道左右腰部的水平位移、顶部和底部的竖向位移也是被关注对象，这些在隧道刚体位移的指标中已有体现。隧道靠近基坑侧腰部的水平位移和水平收敛是工程中较为容易监测到的数据。水平收敛在隧道椭圆度的指标中已有体现。因此，对于隧道变形来说，隧道水平刚体位移恢复率、隧道竖向刚体位移恢复率、隧道椭圆度恢复率作为主控指标，隧道左右腰部水平位移恢复率、顶部和底部竖向位移恢复率、水平收敛恢复率作为辅控指标。

(3) 囊体与隧道距离的影响

囊体与隧道距离（简称囊体扩张距离）D 分别取 1m、3m、5m、8m 和 12m，囊体长度 L 统一为 5m。由于采用平面应变模型进行模拟分析，因此将单孔囊体扩张量换算为沿隧道纵向单位长度的囊体扩张量，为 0.06m^3/m、0.09m^3/m、0.12m^3/m、0.15m^3/m 和 0.18m^3/m。沿隧道纵向单位长度囊体扩张量简称为囊体扩张量 V。相对深度 H 定义为囊体扩张体中心线深度与隧道中心线深度的差值，前者比后者小时，相对深度为负值，反之则为正值。研究囊体扩张距离的影响时，相对深度 H 固定为−1m。所计算的工况见表 4.4-3。

研究囊体扩张距离影响时所计算的工况　　　　表 4.4-3

变量	数值
囊体扩张量 V(m^3/m)	0.06、0.09、0.12、0.15、0.18
囊体距离 D(m)	1、3、5、8、12
囊体长度 L(m)	5
相对深度 H(m)	−1

1）对隧道变形的影响

图 4.4-8 展示了囊体扩张引起隧道靠近基坑侧腰部水平位移恢复量随囊体扩张距离的变化规律。随着囊体扩张距离的增大，囊体扩张引起的隧道水平位移恢复量逐渐减小，且囊体扩张量越大，恢复效果越好。单位长度囊体扩张量为 0.06～0.18m^3/m 时，隧道右腰部水平位移恢复量在 0.7～9.8mm。图 4.4-9 为囊体扩张引起隧道刚体位移恢复量随囊体扩张距离的变化规律，其中图 4.4-9（a）为囊体扩张引起隧道水平刚体位移恢复量随囊体扩张距离的变化规律。可以看出，囊体扩张引起隧道水平刚体位移恢复量随囊体扩张距离的变化规律与囊体扩张引起隧道右腰部水平位移恢复量的变化规律基本一致，但隧道水平刚体位移恢复量小于隧道右腰部水平位移恢复量，其原因是囊体扩张对隧道远离基坑侧腰部

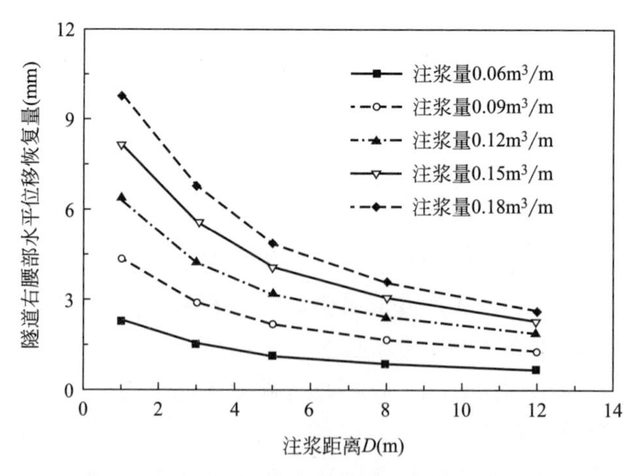

图 4.4-8　囊体扩张引起隧道右腰部水平位移恢复量随囊体扩张距离的变化规律

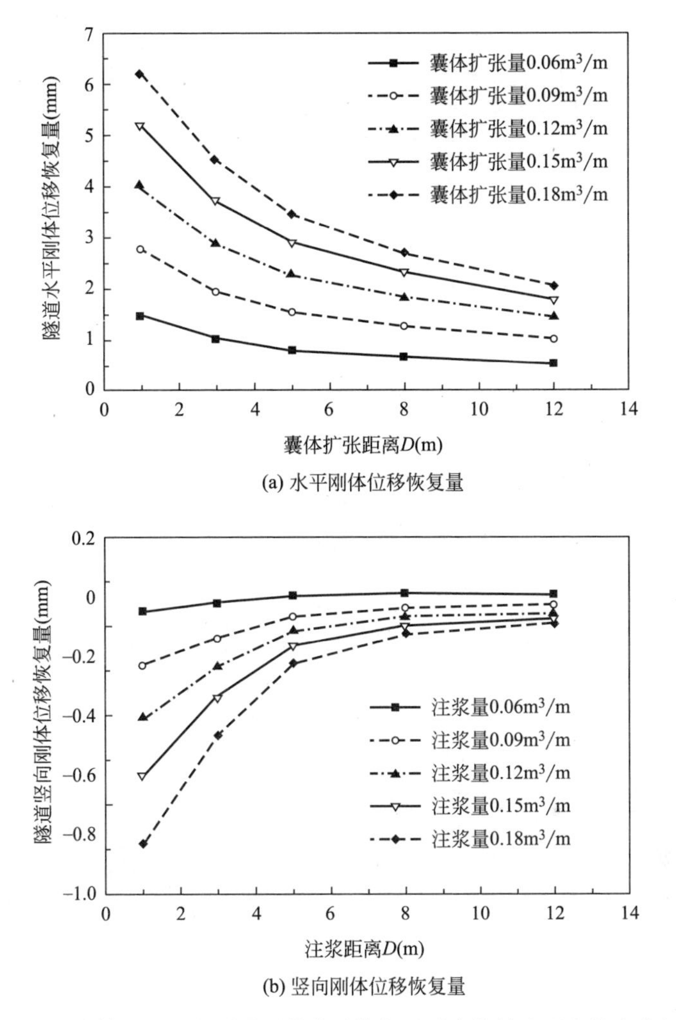

(a) 水平刚体位移恢复量

(b) 竖向刚体位移恢复量

图 4.4-9 囊体扩张引起隧道刚体位移恢复量随囊体扩张距离的变化规律

水平位移的影响较小。图 4.4-9（b）为囊体扩张引起隧道竖向刚体位移恢复量随囊体扩张距离的变化规律，由于基准模型中基坑开挖引起既有隧道结构产生一定程度的隆起变形，因此，竖向刚体位移恢复量为负值，表示囊体扩张会引起隧道中心发生进一步的隆起变形。

图 4.4-10 为囊体扩张引起隧道竖向位移恢复量随囊体扩张距离的变化规律。囊体扩张后，由于扩张横向挤压隧道，引起隧道顶部隆起，也引起隧道底部下沉，且隆起量大于隧道底部的下沉量，其原因是隧道底部土体应力水平更大。整体来说，囊体扩张引起隧道竖向变形较小。

图 4.4-11 为囊体扩张后隧道椭圆度随囊体扩张距离的变化规律。单位长度囊体扩张量在 0.06～0.09m^3/m 时，囊体扩张位置与隧道越近，囊体扩张后隧道

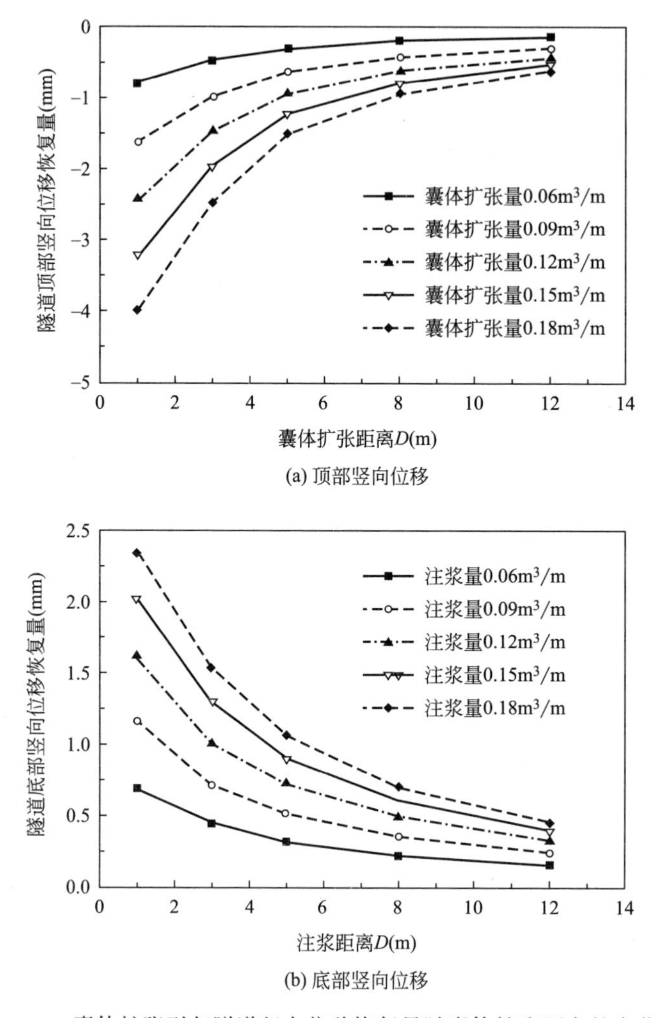

(a) 顶部竖向位移

(b) 底部竖向位移

图 4.4-10 囊体扩张引起隧道竖向位移恢复量随囊体扩张距离的变化规律

的椭圆度越小，变形纠正效果越好。当单位长度囊体扩张量为 0.15～0.18m^3/m，囊体扩张距离 D 值过小时，囊体扩张引起隧道的椭圆度增大，其原因是囊体扩张引起隧道发生过大的局部变形。图 4.4-12 为隧道水平收敛恢复率随囊体扩张距离的变化规律。可知，囊体扩张量在 0.15～0.18m^3/m 时，与隧道距离过近时，囊体扩张引起隧道水平收敛恢复率大于 1，即囊体扩张过度，恢复隧道水平收敛，隧道被过度挤压，反而引起隧道椭圆度增大，不利于隧道横断面的变形及受力。因此，建议尽可能避免囊体与隧道距离过近，针对近距离囊体扩张，施工时应尽可能地降低囊体扩张量。图 4.4-13 为隧道椭圆度恢复率随囊体扩张距离的变化规律。可知，囊体扩张后隧道椭圆度恢复率最高达到 0.89，恢复率较高。综合考虑，建议囊体扩张控制隧道水平变形的最优净距为 3m。

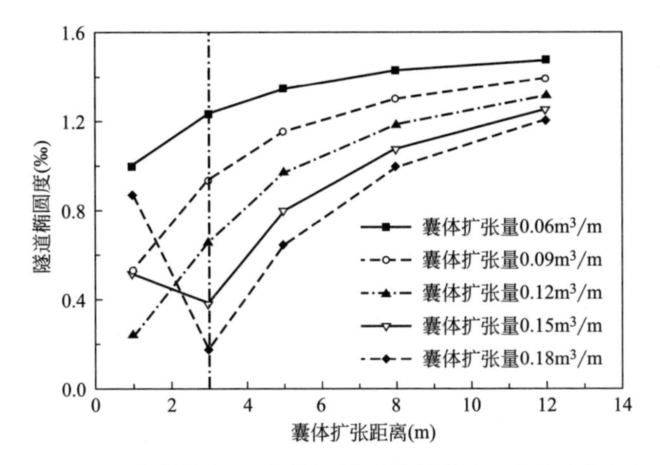

图 4.4-11　囊体扩张后隧道椭圆度随囊体扩张距离的变化规律

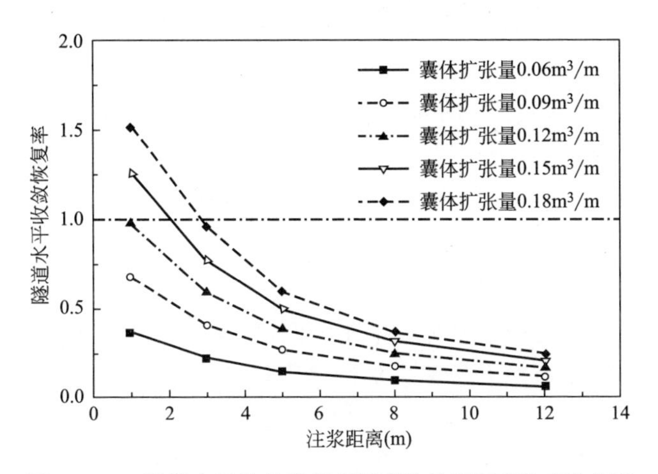

图 4.4-12　隧道水平收敛恢复率随囊体扩张距离的变化规律

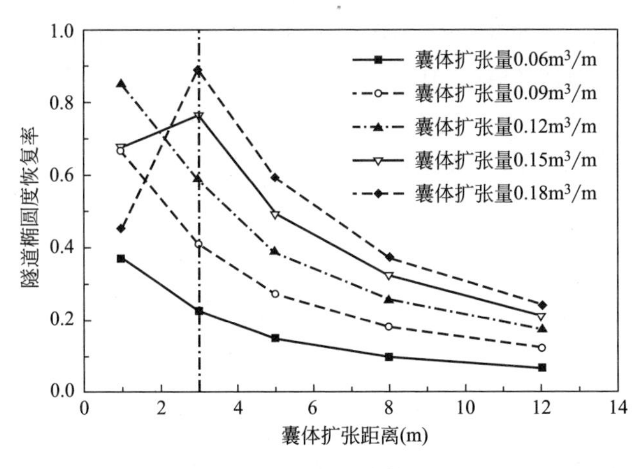

图 4.4-13　隧道椭圆度恢复率随囊体扩张距离的变化规律

图 4.4-14 为隧道水平刚体位移恢复率随囊体扩张距离的变化规律。随着囊体扩张距离的增大，隧道水平刚体位移恢复率逐渐减小，且囊体扩张距离为 1m 时，恢复率最高，但此工况下隧道的椭圆度过大。因此，囊体扩张对隧道的恢复效果应由多个指标综合评价。此外，囊体扩张不宜距离隧道过远，否则，会显著降低变形控制效果，增加变形控制成本。当囊体扩张距离隧道较近时，也应严格控制扩张量。

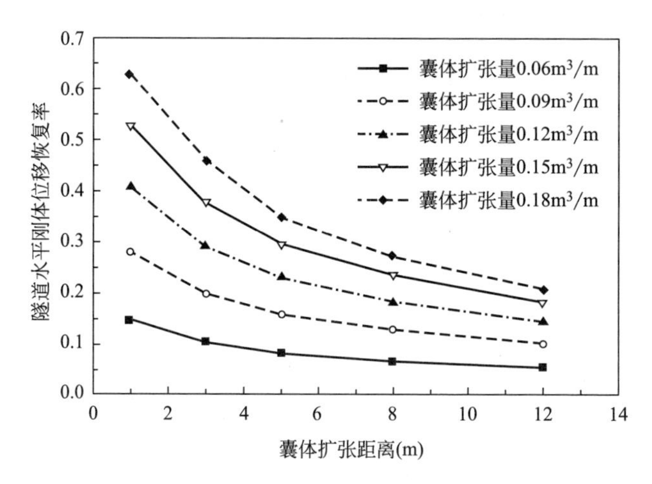

图 4.4-14　隧道水平刚体位移恢复率随囊体扩张距离的变化规律

尽管囊体扩张量已经足够大，隧道水平刚体位移恢复率仍然较低，为找出此现象的原因，计算隧道左右腰部水平位移恢复量之比，如图 4.4-15 所示。隧道左右腰部水平位移之比是指远离基坑侧腰部的水平位移与靠近基坑侧腰部的水平位移之比。可以发现，隧道左右腰部水平位移之比只随囊体扩张距离的变化而变化，且囊体扩张距离越大，两者之比越小。当囊体扩张控制距离从 1m 增加至 12m，隧道左右腰部水平位移之比从 0.26 增大至 0.57。此次模拟中，基坑开挖引起隧道左右腰部水平位移之比为 0.61，然而囊体扩张引起隧道左右腰部水平位移之比的平均值为 0.45，这表明基坑开挖主要引起隧道刚体位移，而囊体扩张主要引起隧道收敛变形。这是因为基坑开挖是大范围施工，对主动区土体和隧道的影响范围较大；而囊体扩张是对局部区域的变形控制，对土体和隧道的影响范围较小。

因此，尽管囊体扩张可以使近囊体侧隧道腰部水平位移恢复较多，但对隧道另一侧腰部的水平位移影响较小，难以完美地恢复隧道水平刚体位移。

2）基坑开挖对囊体扩张效果的影响

囊体扩张一般在基坑开挖至一定标高后进行。基坑开挖引起基坑围护结构与隧道之间的主动区土体扰动，应力水平降低，因此，基坑开挖应对囊体扩张效果

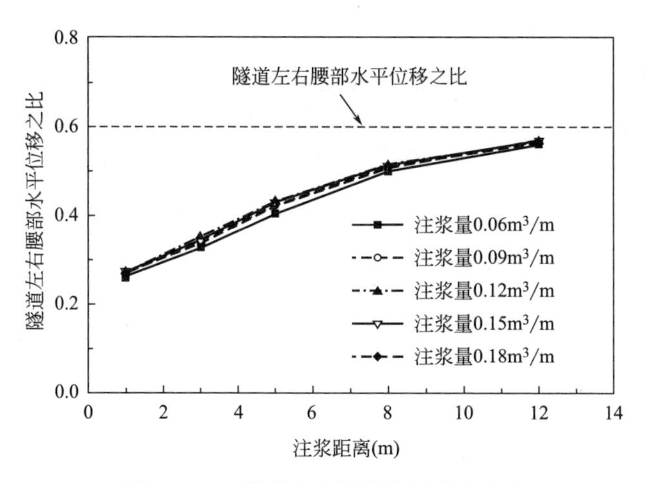

图 4.4-15 隧道左右腰部水平位移之比

有一定程度的影响。下面以囊体扩张量为 0.15m³/m 为例，分别计算了有无基坑两种工况下利用囊体扩张控制隧道的变形，分析基坑开挖对囊体扩张恢复隧道变形效果的影响。模型中相对深度固定为－1m，囊体扩张与隧道的净距为 1m、3m、5m、8m、12m。图 4.4-16 为有无基坑时，囊体扩张恢复隧道水平刚体位移效果对比。囊体扩张距离为 1m 时，有基坑和无基坑时，囊体扩张恢复隧道水平刚体位移分别为 5.2mm 和 4.9mm；而囊体扩张距离为 12m 时，有基坑和无基坑时，囊体扩张恢复隧道水平刚体位移分别为 1.8mm 和 0.5mm。因此，有基坑比无基坑时囊体扩张恢复隧道水平刚体位移的效果更好，且随着囊体扩张与隧道净距的增大，两者差距逐渐增大。

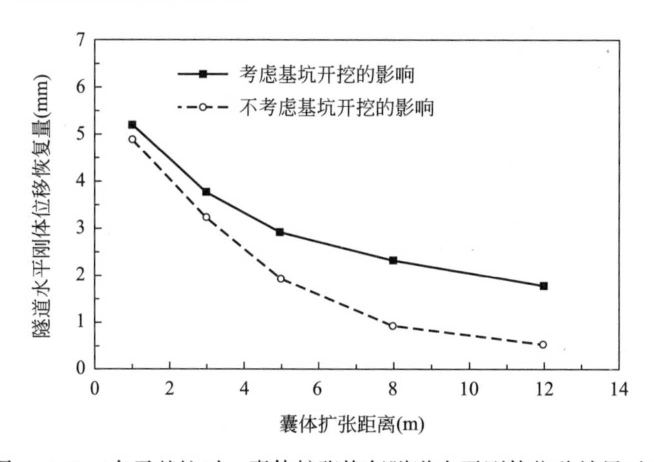

图 4.4-16 有无基坑时，囊体扩张恢复隧道水平刚体位移效果对比

进一步分析两者差异性的机理，提取有无基坑时囊体扩张引起隧道左右腰部水平位移恢复量进行对比，如图 4.4-17 所示。可知，当囊体扩张距离小于 3m

时，无基坑比有基坑囊体扩张恢复隧道近基坑侧腰部水平位移的效果更优；而当囊体扩张距离大于 3m 时，前者比后者控制效果更差，且随着囊体扩张距离的增大，两种差距逐渐增大。对于隧道远离基坑侧腰部水平位移，有基坑比无基坑时囊体扩张效果更优。这是因为基坑开挖引起主动区隧道周围的土体卸载，土体应力水平降低，因此，囊体扩张更容易引起隧道产生刚体位移。

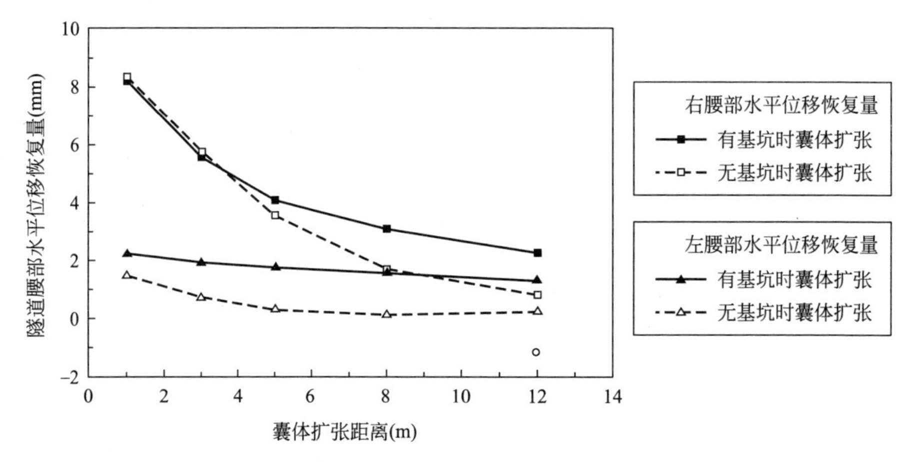

图 4.4-17　有无基坑时囊体扩张恢复隧道腰部水平位移恢复量对比

提取有无基坑时囊体扩张引起两侧土体水平位移进行对比，如图 4.4-18 所示。在靠近隧道侧且与囊体扩张体中心水平距离 1m 处，与存在基坑时相比，不存在基坑时囊体扩张引起的土体水平位移更大；而在靠近基坑侧且与囊体扩张体

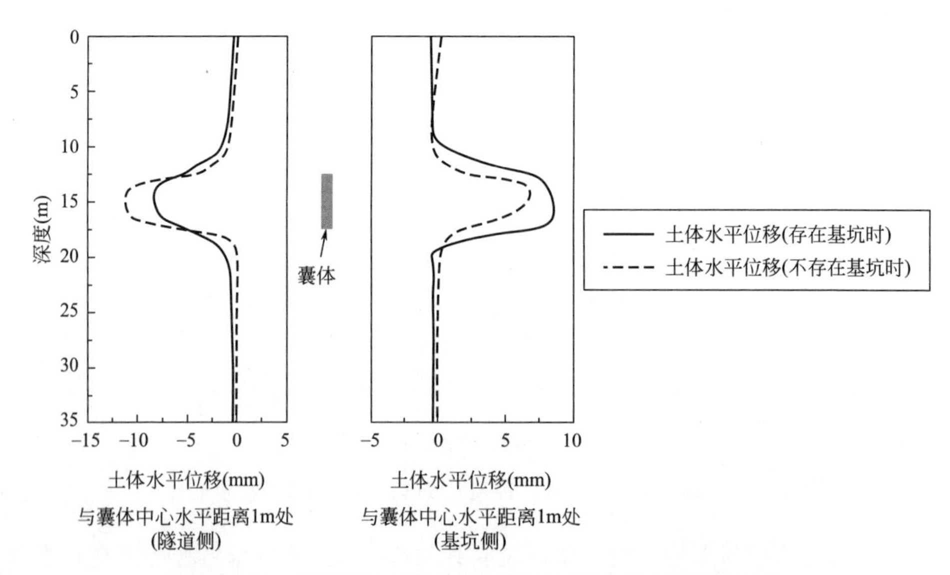

图 4.4-18　有无基坑时囊体扩张引起两侧土体水平位移对比

水平距离 1m 处，与存在基坑时相比，不存在基坑时囊体扩张引起的土体水平位移更小。因此，与存在基坑时相比，不存在基坑时囊体扩张后土体更容易往隧道侧移动，即囊体扩张恢复隧道变形的效果更好。这是因为与不存在基坑时相比，存在基坑时囊体周边靠近基坑侧的土体抵抗变形的能力更差。因此，存在基坑时比不存在基坑时囊体扩张恢复隧道近基坑侧腰部水平位移效果更差。

基坑开挖对囊体扩张效果的影响主要由两个因素决定：①基坑开挖引起隧道周围土体卸载，造成土体应力水平降低，囊体扩张更容易引起隧道产生刚体位移；②基坑开挖后基坑以及基坑与囊体之间土体抵抗变形的能力更差，相对应的反力作用削弱。此外，前者比后者的影响更显著。

（4）囊体与隧道相对埋深的影响

表 4.4-4 给出了研究囊体相对深度影响时所计算的工况。囊体扩张距离 D 固定为 3m，囊体长度 L 固定为 5m，相对深度 H 为−3～1m，囊体扩张量为 0.06～0.18m^3/m。囊体扩张位置与隧道相对关系示意图见图 4.4-19。

研究囊体相对深度影响时所计算的工况　　　表 4.4-4

变量	数值
囊体扩张量 V(m^3/m)	0.06、0.09、0.12、0.15、0.18
囊体扩张距离 D(m)	3
囊体长度 L(m)	5
相对深度 H(m)	−3、−2、−1、0、1

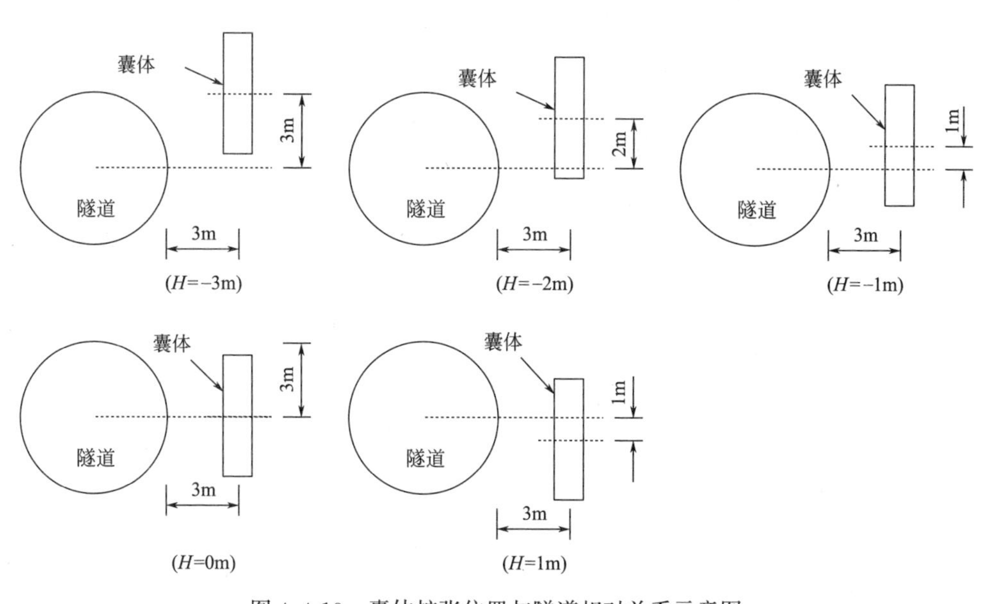

图 4.4-19　囊体扩张位置与隧道相对关系示意图

图 4.4-20 为囊体扩张量为 0.15m³/m 时，不同相对深度下囊体扩张后隧道变形对比。在隧道右偏上位置，囊体扩张使隧道受到向左、向下的挤压作用；而在隧道右偏下位置，囊体扩张使隧道受到向左、向上的挤压作用。随着相对深度变化，隧道受到水平挤压作用比受到竖向挤压作用更为显著。图 4.4-21 为隧道水平刚体位移恢复率随相对深度的变化规律。可以发现，囊体逐渐下移，隧道水平刚体位移恢复率先增大后减小。当相对深度在－1～0m 时，隧道水平刚体位移恢复率最大。由于基坑开挖后隧道发生向右、向上变形，隧道最大水平位移在隧道中心线以上 0.4m，因此，当相对深度为－1～0m 时，囊体扩张对隧道挤压作用最为显著。为此，囊体相对埋深应根据基坑开挖各阶段隧道的变形模式而设计。

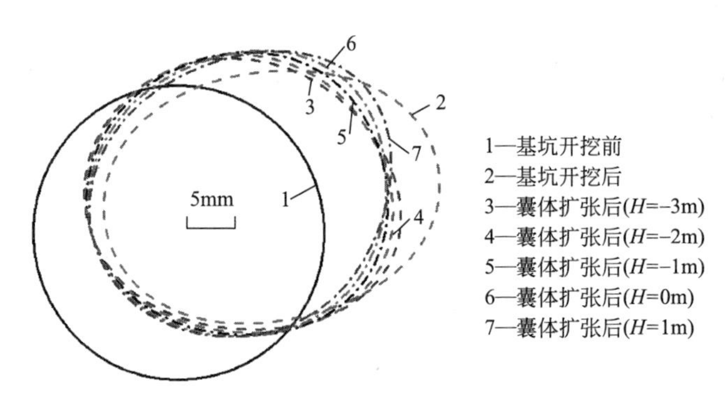

图 4.4-20　囊体扩张量为 0.15m³/m 时，不同相对深度下囊体扩张后隧道变形对比（隧道变形放大 200 倍）

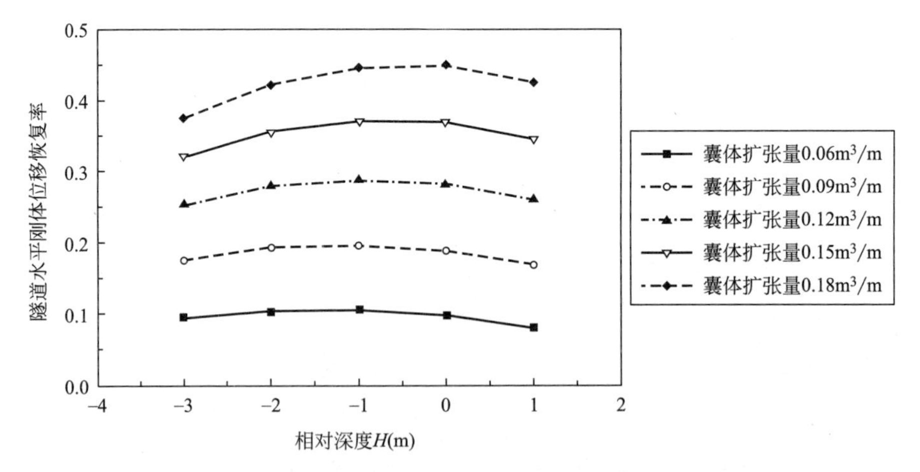

图 4.4-21　隧道水平刚体位移恢复率随相对深度的变化规律

隧道竖向刚体位移恢复率随相对深度的变化规律见图 4.4-22。囊体扩张引起隧道隆起量增大，因此恢复率为负值。负值越小，表明囊体扩张引起隧道隆起量

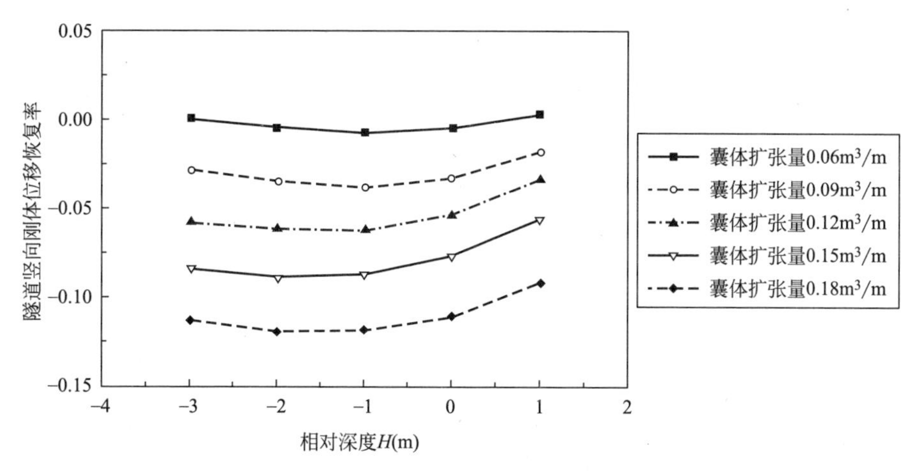

图 4.4-22 隧道竖向刚体位移恢复率随相对深度的变化规律

越大。囊体逐渐下移时，囊体扩张引起隧道隆起变形的增量是先增大再减小。整体来说，囊体扩张对隧道竖向变形的影响较小。

隧道顶部和底部竖向位移恢复率随相对深度的变化规律见图 4.4-23。囊体扩张后隧道顶部的隆起变形增大，囊体扩张位置逐渐下移时，囊体扩张引起隧道顶部隆起量先增大后减小。囊体在隧道中心线偏上位置时，囊体扩张对隧道有一定程度的下压作用。然而，由于囊体扩张会横向向上挤压隧道，使隧道顶部隆起明显，因此，即使囊体处于隧道中心线偏上位置时，囊体扩张仍会引起隧道顶部隆起。当相对深度为 0m 时，囊体扩张引起隧道顶部隆起变形的增量最大，因为此时囊体扩张对隧道的横向挤压效果最明显。而当囊体移至隧道中心线偏下位置时，尽管囊体扩张对隧道有一定的抬升作用，但由于横向挤压作用的减弱，隧道顶部隆起变形的增幅明显减小。

对于隧道底部，随着囊体扩张的位置逐渐下移，囊体扩张引起隧道底部下沉量逐渐增大后趋于稳定，当相对深度大于 0m 后，囊体扩张引起隧道底部下沉量基本稳定。囊体在隧道中心线偏上位置时，囊体扩张对隧道有下压作用，同时囊体扩张会横向挤压隧道，使隧道底部产生沉降。当相对深度为 0m 时，囊体扩张引起隧道底部下沉量最大，其原因是此时囊体扩张对隧道的横向挤压最明显。而当囊体移至隧道中心线偏下位置时，囊体扩张对隧道有一定的抬升作用，使隧道底部隆起；同时囊体扩张横向挤压隧道，使隧道底部下沉。随着囊体下移，抬升作用逐渐增大，挤压作用逐渐减小。因此，相比于相对深度为 0m，相对深度为 1m 时囊体扩张引起隧道底部的下沉量基本保持不变。

整体来说，囊体扩张引起隧道竖向变形的规律主要由两个因素决定：①挤压作用；②下压或者抬升作用，简称为竖向作用。挤压作用使隧道顶部隆起，同时

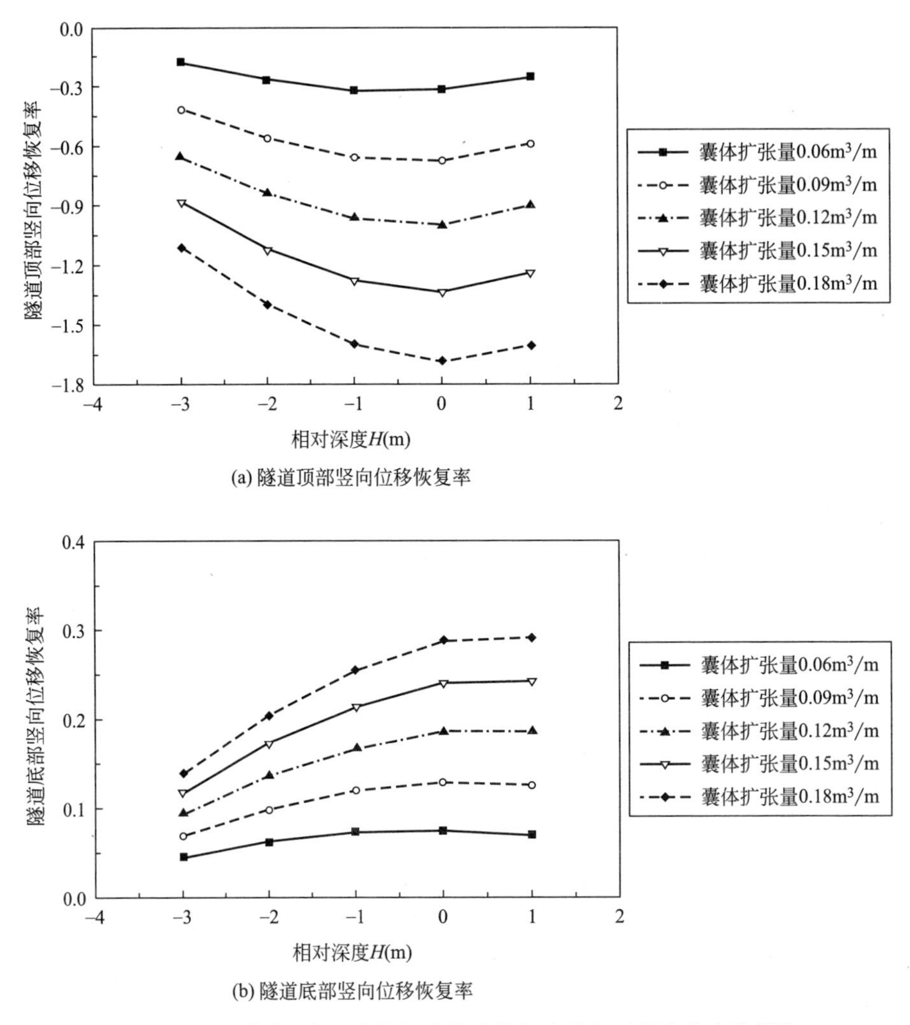

(a) 隧道顶部竖向位移恢复率

(b) 隧道底部竖向位移恢复率

图 4.4-23　隧道顶部和底部竖向位移恢复率随相对深度的变化规律

使隧道底部下沉。且由于隧道底部土体应力水平更高，隧道顶部隆起量大于隧道底部下沉量。随着囊体扩张位置逐渐下移，挤压作用先增大、后减小，在相对深度为 0m（即囊体扩张体中心线与隧道中心线保持平齐）时，挤压作用达到峰值。竖向作用由囊体扩张位置决定，囊体扩张处于隧道偏上位置时，囊体扩张对隧道竖向上具有下压作用；囊体扩张处于隧道偏下位置时，囊体扩张对隧道竖向上具有抬升作用，且挤压作用显著大于竖向作用。

隧道椭圆度恢复率随相对深度的变化规律见图 4.4-24。随着囊体逐渐下移，隧道椭圆度恢复率先增大后减小；当相对深度为－1m 时，隧道椭圆度恢复率达到峰值。基坑开挖后，隧道产生右向上的变形模式，因此囊体扩张位置处于隧道右偏上 1m 时，囊体扩张对隧道横向变形的恢复最显著，也最均匀。需要说明的是，当相对深度为 0 时，囊体扩张对隧道腰部的挤压作用最显著，但此时隧道右上侧的变形并没有得到很好地恢复，因此此时隧道的椭圆度恢复率并不是最高。

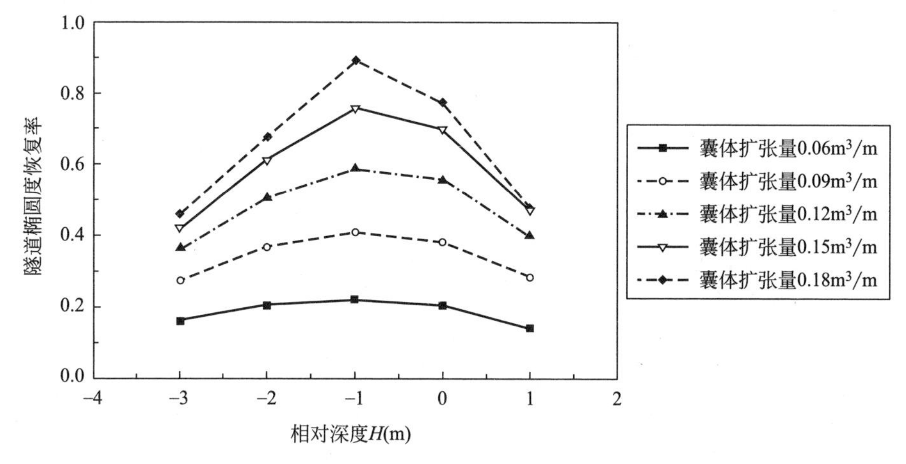

图 4.4-24　隧道椭圆度恢复率随相对深度的变化规律

(5) 囊体长度的影响

表 4.4-5 为研究囊体长度影响时所计算的工况。根据研究结果，囊体扩张距离保持在 3m，相对深度保持在−1m，而囊体长度由 1m 增至 13m，如图 4.4-25 所示。在改变囊体长度的同时，囊体沿竖向单位长度的扩张量保持不变。选取了 5 种沿竖向单位长度的扩张量，即 0.06m^3/m、0.09m^3/m、0.12m^3/m、0.15m^3/m、0.18m^3/m。

研究囊体长度影响时所计算的工况　　表 4.4-5

变量	数值
囊体扩张量(m^3/m)	0.06、0.09、0.12、0.15、0.18
囊体距离 D(m)	3
囊体长度 L(m)	1、3、5、7、13
相对深度 H(m)	−1

囊体扩张量为 0.15m^3/m 情形下不同囊体长度时囊体扩张后隧道变形对比见图 4.4-26。随着囊体长度的增加，扩张对隧道的挤压作用越来越明显。

隧道刚体位移恢复率随囊体长度的变化规律见图 4.4-27。随着囊体长度的增加，隧道水平位移恢复率逐渐增大，增长率逐渐减小。随着囊体长度的增加，囊体扩张引起隧道竖向刚体位移逐渐增大。

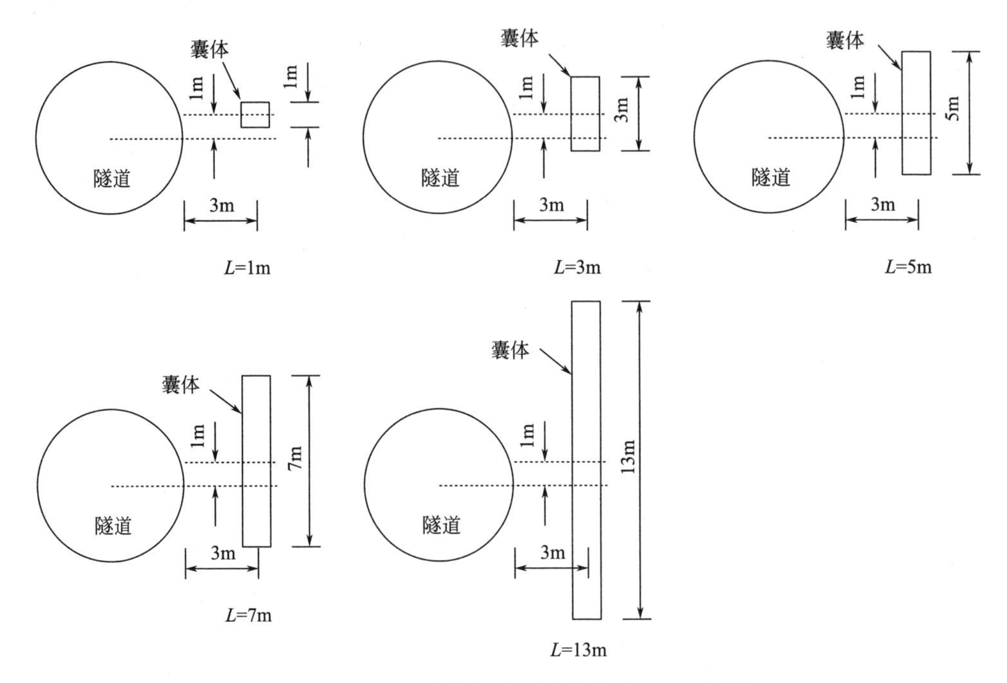

图 4.4-25　不同囊体长度时囊体扩张位置示意图

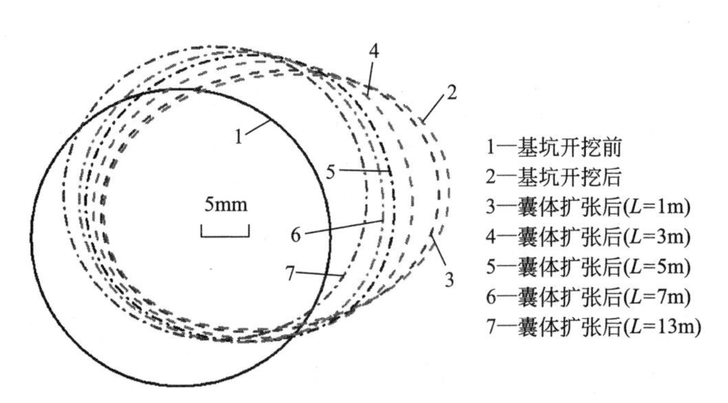

图 4.4-26　囊体扩张量为 0.15m^3/m 情形下不同囊体长度时
囊体扩张后隧道变形对比（隧道变形放大 200 倍）

进一步分析囊体扩张引起隧道顶部和底部竖向位移的变化规律。如图 4.4-28 所示，囊体扩张引起隧道顶部隆起，随着囊体长度的增加，隧道顶部隆起量增大，其原因是囊体扩张对隧道的挤压作用逐渐增强。此外，囊体扩张引起隧道底部下沉。随着囊体长度的增加，隧道底部下沉量先增加后减少。囊体长度小，随着囊体长度的增加，囊体扩张挤压隧道的作用逐渐增大，引起隧道底部下沉量增加。然而，当囊体长度超过 7m 时，扩张体越长，隧道右下方的囊体也越长，根据 4.4.2 节的内容，隧道右下方的囊体扩张对隧道底部有抬升作用，随着囊体扩

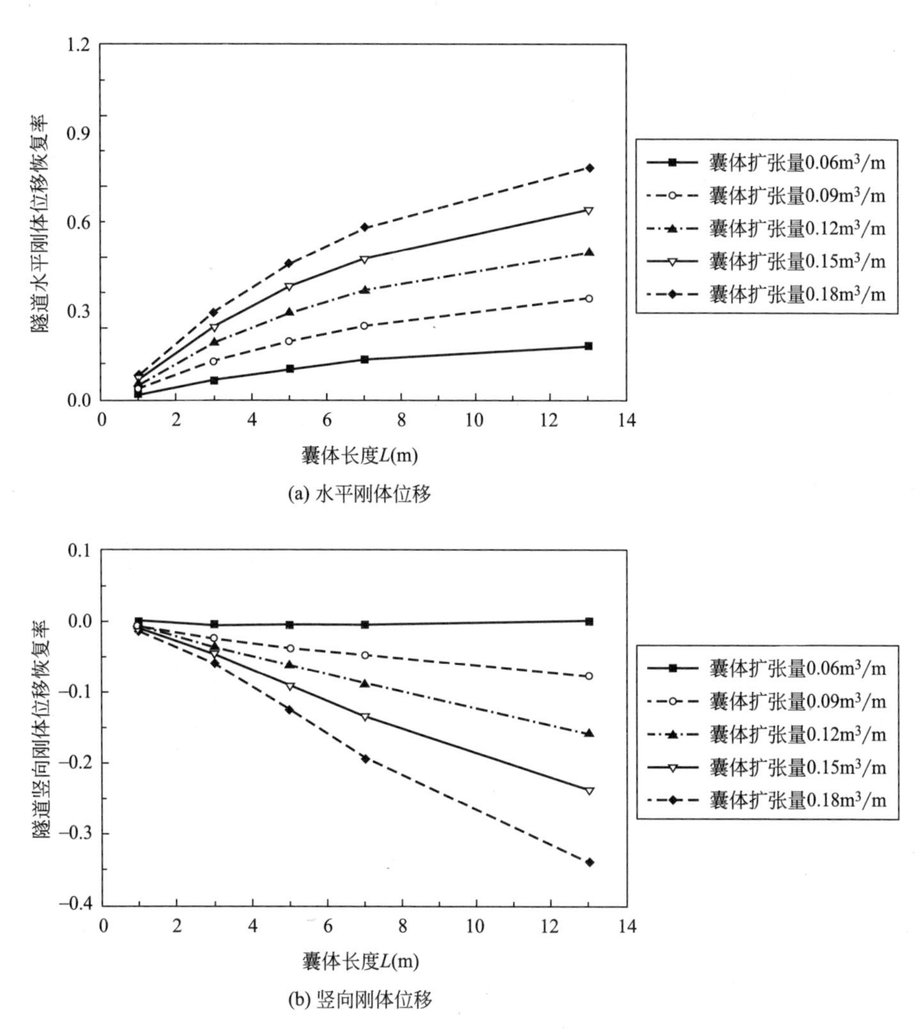

(a) 水平刚体位移

(b) 竖向刚体位移

图 4.4-27 隧道刚体位移恢复率随囊体长度的变化规律

张体长度的增加，隧道底部的下沉量逐渐减小。

图 4.4-29 为隧道椭圆度恢复率随囊体长度的变化规律。当囊体扩张量为 0.06～0.15m^3/m 时，随着囊体长度的增加，隧道椭圆度恢复率逐渐增大，且囊体长度由 1m 增至 5m 时，隧道椭圆度恢复率增长速度最快。囊体长度大于 7m 时，加大囊体长度对隧道椭圆度恢复率的增加效果不明显。囊体扩张量为 0.18m^3/m 时，随着囊体长度的增加，隧道椭圆度恢复率先逐渐增大，直到囊体长度大于 5m 时，隧道椭圆度恢复率再逐渐减小，其原因是过长的囊体已经对隧道产生了过度挤压，对隧道横向变形产生了不利的影响。因此，应根据实际隧道尺寸及工程情况设计合适长度的囊体。

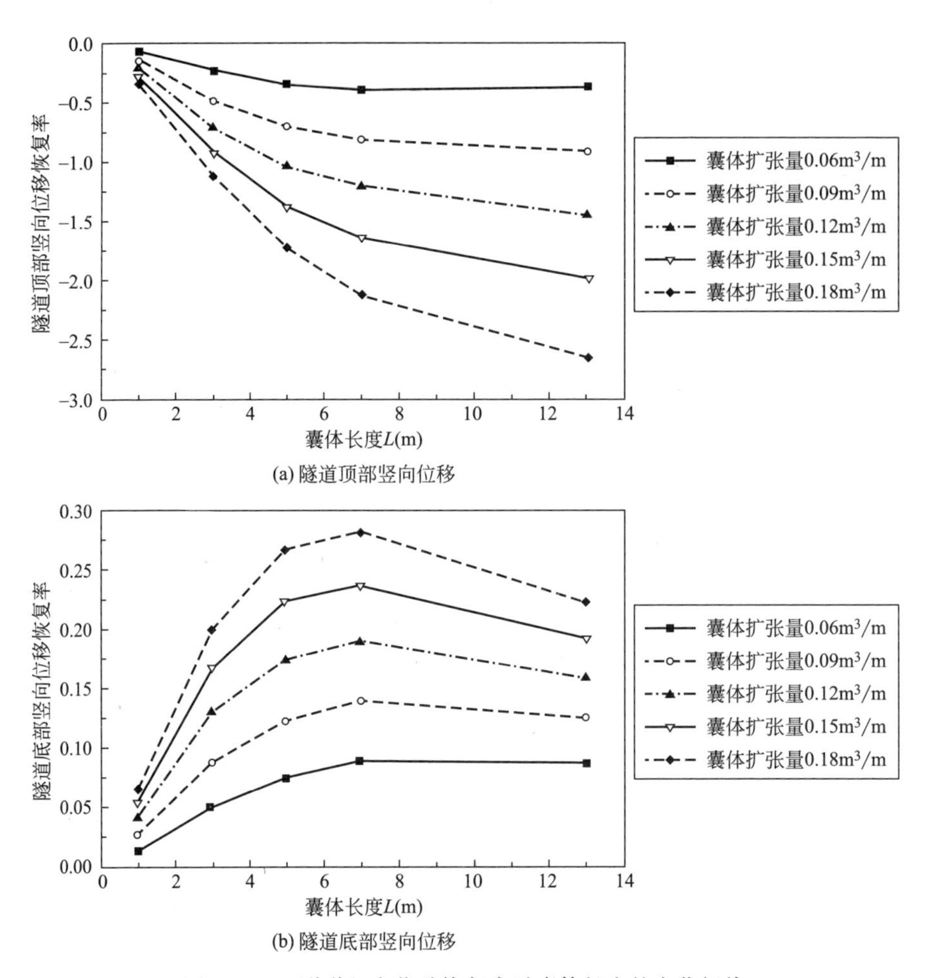

图 4.4-28 隧道竖向位移恢复率随囊体长度的变化规律

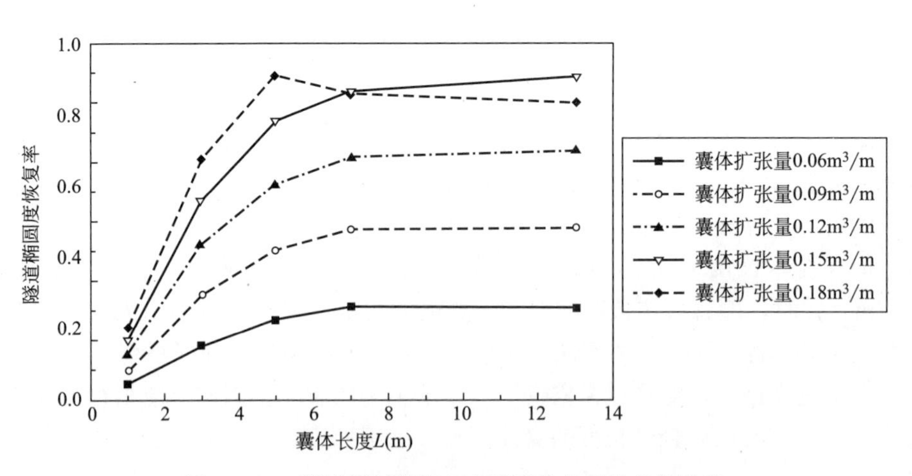

图 4.4-29 隧道椭圆度恢复率随囊体长度的变化规律

4.4.4 囊体扩张控制隧道变形简化计算方法

在 4.2.5 节中的简化计算方法的基础上，进一步采用解析方法提出囊体扩张控制隧道变形的简化计算方法，最后，利用 4.4.1 节中的原位试验结果验证了该简化计算方法的可靠性及准确性。

在囊体扩张引起隧道变形的简化计算方法中，假定土体为弹性、不排水、均质各向同性。按照此方法，首先，将土体和隧道结构分离；其次，利用有限差分法将隧道结构视为弹性结构，重点找到沿隧道长度方向的荷载分布。

可以通过小孔扩张引起土体变形的计算方法获得隧道结构所在位置处的土体位移。此外，考虑隧道结构对于土体变形的阻碍作用，利用 Mindlin 解计算影响系数的方法考虑隧道—土的相互作用，即隧道会产生一定的变形和表面作用力，这些力分布在隧道长度的方向上，是使隧道产生变形的原因。将土体变形、隧道变形和隧道表面作用力通过方程联立，使得隧道变形与隧道所在位置的土体变形相等，即可达到结构和土体的耦合效果，从而计算作用在隧道表面上的力。具体推导过程如下：

将隧道看作是具有刚度 E_tI_t 纯弯梁，梁的弯曲微分方程见式（4.4-1）：

$$E_tI_t \cdot \frac{d^4w}{dz^4} = -q = pd \tag{4.4-1}$$

式中，E_t 为隧道的弹性模量；I_t 为隧道截面惯性矩；z 为隧道埋深；d 为隧道直径；w 为隧道位移；p 为水平应力；q 为线性荷载。

如图 4.4-30 所示，假设隧道上共有 N_t 个单元。设隧道长度为 L，则单元长度为 $L_i=\frac{L}{N_t-1}$，其中，第一个单元长度为 $L_1=\frac{L}{2(N_t-1)}$，第 N_t 单元长度为 $L_{N_t-1}=\frac{L}{2(N_t-1)}$。

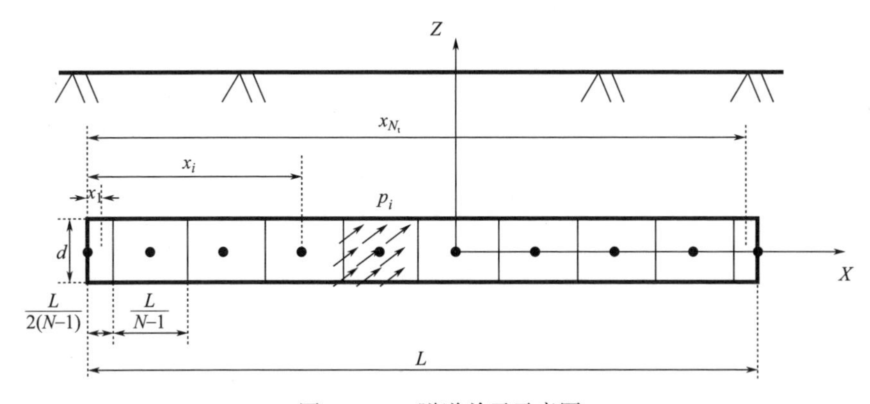

图 4.4-30　隧道单元示意图

应用有限差分将梁的弯曲微分方程改写，则隧道上任意单元 i 的方程见式（4.4-2）：

$$-p_i d \cdot \frac{L_i^4}{E_t I_t} = \delta_{i-2} - 4\delta_{i-1} + 6\delta_i - 4\delta_{i+1} + \delta_{i+2} \tag{4.4-2}$$

式中，δ_i 为第 i 个隧道单元的位移。

等式能适用于第二个单元到第 N_t-1 个单元，虽然等式也能够适用第 1 个和第 N_t 个单元，但此时会出现第 N_t-2 个单元和第 N_t+2 个单元，导致未知数增加。因此，引入梁的力平衡与力矩平衡方程。

力平衡方程见式（4.4-3）：

$$\sum_{i=1}^{N_t} p_i d L_i = 0 \tag{4.4-3}$$

式中，p_i 为作用在每个单元上的荷载；d 为隧道直径；L_i 为每个单元的长度 $\frac{L}{N_t-1}$，第 1 个与第 N_t 个单元长度为 $\frac{L}{2(N_t-1)}$。

隧道梁两端的弯矩见式（4.4-4）和（4.4-5）：

$$M_1 = \frac{d^2(\delta)}{dz^2} E_t I_t = -2\delta_1 + 2\delta_2 \tag{4.4-4}$$

$$M_2 = \frac{d^2(\delta)}{dz^2} E_t I_t = -2\delta_{N_t} + 2\delta_{N_t-1} \tag{4.4-5}$$

力矩平衡方程见式（4.4-6）：

$$\sum_{i=1}^{N_t} p_i d x_i L_i = M_1 + M_2 \tag{4.4-6}$$

式中，x_i 为每个单元的荷载中心点距离隧道起始位置的长度，$x_1 = \frac{L}{4(N_t-1)}$，$x_i = \frac{(i-1)L}{N_t-1}$（$i \in 2, \cdots, N_t-1$），$x_{N_t} = \frac{(N_t-1.25)L}{N_t-1}$。

隧道梁的第 1 个节点和第 N_t 个节点转角为 0，则有式（4.4-7）和式（4.4-8）：

$$\frac{\mathrm{d}(\delta)}{\mathrm{d}x} EI = \delta_2 - \delta_{-1} = 0 \tag{4.4-7}$$

$$\frac{\mathrm{d}(\delta)}{\mathrm{d}x} EI = \delta_{N_t+1} - \delta_{N_t-1} = 0 \tag{4.4-8}$$

见式（4.4-9），矩阵中第一行和最后一行分别为力平衡与弯矩平衡方程，第 2 行至第 N_t-1 行为梁的弯曲方程的有限差分形式。

$$
\begin{bmatrix}
0 & 0 & 0 & 0 & 0 & \cdots & & & 0 & 0 \\
-4 & 7 & -4 & 1 & 0 & & & & & \\
1 & -4 & 6 & -4 & 1 & & & & & \\
 & & & & & \cdots & & & & \\
 & & & & & 0 & 1 & -4 & 6 & -4 & 1 \\
 & & & & & 0 & 0 & 1 & -4 & 7 & -4 \\
-2 & 2 & & & & \cdots & 0 & 0 & 0 & 2 & -2
\end{bmatrix}
\begin{bmatrix}
\delta_1 \\ \delta_2 \\ \delta_3 \\ \delta_4 \\ \cdots \\ \cdots \\ \delta_{N_t-2} \\ \delta_{N_t-1} \\ \delta_{N_t}
\end{bmatrix}
=
$$

$$
=\begin{bmatrix}
\dfrac{0.5dL}{N_t-1} & \dfrac{dL}{N_t-1} & & \cdots & & \dfrac{dL}{N_t-1} & \dfrac{0.5dL}{N_t-1} \\
 & \dfrac{dL}{N_t-1} & & & & & \\
 & & \dfrac{dL}{N_t-1} & & & & \\
 & & & \cdots & & & \\
 & & & & \dfrac{dL}{N_t-1} & & \\
 & & & & & \dfrac{dL}{N_t-1} & \\
\dfrac{0.5dL}{N_t-1}x_1 & \dfrac{dL}{N_t-1}x & & \cdots & & \dfrac{dL}{N_t-1}x_{N\text{-}1} & \dfrac{0.5dL}{N_t-1}x_N
\end{bmatrix}
\begin{bmatrix}
p_1 \\ p_2 \\ p_3 \\ p_4 \\ p_5 \\ \cdots \\ \cdots \\ p_{N_t-2} \\ p_{N_t-1} \\ p_{N_t}
\end{bmatrix}
\tag{4.4-9}
$$

为模拟实际隧道结构中，管片间接头对于隧道整体刚度的削弱，本书所提出简化计算方法进行模拟，即先写出隧道刚度矩阵，设每个接头单元的长度为隧道单元长度$\dfrac{L}{N_t-1}$。隧道管片长度为L_s，每经过$\dfrac{L_s(N_t-1)}{L}$个单元，则将下一个隧道单元的刚度修改为经过削弱后的隧道接头刚度$(EI)_J$，然后将隧道单元进行加密处理，当隧道单元个数N_t足够大时，即可模拟实际隧道中管片由螺栓紧密连接处的刚度削弱。

将式（4.4-9）矩阵记为式（4.4-10）：

$$[D][\delta_{tunnel}]=[A][p] \tag{4.4-10}$$

如图4.4-31所示，由土体内某一点的水平荷载引起的土体内某一处水平变形解见式（4.4-11）：

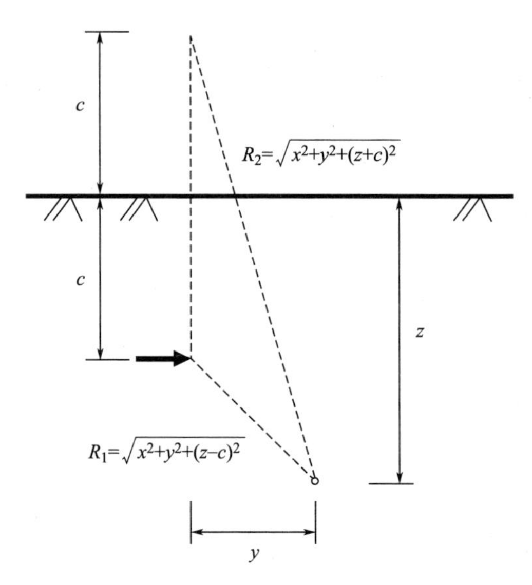

图 4.4-31　Mindlin 解水平力引起变形示意图

$$\rho_x = Q \cdot \frac{1+\nu_s}{8E_s\pi(1-\nu_s)}\left(\begin{aligned}&\frac{3-4\nu_s}{R_1}+\frac{1}{R_2}+\frac{x^2}{R_1^3}+\frac{(3-4\nu_s)x^2}{R_2^3}+\frac{2cz}{R_2^3}\left(1-3\frac{x^2}{R_2^2}\right)\\&+4(1-\nu_s)\frac{1-2\nu_s}{R_2+z+c}\cdot\left(1-\frac{x^2}{R_2(R_2+z+c)}\right)\end{aligned}\right) \tag{4.4-11}$$

式中，ρ_x 为土体水平变形；Q 为土体内一点的水平集中荷载；E_s 为土体弹性模量；ν_s 为土体泊松比；R_1、R_2 见式（4.4-12）、式（4.4-13）：

$$R_1=\sqrt{x^2+y^2+(z-c)^2} \tag{4.4-12}$$

$$R_2=\sqrt{x^2+y^2+(z+c)^2} \tag{4.4-13}$$

在式（4.4-12）、式（4.4-13）中，取 $y=0$，则有式（4.4-14）、式（4.4-15）：

$$R_1=\sqrt{x^2+(z-c)^2} \tag{4.4-14}$$

$$R_2=\sqrt{x^2+(z+c)^2} \tag{4.4-15}$$

将上式改写，记 I^x 为水平变形影响系数，得到式（4.4-16）：

$$\rho_x=\frac{Q}{E_s}I^x \tag{4.4-16}$$

对于作用于隧道梁侧面的区域的影响系数进行积分，则隧道梁上第 j 个单元区域对于第 i 个单元区域的影响系数见式（4.4-17）：

$$I_{i,j}^x=\int_{x_{\text{int}}}^{x_{\text{sup}}}\int_{z-\frac{d}{2}}^{z+\frac{d}{2}} I^x \mathrm{d}c\,\mathrm{d}x \tag{4.4-17}$$

式中，x_{int} 与 x_{sup} 为延隧道长度方向上每个单元起始坐标与终点坐标。

对于 N_t 个隧道单元（x，y，z），则见式（4.4-18）～式（4.4-22）：

$$x_1=\frac{L}{4(N_t-1)} \tag{4.4-18}$$

$$x_i=\frac{(i-1)L}{N_t-1},\ i\in 2,\ \cdots,\ N_t-1 \tag{4.4-19}$$

$$x_{N_t}=\frac{(N_t-1.25)L}{N_t-1} \tag{4.4-20}$$

$$y=y_t \tag{4.4-21}$$

$$z=z_t \tag{4.4-22}$$

式中，y_t 为隧道平面坐标；z_t 为隧道埋深。

设位于 N_t 个隧道单元上的土体变形为 $\{\rho_{x,n_t}\}$、$\{\rho_{z,n_t}\}$，其由两部分组成。第一部分为 Mindlin 解得到的土体变形，第二部分为注浆所产生的土体变形 $\{\rho_{x,n_t}^{\mathrm{sagaseta}}\}$、$\{\rho_{z,n_t}^{\mathrm{sagaseta}}\}$，写成矩阵形式，见式（4.4-23）：

$$\begin{Bmatrix}\rho_{x,1}\\ \rho_{x,2}\\ \cdots\\ \rho_{x,N_t}\end{Bmatrix}=\frac{1}{E_s}\begin{bmatrix}I_{1,1}^{x} & I_{1,2}^{x} & \cdots & I_{1,N_t}^{x}\\ I_{2,1}^{x} & I_{2,2}^{x} & \cdots & I_{2,N_t}^{x}\\ \cdots & \cdots & \cdots & \cdots\\ I_{N_t,1}^{x} & I_{N_t,2}^{x} & \cdots & I_{N_t,N_t}^{x}\end{bmatrix}\begin{Bmatrix}p_{x,1}\\ p_{x,2}\\ \cdots\\ p_{x,N_t}\end{Bmatrix}+\begin{Bmatrix}\rho_{x,1}^{\mathrm{sagaseta}}\\ \rho_{x,2}^{\mathrm{sagaseta}}\\ \cdots\\ \rho_{x,N_t}^{\mathrm{sagaseta}}\end{Bmatrix} \tag{4.4-23}$$

$$\{\rho_x\}=\frac{1}{E_s}[I^x]\{p_x\}+\{\rho_x^{\mathrm{sagaseta}}\} \tag{4.4-24}$$

当隧道梁变形 $\{\delta_{\mathrm{tunnel}}\}$ 与土体变形 $\{\rho_{\mathrm{soil}}\}$ 相等时，见式（4.4-25）和式（4.4-26）：

$$[D]\{\delta_{\mathrm{tunnel}}\}=[A]\{p\} \tag{4.4-25}$$

$$\{\rho_{\mathrm{soil}}\}=[I_s]\{p\}+\{\rho_{\mathrm{sagaseta}}\} \tag{4.4-26}$$

可得到作用在隧道上的压力分布 $\{p\}$，见式（4.4-27）：

$$\{p\}=\left([A]-\frac{1}{E_s}[D][I_s]\right)^{-1}\cdot[D]\{\rho_{\mathrm{sagaseta}}\} \tag{4.4-27}$$

将式（4.4-27）代入式（4.4-25），即可得到隧道变形 $\{\delta_{\mathrm{tunnel}}\}$。

同时，可以利用上述简化计算方法进行参数分析，得到粉质黏土中囊体扩张引起隧道变形的经验公式。

设置囊体扩张量为 $1m^3$、$2m^3$、$3m^3$、$4m^3$、$5m^3$，囊体扩张距离为 3m、5m、7m、9m、11m、13m，囊体长度为 8m。相对深度定义为囊体中心位置深度与隧道中心深度的差值，在研究囊体扩张距离的影响时，相对深度固定为 0m，其他囊体参数如表 4.4-6 所示。

其他囊体参数 **表 4.4-6**

变量	值
土体模量(MPa)	3、5、9
囊体扩张量(m^3)	1、2、3、4、5
囊体扩张距离(m)	3、5、7、9、11、13
囊体长度(m)	8
相对深度(m)	0

图 4.4-32 展示了不同囊体扩张量下，隧道水平峰值变形随囊体扩张距离变化曲线，曲线近似呈幂函数变化趋势，因此，将隧道水平峰值变形 S 与囊体扩张距离 D 的关系用式（4.4-28）表达：

$$S_m = aD^b \tag{4.4-28}$$

式中，a 和 b 为两个待拟合的参数。

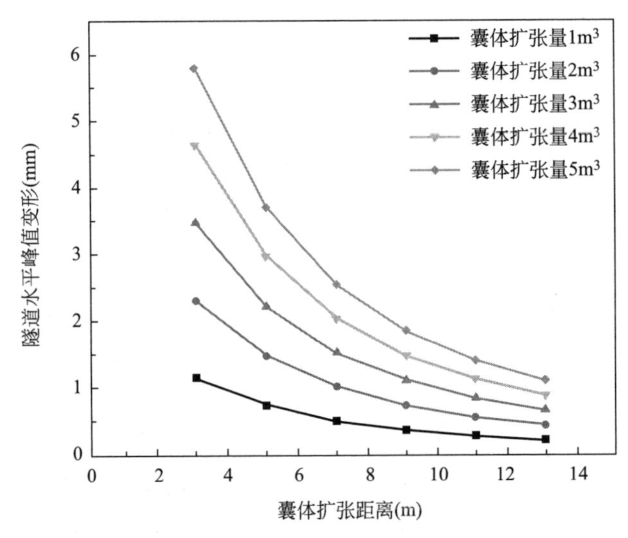

图 4.4-32 隧道水平峰值变形随囊体扩张距离变化曲线

如图 4.4-33 和图 4.4-34 所示，经过大量参数分析，得到参数 a 和 b 的拟合曲线图。

将参数分析所得结果与所提出的 S_m 表达式拟合，得到 a 和 b 两个参数，见式（4.4-29）、式（4.4-30）：

$$a = (0.26E + 2.58)V \tag{4.4-29}$$

$$b = -0.01E - 1.1 \tag{4.4-30}$$

隧道水平峰值变形 S_m 见式（4.4-31）：

$$S_m = (0.26E + 2.58)VD^{(-0.01E-1)} \tag{4.4-31}$$

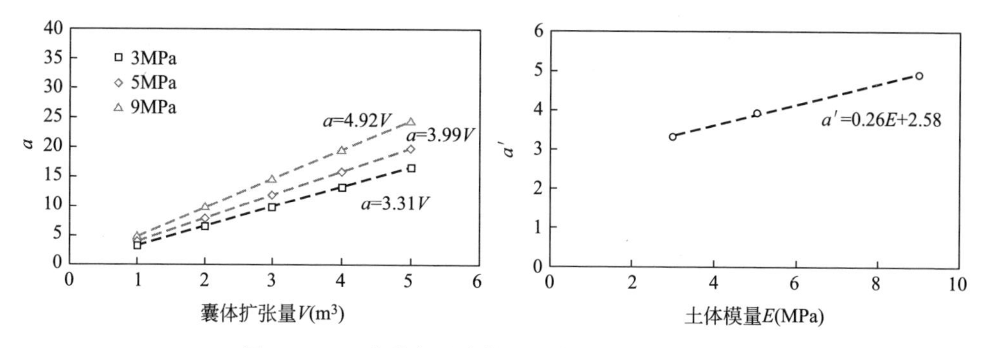

图 4.4-33 隧道水平峰值变形参数 a 拟合曲线图

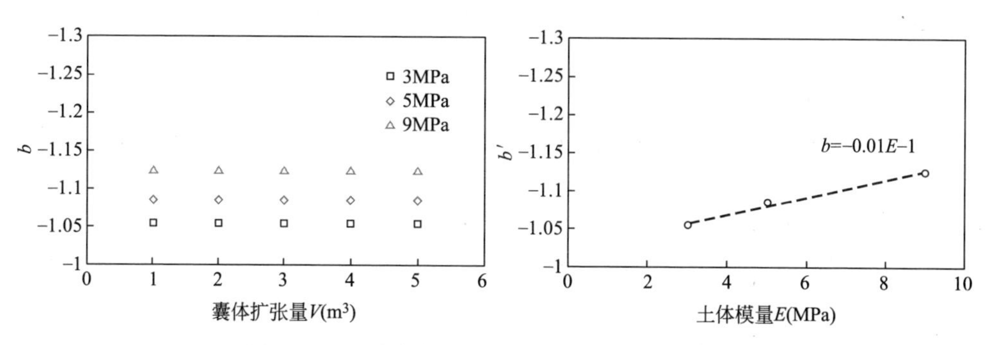

图 4.4-34 隧道水平峰值变形参数 b 拟合曲线图

式中，在粉质黏土中囊体扩张引起的隧道最大水平变形经验公式中含有的参数囊体扩张量 V、扩张距离 D 和弹性模量 E，均会影响隧道的最大水平变形。

图 4.4-35 展示了囊体扩张量为 1m^3 时隧道水平变形曲线，沿隧道长度方向，由囊体扩张引起隧道水平变形趋势呈现高斯曲线的分布规律，因此，将隧道水平变形曲线 S 用式（4.4-32）表示：

$$S=S_{\mathrm{m}}\exp\left[-\left(\frac{x-b}{i}\right)^{2}\right] \tag{4.4-32}$$

式中，i 为待拟合的参量；b 为囊体距离隧道长度坐标 $x=0$ 处的距离。

如图 4.4-36 所示，经过大量参数分析，得到参数 i 的拟合曲线图，探究囊体扩张距离和土体模量对参数 i 的影响。

将不同土体模量情况下的隧道水平变形分布曲线与式（4.4-32）拟合，得到式中关键参数 i 的拟合结果，见式（4.4-33）：

$$i=(0.16E+15)D^{0.16} \tag{4.4-33}$$

基于 4.4.1 节中的囊体扩张控制隧道水平位移的原位试验结果，对上面提出的简化计算方法进行验证分析，其中，隧道外径 6.2m，内径 5.5m，管片厚度 0.35m，隧道中心埋深约为 12.7m。土体的弹性模量 $E_{\mathrm{s}}=3\text{MPa}$，泊松比为

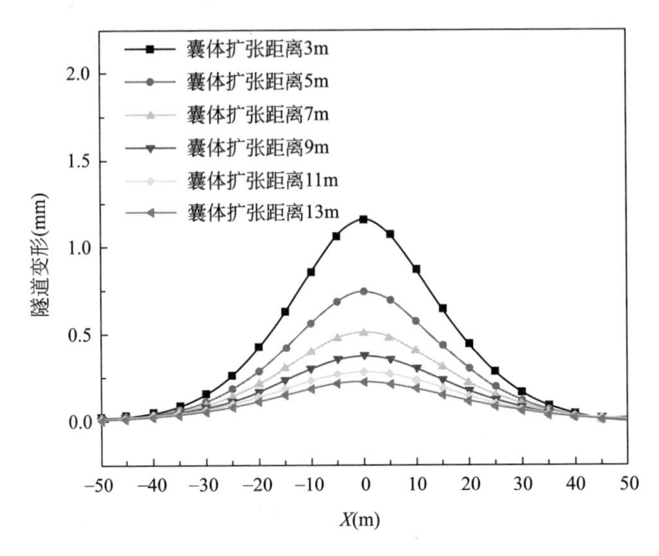

图 4.4-35 囊体扩张量为 $1m^3$ 时隧道水平变形曲线

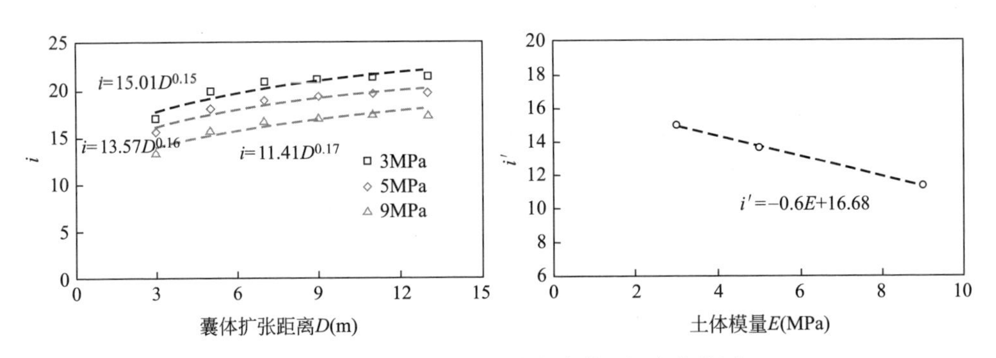

图 4.4-36 隧道水平变形分布参数 i 拟合曲线图

0.35，隧道的等效弯曲刚度 $EI=9.3\times10^7\text{kN}\cdot\text{m}^2$，管片长度 2m，管片的接头刚度为 $4\times10^6\text{kN}\cdot\text{m}^2$。

根据 4.4.1 节内容，共设置 3 个囊体扩张试验孔，设置注浆孔 C1 沿隧道长度方向的坐标为−0.878m，注浆孔 C2 的坐标为 2.122m，注浆孔 C3 的坐标为 5.122m。C1、C2、C3 分别对应囊体扩张直径为 20cm、30cm、40cm，3 个囊体全长均为 8m，囊体扩张深度为 8.7～16.7m，囊体中心正对隧道中心埋深 12.7m。3 个囊体扩张完成后的扩张体积分别为 $0.251m^3$、$0.565m^3$、$1m^3$。依次按照 C1、C2、C3 的顺序启动囊体扩张试验孔，监控隧道变形得到隧道变形数据。

如图 4.4-37 所示，将现场试验所监测的隧道变形数据与本节提出的简化计算方法和经验公式所得隧道水平变形曲线进行对比。研究发现，本节提出的简化

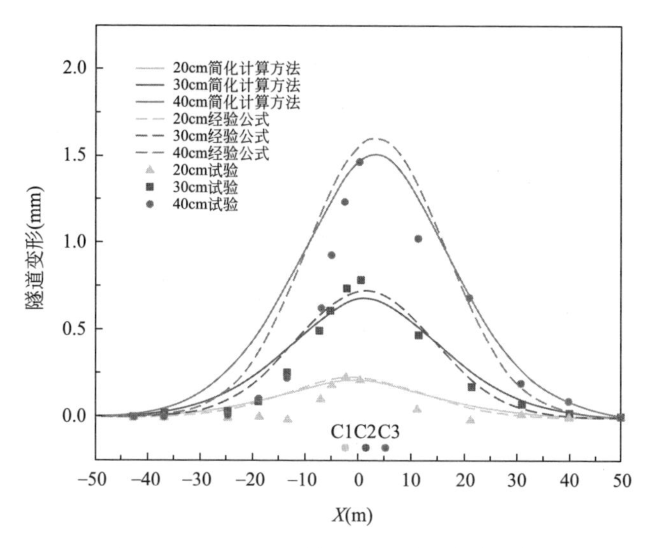

图 4.4-37　工程实测数据与计算方法结果

计算方法和经验公式得到的隧道水平变形与现场试验实测数据的整体分布趋势吻合，满足可靠性和准确性的要求。

其中，在 C1、C2、C3 三次注浆过程中，本节提出的方法计算得到囊体扩张点对应的隧道中心最大水平变形为 0.23mm、0.70mm、1.53mm，经验公式所得隧道水平最大变形为 0.23mm、0.73mm、1.61mm，现场试验实测隧道水平变形为 0.23mm、0.79mm、1.47mm。上述数据表明，作者开发的简化计算方法和拟合经验公式在 C1、C2 囊体扩张时的计算数据小于实测数据，在 C3 囊体扩张时的计算数据大于实测数据，但满足计算精度要求，差异可以被忽略。

此外，由于现场试验地质条件的不均匀性，导致囊体扩张两侧的实测数据的影响范围不对称，与本节提出的简化计算方法得到囊体扩张对隧道水平变形的影响范围略有偏差。

4.5　囊体扩张对地下连续墙内力与变形影响

4.5.1　数值模型及验证

囊体扩张会使一定范围内土体产生应力和变形，同样，对影响范围内的结构物也会引起附加应力和变形，可利用这个特点，通过囊体扩张主动控制土体应力和变形，从而实现对拟保护结构物的变形控制。当用于控制基坑施工对基坑外的结构物影响时，囊体扩张也会相应地引起基坑支护结构的附加应力和变形，影响基坑安全，因此，还需要开展囊体扩张对基坑支护结构的影响研究。

基坑支护桩（墙）均可被等效为一定厚度的地下连续墙，因此，可以开展囊体扩张对地下连续墙内力与变形影响的研究。在珠海某场地开展了原位试验研究。模型场地平面尺寸为 30m×30m，深度为 80m。囊体埋深为－28～－20m，囊体充满后的膨胀体（圆柱形）直径为 0.5m，即单孔扩张量为 1.57m^3。囊体扩张后的加固区域采用线弹性模型模拟，弹性模量设置为 20MPa，泊松比为 0.32。土体采用小应变硬化 HSS 模型模拟，土体参数见表 4.2-1。在距离囊体水平净距 3m 和 6m 分别设置监测线，将水平位移结果同试验结果进行对照，验证数值模型的可靠性。在原位试验结果基础上采用有限元数值分析方法探究囊体扩张对地下连续墙的影响，数值模型如图 4.5-1 所示。

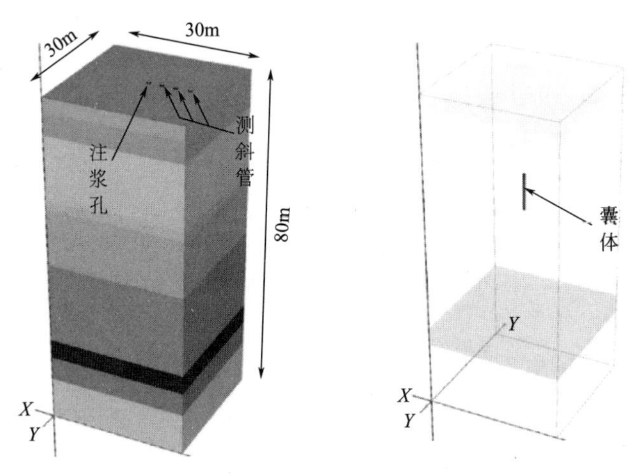

图 4.5-1　珠海原位试验数值模型

由图 4.5-2 可看出，距囊体扩张中心点 3m 土体的最大水平位移为 7.1mm，距离 6m 处的土体最大水平位移为 2.3mm。可以发现，囊体扩张引起土体的变形趋势基本可用高斯曲线描述，土体水平变形主要分布高度范围与囊体注浆的高度范围对应较好，计算结果与现场试验结果基本一致，表明本书采用的本构模型及参数是合理的，也验证了囊体扩张数值模拟方法的准确性。

为了进一步研究囊体扩张对地下连续墙变形及内力的影响，如图 4.5-3 所示，建立了囊体扩张对地下连续墙影响的模型，地下连续墙厚 0.8m，弹性模量取 30GPa，通过改变囊体扩张距离、囊体中心深度及地下连续墙与囊体中心埋深比进行变参数研究。为保证数值计算研究规律的准确性，忽略成层土的影响，采用 8-1 均质粉黏土参数作为数值研究基准土参数（表 4.5-1）。

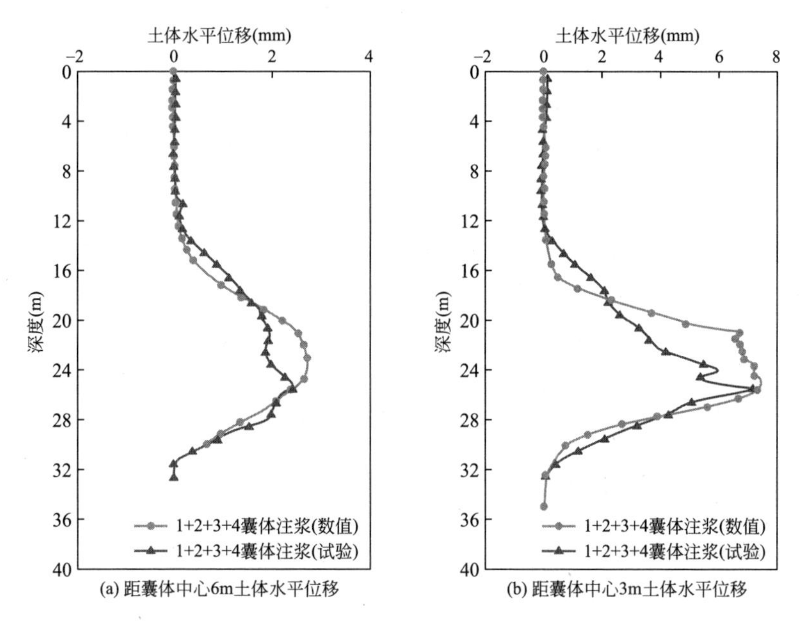

图 4.5-2 珠海原位试验数值模拟与实测结果对比

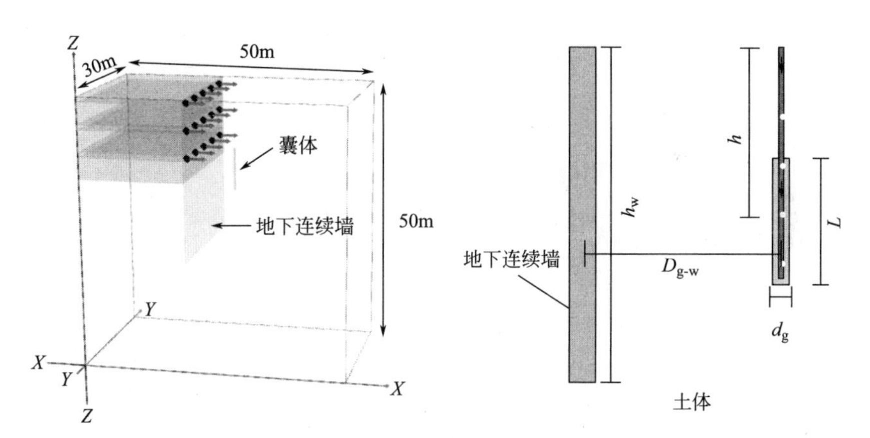

图 4.5-3 囊体扩张对地下连续墙影响的模型示意图

注：h_w 为地下连续墙深度；$D_{g\text{-}w}$ 为囊体中心与地下连续墙间距；h 为囊体中心位置深度；L 为囊体长度；d_g 为囊体扩张直径。

图 4.5-3 中模型示意图的土层物理和力学指标 **表 4.5-1**

土层编号	土层分类	γ (kN/m^3)	c' (kPa)	φ' (°)	E_{50}^{ref} (MPa)	E_{oed}^{ref} (MPa)	E_{ur}^{ref} (MPa)	G_0^{ref} (MPa)
8-1	粉质黏土	19.78	13.95	25.66	7.21	5.05	36.77	99.28

注：γ 为对应土层天然重度；c'为有效黏聚力；φ'为有效内摩擦角；E_{oed}^{ref} 为三轴固结排水剪切试验的参考割线模量；E_{50}^{ref} 为固结试验的参考切线模量；E_{ur}^{ref} 为三轴固结排水卸载再加载试验的参考卸载再加载模量；G_0^{ref} 为小应变刚度试验的参考初始剪切模量。

囊体扩张距离的影响为了探究囊体扩张距离对地下连续墙变形及内力的影响，选取三种囊体扩张距离：3m、6m、9m。由图 4.5-4 可得如下规律：

（1）囊体扩张引起地下连续墙水平和纵向剖面的变形都呈现弓形，变形峰值基本对应囊体扩张中心深度。

（2）囊体扩张会引起注浆区域地下连续墙弯矩内力增加，同时会在囊体扩张深度区域两端以外引起一定程度的负弯矩内力，即在囊体扩张区域以外形成弯矩内力的反弯点，在地下连续墙设计中应考虑此影响。

（3）囊体中心距地下连续墙距离越小，会显著增大对墙体变形和内力的影响，变形与弯矩内力的峰值会有显著提高。因此，在实际工程应用中，应尽可能保证囊体中心与地下连续墙的距离足够远，从而减小相对距离对地下连续墙的影响。

4.5.2 囊体埋深的影响

为了探究囊体埋深变化对地下连续墙变形及内力的影响，选取 10m、15m、20m 三种埋深。通过图 4.5-5 可得出如下规律：

（1）由于地下连续墙顶部嵌固较弱，当囊体埋深较浅时，地下连续墙上部变形呈悬臂变形＋内凸变形。

（2）随着囊体埋深增大，地下连续墙整体变形趋势呈内凸变形，地下连续墙变形和内力均略有增加。

4.5.3 地下连续墙埋深的影响

地下连续墙埋深亦影响其变形模式，选取地下连续墙埋深 15m、23m、30m 下囊体扩张对于墙体变形及内力的影响，通过图 4.5-6 可得出如下规律：

（1）当地下连续墙埋深较小时，由于囊体区域位于地下连续墙底，地下连续墙变形模式呈踢脚变形，变形较大且变形峰值出现在墙底区域。

（2）随着地下连续墙埋深增加，地下连续墙变形模式逐渐转化为内凸变形。

（3）通过观察变形横断面发现，随着地下连续墙埋深增大，且注浆相对深度逐渐向墙体中心移动，囊体扩张引起的变形峰值逐渐减小。同时，埋深更大的墙体由于囊体扩张推动墙体中部位置，会产生更大的附加弯矩内力。

4.5.4 开挖深度的影响

以上都是针对无基坑开挖对地下连续墙的影响研究。然而，基坑开挖必然会对地下连续墙的变形造成较大的影响，并在地下连续墙两侧形成不同的侧向变形约束条件。选取开挖深度 5m、10m、15m 研究囊体扩张引起地下连续墙的水平变形及弯矩内力影响。由图 4.5-7 可见：①由于开挖坑内卸荷的作用，同时基坑内侧的水平向变形约束刚度下降，囊体扩张对于地下连续墙变形及内力的影响更

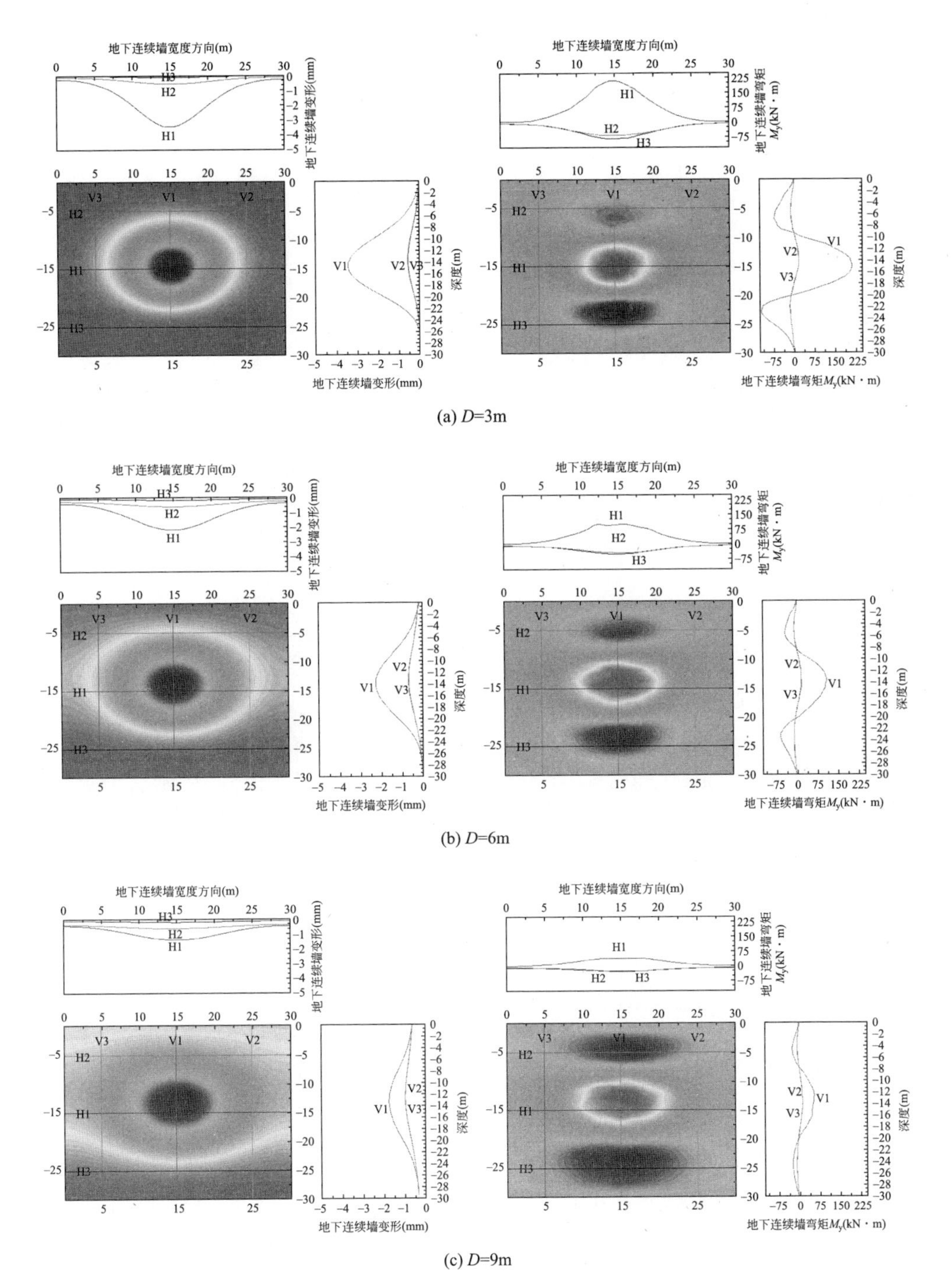

(a) D=3m

(b) D=6m

(c) D=9m

图 4.5-4　不同扩张距离引起地下连续墙的变形及内力

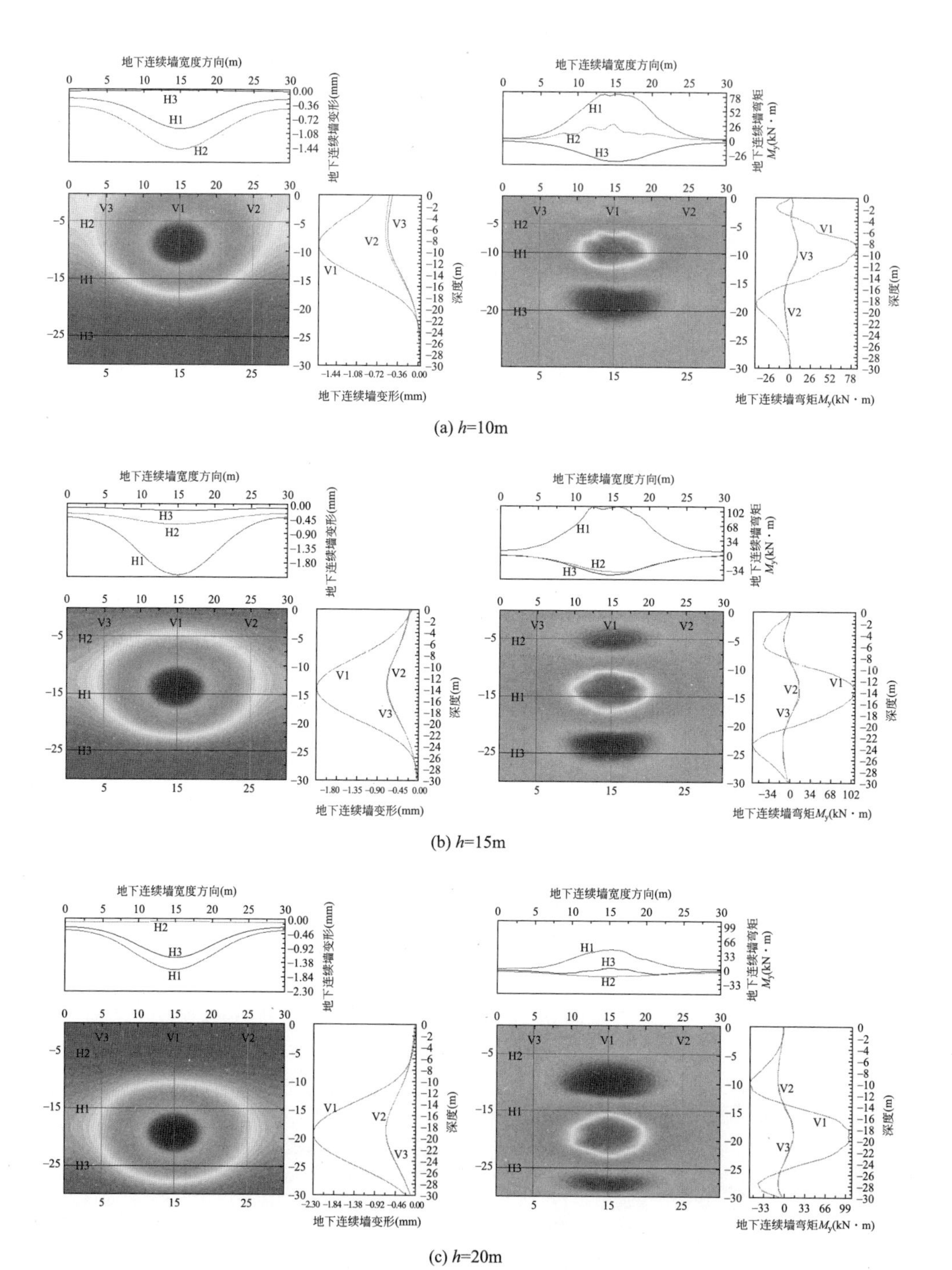

图 4.5-5　不同囊体埋深引起地下连续墙的变形及内力

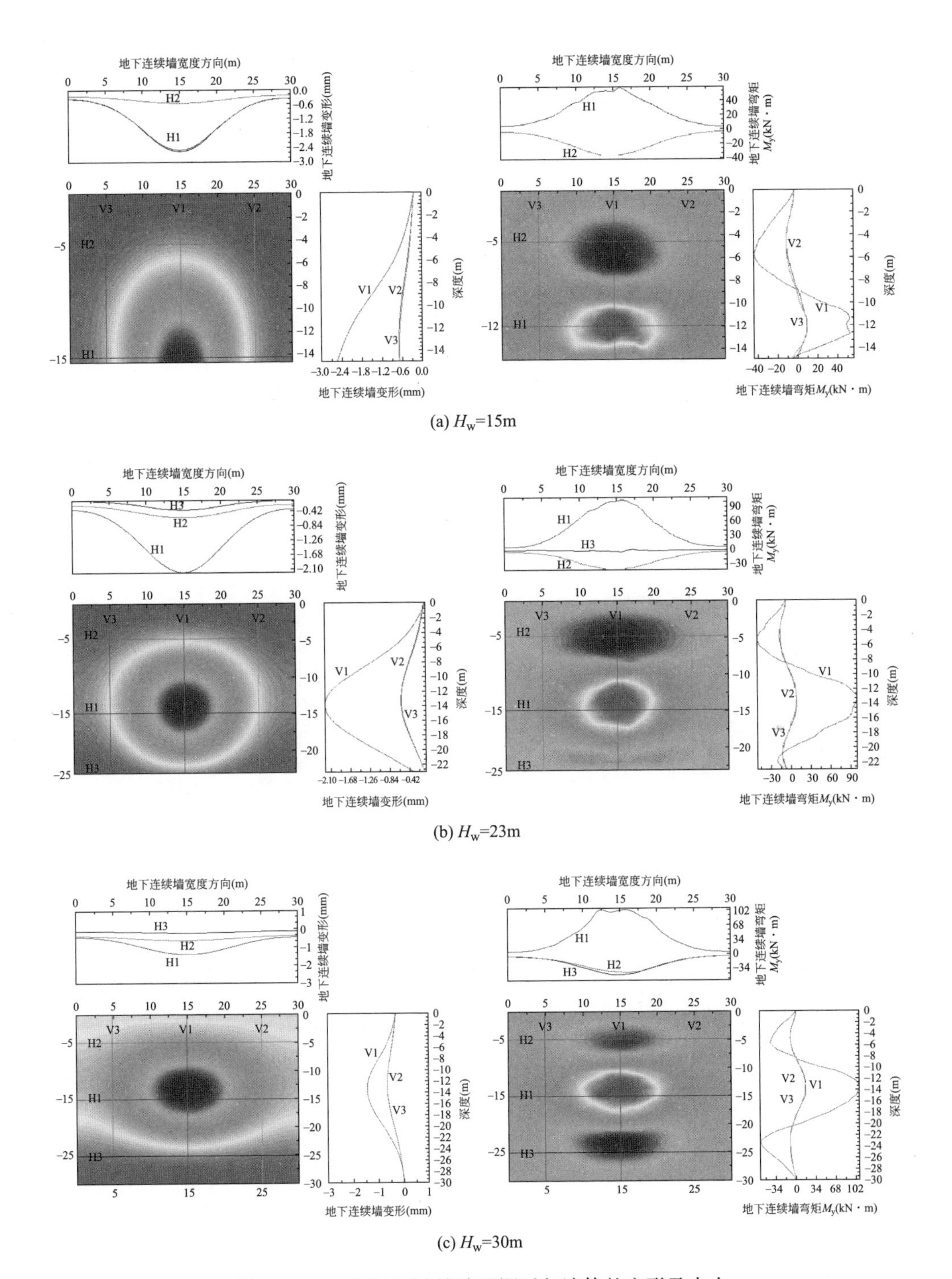

(a) H_w=15m

(b) H_w=23m

(c) H_w=30m

图 4.5-6 不同地下连续墙埋深引起墙体的变形及内力

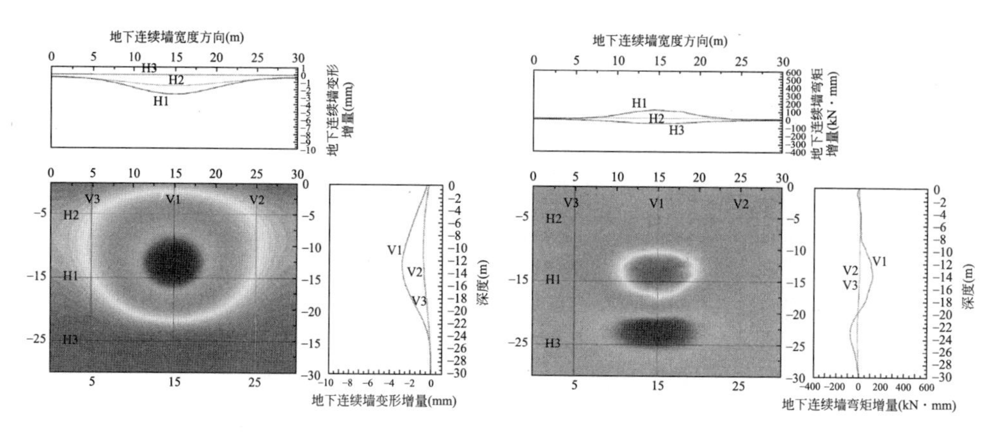

(a) 开挖深度5m

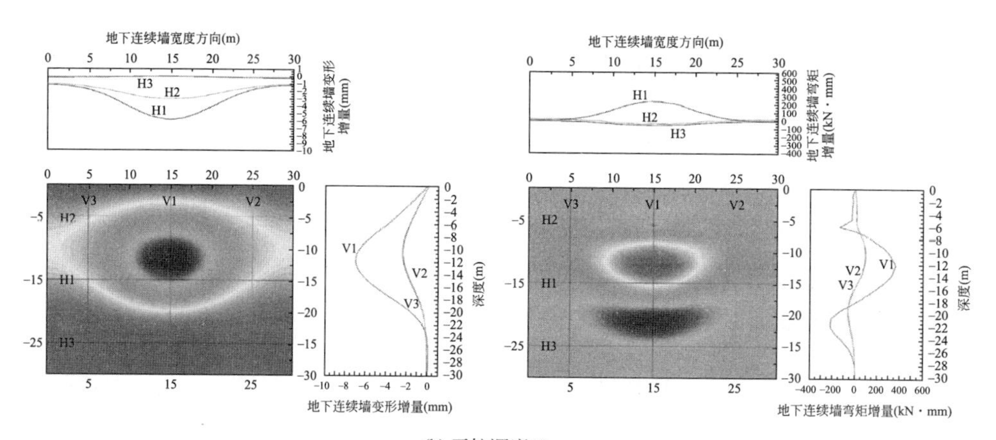

(b) 开挖深度10m

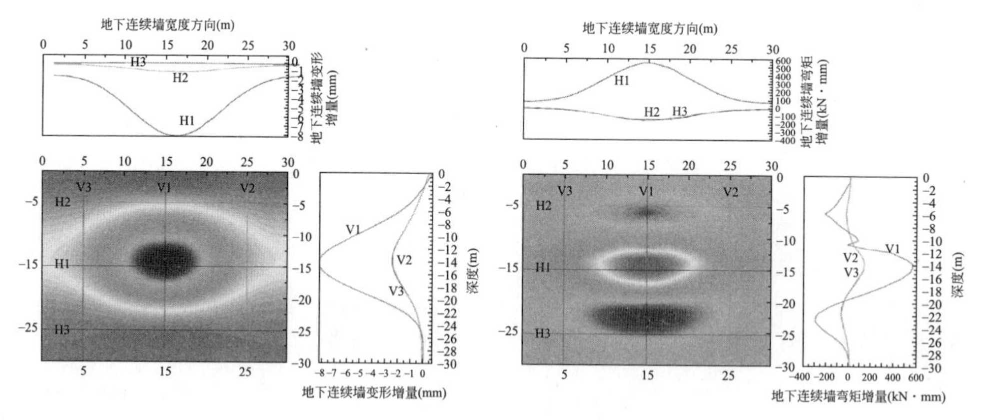

(c) 开挖深度15m

图 4.5-7　不同开挖深度引起地下连续墙的变形及内力

加明显，水平位移及附加弯矩内力显著增加，当开挖较浅时，地下连续墙的变形内力峰值基本出现在注浆中心深度处；②随着开挖深度增大，变形内力峰值向开挖坑底深度移动。

4.6 测控一体化囊体智能控制装备

基于土体变形主动控制理论和囊体扩张技术，开发了测控一体化囊体智能控制装备，见图 4.6-1。它具有以下特性：

（1）精确性：可预设囊体扩张体积和扩张压力，产生预期变形。

（2）智能性：测控一体化，动态实现应力补偿和变形控制。

（3）靶向性：变形控制方向可预设，可精细控制变形方向。

（4）适应性：适用于砂土、软硬交互土层，可用范围广泛。

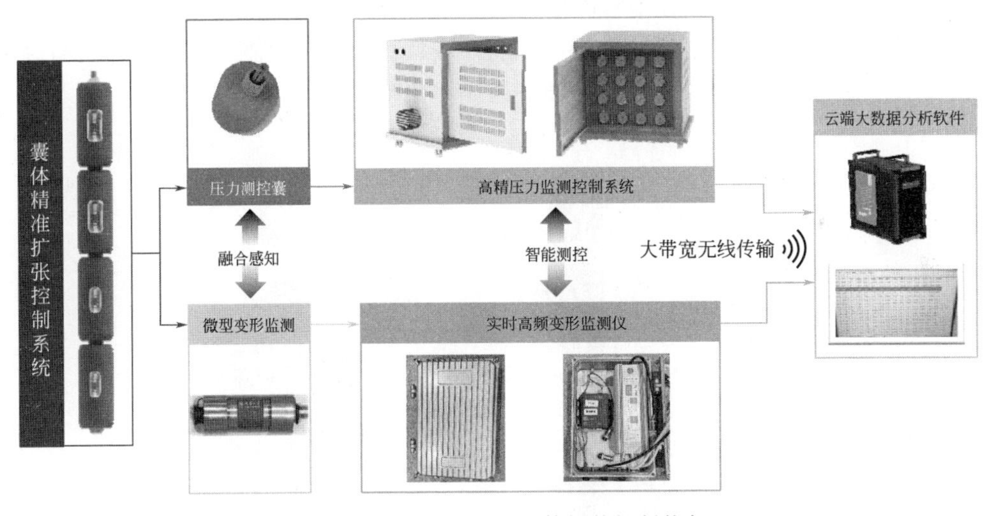

图 4.6-1　测控一体化囊体智能控制装备

该装备应用于施工全过程实时调控变形控制关键区内的土体应力，解决了“算不准、控不住、难逆转、成本高、效率低”的问题。变形控制费用仅相当于传统被动控制方法费用的 10%～20%。下面主要介绍囊体精准扩张控制系统和土体变形测量系统。

4.6.1 囊体精准扩张控制系统

1. 测控一体化囊体精准扩张控制方案

囊体精准扩张主动控制是通过将高强度预制囊袋植入土体，注入浆液，用囊体扩张控制土体的变形。如图 4.6-2 所示，根据变形控制要求量化囊袋尺寸、单次注浆体积、控制位置、变形控制方向，控制过程中需监测注浆量和注浆压力。用惰性缓凝浆液延长控制周期，实现多次、精细化补偿注浆。同时，分析土体变形监测数据，及时优化注浆方案，实现全周期动态控制变形。

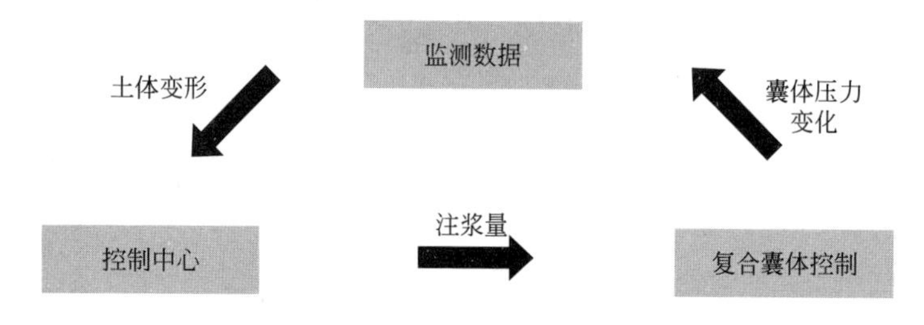

图 4.6-2　测控一体化囊体控制方案

2. 测控型囊体

如图 4.6-3 所示，测控型囊体是调控与监测的关键执行元件，有单囊、子母囊体等多种不同类型，外部由多层高强度纤维材料构成。囊体端部法兰盘内有多根管路，分别用于注浆独立控制和囊体内压力监测。

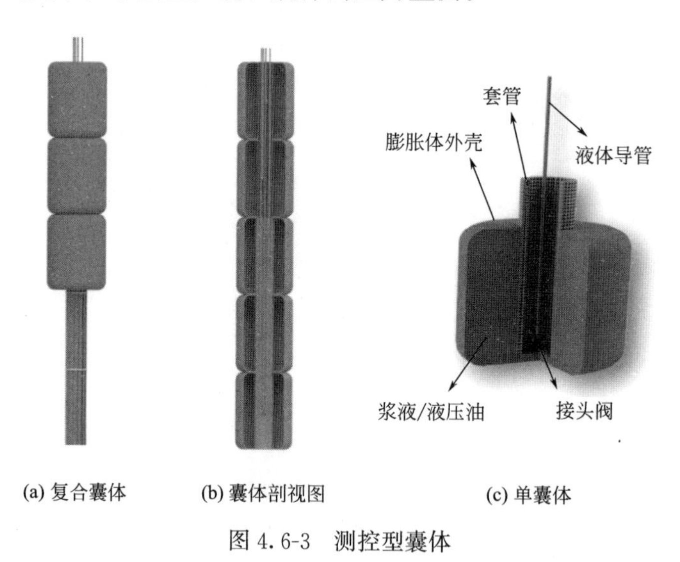

图 4.6-3　测控型囊体

3. 测控一体化系统

注浆控制系统由囊体、数据监测传输模块、控制模块组成，监测土体变形，同时控制囊体扩张量。采集的监测数据被传递给数据中心处理，形成指令反馈给控制系统对复合囊体进行控制，实现土体变形控制，囊体扩展测控系统样机如图 4.6-4 所示。

(a)

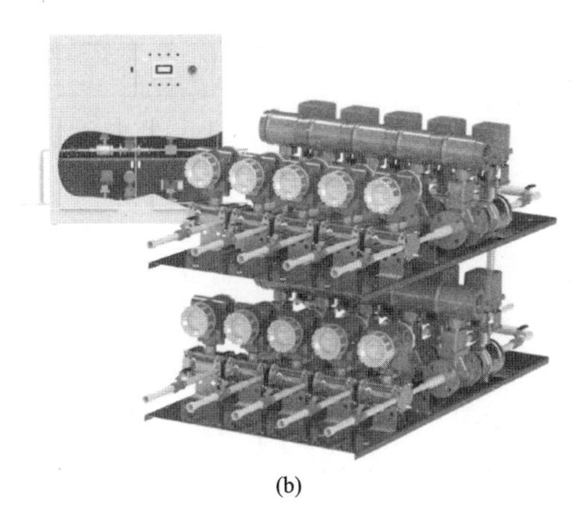

(b)

图 4.6-4 囊体扩展测控系统样机

4. **工程应用**

如图 4.6-5 所示，依据变形控制方案，在相应的位置先打孔埋设囊体，然后预注超缓凝浆液保压，达到设定初始压力，根据施工步序给定各个阶段的控制压力，通过自动化控制设备随时保压调控，实现土体变形主动控制。

(a) 钻孔

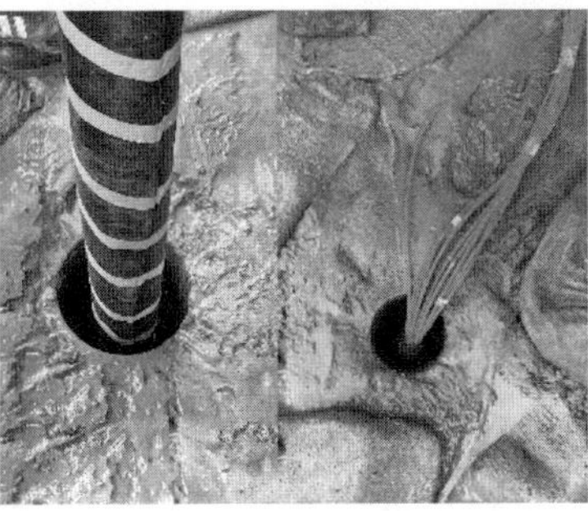

(b) 埋设囊体

(c) 控制系统

图 4.6-5 工程现场应用

4.6.2 土体变形测量系统

1. **测量原理**

如图 4.6-6 所示，为进一步提高囊体变形主动控制系统的实时性和准确性，开发了一种基于多测量单元的新型土体变形测量系统，包括太阳能供能、土体位移监测、无线数据采集器和上位机软件。将土体变形测量设备埋入地下，传感器的测量数据通过无线传输到上位机。上位机软件计算实时土体变形。

测量设备根据现场测量的实际需求，即测量深度和测点布置密度，由多个测

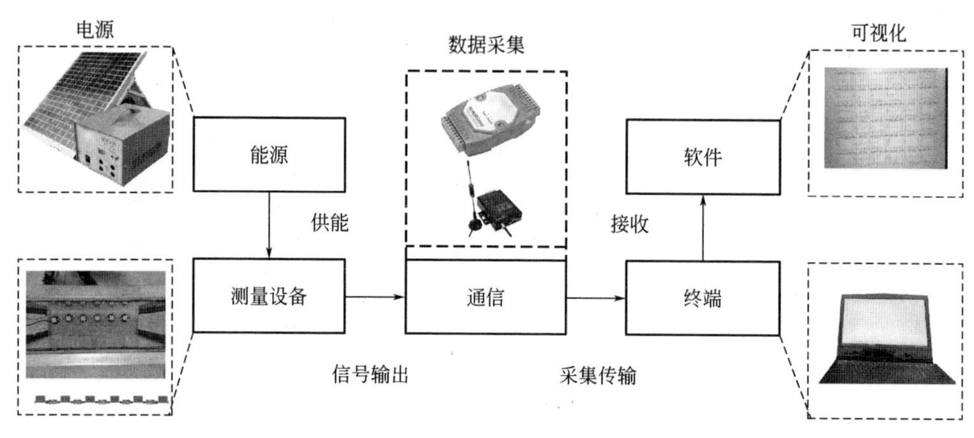

图 4.6-6　土体变形测量系统

量单元组成。测量模块由角度传感器、保护壳和万向轴组成，如图 4.6-7 所示。多个传感器节点之间用总线连接，优化单点数据传输的冗余线束，使系统结构简单，占用空间小。角度传感器测量精度达到±0.05°。测量单元采用模块化的结构设计，具有出色的可扩展性和对不同环境和场景的适应性。万向轴的连接方式为每个测点模块提供独立的空间旋转自由度。

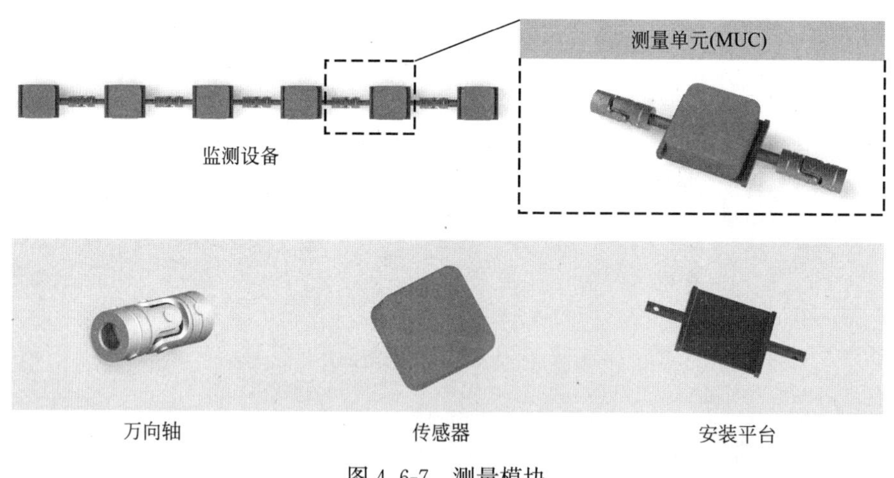

图 4.6-7　测量模块

如图 4.6-8 所示，每个测量单元体被简化为一个刚性轴，并且假设两个节点对周围的土体具有相同的运动。如图 4.6-9 所示，在全局笛卡尔坐标系中的多个测量单元，其中节点 i 的位置表示见式（4.6-1），根据式（4.6-1）逐个确定测量单元各节点坐标，实现土体变形测量。

$$\begin{cases} x_i = x_{i-1} + l\sin\varphi_i\cos\theta_i \\ y_i = y_{i-1} + l\sin\varphi_i\sin\theta_i \\ z_i = z_{i-1} + l\cos\varphi_i \end{cases} \tag{4.6-1}$$

式中，节点 i 的位置在局部球坐标系中表示为（l，θ_i，φ_i），原点为节点 $i-1$。θ_i 和 φ_i 分别是相对于 x 轴和 z 轴的角度；l 是测量单元的长度；测量设备的起始节点固定，坐标为（x_0，y_0，z_0）。

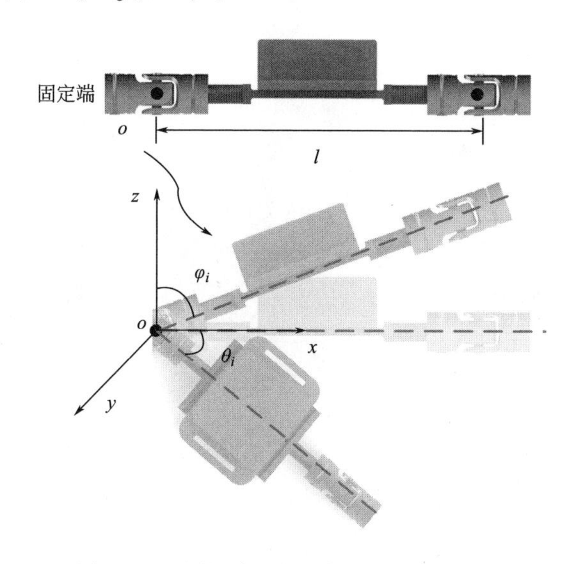

图 4.6-8 测量单元在局部坐标系中的变形

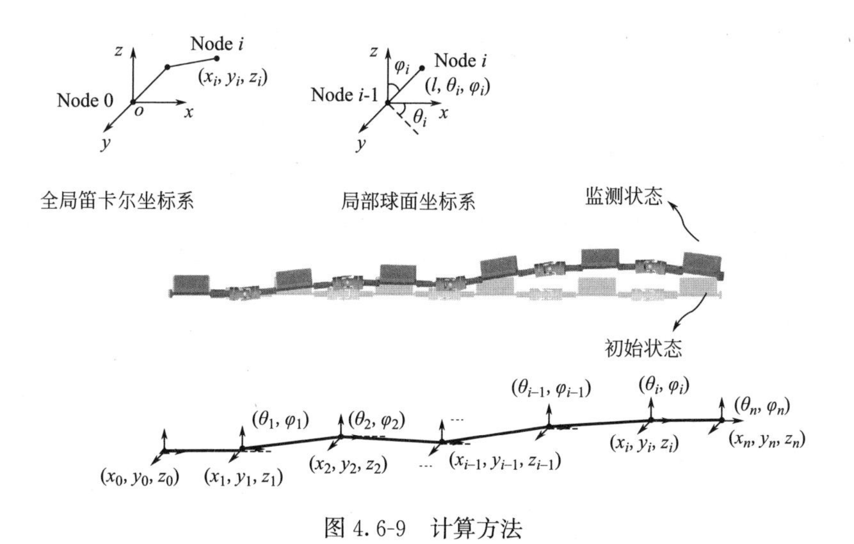

图 4.6-9 计算方法

2. 标定试验

如图 4.6-10 所示，作者开发了一套传感器标定系统，将传感器固定在传动轴上，轴的两端用螺栓与万向轴固定。标定系统节点 B 配备一组三轴模组，用于调整轴端位移，带动传感器移动。试验过程中，上位机软件记录角度传感器的数据。

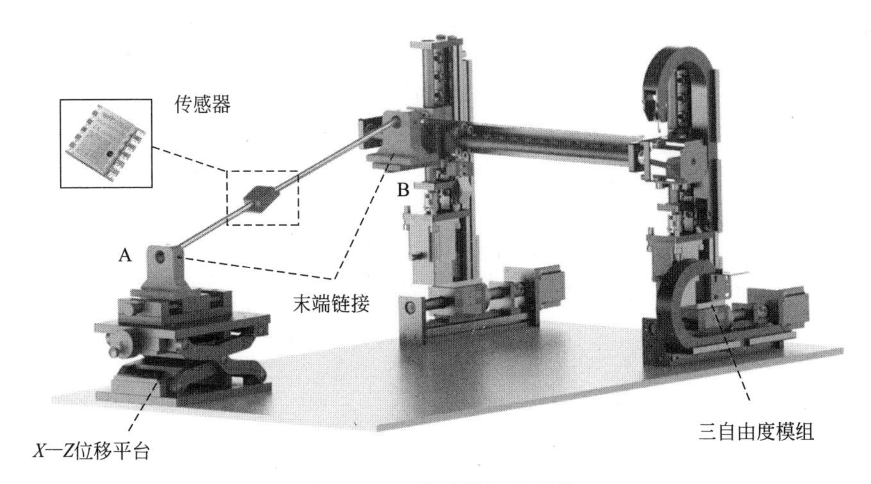

图 4.6-10 传感器标定系统

试验中，节点 A 只保留转动自由度，节点 B 随三轴模组移动。轴从 AB 变为 A′B′。在调整位移过程中，节点 A 发生微小滑动。式（4.6-2）是根据几何关系建立运动模式的变形约束方程：

$$(l-d_{AX})^2+d_{BZ}{}^2=l^2 \tag{4.6-2}$$

式中，l 是测量单元的长度；d_{AX} 为节点 A 水平位移；d_{BZ} 为节点 B 垂直位移。旋转角度见式（4.6-3）：

$$\begin{cases} d_{BZ}=l\sin\alpha \\ l-d_{AX}=l\cos\alpha \end{cases} \tag{4.6-3}$$

因角度测量和制造引起的误差计算见式（4.6-4）。土体变形的测量误差与测量单元的误差、制造安装误差、长度等息息相关，其中，测量布点的排列密度是关键。在实际条件允许的情况下，传感器的布置密度应最大化，可减少测量误差。

$$\delta_Z=\frac{\partial d_{BZ}}{\partial l}\delta_i+\frac{\partial d_{BZ}}{\partial \alpha}\delta_\alpha \tag{4.6-4}$$

式中，δ_Z 是总误差；δ_α 为角度传感器的测量误差。

如图 4.6-11 所示，开展四组标定试验，试验结果见表 4.6-1。每组差值不同，为 2mm、3mm、5mm 和 8mm。此处以一组试验为例分析试验结果。本组

图 4.6-11　标定试验系统

试验的调整间隔为 2mm，标定测试中轴的长度 546mm，计算理论直线见式（4.6-5）：

$$\sin\alpha = 0.00183 d_{BZ} \tag{4.6-5}$$

标定试验结果　　表 4.6-1

实验组	拟合方程	拟合度	平均误差（%）
1	$\sin\alpha = 0.0018 d_{BZ} - 0.00053$	0.99992	1.28
2	$\sin\alpha = 0.0018 d_{BZ} - 0.0003$	0.99998	0.30
3	$\sin\alpha = 0.0018 d_{BZ} - 0.00033$	0.99995	0.18
4	$\sin\alpha = 0.0018 d_{BZ} - 0.0005$	0.99996	0.11

见图 4.6-12，试验数据回归拟合见式（4.6-6）：

$$\sin\alpha = 0.0018 d_{BZ} - 0.00053 \quad R^2 = 0.99992 \tag{4.6-6}$$

同时，使用式（4.6-7）、式（4.6-8）描述试验结果：

$$\delta = \frac{\Delta}{L_{real}} \times 100\% \tag{4.6-7}$$

$$\bar{\delta} = \frac{\sum_{i}^{n} \delta_i}{n} \tag{4.6-8}$$

式中，Δ 是理论和试验结果之间的差异；n 是每组试验的重复次数。

本次试验各组相对误差均不超过 2%，见图 4.6-12～图 4.6-15。试验结果表明测量单元可以稳定地得到不同变形情况下的波动角度。

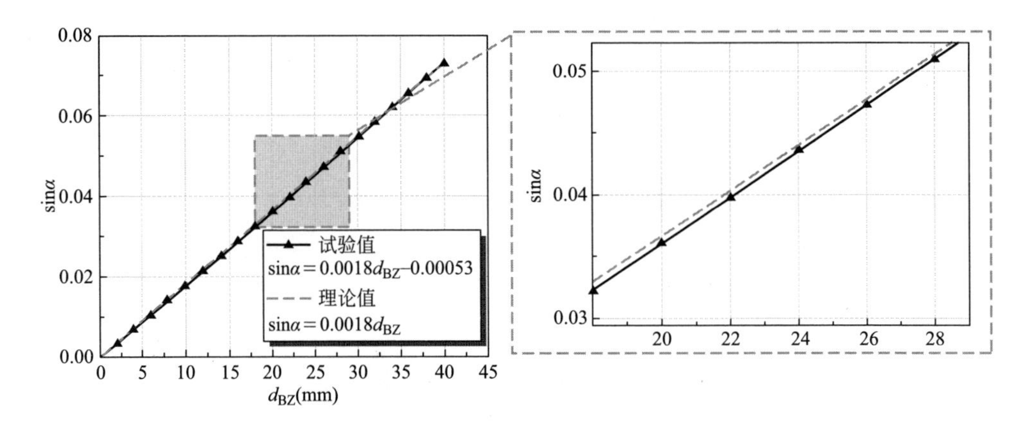

图 4.6-12 试验结果（2mm）

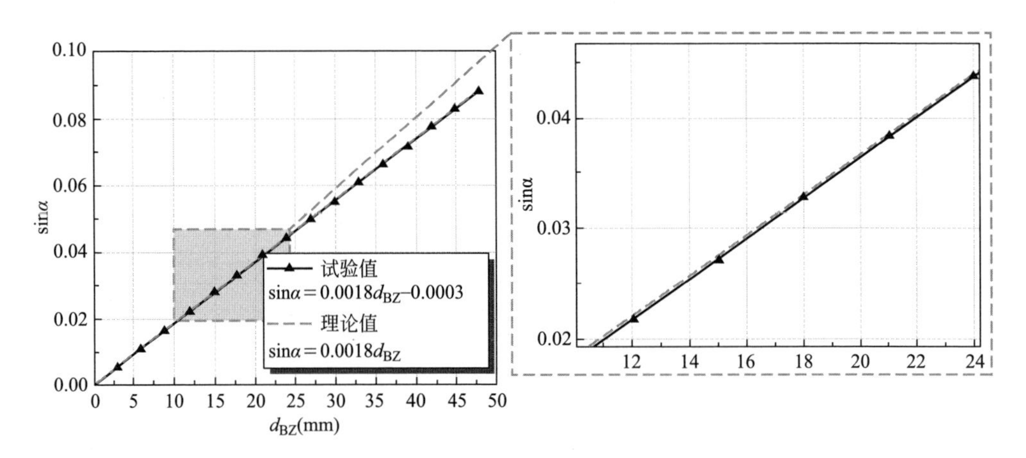

图 4.6-13 试验结果（3mm）

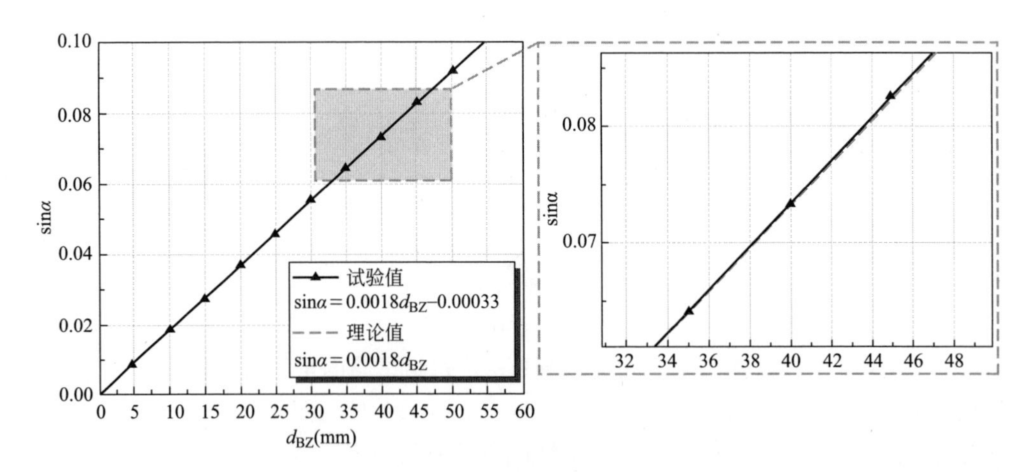

图 4.6-14 试验结果（5mm）

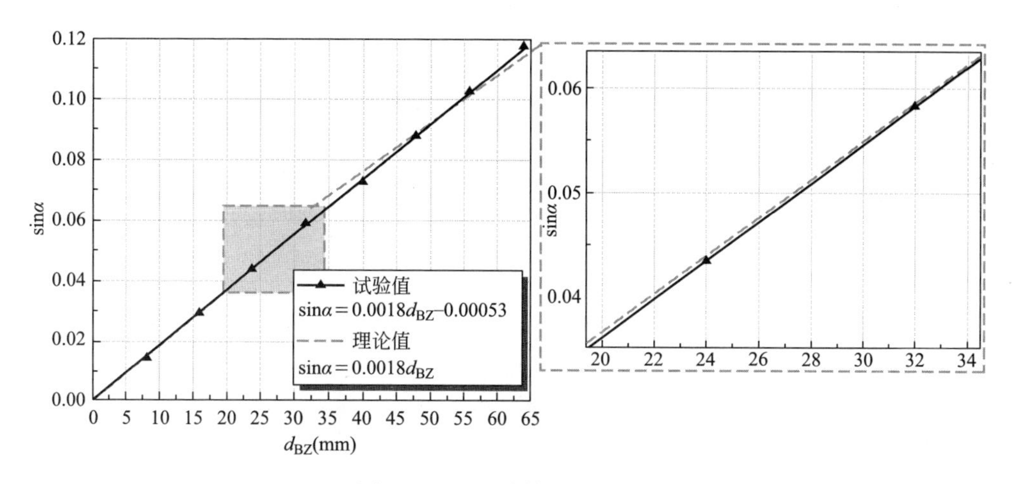

图 4.6-15 试验结果（8mm）

3. 模型试验验证

为进一步验证监测设备测量土体变形的可行性，设计小模型试验，如图 4.6-16 所示。模型箱的尺寸为长 600mm、宽 150mm、高 500mm。试验中，测量仪器被水平放置。模型箱底部的抬升系统模拟土体的扰动变形，使用激光位移计测量上升位移。在土体中放置的标记由半径接近砂的钢珠组成，通过钢珠的变形可以直观地观察土体变形。试验过程中通过 X 射线实时获取设备状态和土体变形过程，实现过程可视化。试验过程如图 4.6-17 所示。

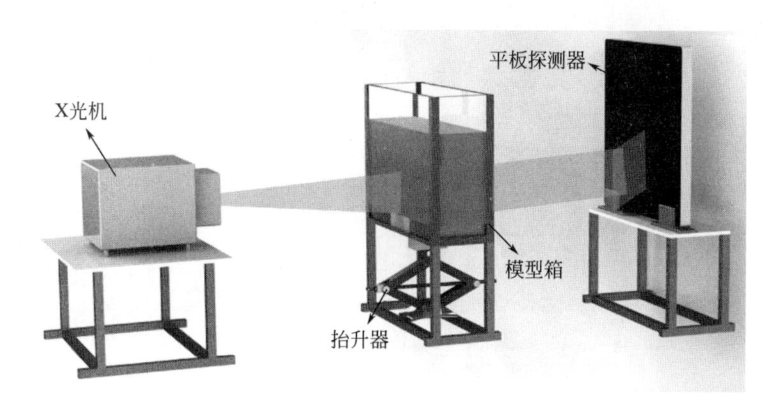

图 4.6-16 小模型试验系统

试验中，土体内部布置了由六个测量单元组成的监测设备，如图 4.6-18 所示。图 4.6-18（b）显示了布置在外侧的红色染色砂标记的显著土体位移（本书黑白印刷，未显示色彩）。通过标记被染成红色的砂可以更明显地观察到土体的变形。X 射线试验结果如图 4.6-19 所示。白色数字是激光位移计的数值，试验结果具有良好的一致性，表明该测量系统在实际应用中是可靠的。

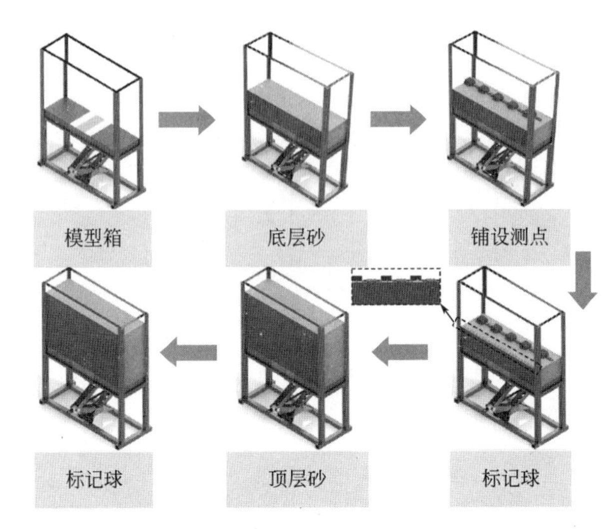

图 4.6-17　试验过程

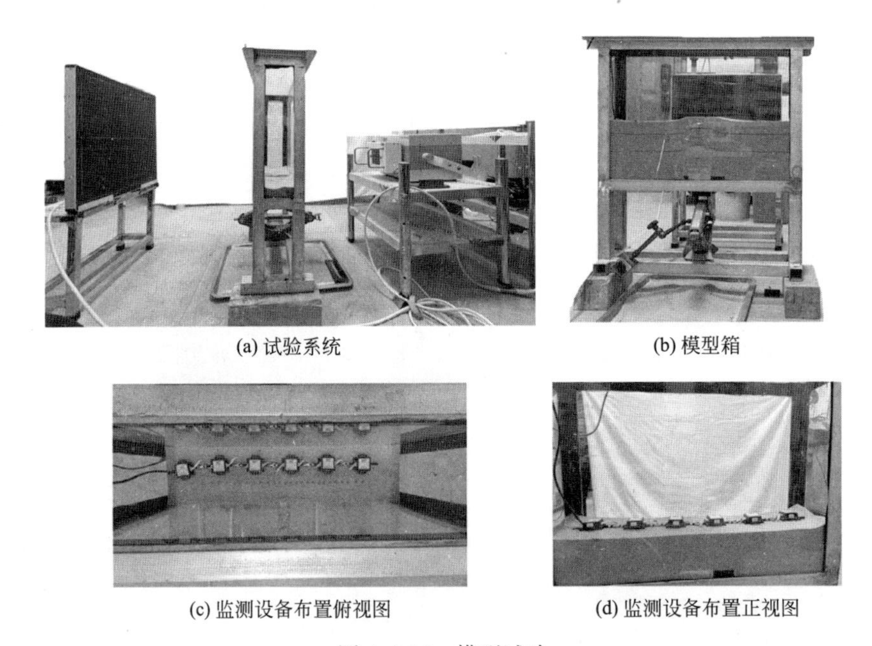

图 4.6-18　模型试验

使用图像处理算法对相应阶段的图像进行处理，见图 4.6-20，X 射线结果与监测数据保持一致。在拍摄区域外，为非主要抬升区，位移变化小，传感器变化数据平缓。实际过程中可以根据需要适当增加测量单元的数量，提高测点数据的密度，为关键监测区域获取更多的数据。总体平均误差见式（4.6-9），总体平均误差为 0.187mm。总体而言，变形监测系统具有毫米级的监测能力，能够满足

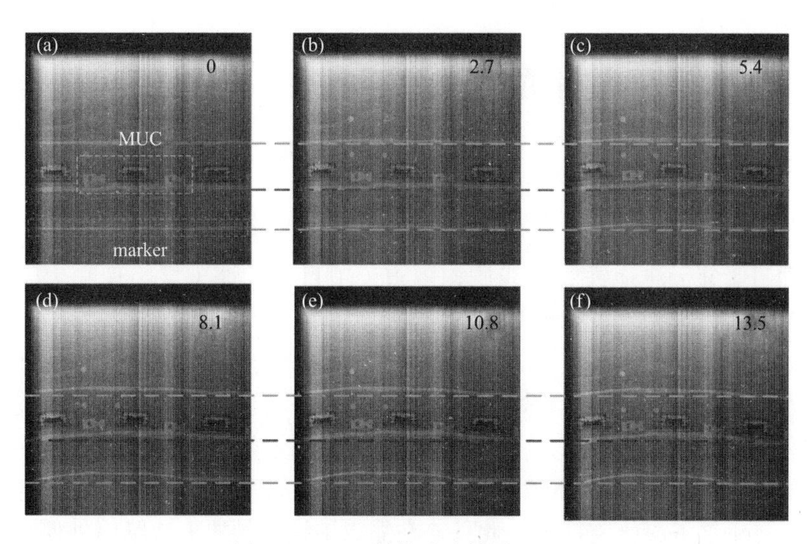

图 4.6-19 X 射线试验结果（mm）

工程监测的需求。

$$d_{\text{error}}=\frac{\sum_{i}^{n}|d_{i\text{-MUC}}-d_{i\text{-xray}}|}{n} \tag{4.6-9}$$

式中，$d_{i\text{-MUC}}$ 是测量的值；$d_{i\text{-xray}}$ 是对拍摄的 X 射线图像进行处理得到的值；n 是测量点的数量。

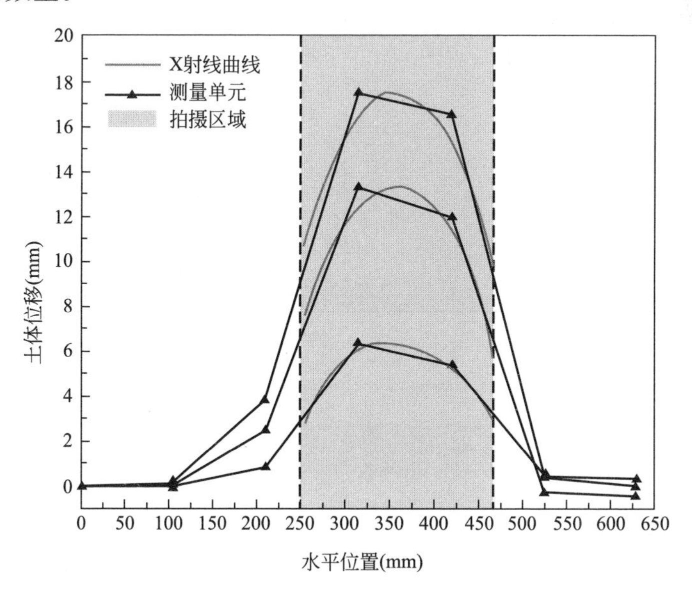

图 4.6-20 图像处理结果

4.7 囊体扩张技术的工程应用

4.7.1 工程概况

某项目紧邻天津地铁3号线盾构隧道，项目所在地土层物理和力学指标见表4.4-1，项目基坑开挖面积约9644m²，周长约385m，基坑开挖深度为12.50m，局部最深处为14.95m，挖土方量约110000m³。为减少基坑开挖对地铁结构及周边建筑造成的影响，基坑总体采用地下连续墙+两道混凝土支撑（支撑形式采用圆环支撑+对撑），靠近隧道侧的地下连续墙厚1.0m，长25.0m，其余侧地下连续墙厚0.8m，长24.0m。基坑水平支撑采用钢筋混凝土支撑，在部分区域设置钢筋混凝土支撑板。此外，在靠近地铁侧的地下连续墙外侧，还设置0.8m厚CSM水泥土止水帷幕，见图4.7-1及图4.7-2[9,10]。

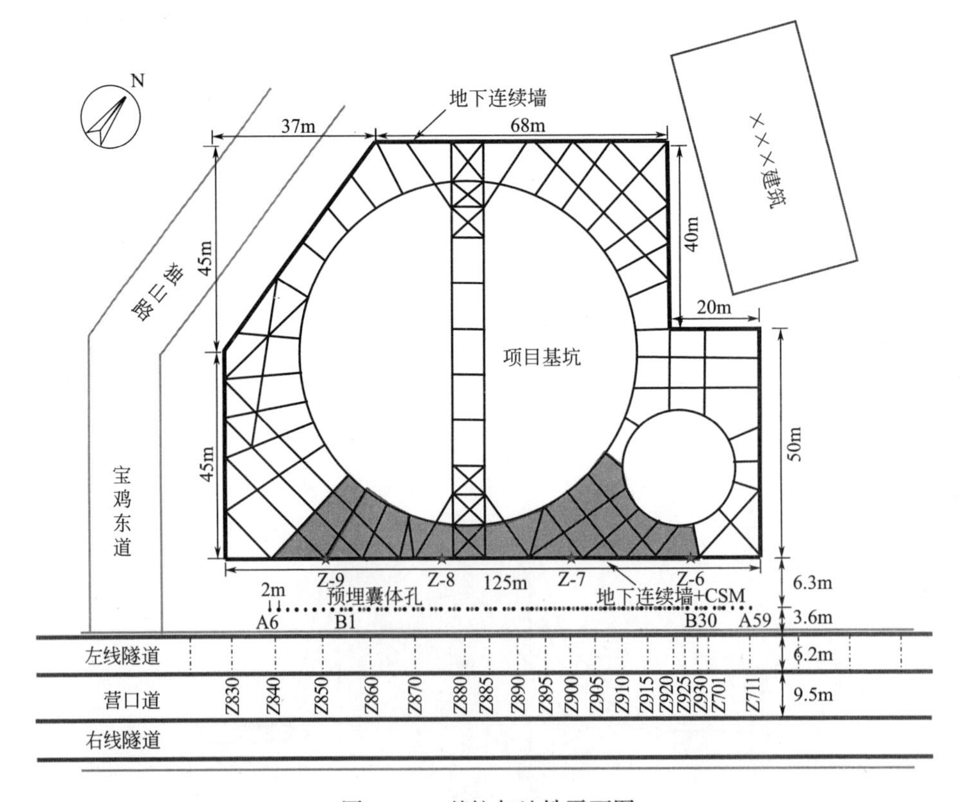

图4.7-1 基坑与地铁平面图

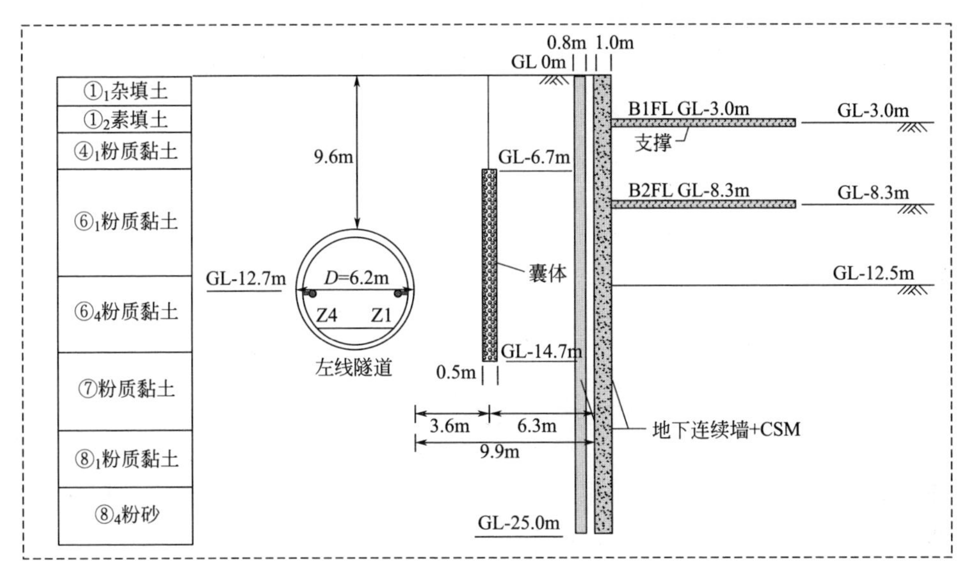

图 4.7-2 基坑与地铁剖面图

基坑南侧邻近地铁 3 号线区间隧道，基坑围护结构外缘距隧道区间结构外边缘为 9.9m。在基坑施工期间，为保证地铁运营安全，采用高全站仪自动监测地铁结构的位移，并于左线隧道布置 18 个监测断面，此外，每个断面拱腰处也布置 2 个测点。

4.7.2 囊体扩张技术的必要性

该项目基坑紧邻地铁 3 号线左线隧道，分区开挖方案见图 4.7-3[5]。根据该段隧道的状态，地铁管理部门提出了较为严格的地铁保护要求，即盾构隧道水平变形控制值为 6mm，报警值为 4mm。为保证地铁运营安全和基坑施工的连续性，该项目原计划采取多种被动控制措施，包括：①设置 CSM 水泥土止水帷幕，提高地下连续墙刚度；②设置水平支撑板，加强支撑刚度；③设置反压土并分区开挖以及分区施工底板。为了进一步比较和研究不同被动控制措施的保护效果，根据实际情况选取了多种典型保护方法进行模拟分析。由于 CSM 水泥土止水帷幕在基坑地下连续墙施工前已施工完成，因此所有保护方法中均含有此种被动保护措施。

上述所提及的多种典型保护方法见表 4.7-1[10]。其中：工况 1 用于评估开挖对相邻地铁隧道的影响，无任何保护措施。工况 2 用于研究加强支撑刚度对地铁隧道的保护作用，支撑断面增大 100%，区域四、区域一、区域二南部的支撑刚度被加强（图 4.7-3）。工况 3 分析了提高地下连续墙刚度的保护效果，在数值模拟时，其厚度增加到原设计后的 1.5 倍。工况 4 评估了分区开挖、底板分区施工

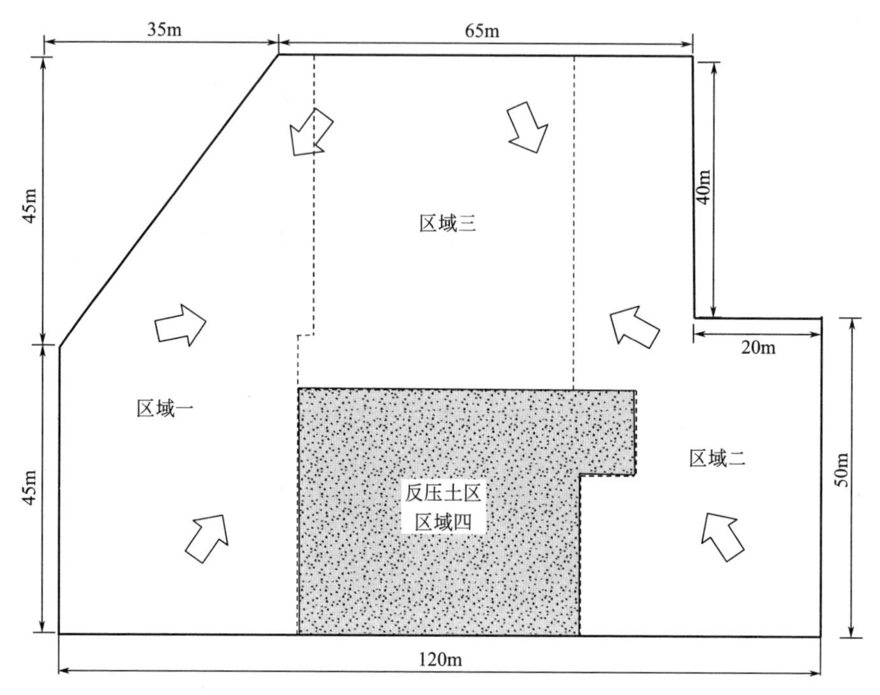

图 4.7-3 分区开挖方案

的保护效果，区域一、区域二、区域三先开挖并施工底板，其次开挖区域四。工况 5 是对所有被动控制方法综合保护效果的评估。工况 6 分析了项目实际采用的囊体扩张变形主动控制注浆技术对隧道变形的控制效果。

多种典型保护方法　　　　表 4.7-1

工况	CSM	加强支撑刚度	提高地下连续墙刚度	分区开挖	主动注浆控制
1	√				
2	√	√			
3	√		√		
4	√			√	
5	√	√	√	√	
6	√				√

图 4.7-4 为不同工况下左线隧道水平位移。结果表明，工况 2、4、5 均可以在一定程度上减少因基坑开挖和支撑拆除所引起的隧道水平位移，其中工况 6（即囊体扩张技术）效果最为显著，与没有任何保护措施的工况 1 相比，采用主动注浆控制技术，开挖和结构底板施工完成后隧道的水平位移从工况 1 的 7.8mm、9.9mm 降至 4.4mm、5.6mm。工况 2、4、5 的保护效果基本一致，说

明 3 种典型被动控制措施并不能将隧道水平位移控制在限制范围之内。工况 1、3 的保护效果基本趋于一致，无法将隧道水平位移控制在限制范围内。值得注意的是工况 3（即提高地下连续墙刚度）不能减少隧道水平位移，而是略微增加水平位移，这可能是由于刚度的提高，地下连续墙的整体变形均匀。

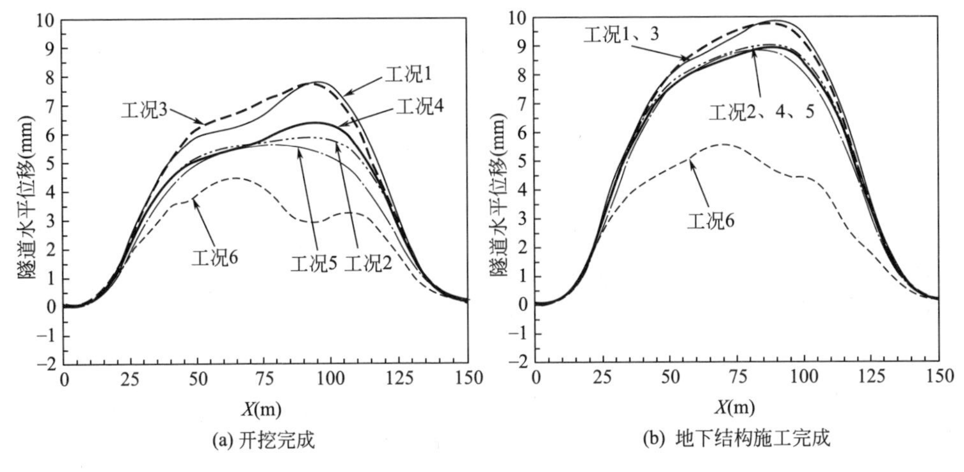

图 4.7-4　不同工况下左线隧道水平位移

不同工况下左线隧道水平收敛见图 4.7-5。若不采取防护措施，隧道最终最大收敛量可达到 5.5mm。显然，囊体扩张变形主动控制注浆技术可以最有效地控制水平收敛，并成功地将最大水平收敛量限制在 3.4mm。其他情况也可以在一定程度上防止隧道过度收敛，但程度较小。

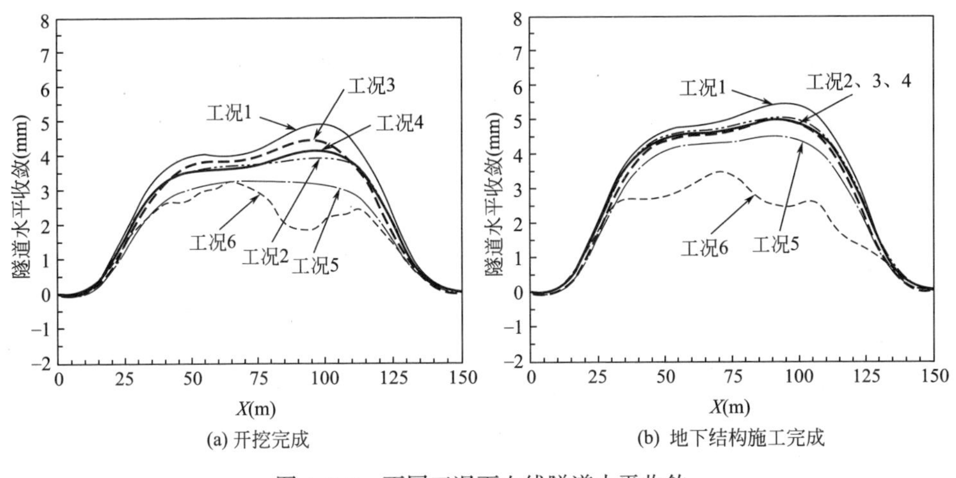

图 4.7-5　不同工况下左线隧道水平收敛

鉴于既有被动控制措施存在的诸多问题，尤其不能有效地将基坑开挖卸荷条件下地铁隧道结构变形控制在报警值之内，采用囊体扩张实时主动控制技术的应用十分必要，它不仅可以主动控制邻近隧道的变形，还可以取消分区开挖的复杂工序，加快出土速度，保障施工连续进行，降低基坑工程造价和缩短工期。

4.7.3 囊体扩张技术实施方案

实际实施时，在基坑第二步土开挖结束后，进行囊体的预埋设施工。参考原位试验的布置方式，在隧道与基坑之间距离隧道 3.6m 处布置一排囊体，包含 53 个主控囊体和 30 个副控囊体，主控囊体孔间距 2m，部分主控孔之间间隔 1m 处穿插布置一个副控囊体孔。主控囊体起到主要控制作用，考虑控制效率和变形恢复的问题，设置副控囊体起到预备控制作用。此外，随着开挖施工的进行，左线隧道有上浮变形的趋势，为抑制水平注浆引起的隧道进一步上浮，将注浆囊体中心深度提高 2m，即囊体埋深为－14.7～－6.7m，囊体的平均扩张直径约为 50cm。

为了实时有效地主动控制隧道结构的变形，基坑开挖过程中当左线隧道的最大水平位移达到 3mm 时，立即启动囊体扩张；拆除支撑期间变形达到 5mm 时，启动囊体扩张。最终，在基坑开挖过程中共启动两次囊体扩张，在拆除支撑期间也启动了两次囊体扩张。

4.7.4 隧道水平变形分析

左线隧道最大水平位移随施工进度的变化情况如图 4.7-6 所示，不同施工阶段左线隧道水平位移见图 4.7-7。需要特别强调的是，由于单批次的囊体扩张是逐孔启动且持续时间较长，期间超静孔隙水压力不断消散，故持续保持观测，并以所有孔位施工结束 24h 后达到稳定的数据作为囊体扩张主动控制后的隧道水平位移。

结合前面内容中数值模拟预测结果可知，如果仅采用原设计方案中的被动控制措施，随着基坑施工的进行，左线隧道最大水平位移最终将达到 9.4mm，远超隧道的水平位移控制值，影响邻近地铁的安全运营。

根据现场实测数据结果，当采用了囊体扩张技术，隧道的水平位移得到了实时有效的控制，全过程均未出现变形超标的情况。第一次囊体扩张后，控制区域内的隧道最大水平位移由 3.1mm 减小至 2.0mm，部分断面的最大控制量达到 1.2mm；第二次囊体扩张后，控制区域的隧道最大水平位移由 3.0mm 减小至 2.2mm，部分断面的最大控制量达到 1.6mm。基坑开挖施工结束，左线隧道最大水平位移为 3.41mm。拆除支撑过程中，左线隧道的水平位移继续增大，经过第三次及第四次的囊体扩张后，隧道最大水平位移由 4.3mm 减小至 3.2mm。此

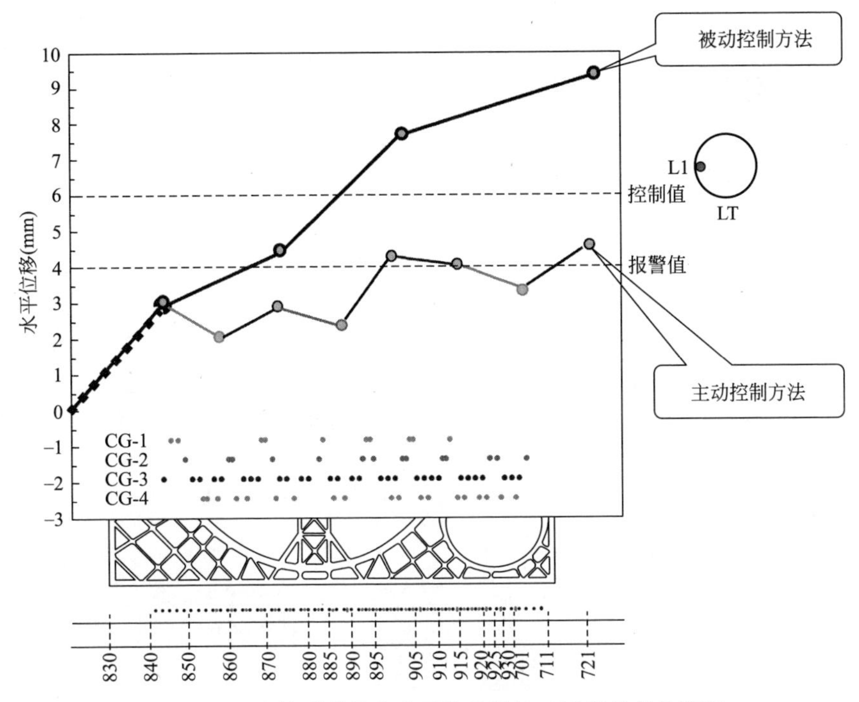

图 4.7-6 左线隧道最大水平位移随施工进度的变化情况

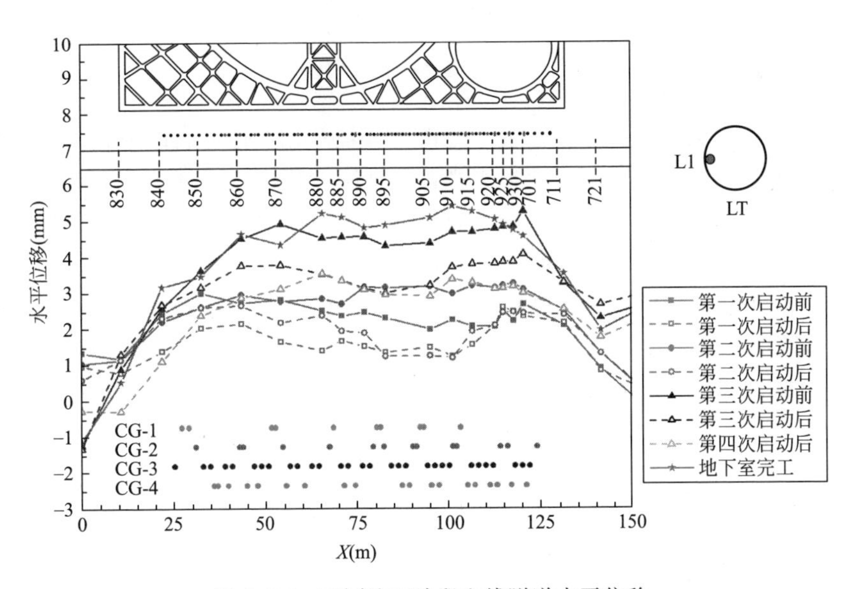

图 4.7-7 不同施工阶段左线隧道水平位移

外，由于第三次囊体扩张采用“小方量、多孔位、小间距”原则，左线隧道的水平位移更加均匀。最终，当地下室结构施工完毕，左线隧道的最大水平位移稳定在 4.9mm，在控制值以内。因此，囊体扩张技术十分有效地将隧道水平位移实时地控制在毫米级标准内，保证邻近地铁的运营安全。

4.7.5　囊体扩张技术应用场景

囊体扩张技术适用于岩土工程的变形控制，在基坑、隧道、桩基、高速铁路、高速公路等领域应用前景广阔，见图 4.7-8。

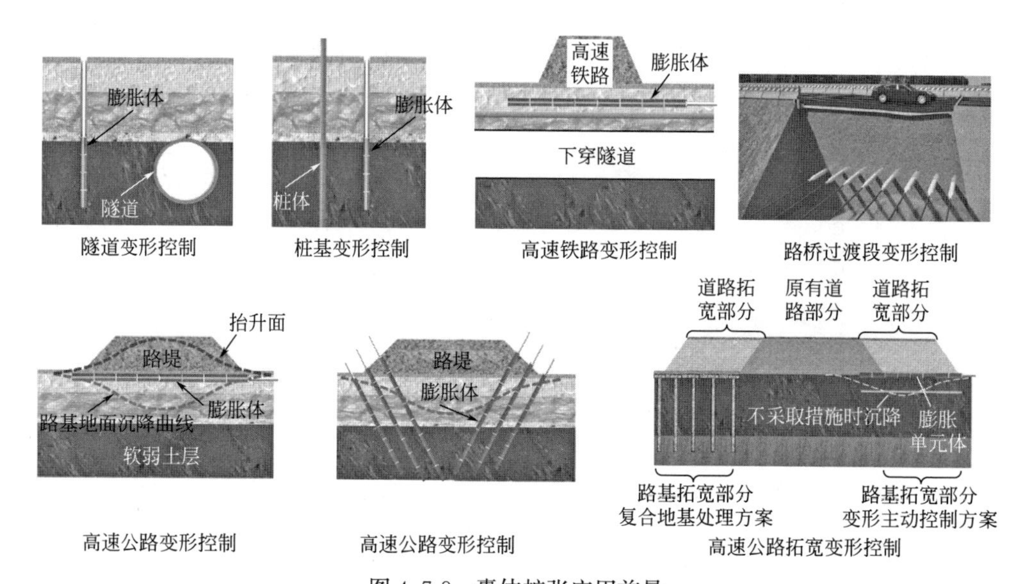

图 4.7-8　囊体扩张应用前景

囊体扩张技术具有良好的社会、经济、环境效益，体现在以下几个方面：

(1) 保障城市环境安全。地下工程往往伴随着极强的环境改变，地下开挖导致开挖场地周围土体应力场的变化，使土体发生较大变形。从而使得周边道路、地下管线、隧道发生不均匀沉降、开裂甚至破坏而影响正常使用，造成一定的社会影响。因此，实现地下工程的精细化控制，与城市安全运行和人民生命财产安全息息相关。主动控制技术有效地提升岩土工程的施工控制效果，对提高工程品质，保障城市环境，具有十分重要的社会效益。

(2) 缩短施工周期，降低造价。大量的工程实践表明，被动控制措施通常会大幅提高工程造价，占用施工大量空间，显著延长工期，拉低经济效益。本项目提出主动变形控制技术，实施灵活，对于拟保护对象的变形控制针对性、靶向性强，可取消加强支护结构、土体加固、隔断墙分区施工、隔离桩、坑内反压土等耗时耗材的措施，显著缩短施工周期，降低造价，成本仅相当于被动控制方法成本的 10%～20%。

(3) 推动绿色低碳发展。由于主动变形控制技术不采用加强支护体系结构的措施，因此能降低砂石、水、水泥、和钢材消耗，减少对自然资源的占用，减少开采自然资源对生态环境的影响，避免水泥、钢材生产的高能耗，实现低碳、节能、降耗，助力可持续发展。

（4）提升建造技术水平。采用预制化囊体扩张技术，可大幅度提高基坑工程的工业化建造水平；而实时智能的测控一体化变形控制系统，有助于推动基坑工程向智能建造、数字孪生等趋势发展。

4.8 本章小结

囊体扩张技术的创新性主要体现在如下四点：

（1）测控一体化，即不完全依赖基坑工程设计阶段变形预测的精确性，而是通过测控一体化来对保护对象进行动态和实时控制。

（2）变形可逆转，即当施工过程中保护对象出现变形过大，可对已经产生的变形减小、消除甚至逆转。

（3）保护有靶向，即直接对影响保护对象的关键区域土体的应力、变形进行适时控制，从而对保护对象进行全过程靶向保护。

（4）四两拨千斤，通过高效的、快捷、经济的土层应力和变形控制手段，而不是对整个基坑支护体系采取被动保护措施，对保护对象实施变形控制，对基坑工程造价、工期、施工难度影响小。

工程实践表明，条件适当时，该技术可实现对基坑周边环境的主动、高效、靶向、精细的毫米级变形控制，为解决城市基坑工程的环境保护提供了有力的技术手段。

参考文献

[1] Au S K A，Soga K，Jafari M R，et al. Factors affecting long-term efficiency of compensation grouting in clays [J]. Journal of Geotechnical and Geoenvironmental Engineering，2003，129 (3)：254-262.

[2] Zheng G，Pan J，Cheng X，et al. Use of grouting to control horizontal tunnel deformation induced by adjacent excavation [J]. Journal of Geotechnical and Geoenvironmental Engineering，2020，146 (7)：05020004.

[3] 郑刚，潘军，程雪松，等．基坑开挖引起隧道水平变形的被动与注浆主动控制研究 [J]. 岩土工程学报，2019，41 (7)：1181-1190.

[4] 郑刚．软土地区基坑工程变形控制方法及工程应用 [J]. 岩土工程学报，2022，44 (01)：1-36+201.

[5] 刁钰，李光帅，郑刚．一种控制土体变形的单点囊体扩张装置：CN208235526U [P].

2018-12-14.（DIAO Yu，LI Guang-shuai，ZHENG Gang. Single-Point Capsule Grouting Device to Control Soil Deformation：CN208235526U［P］. 2018-12-14.（in Chinese））
［6］刁钰，杨超，郑刚．一种控制土体变形的多点囊体扩张装置及其方法：CN208235526U［P］. 2018-12-14.（DIAO Yu，Yang Chao，ZHENG Gang. Multiple-Point Capsule Grouting Device to Control Soil Deformation Device：CN208235524U［P］. 2018-12-14.（in Chinese））
［7］DIAO Y，BI C，DU Y M，et al. Greenfield test and numerical study on grouting in silty clay to control horizontal displacement of underground facilities［J］. International Journal of Geomechanics，2021，21（10）：04021178.
［8］郑刚，苏奕铭，刁钰，等．基坑引起环境变形囊体扩张主动控制试验研究与工程应用［J］. 土木工程学报，2022，55（10）：80-92.
［9］ZHENG G，SU Y M，DIAO Y，et al. Field measurements and analysis of real-time capsule grouting to protect existing tunnel adjacent to excavation［J］. Tunnelling and Underground Space Technology，2021，122：104350.
［10］郑刚，王琦，邓旭等．不同围护结构变形模式对坑外既有隧道变形影响的对比分析［J］. 岩土工程学报，2015，37（07）：1181-1194.

5 基坑绿色低碳无支撑支护技术理论及应用

5.1 基坑无支撑支护技术概况

5.1.1 基坑传统支护方式与存在问题

悬臂式无支撑支护（简称悬臂式支护）和水平内支撑支护（简称内支撑式支护）是软弱土中常用的基坑支护形式，但长期的工程实践表明，两者存在一定的局限性[1]：

（1）悬臂式支护具备施工便捷、材耗低、工期短的优势。工作机理类似于设置在土体中的悬臂梁结构，仅发挥自身的地基梁挡土作用，导致其变形控制效果差，自稳能力低。一般仅适用在软弱土地区开挖深度5m以内的基坑，土质越软弱、变形要求越严格时，适用深度越浅。

（2）当基坑开挖深度大于5m时，为控制基坑施工期间的变形及其对周边环境的影响，软弱土中的基坑长期采用内支撑式支护。该支护具有稳定性好、变形控制能力强的优点，但对于软弱土中大面积基坑，特别当采用钢筋混凝土的内支撑时，也有突出的缺点：

1）材耗高、造价高

如图5.1-1（a）所示，大面积基坑采用内支撑式支护，其材耗（砂石、水泥、钢材）和工程造价可占基坑支护结构体系总材耗和总造价的20%～40%。单个大面积基坑的内支撑可消耗数千立方米至数万立方米的钢筋混凝土，相当于建造数万平方米的高层建筑所消耗的钢筋混凝土用量，但基坑内地下结构施工完成后，大量的内支撑要被拆除、废弃。

2）施工周期长

内支撑施工和拆除占用基坑总工期的20%～40%，工期延长20～60d。大面积基坑施工时，内支撑的施工与拆除所占的工期长，将大幅度增加工程间接成本。

3）施工难度大

内支撑的施工普遍采用劳动密集型的施工方式，如图5.1-1（b）所示。因内支撑的存在，导致其下方的土方开挖和地下结构施工难度增大，如图 5.1-1（c）所示。无论用爆破的方法拆除内支撑，还是用切割的方法拆除内支撑，甚至用人力破碎的方法拆除内支撑，施工难度大。此外，管廊工业化施工因内支撑的存在而难以进行。

4）拆除内支撑产生大量固体废弃物

内支撑一般是临时性结构，当地下结构施工完成后，内支撑将被拆除。拆除时，将产生大量固体废弃物、噪声、粉尘，如图 5.1-1（d）所示。

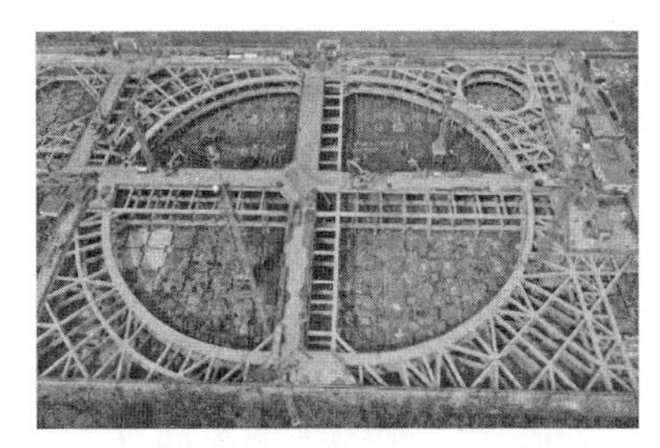

(a) 大面积基坑采用钢筋混凝土内支撑材耗高

(b) 劳动密集型的施工方式

(c) 内支撑下方土方开挖

(d) 水平内支撑拆除

图 5.1-1　水平内支撑存在的问题

可持续发展已成为人类社会发展的大趋势和必然要求。2018 年的统计表明[2]，我国建筑全过程碳排放量占全国碳排放量的 51.3%，其中，建材生产阶段碳排放量约占全国碳排放量的 28%。开挖深度为地下一层～地下二层（或更深）的基坑数量占基坑总数量的 60%～80%，对此，作者及其团队开展了基坑无支撑支护理论和技术的研究，研发了不设置水平内支撑（或锚杆），能在更大的开挖深度条件下有效地控制基坑变形的无支撑支护技术。条件适当时，可以实现基坑无支撑支护，解决水平内支撑存在的突出缺点，实现传统基坑支护技术的突破，形成新一代绿色、减碳、可持续发展的基坑工程技术。

5.1.2　基坑绿色、低碳无支撑支护

为解决水平内支撑技术存在的突出缺点，针对开挖深度 5m 以上的基坑，作者及其团队研发了两类绿色、低碳无支撑支护技术，分别是：倾斜桩支护技术和

梯级支护技术。如图 5.1-2 所示，同时，系统地研究了两类技术的工作机理与变形、稳定分析方法。

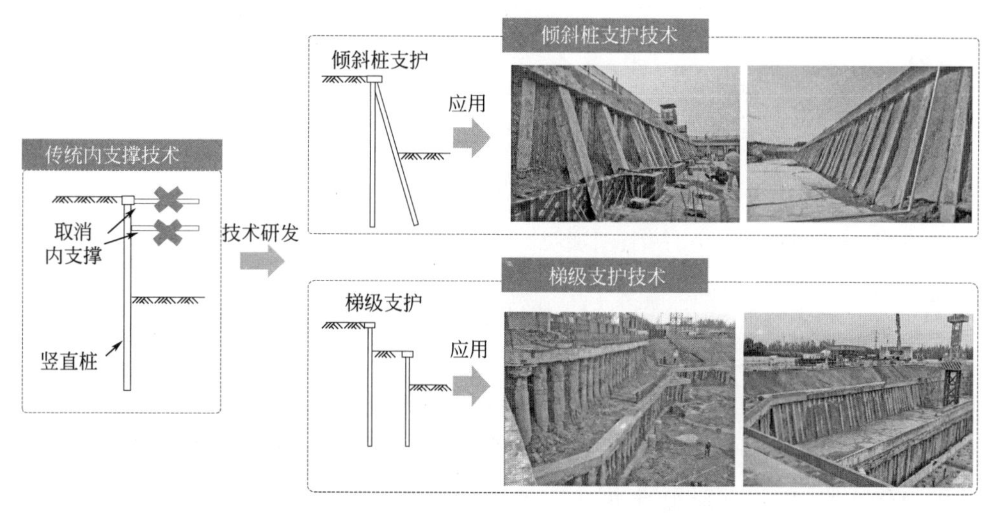

图 5.1-2 基坑绿色、低碳无支撑支护技术

(1) 倾斜桩支护技术

传统基坑支护一直长期采用竖直桩支护，若将桩体与竖直方向呈一定角度倾斜设置，并由冠梁连接，可形成倾斜桩支护[3,4]，与传统悬臂式支护相比，倾斜桩支护的抗倾覆和抗变形控制能力明显提升。若将竖直桩支护与倾斜桩支护组合布置，桩顶位于同一轴线并用冠梁连接，可形成倾斜/竖直桩支护，其稳定与变形控制能力进一步提升。由此，发展了系列倾斜桩支护，如图 5.1-3 所示（图中的支护是系列倾斜桩支护中的部分例子）。在条件适当时，系列倾斜桩无支撑支护（如：外直/内斜组合支护）可具有与内支撑相近的变形控制能力，可在取消内支撑的同时，既能有效控制支护结构变形，又能降低工程造价、缩短工期、减少固体废弃物，实现绿色低碳无支撑支护。

(2) 梯级支护技术

当地下室外侧空间较大，且对基坑变形要求不严格时，可以在围护桩（墙）以内设置反压土，提高基坑围护桩（墙）的稳定性，减小围护桩变形与内力。然而，反压土作用的发挥往往需要较大的坑内土体体积才能实现，在实际工程中的可用场地一般不能满足反压土的宽度要求，较小的反压土宽度不能有效地起到减小围护桩变形与内力、提高基坑稳定性的作用。因此，发展了梯级支护技术[5,6]，通过设置两排或多排桩体或墙体，实现对基坑的稳定与变形控制，取消大面积基坑中的内支撑。使用梯级支护，可使深基坑在深度方向形成多级台阶，在每级台阶设置支护结构，形成梯级支护结构。根据基坑开挖深度及各级支护分担的支挡

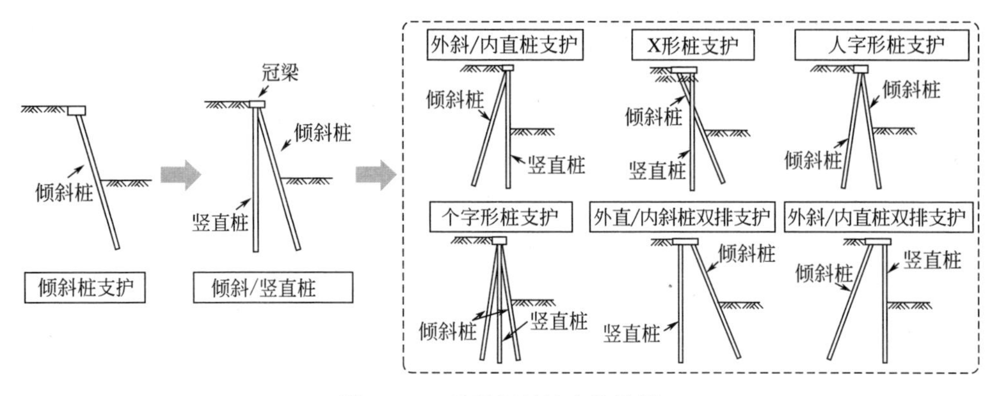

图 5.1-3　系列倾斜桩支护举例

高度不同，发展了系列梯级支护，如图 5.1-4 所示（图中的支护是系列梯级支护中的部分例子）。梯级支护适用于大面积基坑在地下室与用地红线之间具有一定长度宽度时，或同一个基坑存在周边深度小于内部深度的情况，此时，使用梯级支护可在大面积基坑施工中取消水平支撑。同时，梯级支护也有降低工程造价、减少支撑施工和拆除、缩短土方开挖的时间、便于地下结构施工、减少固体废弃物等优点。

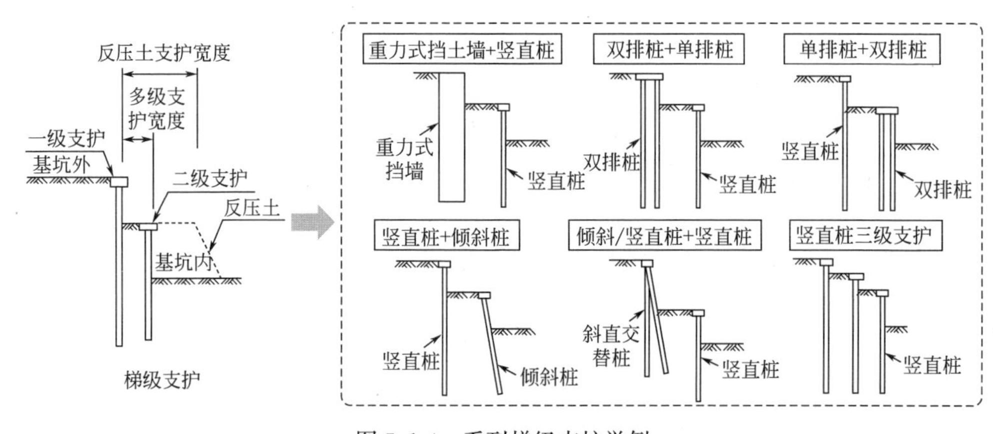

图 5.1-4　系列梯级支护举例

5.1.3　基坑无支撑支护的技术优势

（1）变形与内力控制能力对比分析

为对比倾斜桩支护、梯级支护控制变形的能力，采用天津市典型软弱土层的土体物理指标，以基坑开挖深度 7.0m 为例（此开挖深度下，传统支护方法需要设置内支撑），在支护桩总数、桩长相同时（即总用桩量相同），分析不同类型无支撑支护形式的变形和内力，并与悬臂式支护、水平内支撑支护形式的变形与内力进行对比[7]。从图 5.1-5 可以看出，对 7.0m 深度的基坑，在支护桩条件相同时，悬臂式支护结构的变形过大且无法保持稳定；采用倾斜桩支护和梯级支护，可实现较理想的变形控制效果；倾斜桩两级支护和竖直桩三级支护可进一步优化结构水平位移并实现与内支撑体系相当的变形控制能力，同时，桩身弯矩并不因为无支撑而比作为内支撑支护桩的弯矩大。对于悬臂式支护，在 7.0m 挖深条件

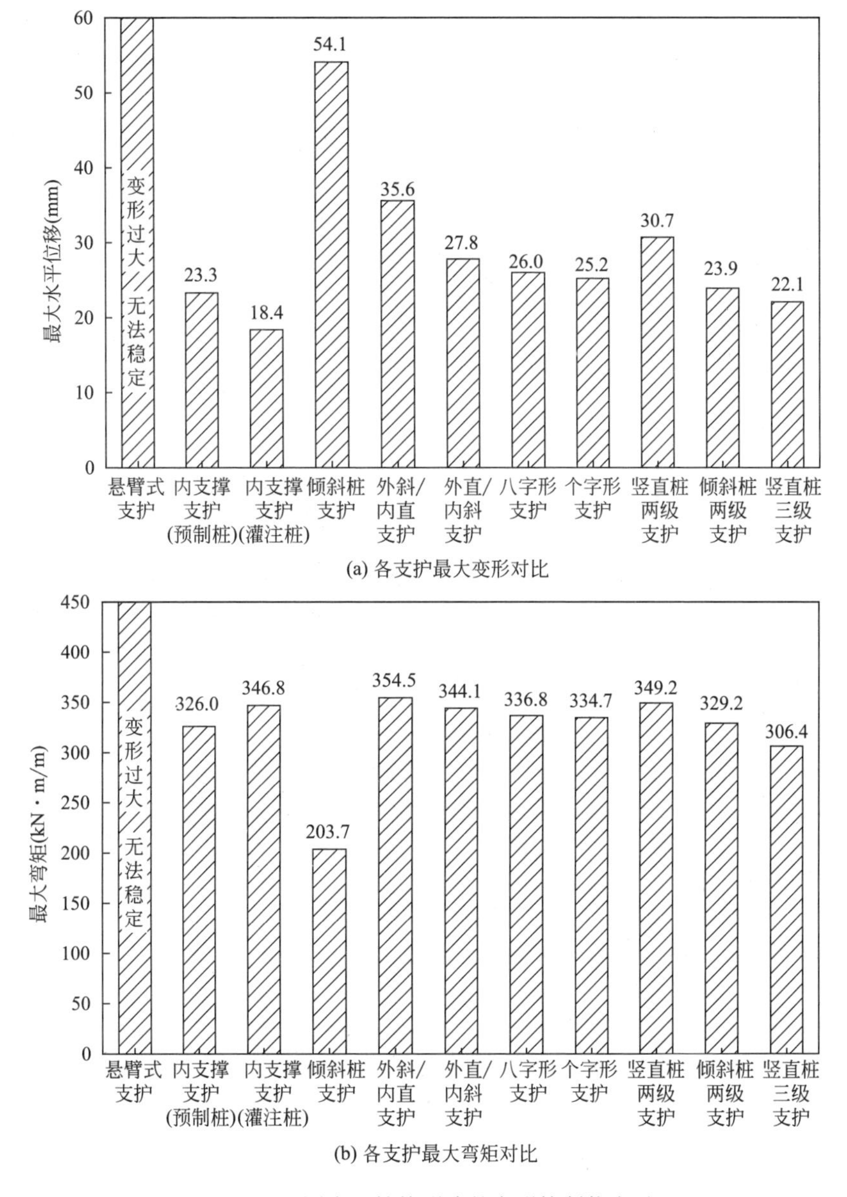

图 5.1-5 不同支护结构形式的变形控制能力对比

下，因产生过大变形无法稳定。上述分析意味着对于地下一层～地下二层（或更深）的基坑，采用绿色低碳无支撑支护技术，能够在取消水平内支撑的情况下，保持稳定性的同时，有效控制基坑变形及其对环境的影响，从而为绿色低碳无支撑支护技术的广泛应用奠定了基础。

（2）稳定控制能力对比分析

图 5.1-6 为不同支护结构形式的稳定性（自稳能力）对比。以传统悬臂式支护的稳定性（即极限开挖深度）为对比基础（即 100%），对比倾斜 10°与 20°的支护桩与竖直支护桩组合形成的组合支护结构，随着倾斜桩的倾斜角度变化，以及倾斜桩与竖直桩、倾斜桩与倾斜桩的组合形式不同，其极限开挖深度（对应支护桩倒塌时的开挖深度）比竖直悬臂式支护桩的极限开挖深度均可不同程度提升，最大可提高超过 55%。梯级支护结构极限开挖深度最大可提高超过 80%。支护结构的稳定性大幅度提升，意味着在较大的开挖深度时可不设置内支撑，实现无支撑支护。

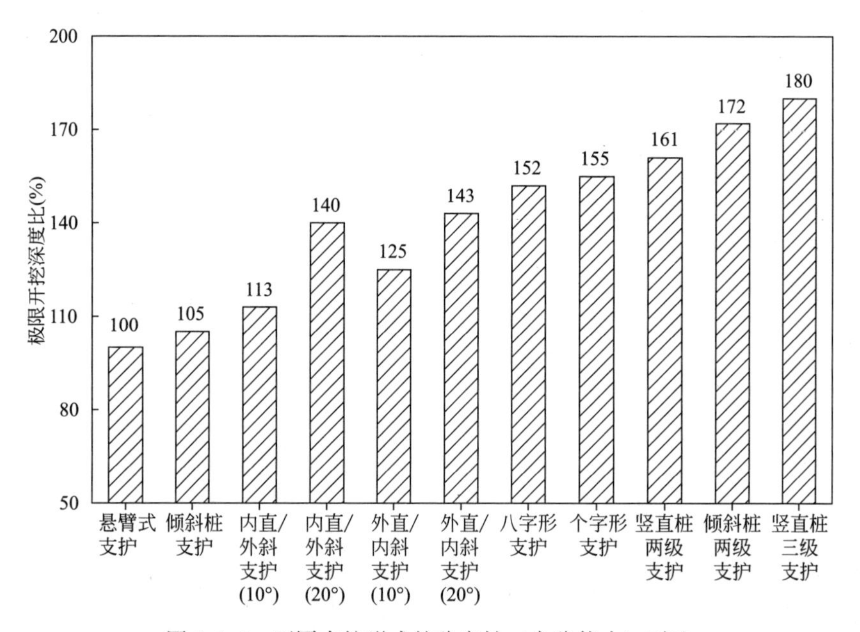

图 5.1-6　不同支护形式的稳定性（自稳能力）对比

绿色低碳无支撑支护可将软弱土地区无支撑支护基坑的开挖深度拓展到软土地区地下一层～地下二层（或更深）深度的基坑。图 5.1-7 为不同支护形式的应用深度对比图，传统基坑支护技术中，无支撑支护应用深度一般为 4～6m，倾斜桩支护和多级支护应用深度可达 8～12m，其组合应用深度已达 20m，使地下一层～地下二层或更深的基坑可实现无支撑支护。

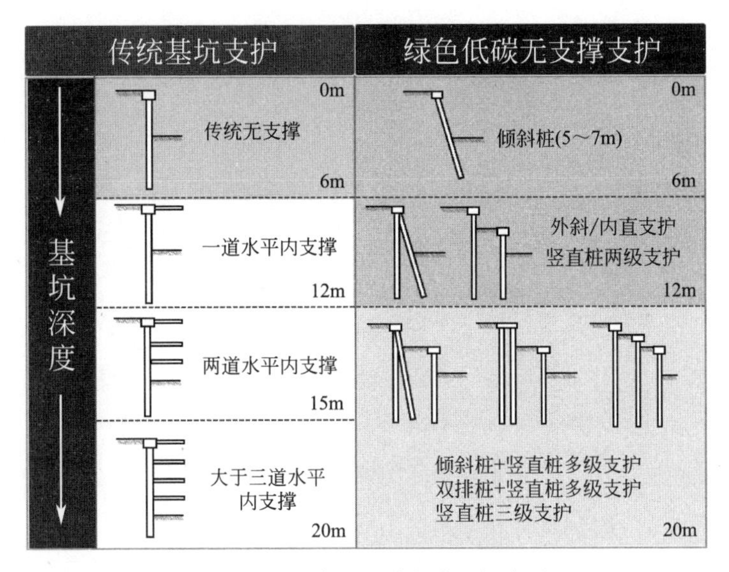

图 5.1-7 不同支护形式的应用深度对比

5.2 基坑倾斜桩无支撑支护体系工作机理与分析方法

5.2.1 工作机理

1. 单排倾斜桩工作机理

进行了竖直单排悬臂式支护、不同倾斜度单排倾斜桩支护基坑的离心机试验[1,3]，研究倾斜桩的变形特征、坑外沉降、桩体内力与土压力分布，从而揭示倾斜桩—土体相互作用机理。图 5.2-1 为离心机试验模型箱，在定滑轮以及可移动挡板的协同工作下，可实现离心机试验条件下的基坑开挖模拟。试验采用的离心机加速度为 60g，模型箱尺寸为 0.87m×0.64m×0.35m（长×高×宽）。土体采用丰浦砂，相对密实度为 65%，临界内摩擦角为 31°，分层撒砂铺设，每层砂厚度为 0.04m、高度为 0.5m，铺设 14 层。支护桩为铝板材质，两种模型桩长度为 180mm（原型桩长 10.8m）、160mm（原型桩长 9.6m），厚度为 5.86mm（原型桩截面等效厚度为 0.352m），布设应变片、土压力盒采集桩身弯矩和桩侧土压力。丰浦砂中混合 20%的染色砂，通过 PIV 技术（粒子图像测速技术）实现土体位移、桩体变形识别。离心机试验包括 4 种工况：0°竖直桩（原型桩长 10.8m），10°（原型桩长 10.8m）与 20°（原型桩长 10.8m 和 9.6m）倾斜桩。

各开挖深度下桩顶水平位移见图 5.2-2。竖直桩（倾斜度为 0°），倾斜桩（倾

图 5.2-1 离心机试验模型箱

斜度为 10°、20°)，原型尺寸桩长 10.8m，开挖深度为 8.1m、8.4m、8.7m，开挖深度随着支护桩倾角的增大而增大，20°单排倾斜桩比竖直桩极限开挖深度提升 7%。支护桩顶的变形随着倾角的增大而不断减小，在同一开挖深度下（如开挖深度 6m)，20°单排倾斜桩比竖直桩水平变形减少 70%。对于桩长 9.6m 的倾斜桩（20°)，极限开挖深度仅为 8.1m。当开挖深度较小时（如开挖深度小于 6m)，桩长 9.6m 的倾斜桩（20°）的支护效果与桩长 10.8m 的倾斜桩（20°）的支护效果几乎一致。

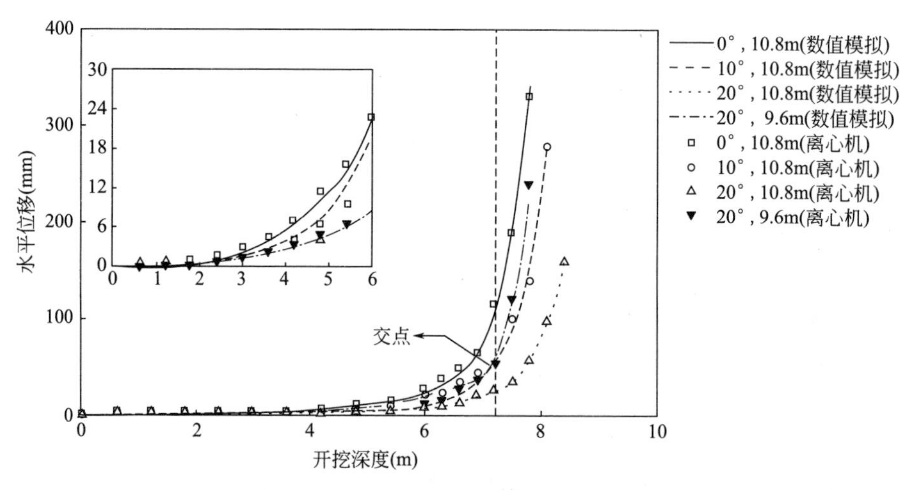

图 5.2-2 各开挖深度下桩顶水平位移

竖直桩与倾斜桩（20°）的桩身水平位移对比见图 5.2-3。倾斜桩（20°）的桩身水平变形仅为竖直桩桩身水平变形的 30%（以开挖深度 6m 为例)。对于竖直桩，在接近桩底处的桩身存在旋转点，变形模式表现为围绕旋转点的挠曲变形。与竖直桩相比，倾斜桩（20°）的挠曲变形明显减小。与竖直桩类似，倾斜桩坑外地面土体沉降为三角形，最大地面沉降点在支护桩后距离支护桩距离为零处。但与竖直桩相比，倾斜桩（20°）的坑外地面最大沉降值减小 75%（以开挖深度 6m 为例），且沉降影响区范围明显变小，说明倾斜桩可有效地降低基坑开挖对坑外环境的影响。

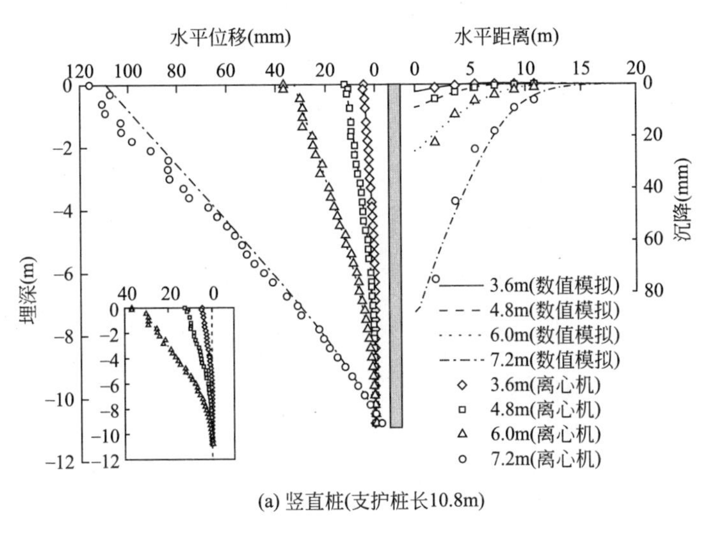

(a) 竖直桩(支护桩长10.8m)

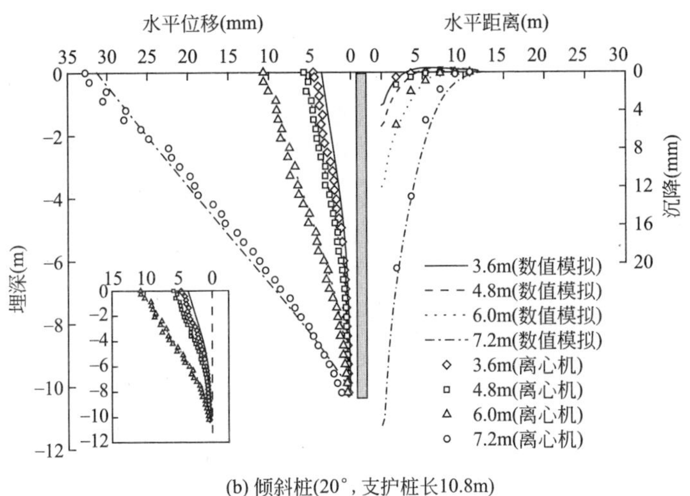

(b) 倾斜桩(20°, 支护桩长10.8m)

图 5.2-3 竖直桩与倾斜桩（20°）的桩身水平位移对比

竖直桩与倾斜桩（20°）的桩身弯矩分布对比见图 5.2-4，正值表示坑外侧桩体受拉。随着开挖深度的增加，桩身最大弯矩值位置下移，倾斜桩（20°）的最大弯矩值仅约为竖直桩的 35%（以开挖深度 6m 为例）。倾斜桩在桩顶以下一定位置处存在反弯现象（即存在负弯矩），这是由于桩身自重法向分量所产生的剪力导致，并且随着开挖深度的增加，负向弯矩变大，对应的反弯点位置不断下移。

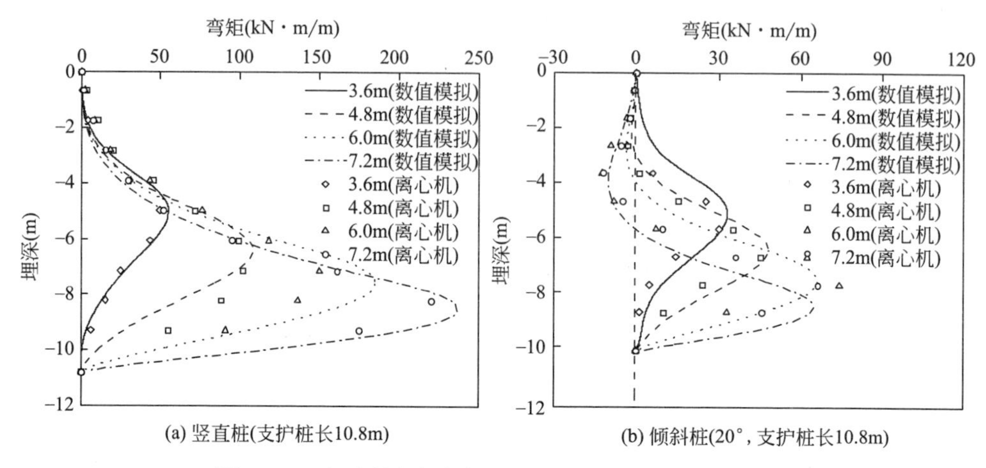

图 5.2-4　竖直桩与倾斜桩（20°）的桩身弯矩分布对比

支护桩侧土压力与桩体所产生的位移紧密相关，支护桩变形的大小和模式将导致不同的桩身土压力大小和分布。竖直桩与倾斜桩（20°）的桩身土压力对比见图 5.2-5，倾斜桩的桩身土压力较竖直桩明显减小，倾斜桩可有效地减小桩体变形，即由于支护桩的倾斜，减小桩身受力从而达到控制变形的目的。随着开挖深度的增加，桩身旋转变形不断增大，被动侧土压力分布形态逐步转变为抛物线形。

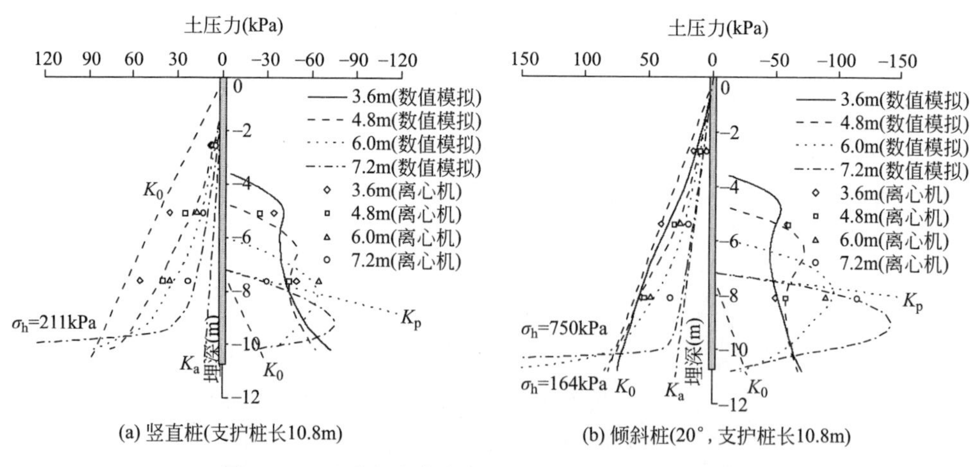

图 5.2-5　竖直桩与倾斜桩（20°）的桩身土压力对比

2. 倾斜/竖直支护工作机理

（1）大型模型试验

为探究倾斜/竖直支护工作机理，开展了系列室内大型模型试验（图 5.2-6）[8]。

试验装置主要由四部分组成：模型试验箱、撒砂装置、挖砂装置、控制系统。通过控制系统设定撒砂行程和路径，用超声波传感器实时监测砂面高度，调节撒砂装置高度，保证撒砂相对高度恒定和土体密实度均匀，撒砂相对高度恒定为200mm。此次试验的土体采用烘干河砂，平均粒径 D_{50} 为 0.28mm，不均匀系数 C_u 为 2.15。本试验的相似比为 1∶10.59，模型桩总长度 180cm，有效桩长 160cm（相当于原型桩长度 17m），模型桩高于土面 20cm，以便布置监测设备。根据桩体抗弯刚度等效原理，模型桩的原型桩与 HM 型钢板桩（高×宽×腹板厚×翼缘厚=482mm×300mm×11mm×15mm）的抗弯刚度接近，因此，采用矩形铝管模拟支护桩，铝管截面尺寸为 50mm×20mm×1.3mm（长×宽×壁厚）。冠梁由 2 张铝板制成，每张铝板尺寸为 1.6m×20mm×50mm（长×宽×高）。在支护桩两侧的不同角度设置楔块，再通过螺栓与两侧冠梁固定，制成相应角度的倾斜桩。为了保持各组试验条件的一致性，直桩两侧也垫了矩形楔块，通过螺栓与两侧冠梁固定。冠梁与模型桩桩身保证紧密接触，不发生相对转动和相对滑移，模拟实际工程中冠梁对桩顶的约束条件。模型桩以及监测设备布置见图 5.2-7。

图 5.2-6 大型砂土模型试验平台

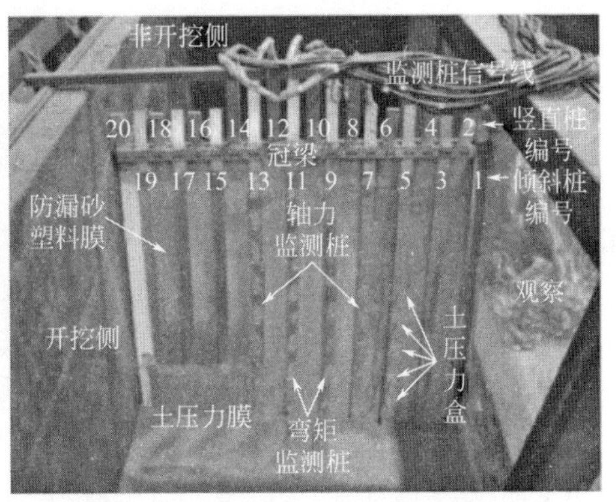

图 5.2-7 模型桩以及监测设备布置

模型试验有 7 种工况：悬臂式竖直桩、倾斜桩（20°）、外斜（10°及 20°）/内直支护、内斜（10°及 20°）/外直支护、内外斜（10°）支护，各组试验桩长和桩间距均相等，试验变量为支护结构类型和倾斜桩倾角。模型基坑采用分步开挖方式，每步开挖完成后，待桩顶位移稳定再进行下一步开挖。当开挖深度在 100cm 以内时，每步开挖深度为 10cm。当开挖深度超过 100cm，每步开挖深度减小为 5cm，直至基坑最终破坏。

不同支护类型桩顶水平位移随基坑开挖深度变化曲线见图 5.2-8。在基坑相同开挖深度时，悬臂式竖直桩的桩顶位移最大，之后依次为单排倾斜桩（20°）、倾斜（10°）/竖直支护、倾斜（20°）/竖直支护和内外斜支护（10°）。当挖深超过某深度后，支护桩位移急剧增大，基坑从正常变形阶段逐渐进入失稳破坏阶段。基坑稳定性受支护方式以及倾斜桩倾角的影响，斜直组合支护的稳定性优于单排倾斜桩稳定性，并且两者明显优于悬臂式竖直桩的稳定性，相同支护结构中倾斜桩倾角越大，稳定性也越强。

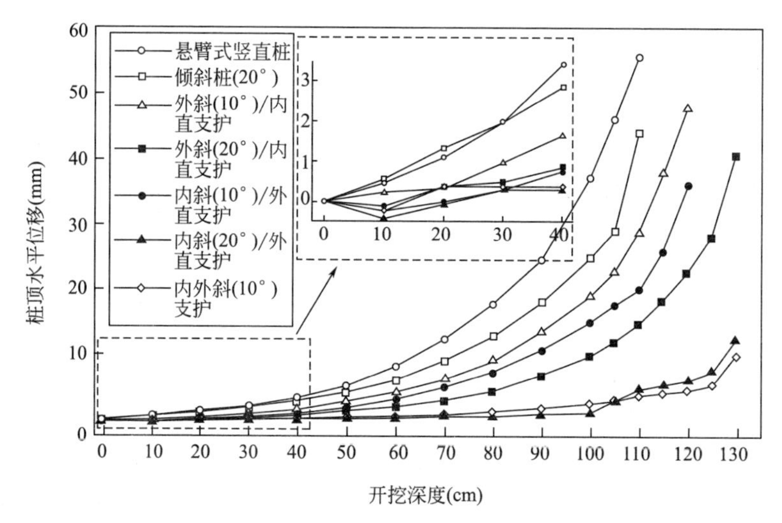

图 5.2-8　不同支护类型桩顶水平位移随基坑开挖深度变化曲线

桩顶水平位移随基坑开挖深度变化曲线见图 5.2-9。悬臂式竖直桩与单排倾斜桩（20°）相比，两者均发生典型的上大、下小悬臂式挠曲变形，单排倾斜桩（20°）最大水平位移约为悬臂式竖直桩最大水平位移的 72%（以开挖深度 80cm 为例），桩身无反弯点。外斜桩倾斜度为 10°时，倾斜桩、竖直桩的桩身变形曲线都出现了轻微的反弯，当倾斜度增大至 20°时，外斜/内直支护的桩身变形曲线出现了显著的反弯现象，且最大水平位移约为悬臂式竖直桩最大水平位移的 50%（以开挖深度 100cm 为例），桩身反弯点位于桩身上半部分，其变形形式与悬臂式支护结构在桩顶施加了一定的水平支撑力的情况相似，说明外斜/内直支护具有一定的“自撑作用”，但因“自撑作用”提高的水平支撑力和支撑刚度不大，支护结构的最大水平位移仍在桩顶。对于内斜（20°）/外直支护，支护结构水平位移曲线出现了明显的反弯，且出现了桩身最大水平位移不在桩顶的现象，最大位移仅为悬臂式竖直桩的 3.3%（开挖深度 100cm 时），位移大大减小，说明内斜/外直支护具有显著的“自撑作用”，使支护结构的变形模式、变形大小与内支撑支护相似。由图 5.2-9（f）可以明显看出，“自撑作用”随着竖直/倾斜支护的形式、倾斜桩倾斜角度的增大而不断增强。

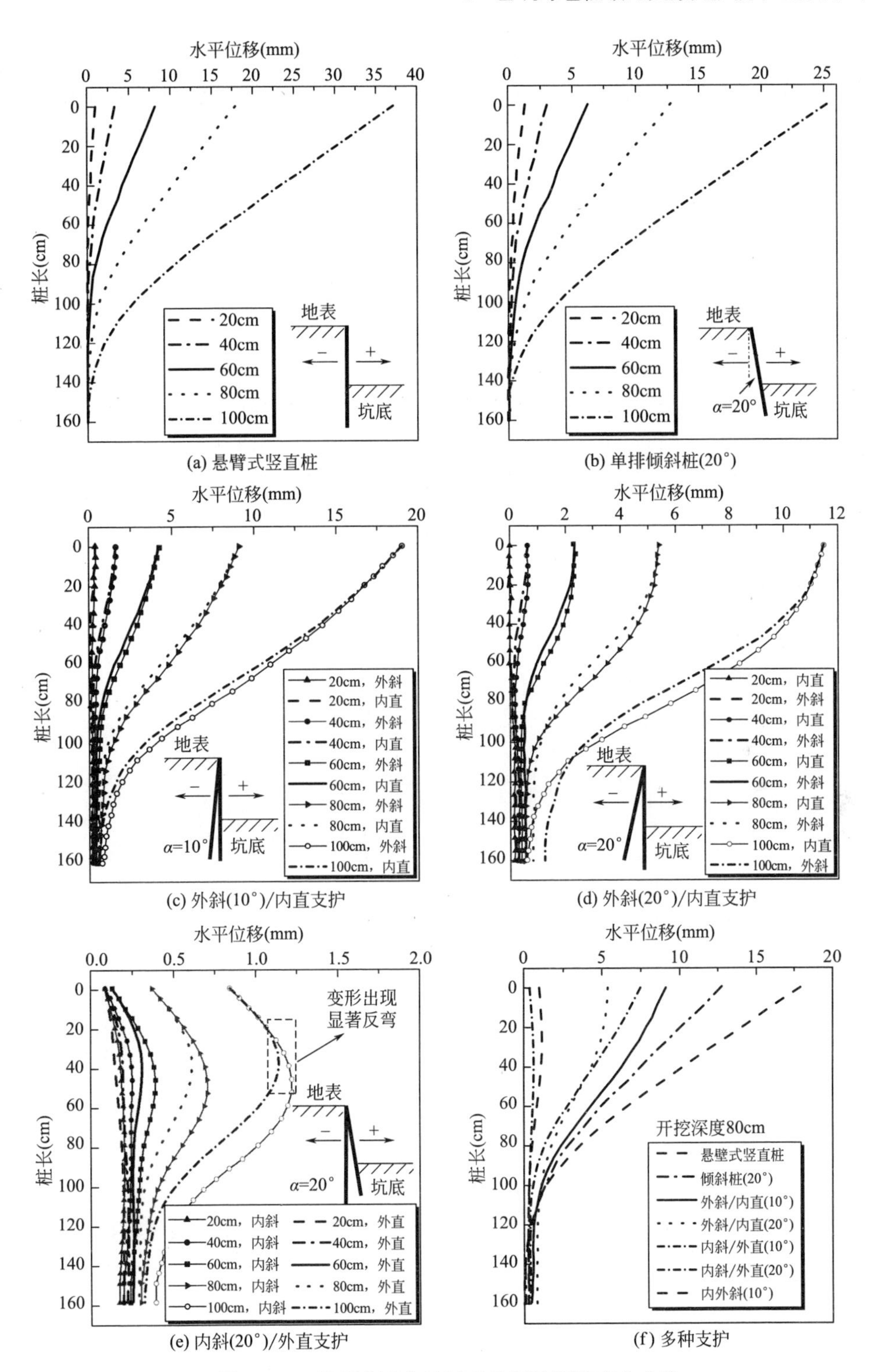

(a) 悬臂式竖直桩

(b) 单排倾斜桩(20°)

(c) 外斜(10°)/内直支护

(d) 外斜(20°)/内直支护

(e) 内斜(20°)/外直支护

(f) 多种支护

图 5.2-9　桩顶水平位移随基坑开挖深度变化曲线

支护桩弯矩随基坑开挖深度变化曲线见图 5.2-10，不同类型支护结构桩身弯矩分布模式存在较大差别，悬臂式竖直桩和单排倾斜桩（20°）的弯矩分布呈典型的悬臂式桩单侧弯矩分布模式，支护桩为坑外侧受拉，且最大弯矩位置在基坑开挖面以下，而外斜（20°）/内直支护的桩身弯矩存在较为明显的两侧分布模式，竖直桩与倾斜桩弯矩均存在反弯点，与有内支撑的支护桩的典型弯矩分布形

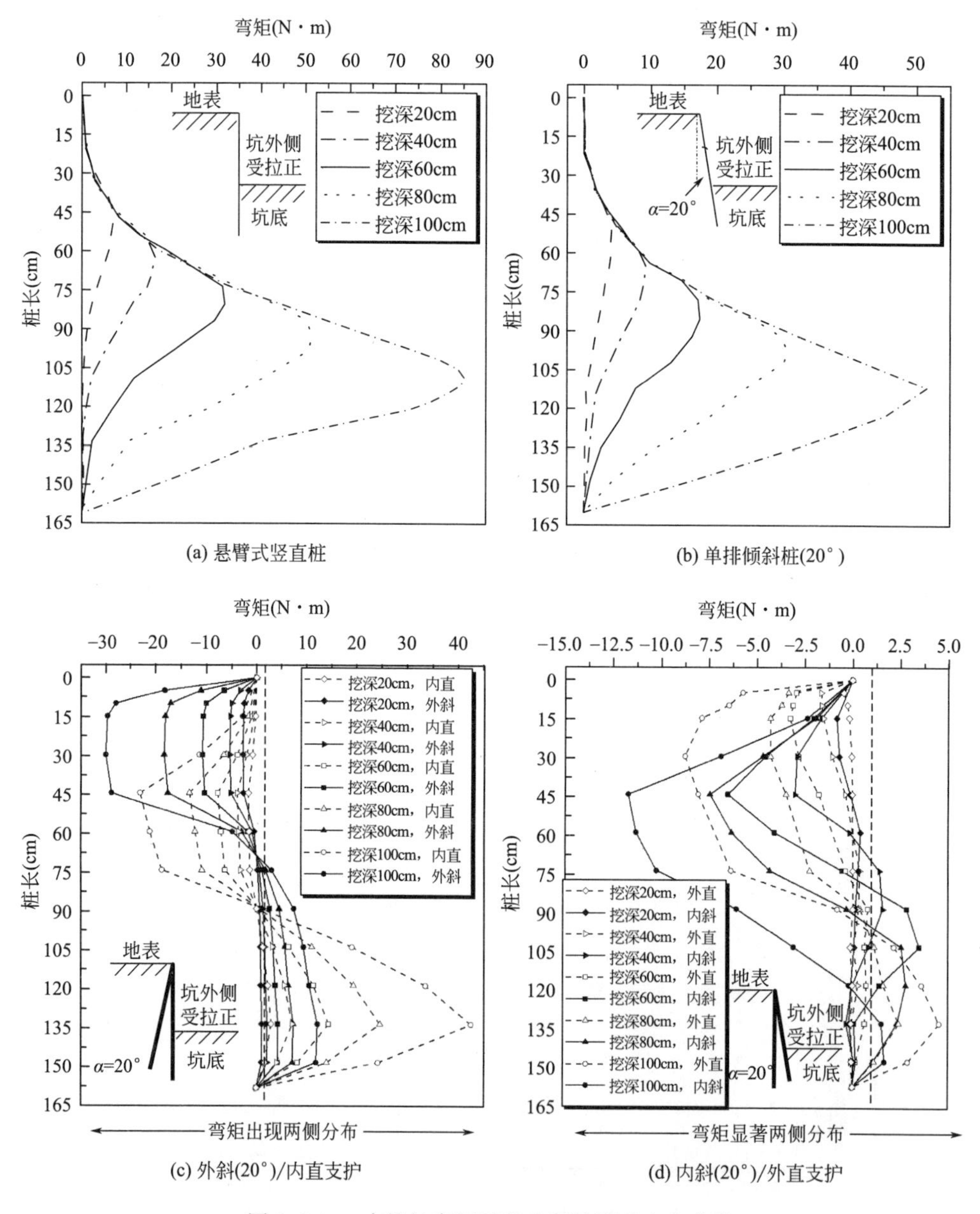

图 5.2-10　支护桩弯矩随基坑开挖深度变化曲线

式接近。内斜（20°）/外直支护的两侧弯矩分布模式更明显，随着挖深增大，桩身在基坑内侧的弯矩绝对值均增大，且反弯点下移，弯矩特点与直桩桩顶设支撑的内支撑弯矩更相似，进一步证明了倾斜/竖直组合支护自身存在的桩顶“自撑作用”。

图 5.2-11 为支护桩轴力随基坑开挖深度变化曲线。竖直和倾斜桩都产生了较大的轴力，且随着开挖深度增大，支护桩身轴力逐渐增大，外斜/内直支护中直桩与倾斜桩分别受压与受拉，内斜/外直支护直桩与倾斜桩分别受拉与受压。组合支护中的内排桩受压，其桩顶处作用在帽梁上轴力的水平分力发挥了类似内支撑的作用。同理，组合支护中的外排桩受拉，发挥类似锚杆的作用。内（外）排倾斜桩轴力通过冠梁能够传递到外（内）排桩桩顶，类似受垂直于外（内）排桩桩身、指向坑外的支撑力（锚拉力）作用。即在倾斜/竖直组合支护中，内外排桩由悬臂式受力模式变成内撑式受力模式，支护桩和冠梁共同作用组成一个自稳自撑支护体系。

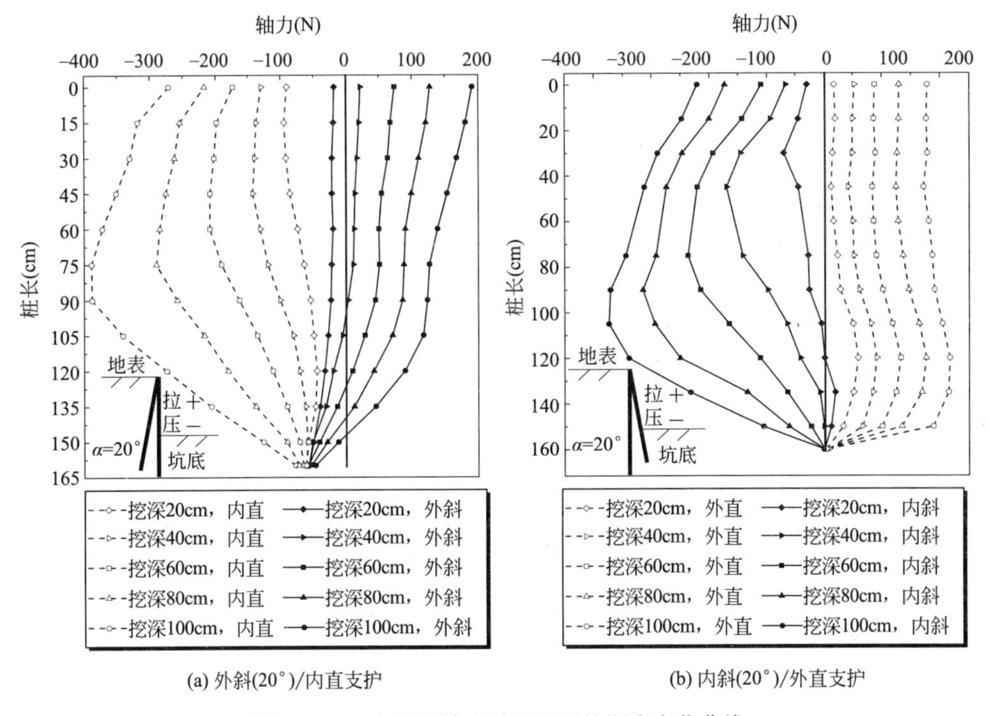

(a) 外斜(20°)/内直支护　(b) 内斜(20°)/外直支护

图 5.2-11　支护桩轴力随基坑开挖深度变化曲线

（2）数值模拟

为进一步揭示倾斜/竖直组合支护技术的工作机理，采用数值模拟方法进一步分析研究。图 5.2-12 为有限元数值计算模型，图中基坑计算宽度为 40m，取真实基坑开挖宽度（80m）一半。地下水位为−2m，基坑开挖深度为6m。支护桩采用强度等级为C80的预制混凝土空心矩形桩，截面尺寸375mm×500mm，空心直径为210mm，桩中心距为600mm，直桩与倾斜桩桩长15m。

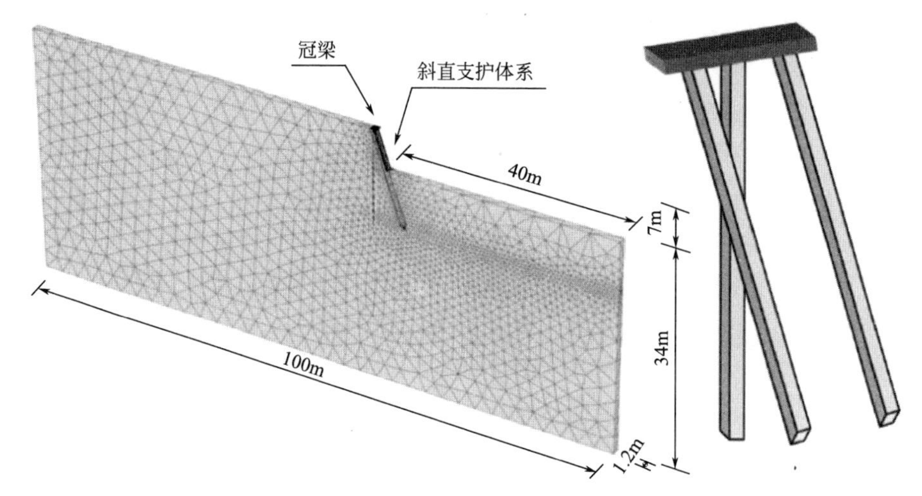

图5.2-12　有限元数值计算模型

1）地基梁作用与自撑作用

无内支撑的悬臂式竖直桩，类似设置在地基中的竖向地基梁，作用在桩体上的被动土压力与主动土压力相等，对变形的控制主要依赖于被动区土体的水平约束作用和桩体自身的弯曲刚度，桩体主要承担弯矩与剪力。因此，本书作者将其控制变形的作用称为地基梁作用。通过倾斜/竖直组合支护的研究表明，支护桩产生明显的轴力，并对倾斜/竖直组合支护提供了内支撑的作用，本书作者将其称为自撑作用。此时，支护桩发挥了桩体竖向承载作用，而不仅只发挥地基梁作用。为研究倾斜/竖直组合支护结构的减小变形的关键作用，对比分析了悬臂式竖直桩、双排桩和倾斜/竖直组合支护三者的抵抗水平荷载和控制水平变形的能力，即在基坑开挖至一定深度后，在支护桩顶施加指向基坑内的水平荷载，并对比不同支护结构在水平荷载下的位移增量，从而比较不同支护控制水平变形的能力。图5.2-13为附加荷载下位移增量对比，在50kN/m附加荷载的作用条件下，传统悬臂式桩和双排桩最大水平变形增量是倾斜/竖直组合支护的3.5倍和1.3倍。倾斜/竖直组合支护的桩体变形增量最小，具有最高的变形控制能力。图5.2-14为附加荷载下轴力增量对比，倾斜/竖直组合支护中的倾斜桩桩顶轴力增量的水平方向分力为33kN/m，达到水平外荷载的66%。倾斜桩桩身轴力作用相当于在竖直桩顶提高了水平支撑力，只有剩下的34%水平外荷载需依靠被动土压力的发挥来平衡。

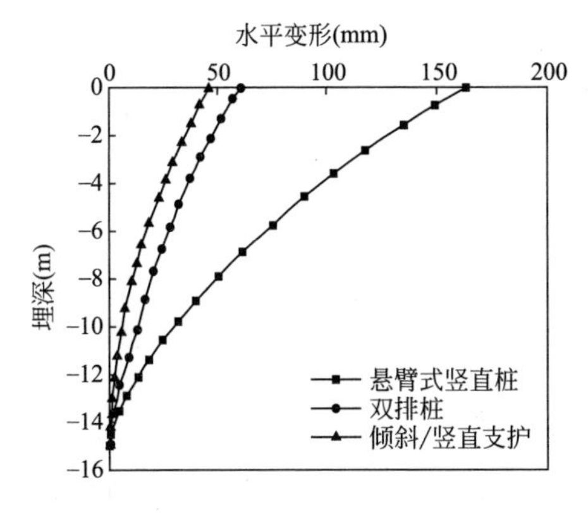

图 5.2-13 附加荷载下位移增量对比

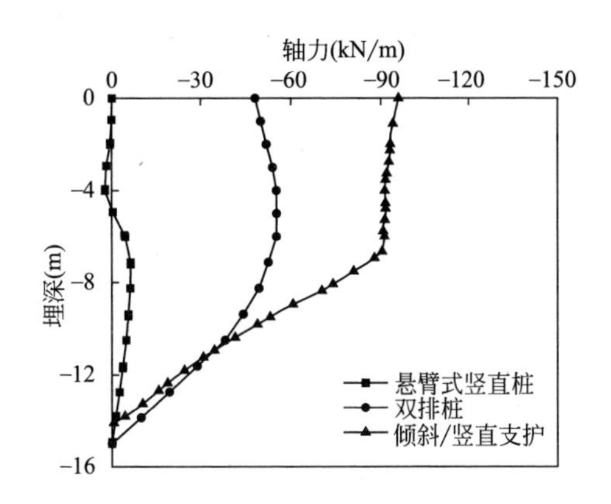

图 5.2-14 附加荷载下轴力增量对比

图 5.2-15 为在附加荷载下增量对比，悬臂式竖直桩和双排桩的被动土压力增量近似，略小于施加的桩顶水平荷载。倾斜/竖直支护被动土压力增量仅为 16kN/m，仅为悬臂式竖直桩和双排桩被动土压力增量的 1/3，说明 2/3 的水平荷载被倾斜桩的桩身轴力在桩顶产生的水平分力（即自撑作用）平衡。

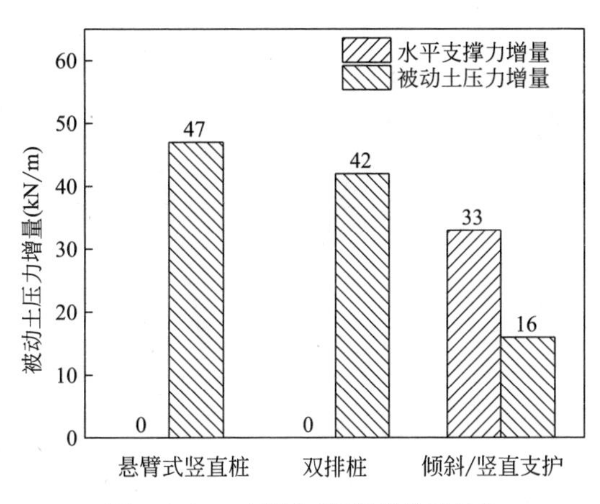

图 5.2-15 在附加荷载下增量对比

软弱土中基坑被动土压力需要较大的桩土位移而产生，与悬臂式桩与双排桩相比，倾斜/竖直支护附加位移增量很小[9]。土与结构物接触面切向应力达到峰值时对应的滑动位移为 4～8mm[10,11]，倾斜/竖直支护中倾斜桩轴力的增加需要侧摩阻力的发挥，并且侧摩阻力的发挥需要的桩体变形很小。桩体被动土压力的发挥需要桩体位移达到基坑开挖深度的 1%～5%[12]，远大于侧摩阻力发挥所需要的位移值。因此，在较小的桩土位移条件下，倾斜桩可充分调动侧摩阻力增加其桩身轴力，为直桩提供更大的斜撑力，从而高效控制支护结构变形。传统悬臂式桩与双排桩的桩身轴力方向为竖直方向，桩顶水平外荷载完全由被动区土压力增量来平衡，即仅发挥地基梁的作用。然而，倾斜桩不仅发挥了地基梁的支护作用，还发挥了桩体轴向承载的作用，从而在控制变形的机理上发生了重大改变。

倾斜/竖直支护中的倾斜桩轴向受压，倾斜桩桩顶轴力的水平分力作用于直桩顶部，发挥内支撑作用，轴力发挥越充分，桩顶斜撑力越大，支护结构变形就越小。为进一步说明桩侧摩阻力的发挥对于倾斜/竖直支护变形控制能力的重大作用，建立倾斜/竖直支护不同界面剪切刚度、极限侧摩阻力对比模型。图 5.2-16 为不同界面剪切刚度下计算结果对比，在提高接触面刚度后（k_{s2}），倾斜桩界面摩擦发挥更充分，导致倾斜桩桩顶轴力增加，进而变形减小效果更明显。调整界面剪切刚度较大时，桩土界面摩擦得到了充分发挥，倾斜桩可为直桩提供更大的斜撑力，从而有利于减小结构变形，进而提升基坑变形控制能力。

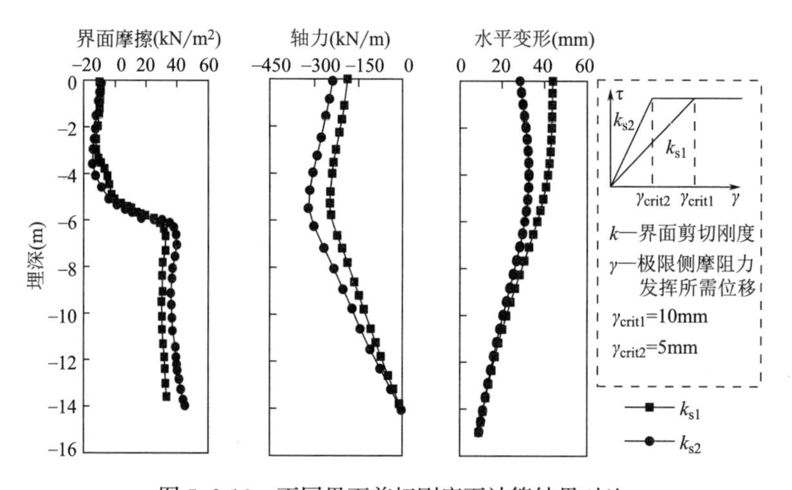

图 5.2-16　不同界面剪切刚度下计算结果对比

不同界面极限侧摩阻力下计算结果对比见图 5.2-17。在提高接触面极限剪切强度后，倾斜桩界面摩擦值增大，桩顶轴力增大，桩身变形明显减小。当调整界面极限剪切强度较大时，桩土界面可发挥更大侧摩阻力，倾斜桩可为直桩提供更大的斜撑力，有利于减小结构变形，高效控制支护结构与基坑的变形。

2）减隆作用

不同支护结构坑底土体隆起见图 5.2-18。与悬臂式竖直桩和双排桩相比，倾斜/竖直支护坑底最大隆起值减小 54％和 38％。倾斜/竖直支护坑底土体隆起变形模式与悬臂式竖直桩与双排桩存在较大差异，在倾斜桩插入土体位置处土体的隆起变形有明显降低，桩土接触面的摩擦作用减小了坑底的隆起，减小了支护结构位移和坑外土体变形，提升了支护结构的整体稳定性。

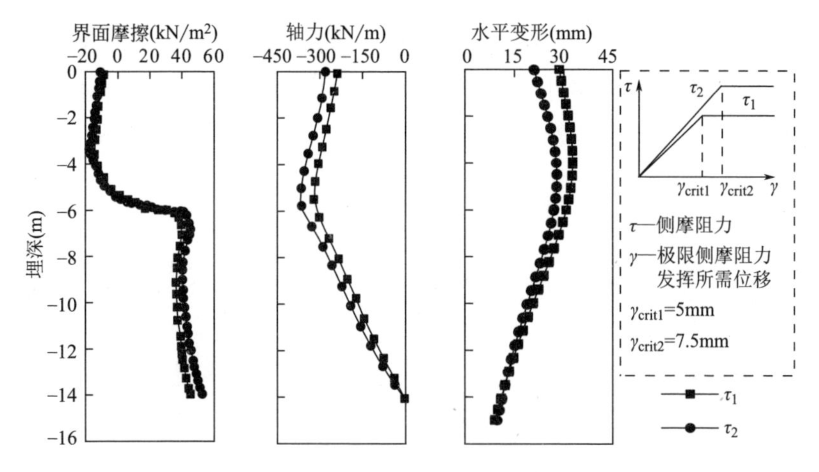

图 5.2-17　不同界面极限侧摩阻力下计算结果对比

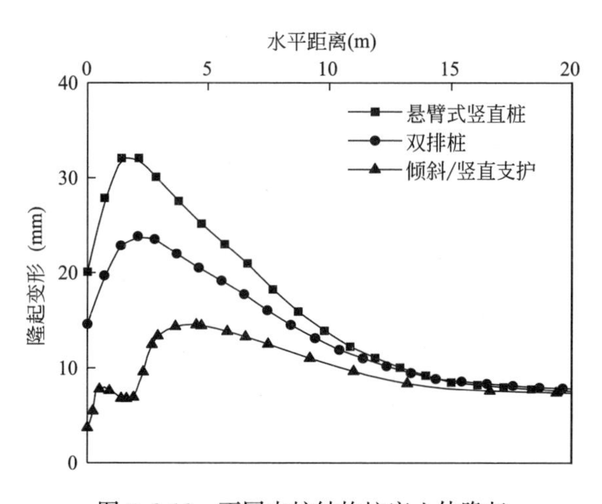

图 5.2-18　不同支护结构坑底土体隆起

3）刚架作用

在倾斜/竖直支护中，直桩、斜桩与冠梁刚接组成一个稳定刚架结构，为研究倾斜/竖直支护桩的刚架作用，改变桩体与冠梁的连接方式。见图 5.2-19，对比桩体与冠梁刚接、铰接、水平向与竖直向自由四种工况。与刚接工况相比，铰接、水平向与竖直向自由工况中水平变形增大 12.6%、220.69%和 400%。随着桩体与冠梁连接减弱，倾斜/竖直支护竖直桩的变形模式由类似带支撑的“内凸式”逐渐转变为“悬臂式”，倾斜/竖直支护冠梁处的刚接作用是结构产生小变形的关键。

不同工况下竖直桩弯矩图见图 5.2-20。在桩体与冠梁刚接时，两者之间不能发生相对转动，在桩顶处存在一定的初始弯矩，而其他连接方式下桩顶弯矩均为 0。随着冠梁约束的减弱，桩顶处弯矩斜率（直桩桩顶处剪力，即作用到直桩桩顶处的有效斜撑力）不断减小，说明随着冠梁约束作用的减弱，传递到竖直桩的有效斜撑力不断减小，导致结构的变形控制能力下降，对应的支护桩变形不断增大。

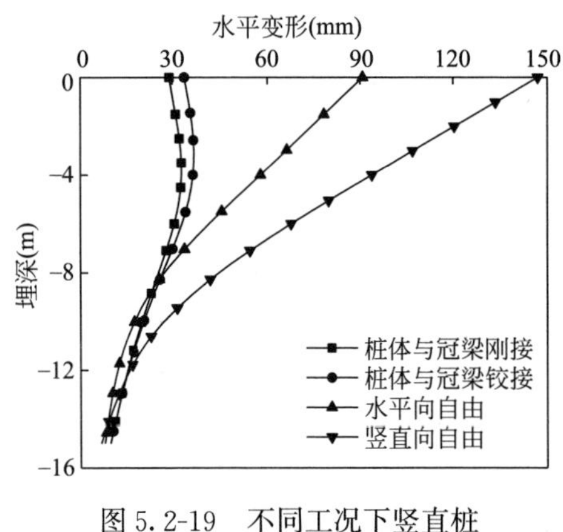

图 5.2-19　不同工况下竖直桩桩身水平变形图

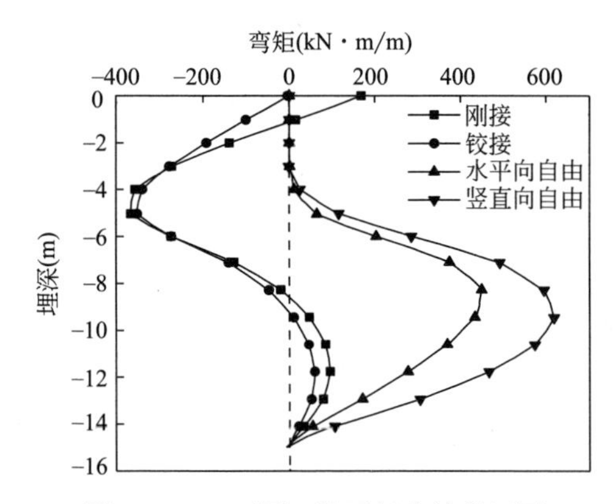

图 5.2-20　不同工况下竖直桩弯矩图

4）重力作用

倾斜/竖直支护中竖直桩与倾斜桩通过桩顶冠梁的连接，共同形成一个具备高变形控制能力的刚架体系。在此三角形刚架支护体系中，倾斜桩倾斜一定角度后，相较于竖直桩减小了自身的桩身受力，增强了结构整体的抗倾覆稳定性，使结构整体具备较好的变形控制能力。同时，倾斜桩对于竖直桩也起到了一定的支撑作用，从而进一步提升结构的变形控制能力。

在倾斜/竖直支护中，斜桩的存在有利于桩间土的保留，不同桩间土重的直桩水平变形图见图 5.2-21。随着桩间土重减小范围增大，直桩最大水平位移不断增大。相较于开挖面之上不保留桩间土重，完全保留桩间土重的直桩变形减少 37%。图 5.2-22 为不同桩间土重的斜桩轴力图，随着桩间土重减小范围增大，斜桩轴力逐渐增大，即自撑作用不断增强。桩间土体的重力作用可以有效提升结构整体的抗倾覆和抗变形能力，并且会给坑内被动区土体提供更大的竖向力，有利于限制坑内隆起与坑外沉降变形，从而减小基坑的整体变形，提高支护结构的整体稳定性。

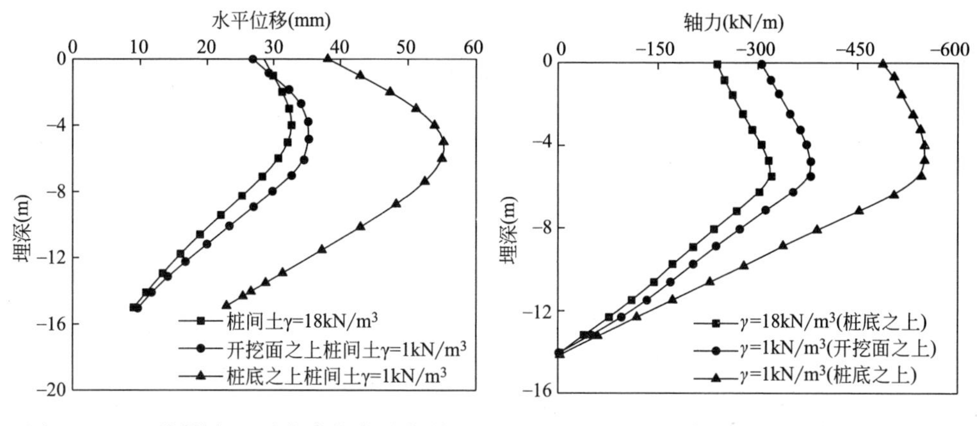

图 5.2-21 不同桩间土重的直桩水平变形图　　图 5.2-22 不同桩间土重的斜桩轴力图

(3)"一桩五用"机理贡献分析

综上所述，与常规支护形式相比，倾斜桩支护技术在工作机理上发生了重大变化，倾斜桩支护技术发挥"一桩五用"机理（即地基梁作用、自撑作用、刚架作用、重力作用、减隆作用）从而可高效、经济地控制稳定与变形[13]，如图 5.2-23 所示，具体来说：

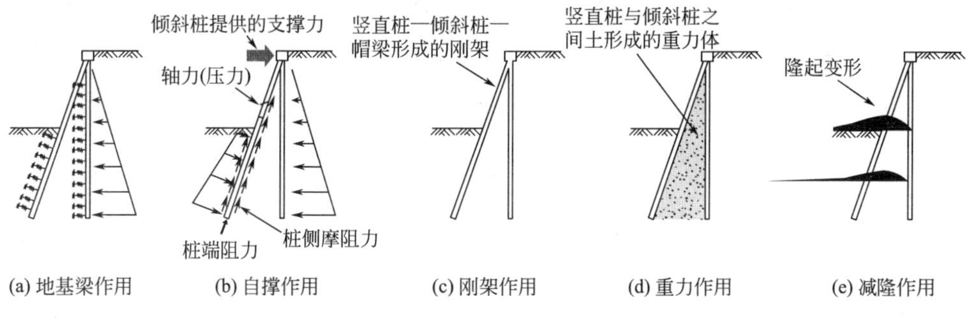

图 5.2-23 倾斜桩支护技术工作机理

1）地基梁作用。传统支护桩基本为纯弯构件，主要发挥地基梁作用，桩身轴力和桩侧摩阻力很小，对控制基坑变形和稳定的作用几乎可忽略。然而，倾斜桩组合支护结构在发挥轴力控制变形的作用下，桩体仍可将部分外荷载作用力转化为被动土压力的调动，仍发挥的挡土作用，即地基梁作用。

2）自撑作用。在整个支护体系中，直桩、斜桩除发挥地基梁作用外，桩身在小变形条件下依靠桩身侧摩阻力的发挥即可产生较大的桩身轴力，其中斜桩的轴力在水平方向的分量对直桩发挥内支撑作用，从而控制支护结构变形，提高基坑抗倾覆稳定性。因此，提升斜桩侧摩阻力可以进一步提高支护体系的整体稳定性和抗变形能力，即自撑作用。

3）刚架作用。直桩和斜桩通过桩顶冠梁的刚性连接，形成共同抵抗土体变形的刚架体系，桩体与冠梁间无法发生相对转动。在此三角形刚架支护体系中，斜桩倾斜一定角度后，相较于直桩减小了自身的桩身受力，并且增强了抗倾覆稳定性，具有更强的抵御桩后土体变形的支护能力，而斜桩对于直桩也起到了一定的支撑作用，使结构具备高变形控制能力。

4）重力作用。通过在斜桩与直桩桩间预留一定质量的土体，该部分土重提升了支护结构的抗倾覆能力，提升支护结构整体的抗变形能力，即重力作用。

5）减隆作用。斜桩与直桩桩间土的存在会给坑内被动区土体提供更大的竖向力，抑制基坑底部土体的隆起，加之斜桩插入被动区主要隆起区域，发挥类似抗拔桩的作用，两者均可起到减小坑底隆起的作用，相应地可减小坑外土体沉降，从而减小基坑的整体变形，提高支护结构的整体稳定性。

为探究不同倾角工况下上述不同工作机理对倾斜/竖直组合支护结构高效变形控制能力的影响，利用有限元方法，以 $\alpha=0°$、10°、20°、30°、40°和 50°为例说明倾斜/竖直组合支护结构变形控制作用贡献度。数值模拟计算假设如下：

① 斜桩用杆单元代替，施加同等斜撑力。

② 斜直桩桩顶水平竖向约束解除。

③ 斜直桩桩顶处连接方式为铰接。

④ 斜直桩开挖面之上桩间土重为零。

⑤ 斜桩光滑。

⑥ 正常工况，采用对应两工况直桩最大水平变形差来代表工作机理贡献。

不同工作机理采用的计算方法如表 5.2-1 所示。

不同工作机理采用的计算方法　　表 5.2-1

作用	地基梁作用	自撑作用	刚架作用	重力作用	减隆作用
计算方法	①与⑥	②与⑥	③与⑥	④与⑥	②与⑤

不同作用对变形控制的贡献比例（$\alpha=20°$）见图 5.2-24。倾斜/竖直组合支护结构自撑作用变形控制贡献度占比最大，地基梁作用次之，而悬臂直桩仅依靠地基梁作用来抵抗支护桩变形。在五个作用的共同影响下，相同开挖深度时，悬臂直桩最大变形达到了 98mm，倾斜/竖直组合支护结构的最大变形为 28mm，其变形较传统竖直悬臂式支护结构变为原来的 20%～30%。

地基梁作用与自撑作用图如图 5.2-25 所示，倾斜桩调动被动土压力来发挥地基梁作用的同时，调动侧摩阻力形成轴力，并通过冠梁的传递为直桩提供支撑力，同时发挥了地基梁作用和支撑桩的作用（即：梁—桩合一效应）。桩土接触面切向应力达到峰值时对应的滑动位移仅为 4～8mm，而被动土压力的发挥需要

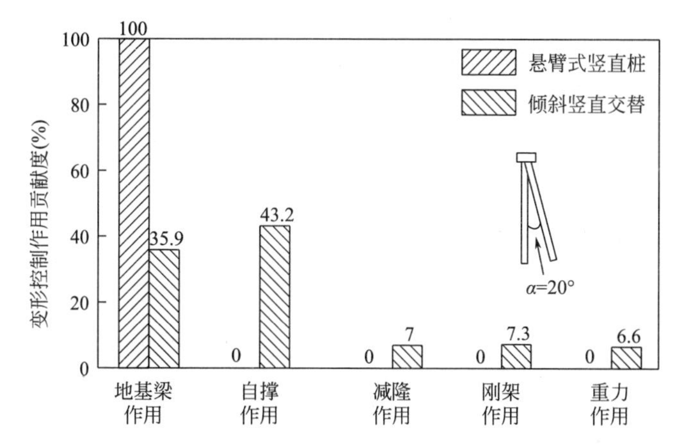

图 5.2-24　不同作用对变形控制的贡献比例（$\alpha=20°$）

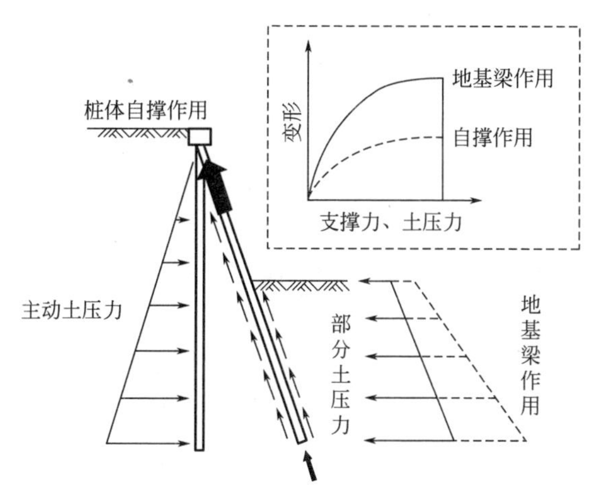

图 5.2-25　地基梁作用与自撑作用图

桩体位移达到基坑开挖深度的 1%～5%[14-16]。斜桩调动侧摩阻力所需位移远小于调动被动土压力所需位移，通过毫米级侧摩阻力的发挥，可以高效达到厘米级被动土压力动员的支护挡土效果，此时倾斜/竖直组合支护结构依靠斜桩发挥地基梁作用和自撑作用，在不需要动员较大水平变形情况下即可平衡主动土压力，斜桩的梁—桩合一效应使倾斜/竖直组合支护结构的变形控制机理发生了重大改变。

变形控制作用贡献随斜桩倾角变化图见图 5.2-26。随着斜桩角度的增加，结构变形控制能力增加且变形逐渐减小，斜桩地基梁作用逐渐减弱至 20%以下。随着斜桩倾角的增加，斜桩自撑作用占比增加，由无逐渐增加至 60%以上。斜桩梁—桩合一效应随倾角从 0°增加到 50°过程可分为两个阶段：阶段一，斜桩兼具支护桩的地基梁作用和内支撑的支撑作用，梁—桩合一效应使得倾斜/竖直组合支护可以高效地控制变形，而阶段二以倾斜桩发挥自撑作用为主。总体讲，倾斜桩倾角适当时，倾斜桩的自撑作用最显著，可大幅度减少被动土压力和提升支护桩的变形控制能力。相较于传统悬臂式支护，梁—桩合一效应是倾斜/竖直组合支护发挥支护效果的关键所在。

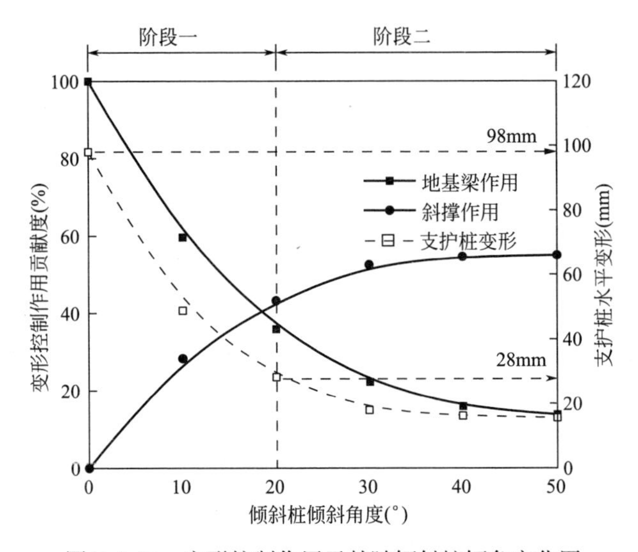

图 5.2-26　变形控制作用贡献随倾斜桩倾角变化图

5.2.2　变形分析方法

在基坑工程中，随基坑开挖深度的增加，支护桩侧土体与支护桩变形互相协调。因此，可将支护桩假设为设置在地基中的梁，采用弹性地基梁理论进行倾斜桩的受力变形计算。图 5.2-27 为单排倾斜桩悬臂式支护弹性支点法计算模型，其中，h 为基坑开挖深度、l_d 为嵌固深度、P_{ni} 为倾斜桩嵌固段上的法向分布土反力、P_{ak} 为倾斜桩法向主动土压力。倾斜桩侧主动土压力按库伦土压力理论计算，土的水平反力系数的比例系数 m 宜按桩的荷载试验及地区经验取值。

图 5.2-28 为倾斜/竖直组合支护结构弹性支点法计算模型，其中 z 为计算点距地面的深度、P_{nv} 为作用在简化直桩嵌固段上土的水平土反力、P_{ak} 为倾斜桩法向主动土压力、d 为支护桩桩径。对于倾斜/竖直组合支护结构而言，支护桩桩身均存在中性点（即该点处桩土相对位移为 0）。中性点之下桩体受向上的正摩阻力，中性点之上受向下的负摩阻力。基坑开挖造成斜直桩桩间土产生水平和竖向的卸荷影响，斜桩中性点位置高于直桩且位于基坑开挖面附近。斜桩侧摩阻力得到发挥，斜桩桩身产生了较大的压力，斜桩桩顶轴力通过

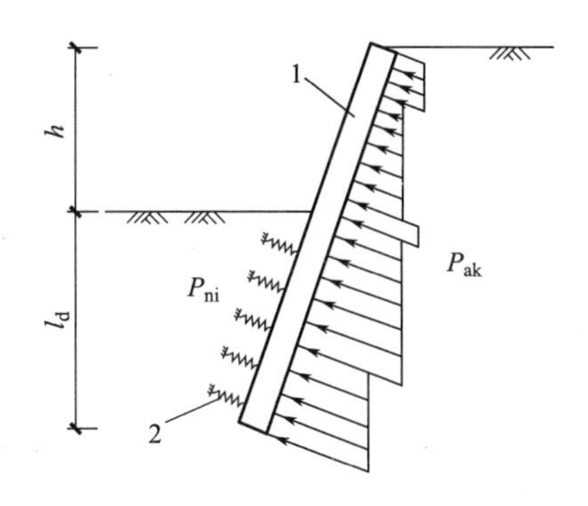

图 5.2-27　单排倾斜桩悬臂式支护弹性支点法计算模型

1-倾斜桩；2-计算土反力的弹性支座

冠梁传递至直桩桩顶（即斜撑力），此斜撑力的水平分量即为直桩桩顶处的集中剪力 Q。由于冠梁的刚接作用，倾斜桩在竖直桩桩顶位置处为竖直桩提供集中弯矩 M。基于此受力特点，建立了相应的简化计算模型。当倾斜直桩的桩间土为黏土或桩间距较小且桩间土为砂土时，宜采用有限元法进行支护设计。当斜直桩的桩间距较大或桩间土为砂土时，可采用下述简化模型进行结构变形计算。因倾斜桩与竖直桩的位移变形相协调，仅用竖直桩桩身位移描述斜直组合桩的桩身位移，倾斜/竖直支护桩简化为顶部存在集中剪力 Q 和集中弯矩 M 的直桩。此时，主动土压力按库伦理论计算，土的水平反力系数的比例系数宜按桩的荷载试验及地区经验取值。

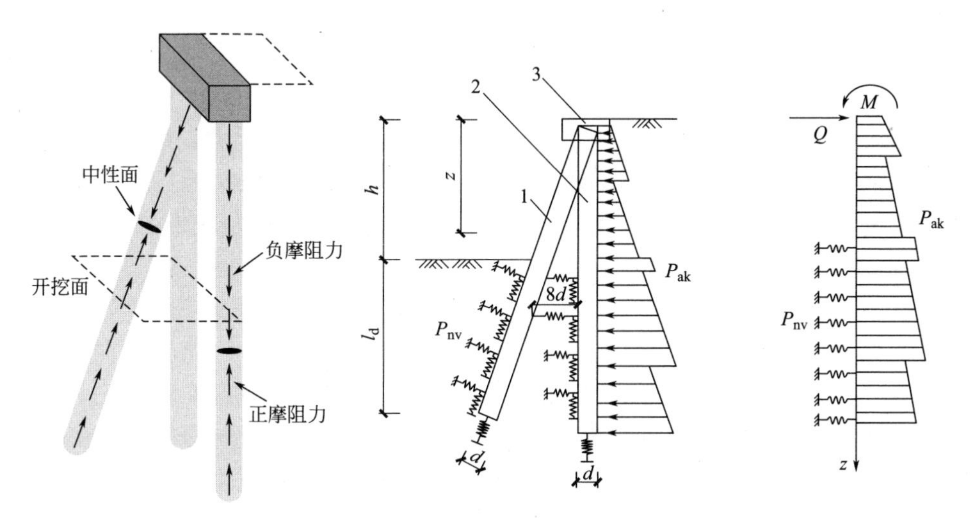

图 5.2-28　倾斜/竖直组合支护结构弹性支点法计算模型

1-倾斜桩；2-竖直桩；3-冠梁

5.2.3 稳定分析方法

1. **破坏模式**

（1）单排倾斜桩破坏模式

利用离心机试验开展悬臂式竖桩、单排倾斜桩、倾斜/竖直支护对比试验[1,3]，离心机试验采用的加速度为60g。土体采用丰浦砂，重度γ为15.35kN/m^3，相对密实度D_r为0.65，不均匀系数C_u为1.7，相对密度G_s为2.65，最大孔隙比e_{max}为0.997，最小孔隙比e_{min}为0.597，内摩擦角φ为31°。支护桩采用铝板进行替代。根据离心机模型试验结果可知，单排倾斜桩对应的极限开挖深度随斜桩倾斜角度的增大而增大。图5.2-29为各工况破坏面，对于单排倾斜桩支护基坑，在某一开挖深度时，坑外土体中便逐渐形成一组贯通的滑动面，滑动面形状与传统悬臂直桩支护基坑类似。桩后土体形成明显的滑裂带后发生基坑破坏，悬臂式竖直桩与单排倾斜桩均为倾覆破坏模式。

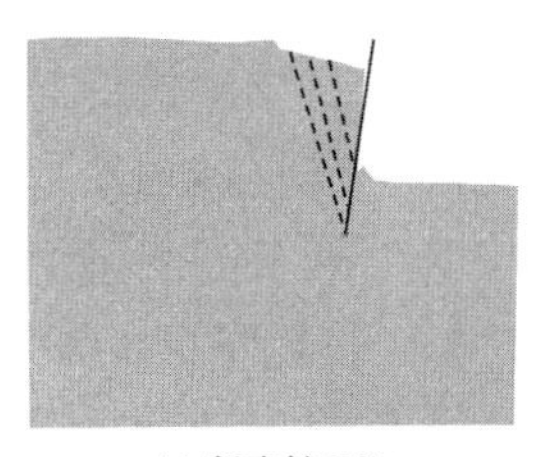
(a) 竖直桩(0°)

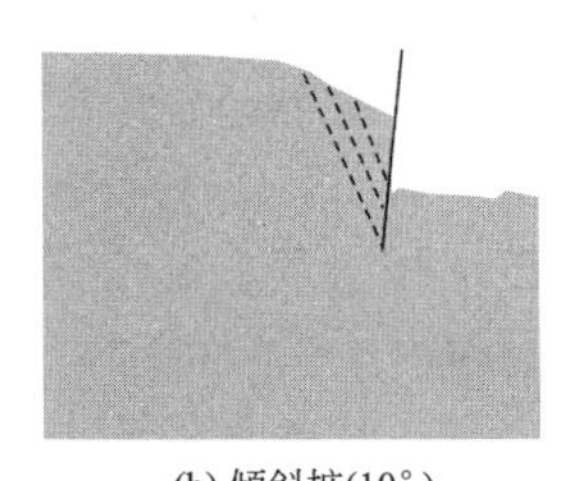
(b) 倾斜桩(10°)

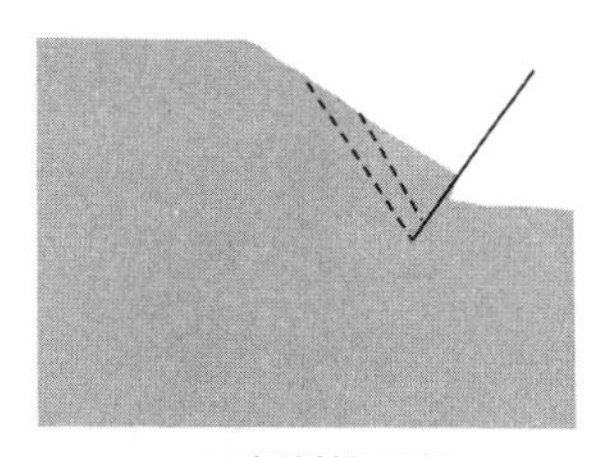
(c) 倾斜桩(20°)

图5.2-29　各工况破坏面

（2）倾斜/竖直支护破坏模式

随着开挖深度增大，坑外土体变形逐渐增大，当挖深达到某个临界值时，坑外土体内的滑动面逐渐形成，桩顶位移会随滑动面出现急剧增大。倾斜桩支护基坑滑动面开展情况见图5.2-30。不同支护基坑存在多条滑动面，且各条滑动面相对关系基本呈平行分布。对于倾斜桩支护基坑，在倾斜桩倾角较小的支护工况，滑动面主要出现在坑外土体中，如外斜（10°）/内直支护和内斜（10°）/外直支护。在斜桩倾角较大的支护工况，滑动面首先出现在两桩之间的土体中，随后基坑外土体中也出现滑动面，如外斜（20°）/内直支护、内斜（20°）/外直支护和内斜（10°）/外斜支护。两桩之间最下道滑动面近似穿过基坑内排桩桩底。

分析不同支护滑动面分布规律，基坑外滑动面与水平方向的夹角均在60°，近似为45°+φ/2=60.5°（φ为土体内摩擦角），符合相关土压力理论计算结果。倾斜/竖直支护变形过程中，竖直桩与倾斜桩的桩间土受桩体挤压导致密实度增大，使得桩间土体的峰值摩擦角变大，导致桩间土体滑动面与水平方向的夹角在70°左右。不同支护基坑外最下道滑动面与支护交点的深度不同，内斜（20°）/

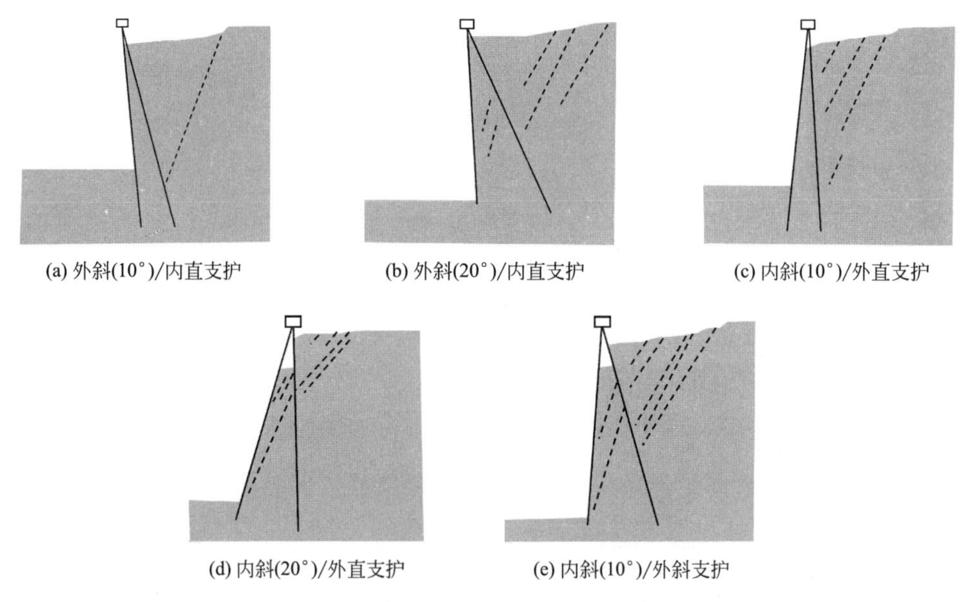

(a) 外斜(10°)/内直支护　(b) 外斜(20°)/内直支护　(c) 内斜(10°)/外直支护

(d) 内斜(20°)/外直支护　(e) 内斜(10°)/外斜支护

图 5.2-30　倾斜桩支护基坑滑动面开展情况

外直支护及内斜（10°）/外斜支护坑外滑动面起始深度最浅，外斜（20°）/内直支护次之，内斜（10°）/外直支护和外斜（10°）/内直支护滑动面最深。滑动面以下土体较为稳定，后排支护桩的嵌固效果较好，支护结构整体稳定性较高。

2. 抗倾覆稳定性

单排倾斜桩抗倾覆稳定性计算模型见图 5.2-31。其中，E_{ak}、E_{pk} 为基坑外侧主动土压力、基坑内侧被动土压力法向合力的标准值，a_{a1}、a_{p1} 为基坑外侧主动土压力、基坑内侧被动土压力合力作用点至倾斜桩底端的距离，θ 为斜桩倾角，q_0 为地面均布荷载。在进行倾斜/竖直支护的倾覆稳定性和嵌固深度分析时，可将桩与桩间土看成一个整体，考虑桩土重度绕桩底的抵抗力矩，按照绕倾斜桩底部转动的整体极限平衡进行计算。倾斜/竖直支护抗倾覆稳定性计算模型见图 5.2-32，其中，l_G 为倾斜桩支护的桩间土的重心至前桩桩底的水平距离，G 为倾斜桩支护的桩间土自重之和。

3. 整体稳定性

单排倾斜桩整体稳定性分析可采用圆弧滑动条分法进行验算，以瑞典条分法边坡稳定性计算公式为基础，采用搜索的方法寻找最危险滑弧，最危险滑弧的搜索范围限于通过倾斜桩底端和在倾斜桩下方的各个滑弧。倾斜/竖直支护中倾斜桩与竖直桩均应进行滑动面验算，并取两者安全系数计算结果的较大值作为最终整体稳定安全系数。因支护的平衡性和结构强度已通过结构分析解决，在截面抗剪强度满足剪应力作用下的抗剪要求后，整体稳定性可依据圆弧滑动条分法整体

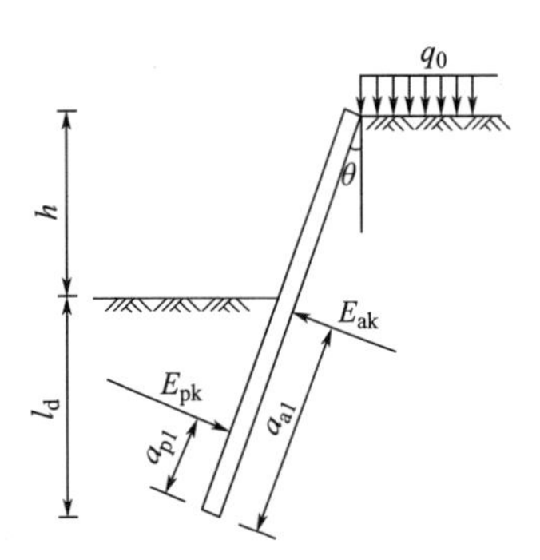

图 5.2-31　单排倾斜桩抗倾覆稳定性计算模型

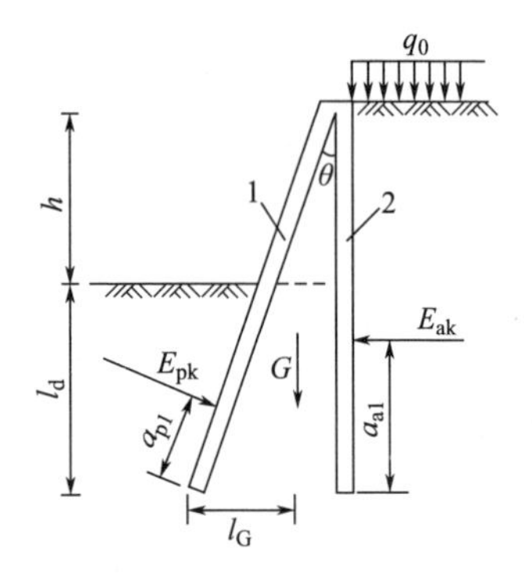

图 5.2-32　倾斜/竖直支护抗倾覆稳定性计算模型

稳定性验算和倾斜/竖直支护圆弧滑动条分法整体稳定性验算进行分析。圆弧滑动条分法整体稳定性验算见图 5.2-33，倾斜/竖直支护圆弧滑动条分法整体稳定性验算见图 5.2-34。其中，$h_{wa,j}$ 为坑外地下水位至第 j 土条滑弧面中点的垂直距离、β_j 为第 j 条滑弧面中点处的法线与垂直面的夹角、b_j 为第 j 土条的宽度、ΔG_j 为第 j 土条的自重、q_j 为作用在第 j 土条上的附加分布荷载标准值。

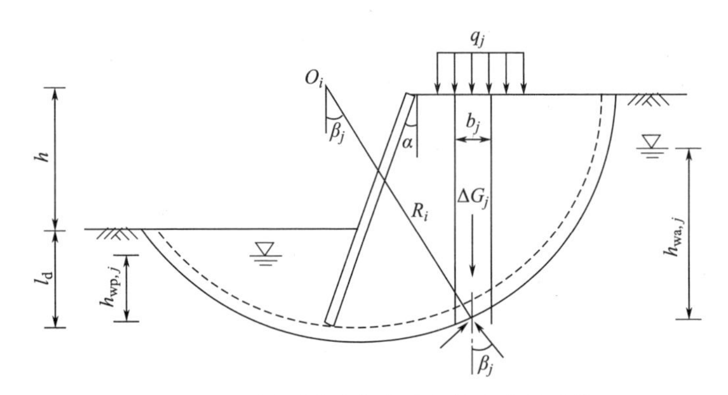

图 5.2-33　圆弧滑动条分法整体稳定性验算

4. 破坏模式转变

基坑安全系数随几何参数 R 和 α 的变化见图 5.2-35。倾斜桩侧的主、被动土压力随斜桩倾角 α 的增大而减小，然而被动区土压力的减幅小于主动区，导致基坑安全系数随 α 的增大而增大。对于给定的支护桩长，开挖比 R 的增大会减小基坑被动区的范围，导致基坑安全系数减小。因此，基坑安全系数随着 R 的增大而减小。同时，基坑的破坏模式也与 R 和 α 相关。随着 α 值的增大，基坑破坏模式逐渐由倾覆稳定破坏转变为整体稳定破坏，从与竖直悬臂式支护基坑类似的倾覆失稳转变为与抗滑桩加固边坡类似的整体稳定破坏。此外，以 α 值取 10°为

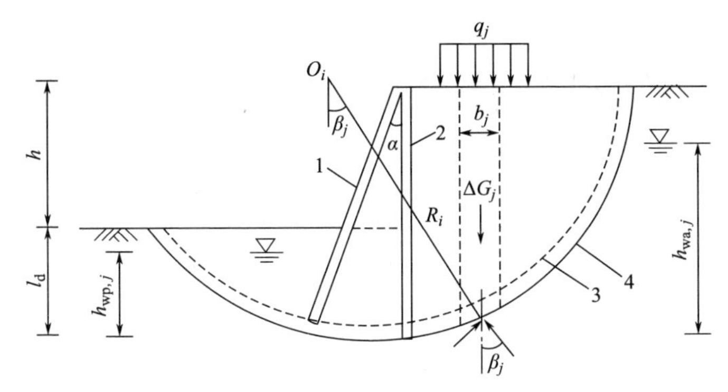

图 5.2-34 倾斜/竖直支护圆弧滑动条分法整体稳定性验算

注：1—倾斜桩；2—竖直桩；3—倾斜桩滑弧；4—竖直桩滑弧

例，随着 R 的增加，基坑破坏模式从倾覆稳定破坏转变为整体稳定破坏。此时基坑形态处于竖直悬臂式支护基坑（$\alpha=0°$）与防滑桩加固边坡（$\alpha=20°$）之间，其破坏模式取决于导致基坑做功最小的临界滑移线组合方式。

倾斜桩的破坏模式与斜桩倾角以及嵌固深度密不可分，为明确倾斜桩支护基坑的安全系数，需分别对基坑的抗倾覆稳定性和整体稳定性进行验算。在进行倾斜支护桩的抗倾覆稳定性和整体稳定性验算时，应取两者中的最小值作为其最危险状态下的安全系数。常规抗倾覆稳定性计算仅只考虑主、被动土压力的抗倾覆力矩，而在倾斜桩支护中，倾斜桩的桩身重度将发挥着重大的抗倾覆作用。当斜桩倾角为 0°时，支护桩重度对基坑极限开挖深度基本可忽略。随着倾斜角度的增大，桩身重度将极大提升基坑极限开挖深度，见图 5.2-36。若不考虑桩身重度影响，将低估其抗倾覆稳定性，且低估程度随着倾斜角的增大而增大。因此，在抗倾覆稳定性分析中应考虑支护桩的桩身重度对抗倾覆稳定性的影响。

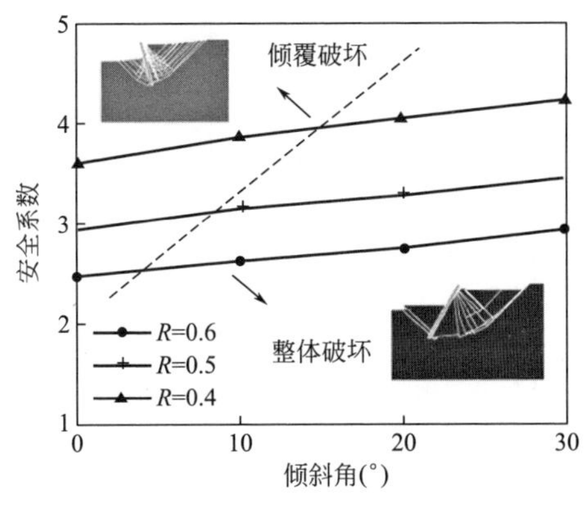

图 5.2-35 基坑安全系数随几何参数 R 和 α 的变化

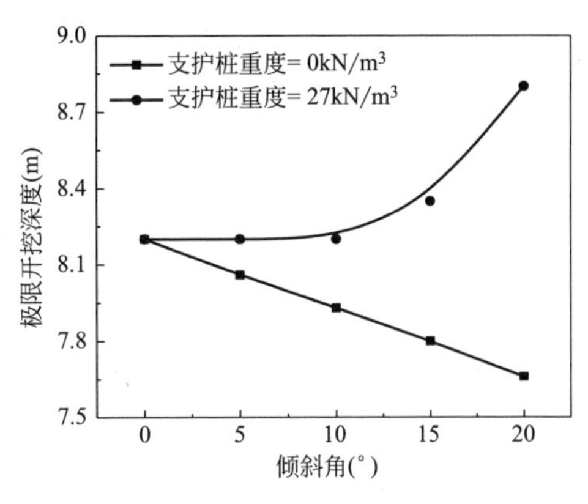

图 5.2-36 桩身重度的影响

5.3 基坑梯级无支撑支护体系工作机理与稳定分析

5.3.1 工作机理

基坑梯级无支撑支护体系由两级或更多级结构组成，可形成多种形式的系列梯级支护高效控制基坑的变形与稳定。本节将以竖直桩二级支护，倾斜桩二级支护和竖直桩三级支护为代表，介绍其工作机理。

1. 竖直桩二级支护

如前面所述，常规单排支护桩在无内支撑时，桩体作为竖直设置于地基中的梁，对变形的控制主要依赖两个因素：一是地基对桩的侧向变形的约束作用，二是桩体自身的抗弯刚度。此时，桩身轴力、桩侧摩阻力很小，并且其作用方向与主动土压力垂直（通常假设主动土压力方向水平），因此，支护桩的轴向刚度、轴向承载能力几乎对控制变形没有贡献。由于支护桩的厚度与基坑深度相比很小，桩身自重对变形的控制作用可被忽略。基于单排桩的变形控制机理，与常规单排竖直桩支护形式相比，梯级支护在工作机理上发生了重大变化，条件适当时，其变形控制效果可与内支撑体系相当。梯级支护的工作机理示意图见图 5.3-1，具体包括：

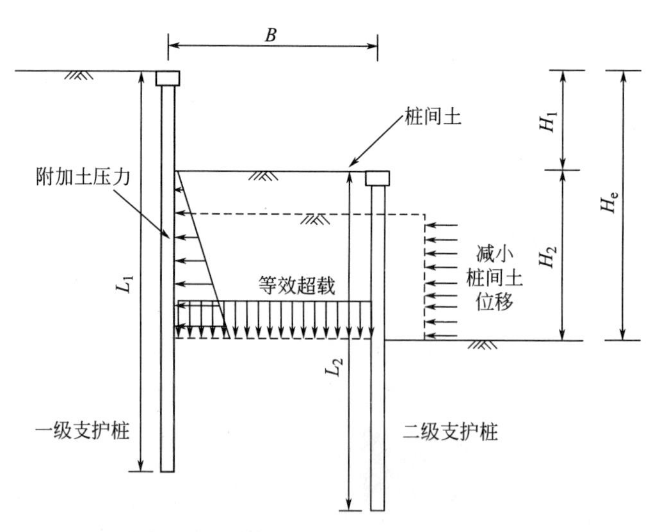

图 5.3-1　梯级支护的工作机理示意图

（1）地基梁作用。两级支护桩体作为受弯构件，通过自身抗弯刚度发挥挡土效果。相比于传统竖直桩支护，相同材耗下两级桩体的抗弯刚度更大。

（2）反压作用。两级支护桩的桩间土在支护结构中发挥等效超载作用，等效超载增加了作用在一级支护桩开挖面以下的被动土压力范围，且抑制土体隆起，从而控制支护结构的位移。

（3）附加土压力作用。桩间土给一级桩开挖面以上部分的支护结构提供了水平向的附加土压力，这种土压力也可提升基坑的抗倾覆稳定性，降低支护结构的位移。但是，该附加土压力会随桩间土的侧向水平位移而降低。

（4）限位作用。二级支护桩的设置可以限制桩间土的侧向水平位移，保障桩间土为一级支护桩提供的土压力，进而提升基坑的稳定性。

（5）重力作用。当两级支护桩的距离小于一定值时，两排桩可与其间土体形成整体，发挥类似重力式挡土墙的作用，提高支护结构稳定性和变形控制能力。

梯级支护控制位移的效果与多个几何参数相关。增大两级支护间距 B，可增加作用于一级支护桩的等效超载和附加土压力，有利于限制开挖引起的位移和桩的变形。较长的二级支护桩长 L_2 能减小桩间土位移，维持原有土压力，更好地起到控制一级支护桩的变形的作用；当二级基坑深度 H_2 较大时，等效超载变大。然而，当 H_2 超过一定值后，二级支护桩变形增大，无法起到对桩间土体位移很好的约束作用，将显著增加一级支护桩的位移。通过建立数值模型，以天津地区典型粉质黏土为例，发现在总开挖深度不变的条件下，当一级基坑深度 H_1 与 H_2 相等，支护桩的位移达到最小值[17]，如图 5.3-2 所示。

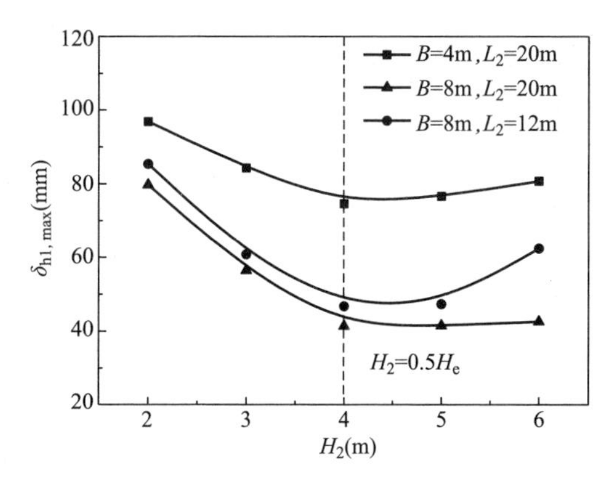

图 5.3-2　竖直桩梯级支护位移规律

2. 倾斜桩二级支护

图 5.3-3 为倾斜桩梯级支护工作机理示意，除上述梯级支护的五大工作机理之外，还增加了斜撑作用。桩土相对位移导致的斜桩桩身轴力可以提供指向基坑外的力，类似于作用在桩顶的支撑力，从而限制支护结构变形。斜桩桩身轴力的

大小与 H_1、H_2 相关。在二级基坑开挖过程中，由于二级桩变形，导致两排桩之间土体将发生松弛，倾斜桩桩身正应力和轴力值降低。因此，在设计时应考虑二级基坑开挖引起的倾斜桩轴力变化。

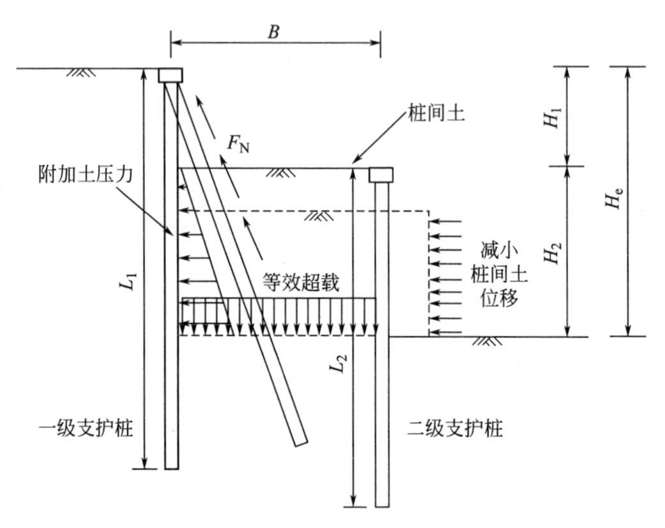

图 5.3-3　倾斜桩梯级支护工作机理

倾斜桩梯级支护位移规律见图 5.3-4。对于相对较宽的支护间距（如：$B=1.0H_e$），$H_1/H_e=0.51$ 时产生的变形最小。然而，对于支护间距较近的工况（如：$B=0.5H_e$），H_1/H_e 的最优值增加到了 0.61。较大的一级开挖深度有利于斜直交替结构中倾斜桩轴力的发挥，从而增强斜撑作用。因此，在工程设计中应根据场地允许支护间距对最优开挖深度进行调整。

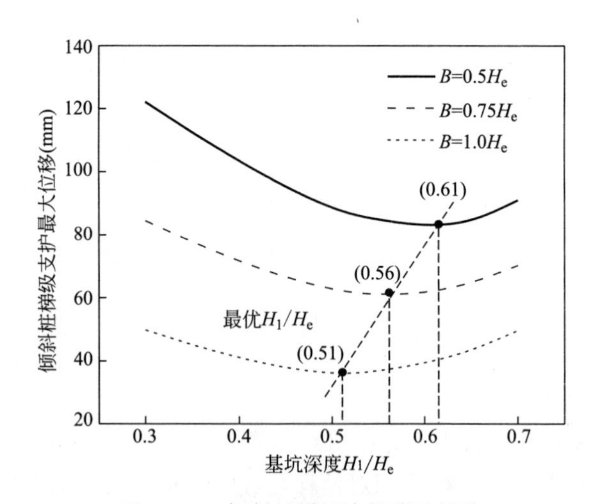

图 5.3-4　倾斜桩梯级支护位移规律

3. 竖直桩三级支护

为了在更深的基坑中应用梯级无支撑支护，还可采用三排支护桩组成三级支护，如图 5.3-5 所示，排桩桩顶之间还可设置斜撑。三级支护减小位移的工作机理如下：

（1）地基梁作用。三级支护桩均可通过发挥自身抗弯刚度起到挡土作用。

（2）反压作用。一、二级支护桩的桩间土在支护结构中起到了反压作用，可提供等效超载，该超载增加了作用于一级支护桩上开挖面以下的被动土压力，进而减小支护结构的位移。二、三级支护桩的桩间土也具有反压作用，该超载可增加作用于二级支护桩开挖面以下的被动土压力，限制二级支护桩位移。

（3）附加土压力作用。一、二级支护桩间土（图 5.3-5 中 A、C 部分）给一级桩开挖面以上部分的支护结构提供了水平向的附加土压力。二、三级支护桩间土（图 5.3-5 中 B 部分）给二级桩开挖面以上的部分支护结构提供了水平向的附加土压力。附加土压力可提升基坑的抗倾覆稳定性，降低支护结构的位移。

（4）限位作用。二级桩和三级桩起到限制桩间土变形的作用，限制支护桩的变形可起到提升桩间土附加土压力的作用。

（5）刚架作用。通过连梁和斜撑使得各级支护结构刚性连接，形成三角形的刚架支护体系，控制结构变形。

（6）斜撑作用。支护结构发生旋转变形后，三级支护桩受压。通过斜撑可将三级支护桩的压力传递至二级支护桩和一级支护桩，产生指向基坑外的水平分力。

（7）重力作用。条件适当时，三排支护桩之间的土体可与三排支护桩形成整体，通过协同工作发挥重力作用。

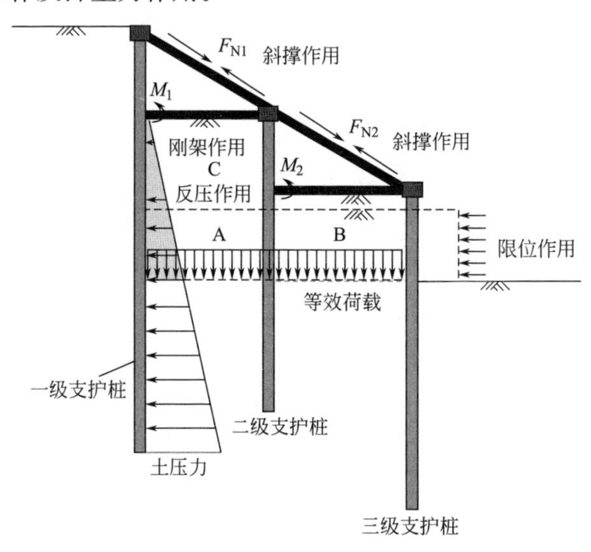

图 5.3-5　三级支护工作机理

三级支护的各参数对变形的影响耦合作用比较复杂，仅通过常规参数分析难以准确量化说明变形对各参数的敏感性。因此，基于多元自适应回归样条法(MARS 法)，开展了三级支护各级开挖深度最优值的探究。一、二级基坑开挖深度对结构位移影响见图 5.3-6，H_1 与 H_e 之比为 0.31 左右，H_2 与 H_e 之比为 0.32 左右，三级开挖深度 $H_3=H_e-H_1-H_2$，对应的最优 H_3/H_e 为 0.37 时，支护结构的位移最小。这是因为在一级基坑开挖阶段，仅有一级支护桩作为悬臂支护结构起到挡土作用，此时累积变形较大。在二级、三级基坑开挖过程中，通过支护桩、连梁和斜撑的组合使得支护结构整体抗弯刚度提升，因而 H_2、H_3 应适当大于 H_1。

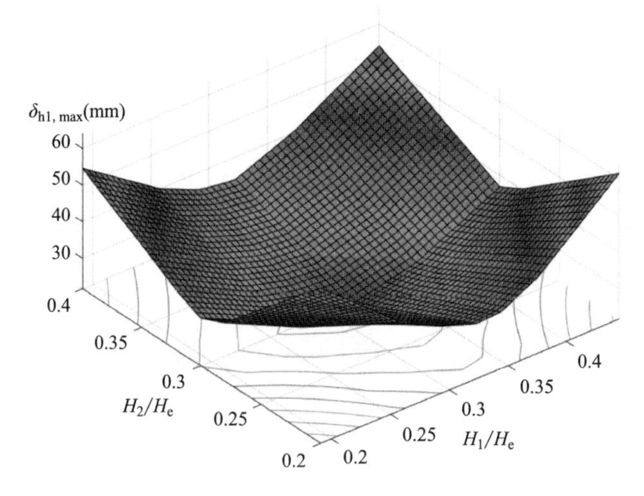

图 5.3-6　一、二级基坑开挖深度对结构位移影响

5.3.2　破坏模式与稳定分析方法

通过大型模型试验研究了梯级支护的破坏模式[15,18,19]，如图 5.3-7 所示，其中，L_1、L_2 分别为一级支护桩桩长与二级支护桩桩长，H_1、H_2 分别为一级基坑开挖深度与二级基坑开挖深度，B 为两级支护桩距离。支护桩模型采用 PVC 塑料管模拟，模型基坑第一级模型桩桩长为 100cm（对应原型 16m），第二级模型桩桩长 50mm（对应原型 8m）。模型试验用砂为 2mm 的细砂，试验中采用撒砂设备将砂均匀撒入槽中。由于撒砂设备竖直方向无法移动，因此砂土的落差随着填筑高度增加而减小，砂土的峰值内摩擦角约 35°，极限内摩擦角为 31°。试验采用固定第一级基坑开挖深度，并对第二级基坑进行超挖的方式使基坑达到破坏。H_1 为 40cm（对应原型 6.4m），而 H_2 为 30cm（对应原型 4.8m）。试验过程中，每级开挖深度为 10cm，当开挖深度达到 70cm 后，每

级开挖深度变为 5cm。

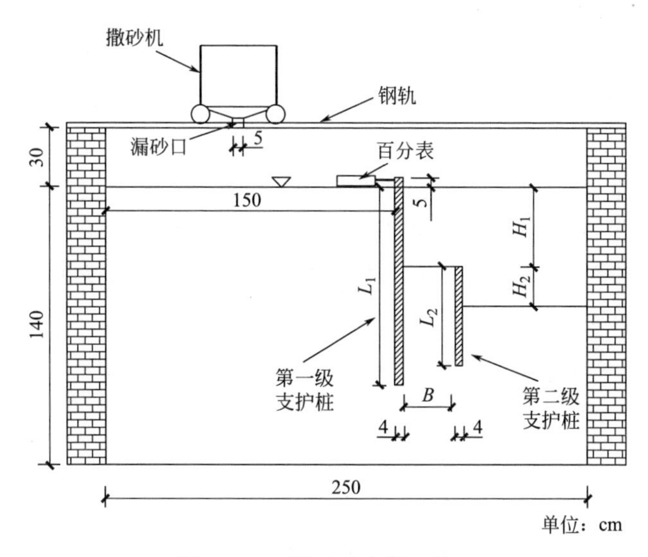

图 5.3-7 模型试验槽示意图

根据试验结果可将梯级支护的破坏模式分为：整体式破坏、关联式破坏、分离式破坏（二级支护破坏），见图 5.3-8，其定义如下：

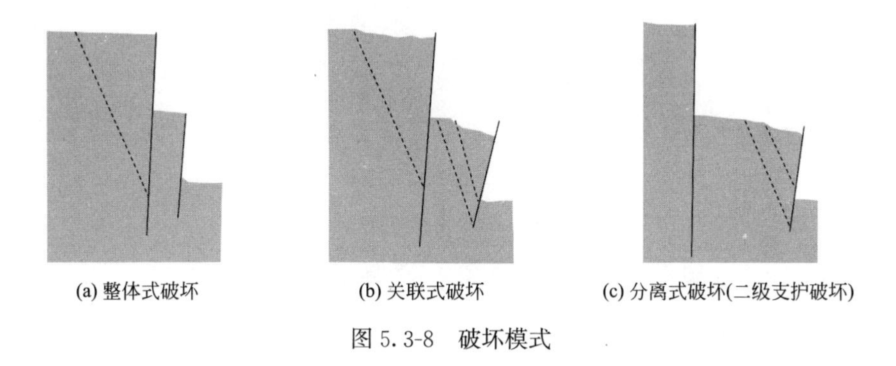

图 5.3-8 破坏模式

（1）整体式破坏：梯级支护基坑达到临界状态时，桩间土未发生破坏，且其安全系数与梯级支护及其桩间土简化为整体式挡土墙（简称等效异形挡土墙）的基坑安全系数一致。

（2）关联式破坏：各级支护结构都发生倾覆破坏，但并不是同时倾覆，而是二级支护桩的倾覆破坏会继而引发一级支护桩的倾覆破坏，支护结构间土体存在明显的滑动破坏面。因此，梯级支护安全系数介于整体式破坏和分离式破坏，两级支护结构的破坏面相互关联。

（3）分离式破坏（两级支护破坏）：达到极限状态时，其中任意一级支护桩的倾覆破坏不会引发另一级支护桩的倾覆破坏，两级支护结构的破坏没有任何关联，破坏面独立形成。

破坏模式、安全系数与支护间距的关系见图 5.3-9。考虑多种不排水强度随深度变化的分布，当 B 值较小时，一级支护与二级支护同时发生倾覆，且两级支护间土体无明显剪切带，发生整体式破坏。随着 B 值增加，梯级支护的破坏仍然是两级都发生倾覆，但是两级支护间土体产生明显剪切带，发生关联式破坏。当 B 值超过一定值后，梯级支护的破坏模式变为只有其中一级支护发生倾覆，即分离式破坏。其中，将破坏模式由整体式破坏转变为关联式破坏的 B 值称为整体式破坏临界宽度 $B_{整体}$，将关联式破坏转变为分离式破坏的 B 值称为分离式破坏临界宽度 $B_{分离}$，不同的土体强度参数情况下，$B_{整体}$ 和 $B_{分离}$ 的数值大小一致。这说明土体强度的绝对值不是影响梯级支护破坏模式的关键因素。

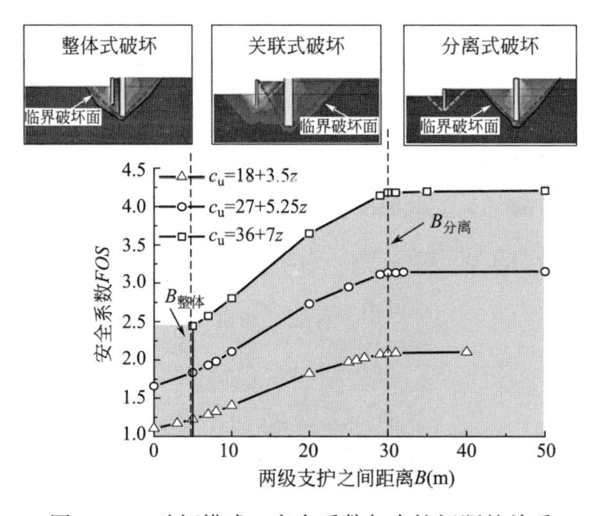

图 5.3-9　破坏模式、安全系数与支护间距的关系

根据不同破坏面的形式，建立了基于极限分析上限法的梯级支护稳定性安全系数计算分析方法。假定两级支护的平移速度 V 相同，整体式破坏简化的运动模式和速度间断面（破坏面）分布如图 5.3-10 所示，其中，X_{1a}、X_{2a}、X_{2p}、X_3 为间断面，V 为土体竖向速度。当 B 小于 $B_{分离}$ 时，是整体式破坏，速度间断面由 X_{1a}、X_3、X_{2p} 组成。间断面 X_{1a}、X_{2p} 倾角可由郎肯理论得到。整体式破坏发生时，土体重力做功大于速度间断面上黏聚力做功产生的能量耗散，见式（5.3-1）～式（5.3-7）：

$$W_{1a}+W_{2p}+W_3>U_{1a}+U_{2p}+U_3 \tag{5.3-1}$$

$$W_{1a}=G_{1a}V_{1a}^{v} \tag{5.3-2}$$

$$W_{2p}=G_{2p}V_{2p}^{v} \tag{5.3-3}$$

$$W_{3}=G_{3}V_{3}^{v} \tag{5.3-4}$$

$$U_{1a}=V_{1a}\int_{X_{1a}}\frac{C_{u}(z)}{m}ds \tag{5.3-5}$$

$$U_{2p}=V_{2p}\int_{X_{2p}}\frac{C_{u}(z)}{m}ds \tag{5.3-6}$$

$$U_{3}=V_{3}\int_{X_{3}}\frac{C_{u}(z)}{m}ds \tag{5.3-7}$$

式中，W_{1a}、W_{2p} 是间断面 X_{1a} 与 X_{2p} 上部的土体重力做功；W_3 是间断面 X_3 上部的土体重力做功；G_{1a}、G_{2p} 及 G_3 是间断面 X_{1a}、X_{2p} 及 X_3 上部的土体重力；V_{1a}^{v}、V_{2p}^{v} 及 V_{3}^{v} 是间断面 X_{1a}、X_{2p}、X_3 上部土体的竖向速度，三者均可根据速度相容原则求出；U_{1a}、U_{2p} 与 U_3 是间断面 X_{1a}、X_{2p} 与 X_3 上由于土体黏聚力做功而产生的能量耗散；C_u（z）是土体不排水强度，是深度 z 的函数；m 是强度折减系数；$\int_{X_{1a}}\frac{C_{u}(z)}{m}ds$、$\int_{X_{2p}}\frac{C_{u}(z)}{m}ds$、$\int_{X_{3}}\frac{C_{u}(z)}{m}ds$ 是强度折减后的 $C_u(z)$ 沿着 X_{1a} 与 X_{2p} 上的第一类曲线积分，也是强度折减后，间断面 X_{1a}、X_{2p} 与 X_3 上的抗剪强度；V_{1a}、V_{2p} 及 V_3 是间断面 X_{1a}、X_{2p} 及 X_3 上土体相对间断面的速度，可根据速度相容原则求出。

整体式破坏的分析见图 5.3-10。此时，二级支护的主动破坏面已经将第一级支护结构完全包括。这时的破坏面（速度间断面）应完全由二级支护决定。

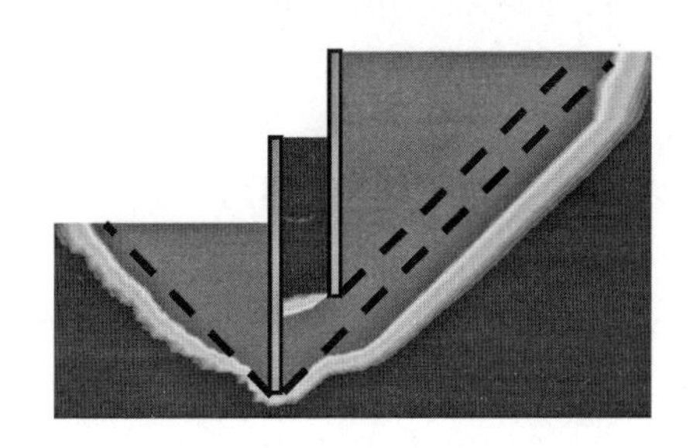

(a) 剪应变率云图

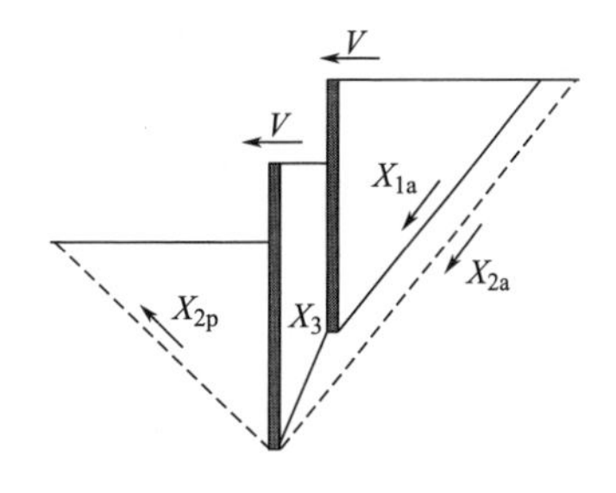

(b) 简化分析模型

图 5.3-10　整体式破坏的分析

强度折减法与上限解法得到的抗倾覆安全系数对比见图 5.3-11。可以看出，在任意支护间距条件下，上限解法得到的安全系数均与强度折减法得到的安全系数十分接近，表明基于上限解法提出的安全系数简化计算方法可靠。

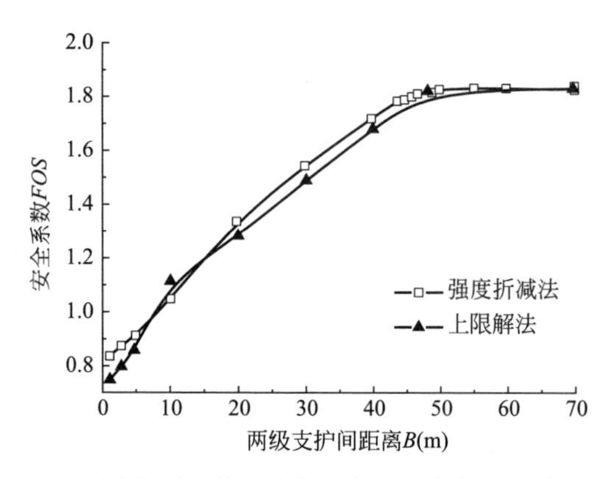

图 5.3-11　强度折减法与上限解法得到的抗倾覆安全系数对比

5.4　基坑绿色低碳无支撑支护技术工程实践

5.4.1　国家重大科技基础设施——大型地震工程模拟研究设施基坑项目

1. 概况

国家重大科技基础设施——大型地震工程模拟研究设施基坑项目场位于天津大学北洋园校区内，基坑长约 135m，宽约 88m[20]。工程场地南侧为河道，河宽 30m，护校河距离地下结构最近约为 32.5m，河道外 25m 为市政道路。工程东侧、北侧及西侧 100m 范围内均为校内空地，无任何道路。该工程地质剖面图如图 5.4-1 所示，土层物理力学指标如表 5.4-1 所示，其中，ω 为含水率，γ 为土体重度，e 为孔隙比，E_S 为压缩模量，c 为黏聚力，φ 为内摩擦角。

2. 支护方案

由于该基坑面积较大，深度达 14.7m，且基坑主要开挖深度范围内分布有最大厚度接近 8.0m 的淤泥质软弱土层，因此，如采用传统基坑支护方案，将采用大直径钻孔灌注桩作为支护桩，并采用两道钢筋混凝土内支撑。为了降低基坑造价、缩短工期，采用了竖直/倾斜组合支护桩支护技术和基坑梯级支护技术，取消内支撑，实现了基坑无支撑支护。基坑西南侧支护方案及倾斜桩支护实景见图 5.4-2。采用放坡开挖，放坡高度为 2.5m，放坡宽度为 3m，坡底设置 5m 的平台后设置倾斜/竖直组合支护。直、斜桩的桩长均为 12m。斜桩倾斜角度为 20°，斜桩与直桩采用帽梁连接。二级支护距离一级开挖 13.4m，采用直桩＋锚杆的支护方式。国家重大科技基础设施“大型地震工程模拟研究设施基坑”实景图见图 5.4-3。

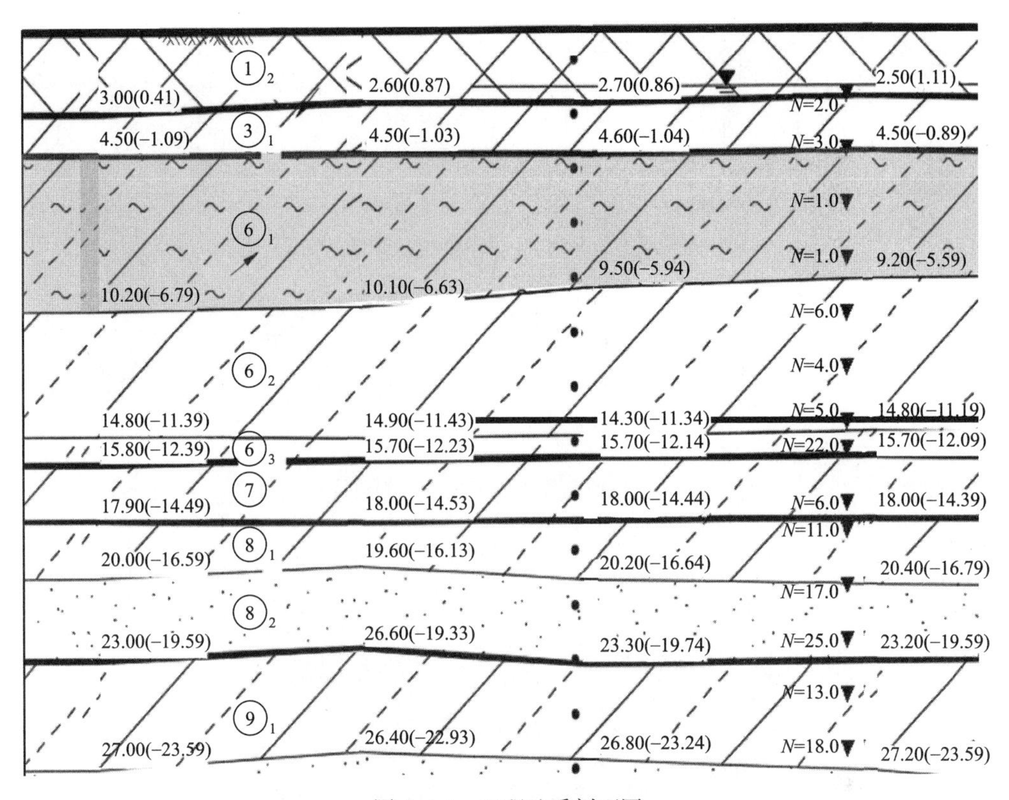

图 5.4-1 工程地质剖面图

大型地震工程模拟研究设施基坑项目土层物理力学指标 **表 5.4-1**

层号	土层	ω(%)	γ(kN/m^3)	e(—)	E_s(MPa)	c(kPa)	φ(°)
①$_2$	素填土	30.59	18.6	0.94	3.59	20.51	11.72
③$_1$	黏土	32.87	18.7	0.96	3.91	16.47	12.69
⑥$_1$	淤泥质粉质黏土	36.17	18.5	1.03	3.68	14.80	12.94
⑥$_2$	粉质黏土	29.80	19.2	0.84	4.93	16.99	18.62
⑥$_3$	黏土	24.74	19.9	0.70	11.73	7.87	31.12
⑦	粉质黏土	23.43	20.1	0.66	5.44	18.82	17.21
⑧$_1$	粉质黏土	23.19	20.2	0.67	5.52	22.68	14.16
⑧$_2$	粉砂	17.26	20.9	0.52	13.68	5.15	35.47
⑨$_1$	粉质黏土	23.82	20.1	0.68	5.56	21.22	16.41

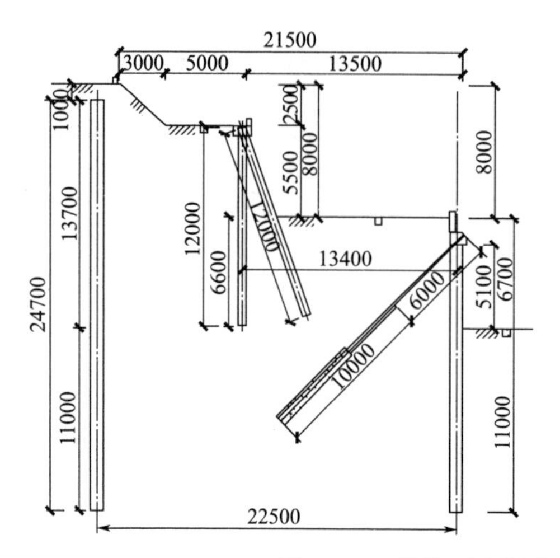

图 5.4-2　基坑西南侧支护方案及倾斜桩支护实景

图 5.4-3　大型地震工程模拟研究设施基坑实景图

3. 变形实测及分析

大型地震工程模拟研究设施基坑平面及其监测点布置示意图见图 5.4-4，桩身水平位移实测结果见图 5.4-5。由该图可知，变形控制效果良好。对于开挖深度 8.0m、基坑底上下分布 8.0m 厚作用的淤泥质软土的工况来说，倾斜桩组合支护控制变形的能力几乎与内支撑支护的变形控制能力相当。

大型地震工程模拟研究设施基坑支护桩顶水平位移时程实测结果见图 5.4-6。各测点的位移在开挖开始时显著增大，开挖后基本保持稳定。基坑南部的测点 L31、L39、L43 的位移值相较于其他测点较大。这是因为该基坑南侧存在较厚的淤泥质黏土层（厚度约为 4.2m），而基坑东、西和北侧淤泥质黏土层厚度约为 2m。此外，在基坑开挖过程中，设备运输，土方开挖及转移的路线距基坑南侧较近，车辆过载和设备堆载亦可能造成基坑南侧的位移变大。在基坑开挖过程中，一级桩和二级桩的桩身位移具有明显的相关性。二级基坑开挖后，一级桩顶位移 δ_{ht1} 的发展与 S6～S8 阶段二级桩顶位移 δ_{ht2} 的增加几乎同步。A-A 剖面

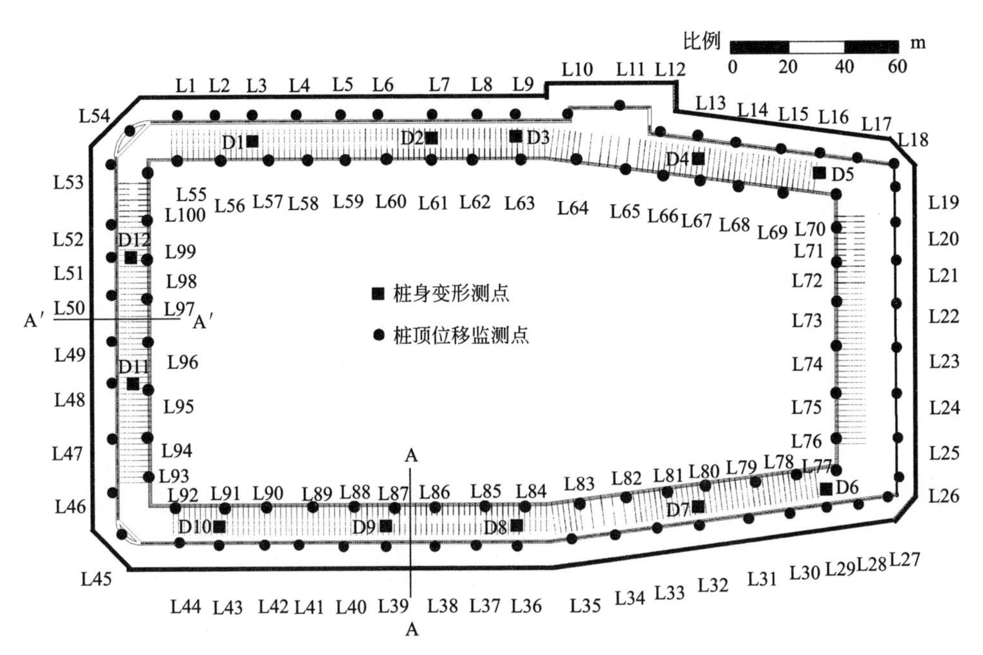

图 5.4-4 大型地震工程模拟研究设施
基坑平面及其监测点布置示意图

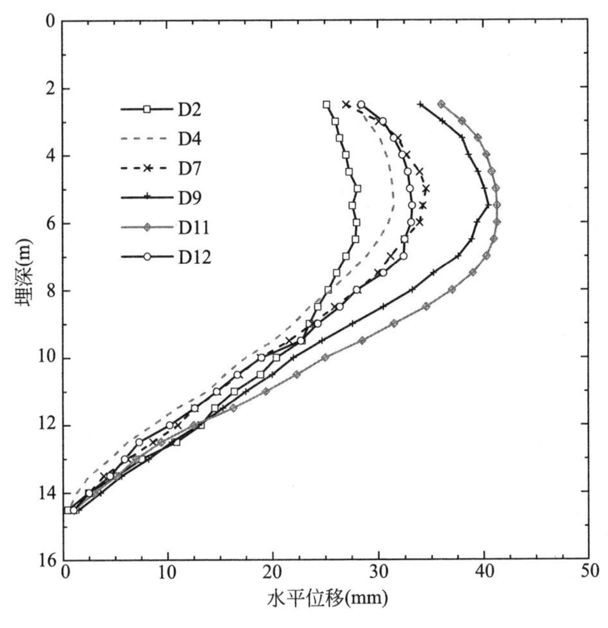

图 5.4-5 桩身水平位移实测结果

($B=12$m)对应的测点 L31、L39、L43 对 δ_{ht2} 的敏感性高于 A′-A′段($B=13.5$m)对应的测点 L48、L51。A-A 段测点 δ_{ht1} 在二级基坑开挖阶段的增幅为 70.5%~93.7%,而 A′-A′段测点 δ_{ht1} 在二级基坑开挖阶段的增幅为 96.6%~98.8%,说明二级开挖过程中 δ_{ht1} 的增长量与 δ_{ht2} 的增长量存在明显相关性,且 δ_{ht1} 值对较窄的支护间距更为敏感。

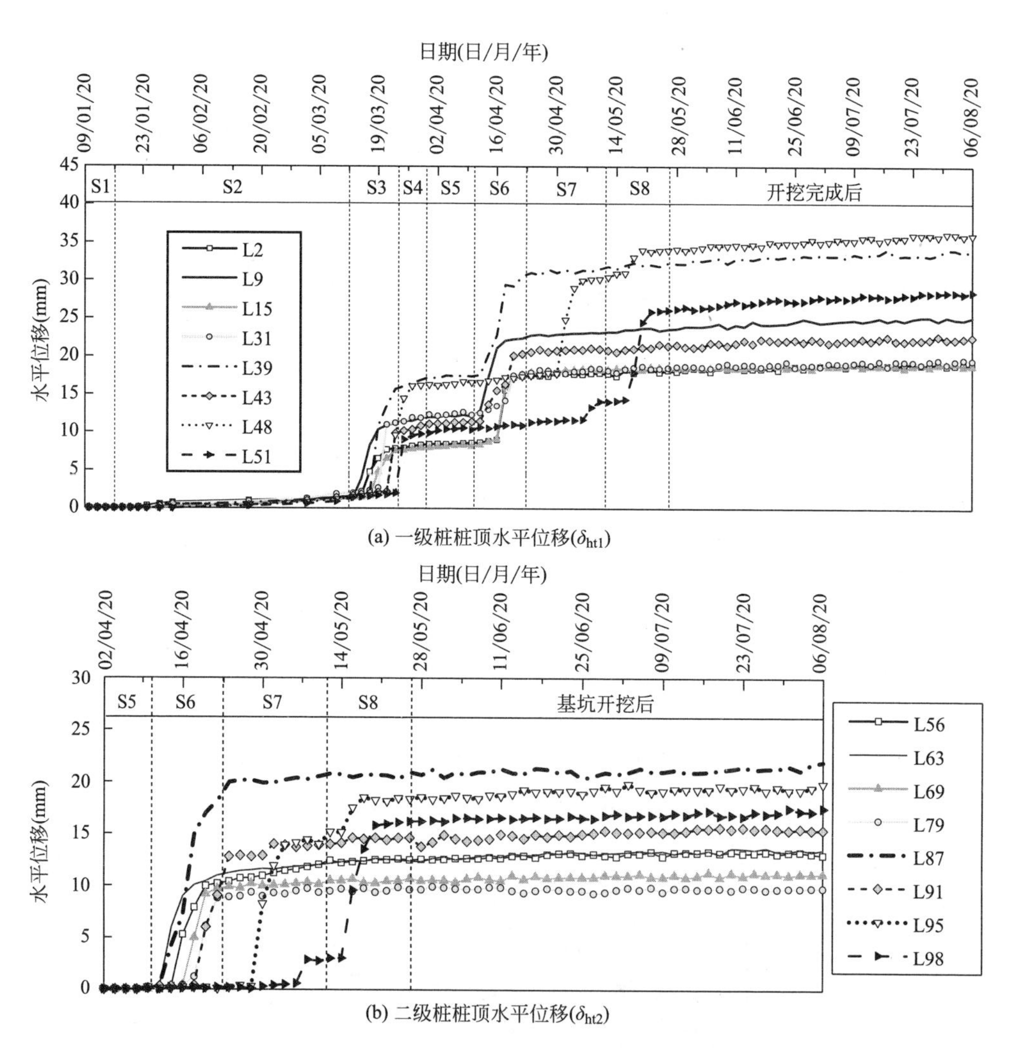

图 5.4-6　大型地震工程模拟研究设施基坑支护桩顶水平位移时程实测结果

5.4.2　嘉海基坑项目

1. 概况

嘉海一期基坑项目位于天津市河北区狮子林大街与海河东路交叉口,工程场地四面临路，并有地下铁路隧道。基坑开挖面积约为 44000m^2，开挖深度为 15.2m，局部塔楼开挖深度 16.25～17.6m，塔楼电梯井挖深 19.2～22m。嘉海一期基坑土层物理力学指标如表 5.4-2 所示。

嘉海一期基坑土层物理力学指标　　　　**表 5.4-2**

层号	土层	ω(%)	γ(kN/m^3)	e(—)	E_s(MPa)	标贯击数	c(kPa)	φ(°)
①$_1$	杂填土	—	19	—	—	—	—	—
①$_2$	素填土	31.7	18.7	0.94	4.38	—	—	—
③$_1$	粉质黏土	30.0	19.2	0.875	4.50	—	9.89	26.38
⑥$_3$	粉土	26.4	19.5	0.754	12.20	—	6.33	29.03
⑥$_4$	粉质黏土	29.7	19.2	0.844	5.71	8.6	14.73	27.07
⑧$_1$	粉质黏土	24.8	20.0	0.702	5016	23.8	23.11	28.02
⑧$_2$	粉土	22.2	20.2	0.637	11.99	25.9	—	—
⑨$_1$	粉质黏土	26.2	19.80	0.74	5.21	15.0	26.90	20.86
⑩$_1$	粉质黏土	25.6	19.9	0.737	5.56	5.45	19.7	—
⑩$_2$	粉砂	16.4	21.1	0.487	14.13	36.3	13.20	35.90
⑪$_1$	粉质黏土	24.8	19.9	0.713	5.50	—	24.62	24.66
⑪$_2$	粉土	22.7	20.4	0.648	10.70	50.0	5.19	31.46
⑪$_3$	粉质黏土	27.2	19.6	0.783	5.82	22.3	27.50	24.23
⑪$_5$	粉质黏土	26.9	19.7	0.774	5.79	35.0	43.64	25.31

嘉海二期基坑位于天津市河北区，是由众多道路围成的地块，拟建场地建筑范围内整体设有 1 层地下室，局部设 2 层地下室。基坑平面近似为五边形，开挖面积约 50000m^2，2 层地下室处基坑开挖深度为 10.8m，1 层地下室处基坑开挖深度为 7.0m，局部电梯坑挖深为 12.8m。嘉海二期基坑土层物理力学指标如表 5.4-3 所示。

嘉海二期基坑土层物理力学指标　　　　**表 5.4-3**

层号	土层	ω(%)	γ(kN/m^3)	e(—)	E_s(MPa)	c(kPa)	φ(°)
①$_1$	杂填土	—	19	—	—	—	—
①$_2$	素填土	31.2	19.1	0.868	2.53	16.0	13.0
③	黏土	33.7	18.8	0.963	3.85	23.9	12.9
④$_1$	粉质黏土	31.0	19.2	0.873	4.38	27.5	15.0
④$_2$	粉土	26.4	19.5	0.737	12.66	11.2	29.4
⑥$_1$	粉土	26.7	19.4	0.759	11.58	11.7	27.6

续表

层号	土层	ω(%)	γ(kN/m³)	e(—)	E_s(MPa)	c(kPa)	φ(°)
⑥$_2$	粉质黏土	30.2	19.2	0.845	5.19	20.4	16.9
⑧	粉质黏土	26.4	19.8	0.740	4.81	23.7	16.3
⑨$_2$	粉砂	19.4	20.5	0.554	14.50	11.8	31.1
⑪$_1$	粉质黏土	25.8	19.9	0.726	5.45	35.2	16.1
⑪$_2$	粉砂	20.3	20.4	0.576	15.53	11.3	31.2
⑫	粉质黏土	28.6	19.5	0.814	5.69	42.2	13.2

2. 支护方案

根据嘉海一期基坑的基坑面积、开挖深度、土层情况和环境条件等，原方案采用传统内支撑设计方案，需设置 2～3 道钢筋混凝土支撑。为此，该基坑支护设计中采用了化大坑为小坑的思想，将整体大基坑划分为南部基坑、西部基坑、北部基坑和东部基坑。基坑北侧开挖深度为 17.6m，局部深坑开挖深度为 22m，采用了如图 5.4-7 所示的梯级支护形式。一级支护采用 ϕ1000@1200 单排灌注桩，桩长 27.75m，桩顶以上为高度 1m 的挡土墙。二级支护采用双排桩，前后排桩均为 ϕ900@1400 灌注桩，桩长 20.6m。两级支护间有反压土，反压土宽度为 22.6m。

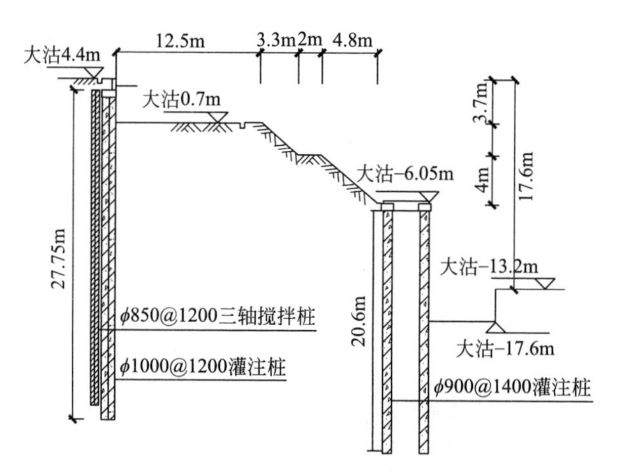

图 5.4-7　嘉海一期基坑北侧剖面图

嘉海二期基坑西侧剖面的地下室距离场地用地红线仅为 8～15m，坑内空间有限，故采用了双排桩结合单排桩支护形式，如图 5.4-8 所示。一级支护为双排灌注桩，桩与桩中间的止水帷幕长度为 24.2m。二级支护为 ϕ800@1000 的单排灌注桩，桩长为 13.4m，帽梁厚度 0.6m。该剖面单排桩以上的第一级开挖深度为 5.8m，第二级开挖深度则为 5.0m。两级支护间水平距离最小处仅 3.8m，最宽处约 9.0m。

3. **变形实测及分析**

嘉海一期基坑北侧实测结果见图 5.4-9。当基坑开挖到底后，一级支护的最大水平位移约为 37mm，基坑外马路无任何开裂，说明变形控制效果良好。由于第二级基坑开挖深度更大，对应二级支护采用了整体刚度较大的双排桩形式，取得了良好效果。

嘉海二期基坑西侧实测结果见图 5.4-10。基坑开挖到基坑底部后，围护桩最大水平位移约 40mm，是基坑开挖深度的 0.37%，变形控制效果良好。

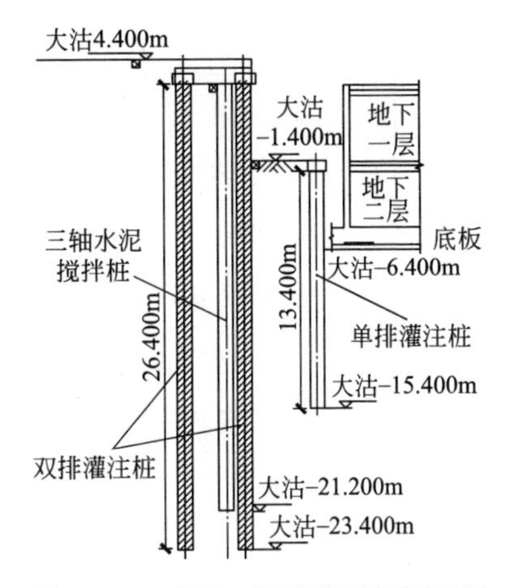

图 5.4-8 嘉海二期基坑西侧剖面图

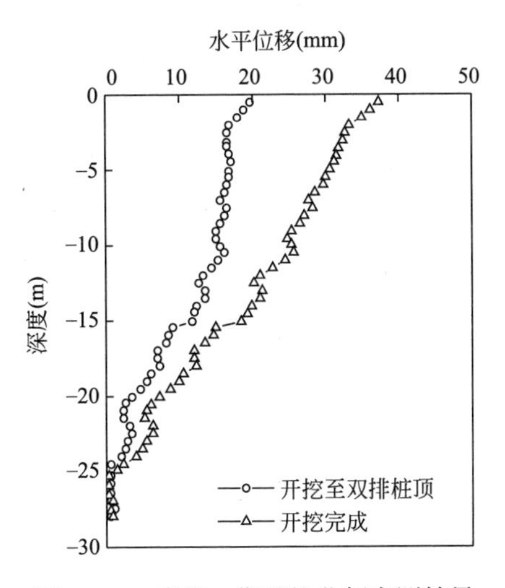

图 5.4-9 嘉海一期基坑北侧实测结果

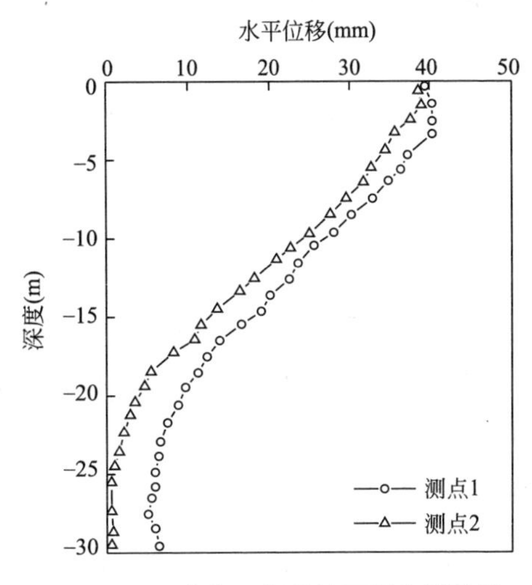

图 5.4-10 嘉海二期基坑西侧实测结果

5.4.3 深圳世纪山谷基坑项目

1. **概况**

深圳世纪山谷基坑采用三级无支撑支护，基坑开挖深度为 17.3m，面积约 54373.7m^2，其中，北区由住宅、公寓、办公、酒店、裙房商铺等组成，住宅分别为 120m 以及 200m 超高层建筑，公寓为 120m 以及 180m 超高层建筑，裙房层数为 1～5 层。南区拟建学校，高度为 21.6m。拟建场地拟在建设范围内满布 3～4 层地下室，地下室大致呈长方形状，深圳世纪山谷基坑土层物理力学指标见表 5.4-4。

深圳世纪山谷基坑土层物理力学指标 表 5.4-4

层号	土层	ω(%)	γ(kN/m³)	e(—)	c(kPa)	φ(°)
1-2	素填土	29.14	17.0	0.88	8	10
2-2	含黏土砾砂	27.56	19.0	0.83	15	28
2-3	粉质黏土	28.88	18.5	0.86	20	18
3	砾质黏性土	27.09	19.5	0.90	28	25
4-1	全风化花岗岩	24.86	20.0	0.72	30	28
4-2-1	强风化花岗岩(砂砾土)	21.14	21.0	0.62	33	30
4-2-2	强风化花岗岩(砂砾土)	19.65	23.0	0.61	36	32
4-3-1	中风化花岗岩(上层)	—	25.0	—	—	34
4-3-2	中风化花岗岩(下层)	—	25.0	—	—	35

2. 支护方案

项目采用三级支护体系，根据基坑深度设置三排支护桩，第一排支护桩为 ϕ800@2000，设计桩长 31.3m，嵌入基坑底 14.0m；第二排支护桩采用 ϕ1200@1800，设计桩长 21.8m，嵌入基坑底 10m；第三排支护桩为 ϕ1400@2000，设计桩长 18.3m，嵌入基坑底深度 12m；各级桩间通过支护结构（冠梁、连梁、围檩）及斜撑进行整体连接，形成三级梯级联合支护体系。深圳世纪山谷基坑剖面图见图 5.4-11，深圳世纪山谷基坑平面及其监测点布置示意图如图 5.4-12 所示，深圳世纪山谷基坑实景图见图 5.4-13。

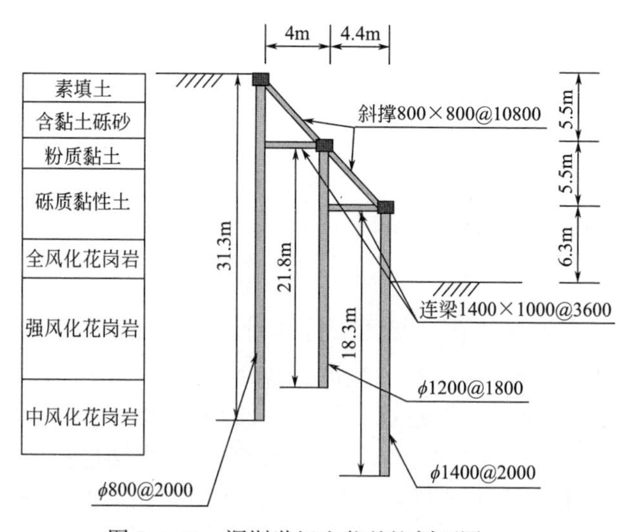

图 5.4-11 深圳世纪山谷基坑剖面图

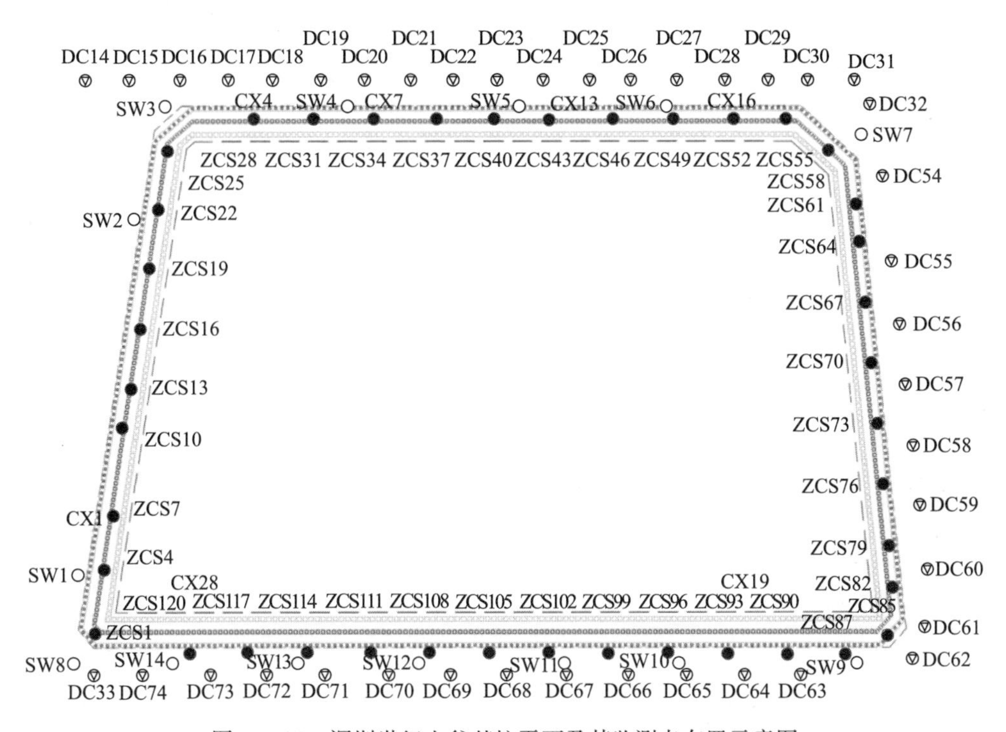

图 5.4-12 深圳世纪山谷基坑平面及其监测点布置示意图

图 5.4-13 深圳世纪山谷基坑实景图

3. 变形实测及分析

世纪山谷基坑北侧实测结果见图 5.4-14、世纪山谷基坑南侧实测结果见图 5.4-15。开挖到基坑底部后，一级支护桩最大位移在桩顶位置，约 89mm，是基坑开挖深度的 0.51%，说明三级无支撑支护体系可有效控制桩身位移，具有良好的支护效果。

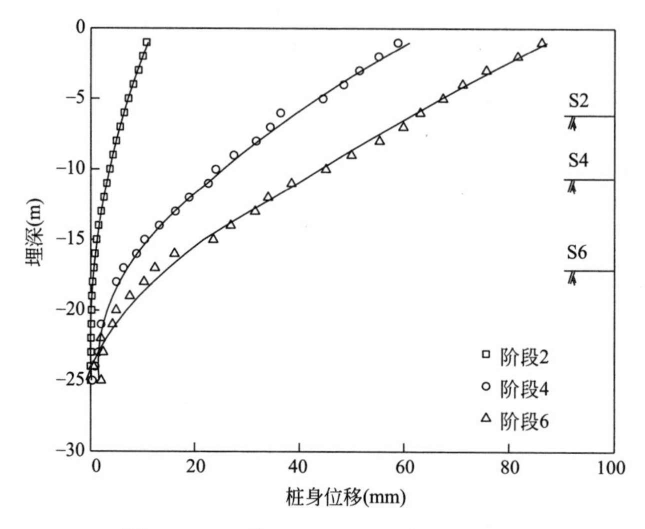

图 5.4-14　世纪山谷基坑北侧实测结果

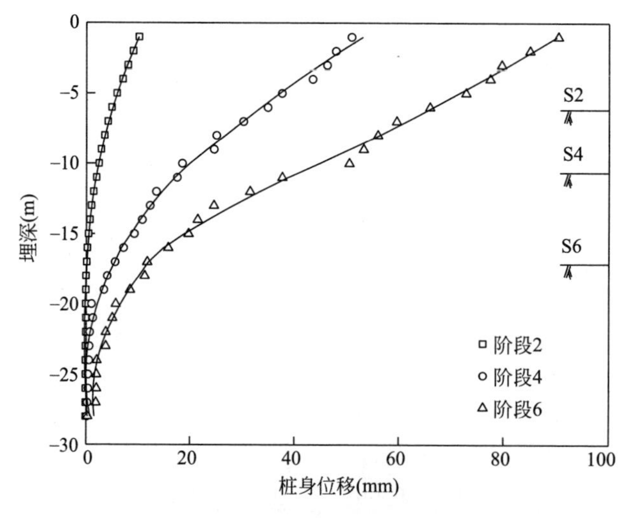

图 5.4-15　世纪山谷基坑南侧实测结果

5.4.4　金钟河大街基坑项目

1. 概况

该项目面积约 25700m²，开挖深度为 4.5～10.30m。项目场地北侧为赵沽里大街；西侧邻靖辰公寓，该公寓为六层住宅，天然地基，公寓外侧为规划道路群芳路，道路下存在已运营地铁线路地铁 5 号线；南侧邻天江里小区，该小区为六层住宅，天然地基；东侧为中国联通院落，内有 2 层营业大厅和通信铁塔，土层土性指标统计见表 5.4-5。

金钟河大街基坑项目土层物理力学指标　　表 5.4-5

层号	土层	ω(%)	γ(kN/m^3)	e(—)	E_s(MPa)	c(kPa)	φ(°)
1-2	素填土	27.5	18.6	0.858	3.6	—	—
4-1	粉质黏土	29.7	19.1	0.857	4.8	15.7	11.3
4-2	粉土	26.2	19.3	0.759	10.6	6.0	28.5
6-3	粉土	25.7	19.5	0.732	14.2	5.3	30.0
6-4	粉质黏土	31.4	18.8	0.897	5.5	12.6	14.5
7	粉质黏土	23.7	19.9	0.682	5.3	15.9	16.1
8-1	粉质黏土	21.6	20.4	0.607	6.3	16.8	15.9
8-2	粉土	19	20.4	0.569	14.6	6.66	36.74
9-1	粉质黏土	24.4	19.9	0.7	6.0	18.9	15.9
9-2	粉土	21.2	20.4	0.6	11.8	6.2	29.8
10-1	粉质黏土	26.6	19.7	0.764	5.8	19.3	15.4
10-2	粉土	19.3	20.4	0.575	13.7	—	—

2. 支护方案

综合考虑基坑深度、基坑开挖面积、场地周边环境、基坑各边与用地红线距离及各边场外环境保护要求，D-D 剖面位于基坑西侧偏北部，基坑开挖深度 4.5m，采用倾斜/竖直支护，倾斜桩倾角为 20°，支护桩采用 375mm×500mm 预制桩，桩长 11m，间距 1.70m，支护桩外设止水帷幕，基坑 D-D 剖面支护示意图见图 5.4-16。

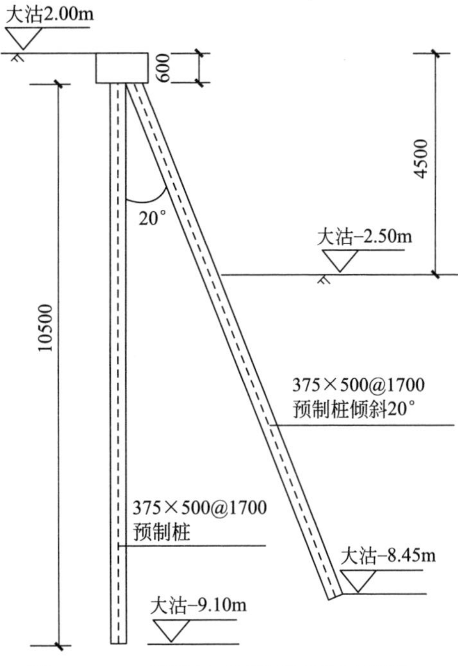

图 5.4-16　基坑 D-D 剖面支护示意图

3. 变形实测及分析

为桩身位移监测结果见图 5.4-17，基坑开挖 4.5m，倾斜/竖直桩桩顶位移仅为 2mm 左右，桩身位移最大值发生在开挖面附近，最大水平位移为 12.51mm，满足基坑变形控制要求，具有良好的支护效果。倾斜/竖直支护高变形控制能力，在不设置内支撑的前提下可实现类似内支撑支护的变形控制效果。

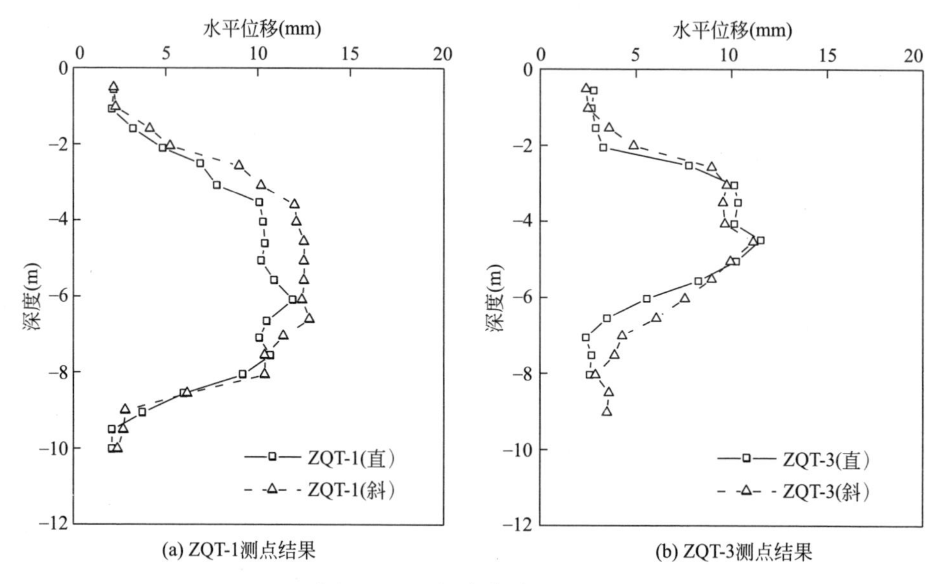

图 5.4-17　桩身位移监测结果

5.4.5　红咸里大面积基坑项目

1. 概况

该项目包括住宅基坑、邻里中心基坑和商业基坑三个基坑。住宅基坑开挖深度为4.77～4.97m，东西向约320m，南北向约280m；邻里中心基坑开挖深度为6.77～9.02m，东西向约60m，南北向约32m；商业基坑开挖深度为10.5m，红咸里大面积基坑土层物理力学指标见表5.4-6。

红咸里大面积基坑土层物理力学指标　　**表 5.4-6**

层号	土层	ω(%)	γ(kN/m^3)	e(—)	c(kPa)	φ(°)
①$_1$	杂填土	—	16	—	8	10
①$_2$	素填土	30.7	18.88	0.984	20	8
③$_1$	黏土	33.8	18.61	1.005	16.45	12.52
③$_3$	淤泥质黏土	48.9	18.3	1.373	8.74	8.37
⑥$_1$	粉质黏土	29.8	19.24	0.845	13.74	21.19
⑦	粉质黏土	22.8	20.36	0.641	15.86	9.49
⑧$_1$	粉质黏土	24.6	20.64	0.670	13.87	13.54

2. 支护方案

该基坑分别采用了单斜桩支护和倾斜/竖直支护两种方式。倾斜桩、竖直桩桩长均为 12m，分为区域Ⅰ和区域Ⅱ，其中，区域Ⅰ倾角为 8°的倾斜桩支护和倾斜/竖直支护两种结构，区域Ⅱ内倾斜桩倾角为 8°或 11°的倾斜桩支护，如图 5.4-18 所示。

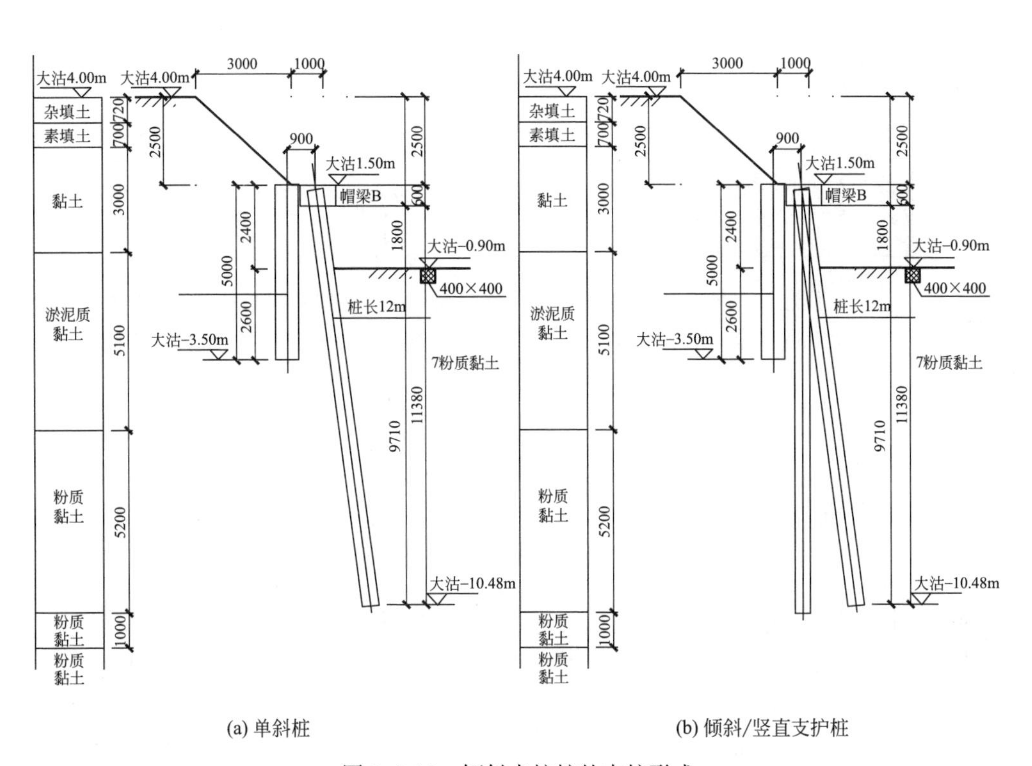

(a) 单斜桩

(b) 倾斜/竖直支护桩

图 5.4-18 倾斜支护桩的支护形式

3. 变形实测及分析

区域Ⅰ测点 PHC3、PHC5 和 PHC8 桩身沿深度变化的水平位移见图 5.4-19，区域Ⅱ测点 PHC11、PHC12、PHC13、PHC14、PHC15 桩身沿深度变化的水平位移见图 5.4-20。悬臂式竖直桩（测点 PHC3）桩顶水平位移大于单斜桩（8°，测点 PHC5）桩顶水平位移，大于竖直/倾斜（8°）支护桩（测点 PHC8）桩顶水平位移，竖直/倾斜支护桩顶水平位移较悬臂式支护桩减小 81%。8°单斜桩（8°，测点 PHC11、PHC12）桩顶水平位移大于竖直/倾斜（11°）支护桩（测点 PHC13、PHC14、PHC15）。同一种支护结构，支护桩倾斜角度越大，桩身侧移量越小。相较于单排倾斜桩，相同倾斜角度下的竖直/倾斜支护桩具有更强的变形控制能力。

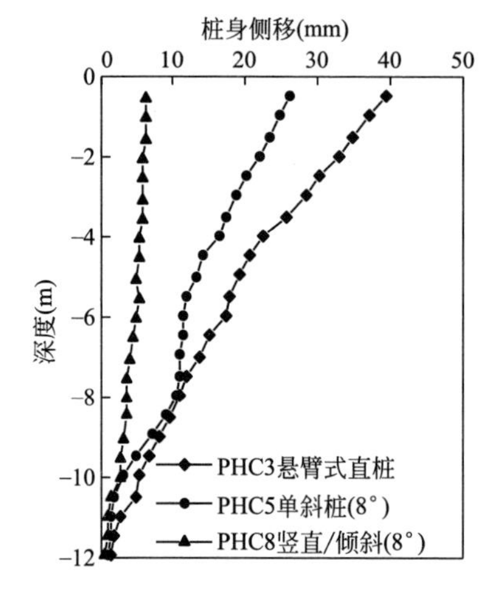

图 5.4-19 区域Ⅰ测点 PHC3、PHC5 和 PHC8 桩身沿深度变化的水平位移

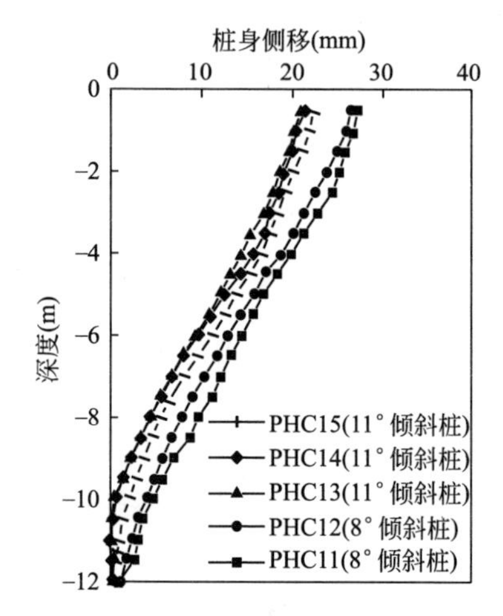

图 5.4-20 区域Ⅱ测点 PHC11、PHC12、PHC13、PHC14、PHC15 桩身沿深度变化的水平位移

5.5 本章小结

针对占基坑总量 60%～80%的地下一层～地下二层（或更深）的基坑，开展了基坑无支撑支护理论和技术的研究，研发了两类绿色低碳无支撑支护技术，即：倾斜桩支护结构和梯级支护结构，具备提高软土地区基坑稳定、控制围护结构变形的优势。系统地对其工作机理、破坏模式以及稳定性和变形分析方法开展了研究，并推广了工程应用，主要结论如下：

（1）倾斜桩无支撑支护可实现无支撑土方开挖，取消了水平支撑施工和拆除的工序，从而缩短施工周期，降低造价。相比于传统水平支撑支护方式，无支撑支护技术能降低 20%～40%的砂石、水、水泥和钢材消耗，减少对自然资源的消耗，以及减少开采自然资源对生态环境的影响，实现节材、节能、降耗，助力基坑工程绿色可持续发展。

（2）探究了倾斜桩的桩土相互作用机理，揭示了外斜内直支护桩的工作机理，提出了“一桩五用”工作机理（地基梁作用、自撑作用、刚架作用、重力作用、减隆作用），提出了组合支护中倾斜桩的梁-撑合一的概念。建立了倾斜桩和倾斜桩组合支护结构弹性支点法变形分析方法，提出单排倾斜桩、倾斜/竖直组合支护桩抗倾覆稳定、整体稳定计算方法。

（3）揭示了二级支护、三级支护和含倾斜桩梯级支护的工作机理，即发挥挡土的地基梁作用，增加等效超载的反压作用，提升基坑稳定性的附加土压力作用，限制桩间土变形的限位作用，形成整体结构的刚架作用，利用自身轴力抵抗变形的斜撑作用，以及整体协同工作的重力作用等。揭示了梯级支护的破坏模式（整体式破坏、关联式破坏、分离式破坏），基于极限分析上限法建立了考虑多类破坏模式的梯级支护稳定性分析方法。

参考文献

[1] 郑刚．软土地区基坑工程变形控制方法及工程应用［J］．岩土工程学报，2022，44（01）：1-36＋201.

[2] 岳清瑞．钢结构与可持续发展［J］．建筑，2021，（13）：20-21＋23.

[3] 周海祚，郑刚，何晓佩，等．基坑倾斜桩支护稳定特性及分析方法研究［J］．岩土工程学报，2022，44（02）：271-277.

[4] 郑刚，白若虚．倾斜单排桩在水平荷载作用下的性状研究［J］．岩土工程学报，2010，32（S1）：39-45.

[5] 郑刚，郭一斌，聂东清，等．大面积基坑多级支护理论与工程应用实践［J］．岩土力学，2014，35（S2）：290-298.

[6] Zhou H，Zheng G，He X，et al. Numerical modelling of retaining structure displacements in multi-bench retained excavations［J］. Acta Geotechnica，2020，15：2691-2703.

[7] 郑刚，吴小波，周海祚，等．基坑倾斜桩无支撑支护机理与工程应用［J］．施工技术，2021，50（13）：157-162，178.

[8] 郑刚，王玉萍，程雪松，等．基坑倾斜桩支护性能及机理大型模型试验研究［J］．岩土工程学报，2021，43（09）：1581-1591.

[9] Zheng，G.，Guo，Z.，Zhou，H.，et al.（2024）. Design Method for Wall Deformation and Soil Movement of Excavations with Inclined Retaining Walls in Sand. International Journal of Geomechanics，24（4），04024042.

[10] Uesugi M，Kishida H. Tests of interfaces between sand and steel in simple shear apparatus［J］. Géotechnique，1987，37（1）：45-52.

[11] Fei，Han，Eshan. Effects of Interface Roughness，Particle Geometry and Gradation on the Sand-Steel Interface Friction Angle［J］. Journal of Geotechnical and Geoenvironmental Engineering，2018，144（12）.

[12] Terzaghi K. Anchored bulkheads［J］. Transactions of the American Society of Civil Engineers，1954，119（1）：1243-1280.

[13] 刘鑫菊．基坑倾斜支护桩稳定机理及计算方法研究［D］．天津：天津大学，2020.

[14] Diao Y，Zhu P，Jia Z，et al. Stability analysis and safety factor prediction of excavation supported by inclined piles in clay［J］. Computers and Geotechnics，2021，140：104420.

[15] Zheng G，Nie D，Diao Y，et al. Numerical and experimental study of multi-bench retained excavations［J］. Geomechanics&engineering，2017，13（5）：715-742.

[16] Zheng G，Guo Z，Guo Q，et al. Prediction of Ground Movements and Impacts on Adjacent Buildings Due to Inclined-Vertical Framed Retaining Wall-Retained Excavations [J]. Applied Sciences，2023，13 (17)：9485.

[17] Zhou H Z，Zheng G，He X P，et al. Numerical modelling of retaining structure displacements in multi-bench retained excavations [J]. Acta Geotechnica，2020，15 (9)：2691-2703.

[18] 郑刚，聂东清，刁钰，等．基坑多级支护破坏模式研究 [J]. 岩土力学，2017，38 (S1)：313-322. DOI：10. 16285/j. rsm. 2017. S1. 039.

[19] 郑刚，聂东清，程雪松，等．基坑分级支护的模型试验研究 [J]. 岩土工程学报，2017，39 (05)：784-794.

[20] Zheng，G.，Guo，Z.，Zhou，H.，et al. (2024). Multibench-Retained Excavations with Inclined-Vertical Framed Retaining Walls in Soft Soils：Observations and Numerical Investigation. Journal of Geotechnical and Geoenvironmental Engineering. https：//doi. org/10. 1061/JGGEFK. GTENG-11943.

6　基坑工程的连续破坏机理及防连续破坏韧性控制

6.1　基坑工程连续破坏问题及研究现状

6.1.1　基坑工程韧性问题

基坑工程是由结构、土体（非饱和土中同时存在气体）、地下水组成的多相多场复杂相互作用系统，具有较高的不确定性（土体是最复杂的工程材料之一，基坑工程涉及岩土工程参数的不确定性、物理分析模型的不确定性、施工过程的不确定性、施工与服役全过程荷载不确定性、施工与服役全过程环境条件和环境作用的不确定性等）。此外，基坑工程还具有如下特点：

（1）基坑工程鲁棒性相对较低，发生破坏甚至连续垮塌风险高。

与建筑物结构相比，基坑工程中每个构件（支护桩、锚杆、内支撑等）之间相互连接的整体性低，由此导致其整体性、鲁棒性相对较低，属于低韧性结构，一旦出现意外事件，由局部破坏引发大范围破坏，甚至连续垮塌的风险相对较高，灾前系统鲁棒性较低。

（2）发生事故抢险难，发生破坏后的修复和重建极其困难，且易引起邻近工程结构发生连锁破坏。

大量的工程事故表明，基坑一旦出现局部破坏引发事故，破坏发展迅速，灾害发展过程中极难进行抢险和灾害控制，灾害过程中的可干预性较差；灾后的基坑支护结构形成大量固体废弃结构并深埋于地下，进行修复或重建极其困难，灾后可恢复性较差。此外，随着城市的密集开发建设，如果某个基坑工程发生损坏，大概率会导致邻近工程结构的周边土体约束条件发生不同程度的改变，严重时可能引发邻近岩土与地下工程结构，甚至上部结构的过大变形，甚至垮塌、倒塌，形成相邻工程的连锁破坏。

上述特点使基坑工程成为公认的安全风险较高的工程领域之一，大量基坑工程事故已经造成了严重的社会影响和巨大经济损失。国内外大量工程事故表明，基坑工程一旦发生破坏，其发展过程迅速、破坏范围大，现有设计理论尚无法预测其破坏位置和破坏范围，破坏发生后工程功能大部或全部丧失并难以修复，工程韧性较低，且缺乏有效的评价和控制方法。

2019年，在天津举办的第十三届全国土力学及岩土工程学术大会上提出大会共识：面向未来的岩土工程应具备“韧性、绿色、智能、人文”的品质。同时也对岩土工程的“韧性”进行了阐述：岩土工程与民生息息相关，岩土工程在工程建设中几乎无处不在。突破传统安全理念，建立岩土工程新的安全观，提升岩土工程抵御自然灾害或人为因素引发严重灾害并最大程度保持其功能，以及在灾后尽快恢复其功能的韧性性能，是岩土工程支撑韧性城市建设、韧性社会建设的重要品质。

由此可见，提升基坑工程的韧性，防止其在意外情况下由于局部小范围破坏引起大规模破坏甚至垮塌，是基坑工程安全必须解决的重大问题。

6.1.2 基坑连续破坏及现有设计理论局限性

基坑支护体系由竖向围护结构和水平支撑体系组成，与上部结构相比较，支护体系的整体性相对较低，表现在：

（1）竖向围护结构之间连接很弱。竖向围护结构由相互不连接的排桩组成，仅通过桩顶帽梁进行非常脆弱的连接，即使采用地下连续墙，每幅墙段之间的连接也较弱。

（2）水平支撑体系之间有时几乎没有相互连接。对地铁基坑，水平支撑体系往往采用相互之间无连接或连接很弱的钢管对撑。采用锚杆时也如此，锚杆之间无连接或采用腰梁进行很脆弱的连接。

（3）竖向围护结构与水平支撑体系之间连接很弱。目前设计均假定支撑与围护桩（墙）之间只承担压力，因此只按照受压假设，采取简单的竖向支托。加之基坑工程面对高度有不确定性，基坑工程的支护体系相对建筑物上部结构，存在着整体性低的特点。近年来，在新加坡[1-5]、中国[6,7]、德国[8] 等地，发生了较为典型的基坑连续垮塌事故。事故分析表明，基坑失稳破坏是一个复杂的破坏过程，尤其在基坑平面形状不规则、支护结构复杂的情况下，其破坏可能是由局部支护结构破坏或局部土体失稳引起，进而引起周边支护结构直至大范围倒塌，即深基坑的垮塌是一个连续破坏过程[9-14]。

新加坡某地铁基坑垮塌事故中，在基坑某位置的第9道支撑首先失效，引起其上的第8道支撑所承担的荷载显著增加，并导致该支撑发生失稳破坏，进而引起其上的第7道支撑发生失稳破坏。基坑同一剖面上的3道支撑发生破坏，使得该剖面的地下连续墙发生破坏，导致基坑局部垮塌，进而在基坑长度方向引发“多米诺骨牌”式的连续破坏，最终约100m长的基坑支护体系完全垮塌[1-5]。由于基坑垮塌后大量地下连续墙和钢支撑被深埋于土体中难以清除，最终，该段地铁不得不改线建设，造成重大损失，地铁工期被严重拖延。类似的，我国某地的某地铁站基坑事故也是由于局部破坏导致的大规模垮塌[6,7]，垮塌长度达 70m，支护结构体系整体性差的问题可见一斑。

目前，国内外基坑支护体系设计的稳定性分析（整体稳定破坏、倾覆破坏、坑底隆起破坏、踢脚破坏等）仍采用基坑剖面内的二维分析[15-22]，支护结构的强度则是基于构件进行设计，而未考虑整个支护体系的整体性和鲁棒性，既没有考虑基坑发生局部（包括构件和节点）破坏时，是否会引起基坑工程连续破坏，也未考虑其可能产生的破坏范围和破坏程度。因此，在基坑工程的整体安全性能方面，尚未系统地建立有效的评价方法和控制方法。此外，现有岩土工程的可靠度分析、鲁棒性分析也无法反映基坑在偶然极端状况下（例如出现局部破坏）的连续破坏问题。

6.1.3　基坑连续破坏问题研究现状

对于深基坑工程，除了传统的承载能力极限状态（主要是围护结构的稳定性、结构构件和节点的承载力）和正常使用极限状态（指基坑施工引起的支护结构变形和周边地层变形不影响基坑内地下结构的正常施工，以及不引起基坑周边的各类建（构）筑物、道路等产生影响正常使用的变形）外，还存在整体安全极限状态（指基坑不因局部破坏引发整体垮塌或大范围破坏）问题。基坑工程局部破坏、连续破坏及整体安全性能问题已引起越来越多国内外学者和工程技术人员的关注。2009 年，Goh 和 Wong[23] 通过数值分析发现 1～2 根支撑的偶然失效不会引起整个支护结构的破坏，前提是支撑能够提供足够的抗压能力。Zheng 和 Cheng 等[10]、郑刚和程雪松等[9,11] 通过数值模拟和案例分析指出当基坑支护结构冗余度较低时，基坑的局部破坏可导致连续破坏，因此建议将冗余度设计理论引入基坑工程，并对基坑支护体系冗余度进行分类，在此基础上初步提出了增强基坑支护结构体系冗余度的防连续破坏设计方法，例如，增加传力路径、间隔加强法等。2012 年，Pong[24] 等人指出挡土墙的设计需要有足够的结构安全性、鲁棒性及冗余度，能够避免由单一构件过载失效引发其余结构发生连续破坏，并对单根支撑失效问题，进行了三维数值和二维平面应变分析。2016 年，Itoh[25] 通过离心机试验模拟桩锚支护基坑锚头的破坏，发现开挖过程中，主、被动土压力均有增加，一旦锚头超过其抗拉强度，瞬间会引起地下连续墙垮塌。2018 年，Goh[26] 通过数值模拟研究了多道支撑失效问题，并给出失效荷载转移路径和荷载转移百分比。Zhao[27] 等总结了桩锚支护基坑中锚杆失效的因素，分析了单道锚杆失效的影响范围及支护结构的响应，指出最危险的位置位于桩顶或者坑底附近。韩健勇等[28] 以某砂土层桩锚支护结构深基坑为工程背景，基于有限元程序 Plaxis 建立数值计算模型，对单排锚索失效、双排锚索失效工况分别进行模拟。夏建中[29] 等通过有限元软件建立多道内支撑基坑模型，采用刚度（变形）冗余度的概念，通过拆除构件法验证拆除不同层的支撑对计算结果的影响，进而反推出结构的冗余度。2019 年，Lu 和 Tan[30] 总结了近 30 年来中国发生的典型基坑破坏案例，并将这些破坏案例分为 15 种破坏模式，针对各种破坏模式，研究了其失效原因及机理。2020 年，Choosrithong 和 Schweiger[31] 通过 Plaxis 分析了支撑失效问题，失效的支撑会将其承担的荷载转移给邻近支撑。Öser 等[32] 对某锚杆支护基坑垮塌的原因及机理进行了分析，并提出了控制措施及改进方法。

郑刚团队较早地指出了基坑垮塌的连续破坏特征及基坑支护体系的低冗余度问题（2011 年）[10]，近十余年来，针对各类支护形式基坑局部破坏引发的连续破坏沿基坑深度、宽度、长度方向的发展问题，开展了较为系统的研究，进行了大量数值模拟及大型物理模型试验，揭示了基坑水平支撑体系、悬臂式排桩支护基坑、内撑式和桩锚式支护基坑的连续破坏发展机理及自然终止机理，提出了防连续破坏韧性量化评价指标和方法。在此基础上，针对不同形式的深基坑工程，初步建立了基于三个层次的韧性设计理论与设计方法，提高深基坑工程的防连续破坏韧性，保障重大基坑工程自身及周边环境安全，促进韧性城市建设。

6.2 基坑水平支撑体系的连续破坏及防连续破坏设计

已有的基坑工程垮塌事故表明，对于设置内支撑的基坑，当水平支撑体系出现局部破坏引发支撑发生连续破坏时，基坑将发生大范围的垮塌。近年来，环梁型水平支撑体系由于其相对于网格型水平支撑体系具有一些显著的优点，例如土方开挖方便、相对经济等，在一些地区的大面积深基坑中得到广泛应用。然而，由于环梁结构的特点，其发生整体破坏的风险和后果明显大于网格型水平支撑体系，因此需要对环梁型水平支撑体系的连续破坏机理展开研究。根据工程实践中的常用做法，设置了不同布置方案的环梁型水平支撑体系，采用拆除杆件法[33]，对局部构件（6.2 节中，为方便说明，将构件一词用杆件替代）破坏情况下的体系分别进行了离散元连续破坏模拟。在此基础上，提出了更适用于基坑支撑体系的冗余度评价指标，对比了不同环梁型水平支撑体系的冗余度，并对提升支撑体系的冗余度与防连续破坏能力提出了建议。

6.2.1 水平支撑体系连续破坏机理的离散元研究

1. 平面支撑结构的离散元模型建立

实际工程中常用的两种环梁型钢筋混凝土水平支撑见图 6.2-1，对这两种典型的有、无角撑的水平支撑体系建立离散元模型进行分析。模型中，颗粒的直径均为 0.5m，利用平行粘结将颗粒粘结在一起，组成各个杆件。杆件的几何尺寸和物理力学特性均是以平行粘结本构模型的参数来模拟。

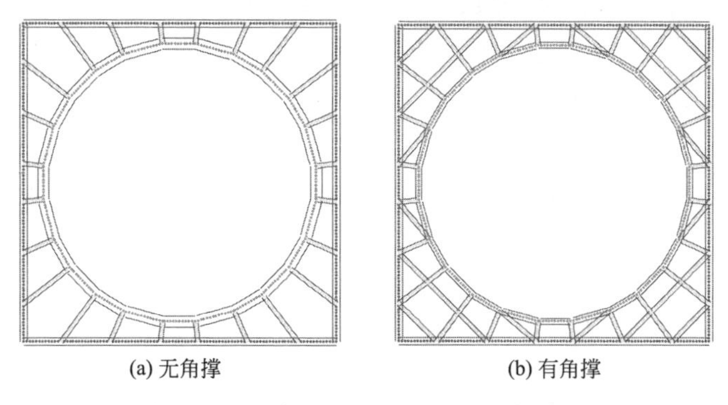

图 6.2-1 实际工程中常用的两种环梁型钢筋混凝土水平支撑

将钢筋混凝土杆件破坏准则，包括环梁、辐射撑、角撑及帽梁的抗剪强度、纯弯强度、压弯强度及拉弯强度等，利用 FISH 语言，通过二次开发，编写为 PFC 模型中的判断标准。计算过程中，在每级荷载下的模型计算达到平衡后，自动调用此判断标准对各类杆件颗粒间的平行粘结内力进行判别，如果任意一种内力超过其极限承载能力，表明杆件发生破坏，从而删除此平行粘结，使所在杆件退出工作。

对于环梁型水平支撑体系而言，当首次出现破坏的杆件退出工作后，并不一定发生连续破坏，而是可能保持稳定，甚至具备承担更大荷载的能力。当荷载继续增大，并出现新的一个或一批杆件破坏，但仍能保持稳定并可继续承担更大荷载时，对应的荷载可称为第二阶段破坏荷载，后续的情况可依次类推。但若持续提高荷载使新的杆件发生破坏，并导致支撑体系发生连续破坏，使得整个水平支撑体系完全失去荷载承担能力，此荷载才是整个体系真正的破坏荷载。采用离散元软件 PFC2D 模拟连续破坏过程，得到支撑体系的整体破坏荷载。

2. 离散元连续破坏模拟结果与分析

水平支撑体系计算得到的首次杆件破坏荷载与整体破坏荷载可能存在相同和不同两种情况，对于后者，在整体破坏荷载之前，存在一个或多个杆件破坏荷载。当杆件首次出现破坏的部位在体系中较为关键时，在作用于水平支撑体系上的荷载不增加的情况下，结构体系也将会发生不收敛的连续破坏，直至完全崩溃，此时，首次破坏荷载与整体破坏荷载相同；当出现首次破坏的部位不是关键受力杆件时，该杆件破坏后的水平支撑体系在外荷载作用下仍能保持平衡，并且还可以继续承担更多的荷载，此时的整体破坏荷载将大于首次破坏荷载。

对两种水平支撑体系采用拆除杆件法进行分析，对拆除过程中各个杆件的情况进行了连续破坏模拟，破坏荷载的计算结果如表 6.2-1 所示。但由于篇幅有限，仅选取了两种水平支撑体系部分杆件拆除时的情况进行详细分析。如图 6.2-2 所示，有角撑，拆除杆件 2 是最典型的整体破坏荷载高于首次破坏荷载的工况，因此，选择杆件 2 分析。为了便于对比，无角撑时也选取了杆件 2 分析。其他连续破坏情况相近的工况不再重复介绍。

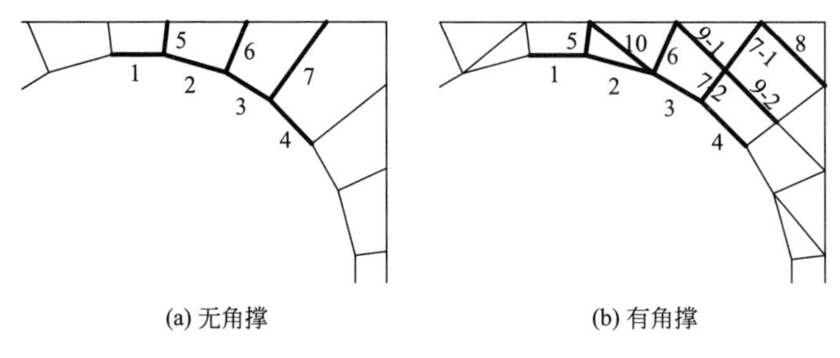

(a) 无角撑　　(b) 有角撑

图 6.2-2　两种支撑体系可拆除的杆件编号

（1）无角撑

在杆件 2 拆除的情况下，当荷载提高到 60kN/m 时，水平支撑体系构件出现首次破坏，破坏位置位于杆件 2 右侧辐射撑上，如图 6.2-3（a）中 F1-1 所示（F1 表示第一次出现破坏，1 表示第一次破坏的杆件编号，以下同理）。此杆件发生压弯破坏，退出工作。保持 60kN/m 的荷载不变，继续计算，待到计算稳定后

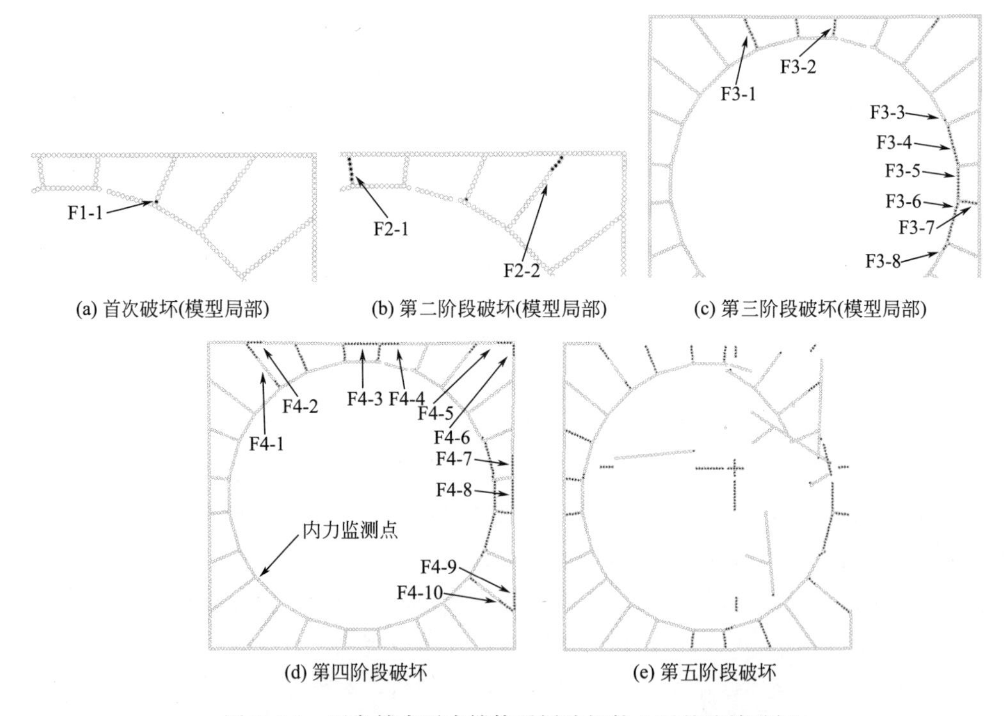

(a) 首次破坏(模型局部)　　(b) 第二阶段破坏(模型局部)　　(c) 第三阶段破坏(模型局部)

(d) 第四阶段破坏　　(e) 第五阶段破坏

图 6.2-3　无角撑水平支撑体系拆除杆件 2 后的连续破坏

对杆件破坏情况进行判断，发现又有两根辐射撑发生破坏，其中 F2-1 为剪切破坏，F2-2 为压弯破坏，如图 6.2-3（b）所示。继续计算，共有 8 根杆件发生破坏，见图 6.2-3（c），共有 3 根辐射撑和 5 根环撑。保持荷载，继续计算，由于辐射撑起到帽梁支点的作用，因此，在辐射撑破坏的位置，与之相连的帽梁由于失去较多支点而发生弯曲破坏，见图 6.2-3（d）。在此之后，若继续计算，帽梁破坏部分将与周围结构分离，水平支撑体系已经无法受力平衡，计算一定步数后发现，帽梁等支撑杆件破碎散落，如图 6.2-3（e）所示，此时，整个水平支撑体系已经失去作用。可见，在此工况下，杆件破坏荷载与整体破坏荷载相等，水平支撑体系在发生首次破坏后会发生连续破坏，导致整个支撑体系崩溃。

在计算过程中，还对一个直至发生整体破坏前无破坏产生的杆件进行了内力监测与跟踪记录，为判断水平支撑体系整体是否稳定，以及是否处于整体破坏的临界状态提供参考指标。由于各个工况的杆件拆除位置均确定在水平支撑体系的右上角，因此，将内力监测点确定在距离拆除杆件较远的位置，如图 6.2-3（d）所示。

无角撑水平支撑体系拆除杆件 2 时监测点内力变化曲线见图 6.2-4。在施加荷载增量后或杆件发生破坏后，可观察到所监测的杆件内力发生突然变化，若支撑体系还能保持平衡，内力的监测值将逐渐趋于稳定，说明支撑体系在所施加的荷载作用下可维持稳定状态。从图 6.2-4 可进一步看出连续破坏的过程。随着荷载的逐级施加，在 60kN/m 的作用下，出现首次破坏。在破坏杆件释放出其承担的内力，并退出工作后，发生第二阶段破坏。此后，剩余杆件组成的水平支撑体系在 60kN/m 的作用下，会发生第三阶段破坏、第四阶段破坏。之后，可以观察到监测点的轴力急剧增加，无法收敛，说明水平支撑体系发生整体破坏。

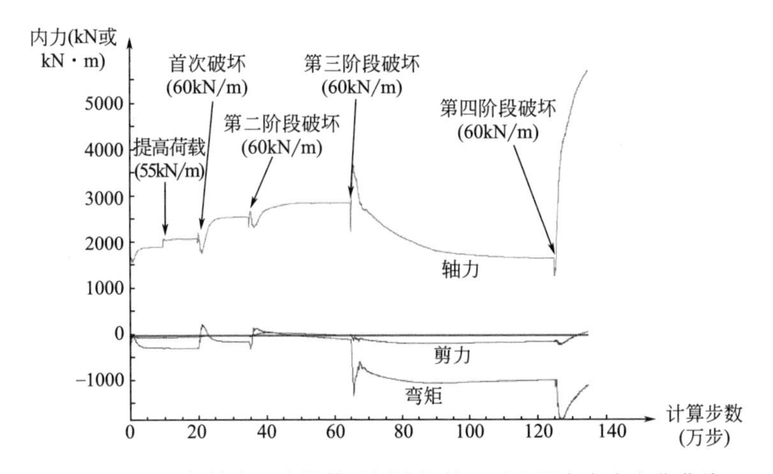

图 6.2-4　无角撑水平支撑体系拆除杆件 2 时监测点内力变化曲线

因此，对无角撑水平支撑体系拆除杆件 2 时，在 60kN/m 作用下，将发生四个阶段破坏，最终导致水平支撑体系整体破坏，体现了连续破坏的特点。虽然存在四个阶段破坏，但均由首次破坏荷载引起，故不存在第二阶段破坏荷载。首次破坏荷载与整体破坏荷载相等，意味着出现首次破坏，会导致更多杆件连续破坏，并最终整体失去承载能力。

拆除杆件 1、3 或 4 时，无角撑水平支撑体系的连续破坏过程与拆除杆件 2 时较为相似，不再赘述。

在拆除杆件 5 时，当荷载提高到 355kN/m 时，F1-1 首先发生受弯破坏，如图 6.2-5（a）所示。此后，F1-1 周边的辅助撑、环梁和帽梁发生小范围的严重破坏，如图 6.2-5（b）所示，此阶段破坏传播的范围较为有限。此后，大范围的破坏开始产生，并且导致支撑体系崩溃，如图 6.2-5（c）所示。拆除杆件 6 和 7 的连续破坏过程与拆除杆件 5 的破坏过程相似，不再赘述。

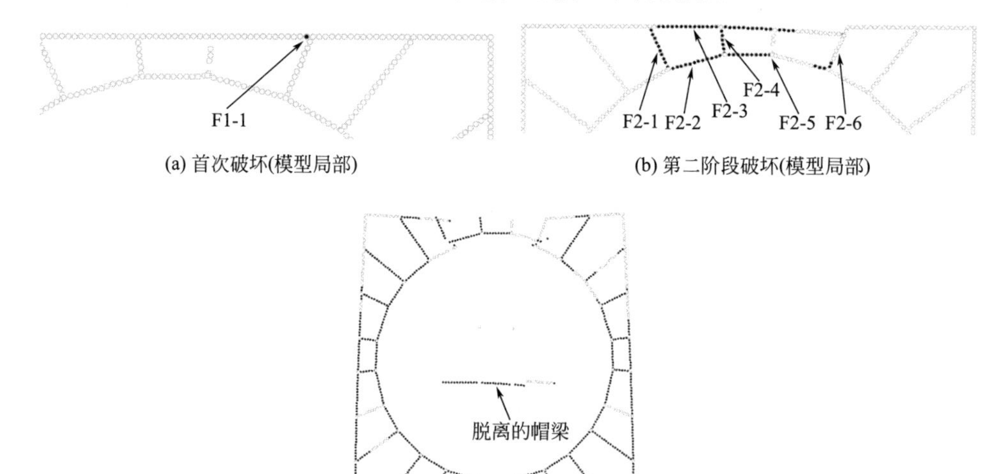

图 6.2-5 无角撑支撑体系拆除杆件 5 情况下的连续破坏

由以上过程分析可知，在拆除杆件 1～4 时（模拟水平支撑体系因偶然因素发生对应位置的环梁破坏），随着荷载增加，首次破坏下的杆件均为辐射撑，在多根辐射撑破坏后，环梁由于失去较多支点而发生受弯破坏，接着，水平支撑体系将会发生大规模破坏，并最终发生整体破坏。而在拆除杆件 5～7 时（模拟水平支撑体系因偶然因素发生对应位置辐射撑破坏），首次破坏下的杆件为帽梁，此后，此帽梁破坏位置附近的辐射撑及环梁也将发生严重破坏，进而导致整体破坏。因此，对于无角撑支撑体系，在拆除任意杆件时，首次破坏荷载均与整体破坏荷载相等，说明此无角撑水平支撑体系的每个杆件均为关键杆件，每个杆件的破坏都会引起水平支撑体系的连续破坏。

（2）有角撑

有角撑支撑体系在杆件 2 拆除时的连续破坏情况见图 6.2-6，有角撑支撑体系拆除杆件 2 时监测点内力变化曲线见图 6.2-7。将图 6.2-6 与图 6.2-7 结合看，可以得知：

当荷载增加到 170kN/m 时，支撑体系首次发生杆件破坏，破坏位置在初始拆除杆件左侧的辐射撑 F1-1。但是，当此辐射撑发生破坏后，在荷载仍为 170kN/m 时，其余杆件仍能在承载能力范围内继续工作，支撑体系并未发生连续破坏，计算仍能保持收敛，此时水平支撑体系的第一构件破坏荷载即为 170kN/m。

继续增加支撑体系的荷载，荷载增幅较小时支撑体系继续稳定工作，见图 6.2-7，直至荷载提高到 430kN/m，才有杆件出现新的破坏，破坏位置在初始拆除杆件右侧的辐射撑 F2-1。此时，430kN/m 即为水平支撑体系的第二阶段破坏荷载。

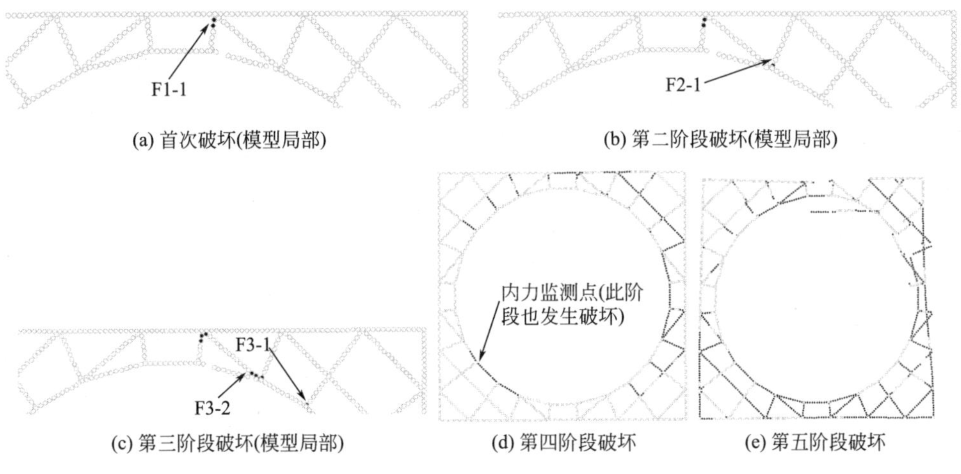

图 6.2-6 有角撑支撑体系在杆件 2 拆除时的连续破坏情况

保持 430kN/m 的荷载，第三阶段又有辐射撑 F3-1 和角撑 F3-2 发生破坏。

第三阶段破坏后，在前述杆件发生破坏的情况下，监测点内力急剧上升，但经过内力重分布后体系最终达到平衡。这时，调用强度准则进行判断，发现杆件大规模破坏，同时，内力监测点处杆件也发生破坏，无法对其继续进行监测。

第四阶段破坏后，保持 430kN/m 的荷载，继续进行计算，整个支撑体系无法保持平衡，发生整体崩溃，无法继续承担荷载。因此，此水平支撑的整体破坏荷载为 430kN/m。

由以上分析可见，此工况的连续破坏过程与前述各个工况不相同，并没有在首次破坏后随即发生连续破坏直至体系崩溃，而是在首次破坏中的杆件退出工作

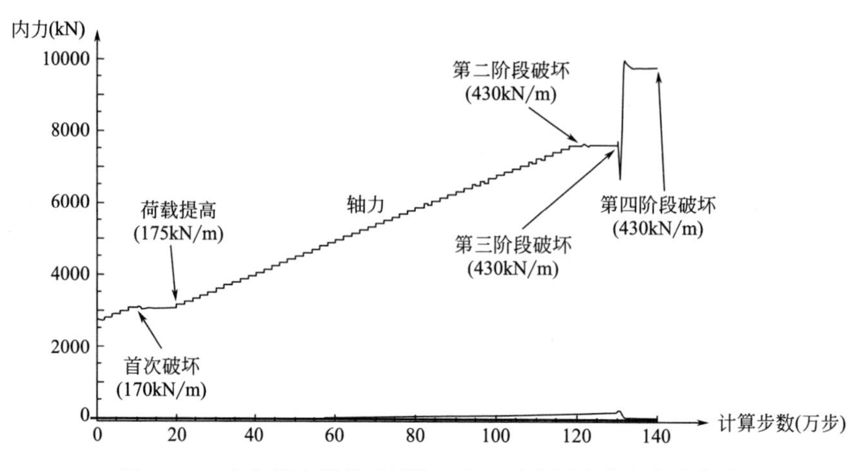

图 6.2-7　有角撑支撑体系拆除杆件 2 时监测点内力变化曲线

后，带着损伤继续承担比首次破坏荷载更高的荷载。首次破坏荷载下发生破坏的辐射撑 F1-1 并未引起水平支撑体系整体破坏，主要是由于该杆件并不在支撑体系的主要受力路径上，也并不是帽梁在其影响范围内的唯一支点，由此可以看出多传力路径的优势。而在图 6.2-6 中，虽然首次破坏的辐射撑 F1-1 也不属于主要传力路径，但是其起到了帽梁支座的作用，并且这个作用没有其余杆件可以替代。

计算表明，在有角撑支撑体系中，在拆除杆件 2～4 时，首次破坏荷载均小于整体破坏荷载，在拆除其他位置杆件时，首次破坏荷载与整体破坏荷载相同，结果如表 6.2-1 所示。

水平支撑体系冗余度评价指标　　　　**表 6.2-1**

拆除杆件编号		1	2	3	4	5	6	7		8	9		10
								7-1	7-2		9-1	9-2	
无角撑支撑体系	破坏荷载(kN/m)	60	60	45	45	355	270	390			—		
	R_4	1.11	1.11	1.08	1.08	2.51	1.84	2.95			—		
	R_5	0.36	0.36	0.35	0.35	0.81	0.59	0.95			—		
有角撑支撑体系	破坏荷载(kN/m)	450	170 (430)	135 (140)	110 (145)	480	510	345	295	490	220	165	320
	R_4	4.46	1.42 (3.87)	1.30 (1.32)	1.23 (1.33)	5.80	8.29	2.49	2.04	6.44	1.61	1.40	2.23
	R_5	1.38	0.44 (1.20)	0.40 (0.41)	0.38 (0.41)	1.80	2.57	0.77	0.63	2.00	0.50	0.43	0.69

6.2.2 水平支撑体系防连续破坏能力的冗余度设计理论

1. 冗余度定量计算方法及评价指标

基于结构的设计强度、极限强度、残余强度、超静定次数和失效概率等，研究者们提出了很多冗余度的表达式，Frangopol 和 Curley 提出了结构强度冗余因子 R_4[34]，见式（6.2-1）。

$$R_4=\frac{L_{\text{intact}}}{L_{\text{intact}}-L_{\text{damage}}} \tag{6.2-1}$$

式中，L_{intact} 为完整结构的极限承载力；L_{damage} 为杆件受损后结构的极限承载力。另外，将承载力对于杆件被撤除后的灵敏程度定义为敏感度指标，数值上等于 R_4 的倒数。

结合拆除杆件法[33]，拆除结构体系中的某一杆件时，计算得到剩余结构的极限承载力，然后采用式（6.2-1）进行冗余度计算，可得到整个结构体系在某个杆件破坏情况下的冗余度。R_4 最小为 1，此时杆件的破坏导致了结构体系的整体崩溃，剩余体系不再能够承担任何荷载，相当于整体破坏荷载为无限小的情况。某杆件破坏情况下结构体系的冗余度越大，说明此杆件的拆除对于结构体系整体承载力的影响越小。在同一支护体系中，冗余度越小的杆件越重要，其拆除对体系承载力影响也越大，这些冗余度较小的杆件可以认为是结构体系的关键杆件。在设计时，应加强对关键杆件的设计，提高其承载能力。在施工及使用过程中，应加强对其检测、监测和保护，防止其发生破坏。

式（6.2-1）虽然能够很好地反映受损结构的冗余度高低，但是并不能直观反映处于设计荷载下的水平支撑体系在局部破坏时的安全状况，因此，对式（6.2-1）进行改进，引入设计荷载，改进后的冗余度评价方法如式（6.2-2）所示。由于式（6.2-2）包括了完整结构的极限承载力、完整结构的设计承载力和残余结构（即拆除局部杆件后的结构）极限承载力等多个评价因素，因此也称其为综合冗余度因子。

$$R_5=\frac{L_{\text{intact}}-L_{\text{design}}}{L_{\text{intact}}-L_{\text{damage}}} \tag{6.2-2}$$

式中，L_{design} 为完整结构的设计承载力。

式（6.2-2）在不改变冗余度相对大小的情况下引入设计荷载，反映了结构体系承载能力冗余度相对于承载力损失量的大小。当局部破坏引起的承载力损失量小于承载力冗余度，$R_5>1$，说明结构仍然安全；当承载力损失过多，超过了承载力的冗余度，$R_5<1$，结构将在承担设计荷载时发生整体破坏。

2. 冗余度定量计算及对比分析

经过计算，无角撑水平支撑体系及有角撑水平支撑体系在完整情况下（即不拆除杆件情况下）分别于 594kN/m 及 580kN/m 时发生杆件破坏，并出现整体崩溃，整体破坏荷载与杆件破坏荷载相等。在以下计算中，将此破坏荷载近似作为完整体系的极限承载力来计算冗余度（实际情况是破坏荷载略高于极限承载力）。

根据式（6.2-1）及式（6.2-2），再根据破坏荷载，可以计算得到拆除不同位置构件时的水平支撑体系冗余度评价指标，如表 6.2-1 所示，局部破坏情况下的支撑体系冗余度对比如图 6.2-8 所示。在表 6.2-1 中，对于有角撑支撑体系拆除杆件 2、3 或 4 的情况，破坏荷载分为首次破坏荷载及整体破坏荷载，括号中的数值为整体破坏荷载。同样，两个冗余度指标也根据首次破坏荷载及整体破坏荷载计算得到两个数值，括号内的冗余度指标是基于整体破坏荷载计算得到。

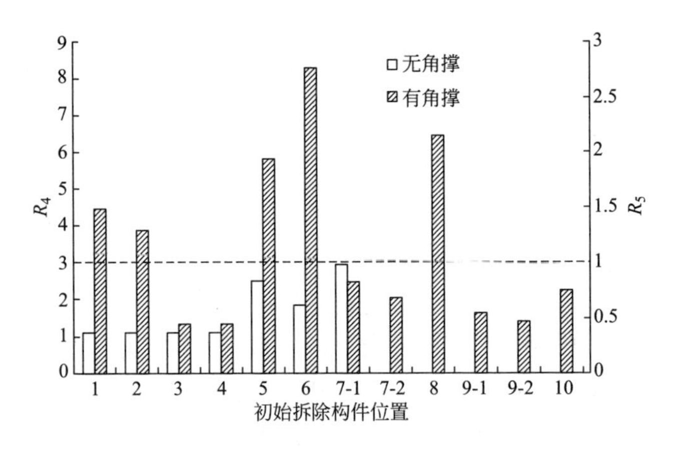

图 6.2-8　无角撑水平支撑体系和有角撑水平支撑体系的冗余度分析对比

如表 6.2-1 所示，除了拆除杆件 7 之外，其余工况有角撑水平支撑体系的首次破坏荷载或整体破坏荷载均远高于无角撑水平支撑体系的首次破坏荷载或整体破坏荷载。在设计荷载 400kN/m 下，如果无角撑水平支撑体系发生局部破坏（即拆除任意一杆件），结构均会发生连续破坏并最终导致整体破坏。而对于有角撑水平支撑体系，有 5 种工况的整体破坏荷载高于设计荷载，能够在局部杆件发生破坏并退出工作的情况下，继续保持工作而不会发生不收敛的连续破坏，从这点看，其抵抗局部破坏的能力要远高于无角撑水平支撑体系抵抗局部破坏的能力。另外，根据表 6.2-1 中的数据计算，有角撑水平支撑体系的残余结构整体破坏荷载平均值为 333kN/m，也要远高于无角撑水平支撑体系的相应值。

从图 6.2-8 可以看出，无论是 R_4，还是 R_5，均能够正确地反映结构的冗余承载能力大小，以及杆件在体系中的重要程度。R_5 还能够直接反映结构体系在局部破坏后是否能够继续承担设计荷载，是否会随之发生不可收敛的连续破坏，是一个意义更为明确、直观的结构体系冗余度评价参数。

从图 6.2-8 可以看出传力路径对于结构整体性、安全性、冗余度的影响，而合理地增加角撑可达到增加环梁支撑体系的传力路径的作用，从而使得大部分杆件在局部破坏时均有替代杆件，降低了一损俱损的风险。

6.2.3 小结

以环梁水平支撑体系为例，在分析其冗余度时，考虑轴力、弯矩相耦合的压弯、拉弯破坏等多种钢筋混凝土杆件破坏模式，并将相应破坏准则利用 FISH 语言的二次开发嵌入离散元软件中。在此基础上，同样通过 FISH 语言的二次开发实现了局部破坏的水平支撑体系（即拆除某个杆件后的水平支撑体系）的连续破坏模拟及整体破坏荷载的确定。通过对构造的两种典型环梁水平支撑体系冗余度的对比分析，得到了如下结论：

（1）对水平支撑体系进行连续破坏的模拟有助于确定体系在局部杆件拆除时的首次破坏位置，揭示破坏的扩散方式和内力重分布方式，最终得到水平支撑体系的整体破坏荷载，进而结合冗余度分析确定水平支撑体系的关键构件。

（2）提出了构件破坏荷载和整体破坏荷载的概念。对于研究中所构造的无角撑水平支撑体系，所有构件均为关键构件，构件破坏荷载等于整体破坏荷载，意味着当拆除任意构件后，剩余结构一旦出现任意构件的破坏，必然引发其他构件的连续破坏并导致整体破坏。有角撑的水平支撑体系，存在部分构件拆除时，当作用的荷载达到构件破坏荷载而发生局部构件破坏时，水平支撑体系不会发生不收敛的连续破坏，继续增加荷载至整体破坏荷载时才会发生连续破坏导致整体破坏，即整体破坏荷载可大于构件破坏荷载。

（3）基于 R_4，将设计荷载引入冗余度衡量方法中，针对基坑水平支撑体系，提出了 R_5，利用此指标对有角撑水平支撑体系和无角撑水平支撑体系进行分析，发现均可很好地反映结构的冗余承载能力大小，以及杆件在体系中的重要程度，可以作为支撑体系冗余度的定量评价方法。同时，R_5 可以更直观地体现结构体系在局部破坏的情况下是否能够继续承担设计荷载，而不至于发生连续破坏直至整体破坏，具有更明确的理论与实用意义，对于实际工程中发生局部构件破坏时的水平支撑体系的安全评价和应急处置更有参考和指导作用。

（4）对上述研究所分析的算例而言，有角撑水平支撑体系的冗余度明显高于无角撑水平支撑体系的冗余度，证明传力路径的多寡和布置是否合理是影响结构冗余度的重要因素。依据冗余度设计理论对支撑平面布置进行优化，可以显著提高基坑支护体系安全度。

（5）局部构件拆除或破坏后导致水平支撑体系冗余度较低的杆件是结构体系的关键构件。建议对深度与规模大、支撑受力复杂、破坏后果严重的深基坑的水平支撑体系开展冗余度分析，优化支撑设计，提高水平支撑体系的冗余度，并确定关键构件。建议在设计时可适当提高关键构件承载能力，在施工及使用过程中，应加强对其检测、监测和保护。

6.3 悬臂式基坑连续破坏机理及防连续破坏设计

悬臂式排桩支护结构是最常用的基坑无支撑支护结构体系，具有造价低、施工便捷、受力明确等优点。虽然采用悬臂式排桩支护结构的基坑深度（简称悬臂式基坑）一般相对较浅，但实际工程中因局部支护桩破坏垮塌导致悬臂式排桩支护结构大范围整体倾覆等事故仍屡见不鲜。下面从此类最典型且最简单的支护方式入手，研究基坑连续垮塌在长度方向上的连续破坏模式与机理，并尝试提出相应的防连续破坏韧性设计方法。

6.3.1 悬臂式基坑弯曲破坏型连续破坏机理试验研究

采用模型试验对悬臂式基坑在长度方向连续破坏的产生、发展及终止机理进行研究。设计了在试验条件下可因局部破坏引发弯曲破坏的支护桩，模拟了局部破坏引起相邻桩在基坑长度方向的连续破坏发生、发展及终止，提出了连续破坏发生的条件，并初步揭示了连续破坏的发生、发展及终止机理。

1. 模型试验

试验的主要目的为研究基坑局部破坏在长度方向上的传递从而导致连续破坏的机理，因此，需要试验装置在基坑长度方向具有较大的尺寸。为此建设了一个大型的模型试验平台，平台主要包括试验槽、撒砂设备及储砂槽，如图 6.3-1 所示。

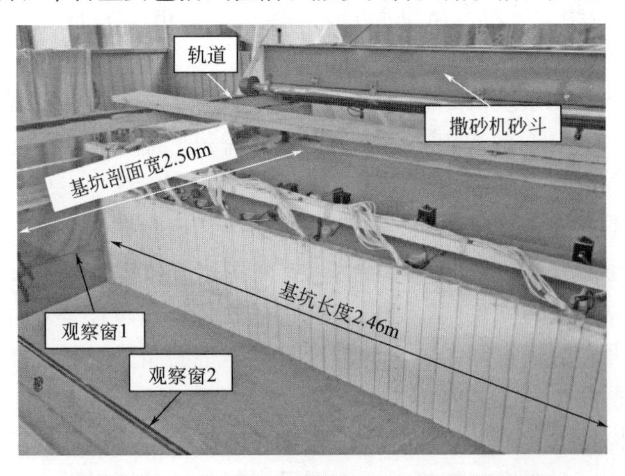

图 6.3-1　大型模型试验装置及基坑模型示意图

（1）试验土体

此次试验的土体采用干细砂，平均粒径 D_{50} 为 0.23mm，不均匀系数 C_u 为 2.25，具体参数见表 6.3-1。

试验用干细砂的基本参数　　表 6.3-1

参数	相对密度 G_s	平均粒径 D_{50}(mm)	不均匀系数 C_u	最大孔隙比 e_{max}	最小孔隙比 e_{min}	峰值摩擦角 φ(°)
数值	2.67	0.23	2.25	0.783	0.531	33.5

（2）模型桩

模型桩采用硬质 PVC 矩形管模拟，矩形管断面规格为 60mm×40mm×3mm（长×宽×壁厚），桩身总长度 1.25m，模型中坑外地表以上桩长 5cm，即实际有效参与支护的桩长为 1.2m。支护桩在沿排桩布置方向的截面宽度为 60mm，垂直于排桩布置方向的截面宽度为 40mm。在宽 2.46m 的试验槽共布置 40 根桩形成支护桩。

1）监测桩

在 40 根支护桩中，设置 8～10 根监测桩，每根监测桩设置 8 个监测断面，分别位于距桩底 10cm、25cm、40cm、55cm、70cm、85cm、100cm、110cm，监测支护桩在这些断面的弯矩。监测桩同样由 PVC 矩形管制成，在桩内壁监测断面的长边中部设置应变片，一个断面在受拉受压侧各设置一片。

2）初始局部失效桩

为了模拟基坑初始局部支护结构破坏，需要在局部设置若干根能够在控制下出现破坏的支护桩，因此，自主设计了可以接受指令发生弯曲破坏的失效桩，其装置及工作原理如图 6.3-2 所示。将完整桩在预设的断面截断（可认为是实际工程中桩的局部缺陷处，本试验预设断面位于桩身中部，即距桩底 60cm 处），上下两截桩内靠近接口处各固定一个内径 25mm 的直线轴承，两截桩通过可以在轴承内低摩擦滑动的直径为 25mm 的钢制光轴连接，失效桩装置及工作原理如图 6.3-2 所示。

3）后续破坏桩

完整的 PVC 模型桩强度较高，无法在此模型试验中所受到的荷载范围内发生破坏。为了模拟由于初始局部支护桩破坏引发邻近支护桩的破坏，实现连续破坏模拟，除了初始局部失效桩外，进一步设计了后续破坏桩，根据预试验中测得的局部破坏引发相邻桩的弯矩增加值，设定后续破坏桩的破坏弯矩，桩身极限弯矩为局部破坏发生前桩身弯矩的 1.3 倍。在局部破坏发生后，后续破坏桩能够在因局部破坏发生而引起桩身弯矩增长至 1.3 倍时发生弯曲破坏。后续破坏桩装置及工作原理如图 6.3-3 所示。

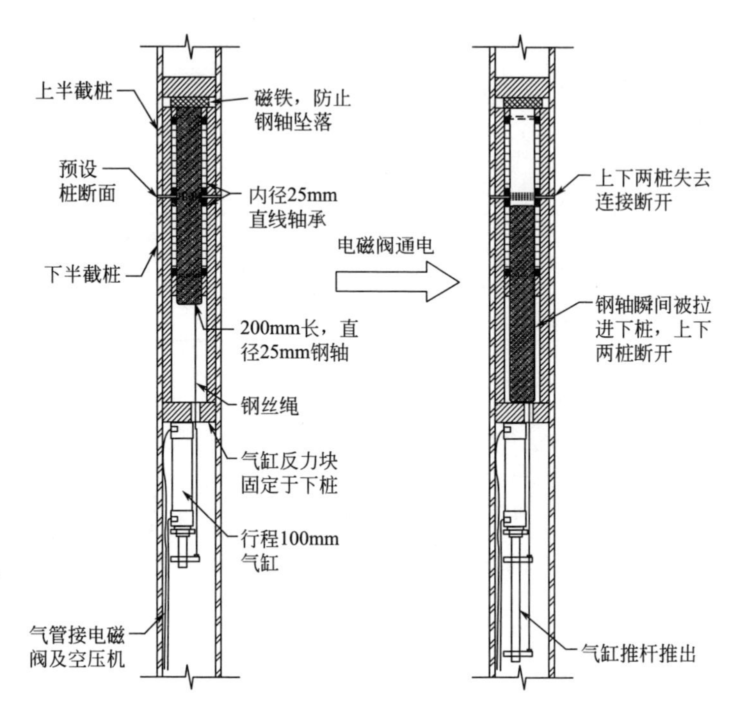

图 6.3-2　失效桩装置及工作原理图

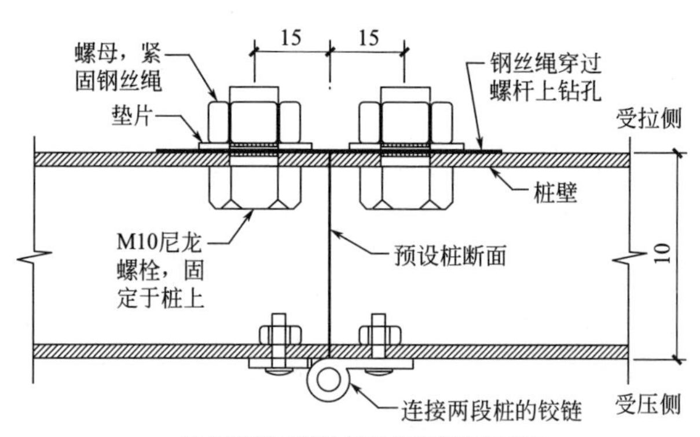

(a) 后续破坏桩沿桩长方向剖面示意图

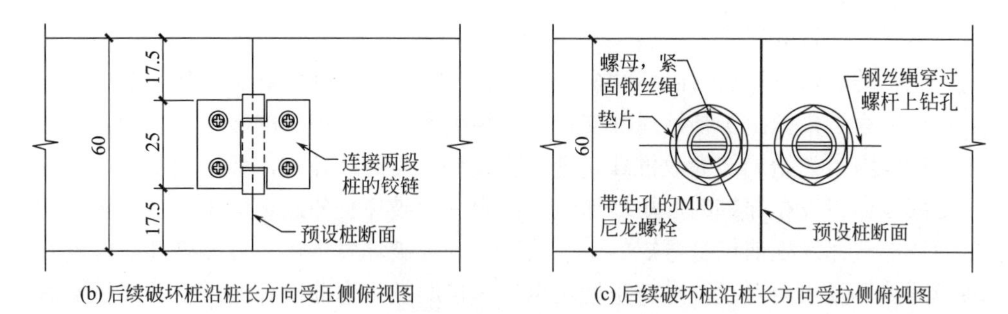

(b) 后续破坏桩沿桩长方向受压侧俯视图　　(c) 后续破坏桩沿桩长方向受拉侧俯视图

图 6.3-3　后续破坏桩装置及工作原理

2. 试验工况

开挖前基坑剖面图如图 6.3-4 所示，共进行了 4 种工况的试验，其中工况 1～3 为局部破坏试验，模拟不同数量的桩首先发生弯曲破坏，为了观测局部破坏发生后对其余桩的影响，其余桩的抗弯承载力和抗倾覆稳定性均保证不因局部破坏发生而引起连续破坏。对邻近局部破坏区域内的支护桩设置了较多监测桩，用以监测若干根悬臂支护桩先发生局部破坏（即若干根初始局部失效桩破坏）后引起的邻近桩的弯矩及土压力变化。工况 4 为局部破坏引发连续破坏试验，当局部桩体弯曲破坏引起的土压力变化使其弯矩增量超过其安全储备时，会引发连续破坏，从而研究局部支护桩破坏引发的连续破坏机理，以及连续破坏如何发生、发展和终止。4 种工况具体如下：

工况 1：设置 2 根初始局部失效桩。40 根支护桩根据距对称面的距离依次编为 1～40 号，1、2 号桩为失效桩，其余桩为完整桩，其中 3、4、6、8、11、16、23、28 号桩为监测桩，如图 6.3-5 所示，监测桩上除设置 8 个应变监测断面外，还在桩顶设置百分表，监测桩顶水平位移，在其主动区设置土压力盒，监测地表下 40cm 处作用在桩上的土压力。

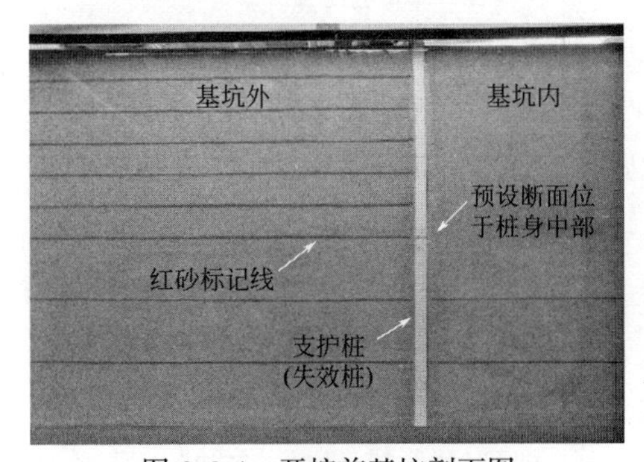

图 6.3-4 开挖前基坑剖面图

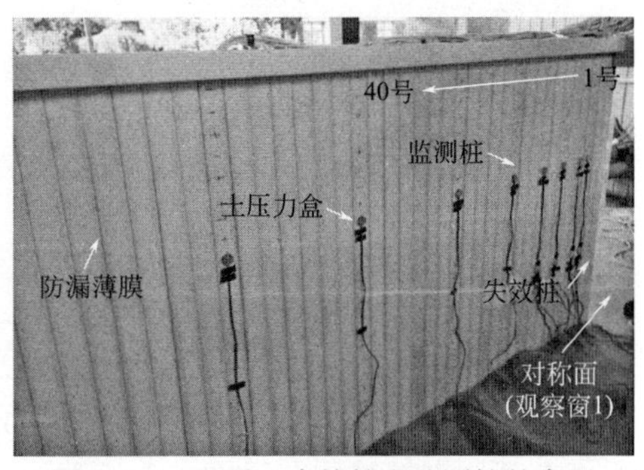

图 6.3-5 工况 1 支护桩和监测桩的布置

工况 2：支护桩及监测装置的布置与工况 1 类似，基坑开挖深度 60cm，但初始局部破坏的桩数由 2 根增加为 4 根，以研究初始破坏范围对荷载传递的影响。

工况 3：支护桩及监测装置的布置与工况 1 类似，初始局部破坏的桩数同样为 2 根，但基坑开挖深度增加为 75cm，以研究其他条件相同、基坑开挖深度不同时，局部破坏发生对其他支护桩的影响。开挖完成后发出指令使 2 根失效桩破坏，基坑发生局部垮塌。破坏位置与工况 1 相同，同样位于桩中部（距桩底 60cm 处）。

工况 4：由对称面开始依次设置 4 根初始局部失效桩、32 根后续破坏桩、3 根监测桩。与工况 2 类似，此工况基坑开挖深度 60cm，初始局部破坏的桩数为 4 根。基坑开挖到底后，控制 4 根失效桩使其在基坑底面位置处瞬间发生弯曲破坏，观察其余支护桩是否会因局部破坏引发连续破坏。

3. 基坑开挖及局部垮塌试验结果

工况 1：开挖到底至 60cm，待桩顶位移与桩身弯矩稳定后，指令 2 根失效桩在基坑底面位置处瞬间发生弯曲破坏。失效桩破坏后，其后土体由局部破坏处滑塌进基坑内，直至形成一个稳定的土坡，破坏场景如图 6.3-6（a）所示，土坡的坡度约为 33°，与试验用细砂的摩擦角接近。局部垮塌在基坑外形成一个深约 30cm 的塌陷区，破坏场景如图 6.3-6（b）所示。地表塌陷范围的轮廓呈圆弧形，在基坑剖面方向上长为 43.5cm，在基坑支护结构布置方向上长为 45.5cm，即到达第 8 号桩位置处。由于未设置后续破坏桩，局部破坏引起的相邻完整模型桩弯矩增量远不能使相邻完整桩破坏。

(a) 基坑长向侧视图

(b) 基坑外塌陷区侧视图

图 6.3-6　工况 1 中垮塌完成后形成的稳定土坡及塌陷区

工况 2：开挖到底至 60cm 后，指令 4 根失效桩在基坑底面位置处瞬间发生弯曲破坏。整个破坏过程与工况 1 类似。由于局部破坏范围增大，基坑内稳定土坡和坑外塌陷区的范围均较工况 1 增大，破坏场景见图 6.3-7 所示。基坑塌陷区深约 32cm，轮廓同样呈圆弧形，在基坑剖面方向上长为 43.0cm，与工况 1 接近，在基坑支护结构布置方向上长为 66.0cm，即到达第 11 号桩位置处，显著大于工况 1。与工况 1 相同，由于未设置后续破坏桩，局部破坏引起的相邻完整模型桩弯矩增量远不能使相邻的完整桩破坏。

工况 3：开挖到底至 75cm，指令 2 根失效桩使其在桩底以上 60cm 位置（坑底以上 15cm）处瞬间发生弯曲破坏，整个垮塌过程与工况 1 类似，桩后土体在局部破坏完成后在基坑内形成的土坡及坑外塌陷区如图 6.3-8 所示。由于基坑开挖深度相对较大，基坑外的塌陷区深 39cm，在基坑剖面方向上长为 61.0cm，在基坑支护结构布置方向上长为 57.0cm，即到达第 10 号桩位置处，塌陷程度显著大于工况 1。

工况 4：开挖到底至 60cm，指令 4 根失效桩在基坑底面位置处瞬间发生弯曲破坏，整个破坏过程如图 6.3-9 所示。由图可见，在 4 根失效桩发生弯曲破坏后，邻近的第 1 根后续破坏桩随之发生弯曲破坏，继而邻近第 2、3、4 根桩相继发生弯

(a) 基坑内土坡及坑外塌陷区侧视图

(b) 基坑外塌陷区俯视图

图 6.3-7　工况 2 中垮塌完成后形成的稳定土坡及塌陷区

(a) 坑内前方侧视图

(b) 基坑外塌陷区俯视图

图 6.3-8　工况 3 中垮塌完成后形成的稳定土坡及塌陷区

曲破坏、倒塌。在邻近第 4 根桩倒塌后，支护桩的破坏终止。由此可见，局部支护桩的破坏导致了邻近支护桩相继的连续破坏，并且在连续破坏会在达到一定范围后自然终止。由于共 8 根桩倒塌，破坏范围较大，基坑外的塌陷区较大，如图 6.3-10 所示，在基坑剖面方向上长为 43.0cm，与工况 1、工况 2 接近，在基坑支护结构布置方向上长为 92.0cm，即到达第 15 号桩位置处，显著大于工况 1、工况 2。

实际工程中，当基坑外土体为黏性土时，局部支护桩倒塌后，其后的土体并不会向基坑内滑塌（减小了局部破坏引起的其他支护桩上的土压力增量），因此，可以预测，对黏性土中的基坑，其连续破坏现象会更加显著，引起的连续破坏范围会更大。

4. 基坑局部垮塌荷载传递机理分析

（1）基坑局部垮塌荷载传递机理分析

1）土压力变化分析

工况 1 中桩顶以下 40cm 处水平土压力变化曲线见图 6.3-11，图中 3 号指

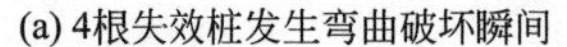

(a) 4根失效桩发生弯曲破坏瞬间　(b) 4根失效桩发生弯曲破坏后约0.50s　(c) 4根失效桩发生弯曲破坏后约0.70s

(d) 4根失效桩发生弯曲破坏后约0.93s　(e) 4根失效桩发生弯曲破坏后约1.20s　(f) 连续垮塌终止

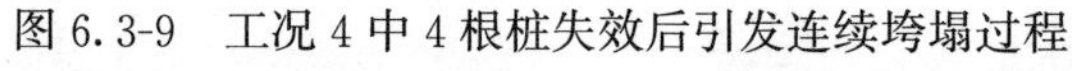

图 6.3-9　工况 4 中 4 根桩失效后引发连续垮塌过程

(a) 基坑外塌陷区俯视图　(b) 基坑长向侧视图

图 6.3-10　工况 4 中垮塌完成后形成的稳定土坡及塌陷区

3 号桩，以此类推。横坐标中失效桩突然破坏的时刻为 0s。可以发现，在局部破坏后，邻近局部破坏一定范围内（约 9 根以上）的桩后土压力迅速增长，一定时间后逐渐稳定，不再变化。距破坏位置越近，土压力增加越快越多，15 号桩之后的桩完全不受影响。

由上述分析可知，在基坑局部垮塌过程中失效桩两侧的相邻桩存在着加荷、卸荷的现象。在局部支护桩破坏后瞬间，失效桩后土体的变形使得周围土体产生水平土拱，迅速增大了作用在邻近未失效桩上的土压力；随后失效桩后土体出现滑塌，垮塌范围延伸至邻近未失效桩后，造成未失效桩后土体卸载，降低作用在其上的土压力。值得指出的是，局部破坏发生后，邻近桩上由土拱效应造成的加荷作用出现迅速，相对来讲，砂土层中基坑坑外土体垮塌造成的卸荷作用显著滞后。

2）支护桩内力变化分析

工况 1 局部破坏情况下未失效桩的荷载（弯矩）传递系数 I_m 变化曲线见图 6.3-12。图例中 3 号指 3 号桩，以此类推。由图 6.3-12 可知，在局部破坏后，

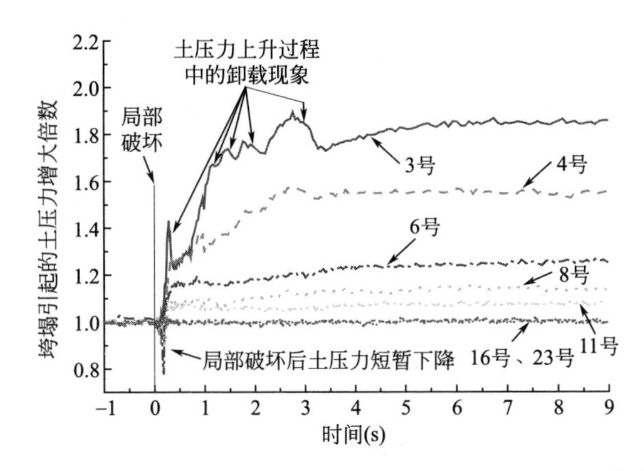

图 6.3-11　工况 1 中桩顶以下 40cm 处水平土压力变化曲线

邻近局部破坏一定范围内的桩身弯矩瞬间快速增大，在 0.2s 内即可达到最大值。达到最大值后，3、4 号桩，即邻近第 1、2 根桩桩身弯矩缓慢下降了不到 1s 后开始快速下降，之后又开始缓慢下降，直至 5s 后几乎不再变化。

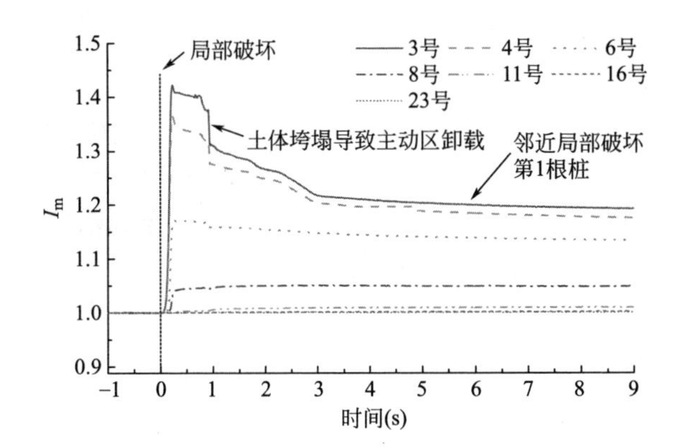

图 6.3-12　工况 1 局部破坏情况下未失效桩 I_m 变化曲线

3、4 号桩的弯矩在达到最大值后之所以显著下降便是由于未失效桩后的土体大量垮塌，卸载效应较为明显。6 号桩桩身弯矩在达到最大值后稳定了一段时间，之后略有下降，并逐渐稳定，卸载效应较小。而 8 号桩及更远处的桩身弯矩在达到最大值之后几乎保持稳定，未表现出卸载效应。上述桩身弯矩出现卸载效应的支护桩范围与坑外塌陷区的范围吻合，如图 6.3-6（b）所示。

3）I_m

由上述结果可以发现，基坑在局部支护桩发生弯曲破坏从而导致局部垮塌时，由于土压力的重分布形成的水平土拱效应将导致邻近支护桩的弯矩增大，并且距离基坑局部破坏位置最近的桩所受影响最大。为了量化局部破坏引起的其他支护桩的弯矩变化大小，从而评价局部破坏发生后其他支护桩的安全状态，作者提出了荷载（弯矩）传递系数的概念，即局部破坏发生后某一根支护桩的桩身弯矩与其在局部破坏发生前桩身弯矩的比值 I_m。I_m 越大，表明局部破坏引起的内力重分布越明显，引起其他支护桩的弯矩（或其他内力）的相对增量越大，当 I_m 与桩身抗弯承载力安全系数一致时，该桩可能发生弯曲破坏。工况 1 及工况 2 中 I_m 见图 6.3-13。由图 6.3-13 可见，I_m 随着距局部破坏距离的增加逐渐减小。

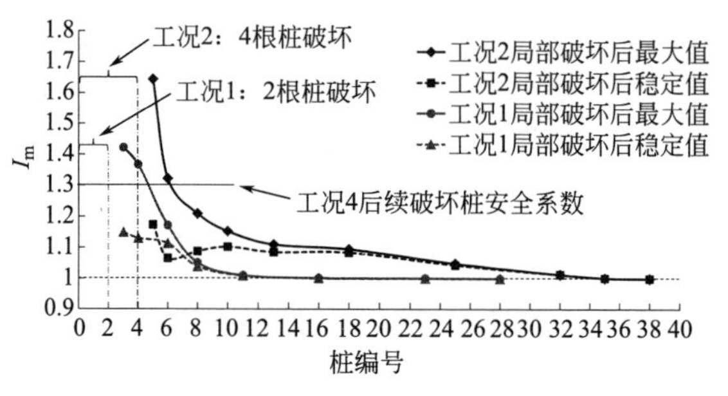

图 6.3-13　工况 1 及工况 2 中 I_m

（2）初始破坏范围对荷载传递的影响

1）土压力变化分析

可以发现，工况 2 的土压力变化过程与工况 1 的土压力变化过程类似。在图 6.3-14 中（图例 5 号指 5 号桩，以此类推），基坑局部垮塌后瞬间，邻近土压力曲线同样出现了短暂的先下降、后上升的现象，并且在局部垮塌后 4s 内，土压力曲线在整体上升的同时，也有下降阶段。

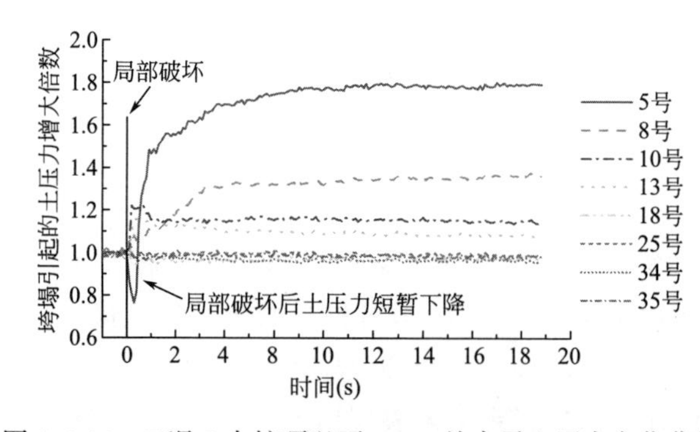

图 6.3-14　工况 2 中桩顶以下 40cm 处水平土压力变化曲线

同时，与工况 1 相比，由于工况 2 中土拱效应较强，局部破坏发生后，邻近桩顶位移增加量更大，如图 6.3-15 所示。

2）支护桩内力变化分析

邻近局部破坏一定范围内的桩桩身弯矩瞬间快速增大，在 0.4s 内即达到最

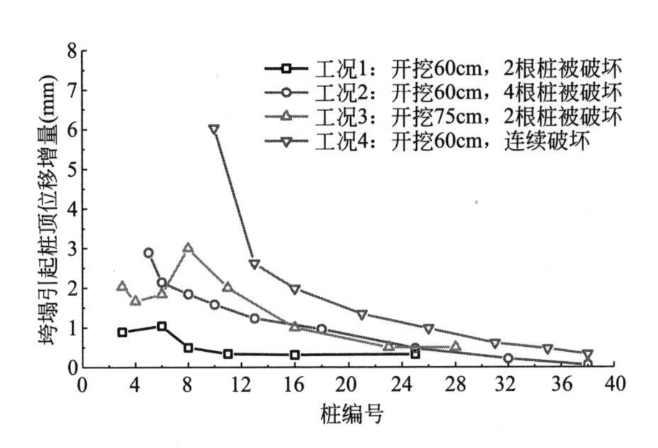

图 6.3-15 局部垮塌引起的桩顶位移增量对比

大值。桩身弯矩出现下降的范围与图 6.3-7 中基坑外塌陷区的范围吻合。另外，与工况 1 相比，距离局部破坏第 1 根桩（5 号桩）所受影响显著提高，I_m 由 1.42 上升为 1.64。

3）I_m

工况 2 局部破坏情况下未失效桩 I_m 变化曲线见图 6.3-16，图例中 5 号指 5 号桩，以此类推。由图可见，工况 2 的 I_m 与工况 1 的 I_m 规律类似，但与工况 1 不同的是，工况 2 最大 I_m（1.64）比工况 1 最大 I_m（1.42）大，同时荷载传递的范围更广，影响范围可以达到 20 根桩以上。与前述工况 1、工况 2 的土压力对比分析结果相同，图 6.3-16 可以进一步说明，当局部破坏的范围增大时，失去支护的土体荷载较大，土压力重分布形成的土拱效应更加显著，影响范围也更大。

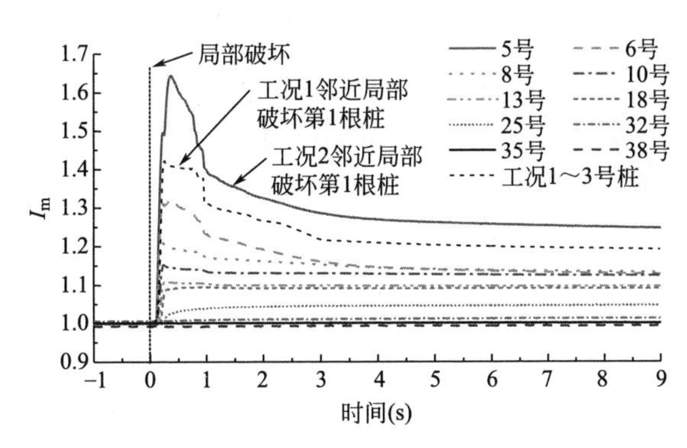

图 6.3-16 工况 2 局部破坏情况下未失效桩 I_m 变化曲线

（3）开挖深度对荷载传递的影响

1）支护桩内力变化分析

工况 3 中局部破坏情况下未失效桩的 I_m 变化曲线见图 6.3-17，图例中 3 号指 3 号桩，以此类推。其中，工况 1 中 3 号桩的桩身弯矩变化曲线同样标示于图 6.3-17 中作为对比。由图 6.3-17 可见，基坑局部垮塌后邻近桩弯矩瞬间增大，与工况 1 类似，同样在 0.2s 左右达到最大值，之后各桩弯矩逐渐降低直至稳定。与工况 1 相比，距离局部破坏最近的桩（3 号桩）所受影响减小，弯矩上升倍数由 1.42 降为 1.20，但是支护桩的受影响范围明显增大。说明在相同情况下，深度较大的基坑，局部破坏引起的相邻桩的弯矩相对增量反而较小，其原因将在后面分析。

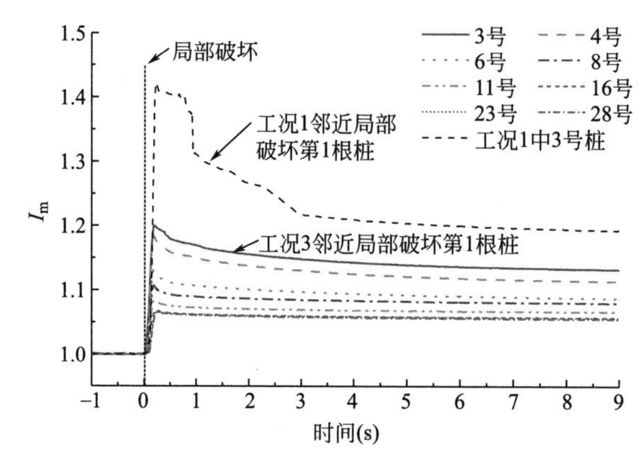

图 6.3-17　工况 3 中局部破坏情况下未失效桩 I_m 变化曲线

2）I_m

图 6.3-18 为根据工况 3 试验结果计算得到 I_m，工况 1 的结果同样在标示图 6.3-18 中作为对比。由图 6.3-18 可见，工况 3 的 I_m 与工况 1 的 I_m 规律类似，但与工况 1 不同的是，工况 3 最大 I_m（3 号桩，1.20）比工况 1 最大 I_m（1.42）小，并且随距离局部破坏位置的变远，I_m 的降低速度较慢。由此说明，工况 3 中土压力重分布形成的土拱效应影响范围比工况 1 大幅度增加，局部支护桩失效卸下的荷载向更远的位置传递。

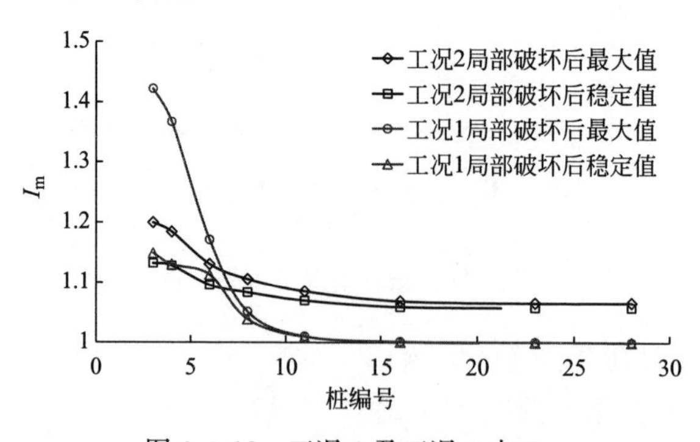

图 6.3-18　工况 1 及工况 3 中 I_m

造成上述现象的原因主要是在开挖较深时，在相同支护桩桩长时，局部破坏范围外的未失效桩的入土深度相对较小，其抗侧移刚度较低，在受到局部垮塌引起的土压力增量作用下将产生较大位移，进而使作用在其上的土压力增量产生更大的应力重分布效应，将土压力向更远的桩体转移与传递，如此动态循环并最终达到稳定状态。由于工况 3 中被动区土体抗侧移刚度较低，工况 3 中局部垮塌引起的未失效桩位移增量和范围远大于工况 1。

（4）连续破坏产生及发展机理

1）土压力变化分析

与工况 1～工况 3 中的情况类似，在局部破坏后短时间内，5～8 号桩后土压力在 40cm 深处存在下降现象。这同样是由于局部垮塌瞬间，埋深较浅处土拱效应更为显著，使得 5～8 号桩桩身位移较大，而此时地表下 40cm 深处由于土拱效应还未充分发挥，导致短时间内表现为土压力下降。工况 4 中，由于预设断面处抗弯刚度相对较低，桩身位移更大，见图 6.3-19（图例中 5 号指 5 号桩，以此类推），局部垮塌后短时间内 40cm 深处土压力下降更为明显。

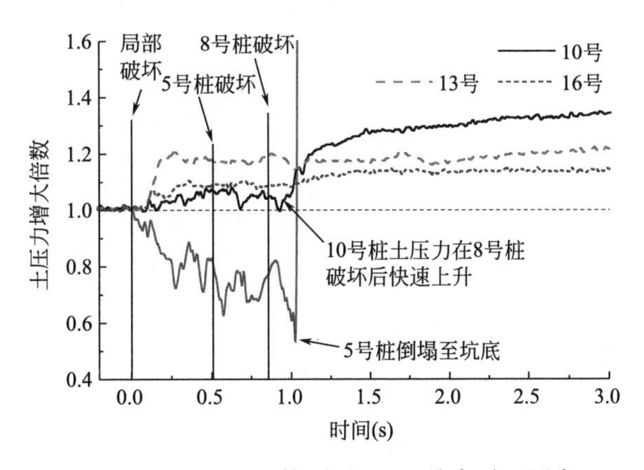

图 6.3-19　工况 4 桩顶下 40cm 处水平土压力

10 号、13 号及 16 号桩后土压力在局部破坏后总体表现为上升。另外，5～8 号桩相继破坏后，10 号桩的土压力进一步快速上升，说明 5～8 号桩的破坏使得作用在 10 号桩的土拱效应进一步增强。

2）桩身弯矩变化分析

见图 6.3-20（图例中 5 号指 5 号桩，以此类推），与工况 1～工况 3 类似，在局部破坏发生后，邻近支护桩弯矩相继上升。其中，5 号桩在局部破坏发生后 0.5s 左右破坏，此时，5 号桩最大弯矩上升约为 1.39 倍，预设断面处弯矩上升比例据推断同样大于 1.3（后续破坏桩安全系数），如图 6.3-21 所示，因此，受拉侧钢丝绳被拉断，上半段桩倾覆。在 1s 左右，5 号桩倒塌接触到基坑底面使得弯矩发生剧烈震荡。13 号桩及 26 号桩弯矩同样出现不同程度的上升，但是桩体并未发生破坏。37～39 号桩弯矩上升幅度很小，可以忽略不计。

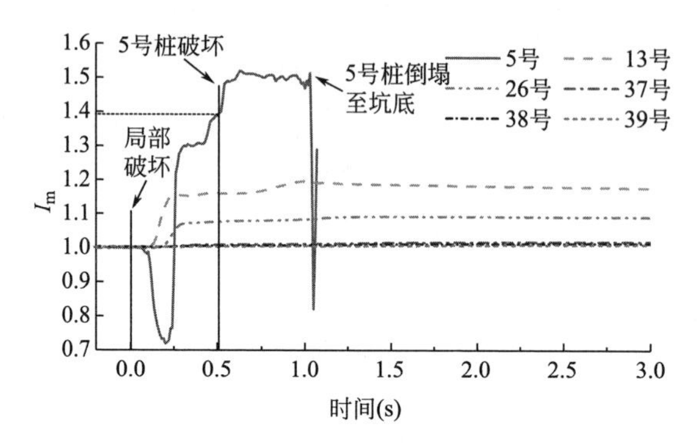

图 6.3-20　工况 4 中局部破坏情况下其他桩的弯矩变化曲线

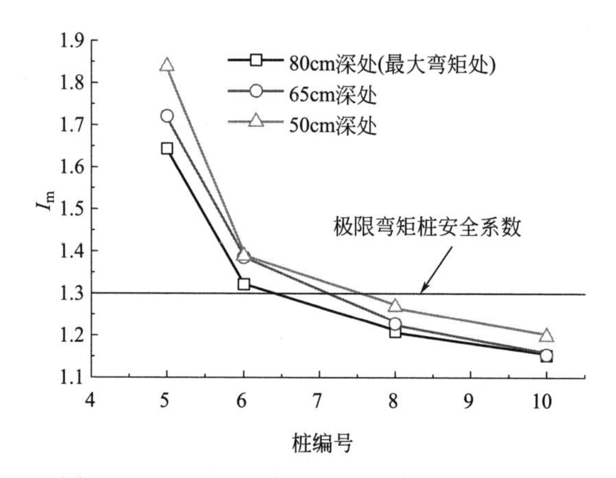

图 6.3-21　工况 2 中 4 根桩失效后不同深度 I_m

3）连续破坏及其自然终止分析

基坑支护结构局发生部破坏后，在基坑主动区局部破坏范围外瞬间形成土拱，对邻近支护桩产生加荷作用，使邻近桩桩身弯矩增大。若最大 I_m 大于邻近支护桩抗弯安全系数，支护结构将发生连续破坏。然而随着破坏范围的增大，大量的坑外土体滑塌进入基坑，对邻近桩产生卸荷作用，造成尚未发生破坏的支护桩桩后卸载，减弱了土拱效应。当主动区卸载增大到一定程度时，支护结构连续破坏将自然终止。由此可知，基坑局部垮塌对邻近桩产生的卸荷作用，虽然显著滞后于加荷作用，但却决定了连续破坏的发展范围，是造成基坑连续破坏自然终止的主要原因。

6.3.2　悬臂式基坑弯曲破坏型连续破坏的影响因素分析

在前述模型试验的研究背景基础之上，进一步研究长条形基坑在长度方向上的传递机理。利用有限差分数值模型对排桩支护的长条形基坑在局部支护桩失效情况下的变形和失稳情况进行了模拟，对局部破坏后基坑土压力和支护结构内力变化与重分布的规律进行了研究，分析了局部破坏长度、有无连续冠梁、土质条件及土体强度等因素对破坏传递系数的影响。

1. 有限差分数值模型及模拟方法

（1）数值模拟模型的建立

为了研究基坑在长度方向上的连续破坏机理，设定要模拟的基坑为一长条形基坑，在垂直于基坑剖面方向上无限长，基坑宽度假定为 20m 或 50m，根据对称性，取基坑宽度的一半进行模拟，如图 6.3-22 所示。

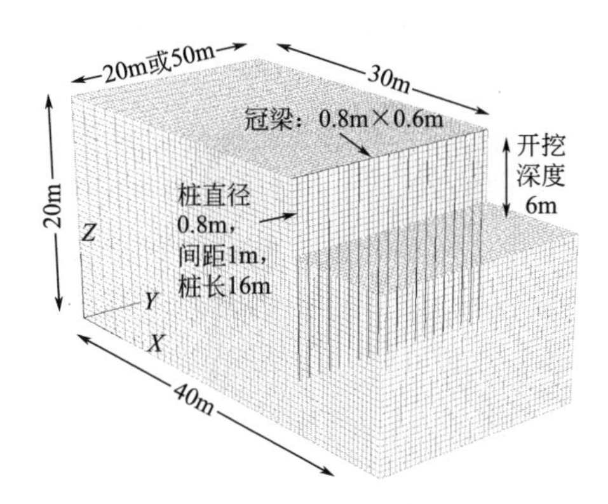

图 6.3-22　有限差分网格及模型

（2）土体及结构参数

考虑了两种土质条件，一种为不排水条件下的饱和黏性土（摩擦角 $\varphi_u=0°$），一种为无水条件下的纯砂性土（黏聚力 $c=0\text{kPa}$）。土体均采用摩尔库伦模型进行模拟。

对于饱和黏性土，考虑其不排水强度 c_u 沿埋深线性增加[35]，采用了 3 种土体强度分布模式，见式（6.3-1）～式（6.3-3），其中，z 为土体深度。剪切模量近似取为 150 倍 c_u[36]，同样沿深度线性增加，泊松比取 0.495 来近似考虑不排水条件下体应变为 0 的状态。由于模拟采用的摩尔库伦模型，不能很好地反映土体在卸载情况下的变形情况，因此，在本模型中，为了更真实地反映坑底的回弹情况，依据经验，计算模型实际采用的弹性参数为上述介绍的 3 倍[37]，以近似作为基坑内土体在卸荷条件下的弹性模量。

$$\text{分布模式 1：} c_u=5+2.5z \tag{6.3-1}$$

$$\text{分布模式 2：} c_u=5+3.0z \tag{6.3-2}$$

$$\text{分布模式 3：} c_u=5+3.5z \tag{6.3-3}$$

对于纯砂性土，摩擦角分别取 25°、30°及 35°，其弹性模量沿深度线性增加，在 3 种摩擦角情况下斜率均为 1.5MPa/m[38]，泊松比取 0.3。与黏性土类似，模型中采用的弹性模量为上述介绍的 3 倍。

（3）模拟方法

本次研究用删除支护桩结构的方式模拟桩体的破坏失效，在实际工程中，局部支护桩有可能会因为设计强度不足、施工质量较差、土体强度降低等原因而发生弯曲破坏失去支护作用，进而引发基坑的大范围连续破坏。支护桩自左侧开始由左至右依次编为 1～20（或 50）号桩。计算首先模拟正常开挖，每步开挖 1.5m，开挖到底后，删除最左侧 1～n 号桩模拟 n 根桩失效，然后分析基坑局部支护结构破坏后的响应。由于模型为对称模型，n 根桩失效代表着实际情况的 $2n$ 根桩失效。计算过程中暂时不考虑其他桩及冠梁的破坏，重点研究局部破坏后其他结构将会受到的最大影响。

2. 不同局部破坏范围情况下连续破坏传递情况分析

以式（6.3-2）的工况进行不同初始破坏范围情况下的结果分析。在开挖深度为 6m 时，基坑水平位移呈典型的悬臂形式，最大水平位移为 5.60cm。支护桩的最大弯矩为 291.60kN·m。2 根桩初始破坏问题在上一节中已经有所研究，因此此处采用 3 根桩作为初始破坏桩，开始进行连续破坏模拟研究。

（1）3 根桩失效基坑发生失稳的情况分析

在 3 根桩失效后，经过计算，失效桩后的土体已经无法平衡，随着时间的增加，位移不断增大，最终由于部分网格畸变而导致计算终止，此时失稳土体的最大水平位移已经达到 1.89m，如图 6.3-23 所示。图 6.3-24 为 3 根桩失效后，3m 深处桩后主动土压力变化曲线，图中 8 号指 8 号桩，以此类推。可以发现，在局部桩失效后极短时间内，原 1～3 号桩后的土压力即降低接近于 0；在 0.6s 内，邻近 4～7 号桩后的土压力逐渐上升，之后虽然失稳滑动体还将继续滑动，变形与位移将继续增大，但是作用在未失效桩上的土压力逐渐稳定，不再显著变化。

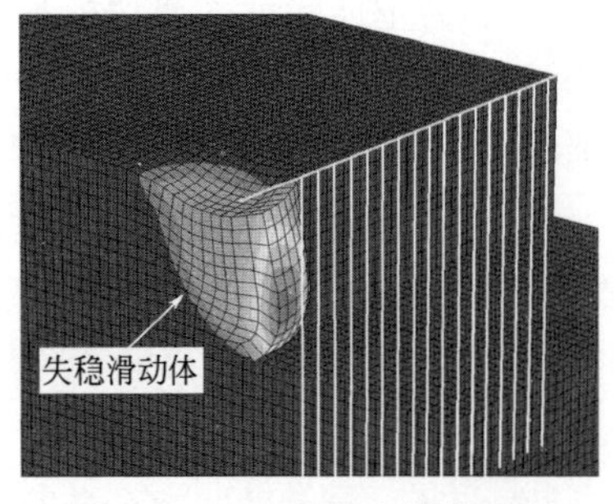

图 6.3-23　3 根桩失效情况下网格变形及水平位移云图

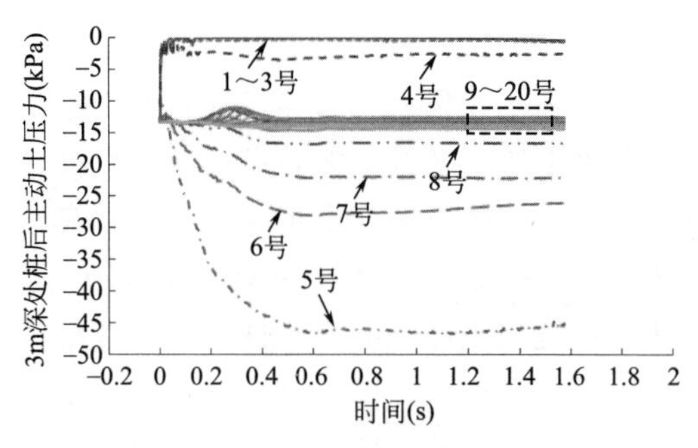

图 6.3-24　3 根桩失效后，3m 深处桩后主动土压力变化曲线

图 6.3-25 为 3 根桩失效后，地表下 3m 平面上 X 方向水平应力云图（图中数字编号为桩号）。虽然桩失效位置处的土体发生失稳滑动，但与 1～2 根桩失效时基坑能够达到稳定的情况类似，失稳滑动土体外侧水平面上主应力方向发生偏转，最大主应力方向平行于失稳滑动体边缘，形成了一个显著的土拱，使得 4～7 号桩后的 X 方向土压力大幅增加。

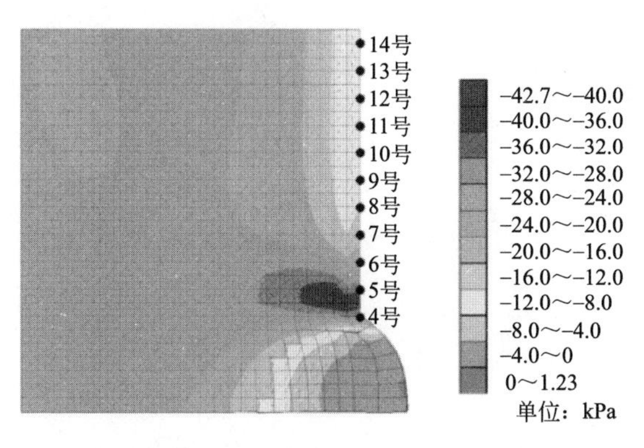

图 6.3-25　3 根桩失效后，地表下 3m 平面上 X 方向水平应力云图

图 6.3-24、图 6.3-25 均说明基坑破坏部位土体失稳滑动一段时间后，在失稳滑动体内部水平向土压力很小，并且在其周围土体中已经形成较为稳定平衡的土拱，失稳滑动体已经不再对未失稳土体的水平向应力产生大的影响，即使失稳滑动体继续向下滑动，直至最终稳定，其仅对未失稳滑动部分的竖向应力产生影响。

（2）4～30 根桩失效基坑发生失稳的情况分析

当基坑局部破坏逐步扩大，即初始拆除的桩数增多时，失稳滑动体的变形情况、未失效桩后的土压力和弯矩等变化情况仍然与 3 根桩失效时类似。如图 6.3-26 所示为 7 根桩失效情况下网格变形及水平位移云图。如图 6.3-27 所示，4 根桩失效时，5～8 号桩后土压力在开始阶段不同程度提高，最大提高 3.40 倍（由 13.4kPa 增加至 45.6kPa），达到最大值后趋于稳定。又如图 6.3-28 及图 6.3-29 所示（图 6.3-27～6.3-29 中，8 号指 8 号桩，以此类推），4 根桩和 7 根桩失效时，未失效桩的弯矩同样在 0.6s 内不断上升，之后逐渐稳定。

同时，对比图 6.3-28 及图 6.3-29 可以发现，4 根桩与 7 根桩失效时，虽然基坑局部破坏的范围不同，然而其对邻近未失效桩的影响几乎相同。临近破坏的第 1 根桩的最大弯矩均增加至 500kN·m 左右，第 2 根桩的最大弯矩增加至 450kN·m 左右，第 3 根桩的最大弯矩增加至 420kN·m 左右，以此类推。另外，不仅 4 根桩与 7 根桩失效时未失效桩弯矩变化相同，在 4 根以上桩失效时，局部破坏对未失效桩及其后土压力的影响均相同。限于篇幅，不再给出所有工况下土压力与桩弯矩随时间变化曲线。

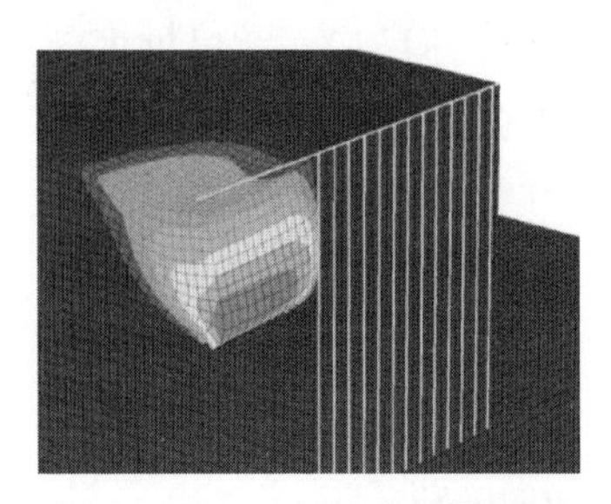

图 6.3-26 7 根桩失效情况下网格变形及水平位移云图

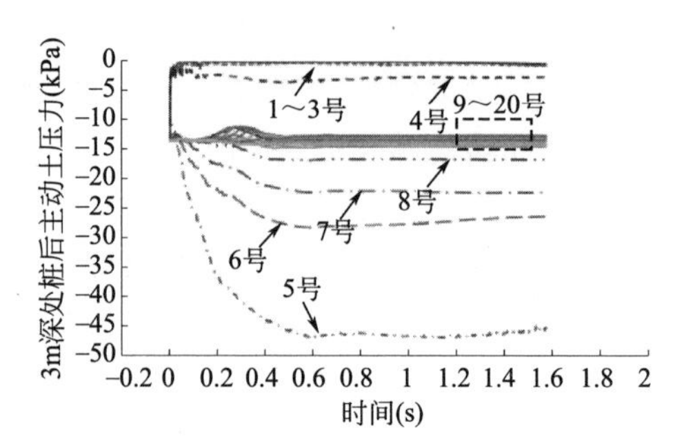

图 6.3-27 4 根桩失效情况下 3m 深处桩后主动土压力变化曲线

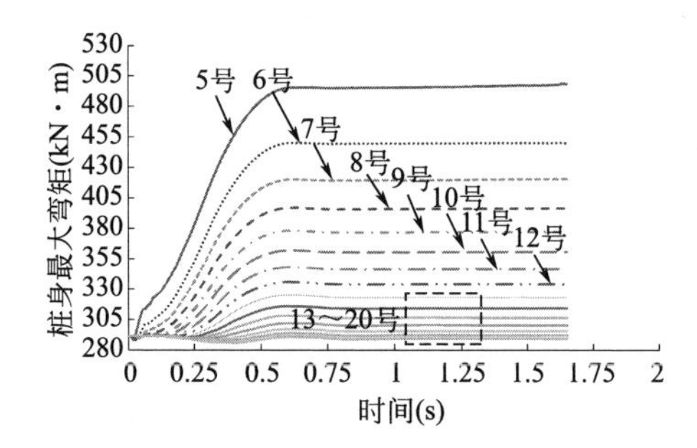

图 6.3-28 4 根桩失效情况下其他桩的弯矩变化曲线

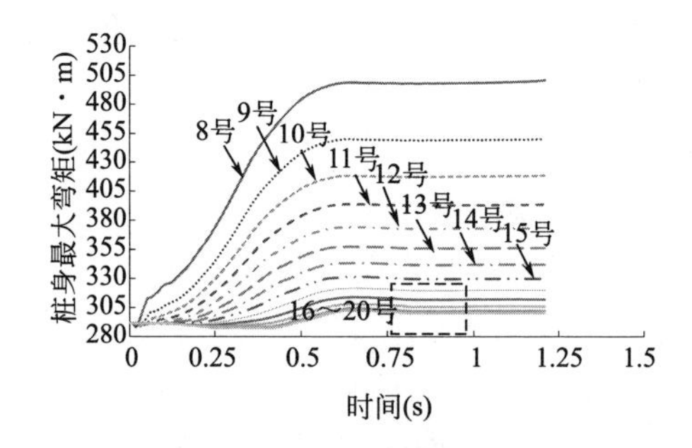

图 6.3-29 7 根桩失效情况下其他桩的弯矩变化曲线

另外，在图 6.3-29 中，7 根桩失效时，第 20 号桩的弯矩略有上升，由此可知，此基坑局部破坏对模型的边界已开始产生影响，因此，在研究更大范围的局部破坏时，采用 Y 方向为 50m 的模型，以避免边界效应，共计算了 10、15、20、25、30 根桩失效的情况，计算结果与 3～7 根桩失效时类似，不再赘述。

(3) 不同局部破坏范围下连续破坏传递对比分析

随着破坏范围的增大，失稳滑动体在 X、Y 方向均逐渐增大，此时失稳滑动体在地表的边界呈圆弧形，如图 6.3-28 所示。当局部破坏范围大到一定程度后，即 5 根以上桩失效时，失稳滑动体在 X 方向的长度不再变化，接近于平面应变基坑的失稳滑动体，而在 Y 方向随着局部破坏范围的增大而增大，此种情况的失稳滑动体如图 6.3-26 所示，其在地表的边界为一条平行于排桩的直线和圆弧形的组合。

与失稳滑动体有类似规律的还包括失稳滑动体以外的水平土压力拱，如图 6.3-25 及图 6.3-30 所示。1～4 根桩失效时，随着失效桩数的增多，土拱在 X 方向与 Y 方向均增大，如图 6.3-25 及图 6.3-30（a）所示，并且在水平面上呈圆弧形；在 5 根及以上桩失效时，虽然失效桩数不断增多，然而应力拱仅在 Y 方向增大，X 方向不再变化，如图 6.3-30（b）～（d）所示，土拱的形状同样为一条平行于排桩的直线和圆弧形的组合，并且平行于失稳滑动体的边缘。另外，由图 6.3-30 可以看出，无论局部破坏范围有多大，对作用在未失效桩上土压力在 Y 方向的影响范围均为 4～5m，最大土压力均为 460kPa 左右。

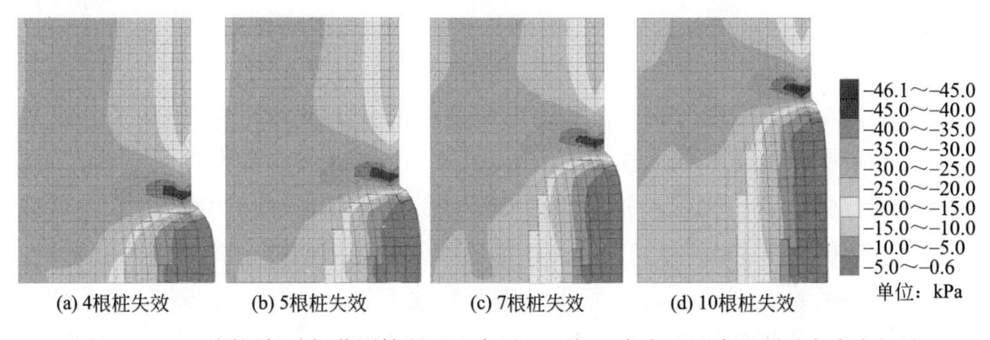

图 6.3-30　不同局部破坏范围情况下地表下 3m 处 X 方向土压力云图及主应力矢量

支护桩受力在局部破坏情况下的变化响应与土压力变化响应吻合。如图 6.3-31 所示为 1～30 根桩失效时，未失效桩最大弯矩的增大倍数。由图可见，在基坑局部破坏的范围比较小时（此例为 1～4 根桩失效），随着破坏范围的增大，未失效桩所受影响逐渐增大；当局部破坏范围大到一定程度后（5 根以上桩失效时），未失效桩所受影响将不再随破坏范围的变化而变化。

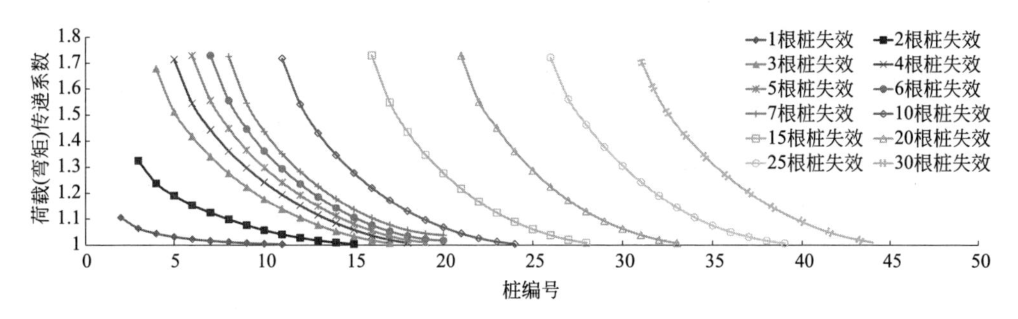

图 6.3-31　1～30 根桩失效时，未失效桩最大弯矩的增大倍数

在基坑沿长度方向的连续破坏问题中，距基坑局部破坏位置最近的桩所受影响最大，其所受影响的大小决定了连续破坏是否能够继续发展。假定桩的抗弯承载力安全系数为 K_d，基坑局部发生破坏使得邻近第 1 根桩最大弯矩 M 上升为 $I_m M$，若 $I_m > K_d$，那么该根支护桩会发生弯曲破坏，并引起相邻支护桩的弯矩进一步增加，导致连续破坏不断地进行。若 $I_m < K_d$，连续破坏将不会发生（假设桩的破坏由弯矩控制）。由图 6.3-31 所示，在此算例中，在失效桩数大于 4 根时，最大 I_m 为 1.73。

在实际工程中，当围护桩钢筋达到极限抗拉强度，围护桩发生过大的水平位移和挠曲，甚至断裂，必然导致作用在其上的土压力向相邻桩转移。将围护桩受拉钢筋达到极限抗拉强度作为桩退出工作的一种判断标准，围护桩受拉钢筋达到抗拉极限强度时的桩身弯矩与围护桩的设计作用弯矩之比作为单桩安全系数 K_d，则连续破坏是否发生、是否终止取决于破坏过程中的传递系数的动态变化。当 $I_m > K_d$ 时，会引发相邻桩的继发破坏，并进而增大下一根相邻桩的荷载传递系数。

例如，在围护桩设计时，荷载综合分项系数 γ_F 取 1.25[39]，基坑为二级基坑，结构重要性系数 γ_0 取 1.0，钢筋极限抗拉强度与抗拉强度设计值之比取 1.5（HRB400 钢筋）[40]，则围护桩的单桩安全系数 K_d 为 1.875。由图 6.3-31 可看出，无论几根桩发生破坏，$I_m < K_d$，不会导致相邻桩破坏。而对于三级基坑，结构重要性系数 γ_0 取 0.9 时[39]，单桩安全系数 K_d 为 1.688，由图 6.3-31 可看出，当 3 根桩退出工作时，相邻桩 I_m 为 1.678，$I_m < K_d$，不会导致相邻桩破坏，而当 4 根桩退出工作时，相邻桩 I_m 为 1.714，$I_m > K_d$，相邻桩发生连续破坏。

3. 不同土质条件与土体强度对破坏传递的影响

（1）黏性土不同土体强度情况下的对比

黏性土强度分布模式 1 和黏性土强度分布模式 3，即 $c_u = 5 + 2.5z$ 和 $c_u = 5 + 3.5z$ 的工况下，不同局部破坏范围对土压力、结构受力等连续破坏因素影响的规律与前述黏性土强度分布模式 2 类似，但在影响程度上有差别，如图 6.3-32、图 6.3-33 所示。黏性土强度分布模式 1，1、2 根桩失效时，基坑仍稳定，在失效 4 根桩以上时，局部破坏范围对未失效桩的影响不再变化，邻近第 1 根桩最大弯矩上升约为原来的 1.47 倍，即 I_m 为 1.47。黏性土强度分布模式分布 3，由于土体强度提高，1～3 根桩失效时，基坑仍稳定，在失效 5 根桩以上时，局部破坏范围对未失效桩的影响不再变化，邻近第 1 根桩最大弯矩上升约为原来的 2 倍，即 I_m 为 2.0。可见，随着土体强度的提高，基坑局部破坏对周边支护结构的影响逐渐增大，I_m 也逐渐增大，如图 6.3-34 所示，I_m 近似随土体强度的提高线性提高。

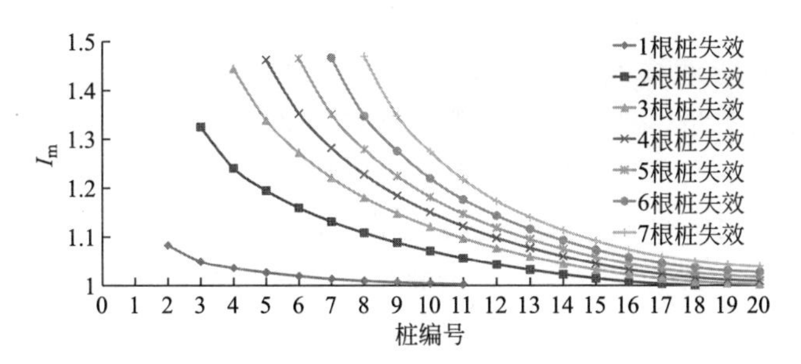

图 6.3-32　黏性土强度分布 1 时最大 I_m

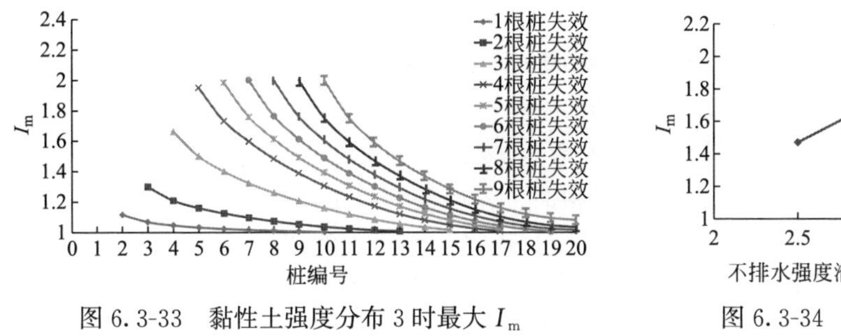

图 6.3-33　黏性土强度分布 3 时最大 I_m

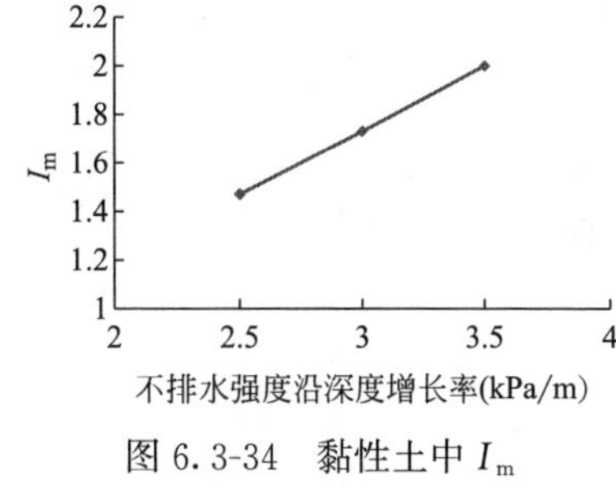

图 6.3-34　黏性土中 I_m 随土体强度变化曲线

基于以上分析可知，对于支护结构具有同样安全系数的基坑，基坑所在土层的土体强度越高，在同样程度局部破坏的情况下发生连续破坏的可能性越大。因此，当土质条件较好时更应采取措施防范局部破坏的发生和提高支护结构的抗连续破坏能力。

（2）砂性土不同土体强度情况下的对比

对于砂性土，由于其自立能力较差，摩擦角取 25°、30°及 35°时，仅 1 根桩失效时，基坑仍能够保持稳定状态（桩后土体加固起到一定作用），失效超过 2 根桩，桩失效位置土体均将产生失稳滑动。

1 根桩失效时，桩身弯矩增大倍数显著低于 2 根以上桩失效时桩身弯矩增大倍数。2～5 根桩失效时，由于失稳滑动体及其外侧土拱在 X 和 Y 方向均有所增大，需要转移的土压力更大，因此桩身弯矩增大倍数略有提高。6 根以上桩失效时，桩身弯矩增大倍数将不再增加。

同时，与黏性土中的规律类似，砂性土中 I_m 同样随土体强度提高而增大。如图 6.3-34 所示，I_m 随土体强度的提高呈线性提高。

6.3.3　悬臂式基坑弯曲破坏型连续破坏的跨越现象及韧性控制理论

由前述研究可知，悬臂式排桩发生弯曲型局部破坏会引发基坑大范围的连续垮塌，然而，目前尚无基坑连续破坏控制措施和设计方法的系统研究，针对悬臂式支护展开防连续破坏控制措施研究，设置阻断单元控制连续破坏的发展，分析加强桩数量、初始破坏范围、土体强度、开挖深度、阻断单元加强桩刚度对连续破坏的作用机理和效果，总结阻断单元的设置原则。在实际工程中，局部支护桩可能会由于设计强度不足、施工质量较差、土体强度降低等原因发生弯曲破坏，失去支护作用，造成局部土体垮塌，进而引发基坑的大范围连续破坏[41]。

与前述分析方法相同，仍通过删除支护桩的方式模拟桩体的破坏失效，通过增加桩体的极限抗弯承载力模拟阻断单元内的加强桩（在部分工况同时增加加强桩的刚度）。

1. 单组阻断单元中不同加强桩数量时的控制效果

与 6.3.2 节采用的数值模型相同，基坑开挖深度为 6m，土体采用纯砂性土。基坑开挖至 6m 后，支护桩桩身最大弯矩 M_0 为 259kN・m（坑内侧受拉为负），位于地面下 9m。当初始破坏桩为 4 根时，初始破坏后未失效支护桩桩身 I_m 随时间的变化如图 6.3-35 所示。可见，1～4 号桩发生初始破坏后，5 号桩、6 号桩、7 号桩荷载传递系数最终趋于 1.57、1.41、1.34，其中，邻近初始破坏的第 1 根桩，即 5 号桩的 I_m 最大，即 4 根桩初始失效时最大 I_m 为 1.57，如后续未失效桩的 K_d 小于 1.57，则会发生连续破坏。

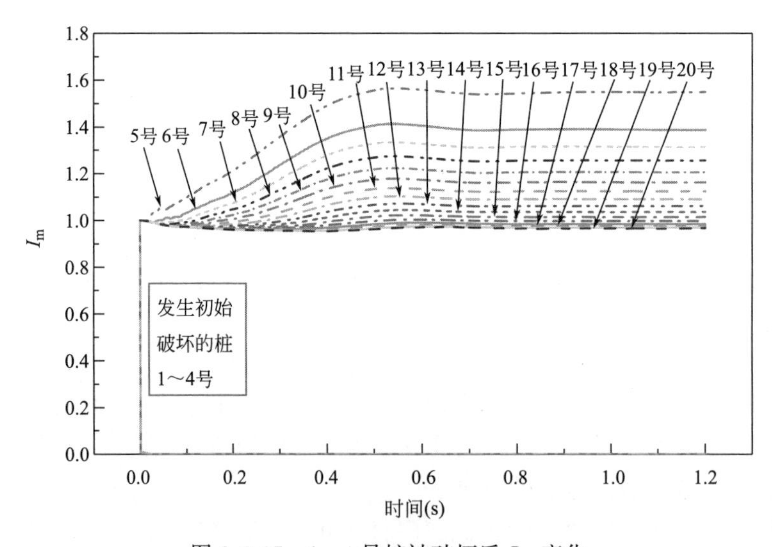

图 6.3-35　1～4 号桩被破坏后 I_m 变化

在该砂土模型中，与 6.3.2 节类似，随着支护桩破坏范围增加，当支护桩破坏数量大于 4 根时，最大 I_m 不再增加，趋于 1.61。

当破坏桩数为 n（$n>4$），$n+1$ 号桩、$n+2$ 号桩、$n+3$ 号桩的 I_m 为 1.61、

1.43、1.33，即 $n+3$ 号桩之后的桩的 $I_{m}<1.30$，当破坏桩数 $n>4$ 时，后续未失效桩 $I_{m}>1.30$ 的数量均为 3 根，3 根桩将因初始破坏桩引发后续的破坏，进而将引起更多的支护桩发生连续破坏。针对可能发生后续破坏的支护桩，对比研究了在这 3 根桩中，分别设置 1 根、2 根和 3 根加强桩时，加强桩是否会形成连续破坏阻断单元，阻止局部破坏引发连续破坏。基坑平面支护桩的布置示意图如图 6.3-36 所示。

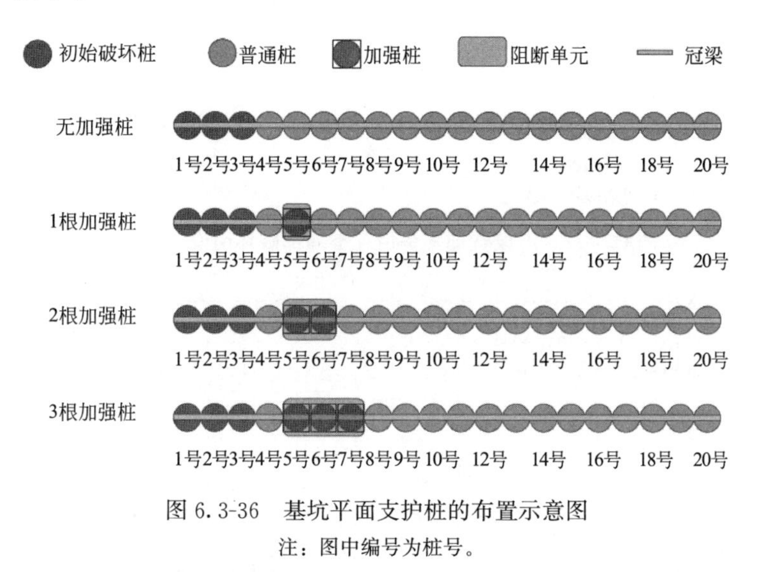

图 6.3-36　基坑平面支护桩的布置示意图

注：图中编号为桩号。

(1) 不设置加强桩（基础工况）

将所有桩的抗弯安全系数都设定为 1.30，即不设置加强桩。此情况下，1 号桩和 2 号桩发生初始破坏后，其余各桩桩身 I_{m} 随时间的变化如图 6.3-37 (a) 和 (b) 所示。由图 6.3-37 (a) 可知，仅 1 号桩发生初始破坏时，其相邻的 2 号桩的桩身 I_{m} 达到 1.20 左右便不再变化，因此，后续桩不会发生连续破坏。由图 6.3-37 (b) 可知，当 1～2 号桩发生初始破坏，其他支护桩的桩身 I_{m} 均相继达到 1.30，说明 1～2 号桩发生初始破坏会引起其他桩发生连续破坏。

(2) 设置 1 根及 2 根加强桩

针对 1～2 号桩或更多支护桩发生初始破坏引起其他支护桩发生连续破坏的情况，下面分析设置 5 号桩为加强桩（设定普通桩抗弯安全系数为 1.30，加强桩抗弯安全系数为 1.70），1～3 号桩初始破坏发生后其余各桩弯矩变化及破坏顺序如图 6.3-38 所示，此过程中桩后土体 X 方向的水平应力云图如图 6.3-39 所示。

从图 6.3-38 可以看出，1～3 号桩发生初始破坏后，与初始破坏桩相邻的 4 号桩桩身最大弯矩上升，逐渐达到极限承载力，首先发生破坏。4 号桩发生破坏

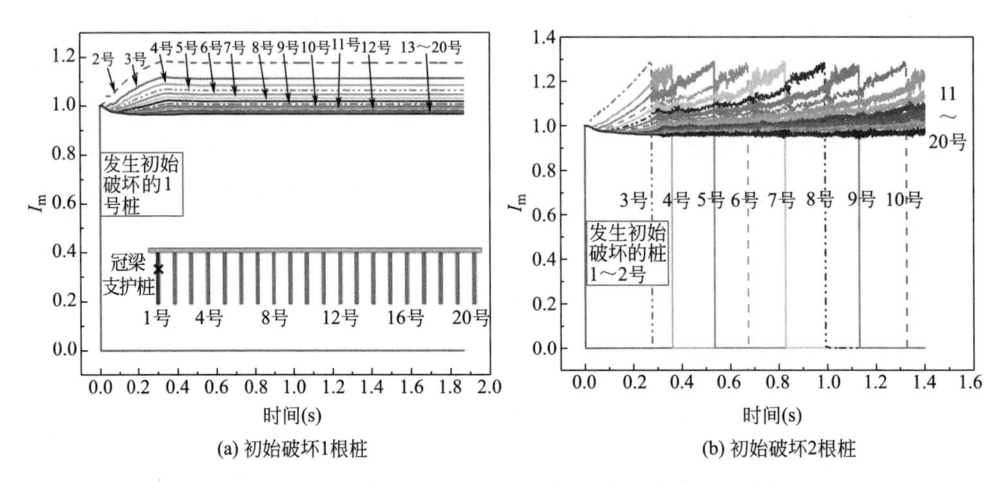

(a) 初始破坏1根桩　(b) 初始破坏2根桩

图 6.3-37　不设置加强桩情况下局部破坏引发 I_m 变化

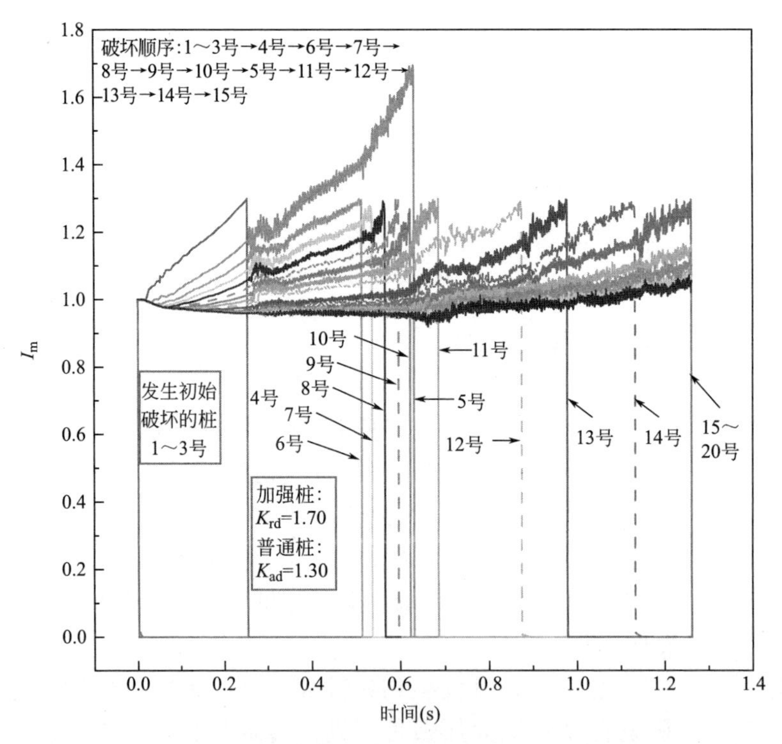

图 6.3-38　设置 1 根加强桩情况下 I_m 变化

后，5 号桩、6 号桩及更远的几根桩弯矩也逐渐上升，其中，6 号桩的 I_m 达到 1.41，最先超过 1.30，而由于 5 号桩的 I_m<1.70，因此，6 号桩先于 5 号桩达到极限承载力而发生破坏，说明当仅设置一根加强桩时，连续破坏将跨越加强桩后继续发生，一根加强桩不能形成有效阻止连续破坏发展的阻断单元。

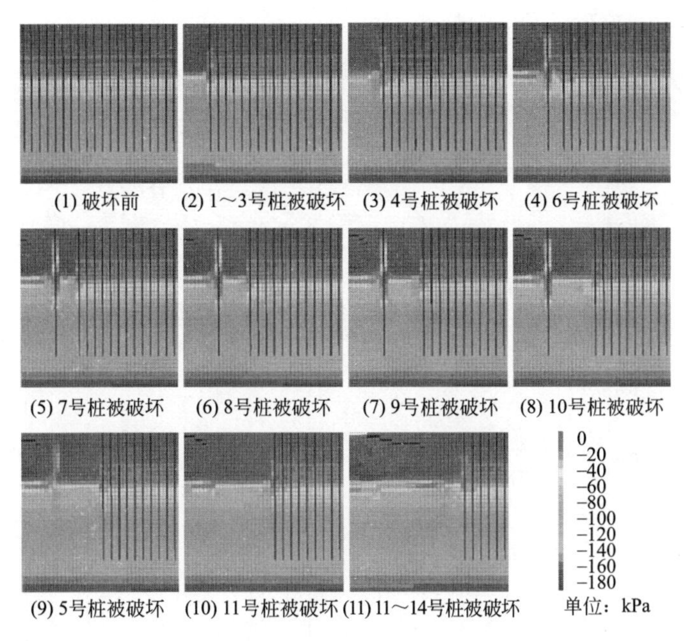

图 6.3-39　设置 1 根加强桩时支护桩被破坏引起的水平土压力变化

6 号桩被破坏后，普通桩 7～10 号桩相继发生破坏，在这个过程中，5 号桩上部受到的主动区土压力越来越大，如图 6.3-39 所示，这主要是由于 7 号～10 号桩破坏在基坑主动区产生了更大范围内的水平向土拱效应，拱脚作用于 5 号桩及更远处的未失效桩上。在这种情况下，5 号桩最大弯矩也逐渐增大。最终，在 10 号桩破坏后，5 号桩也出现破坏，随后，连续破坏继续发展，11 号桩及更远处的桩相继破坏。在此工况中，连续破坏越过 5 号加强桩而继续向远处传递的现象可以称之为连续破坏的跨越现象，并且由此例可以看出，1 根加强桩并未能阻止连续破坏的发展。

同样地，研究发现设置 2 根加强桩也不能阻止连续破坏的传递现象，如图 6.3-40 所示。

（3）设置 3 根加强桩

针对仅设置 1 根或 2 根加强桩形成的阻断单元不能有效阻止连续破坏发展，存在连续破坏跨越的现象，设置 5～7 号为加强桩。1～3 号桩初始破坏发生后其余各桩弯矩变化及破坏顺序如图 6.3-41 所示。由图 6.3-41 可得，初始破坏发生后，普通桩 4 号桩随后发生破坏，其余各桩的弯矩内力急速增大，最终保持在一个平稳状态不再发生变化，其中 5 号加强桩的弯矩增大倍数最大，但仍未超过加强桩的安全系数 1.70，同时 8 号及更远处的普通桩的荷载传递系数也未超过普通桩的安全系数 1.30。由此例可以看出，设置 3 根加强桩可以阻止连续破坏的发展。

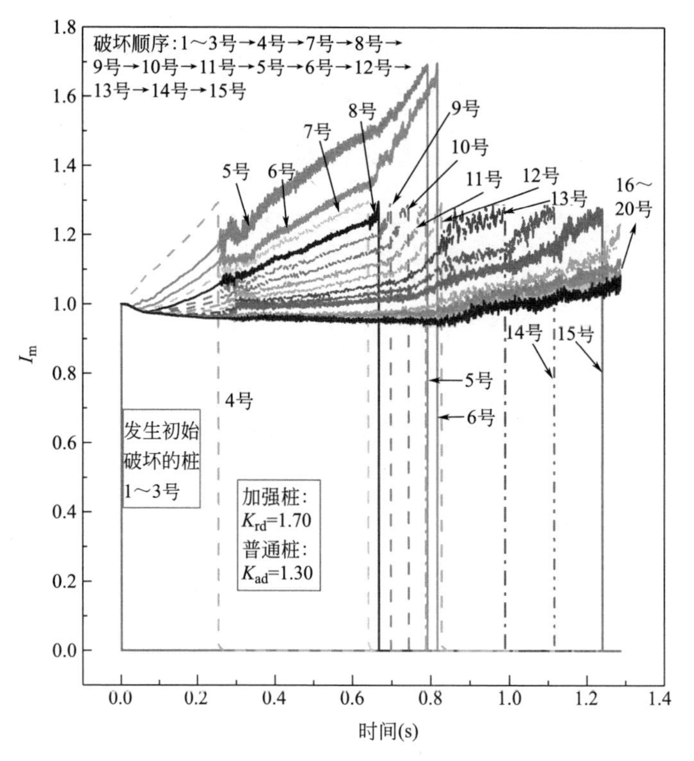

图 6.3-40　设置 2 根加强桩情况下 I_{m} 变化

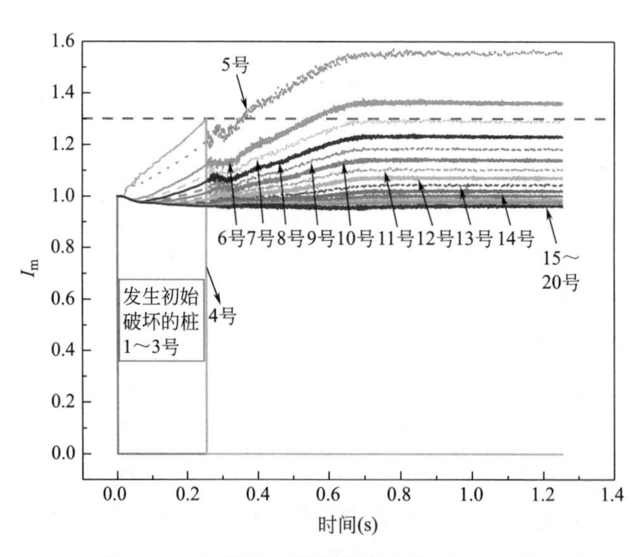

图 6.3-41　设置 3 根加强桩情况下 I_{m} 变化

2. 间隔设置多组阻断单元对后续连续破坏的影响

为继续研究间隔设置多组阻断单元对控制连续破坏发展的作用，建立在 $X\times Y\times Z$ 方向几何尺寸为 40m×40m×20m 的模型。同时为了研究不同土质条件下土拱效应对支护桩的影响，设置数值模型采用黏性土强度分布，即 $c_u=5+3.5z$ (kPa) 进行模拟分析，开挖深度同样为 6m。

本模型计算得到开挖完成后破坏前的桩身最大弯矩 M_0 为 262kN·m。本模型设定普通桩的抗弯安全系数为 1.55，加强桩抗弯安全系数为 2.10。随着支护桩破坏范围增加，当支护桩破坏数量大于 4 根时，最大荷载传递系数 T_{max} 不再显著增加，趋于定值 2.02。当失效桩数量 n 大于 3 根时，$n+3$ 号桩之后的桩的荷载传递系数均小于 1.55。

结合第一节中的模拟结果判断，每组阻断单元包含的加强桩数量不少于 3 根才能阻止连续破坏的发展。考虑初始破坏桩与加强桩不相邻的情况，设计了四种计算工况来研究阻断单元中加强桩数量、阻断单元间隔、初始破坏距离阻断单元距离等因素对阻断单元效果的影响，如图 6.3-42 所示。

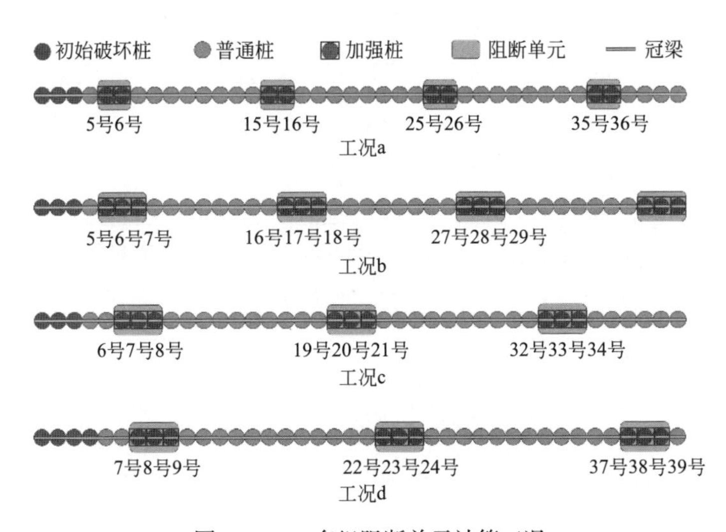

图 6.3-42　多组阻断单元计算工况

(1) 每组阻断单元设置 2 根加强桩

对工况 a 进行模拟计算，1～3 号桩为初始破坏桩，每间隔 8 根普通桩设置一组阻断单元，每组阻断单元包含 2 根加强桩。初始破坏发生后，其余桩的破坏顺序及各桩桩身 I_m 如图 6.3-43 所示。

从图 6.3-43 可以看出，连续破坏的发展仍然存在跨越现象。3 根桩发生初始破坏后，4 号桩随即被破坏，随后 5 号、6 号加强桩弯矩不断上升，但并未迅速被破坏，而 7～9 号普通桩却相继被破坏，进而导致 5 号加强桩、10 号普通桩、

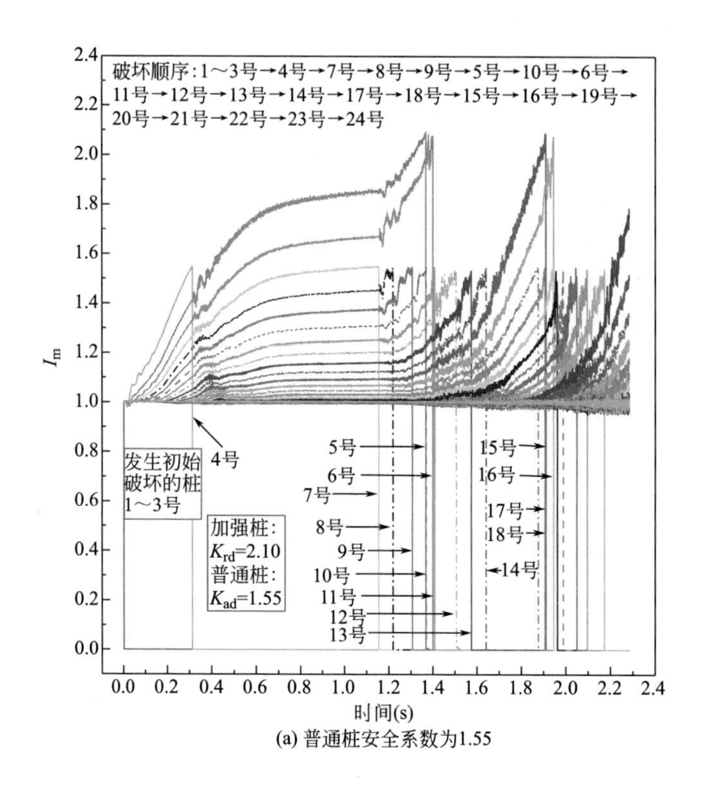

(a) 普通桩安全系数为1.55

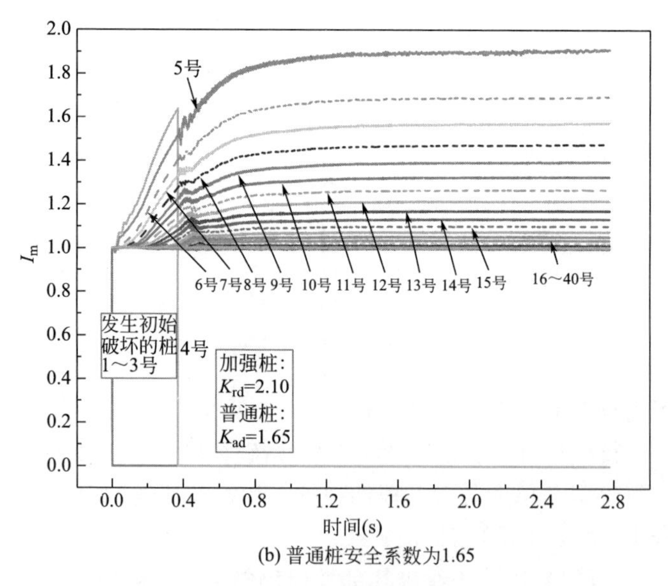

(b) 普通桩安全系数为1.65

图 6.3-43　工况 a 情况下局部破坏引发 I_m 变化

6号加强桩被破坏；此后，11～14号普通桩相继被破坏，连续破坏继续跨越15号、16号加强桩发展至17号、18号普通桩，进而返回导致15号、16号加强桩发生破坏；之后连续破坏继续发展。由此可见，每组阻断单元设置2根加强桩，即使设置多组阻断单元仍然无法阻止连续破坏的发展。

在工况a每组阻断单元包含2根加强桩且加强桩安全系数设定为2.10的情况下，若将普通桩安全系数设定为1.65，则3根桩在发生初始破坏情况下，连续破坏发展至4号普通桩后便不再发展，如图6.3-43所示。这是因为4根桩失效，有3根桩（5～7号桩）的荷载传递系数超过1.55，有2根桩（5号、6号桩）的荷载传递系数超过1.65。因此，普通桩安全系数设定为1.65时，4根桩发生破坏后，5号、6号加强桩及7号普通桩均不会有破坏，连续破坏无法继续开展。

（2）每组阻断单元设置3根加强桩

对工况b、工况c、工况d进行分析，这3种工况中每组阻断单元均包含3根加强桩，加强桩和普通桩抗弯安全系数仍分别为2.10和1.55。初始破坏发生后，工况d情况下局部破坏引发I_m变化如图6.3-44所示，工况b和工况c的相关情况与工况d接近，不再详述。

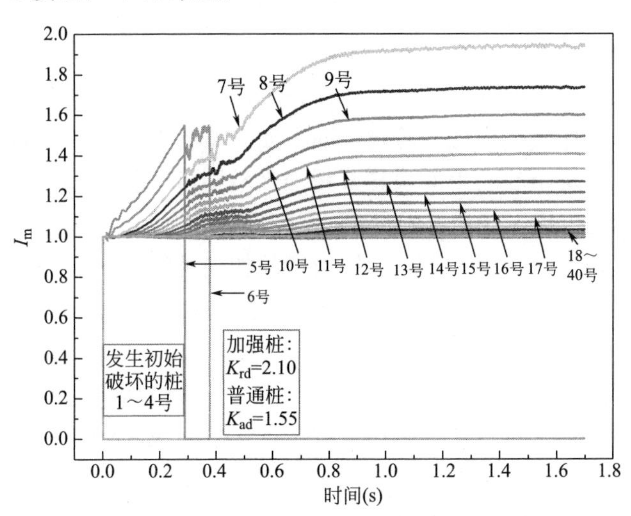

图6.3-44　工况d情况下局部破坏引发I_m变化

分析图6.3-44可得，初始破坏发生后，相邻的5号、6号普通桩随即相继发生破坏，随后其余各桩的弯矩内力急速增大，最终保持在一个平稳状态不再发生变化，其中，第1根加强桩的弯矩增大倍数最大。由图6.3-43和图6.3-44可知，每组阻断单元包含的加强桩数量不少于3根时能够将连续破坏限定在两组阻断单元之间，阻止连续破坏的无限扩展。

3. 加大开挖深度情况下阻断单元的作用

在上一节模型的基础上，将基坑开挖深度设为 7.5m，此时，不同局部破坏范围情况下其余各桩 I_m 如图 6.3-45 所示。

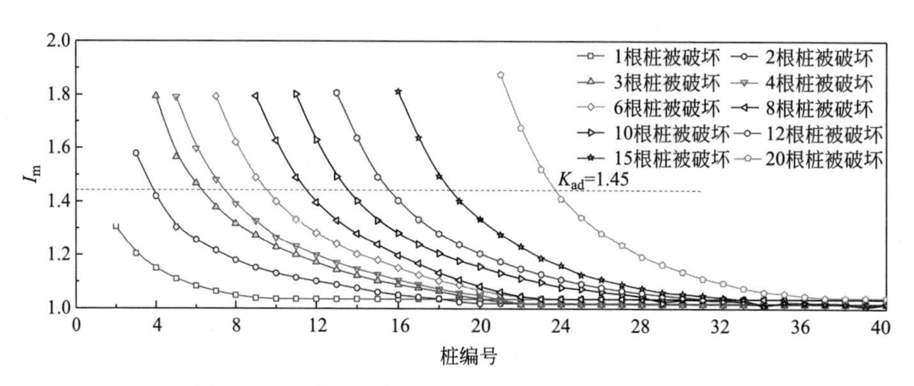

图 6.3-45　黏土开挖 7.5m 不同局部破坏范围下 I_m

从图 6.3-45 可见，当超过 4 根桩失效时，最大荷载传递系数趋于稳定。设定加强桩的抗弯安全系数为 2.0，普通桩抗弯安全系数为 1.45。4 根桩失效后，其余各桩 I_m 大于 1.45 的有 3 根桩（5～7 号桩）。在开挖 7.5m 情况下，同样对图 6.3-42 中工况 a～d 进行模拟，工况 a 及工况 b 中初始破坏发生后其余各桩弯矩变化及破坏顺序如图 6.3-46 所示。由图 6.3-46 可见，每组阻断单元设置 2 根加强桩时，连续破坏同样出现了跨越阻断单元发展的情况，未能阻止连续破坏的发展；而工况 b 中每组阻断单元设置 3 根加强桩则可以将连续破坏限定在阻断单元之间的普通桩范围内，工况 c 及 d 与工况 b 结果类似，不再赘述。可见，对于不同深度的基坑，当阻断单元设置足够数量的加强桩时可以有效限定连续破坏的发展范围。图 6.3-46 中 5 号指 5 号桩，以此类推。

4. 小结

根据前述不同土质条件和不同开挖深度情况下，阻断单元的布置方式对控制后续连续破坏的效果，可以总结出如下连续破坏阻断单元的设置原则。对于悬臂排桩支护基坑来说，可以根据以下步骤和设计方法来设置阻断单元，从而将初始破坏引发的后续连续破坏限定在两组阻断单元之间，阻止连续破坏的大范围扩展。

（1）获取开挖完成后初始破坏前的桩身最大弯矩并确定普通桩的抗弯安全系数 K_{ad}。

（2）计算得出不同局部破坏范围情况下其余桩的荷载传递系数，并获取极限荷载传递系数 T_u（不同初始破坏范围情况下最大荷载传递系数的最大值）。

（3）由极限荷载传递系数确定阻断单元内加强桩的抗弯安全系数 K_{rd}，K_{rd}

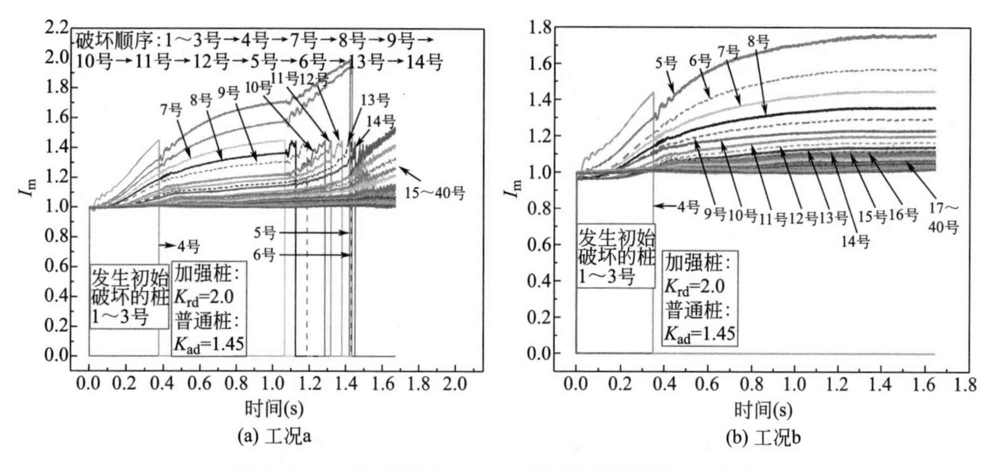

图 6.3-46　黏土开挖 7.5m 时局部破坏引发 I_m 变化

$>T_u$。

（4）初始破坏范围较大情况下的荷载传递系数曲线内大于普通桩抗弯安全系数的桩数为 m，则阻断单元内包含的加强桩数量不少于 m。

在实际工程中，连续破坏阻断单元的设置位置及间距，可以根据周边被保护建构筑物重要性和位置、基坑的重要程度及造价综合考虑来确定。

6.3.4　悬臂式基坑倾覆型连续破坏机理及控制措施研究

在前三个小节中研究了悬臂式基坑初始破坏为弯曲破坏型时的荷载传递机理和连续破坏发生、发展和控制方法。然而，对于悬臂式基坑而言，基坑开挖深度过大导致的倾覆破坏也十分常见，而目前已有的研究对于基坑局部超挖引发局部倾覆破坏进而导致倾覆型连续破坏的过程及机理尚缺乏，为此，以杭州某基坑事故为背景展开研究，基于实际工程建立三维有限差分模型，对局部超挖引发大范围倾覆的机理进行分析，提出了倾覆型连续破坏的评价指标，同时对冠梁对倾覆型连续破坏的影响进行了讨论，并提出了相应的控制措施。

1. 事故背景及计算模型

（1）事故背景

某基坑采用 SMW 工法单排桩和双排桩结合的方式进行支护，其中，基坑长边中部采用双排桩，长边角部附近采用单排桩联合角撑的支护形式，见图 6.3-47，其中，γ 为土体重度，c 为有效黏聚力，φ 为有效内摩擦角，E_{50}^{ref}、E_{oed}^{ref} 为土体加荷模量，E_{ur}^{ref} 为土体卸荷模量。

事故发生时，如图 6.3-48 所示，基坑南侧中部局部超挖处及邻近较大范围双排桩向坑内倾覆，产生较大变形，桩后地表土体下沉，地面出现多处裂缝。事

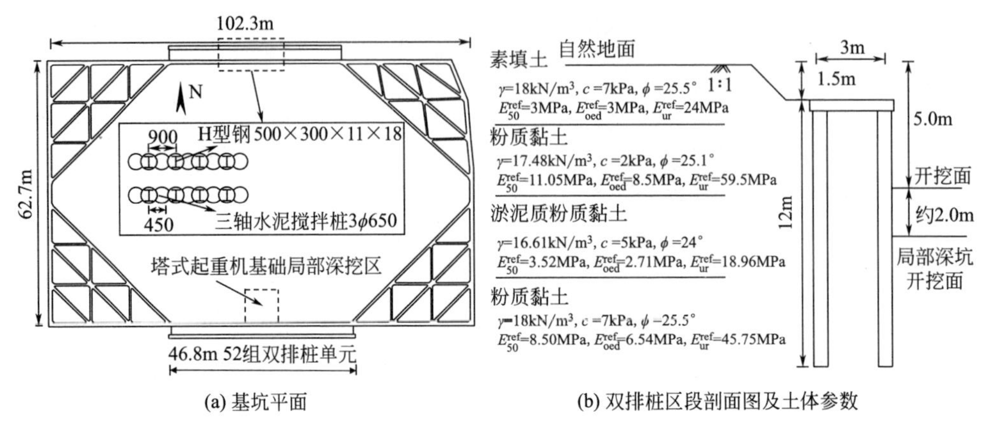

(a) 基坑平面 (b) 双排桩区段剖面图及土体参数

图 6.3-47 基坑平面、双排桩剖面及土体参数

故调查组在实地考察发现，垮塌区域坑外有大量钢筋堆放，形成超载；基坑边有一条渣土车车道，运行的车辆同样会形成超载并会对坑外土体造成扰动；紧邻基坑边有一口塔式起重机井，形成“坑中坑”，而此深约 2m 的塔式起重机基础井位置的支护结构并未进行专门设计，形成“超挖”，此外塔式起重机运行可能对基坑内坑底以下土体产生扰动。

（2）数值模型

为研究此双排桩基坑在沿基坑长度方向上支护结构产生倾覆型连续破坏机理，以上述案例基坑南侧双排桩支护结构为原型，以局部塔式起重机深坑中部为对称面，根据对称性建立如图 6.3-49 所示的模型，模型尺寸为 57.0m×63.0m×21.5m。模型在四个竖直边界约束法向位移，在模型底部边界约束水平和竖向位移，设置地下水位位于自然地面下 2m 深。在双排桩中，定义靠近基坑内侧的桩为前排桩，基坑外侧桩为后排桩，前后排桩均设置 70 根桩，根据距离对称面的远近，设编号为 1～70 号。

图 6.3-48 事故现场情况

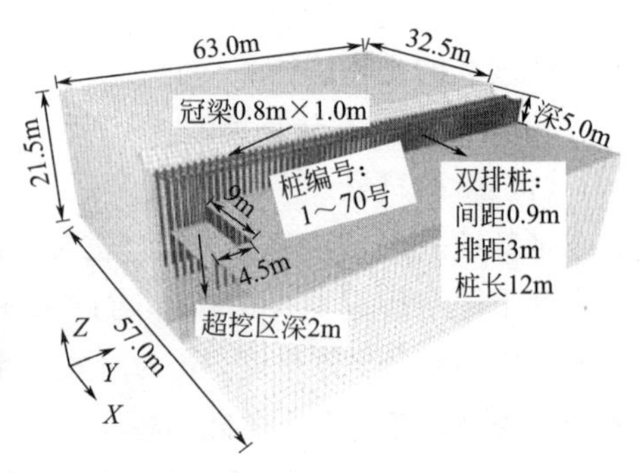

图 6.3-49 三维有限差分模型

如图 6.3-47 所示，实际工程中，基坑南侧双排桩部分一半模型仅有 26 组双排桩单元，然而此处为研究双排桩连续破坏，对模型进行了扩大，设置 70 组双排桩单元。同一排桩桩顶设有冠梁，工程中前后排桩采用 0.2m 厚的混凝土盖板连接，根据绕 Y 方向抗弯刚度等效原则，将双排桩之间的连接等效为 0.9m×0.2m 的连梁。基坑大面积开挖深度为 5.0m，塔式起重机基础位置局部深坑平面尺寸假定为 9m×9m，深度假定为 2m，即总深度 7.0m，此“坑中坑”采用拉森钢板桩支护。

（3）土体及结构参数

模型中土体本构采用塑性硬化模型，支护桩深度范围内的土层分布及土体参数见图 6.3-47。土体参数依据勘察报告结合已有参考文献综合选取。

在模型中，支护桩、冠梁和连梁分别采用 Pile、Beam 单元进行模拟。支护桩为 SMW 工法桩，工字钢为主要受力构件，弹性模量取为 200GPa，泊松比为 0.3；冠梁和连梁单元材料均为钢筋混凝土，弹性模量为 30GPa，泊松比为 0.2。

由于支护桩为 SMW 工法桩，因此模型中对前、后排桩桩后部分土体强度进行加固，以模拟 SMW 工法中的水泥搅拌桩。此外，在坑外 6m 宽度范围内设置了 25kPa 的超载作用，近似模拟坑边堆载及车辆荷载作用。

2. 考虑冠梁荷载传递作用时超挖引发的倾覆连续破坏分析

（1）考虑冠梁荷载传递作用的抗倾覆稳定状态值

冠梁能够起到协调超挖区内外桩身变形及受力的作用，对于基坑超挖，需要考虑冠梁的荷载传递对双排桩单元产生力矩，如图 6.3-50 所示，对规范[39] 规定的抗倾覆安全系数 F_s 进行改进，定义三维双排桩单元稳定状态值计算，见式（6.3-4）、式（6.3-5）：

$$K_0(t)=\frac{\sum_{n=1}^{n_2}E_{pn}(t)Z_{pn}+GZ_G}{\sum_{n=1}^{n_1}E_{an}(t)Z_{an}-S(t)H}(S<0) \tag{6.3-4}$$

$$K_0(t)=\frac{\sum_{n=1}^{n_2}E_{pn}(t)Z_{pn}+GZ_G+S(t)H}{\sum_{n=1}^{n_1}E_{an}(t)Z_{an}}(S>0) \tag{6.3-5}$$

式中，$S=S_1+S_2+S_3+S_4$，为邻近双排桩通过冠梁传递给本组双排桩单元的水平剪力的合力，并规定合力指向坑外即产生抗倾覆力矩为正，指向坑内即产生倾覆力矩为负；H 为支护桩长度；Z_{pn} 为被动土压力作用点到桩底的距离；Z_{an} 为主动土压力作用点到桩底的距离；G 为桩间土体重力；Z_G 为桩间土体重力到前排桩底的水平距离；$E_{pn}(t)$、$E_{an}(t)$ 分别为 t 时刻作用在节点 n 上的主动、被动区土压力的合力。计算出的稳定状态值小于 1 则代表此时支护桩趋于向坑内的倾覆转动，等于 1 则表示支护桩保持稳定。

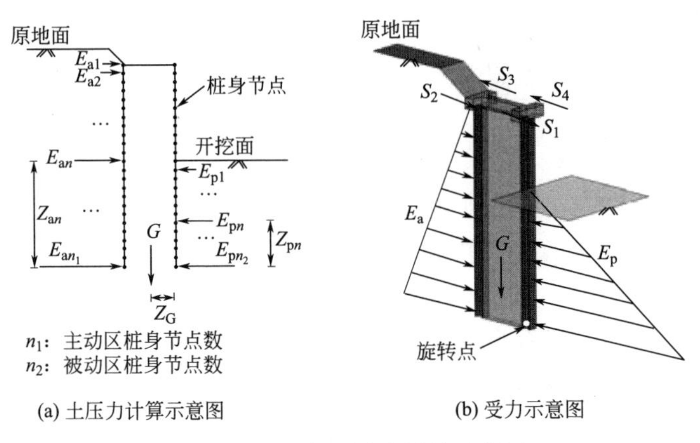

(a) 土压力计算示意图　　(b) 受力示意图

图 6.3-50　倾覆稳定计算示意图

桩顶受到的冠梁水平作用力沿基坑长度方向变化曲线见图 6.3-51。在开挖 5.0m 后，剪力几乎为 0；在超挖 0.05s 后，冠梁剪力作用在 1～5 号桩顶的合力指向坑外，冠梁剪力作用在 6～62 号桩顶的合力指向坑内；随时间增长剪力变化增大，最终在稳定状态下，冠梁剪力作用在 1～8 号桩顶的合力均指向坑外，表明此 8 根支护桩受到了冠梁向坑外的水平作用力，9 号及更远的支护桩受到冠梁向坑内的水平作用力。

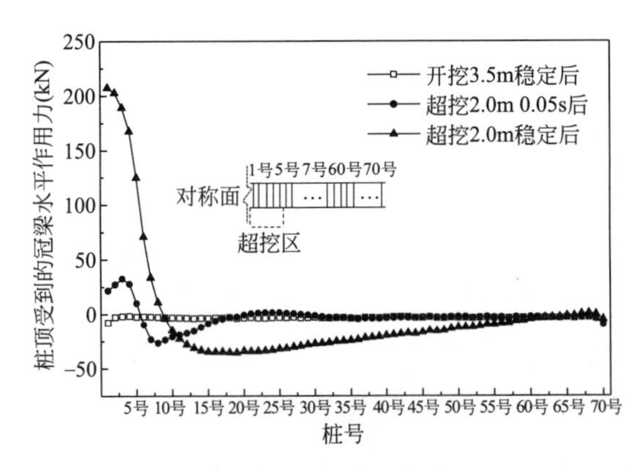

图 6.3-51　桩顶受到的冠梁水平作用力沿基坑长度方向变化曲线

(2) 超挖后支护桩稳定状态值变化

提取在计算过程中每一时刻的稳定状态值 $K_0(t)$，将其绘制成如图 6.3-

52 所示曲线。在超挖 2.0m 后，超挖区内 1 号桩稳定状态值显著降低，说明支护桩会倾覆，并产生向坑内的变形。超挖区外的 6 号、20 号、32 号、33 号支护桩稳定状态值也会相继降低至小于 1，也会出现向坑内的倾覆变形。受到超挖影响的区域内的支护桩稳定状态值均呈现先减小、后增大的趋势，增大是由于支护桩位移增大，被动区土压力增大。在远离超挖区的 50 号桩附近，稳定状态值虽有小幅波动，但其始终大于 1，因此，远离超挖区的支护桩较难发生倾覆变形。

桩身稳定状态值及达到最小值所需时间见图 6.3-53。将支护桩稳定状态值最小值小于 1 的区域定义为局部超挖倾覆区，此区域内支护桩均有发生倾覆破坏的趋势，会产生向坑内的变形。局部超挖倾覆影响区域的桩数约为 45 根桩（约 40m），约是超挖范围的 9 倍。可见，由于冠梁的荷载传递作用，局部超挖引发的倾覆影响区远大于局部超挖区。而计算出的倾覆影响区大于实际观察到的倾覆范围，是由于实际案例中远离超挖区的支护桩有角撑支撑，支护刚度较大，阻止了倾覆型连续破坏的传递。

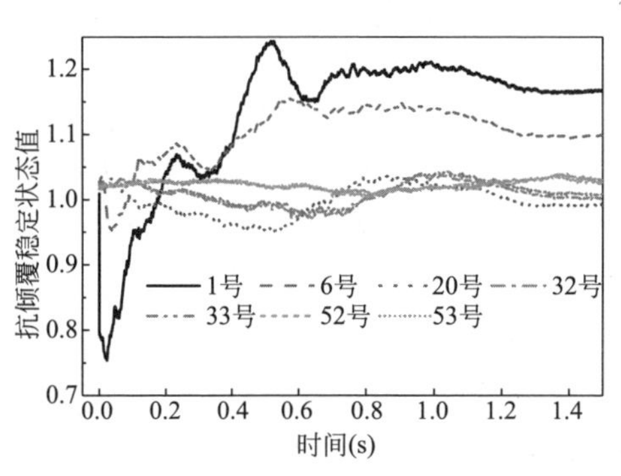

图 6.3-52　桩身稳定状态值时程曲线

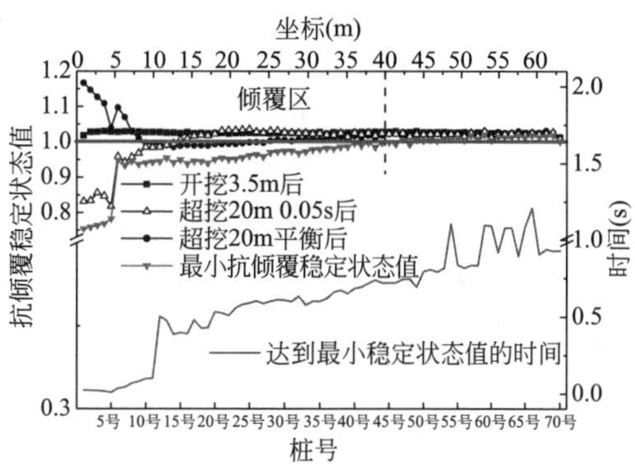

图 6.3-53　桩身稳定状态值及达到最小值所需时间

在图 6.3-53 中，随桩号增加即距离局部超挖区越远，稳定状态值达到最小的时间越长。在超挖后的 0.05s 内，超挖区以内的支护桩稳定状态值即达到最小，随后在 0.2s 内，超挖区以外的 6～12 号支护桩稳定状态值也达到最小，此时经历 0.3s 的稳定阶段，随后开始出现大面积的倾覆现象。整体呈现出越远离超挖区，达到最小值所需的时间越长，说明超挖使支护桩发生的连续倾覆破坏是随时间增长而逐步向远处传递的，体现了连续破坏的过程。

3. 倾覆型连续破坏评价指标

为更为方便地判断倾覆型连续破坏的发生，考虑倾覆型连续破坏的空间效应，对规范中的抗倾覆安全系数 F_s 计算公式进行改进，提出修正安全系数如式（6.3-6）、式（6.3-7）所示，判断倾覆型连续破坏是否发生。

$$MF_s=\min\left(\frac{\sum_{n=1}^{n_2}E_{pn}Z_{pn}\lambda_p(t)+GZ_G}{\sum_{n=1}^{n_1}E_{an}Z_{an}\lambda_a(t)-S(t)H}\right)(S<0) \tag{6.3-6}$$

$$MF_s=\min\left(\frac{\sum_{n=1}^{n_2}E_{pn}Z_{pn}\lambda_p(t)+GZ_G+S(t)H}{\sum_{n=1}^{n_1}E_{an}Z_{an}\lambda_a(t)}\right)(S>0) \tag{6.3-7}$$

对比式（6.3-4）和式（6.3-5），在式（6.3-6）和式（6.3-7）中，被动土压力和主动土压力 E_{pn} 和 E_{an} 不随时间变化，λ_a 和 λ_p 为土压力系数，可表示某时刻主动区和被动区土压力合力与初始值之比，其余字母见式 6.3-4、式 6.3-5 的相关字母解释。采用 λ_a 和 λ_p 修正主动土压力和被动土压力，从而能够考虑主动区土拱效应和被动区超挖区内的卸荷效应。如图 6.3-54 所示，λ_a 大于 1，λ_p 小于 1。在超挖区附近，λ_a 和 λ_p 均能降低安全系数，更能反映三维条件下的倾覆型连续破坏。在本事故中，桩后土压力作用下的倾覆弯矩为 3639.8kN·m，超挖工况下的被动区土压力抵抗弯矩为 1696.1kN·m，非超挖工况下仅为 3176.1kN·m。桩间土重力产生的抗力矩为 1300.9kN·m。依据规范算出的安全系数在超挖区内为 0.82，超挖区外为 1.23，而实际中超挖区外仍然发生了倾覆破坏，因此，参照规范计算出的安全系数不能反映超挖区之外的倾覆型连续破坏。

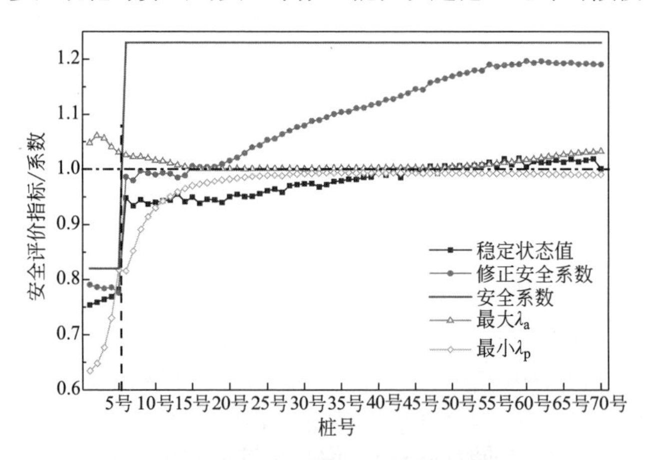

图 6.3-54　安全评价指标和土压力系数的对比

如图 6.3-54 所示，由于局部过挖，超挖区和超挖区外支护桩的修正安全系数均小于 1.0。超挖区外的倾覆是由冠梁的荷载传递效应、土拱效应和被动区土压力的卸载效应引起的。与图 6.3-52 不同，倾覆范围减少到 14 根支护桩。在之前的分析中，用抗倾覆稳定状态值来评估双排桩在某一时刻是否会向坑内侧变形。此时离超挖区较远的桩会变形，但可能不会发生倾覆破坏，因此稳定状态值不能合理地判断是否发生倾覆破坏。

修正安全系数指标考虑了双排桩上的冠梁剪力和土压力的变化，描述了围护结构是否发生倾覆破坏。与抗倾覆稳定状态值相比，修正安全系数可以更准确地评估双排桩发生倾覆的范围和程度。修正安全系数预测的双排桩发生倾覆的范围与事故中观测的接近，明显小于抗倾覆稳定状态值计算的范围。因此，在计算抗倾覆安全性方面，修正安全系数比抗倾覆稳定状态值更合理。

4. 倾覆型防连续破坏设计

由 6.3.3 节可知，对于软土地区悬臂式支护基坑，常出现由于超挖引发的倾覆型连续破坏事故，主要原因在于嵌固深度不足或坑内土体过软导致。针对此类基坑事故，提出采用加长支护桩或坑内加固的方法对悬臂基坑倾覆型连续破坏进行控制。

(1) 局部倾覆破坏控制方法—超挖区内加长支护桩

在超挖区内设置四种长度的加长桩以提高基坑安全性，如图 6.3-55 所示。根据式（6.3-6)、式（6.3-7）分别计算了四种工况的修正安全系数和规范计算的安全系数，F_s 代表根据规范计算的安全系数。在图 6.3-55 中，加长桩工况的倾覆范围远小于原始工况。在加长 4m 的情况下，超挖区内加长桩减小了作用于超挖区外冠梁中指向基坑内的剪力，导致倾覆破坏范围减小。

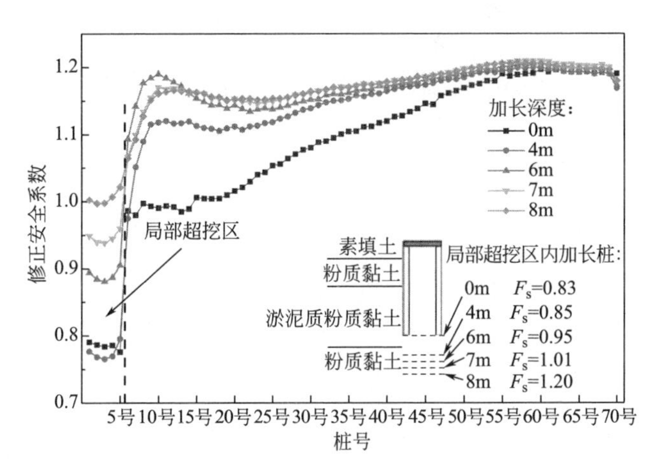

图 6.3-55 修正安全系数和安全系数的对比

当加长深度小于 7m 时，由于嵌入粉质黏土的深度较浅，安全系数增加缓慢。直到加长深度达到 8m，超挖区内的修正安全系数才达到 1。当桩长为 7m 时，安全系数大于 1，但修正安全系数仍然小于 1。根据安全系数法，在超挖区内设置 7m 加长桩是安全的，但考虑覆冠梁的剪力、土拱作用和桩前土体卸荷作用，则认为不安全。

在淤泥质粉质黏土层较厚的软土地区，由于土体不能提供足够的被动土压力，采用加长桩控制倾覆型连续破坏的效果有限。如果硬土层较深，则应将桩加长较多。传统的基于安全系数的设计由于忽略了开挖的三维空间效应，无法准确地评价倾覆的发生。在实际设计中，加长深度应设计为同时增大至安全系数>1和修正安全系数>1，以防止局部超挖造成倾覆事故。

（2）超挖区内加固土体

在软土地区，通常用三轴搅拌桩来加固被动区土体。而且支护结构设计是在开挖前进行的，在局部临时超挖的情况下不能重新施工加长桩，因此，研究了桩前超挖区水泥搅拌桩加固的设计方法。

如图 6.3-56 所示，尽管对于任何小于 3m 的加固深度，安全系数均大于 1，但超挖区内的修正安全系数仍然小于 1。在增强深度达到 3m 之前，超挖区内的修正安全系数均大于 1。加长桩与加固土的办法均可以控制倾覆型连续破坏，但是加长桩的深度大于加固土深度。与加长桩相比，加固土只增加了被动土压力，而没有增加主动土压力。因此，加固土体控制倾覆破坏更有效。

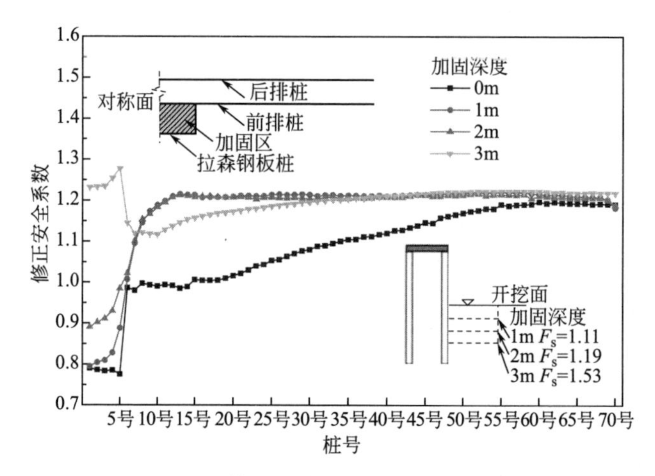

图 6.3-56　修正安全系数和安全系数的对比

如图 6.3-56 所示，无论加强深度有多深，超挖区外的修正安全系数始终大于 1。这意味着桩不会发生倾覆，因为在桩的被动区加固土也会在超挖区内加固拉森钢板桩的被动区土。因此相比非加强情况，λ_p（被动区土压力降低系数）在超挖区外并没有大大减少。

（3）后续倾覆破坏控制方法

实例分析中，淤泥质粉质黏土底部深度远低于桩底；因此，最有效的控制方法是在被动区进行加固。本节提出了一种在超挖区外的被动区的加固方法，以防止倾覆型连续破坏的传递。该方法以控制后续倾覆垮塌为目标，避免了后续桩的倾覆破坏，并将倾覆型连续破坏限制在超挖范围内。

在超挖区外设置加固土，研究其对后续倾覆型连续破坏的控制效果，加固土的范围为 5 根桩，加固土深度为 2m。如图 6.3-57 所示，在超挖区外加固时，加固区的修正安全系数远大于未加固区。从而使超挖区外的倾覆范围控制在 5 根桩的范围。

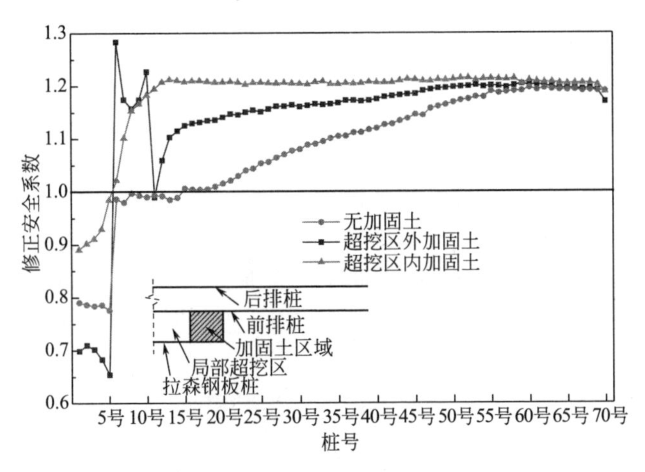

图 6.3-57 修正安全系数随桩号变化曲线

通过对超挖区外加固和超挖区内加固工况进行对比，可以发现超挖区内加固土的修正安全系数比超挖区外加固土的修正安全系数更快地恢复到 1.2。结果表明，在超挖区内进行土体加固的效果好于在超挖区外加固。即便如此，在超挖区外加固也可以控制倾覆型连续破坏的发展，将倾覆型连续破坏仅仅限制在超挖区内。在工程实际中，在被动区加固是一种有效且灵活的方法，不仅可以控制基坑的位移，而且可以控制倾覆型连续破坏的发生。

6.3.5 小结

通过本节研究可见，悬臂式支护基坑连续破坏可分为弯曲破坏型和倾覆型连续破坏。在弯曲破坏型连续破坏中，围护桩局部破坏导致主动区土体中形成显著的土拱效应，将荷载传递至邻近未失效的围护桩上，从而导致其土压力及桩身内力迅速上升，发生弯曲破坏，并沿基坑长度方向传递。然而，当支护桩承载力相对较高，但土体较为软弱时，局部超挖、局部坑外堆载等问题将会引发支护桩发生局部倾覆，进而引发邻近支护桩发生连续倾覆，沿基坑长度方向传递较大范围，即出现倾覆型连续破坏。本节针对这两种连续破坏类型的机理与防连续破坏进行了系统研究。

对弯曲破坏型连续破坏，得到主要结论如下：

（1）对排桩支护基坑，当局部排桩发生弯曲破坏而失效时，可对相邻桩产生加荷作用和卸荷作用。加荷作用是由土拱效应导致，在局部破坏发生后的瞬间即完成。卸荷作用是由于失稳土体向基坑内滑塌，造成邻近未失效桩的主动区土压力减小，其显著滞后于加荷作用。加荷作用的大小及相邻桩的安全储备决定了连续破坏是否发生，卸荷作用决定了连续破坏的发展范围，即自然终止。

（2）当邻近局部破坏处的第 1 根桩的荷载传递系数大于其安全系数时，基坑将发生连续破坏。但随着破坏范围增大，土体滑塌引发的卸荷效应逐渐增强，使得土拱效应不足以继续导致更多支护桩出现破坏时，连续破坏将自然终止。对于悬臂式基坑，围护桩破坏后坑外土体的滑塌卸载是造成基坑连续破坏自然终止的主要原因。

（3）对于不同基坑初始局部破坏范围，例如初始失效 1、2、3……根桩时的情况，当其较小时，随着初始局部破坏范围的增大，相邻桩的土压力及桩身内力随之增大，I_{m} 随之增加，在初始局部破坏范围达到一定值后，土压力及结构受力所受影响将不再随初始局部破坏范围的变化而变化，荷载传递系数也将不再变化。

（4）对于荷载传递系数不同的基坑，触发其发生连续破坏所需的局部破坏桩的数量也不同。荷载传递系数越高，触发连续破坏所需局部破坏的桩数越少，也更容易发生连续破坏。

（5）无论是砂性土还是黏性土基坑，荷载传递系数均近似随土体强度的提高而线性提高。因此，对于支护结构具有同样的安全系数的基坑，其所在土层的土体强度越高，其在同样程度有局部破坏情况下发生连续破坏的可能性越大。所以，当土质条件较好时，更应采取措施防范局部破坏的发生和提高支护结构的抗连续破坏能力。

（6）对于不同初始破坏范围、不同土质条件和不同开挖深度的悬臂式基坑，可基于不同局部破坏范围时的荷载传递系数，设置阻断单元，进而将初始破坏引发的连续破坏限定在两组阻断单元之间。若阻断单元中加强桩数量不足，则连续破坏将跨过阻断单元继续发展，并在土拱效应作用下引发阻断单元的破坏，即连续破坏具有跨越效应。

对于倾覆型连续破坏，得到以下主要结论：

（1）当局部超挖引发超挖区内支护桩倾覆破坏时，其同样会对超挖区外支护桩产生影响，引发大范围的倾覆型连续破坏。局部超挖发生后，倾覆破坏主要通过主动区土拱效应及冠梁的荷载传递作用向超挖区外传递。

（2）提出抗倾覆稳定状态值（简称稳定状态值，即桩在施工过程中任一时刻所受的抵抗倾覆力矩与倾覆力矩的比值）作为实时判断支护桩倾覆稳定状态的指标。局部超挖后，局部超挖区和邻近支护结构稳定状态值瞬间减小，各支护桩稳定状态值最小值决定了支护结构是否发生倾覆型连续破坏及其扩展破坏的范围。支护桩抗稳定状态值由主被动区土压力及其桩顶冠梁剪力变化共同决定，当小于1时，支护结构出现倾覆破坏的趋势。

（3）针对规范规定的抗倾覆安全系数进行改进，引入土拱作用和被动区土体卸荷作用，用于评价三维情况下的倾覆安全系数，能够更为合理地预测发生倾覆型连续破坏的范围。

（4）加长桩能够控制倾覆型连续破坏的发展，但是如果桩底距离相对硬土层较远，加长深度需要较长。局部超挖范围内的加固土能够防止连续破坏的发生，超挖范围外的加固土能够防止连续破坏的发展，因此是更为灵活有效的控制倾覆型连续破坏的方法。

6.4 内支撑基坑的连续破坏机理及防连续破坏设计

内支撑支护结构具有良好的基坑变形控制性能，特别适用于复杂土质及软土地区的深基坑工程。然而由于设计、施工的不足，近年来国内外发生了多起内支撑基坑垮塌事故。分析这些事故可以发现，内支撑基坑垮塌往往始于局部构件的失效，进而演变为多种形式破坏，最终导致邻近初始破坏的支护结构相继失效，表现出明显的连续破坏特征。因此，需要对内支撑基坑连续破坏过程中的荷载传递规律、支护结构受力变化规律等连续破坏机理展开研究，并探索相应的防连续破坏韧性设计方法。

6.4.1 单道支撑基坑连续破坏沿长度方向传递机理与控制措施

采用模型试验，模拟内支撑排桩支护结构（支护桩及水平支撑）的局部破坏，揭示局部破坏对整体安全性能的影响及其引发连续破坏的机理。

1. 大型模型试验装置及试验材料

模型试验中的试验平台、试验土体及模型支护桩均与6.3.1节相同，支撑采用硬质PVC空心圆形管材模拟。模型支撑长75cm，其截面尺寸为40.0mm×3.2mm（直径×壁厚），沿基坑长度方向共设置13根支撑，每根支撑的支撑范围为3根桩。支撑两端设置圆头螺杆，一方面使支撑长度可调，便于支撑与围檩紧密接触从而施加支撑预顶力，另一方面使支撑两端近似为铰接连接，保证支撑仅可承受轴力。围檩采用与支护桩相同的管材，宽40mm、高60mm、长2400mm。

（1）监测支撑

在13根支撑中，设置8根监测支撑，在其外壁粘贴应变片以获得轴力数据。通过轴向拉伸标定试验，测得支撑在单位轴力作用下，应变片应变为1.08μ。

（2）初始破坏支撑

为了模拟支撑的局部破坏，将若干支撑改造为在人为干预下可掉落的初始破坏支撑，工作原理如图 6.4-1 所示。在正常开挖阶段，支撑两端的螺杆头被圆环形限位块约束；在支撑破坏阶段，撤掉支撑上部的限位块，利用钢绞线提起支撑一端，使其自由坠落，从而使支撑丧失承载能力。

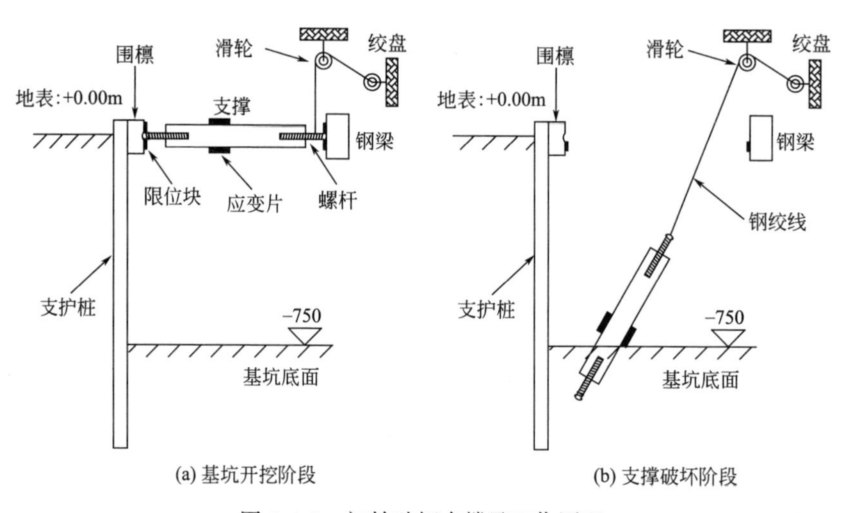

图 6.4-1　初始破坏支撑及工作原理

2. 试验工况

本次研究共进行了 5 种工况局部破坏试验，区别在于支撑设置的高度、基坑开挖的深度、初始局部破坏的破坏类型（支护桩发生初始局部破坏或者初始局部过大变形、水平支撑发生初始局部破坏）。此外，为了研究支撑式和悬臂式排桩支护基坑初始局部破坏的区别，将 6.3.1 节中的工况 3 作为工况 0 与单道支撑模型试验的五个工况进行对比。各试验工况简介如表 6.4-1 所示。

各试验工况简介　　**表 6.4-1**

工况编号	模型开挖深度 H(cm)	原型开挖深度(m)	支撑设置于地表下	支护结构局部破坏方式
工况 0	75	12	无支撑	4 根支护桩破坏(1/2 模型)
工况 1	75	12	0H	4 根支护桩破坏
工况 2	75	12	0.2H	4 根桩破坏
工况 3	90	14.4	0H	4 根桩破坏
工况 4	90	14.4	0H	4 根桩发生过大变形
工况 5	75	12	0H	6 根支撑破坏

(1) 工况 0

工况 0 模拟悬臂式排桩支护基坑开挖 75cm 时，沿基坑长度方向上发生 4 根支护桩破坏的情形。

(2) 工况 1

模拟内支撑排桩支护基坑中部 4 根支护桩发生破坏的情形，其模型剖面示意如图 6.4-2 所示。基坑开挖深度为 75cm，作为基准工况。支护桩按照到观察窗的距离依次编为 1～39 号，其中监测桩的编号为 P4、P7、P10、P12、P14、P16、P18、P19 和 P26，初始破坏桩的编号为 P20～P23。在监测桩桩顶设置数显位移计，监测桩的顶部水平位移；在其主动侧布置土压力盒，监测地表下 40cm、60cm 深度处土体作用在桩上的土压力。同时，距地表 0cm 处，设置 13 根水平支撑，按照距观察窗的距离编为 S1～S13，其中支撑 S1～S8 上设置应变片，监测支撑轴力。

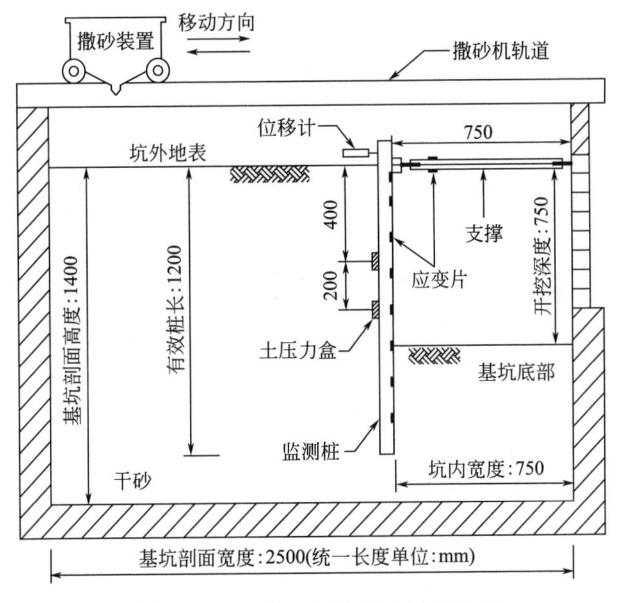

图 6.4-2 工况 1 基坑模型剖面示意

(3) 工况 2

桩的布置和基坑开挖深度与工况 1 相同，但支撑的设置高度下移，支撑中心高度在地表以下 15cm 处，以研究支撑设置高度对荷载传递系数的影响。

(4) 工况 3

基坑开挖深度增加至 90cm，其他参数与工况 1 一致，以研究基坑开挖深度对荷载传递系数的影响。

（5）工况 4

在初始断桩位置处设置卡扣，防止支护桩发生弯曲破坏后向坑内突出，模拟基坑局部支护桩弯曲破坏而发生过大变形，如图 6.4-3 所示，但不发生完全弯曲破坏引起基坑垮塌。其他参数与工况 3 一致，以研究支护桩初始局部过大变形对荷载传递的影响。

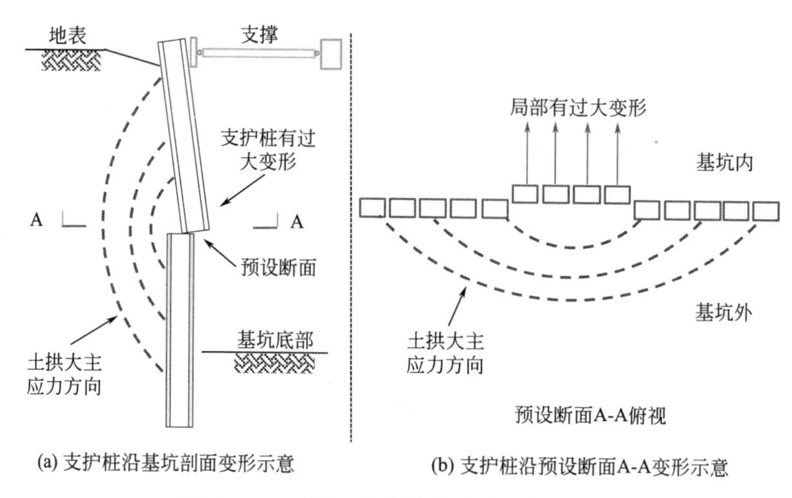

图 6.4-3　工况 4 支护桩发生过大变形示意

（6）工况 5

基坑开挖深度和支撑设置高度与工况 1 一致，基坑的初始破坏方式为支撑破坏（支撑 S7、S6、S5、S8、S9、S10 依次有破坏），研究支撑破坏对支护体系受力变形以及荷载传递系数的影响。

3. 基坑局部垮塌荷载传递机理分析

（1）有无支撑情况对比

1）土压力变化分析（40cm 深和 60cm 深）

图 6.4-4 为工况 1 中，4 根局部破坏桩（P20～P23）发生弯曲破坏后，坑外地表下 40cm 处水平土压力随时间的变化。破坏发生瞬间，不同位置的土压力变化模式不同。邻近破坏位置处的桩 P19，其桩后的水平土压力呈现出先升高后降低的变化规律：上升是由于支护桩破坏瞬间发生的土体应力重分布并产生水平土拱，从而导致桩后的土压力瞬间急剧增加，产生加荷效应[42,43]；下降主要由于土体滑进坑内造成的桩后土体流失[42]（流失高度约为 35.0cm）引起的卸荷效应。桩 P18 后的土体虽然有流失，但垮塌引起的 40cm 深处土压力增大倍数（土压力增大倍数为局部破坏后与局部破坏前的桩后土压力比值）仍最终稳定在 1.96，说明破坏产生土拱的加载效应大于土体流失引起的卸载效应。距离初始破坏位置稍远处的桩（P16 和 P14），其后的水平土压力一直处于上升阶段，直至砂土在

自然休止状态下完全稳定；远离破坏位置处的桩（P7 和 P4），其桩后水平土压力较初始破坏发生前仅有微小的增长。

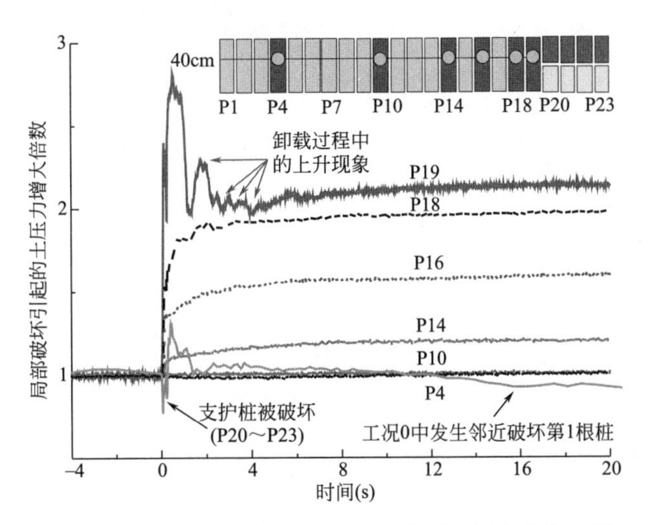

图 6.4-4　工况 1 地表以下 40cm 处水平土压力变化曲线

坑外地表下 60cm 处的水平土压力随时间的变化与 40cm 深处的变化规律基本接近，由于埋深较大，土体流失的影响所占比例较小，因此，土压力变化主要以加荷效应为主，卸荷效应不明显。

图 6.4-5 为工况 0/1 中土压力增大倍数与 I_m 对比。由图 6.4-5 可见，与工况 0 相比，工况 1 邻近局部破坏位置地表下 40cm 处的土压力增大倍数明显，但是工况 1 土压力影响范围显著小于工况 0 土压力影响范围。

造成上述现象的原因主要是工况 1 为内支撑排桩支护基坑，整体抗侧移刚度大，而工况 0 为悬臂式排桩支护基坑，且桩嵌入深度较小，抗侧移刚度较低。工况 0 中，邻近初始局部破坏区的未失效桩在受到局部垮塌引起的土拱效应作用下将向坑内产生较大的位移，从而导致作用在这些桩上的附加土压力又产生进一步的应力重分布，并向更远处的桩上转移土压力，即桩身在附加土压力下向坑内产生较大的附加位移，产生较明显的卸荷效应，从而使内力发生多次重分布，并最终形成平衡。与此形成鲜明对比的是，工况 1 中，由于支撑的作用，使支护桩的抗侧移刚度远大于同等条件下的悬臂式支护桩的抗侧移刚度，在土拱效应产生的加荷效应下，邻近初始局部破坏区的桩产生的桩身位移相对小得多，使桩身由此产生的卸荷效应比悬臂式排桩支护的卸荷效应小得多，因此破坏区以外桩体上最终土压力增加幅度较悬臂式排桩支护的土压力增加幅度大得多，土压力重分布范围也小得多。甚至在局部破坏发生后，邻近初始破坏区桩顶附近的部分桩身产生向坑外的位移，如图 6.4-5 所示，使作用在桩顶附近的土压力更大。

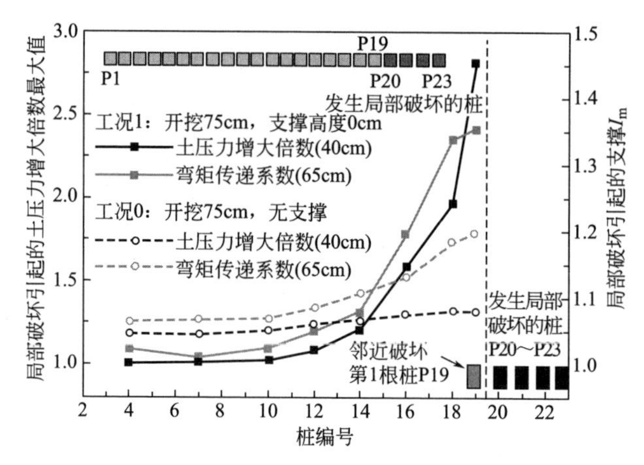

图 6.4-5　工况 0/1 中土压力增大倍数与 I_m 对比

由上述分析可见，因发生初始局部破坏导致的作用在邻近桩上的土压力增量受到土拱效应产生的加荷效应、土体滑塌产生的卸荷效应和桩向坑内位移产生的卸荷效应的三重影响。此外，抗侧移刚度不同是局部破坏对内撑式与悬臂式排桩支护基坑产生不同影响的主要因素之一。

2）支撑水平轴力变化分析

工况 1 发生局部破坏情况下支撑荷载（轴力）传递系数 I_t 随时间的变化曲线，如图 6.4-6 所示。在支护桩破坏的一瞬间，位于破坏范围内的支撑 S8 和 S7，其轴力迅速下降，接近于 0。这是因为支撑对应范围的桩发生弯曲破坏后，原本通过桩传给围檩进而传给支撑的土压力失去了桩的传递作用，无法作用在围檩上，因此造成支撑轴力大幅度降低。同样，支撑 S6 也由于距局部破坏桩 P20～P23 较近，失去了部分围檩传递来的荷载，轴力下降显著。

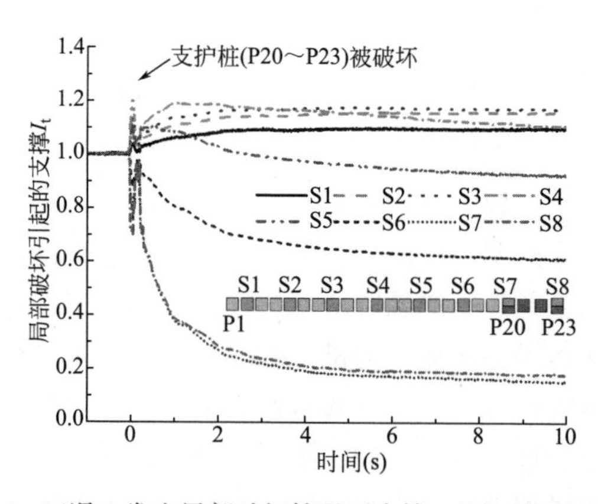

图 6.4-6　工况 1 发生局部破坏情况下支撑 I_t 随时间的变化曲线

距初始破坏位置稍远处的支撑 S5 和 S4，则由于局部破坏引发的土拱效应产生的加荷效应轴力先明显增大，但随后由于土体滑塌进基坑的卸荷效应，轴力又逐渐减小。距初始破坏位置更远处的支撑 S1～S3，其轴力略有上升直至稳定。此外，由于桩 P20～P23 发生的初始局部破坏，邻近破坏范围内的冠梁及支撑发生向坑外的位移，由此导致支撑所受压力大幅降低。此时，若支撑与围护结构连接薄弱，则可能会导致支撑掉落，类似于杭州地铁一号线湘湖站事故中的支撑掉落现象[6]，使得基坑垮塌程度增大。

3）支护桩内力（弯矩）变化分析

将局部破坏后与局部破坏前桩身的弯矩比值定义为荷载（弯矩）传递系数 I_m，用来衡量初始破坏产生的加荷效应、土体滑塌产生的卸荷效应和破坏区外桩体位移产生的卸荷效应三者最终决定的破坏区以外桩的内力变化。工况 1 发生局部破坏情况下未失效桩的 I_m变化曲线，如图 6.4-7 所示。发生局部破坏后，邻近破坏范围内的桩 P10～P19 在初始局部破坏引发的土拱效应产生的加荷效应的作用下，桩身弯矩迅速增大到第一个峰值，随后缓慢增加至最大值。随后，邻近破坏范围的监测桩 P19 和 P18，桩身最大弯矩在达到最大值处出现小幅度下降，主要是由于邻近桩后土体滑进坑内产生卸荷效应。距初始破坏较远处的桩 P7～P4，局部破坏发生前后桩身弯矩没有发生明显的变化。

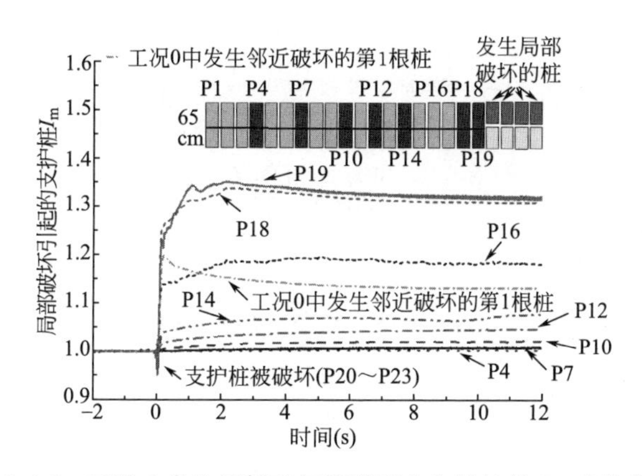

图 6.4-7 工况 1 发生局部破坏情况下未失效桩的 I_m 变化曲线

内撑式支护桩和悬臂桩在局部破坏后桩身内力变化规律基本一致，但如图 6.4-5 和图 6.4-7 所示，局部破坏引起工况 0 中邻近初始破坏区第 1 根桩 I_m 最大值（即荷载传递系数）为 1.20，远小于工况 1 中 P19 的 1.36。由前面分析可知，这主要是由于支撑式围护桩抗侧移刚度大，破坏产生的土拱对桩身的加载效应明显，而悬臂基坑由于桩身抗侧移刚度较低，围护结构产生较大的位移引起的卸荷效应削弱了土拱效应产生的加荷效应。

4）I_m 对比

由图 6.4-5 可知，内撑式排桩支护基坑支护桩发生初始局部破坏引起邻近破坏范围的桩 P16～P19 荷载传递系数较工况 0 中悬臂支护基坑对应数值大，但远离破坏范围的桩的 I_m 小于工况 0 的相应值，而且降低的幅度较大，即其影响范围相对较小。造成上述现象的原因为：内撑式围护结构支护桩抗侧移刚度远大于无支撑支护桩，局部破坏后土拱效应引起的桩体附加位移很小，由此产生的卸荷效应相对较小，由此使土拱效应产生的附加土压力仅作用在距初始局部破坏区较近的范围内，并导致荷载传递系数更高。

（2）不同支撑位置对比

1）土压力与支撑轴力变化分析

工况 2 的支撑设置在地表下 0.2H 处。4 根局部破坏桩（P20～P23）发生弯曲破坏后，坑外地表下 40cm 处的水平土压力增大倍数与 8 根监测支撑 I_t 随时间的变化过程与工况 1 类似，不再赘述。

2）支护桩弯矩及荷载传递系数变化分析

工况 2 基坑局部破坏后，各监测桩桩身（65cm 处）I_m 随时间的变化曲线与工况 1 类似。由图 6.4-8、图 6.4-5 可知，工况 2 发生局部破坏后，邻近初始破坏区的第一根桩 P19 的桩身 I_m 为 1.46，显著大于工况 0 的 1.20 和工况 1 的 1.36。

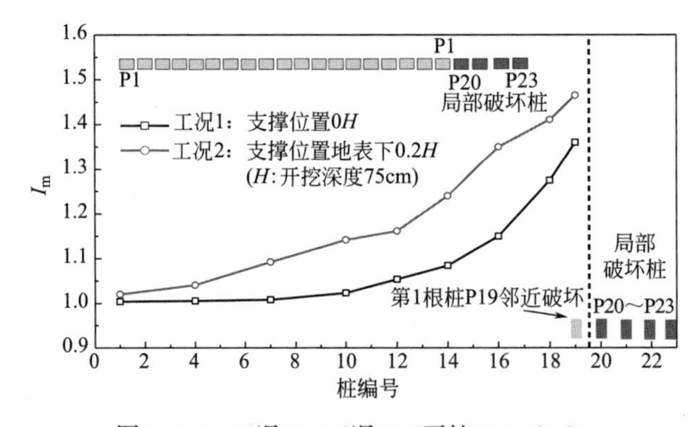

图 6.4-8　工况 1、工况 2（开挖 75cm）I_m

支护桩局部破坏引发的支撑轴力卸荷量和围护结构的抗侧移刚度是对荷载传递系数大小和荷载传递范围有较大影响的两个因素。对于工况 1 和工况 2，虽然两工况开挖深度相同，但是工况 2 中支撑所承担的土体水平荷载更大，因此，工况 2 支护桩破坏引发支撑释放的水平荷载显著大于工况 1 支护桩破坏引发支撑释放的水平荷载，由此导致转移至邻近桩上的水平荷载也较大。另一方面，工况 2 中的支撑比工况 1 中支撑能够提供给围护桩更大的抗侧移刚度。因此，工况 2 与工况 1 相比，工况 2 中局部破坏引发的荷载传递系数和影响范围更大。

（3）不同挖深对比

1）土压力及荷载传递系数变化分析

工况 3 与工况 1 的区别在于开挖深度较工况 1 有所增加（增至 90cm）。初始局部破坏桩发生弯曲破坏后，坑外地表下 40cm 处的水平土压力随时间的变化过程与工况 1 基本相同，但工况 3 破坏引起的土压力增大倍数最大值显著大于工况 1，工况 1、工况 3、工况 4 中土压力和荷载（弯矩）传递对比如图 6.4-9 所示。在内撑式支护体系中，当开挖深度较大时，每根支撑所承担的水平荷载大幅上升。工况 3 开挖到底后水平支撑轴力显著大于工况 1，因此当同样为 4 根支护桩破坏时，工况 3 与工况 1 相比，工况 3 支撑释放的水平荷载更大，由此导致转移至邻近桩上的荷载也较大，土拱效应更显著。同样，工况 3 中桩身 I_{m} 和影响范围同样显著大于工况 1 的对应情况。

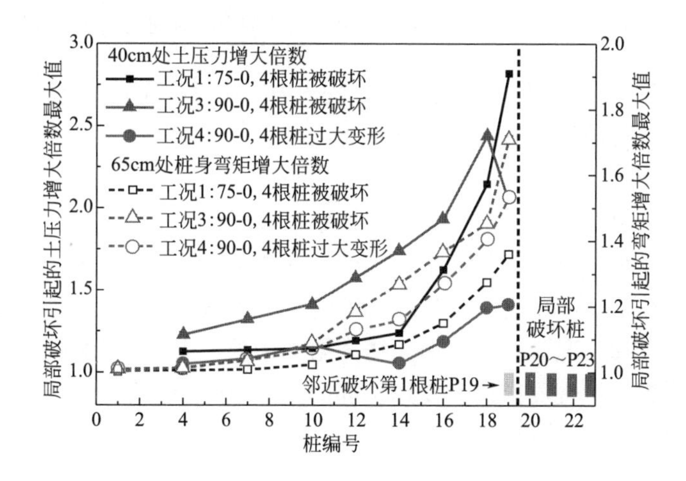

图 6.4-9　工况 1、工况 3、工况 4 中土压力和荷载（弯矩）传递对比

2）支撑轴力变化分析

工况 3 局部破坏情况下支撑轴力随时间的变化曲线见图 6.4-10。支撑轴力变化规律与工况 1 较为接近，但是相比工况 1 和工况 2，由于支撑卸荷量较大引发的土拱效应更大，其对距离局部破坏位置较远处的支撑（例如 S4 和 S3）影响更大。

位于破坏范围内的支撑 S7 和 S8 轴力先减小，然后增加，最后再减小。这是因为破坏发生后瞬间，初始破坏桩 P20～P23 作用在围檩及支撑 S8、S7、S6 上的力瞬间减小；同时，破坏桩后土体发生向坑内位移在邻近土体中形成土拱效应作用在邻近桩上，进而，通过围檩作用在 S5、S4、S3 等支撑上，使其轴力瞬间上升。由于围檩的荷载传递作用，土拱效应的荷载也传递到支撑 S8、S7 及 S6 上，使其轴力短暂上升，随后，随着坑外土体大量滑塌进坑内，邻近破坏位置的支撑 S8、S7 等继续卸荷，轴力最终减小。在此过程中，围檩的荷载传递、土拱效应、

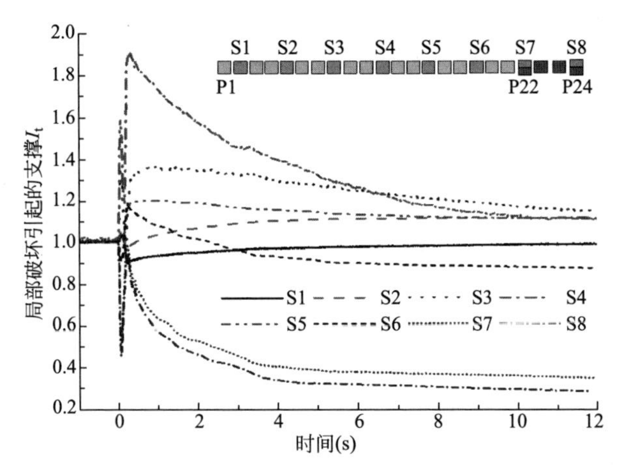

图 6.4-10　工况 3 局部破坏情况下支撑轴力随时间的变化曲线

局部土体流失卸载对围护体系内各个构件的内力变化过程起到了重要作用。

（4）支护桩的破坏与其过大变形对比

1）土压力变化分析

工况 4 与工况 1 和 3 的区别在于初始局部破坏桩（P20～P23）发生弯曲破坏后，并没有完全被踢出，而是发生过大变形（在预设断面处初始破坏桩的上半段桩向坑内水平移动 15mm）。如图 6.4-9 所示，坑外地表下 40cm 处水平土压力变化过程与工况 1 和工况 3 相似，但土压力增大倍数最大值显著小于工况 3 的对应数值，这是因为支护桩局部过大变形引起的土拱效应相对较小。

2）支撑轴力变化分析

工况 4 中，4 根初始破坏桩（P20～P23）发生局部过大变形后，各监测支撑水平轴力增长倍数随时间的变化曲线，如图 6.4-11 所示。S7、S8 的水平轴力瞬间先减小后增大，最终逐渐稳定，支撑 S3～S6 的轴力经一定波动后最终上升，并趋于稳定。但各支撑的轴力之所以相比破坏前均显著上升，主要是由于局部破坏桩 P20～P23 预设断面（60cm 深）附近的土体发生向坑内的较大变形，使得周边土体中形成在水平和竖直两个方向的土拱，可参考图 6.4-3。水平面上的土拱将荷载效应转移至邻近完整桩上，通过围檩的变形协同作用，进一步压缩所有支撑，导致支撑轴力迅速增加；在竖直面上的土拱的拱脚为围檩处和预设断面下部，同样使得围檩处土压力增大，进而将荷载传递至支撑。因此，局部破坏桩中局部变形过大对所有支撑均造成加荷效应。

3）支护桩内力（弯矩）变化分析

在工况 4 中，P20～P23 发生弯曲破坏并发生向坑内的位移，虽然未完全被破坏，但仍导致桩后土体发生变形产生土拱效应，使得邻近完整桩桩身弯矩迅速

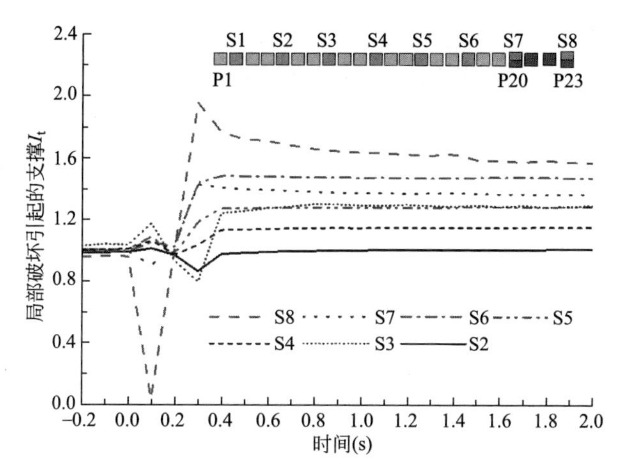

图 6.4-11　工况 4 局部破坏情况下支撑轴力随时间的变化曲线

上升至峰值，随后保持稳定。可见支护桩无需彻底发生弯曲破坏，仅是产生较大的桩身位移就能导致桩后土体产生显著的土拱效应，造成支护结构内力重分布。因此，实际工程中，支护结构的局部过大变形同样应被重视，其也是引发连续破坏的一个重要诱因。见图 6.4-9，局部 4 根桩过大变形引发的 I_m 为 1.54，略小于工况 3 中局部 4 根桩彻底被破坏引发的 I_m 为 1.71。

（5）支撑破坏机理分析

1）土压力变化分析

工况 5 地表以下 40cm 处水平土压力变化曲线如图 6.4-12 所示。被破坏的支撑位于 P14～P29，每根支撑被破坏都会使得对应位置围护结构刚度降低、位移增加，进而通过坑外土体中的土拱效应对支撑破坏范围外的桩加载，使作用在其上的土压力增大，例如，作用在 P10 及 P4 的土压力在每个支撑被破坏时均有所上升。当被破坏的支撑较多时，支撑破坏范围内的桩由于位移较大，导致作用在桩上的土压力有一定减小，例如，作用在 P19 及 P16 上的土压力在 S5 被破坏后的每根支撑破坏时均略有下降。

2）支撑轴力变化分析

工况 5 局部破坏情况下支撑轴力随时间的变化曲线如图 6.4-13 所示。支撑 S7 首先发生破坏，其承担的荷载由于围檩的荷载传递作用而被分配给邻近支撑，其中，S6 和 S8（即邻近 S7 最近的支撑）轴力增幅最明显。S7 和 S6 两根支撑发生破坏时，左右最近的支撑 S5 和 S8 轴力增幅最大。依次类推，当支撑 S10 发生破坏后，邻近支撑破坏范围的第 1 根支撑 S4 轴力升高至 248N（约为开挖引起轴力变化的 8 倍），而邻近支撑破坏范围的第 2 根支撑 S3 的轴力增长幅度远远小于邻近第 1 根支撑。支撑破坏对两侧最近的支撑影响最为显著，称之为支撑失效荷

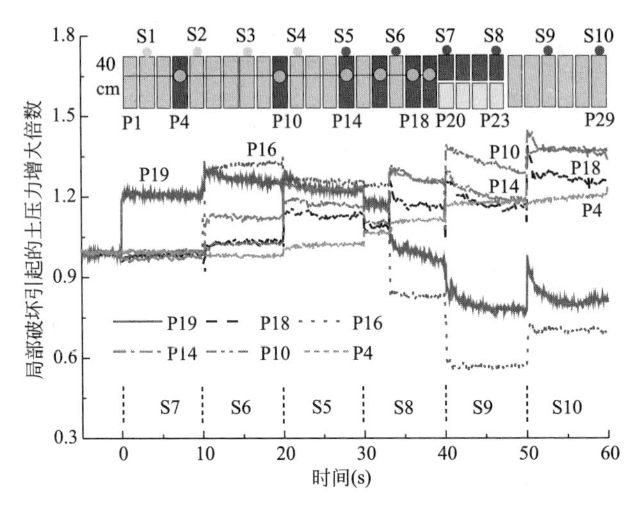

图 6.4-12　工况 5 地表以下 40cm 处水平土压力变化曲线

载传递的就近现象。此现象有可能使得某些支撑被破坏时，被破坏支撑释放的荷载无法相对均衡的转移至邻近多根未被破坏支撑上，而是集中作用在最近的某几根支撑，从而导致这些支撑受力过大而失效，进而继续引发最邻近的支撑被破坏，导致支撑的大范围连续破坏。

3）支护桩内力（弯矩）变化分析

工况 5 局部破坏情况下未失效桩的 I_m 如图 6.4-14 所示。在工况 5 中，支撑 S7 破坏后，导致距离较近的桩 P18 弯矩减小，但减小幅度较小。随后支撑 S6、S5 被破坏，可以发现距离支撑破坏区较远的支护桩 P4 和 P10，桩身弯矩有一定的升高，而距初始破坏支撑位置近处桩 P14～P19，桩身弯矩再次减小。支撑 S8、S9 及 S10 依次失效时，均为邻近支撑破坏区桩身弯矩大幅减小，而较远处桩略有增大。

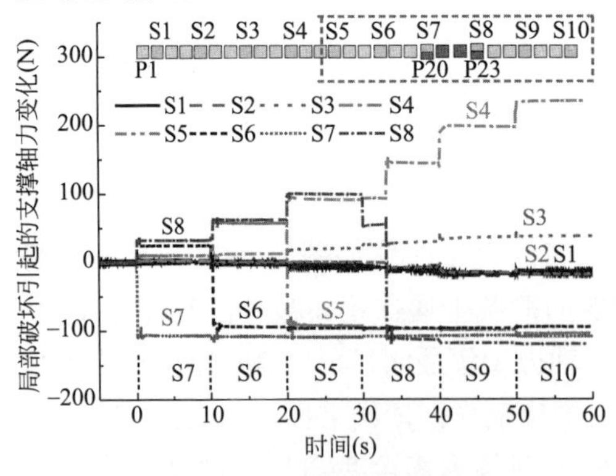

图 6.4-13　工况 5 局部破坏情况下支撑轴力随时间的变化曲线

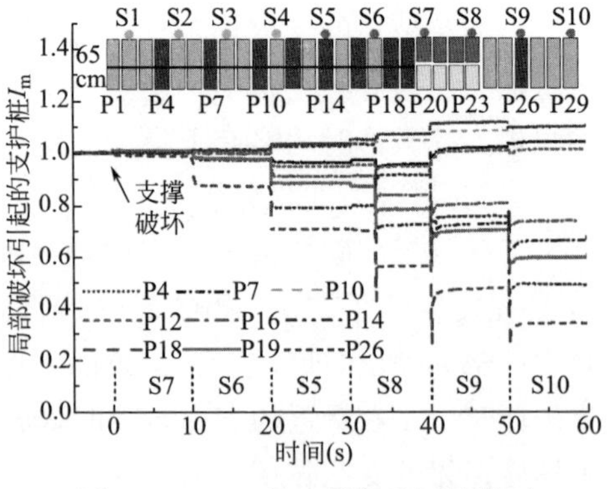

图 6.4-14　工况 5 局部破坏情况下未失效桩的 I_m

4. 基坑沿长度方向连续破坏控制

根据所研究的内支撑发生局部破坏的连续破坏机理，采用 2 种工况分析 2 组加强支撑之间普通支撑的数量对控制连续破坏的影响。基坑沿水平向控制措施计算模型示意图如图 6.4-15 所示，工况 1 为间隔 6 根支撑设置 1 根加强支撑，工况 2 为间隔 5 根支撑设置 1 根加强支撑。将加强支撑轴向抗压安全系数设定为 3.8，普通支撑轴向抗压安全系数设定为 1.1。

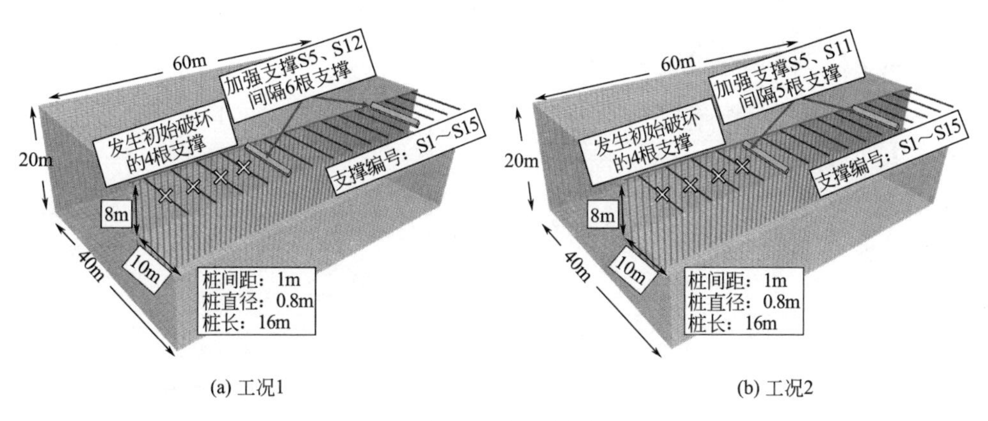

图 6.4-15　基坑沿水平向控制措施计算模型示意图

工况 1 支护桩 I_m 随时间变化见图 6.4-16（图中 1～60 号为支护桩编号）。间隔 6 根普通支撑设置 1 根加强支撑无法阻止后续连续破坏的发展，0.7s 后支护桩发生连续破坏。

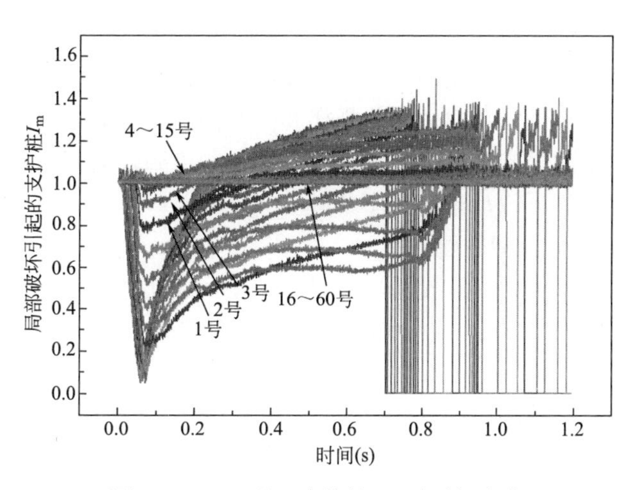

图 6.4-16　工况 1 支护桩 I_m 随时间变化

工况 2 初始破坏支撑为 S1～S4，加强支撑为 S5 和 S11，其余为普通支撑。

支撑发生初始破坏后，工况 2 支护桩 I_m 随时间变化如图 6.4-17 所示（图中 1～60 号为支护桩编号），支撑 I_t 随时间变化如图 6.4-18 所示。因此，将支护桩安全系数设定为 1.35，若不设置加强支撑，则支撑破坏会导致支护桩连续破坏；若设置加强支撑，则加强支撑可以将连续破坏限定在加强支撑的范围内，即可以阻止连续破坏的发展。

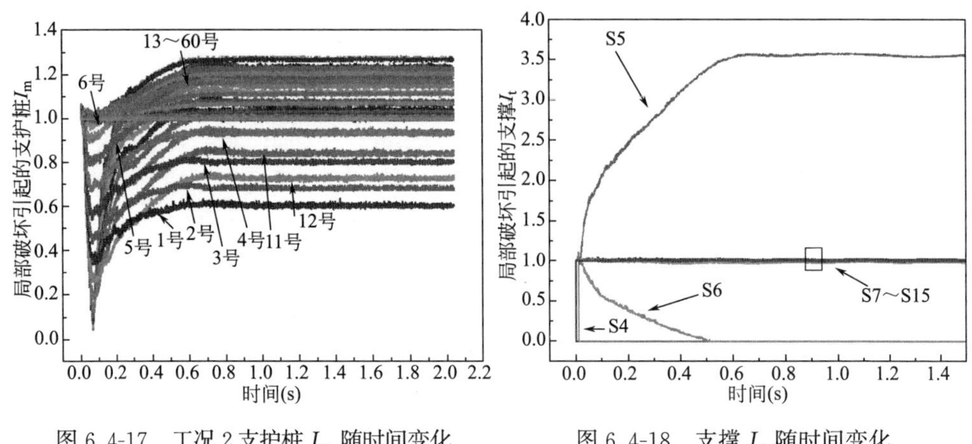

图 6.4-17　工况 2 支护桩 I_m 随时间变化　　图 6.4-18　支撑 I_t 随时间变化

6.4.2　多道内支撑基坑连续破坏沿深度方向传递机理及控制措施

6.4.1 节模型试验揭示了内支撑基坑水平方向连续破坏机理，然而对于基坑深度较大、沿深度方向设有多道内支撑基坑中连续破坏沿竖向发展的规律，目前仍缺乏系统研究。依托新加坡地铁环线 C824 标段事故，建立由局部破坏引发基坑整体垮塌的有限差分数值模型，通过计算不同位置支撑破坏工况下土体及地下连续墙变形规律、支护体系内力变化规律和破坏情况，探究多道支撑基坑支护体系由局部破坏引发的竖向连续破坏发展机理和控制措施，为逐步系统建立防连续破坏韧性基坑支护体系设计理论打下基础。

1. 有限差分数值模型的建立

新加坡地铁环线 C824 标段基坑宽约 20m，开挖深度 33.5m，采用 800mm 厚地下连续墙，每幅宽 6m，设计墙趾深入硬土层 3m，图 6.4-19 为事故区域典型 M3 断面[3]。

支撑系统包括立柱、围檩和 10 道预应力钢支撑，支撑垂直间距为 3.5～4m，第 1 道支撑水平间距 8m，其余各道支撑水平间距 4m。由于此基坑为长条形，长度远大于宽度，故可近似简化为平面应变问题。模型在基坑长度方向上设置 8m（各道支撑水平间距的最小公倍数）。基坑内采用两层旋喷桩加固层（以下简称“JGP”）作为暗撑来提高被动区土压力，上层 JGP 厚 1.5m，在开挖第 10 层土时被挖除，下层 JGP 厚 2.6m，如图 6.4-19 阴影区域所示。标准模型尺寸及支撑架设位置如图 6.4-20。

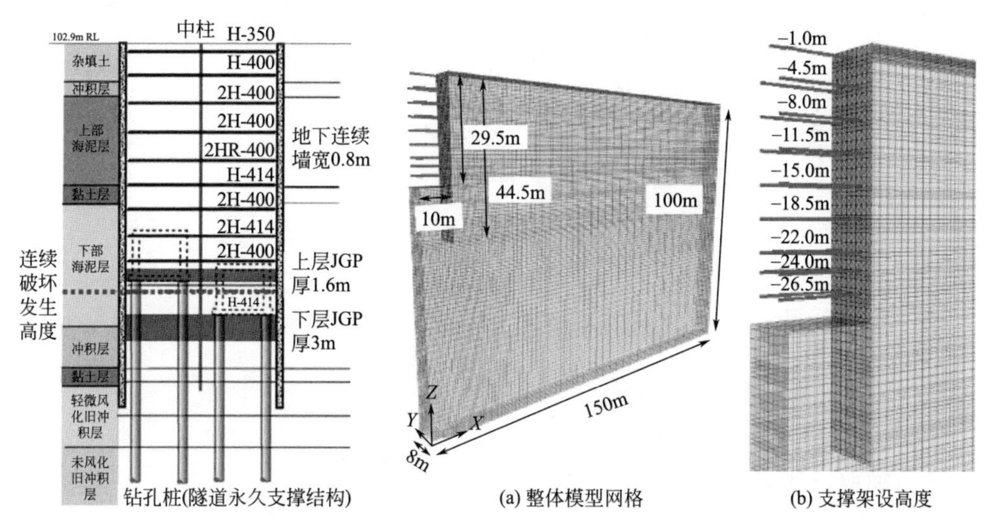

图 6.4-19 事故区域典型 M3 断面

图 6.4-20 标准模型尺寸及支撑架设高度

2. 支护构件不同极限承载力情况下的基坑破坏分析

支护构件极限承载力对基坑连续破坏有重大影响。在不同支护构件极限承载力情况下，对标准模型支护体系是否会发生连续破坏进行分析。

（1）支护构件极限承载力的确定

依据现行国家标准《钢结构设计标准》GB 50017 规定的实腹式轴心受压构件整体稳定计算方法，可得各道支撑轴心受压极限承载力如表 6.4-2 所示。定义安全系数为极限承载力与开挖完成的轴力值之比，各道支撑安全系数汇总于图 6.4-21，可知第 9 道撑在开挖完成时轴力已超出其极限承载力而有屈服破坏，这与实际工程的破坏情况一致。

将地下连续墙视为纯弯钢筋混凝土构件，计算其受弯承载力。由图 6.4-22 可以看出，当配筋率 ρ 为 0.01～0.02 时，厚度为 800mm 的地下连续墙弯矩设计值 M_u 为 1.5×10^3～2.8×10^3kN·m/m。

各道支撑轴心受压极限承载力 **表 6.4-2**

位置(层)	极限承载力(kN)	位置(层)	极限承载力(kN)
1	3.56×10^3	6	6.34×10^3
2	4.56×10^3	8	1.2×10^4
3、4、5、7	9.12×10^3	9	9.12×10^3

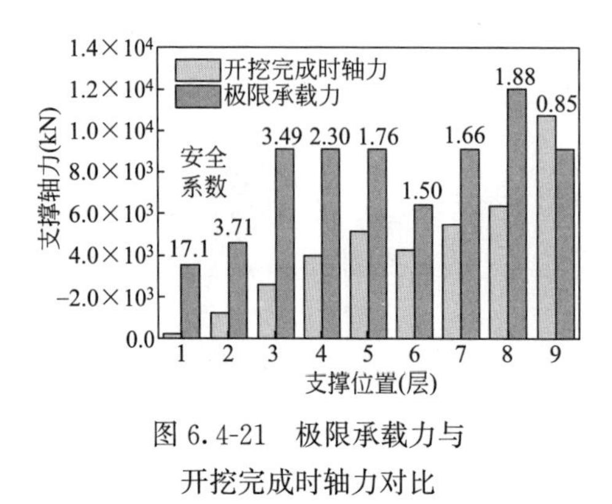

图 6.4-21　极限承载力与开挖完成时轴力对比

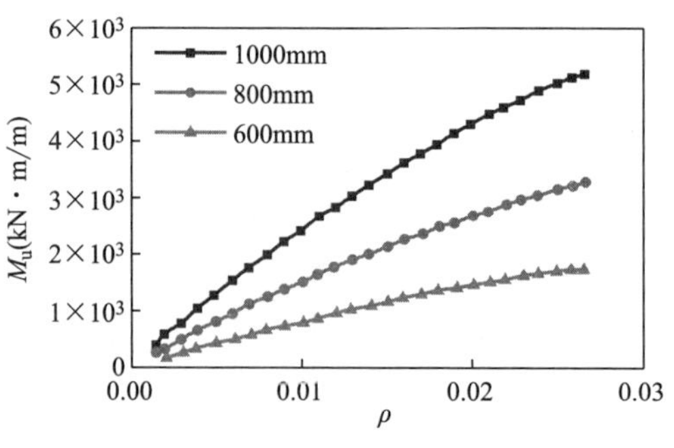

图 6.4-22　不同墙厚下，地下连续墙受弯承载力 M_u—ρ 关系

（2）计算工况简介及模拟办法

以第 9 道撑发生初始破坏为零时刻，观察地下连续墙水平位移、弯矩及支撑轴力随时间的变化，分析连续破坏的发展过程，以及支撑体系荷载传递特点。

支护构件极限承载力见表 6.4-3，表中的弹性体指将支撑或者地下连续墙考虑为弹性，不会发生破坏。若支撑轴力超出其极限承载力，则删除该道支撑，模拟支撑被破坏；若地下连续墙超出受弯承载力极限值，则删除最大弯矩位置上下各 0.25m 高的衬砌单元，模拟地下连续墙发生弯曲破坏。

支护构件极限承载力　　表 6.4-3

结构承载力	工况 1	工况 2	工况 3	工况 4
地下连续墙受弯承载力极限值(kN·m/m)	弹性体	弹性体	2.6×10^3	3×10^3
支撑轴心受压极限承载力(kN)	弹性体	同表 6.4-2	同表 6.4-2	同表 6.4-2

1）工况 1

地下连续墙和支撑均为弹性体。第 9 道支撑发生初始破坏后，工况 1 支撑轴力时程曲线、地下连续墙最大弯矩时程曲线如图 6.4-23（图中 1～8 表示第 1 道～第 8 道支撑）、图 6.4-24 所示。由图 6.4-23 可知，在破坏后 1s 支护体系受力即达到稳定状态，第 8 道支撑轴力由 6.38×10^3kN 骤增至 1.6×10^4kN，超出其受压极限承载力，而其他层支撑轴力变动较小。由图 6.4-24 表明，最大负弯矩由 -2.05×10^3kN·m/m 变为 -5×10^3kN·m/m，最大正弯矩由 2.3×10^3kN·m/m 增至 3.4×10^3kN·m/m。

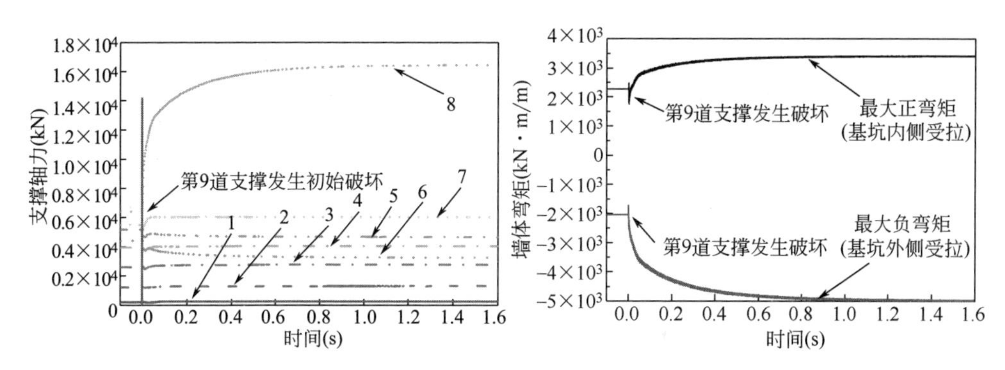

图 6.4-23 工况 1 支撑轴力时程曲线　　图 6.4-24 工况 1 地下连续墙最大弯矩时程曲线

2）工况 2

地下连续墙为弹性体，考虑支撑的破坏，工况 2 支撑轴力时程曲线见图 6.4-25（图中 1～8 表示第 1 道～第 8 道支撑）。由图可见，下道支撑发生破坏的同时引起紧邻上层支撑轴力骤增，而其余支撑轴压力仅轻微减小或转为拉力，因此，初始在发生破坏支撑之上的水平支撑将最先发生后续破坏，继而引起各道内支撑由下至上依次发生连续破坏。在 0.5s 时，第 5 道支撑发生破坏引起第 4 道支撑轴力骤增，同时，由于第 4 道支撑以下至坑底的墙体失去约束出现向坑内的较大变形，导致上部墙体产生向坑外轻微变形，因此，第 3 道支撑轴压力减小并变为拉力；至 0.7s 时第 4 道支撑发生破坏，第 3 道支撑轴力由拉力转为压力，并出现骤增，几乎同一时刻第 1、2 道支撑因为上部墙体向坑外变形，如图 6.4-26（a）所示，而出现轻微的拉力，并持续增大直至第 3 道支撑破坏；至 1.2s 时，9 道支撑全部失效，此时支护体系由内支撑结构变为悬臂结构，地下连续墙变形模式由弓形转变为悬臂变形，至 1.4s 时其最大水平位移达到 1m 以上，如图 6.4-26（b）所示。

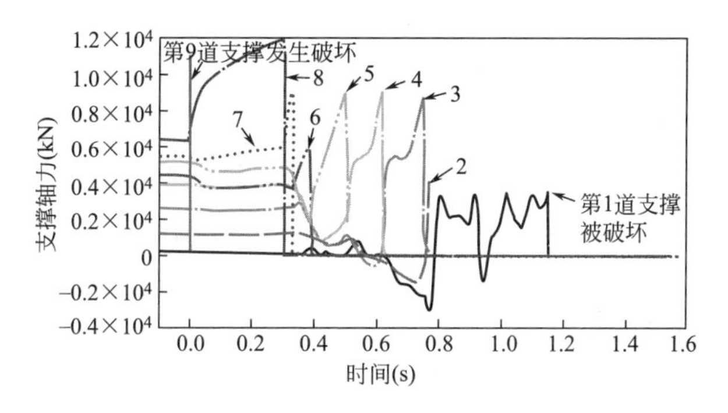

图 6.4-25 工况 2 支撑轴力时程曲线

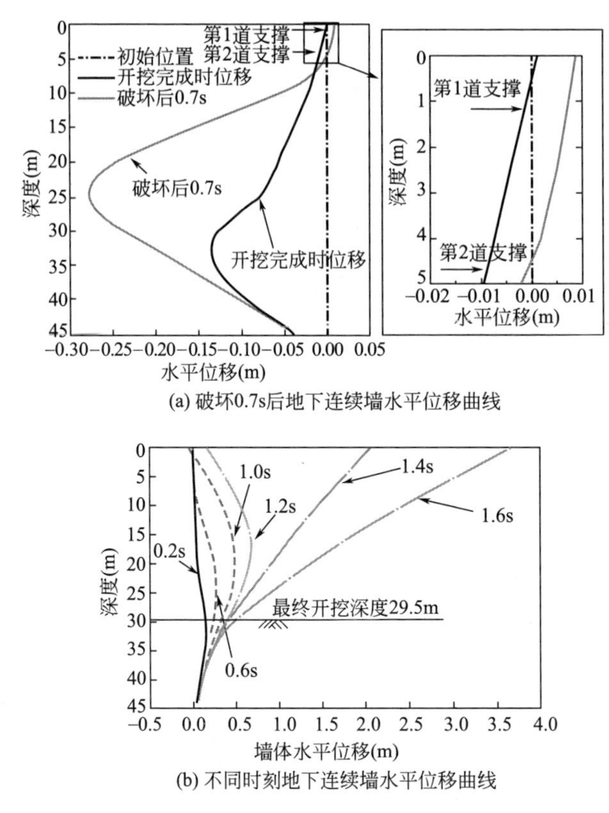

(a) 破坏0.7s后地下连续墙水平位移曲线

(b) 不同时刻地下连续墙水平位移曲线

图 6.4-26　工况 2 地下连续墙水平位移曲线

工况 2 地下连续墙最大弯矩时程曲线见图 6.4-27（图中 1～9 表示第 1 道～第 9 道支撑）。对比图 6.4-25、图 6.4-27，各层支撑破坏时刻对应着墙体最大弯矩的突变时刻，在破坏后 1.2s，所有支撑均破坏，地下连续墙变为悬臂结构，因此墙体正弯矩消失，最大负弯矩绝对值持续增大。

3）工况 3

工况 3 支撑轴力时程曲线见图 6.4-28（图中 1～9 表示第 1 道～第 9 道支撑）。第 9 道支撑初始破坏首先引起第 8 道支撑轴力增加，同时，导致开挖面处墙体正弯矩增大，达到此工况设定的受弯承载力极限值 2.6×10^3kN·m/m，发生第一次弯曲破坏，如图 6.4-29、图 6.4-30 所示。墙体第一次发生弯曲破坏的位置在图 6.4-30（b）框线处，弯曲破坏处土体向坑内位移导致第 8 道支撑附近的墙体瞬间产生较大的负弯矩，引发第 8 道支撑失效。两次墙体弯曲破坏发生在初始支撑失效后 0.29s 左右，间隔时间极短，之后，基坑下部坑外土体由于地下连续墙被破坏而向坑内涌入，基坑支护体系整体失效，同时，土体变形过大，计算也因为网格畸形而终止。计算终止时，尽管上部 7 道支撑没有超出极限承载力

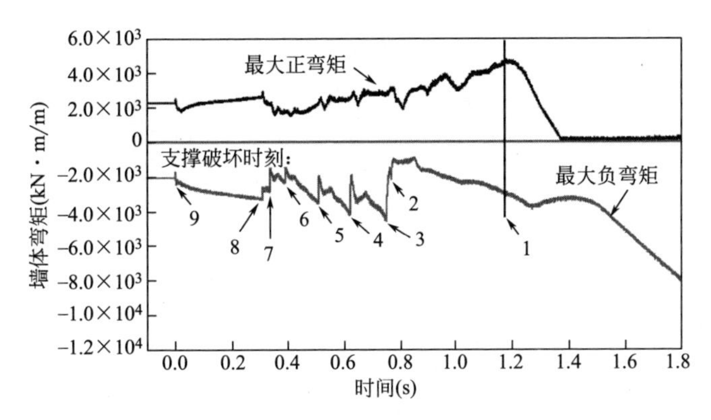

图 6.4-27　工况 2 地下连续墙最大弯矩时程曲线

而失效，但由于地下连续墙破坏严重，土体已开始由坑底挤入坑内，最终基坑将整体垮塌。新加坡地铁环线 C824 标段事故中，基坑垮塌后地下连续墙的破坏情况与本工况类似，同样在地下连续墙下部的位置发生弯曲破坏，其破坏过程如图 6.4-31 所示。

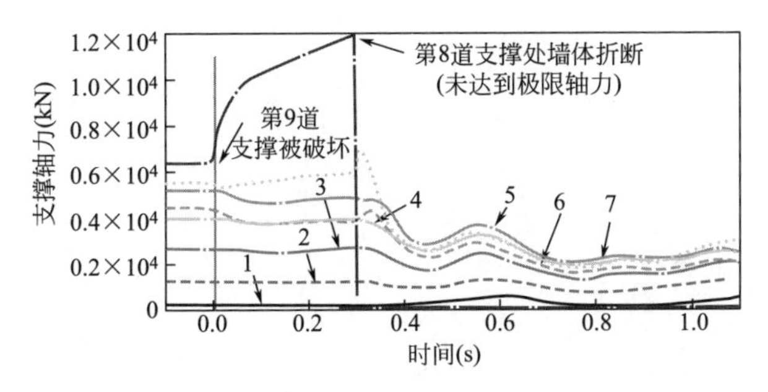

图 6.4-28　工况 3 支撑轴力时程曲线

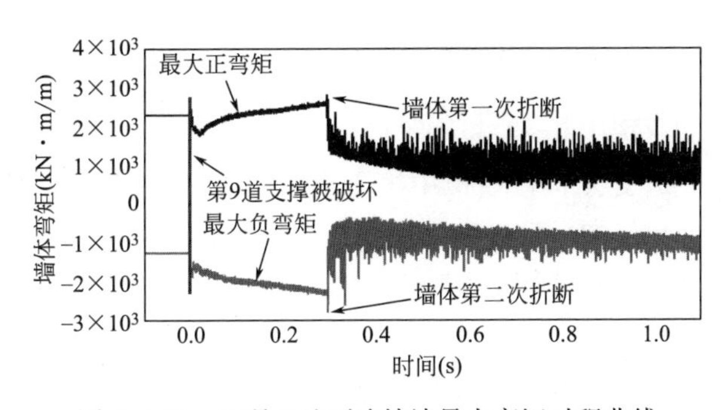

图 6.4-29　工况 3 地下连续墙最大弯矩时程曲线

4）工况 4

此工况中，设定地下连续墙的抗弯极限承载力大于工况 3 中的抗弯极限承载

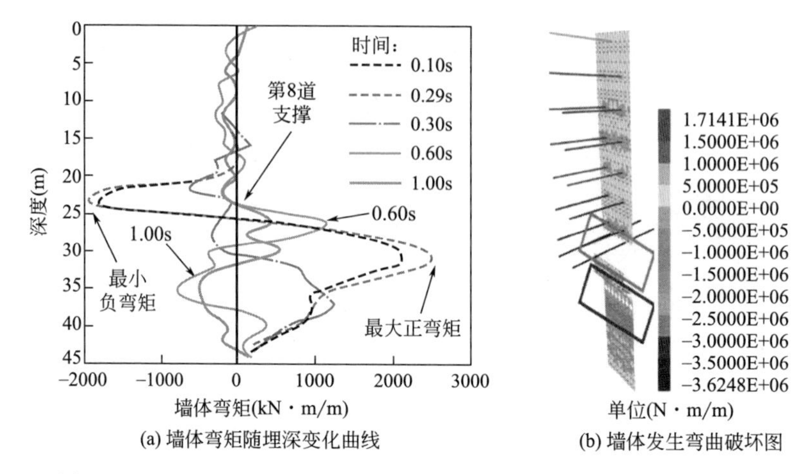

(a) 墙体弯矩随埋深变化曲线 (b) 墙体发生弯曲破坏图

图 6.4-30 工况 3 地下连续墙弯矩随深度变化曲线及发生弯曲破坏图

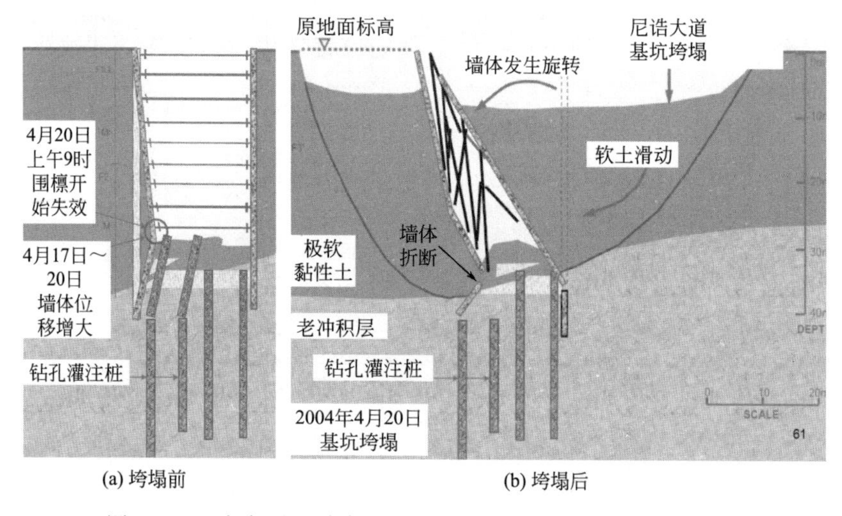

(a) 垮塌前 (b) 垮塌后

图 6.4-31 新加坡地铁事故中地下连续墙变形及破坏发展过程

力。观察图 6.4-32（图中 1～8 表示第 1 道～第 8 道支撑）、图 6.4-33（图中 4～9 表示第 4 道～第 9 道支撑，在模拟中第 1 道～第 3 道支撑在计算终止前并未失效，故图中未体现）可知，第 9 道支撑有初始破坏后没有立即导致地下连续墙发生弯曲破坏，而是在初始破坏后 0.3s 左右，第 8 道支撑达到极限承载力而失效，进而引发各道支撑自下至上的连续破坏。0.5s 内第 5 道～第 8 道支撑相继发生破坏，导致地下连续墙下部缺乏约束产生向坑内的较大位移以及较大正弯矩，并导致第 4 道撑处出现较大的负弯矩。约 0.6s 时，第 4 道支撑处墙体负弯矩达到极限承载力而发生弯曲破坏，随即第 4 道撑失效；随后极短时间内，地下连续墙下部因变形增加而发生弯曲破坏，进而导致基坑整体垮塌，在模拟中 1～3 道支撑在计算终止前并未失效。

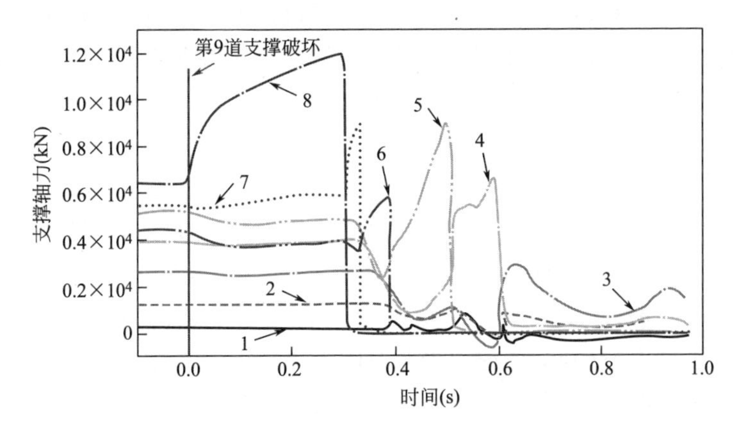

图 6.4-32 工况 4 支撑轴力时程曲线

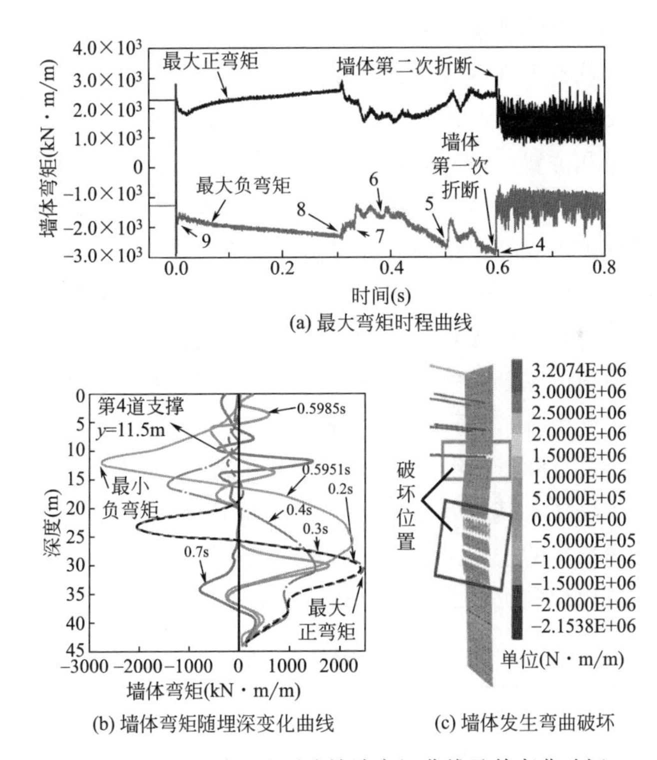

(a) 最大弯矩时程曲线

(b) 墙体弯矩随埋深变化曲线　(c) 墙体发生弯曲破坏

图 6.4-33 工况 4 地下连续墙弯矩曲线及其弯曲破坏

工况 4 中，由于地下连续墙受弯承载力大于工况 3，第 9 道支撑被破坏后没有立即导致地下连续墙破坏，而是引发了支撑自下而上的连续破坏，当支撑破坏数量较多时，地下连续墙因弯矩增大而发生破坏。两个工况显示出了不同的连续破坏过程，地下连续墙承载力的提高总体延缓了基坑整体垮塌的发生，避免了单道支撑破坏即引发地下连续墙破坏，从而发展为基坑整体垮塌。

综上所述，该基坑设计存在严重问题，基坑尚未开挖到底即出现水平支撑受压失效的现象。由以上连续破坏过程模拟可知，最下道支撑一旦发生破坏，将很容易引发支撑由下至上的连续破坏；支撑大规模失效进一步导致地下连续墙下部缺乏约束产生较大变形，墙体弯矩增加，当超越其承载力极限值时，墙体发生弯曲破坏，最终，导致基坑整体垮塌。工况 3 和工况 4 中的模拟结果初步揭示了多道基坑局部支撑失效引发的基坑剖面内竖向连续破坏的发展过程及机理。

此外，支撑体系自下至上连续破坏至第 5 道支撑失效后，紧邻已被破坏区域的支撑层（以下简称“紧邻层”）以上支撑轴力由压力转为拉力。而钢支撑与地下连续墙连接节点承受拉力的能力十分有限，极易出现支撑掉落，加速基坑的破坏过程。这说明保证支撑与地下连续墙连接节点的强度与延性至关重要。

3. 不同破坏程度下支撑体系的荷载传递规律

为进一步研究支撑体系连续破坏的发展过程及失效荷载传递的特点，本章将未发生破坏的支撑及地下连续墙设置为弹性体，不再考虑其破坏。定义破坏后重新达到平衡时的支撑轴力与开挖完成时的轴力比值为其轴力传递系数 I_t。通过改变破坏支撑的数量和位置，探究不同局部破坏情况下支撑 I_t 的规律、局部破坏对整个支撑体系的影响程度及引发连续破坏的可能性。

（1）不同后续破坏支撑数量的荷载传递规律

考虑如表 6.4-4 所示 5 种工况，控制后续破坏支撑的数目，以探究支撑体系自下而上连续破坏过程中，不同失效支撑数量下的轴力传递规律。以工况 6、9 为例，轴力时程曲线如图 6.4-34、图 6.4-35 所示（图中 1 表示第 1 道支撑，2 表示第 2 道支撑，以此类推），每一道支撑破坏会导致紧邻层支撑轴力骤增，但对其他支撑影响较小；且随着后续支撑破坏数量的增加，顶部两道支撑由工况 6 中受压变为工况 9 中受拉，其原因如破坏后第 8s 的墙体水平位移曲线图 6.4-36 所示：随着失效支撑数目的增加，墙体下部逐渐失去约束，产生向坑内的过大水平变形；而墙体上部出现向坑外的水平位移，因此上部支撑开始承担拉力。

不同后续支撑破坏数目的工况　　表 6.4-4

工况	初始破坏支撑位置(层)	后续破坏支撑位置(层)
5	9	8
6	9	7、8
7	9	6、7、8
8	9	5、6、7、8
9	9	4、5、6、7、8

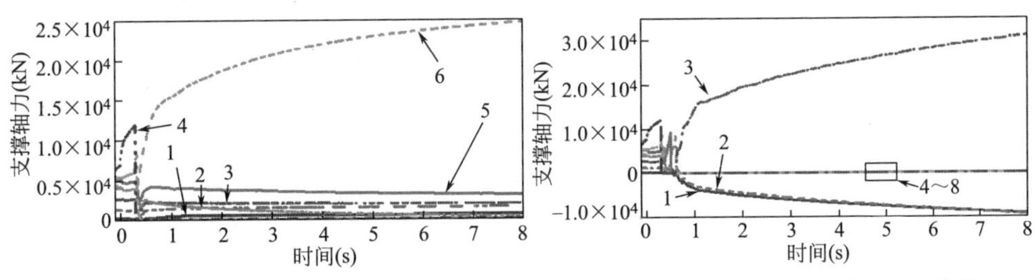

图 6.4-34　工况 6 支撑轴力时程曲线　　图 6.4-35　工况 9 支撑轴力时程曲线

将初始破坏之后 8s 时刻紧邻层支撑 I_t 汇总于图 6.4-37。设 i 为工况序号（i=5，6，7，8，9），I_t 为轴力传递系数（$I_t>0$）。对于工况 i，紧邻层为第 9－(i－3) 层，会有第 9、8、…、(9－i－4)＋1、(9－i－4) 层支撑依次破坏，且 i 越大，支撑破坏层数越多，j 越大，即失效支撑数量越多，紧邻层 I_t 越大，可见将初始破坏控制在最小范围极为必要。

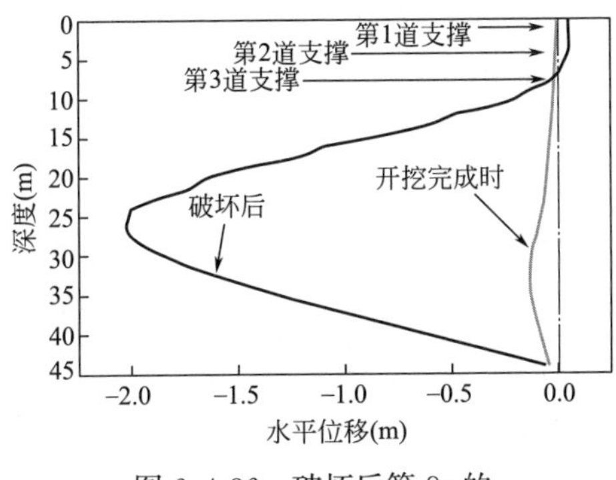

图 6.4-36　破坏后第 8s 的墙体水平位移曲线

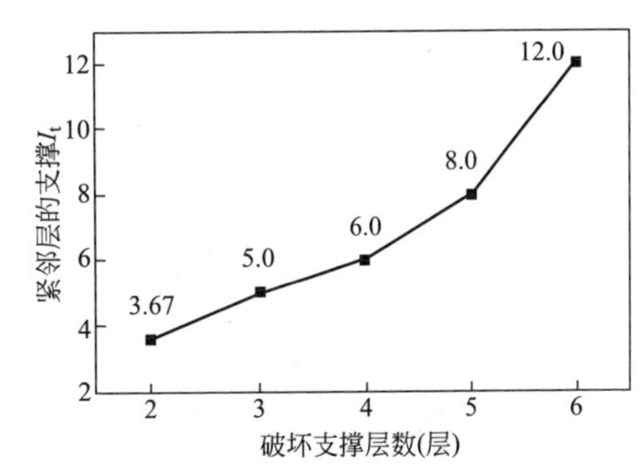

图 6.4-37　破坏后第 8s 的紧邻层支撑的 I_t

（2）不同初始破坏支撑位置的荷载传递规律

1）一道支撑初始破坏

考虑表 6.4-5 中 9 种一道支撑破坏的工况。以第 7 道支撑初始破坏后轴力时程曲线为例，如图 6.4-38 所示（图中 2 表示第 2 道支撑，3 表示第 3 道支撑，以此类推），距初始破坏区域 1～2 层的支撑轴力明显变大，紧邻层（第 6 和第 8 道支撑）支撑轴力增加最明显，而距初始破坏较远处的支撑轴力变化较小。

各工况支撑 I_t 及安全系数如表 6.4-5 所示（其中第 9 道支撑安全系数重新设计取为 1.5）。除第 9 道支撑发生初始破坏后，第 8 道支撑 I_t 超出其安全系数，其余一道支撑破坏工况均不会引发后续破坏。由表 6.4-5 中方框区域可知，紧邻层支撑 I_t 最大，承担了破坏支撑释放的大多数荷载，且大多数工况紧邻下层支撑 I_t 小于紧邻上层支撑 I_t；右上方三角区域 I_t 大部分约为 1.0，表明初始破坏

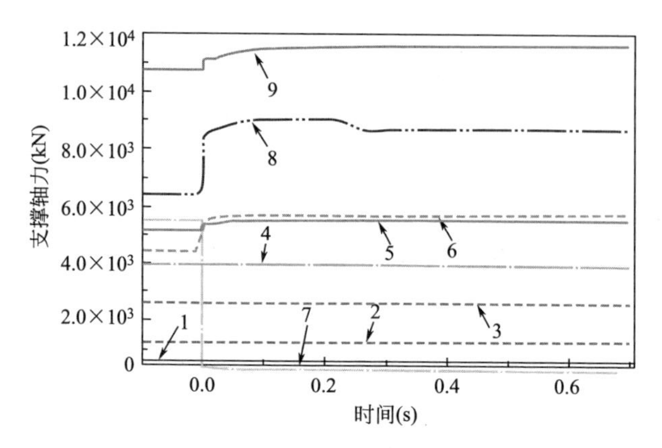

图 6.4-38　第 7 道支撑初始破坏的各支撑轴力时程曲线

导致的向下荷载传递不会越过紧邻层；左下方三角区域 I_t 在 1.0 附近波动较大，且初始破坏的上层存在部分 I_t 小于 1.0 的支撑，表明其在重新稳定状态时的支撑轴力相比开挖完成时的轴力有所减小。

一道初始破坏支撑，各工况支撑 I_t　　　　表 6.4-5

破坏位置	支撑								
	1	2	3	4	5	6	7	8	9
1	-	1.1	1.0	1.0	1.0	1.0	1.0	1.0	1.0
2	5.2	-	1.3	1.0	1.0	1.0	1.0	1.0	1.0
3	1.3	1.9	-	1.3	1.0	1.0	1.0	1.0	1.0
4	0.2	1.1	1.7	-	1.3	1.0	1.0	1.0	1.0
5	1.0	0.9	1.1	1.6	-	1.4	1.0	1.0	1.0
6	1.2	1.0	1.0	1.1	1.4	-	1.3	1.1	1.0
7	1.1	1.0	1.0	1.0	1.1	1.3	-	1.4	1.1
8	1.1	1.0	1.0	1.0	1.0	1.1	1.5	-	1.3
9	1.3	1.1	1.1	1.0	0.9	0.7	1.1	2.6	-
安全系数	17.1	3.71	3.49	2.30	1.76	1.50	1.66	1.88	1.50

注：数字下标记有下划线的说明其 I_t 大于其安全系数。

2）两道相邻支撑初始破坏

考虑如表 6.4-6 所示的工况。第 5、6 道支撑初始破坏的支撑轴力时程曲线见图 6.4-39（图中 1～9 为支撑编号），与图 6.4-38 相比，两道支撑被破坏后，除了紧邻的第 4 道和第 7 道支撑外，其余支撑出现轴力波动。这是因为随着初始破坏支撑数量增加，体系内力变化幅度变大，无法瞬时完成紧邻层支撑内力增大；同时，破坏造成的瞬时动力效应影响范围也扩大，紧邻层以外的支撑也会受影响而瞬时轴力减小，之后，随着紧邻层支撑轴力增大，其他支撑轴力逐渐增至破坏前的初始水平并保持稳定。即破坏释放的荷载增量最终集中到紧邻层，而远处支撑轴力受影响较小，但其影响范围及程度比只有一道初始破坏支撑时更大。

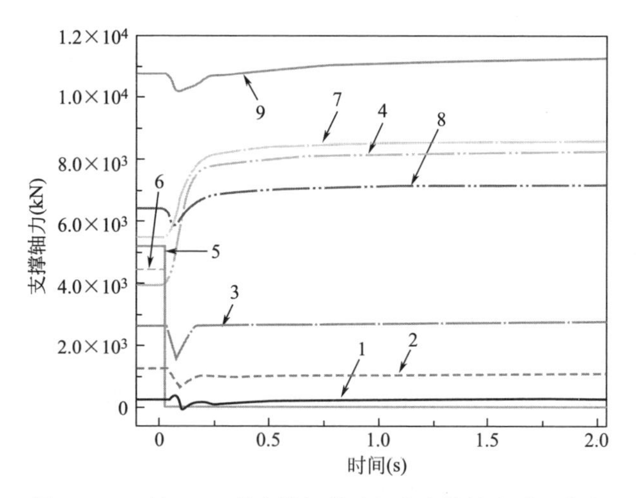

图 6.4-39 第 5、6 道支撑初始破坏的支撑轴力时程曲线

表 6.4-6 中两个长方形框内数字为紧邻层支撑 I_t，其明显大于其他层支撑，表明紧邻层支撑承担了破坏支撑释放的大多数荷载；右上方三角区域 I_t 约为 1.0，表明初始破坏导致的向下荷载传递很少越过紧邻层；除下划线标记的支撑外，其余支撑的 I_t 均未超越相应支撑的安全系数，不会引发后续破坏。结合图 6.4-39 及表 6.4-6，可以发现首道支撑的 I_t 会达到负值，即部分工况首道支撑会出现拉力。

两道相邻初始破坏支撑，各工况支撑 I_t **表 6.4-6**

破坏位置	支撑								
	1	2	3	4	5	6	7	8	9
1、2	-	-	1.6	0.9	1.0	1.0	1.0	1.0	1.0
2、3	11.8	-	-	1.6	1.0	1.0	1.0	1.0	1.0
3、4	−1.5	3.2	-	-	1.7	1.0	1.0	1.0	1.0
4、5	−1.5	0.9	2.7	-	-	1.8	1.0	1.0	1.0
5、6	1.3	0.9	1.0	2.1	-	-	1.6	1.1	1.0
6、7	1.5	1.0	1.0	1.1	1.6	-	-	1.7	1.0
7、8	1.4	1.1	1.0	1.0	1.1	1.7	-	-	1.6
安全系数	17.1	3.71	3.49	2.30	1.76	1.50	1.66	1.88	1.50

注：数字下标记下划线的说明其 I_t 大于其安全系数。

4. 多道内支撑基坑沿竖向连续破坏控制措施

由上述内容可知，无论几根支撑失效，破坏造成的支撑体系荷载增量主要施加在紧邻初始破坏位置的支撑上，若通过加强紧邻层支撑使得初始支撑破坏后紧邻层轴力小于其极限承载力，即可将破坏阻断，不再引发后续的破坏。因此，对于多道支撑支护基坑，可以设置若干道加强支撑，加强支撑既可以采用断面更大、强度更高、压弯稳定性更好的钢支撑，也可以采用极限承载力和刚度均较大的钢筋混凝土支撑。

作者用钢筋混凝土支撑替换典型基坑剖面 M3 关键位置的钢支撑作为加强支撑，研究其是否可有效承担部分钢支撑破坏后的荷载增量，阻止连续破坏。钢筋混凝土支撑选用 C30 混凝土、40 Φ 25HRB400 钢筋的 1m×1m 矩形截面支撑作为加强支撑，根据现行国家标准《混凝土结构设计标准》GB/T 50010，加强支撑轴心受压极限承载力约为 $N_c=1.9\times10^4$kN。

由于钢筋混凝土支撑的极限承载力、刚度和延性均较大，故不考虑其发生初始破坏。对于表 6.4-5 和表 6.4-6 中支撑 I_t 超出安全系数的工况，该案例基坑的连续破坏控制方案有多种，在此仅提出一种方案作为参考，如表 6.4-7 所示，此控制方案的具体设计原则如下所述。

由于第 9 道支撑在开挖完成时轴力已经超出极限承载力，因此需将第 9 道支撑由 2×H400 替换为 2×H428，此时，其极限承载力为 1.62×10^4kN，大于其开挖完成时轴力 1.07×10^4kN，防止其发生初始破坏。

对于一道初始破坏支撑的工况，仅第 9 道撑初始破坏会引发连续破坏，因此，第 8 道支撑作为一道初始破坏支撑情况下阻止连续破坏的关键，可以将其设为加强支撑。将第 8 道支撑替换为 C30 钢筋混凝土支撑，当第 9 道撑破坏后，其轴力稳定在 1.65×10^4kN，小于其极限承载力 1.9×10^4kN，可有效阻止连续破坏。实际工程中，倒数第二道撑设为钢筋混凝土加强支撑有较大意义，原因为：

(1) 在支撑体系中，底层支撑一般轴力较大，破坏风险较大。

(2) 在开挖最终阶段且未安装最底层支撑时，超挖的危害最大，构件连续破坏的风险较高。因此加强倒数第二道撑是阻止自下而上连续破坏的有效措施。

将上述加强方案汇总在表 6.4-7，加强第 1、5、8 道支撑后，表 6.4-5 和表 6.4-6 中所有 I_t 超出安全系数的工况均不会引发支撑竖向连续破坏（或因加强支撑为钢筋混凝土支撑而不会发生初始破坏）。在此情况下，适当保证地下连续墙的抗弯承载力大于上述工况中最大弯矩 $\pm3\times10^3$kN·m/m，初始支撑破坏便不会引发基坑支护体系连续破坏和基坑整体垮塌。

加强前后支撑型号对比　　表 6.4-7

支撑位置(层)	初始设计方案	防连续破坏设计方案
1	H350	C30
2	H400	H400
3	2×H400	2×H400
4	2×H400	2×H400
5	2×HR400	C30
6	H414	H414
7	2×H400	2×H400
8	2×H414	C30
9	2×H400	2×H428

注：标记有下划线的支撑进行了加强或者重新设计。

将上述加强方案推广，对于有 n 道撑的基坑，在保证开挖完成时支撑轴力不超过其极限承载力的基础上，可采取如下措施防止基坑出现连续破坏：

（1）第 $n-1$ 道撑设为加强撑。

（2）第 1 道撑设为加强撑。

（3）保证所有钢支撑与地下连续墙节点连接的抗拉强度，尤其是第 1 道支撑。

（4）将第 5、8、…、$2+3i$（$i \leqslant n/3-1$，且 i 为正整数）道撑设为加强撑，以防止从支撑体系中部出现的大范围初始破坏引发连续破坏。

6.4.3　小结

针对内支撑式基坑，首先，设计了内支撑基坑局部破坏的模型试验，重点研究了基坑支护桩和支撑局部破坏导致的土压力重分布，支撑轴力和桩身内力变化等荷载传递规律，揭示了基坑局部破坏在长度上的传递机理。其次，以新加坡地铁环线 C824 标段内支撑基坑连续破坏事故为依托，建立了事故基坑断面的有限差分模型，模拟了其开挖过程、局部破坏的影响及连续破坏传递规律。通过探究不同构件极限承载力情况下基坑支护体系由初始破坏引发的连续破坏过程，以及不同初始破坏程度下的支撑竖向荷载传递规律，提出了多道对内支撑基坑在竖向的连续破坏控制方案。主要结论如下：

（1）内支撑排桩支护基坑支护桩发生局部破坏后，引起的土压力重分布对支护结构内力的影响规律与悬臂式排桩支护结构的影响有较大区别，可引起邻近初始破坏区域的支护桩桩身弯矩持续增大直至稳定。而在悬臂基坑中，桩身弯矩迅速达到最大值，随后发生明显的卸载效应。

（2）内支撑排桩支护基坑中，局部支护桩的破坏会引发近处的支撑轴力大幅降低。同时，邻近破坏范围内的冠梁及支撑会发生向坑外的水平位移，由此导致水平支撑所受压力大幅降低，甚至可能受拉。此时，若支撑与围护结构连接，抗拉能力较低，则可能会导致支撑掉落。

（3）开挖深度相同时，内支撑排桩的抗侧移刚度远大于悬臂式排桩的抗侧移刚度，局部破坏引发的荷载传递系数较大（本试验中系数由 1.20 增加至 1.36），但荷载传递系数影响范围较小。支撑设置高度较低时，支护桩的抗侧移刚度较大，局部破坏引发的支撑卸荷量较大，故荷载传递系数和范围也较大。支撑设置高度相同时，基坑开挖深度较大，破坏引发的支撑卸荷量较大，故荷载传递系数和范围也较大。

（4）对于内支撑排桩支护基坑，当支护结构发生局部过大变形，对邻近未破坏支护结构产生的加荷作用虽然小于瞬间破坏产生的加荷，但仍会引起邻近支护桩桩身弯矩大幅增加，例如，4 根桩的过大变形和 4 根桩彻底被破坏引发的荷载传递系数为 1.54 和 1.71。可见，支护桩不用彻底发生弯曲破坏失效，而是产生较大的桩身位移就能引发桩后土体产生显著的土拱效应。

（5）对于单道支撑排桩支护基坑，因相邻支撑之间相互独立，因此，局部支撑破坏释放的荷载无法相对均衡地转移至邻近多根未失效支撑上，而是将大部分荷载传递给两侧最近的两个支撑，可导致邻近支撑轴力成倍增加，进而引发破坏，并发展为大范围连续破坏，即支撑失效荷载传递存在就近传递的现象。

（6）对于发生支撑初始破坏的情况，可以选择对支撑进行加强的控制措施。根据支护桩抗弯安全系数确定加强支撑之间间隔的普通支撑数量，并根据不同数量支撑破坏后各支撑轴力传递系数确定支撑的抗压安全系数和阻断单元中加强支撑的数量。

（7）对于钢支撑体系，初始失效支撑会导致紧邻层支撑轴力瞬时大幅度增加，若超出其极限承载力，则会引发后续破坏。当最下道撑初始破坏，则会引发自下至上的支撑连续破坏，这与新加坡 C824 标段的支撑体系连续破坏规律一致。这种情况下，当失效支撑超过一定数目时，又会导致墙体变形及弯矩过大，进而引发墙体发生弯曲破坏，导致基坑在此断面整体垮塌。对于不同地下连续墙抗弯极限承载力的情况，墙体发生弯曲破坏所需的失效支撑数不同，即连续破坏过程不同。

（8）对于 6.4.2 节基坑模型，自最下道支撑开始破坏，若失效支撑总数在 3 道之内，破坏引发的荷载传递仅导致紧邻上层未失效支撑轴力增加，对其余上部支撑影响较小；若失效支撑大于等于 4 道，除紧邻层轴力传递系数随失效支撑数增加而增加外，其余支撑因上部墙体向坑外变形而产生轴拉力。对于不从最下道撑开始破坏的情况，当初始失效支撑为相邻 2 道时，若失效区域与首道支撑间隔

1～2 层，也会导致首道支撑受拉。当钢支撑与地下连续墙节点连接薄弱时，支撑受拉极易导致自身端部破坏引发脱落。

(9) 即使初始破坏支撑的竖向位置不同，但破坏后荷载的传递规律基本相同，即紧邻层支撑 I_t 明显增大，并且增大的幅度随着破坏范围的增加而增大；而其余支撑轴力所受影响较小。在紧邻层中，紧邻的上道支撑 I_t 普遍大于紧邻下道支撑 I_t，表明支撑竖向连续破坏更易向上发展。

(10) 通过加强关键部位钢支撑，可有效控制支撑体系沿竖向的连续破坏。应保证所有钢支撑与地下连续墙节点连接的抗拉强度，尤其是第 1 道支撑，防止其因端部节点连接失效发生掉落。对于有 n 道支撑的基坑，将第 $n-1$ 道支撑设为加强撑较为必要。

6.5 桩锚式基坑的连续破坏机理及防连续破坏设计

深基坑施工中，桩锚支护具有变形控制好、造价低、便于施工、节约施工空间等优点，特别是在形状不规则基坑中，桩锚支护成为常用的支护结构。由于大型基坑的锚杆数量巨大，难以进行全部检测，且检测难度较大，因此，实际施工时，因局部锚杆失效导致基坑整体安全性能减低，甚至基坑垮塌事故时有发生，在日本[25]，土耳其[32]，我国南宁、济南等地均发生过锚杆失效引发的基坑垮塌事故。目前，已有的基坑连续破坏的研究中针对桩锚支护基坑的研究较少，未能揭示局部锚杆破坏后如何引发支护体系发生大范围连续破坏的机理，因此，将对此问题展开研究。

6.5.1 单层锚杆基坑局部锚杆失效引发连续破坏的机理分析

1. 单层锚杆基坑局部锚杆失效试验研究

(1) 试验装置及试验工况

桩锚支护基坑试验采用的试验平台、支护桩及土体参数与 6.3 节、6.4 节研究悬臂式及内支撑排桩连续破坏机理相同，如图 6.5-1 所示。锚杆选用直径 2mm 钢绞线，共布置 19 根，按照两桩一锚方式布置。锚杆按照到观察窗的距离依次编号为 A1～A19，初始失效锚杆 9 根，编号为 A6～A14。所有工况锚杆预应力为 39N，对应原型锚杆锁定值 160kN。

共进行 2 种工况的局部锚杆失效试验，工况 1：基坑开挖深度 75cm，工况 2：基坑开挖深度 0cm。基坑开挖到预定深度并待桩顶位移与桩身弯矩稳定后，控制 9 根锚杆逐一失效，锚杆失效顺序为 A10、A9、A11、A8、A12、A7、A13、A6、A14。

图 6.5-1 桩锚基坑模型试验装置及基坑模型示意图

(2) 试验结果及分析

1) 锚杆轴力变化及其荷载（轴力）传递系数

图 6.5-2 为不同锚杆失效数量、不同开挖深度下荷载（轴力）传递系数 I_t 对比。同一开挖深度，锚杆失效数量越多，I_t 越大。每一根锚杆失效，其影响范围为邻近的 3～4 根锚杆。此外，桩锚基坑中锚杆失效的影响范围大于支撑式基坑中支撑失效的影响范围（1～2 根支撑），主要原因是锚杆刚度小于支撑刚度。相同失效范围，随着开挖深度的增加，I_t 也随之增加。

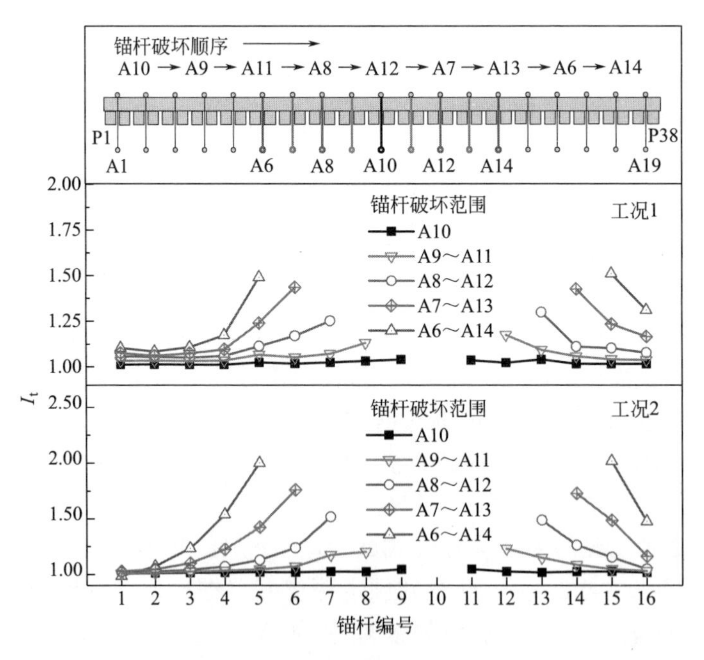

图 6.5-2 I_t 对比

2）支护桩弯矩变化及其 I_m

工况 1 支护桩 I_m 变化见图 6.5-3。局部锚杆失效后，失效范围内的桩身弯矩减小。锚杆 A10 失效后，导致距离失效锚杆较近的支护桩 P18 和 P19 弯矩减小，但幅度较小，I_m 为 0.97 和 0.98。随着锚杆失效范围增大，位于锚杆失效范围内的 P18 和 P19 桩身弯矩不断减小，当锚杆 A14 失效（共 9 根锚杆失效）后，I_m 为 0.33 和 0.37。主要原因是随着锚杆失效数量增多，P19 受到锚杆和冠梁的支撑作用逐渐减小，桩顶水平剪力也逐渐较小，P19 桩身弯矩受力模式从桩锚式向悬臂式转变，即由桩身几乎全部在开挖侧受拉，逐渐转变为桩身上部开挖侧受拉，下部坑外侧受拉。同时，桩身上半部最大弯矩逐渐减小，桩身下半部弯矩逐渐增大，但总体上，桩身最大弯矩绝对值较锚杆失效前减小。工况 1 锚杆失效阶段 P19 桩身弯矩变化曲线见图 6.5-4。

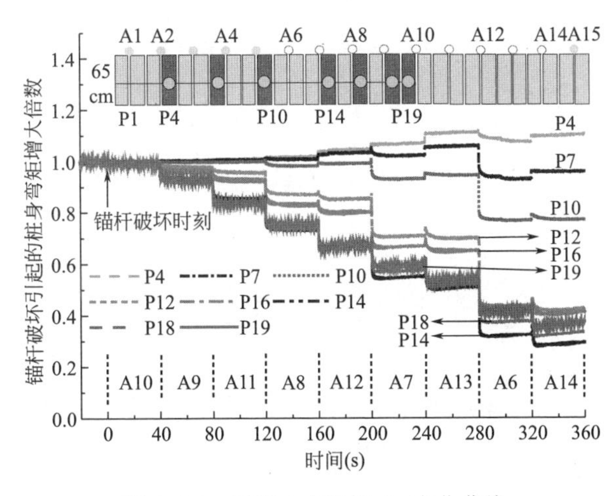

图 6.5-3 工况 1 支护桩 I_m 变化曲线

工况 2 支护桩 I_m 变化曲线见图 6.5-5。局部锚杆失效同样会导致锚杆失效范围内桩身弯矩减小，其变化规律与工况 1 类似，但锚杆失效引起的支护桩 I_m 最小值更大。当锚杆 A14 失效后，引起工况 1、2 的 I_m 分别为 0.33 和 0.59。

2. 单层锚杆基坑局部锚杆失效数值模拟研究

（1）数值模型建立

基坑模型在 X、Y、Z 方向尺寸为 50m×40m×22m，基准模型的网格及结构布置如图 6.5-6 所示。模型在垂直于 X 与 Y 方向的 4 个竖直边界面上约束法向位移，在垂直于 Z 轴的底部边界上约束 X、Y、Z 三个方向的位移。

（2）数值模型参数

1）土体参数

本次模拟采用纯砂性土（黏聚力 c＝0kPa，摩擦角取 25°、30°及 35°），土体

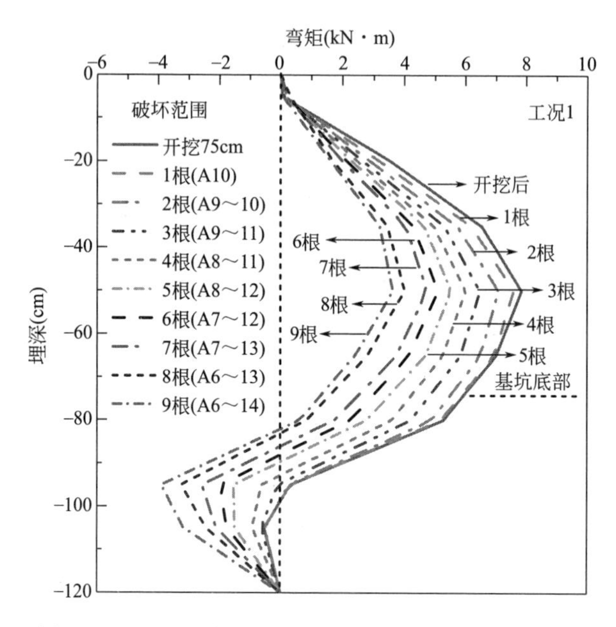

图 6.5-4　工况 1 锚杆失效阶段 P19 桩身弯矩变化曲线

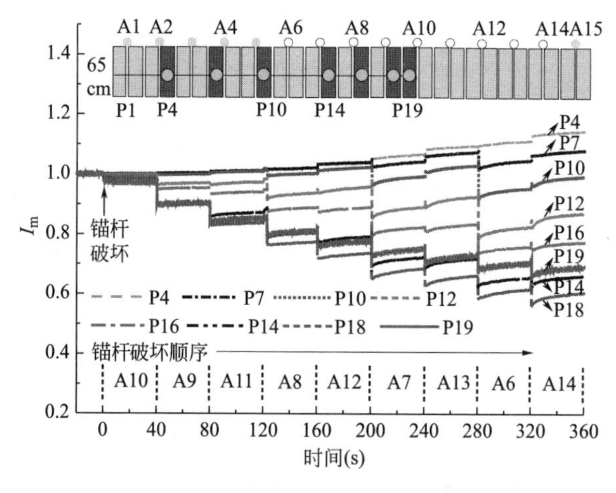

图 6.5-5　工况 2 支护桩 I_m 变化曲线

本构采用莫尔—库仑模型。砂土弹性模量以 1.5MPa/m 的增长率沿深度线性增加，泊松比取 0.3。基坑开挖为卸荷问题，而土体卸荷模量远大于压缩模量，因此，计算模型实际采用的模量参数为上述数据的 3 倍。

2）支护桩和冠梁参数

支护桩、冠梁均采用线弹性结构单位模拟。支护桩采用桩单元，直径 800mm，桩间距 1m。冠梁采用梁单元，横截面尺寸为 800mm×600mm。支护

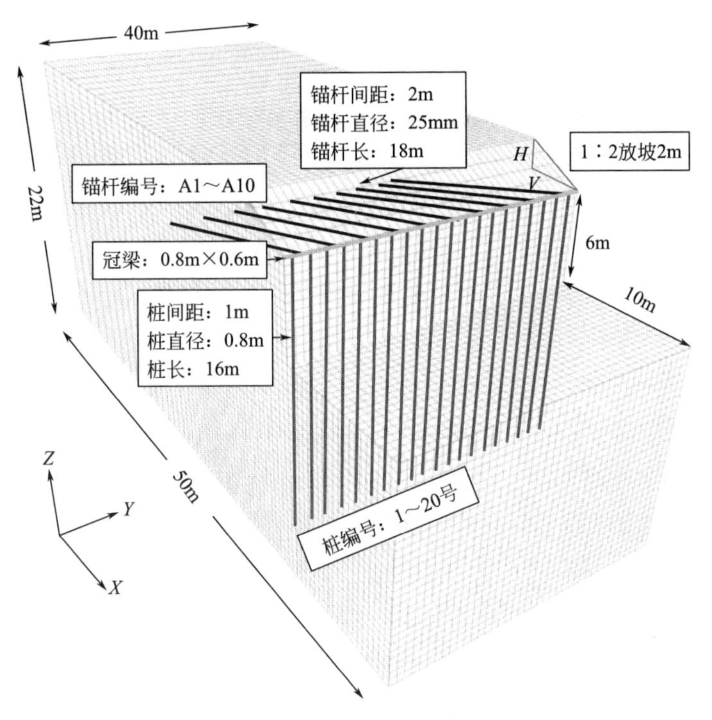

图 6.5-6 基准模型的网格及结构布置

桩和冠梁弹性模量为 30GPa，泊松比为 0.2。结构桩单元与土体的界面采用可以相对滑移的接触面单元，其剪切破坏符合 Coulomb 破坏准则，切向剪切刚度为 23MPa，黏聚力取 10kPa，摩擦角取 23°。由于桩为结构单元，断面面积可以被忽略，桩间位置的土体单元很容易过大变形，与实际情况不符，因此，在桩后 0.5m、坑底下 2m 以上范围内提高土体强度 50kPa，用来模拟桩体的挡土效应及桩间的喷射混凝土，防止土体从桩间流出。

3）锚杆参数

结合某基坑工程实例，并根据锚杆自由段超出潜在滑移面的要求，锚杆采用直径 32mm 的 HRB335 钢筋，总长度 18m（自由段 8m，锚固段 10m），预应力锁定值 170kPa。锚杆按两桩一锚的方式布置，水平间距 2m。注浆孔径 130mm，注浆压力 2MPa，注浆体采用 M25 水泥砂浆，抗压强度约为 32.4MPa，锚杆注浆体与土体间粘结强度取 120kPa。

（3）模拟方法

数值模拟采用显式有限差分法，模拟过程分为开挖阶段和局部锚杆失效两个阶段。开挖阶段采用静力模式求解，局部锚杆失效阶段采用动力模式求解，该动力分析中求解总时间对应着真实的时间。通过删除不同数量的锚杆自由段模拟锚杆失效，本节中的数值模拟为对称模型，靠近支护桩的边界为对称面，因此，数值模拟中1根锚杆失效相当于全模型2根锚杆失效。为了便于描述，以下描述失效数量时仍然指数值模型中的失效数量。

（4）不同数量锚杆失效时荷载传递机理分析

1）桩后土压力变化

不同数量锚杆失效时1号桩主、被动区土压力如图6.5-7所示（图中3根、5根、15根表示失效锚杆数量）。随着锚杆失效数量增加，区域1和区域2内，1号桩后主动区土压力总体降低；区域2内被动区土压力增大；区域3内主动区土压力增加，被动区土压力减小。

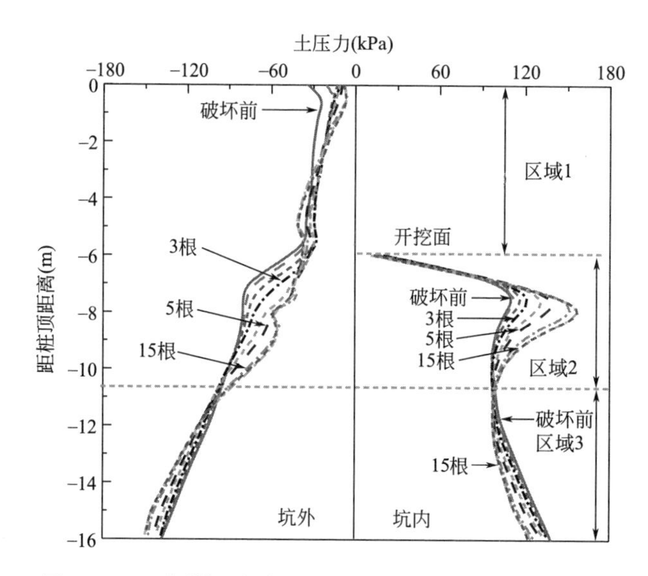

图6.5-7　不同数量锚杆失效时1号桩主、被动区土压力

2）冠梁内力变化

不同数量锚杆失效前后冠梁内力变化如图6.5-8所示。部分锚杆失效后，邻近未失效第1根锚杆位置处的冠梁剪力最大。随着失效锚杆数量增加，冠梁最大剪力逐渐增大，但失效锚杆数量超过3根后，最大剪力不再增加，稳定在250kN左右。在失效锚杆数量大于5根后，锚杆失效范围中部冠梁剪力接近于0。

随着失效锚杆数量增加，失效范围中部的冠梁最大弯矩先增大（1～4根）、后减小（大于5根后），最大可达−520kN·m左右（冠梁在坑外受拉为正方向）。邻近锚杆失效范围外5根锚杆范围内，冠梁弯矩也显著增大，最大弯矩为500kN·m左右，但弯矩符号与破坏范围内相反。

依据国内现行混凝土结构设计标准对冠梁进行构造配筋，冠梁主筋最小配筋率为0.21%，该配筋率下冠梁所能承担的极限抗弯承载力为214kN·m。由此，一旦有锚杆失效，失效范围内冠梁将会出现受弯破坏并形成塑性铰，最终被剪

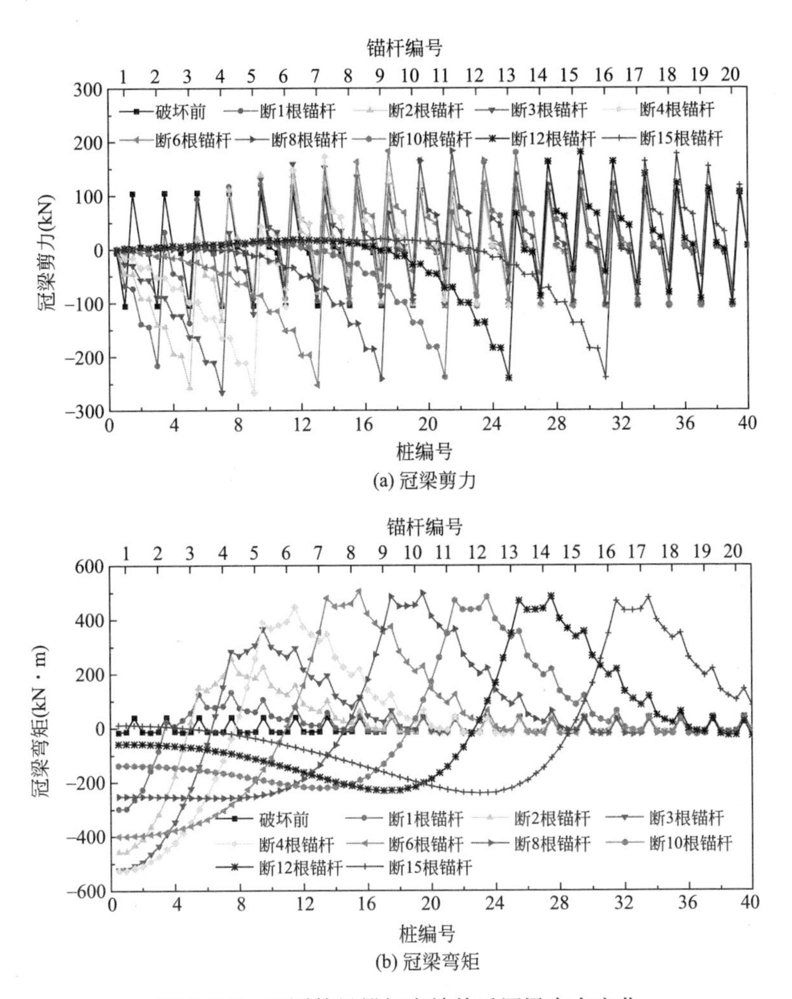

(a) 冠梁剪力

(b) 冠梁弯矩

图 6.5-8 不同数量锚杆失效前后冠梁内力变化

断。为避免此种情况，应适当增大冠梁配筋。冠梁主筋的最小配筋率为 0.5%时，冠梁所能承担的最大弯矩设计值为 500kN·m。该配筋率仍小于梁的经济配筋率下限（梁的经济配筋率 0.6%～1.2%）。

1～4 根锚杆失效前后，桩顶剪力和位移曲线如图 6.5-9（a）所示，桩顶剪力大小代表了锚杆及冠梁作用在支护桩顶的水平支撑力大小。锚杆失效将导致支护结构变形增长，冠梁对支护桩的约束则不断降低。随着锚杆失效范围增加，P1 桩顶剪力不断降低，4 根锚杆失效后，降至锚杆失效前的 0.2 倍。

3）支护桩弯矩变化

见图 6.5-9（b），图中 1 号指 1 号桩，以此类推。锚杆失效后 1～11 号桩弯矩均降低，其中，1 号桩和 2 号桩桩身弯矩降低最为明显，均降低至锚杆失效前的 0.82 倍。1 根锚杆失效对桩身弯矩的影响范围约为 11m，与土压力受影响范围基本保持一致。同时，桩身弯矩随时间的变化也与土压力变化同步，均为先下降后上升。

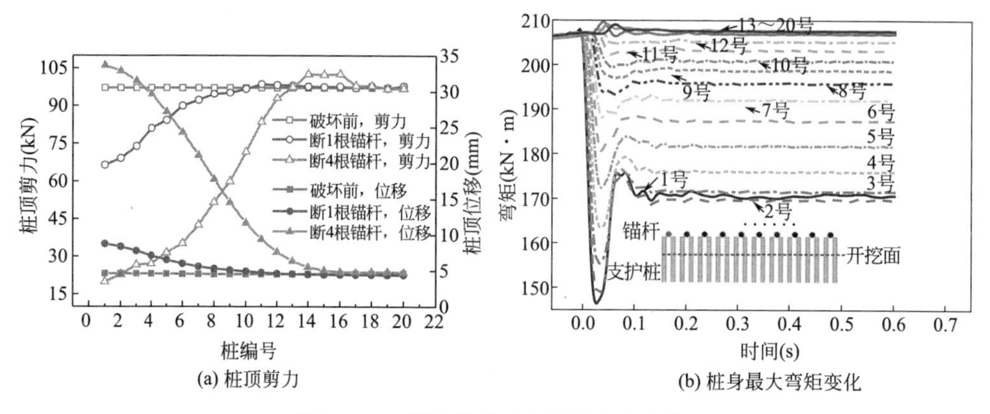

图 6.5-9 锚杆失效时支护桩内力变化

如图 6.5-10 所示（图中 1 根、2 根表示锚杆根数），开挖面以上，1 号桩后土压力整体较锚杆破坏前减小（距桩顶 4m 内，土压力合力降至破坏前的 0.78 倍），与此同时，1 号桩顶剪力降至破坏前的 0.66 倍。

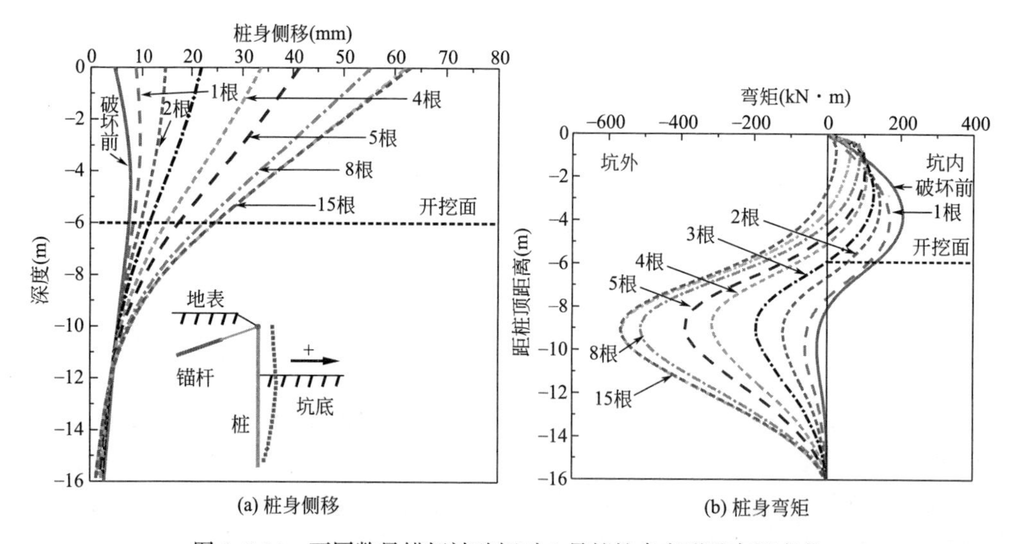

图 6.5-10 不同数量锚杆被破坏时 1 号桩桩身变形及弯矩变化

将支护桩与冠梁连接处以下 xm 内的支护桩作为隔离体进行受力分析，如图 6.5-11 所示。当 $x \leqslant 6$m 时，C 点位于 B 点（开挖面）以上，对 C 点取弯矩，桩身 C 点处弯矩 $M_C = F \cdot x - M_1$（以桩身开挖侧受拉为正，M_1 为主动区土压力在C点处产生的弯矩)。由于桩顶剪力减少的倍数大于主动区土压力合力减少的倍数，即上式中 $F\cdot x$ 对 M_C 的影响更大，因此，坑底以上支护桩弯矩 M_C（桩身最大弯矩）下降。1根锚杆失效后1号桩桩身最大弯矩下降到破坏前的0.817倍，如图6.5-10（b）所示。而开挖面以下，主、被动区土压力基本保持不变，桩身弯矩略有增长。由此可见，邻近局部锚杆破坏位置的桩身弯矩下降主要是由基坑变形增大引起的桩后土压力和桩顶剪力变化共同导致。

4根以上锚杆失效时，桩后土压力变化规律与1～3根锚杆失效的情况类似，开挖面以上1号桩后土压力加载；而在开挖面以下4m内（－10～－6m）主动区土压力下降，被动区土压力增加。但桩身弯矩变化规律有了明显变化，如图6.5-10（b）和图6.5-12所示。

见图6.5-12，4根锚杆破坏对桩身弯矩的影响范围约为14m（1～14号桩），基坑变形稳定后1～6号桩的弯矩比破坏前增大，其中1号桩的桩身弯矩提升至破坏前的1.53倍；7～13号桩的弯矩较破坏前降低，其中9号桩下降程度最大，下降至破坏前的0.59倍。

将支护桩与冠梁连接处以下 xm 的支护桩作为隔离体进行受力分析，如图6.5-11所示。当 $x\leqslant 6$m 时，C点位于B点（开挖面）以上，桩身弯矩下降的原因与1根锚杆破坏时的原因相同。而当 $x>6$m 时，C点位于开挖面以下时，$M_C=F\cdot x+M_2-M_1$（M_2 为被动区土压力在C点处产生的弯矩）。在8m深以下，局部锚杆破坏前，主动区土压力导致的负弯矩（$-M_1$）和支撑力和被动区土压力导致的正弯矩（$F\cdot x+M_2$）相当，整体弯矩（M_c）较小。但局部锚杆被破坏后，由于 F 的下降程度非常大，使得主动区土压力导致的负弯矩 M_1 占据主导地位，M_C 整体呈负弯矩，弯矩绝对值大幅增加，桩身最大弯矩位置由开挖面以上转移至开挖面以下。整个支护桩受力模式由典型的单点支撑式转变为接近于悬臂式。上述分析即为局部锚杆被破坏后，邻近支护桩弯矩上升的最主要机理。

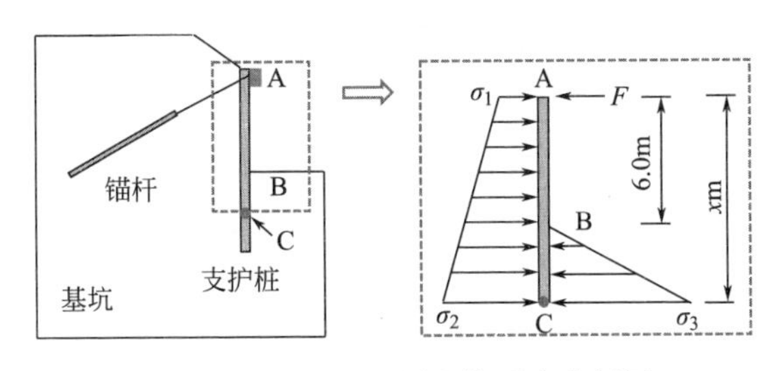

图6.5-11　支护桩隔离体受力分析图

如图6.5-12所示，对于4根锚杆失效的情况，1～6号桩最终最大弯矩上升，其机理均和1号桩最大弯矩上升的机理一致。而距离局部锚杆失效部位稍远处的

7～13 号桩的弯矩较破坏前降低，主要由于这一区域主动区土压力降低，但桩顶支撑力 F（即桩顶剪力）下降相对较小。

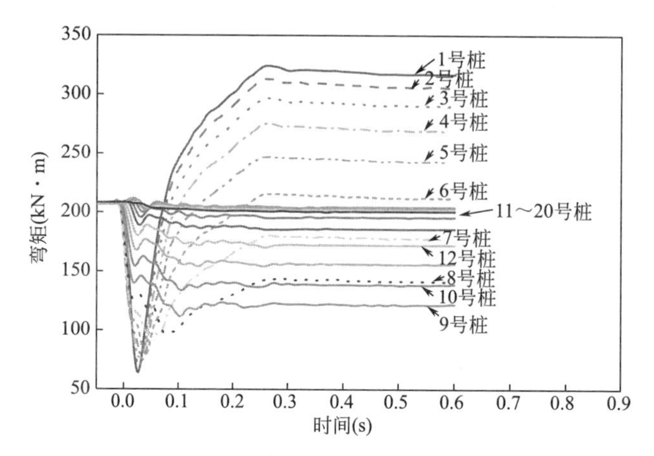

图 6.5-12　4 根锚杆失效情况下支护桩弯矩变化

随着失效锚杆数量的增多，支护桩桩顶支撑力逐渐下降，导致整个 1 号桩受力模式由典型的单点支撑式逐渐转变为接近于悬臂式，同时，最大弯矩位置由开挖面以上转移至开挖面以下，最大弯矩绝对值先减小后增大，如图 6.5-10（b）所示。当 11 根锚杆失效时，1 号桩弯矩增加到了破坏前的 2.74 倍。但当失效锚杆数量超过 11 根时，即使破坏范围进一步扩大，1 号桩弯矩增大倍数不再有明显的增长。

（5）不同局部破坏范围下荷载传递规律对比分析

1）支护桩荷载传递规律

当支护桩的抗弯承载力安全系数 K_d 小于 I_m 时，局部锚杆失效将引起支护桩的失效，并可能导致基坑发生沿长度方向的连续破坏。1～15 根锚杆失效时，I_m 分布如图 6.5-13（a）所示。I_m 随着局部破坏范围的扩大而增大，且存在一个增长极限，在本例中，11 根以上锚杆失效时，$I_m=2.74$，通常远大于传统支护桩的安全系数，极易引发连续破坏。

当有 n 根锚杆失效时（即 $2n$m 范围内锚杆破坏），支护桩弯矩受影响范围约为 2（$n+4$）m，在锚杆破断数量不超过 3 根时，影响范围内支护桩弯矩下降，局部锚杆被破坏不会引发支护桩破坏。而当 $n>4$ 时，可将影响范围划分为核心破坏区和边缘破坏区 [图 6.5-13（a）中 11 根锚杆破坏时的区域划分]：（1～2）（$n-1$）号桩 $I_m>1$，定义为核心破坏区，该区域内桩身弯矩增大；而（$2n-1$）～2（$n+4$）号桩 $I_m<1$，定义为边缘破坏区，该区域内桩身弯矩降低。两个区域里支护桩弯矩增大和减小的机理如前所述。在研究锚杆失效是否会引起支护桩被破坏时，需要重点监测核心破坏区桩的荷载传递系数。

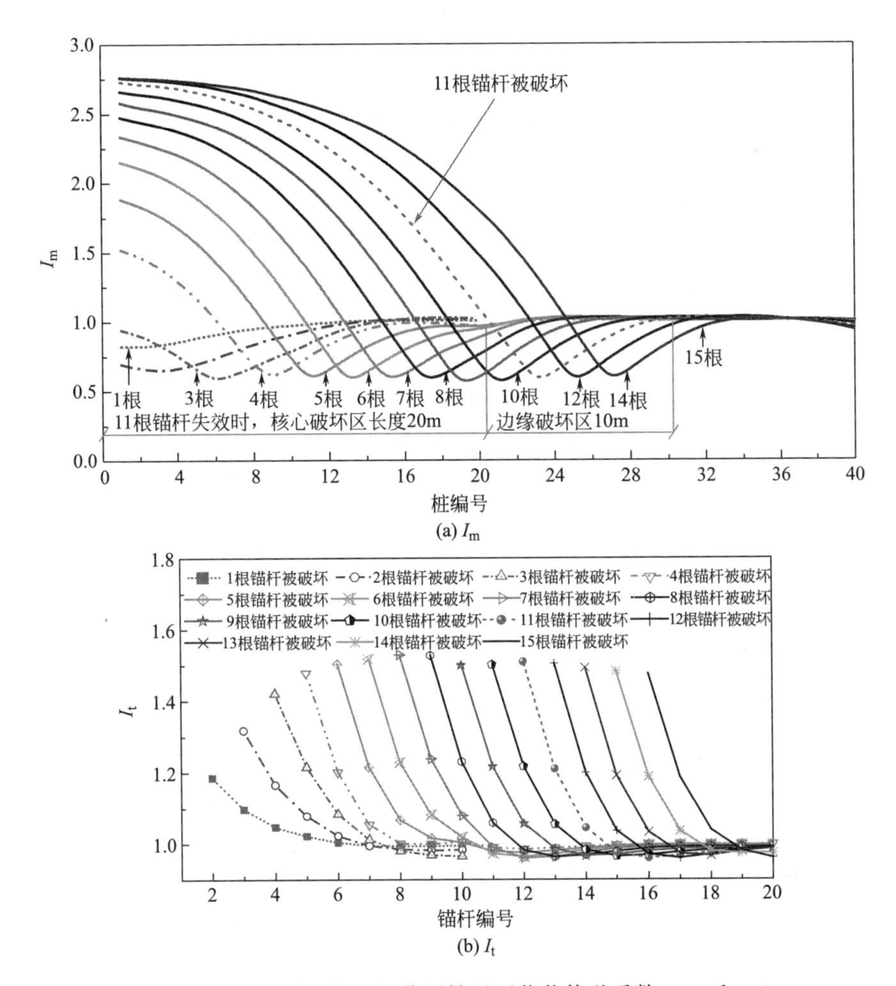

图 6.5-13 不同局部破坏范围情况下荷载传递系数（I_m 和 I_t）

2）锚杆的荷载传递规律

与支护桩类似，在发生破坏前，由于其他锚杆的局部破坏，被释放的荷载传递到未被破坏的锚杆，使其轴力增加达到峰值，将此峰值与破坏前这根锚杆轴力的比值定义为锚杆 I_t。见图 6.5-13（b），局部锚杆破坏将引起邻近 3～4 根锚杆轴力增大，且当失效锚杆数达到一定值后（本例为 6 根），邻近破坏区的第 1 根锚杆轴力达到增长极限，极限 I_t 约为 1.50。

I_t 与其抗拉（抗拔）承载力安全系数 K_a（K_t）之间的大小关系决定了局部锚杆失效是否会引起邻近未失效锚杆的继发破坏。通过前述研究也可以发现，在锚杆破坏数量较少时（≤3 根），邻近 3～4 根锚杆所受影响较大，$I_t>1$，而支护桩受到的影响较小，$I_m<1$，此时最薄弱的连续破坏传递路径为锚杆。而锚杆破

坏数量较多时（≥4 根），支护桩受到的影响更大，$I_m>1$，且 $I_m>I_t$，锚杆的破坏更容易引发支护桩的连续破坏。

6.5.2 多层锚杆基坑局部锚杆失效引发连续破坏的机理与控制措施

1. 数值模型与工况介绍

基坑模型在 X、Y、Z 方向尺寸为 50m×40m×22m，以 3 层锚杆模型为例，模型单元总数为 250000，结构布置如图 6.5-14 所示。模型在垂直于 X、Y 方向的 4 个竖直边界面上约束法向位移，在垂直于 Z 方向的底部边界上约束 X、Y、Z 方向的位移。为了与单层锚杆工况对比，模型中锚杆同样采用直径 32mm 的 HRB335 钢筋，水平间距 2m，竖向间距 3m，自由段长 8m，锚固段长 10m，预应力 170kPa，支护结构参数以及锚杆失效模拟方法与单道锚杆工况相同。

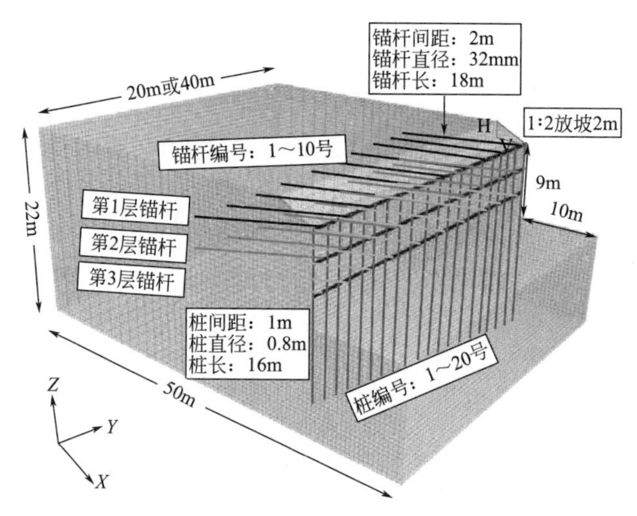

图 6.5-14　3 层锚杆模型的网格及结构布置

2. 2 层锚杆支护下荷载传递规律分析

2 层锚杆支护工况基坑深度 8m，锚杆位于地面下－2m 和－5m，如图 6.5-15 所示，基坑深度与第 1 根锚杆设置位置与单层道锚杆支护基坑相同。基坑开挖完成后，支护桩水平变形呈弓形，最大位移 5.78mm（单层锚杆工况 9.74mm）；支护桩最大弯矩 164.3kN·m（单层锚杆工况 206.7kN·m）；上下层锚杆轴力为 199.2kN 和 207.1kN（单层锚杆工况 240.3kN）；冠梁和腰梁绕 Z 轴弯矩最大值分别为 5.2kN·m 和 35.4kN·m，沿 X 轴方向剪力最大值分别为 88.8kN 和 93.8kN（单层锚杆工况冠梁弯矩和剪力分别为 15.0kN·m 和 110.9kN）。

实际工程中，可能由降雨导致局部积水下渗或水管漏水而引发锚杆失效。局部积水下渗深度浅时可导致第 1 层锚杆逐渐失效，下渗深度大可导致第 1、2 层锚杆整层逐渐失效。水管破裂漏水发生在第 2 层锚杆深度处时，可导致第 2 层锚杆逐渐失效。因此，2 层锚杆支护结构考虑了 3 种工况：工况 1，第 1 层锚杆逐根失效，共失效 15 根；工况 2，第 2 层锚杆逐根失效，共失效 15 根；工况 3，2 层锚杆逐列失效，共失效 15 列。

（1）锚杆失效引起的桩身变形

锚杆失效引起的 1 号支护桩桩身变形见图 6.5-16（图中 1 根失效表示 1 根锚杆失效，1 列失效表示 1 列锚杆失效，依此类推）。随着锚杆失效数量增加，工况 1 中第 2 层锚杆上方的支护桩变形模式由桩锚式变为悬臂式；工况 2 中桩身变形增大，但变形模式未改变；工况 3 中支护桩变形模式变为悬臂式，桩身变形显著增大。当锚杆失效数量超过一定值后，1 号支护桩桩身变形不再增加。工况 1、工况 2、工况 3，锚杆失效后桩身最大位移为 12.45mm、7.67mm 和 59.62mm（单层锚杆工况下最大位移为 62.97mm）[47]。

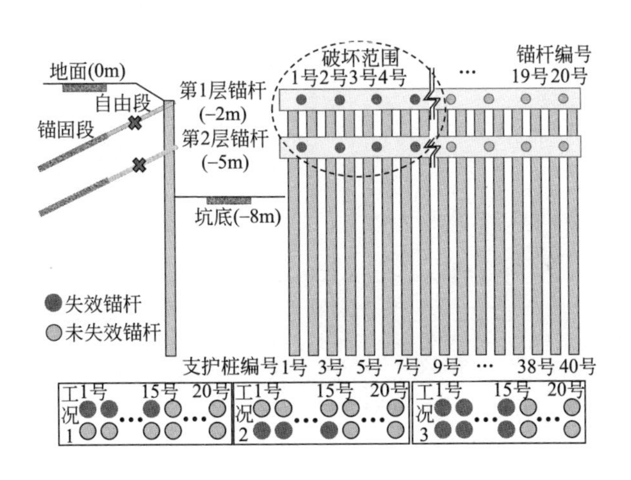

图 6.5-15　支护结构布置及锚杆失效工况

（2）锚杆荷载传递规律

局部锚杆失效后，剩余锚杆 I_t 见图 6.5-17。工况 1 中，第 1 层锚杆失效，在本层锚杆内影响范围为局部失效范围外 4 根锚杆，与单层锚杆支护基坑局部锚杆失效情况的影响范围相近。锚杆失效后，第 1 层锚杆 I_t 为 1.27。第 1 层锚杆失效与第 1 层锚杆在第 2 层锚杆中的影响扩展范围相比，少 1 层锚杆。例如，当第 1 层锚杆 A1～A6 失效后，第 1 层锚杆 A7～A10 和第 2 层锚杆 A1～A9 会受到影响。此外，锚杆失效后，与单排锚杆支护体系相比，2 层锚杆支护体系的 I_t 更小。这是由于 2 层锚杆支护时，锚杆失效后有更多的荷载传递路径。

工况 2 中，第 2 层锚杆失效，在本层锚杆内的影响范围为 3 根锚杆，最大 I_t

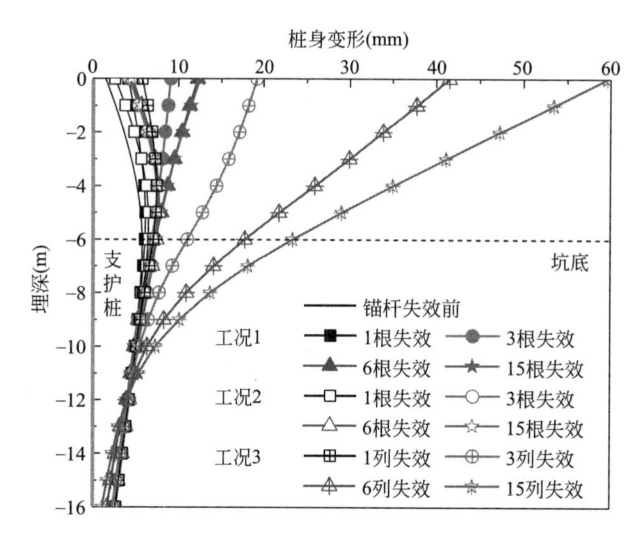

图 6.5-16　锚杆失效引起的 1 号支护桩桩身变形

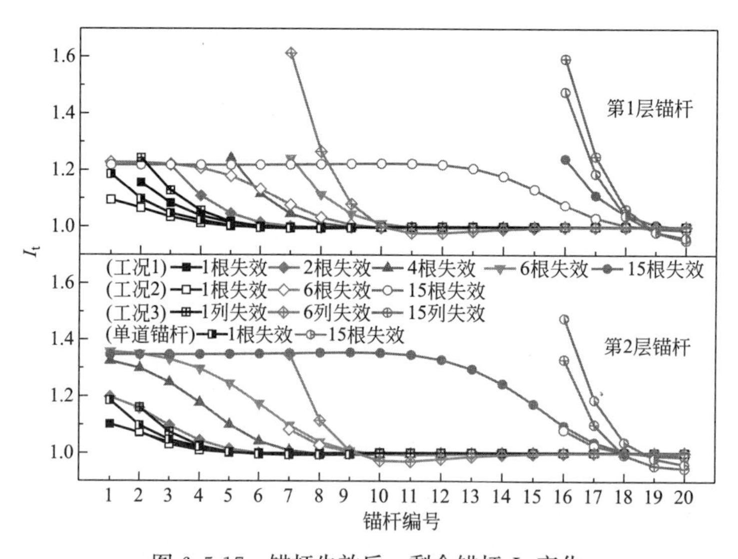

图 6.5-17　锚杆失效后，剩余锚杆 I_t 变化

为 1.10，而第 1 层锚杆的最大 I_t 为 1.23，远大于 1.10。也就是说，第 2 层锚杆局部失效对第 1 层锚杆的影响更大，更易引发第 1 层锚杆失效。此外，工况 2 与工况 1 相比，锚杆最大 I_t 更小 1，因为工况 2 中锚杆失效引起的支护桩变形增量小，2 层锚杆深度处支护桩的最大位移增量为 3.0mm 和 2.7mm，而工况 1 中的相应数据为 11mm 和 6mm，因此，工况 1 中，第 1 层锚杆失效引发的荷载转移（土拱效应及结构内力重分布）更显著。

工况 3 中，与工况 1（最大 I_t1.35）、工况 2（最大 I_t1.23）相比，2 层锚杆局部失效后未失效锚杆的最大 I_t 更大（最大 I_t1.59）。因为工况 3 的锚杆局部失效程度较大。此外，与基坑深度相同单层锚杆支护体系相比，工况 3 中整列锚杆失效引发最大 I_t 更大，更容易引发锚杆的连续破坏。

综上所述，2 层锚杆支护体系不同位置处锚杆局部失效对邻近未失效锚杆的影响明显不同，也与基坑深度相同的单层锚杆支护体系有较大差别。2 层锚杆支护体系局部失效的 3 种工况中，第 2 层锚杆局部失效比第 1 层锚杆局部失效对邻近未失效锚杆影响小，且均比基坑深度相同的单层锚杆支护体系中局部锚杆失效影响小，说明 2 层锚杆支护体系中单层锚杆失效后，有更多的荷载传递路径。然而，2 层锚杆整列同时局部失效，其影响显著大于单层锚杆局部失效的影响，也大于基坑深度相同的单层锚杆支护体系中局部锚杆失效的影响，更容易引发后续锚杆的连续破坏。在 2 层锚杆支护体系中，为防止锚杆发生连续破坏，应适当加强第 1 层锚杆，防止其发生局部破坏，此外，也应避免锚杆发生整列破坏。

(3) 支护桩荷载传递规律

图 6.5-18 (a) 为 3 种工况下锚杆失效时作用在 1 号支护桩的土压力变化（图中 1 根表示 1 根锚杆，1 列表示 1 列锚杆，依此类推)。3 种工况中，随着锚杆失效数量的增加，因为支护桩上部变形增大，所以作用在开挖面以上的 1 号支护桩桩土压力减小。由于工况 3 支护桩位移增加最大，工况 2 支护桩位移增加最小，因此，在工况 3 中，1 号支护桩桩土压力的减小量最大，在工况 2 中，1 号支护桩桩土压力的减小量最小。图 6.5-18 (b) 为 3 种工况下锚杆失效时作用在 1 号支护桩的弯矩变化。锚杆局部失效位置对 1 号支护桩的弯矩有显著影响。工况 1 中，由于第 2 层锚杆上方的支护桩受力模式逐渐变为悬臂式，支护桩受到的弯矩方向逐渐发生变化，使得锚杆失效过程中支护桩弯矩减小，并逐渐由正变负。当锚杆失效数量大于 6 根时，最大弯矩从 124.7kN·m 下降到 85.8kN·m，且支护桩上部受力由坑内侧受拉，转变为坑外侧受拉。

工况 2 和工况 3 中，1 号支护桩的最大弯矩绝对值在局部失效范围较大时均显著增加，但原因不同。工况 2 中，第 2 根锚杆局部失效后，1 号支护桩弯矩模式未发生变化，随着锚杆失效数量的增加，最大弯矩逐渐增大（最大增加 1.30 倍），并逐步稳定。工况 3 中，随着锚杆失效数量的增加，1 号支护桩受力模式逐渐转变为悬臂式，所受弯矩先减小，后增大。当锚杆失效数量大于 10 根，支护桩受力由坑内侧受拉，转变为坑外侧受拉，弯矩方向发生变化，且最大弯矩增长了 3.27 倍。

锚杆失效时支护桩 I_m 见图 6.5-19（图中 4 根表示 4 根锚杆，2 列表示 2 列锚杆，依此类推)。工况 1 中，第 1 层锚杆失效会引起失效区域及相邻 5 根锚杆内（10 根支护桩）支护桩弯矩减小，原因与图 6.5-18 (b) 中 1 号支护桩桩身弯

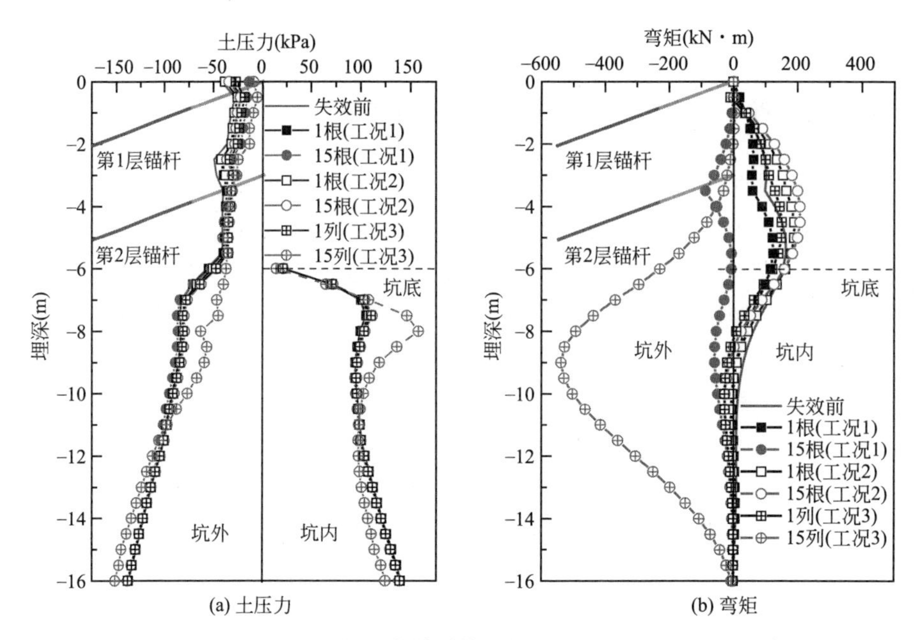

图 6.5-18 工况 1～工况 3 锚杆失效时作用在 1 号支护桩的土压力与弯矩变化

矩降低的原因相同。因此，2 层锚杆支护基坑，第 1 层锚杆失效不会使得支护桩发生弯曲破坏。

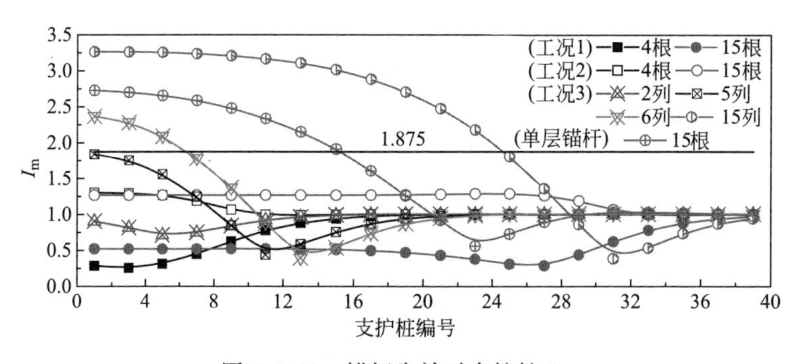

图 6.5-19 锚杆失效时支护桩 I_m

工况 2 中，第 2 层锚杆失效会引起失效区域及相邻范围 2 根支护桩弯矩增加，当超过 4 根锚杆失效时，支护桩 I_m 增长到极限值 1.30。由于 I_m 相对较小，通常小于支护桩抗弯强度安全系数。因此，2 层锚杆支护基坑第 2 层锚杆失效导致支护桩连续破坏的可能性相对较低。

工况 3 中，锚杆失效数量少于 3 列时，失效区域内支护桩弯矩减小。锚杆失效数量超过 3 列时，锚杆失效会导致失效区域内支护桩弯矩显著增加，失效区域外邻近支护桩弯矩减小。与单层锚杆支护体系相似，2 层锚杆支护体系中随着失效锚杆列数增加，失效范围中心区域内的支护桩受力模式逐渐转为悬臂式，支护桩弯矩先减小后增大。当局部失效范围较大时，支护桩的最大 I_m 为 3.27，大于单层锚杆支护体系的相应数据。因为 2 层锚杆支护体系锚杆失效前的支护桩弯矩（164kN·m）小于单层锚杆支护体系失效前的支护桩弯矩（207kN·m），然而，2 层锚杆支护体系锚杆整列失效数量较多，支护桩最大弯矩（−539kN·m）与单层锚杆支护体系支护桩最大弯矩接近（−570kN·m）。因此，当支护桩安全系数相同时，2 层锚杆支护体系中锚杆整列破坏比仅 1 层锚杆失效工况，以及在相同基坑深度情况下单层锚杆支护体系中局部锚杆失效工况更容易引发支护桩连续破坏。

综上所述，2 层锚杆支护体系中，仅 1 层锚杆发生局部失效通常不会引发支护桩的破坏，与相同基坑深度情况下单层锚杆支护体系中局部锚杆失效工况相比，锚杆失效引发支护桩弯曲破坏导致基坑连续垮塌的可能性低，说明多层锚杆支护体系荷载传递路径较多，整体安全性较高。但在多层锚杆支护体系中，若局部多层锚杆一同失效，即局部锚杆整列失效，整列失效锚杆数量较多时，支护桩发生弯曲破坏导致基坑垮塌的可能性将大幅高于相同基坑深度情况下单层锚杆支护体系中局部锚杆失效工况下基坑垮塌的可能性。

(4) 冠（腰）梁内力变化

不同数量锚杆失效引起冠（腰）梁弯矩变化如图 6.5-20 所示（图中 2 根表示 2 根锚杆失效，1 列表示 1 列锚杆失效，依此类推）。工况 1 与单层锚杆失效情况类似，随着失效锚杆数量的增加，局部失效中心位置处冠（腰）梁最大弯矩先增大（1～4 根锚杆失效）、后减小（大于 5 根锚杆失效），最大可达−197kN·m 和−105kN·m（冠梁在坑外受拉弯矩为正），主要是失效范围内支护桩对冠（腰）梁的水平作用力引起。邻近局部失效范围外 5 根锚杆范围内，冠（腰）梁弯矩也显著增大，最大弯矩为 86kN·m（1～4 根锚杆失效）和 76kN·m（大于 5 根锚杆失效），但是符号与失效范围内符号相反。

工况 2，局部失效中心位置处冠（腰）梁最大弯矩同样先增大（1～4 根锚杆失效）、后减小（大于 5 根锚杆失效），最大可达−96.33kN·m 和−91kN·m。邻近失效范围外 5 根锚杆范围内，冠（腰）梁弯矩同样增大，最大弯矩为 31kN·m 和 49kN·m。与工况 1 对比，第 2 层锚杆局部失效比第 1 层锚杆局部失效对冠（腰）梁影响小。

工况 3，随着整列锚杆失效数量的增加，冠（腰）梁弯矩明显增大，局部破坏中心位置处冠梁最大弯矩达到−449kN·m；失效范围外 5 根锚杆范围内冠梁弯矩达到 332kN·m。

依据国内现行混凝土设计规范对冠（腰）梁进行构造配筋，主筋最小配筋率为 0.21%，该配筋率下冠（腰）梁所能承担的极限抗弯承载力为 214kN·m，极限抗剪承载力为545kN。由此，本例中2层锚杆支护基坑，第1层锚杆或第2层锚杆中仅一层锚杆失效不会引起冠（腰）梁的破坏，当整列锚杆失效，即使1列锚杆失效（引起的最大弯矩为271kN·m）也可能引发冠（腰）梁的破坏。如图6.5-21所示（图中1列表示1列锚杆），1列锚杆失效后，支护桩弯矩减小，此时冠梁弯矩达到抗弯承载力极限值，冠梁发生破坏，随后腰梁也发生破坏，当冠（腰）梁发生破坏，支护桩完全变为悬臂式结构，受力瞬间增大，1号支护桩最大弯矩达到172kN·m（I_m为1.05），3列锚杆失效后，最大弯矩达到了259kN·m（I_m为1.58），4列锚杆失效后，最大弯矩达到了336kN·m（I_m为2.05>1.875，1.875为二级基坑围护桩单桩抗弯安全系数[48]）。由前述分析可知，若冠（腰）梁不发生破坏，4列锚杆失效后，支护桩I_m为1.51，不会发生支护桩破坏而引发基坑垮塌。由于冠（腰）梁的破坏，4列锚杆失效后，支护桩可能发生弯曲破坏引发基坑局部垮塌，极大地加快基坑连续垮塌过程。因此，为保证支护体系的整体性，提高其防连续破坏整体安全性能，避免冠（腰）梁在局部锚杆整列失效时发生破坏引发支护桩破坏造成基坑垮塌，应该对冠（腰）梁进行局部锚杆失效工况下的设计[50]。

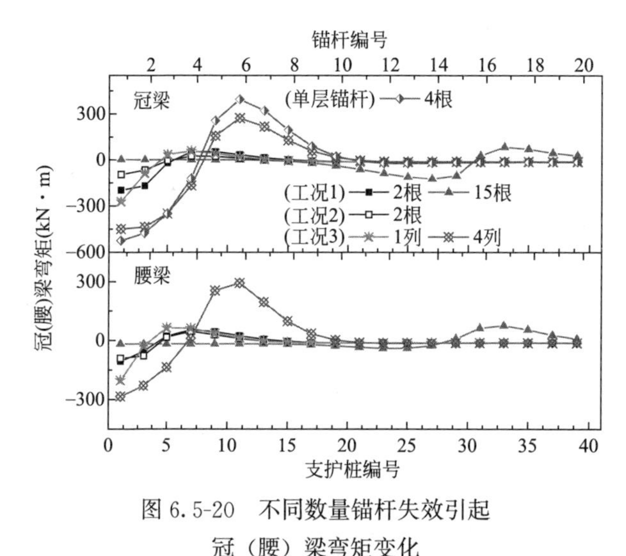

图6.5-20　不同数量锚杆失效引起冠（腰）梁弯矩变化

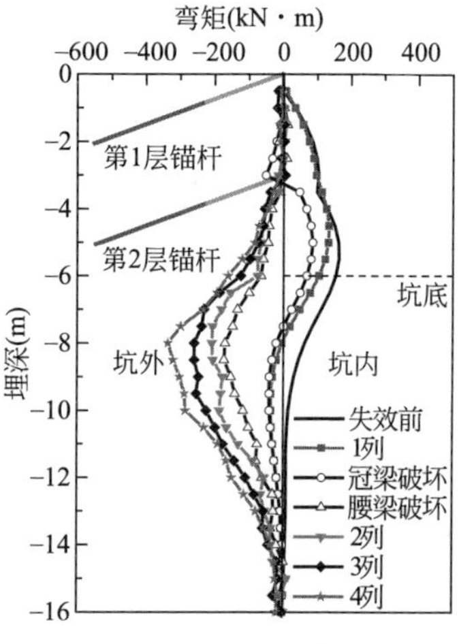

图6.5-21　考虑冠（腰）梁破坏时支护桩弯矩变化

3. 3层锚杆支护下荷载传递规律分析

3层锚杆工况，基坑深11m，锚杆位于地面下−2m、−5m、−8m，最下层锚杆距坑底3m（与2层锚杆工况相同）。支护结构布置及锚杆失效工况如图6.5-22所示，工况4，锚杆按照第1层、第2层、第3层顺序失效，其中，每层锚杆自左至右依次有15根失效；工况5，锚杆按照第3层、第2层、第1层顺序失效，每层锚杆失效顺序与工况4相同；工况6，首先失效第1层第1根锚杆，随后，未

失效锚杆中 I_t 最大的锚杆逐根失效；工况 7，开始失效第 2 层第 1 根锚杆，后续锚杆失效顺序与工况 6 相同；工况 8，开始失效第 3 层第 1 根锚杆，后续失效顺序与工况 6 相同。工况 6～工况 8 模拟了实际工程中某根锚杆失效后，锚杆连续失效可能的发展和传递路径。

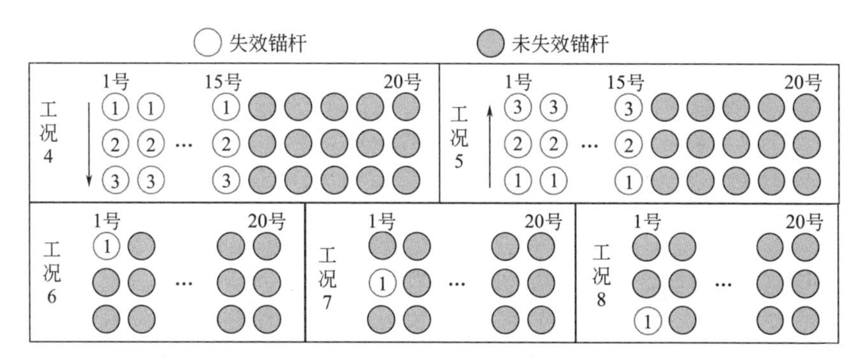

图 6.5-22　支护结构布置及锚杆失效工况

（1）锚杆荷载传递规律

锚杆失效时 I_t 见图 6.5-23（图中 1 根失效，表示 1 根锚杆失效，以此类推）。第 1 层锚杆失效对第 1 层未失效锚杆和第 2 层锚杆有加荷作用，锚杆荷载沿竖向传递的趋势更明显，对第 3 层锚杆的加荷作用则不明显，引起第 1 层、第 2 层、第 3 层锚杆最大 I_t 为 1.23、1.28、1.07。第 2 层锚杆失效后，引起第 1 层、第 2 层、第 3 层锚杆最大 I_t 为 1.56、1.65、1.90，较第 1 层锚杆失效后的增量为 0.28、0.37、0.83。第 3 层锚杆 I_t 增大较多，荷载沿竖向传递的现象较为显著。第 3 层锚杆失效后，引起第 1 层、第 2 层、第 3 层锚杆的最大 I_t 为 2.89、2.34、2.58，较第 2 层锚杆失效后的增量为 1.33、0.69、0.68。可见，3 层锚杆在局部失效时对未失效锚杆的影响非常大。在本例中，锚杆失效引发的荷载转移会沿水平向和竖向传递，其中，竖向传递更为明显。锚杆失效层数较少时，荷载传递系数较小，随着失效层数的增加，荷载传递系数迅速增大，将引发不可控制的连续破坏。因此，对于多层锚杆，局部锚杆的失效应尽量控制在 1 层内（例如采用隔道加强的设计），避免局部锚杆失效引发其他道锚杆失效，这样就能防止荷载传递系数过高，引发不可控制的连续破坏。

（2）支护桩荷载传递规律

锚杆失效过程中 I_t 见图 6.5-24（图中 1 根失效，表示 1 根锚杆失效，以此类推）。对比发现，仅 1 层锚杆局部失效时，第 1 层锚杆首先失效引发支护桩弯矩下降，第 3 层锚杆首先失效引发支护桩弯矩上升，原因与 2 层锚杆支护体系中工况 1 和工况 2 相同。2 层锚杆局部失效后，工况 4 和工况 5 中，支护桩最大 I_m 达到 1.46 和 1.98，此时支护桩易发生受弯破坏。3 层锚杆局部失效后，工况 4

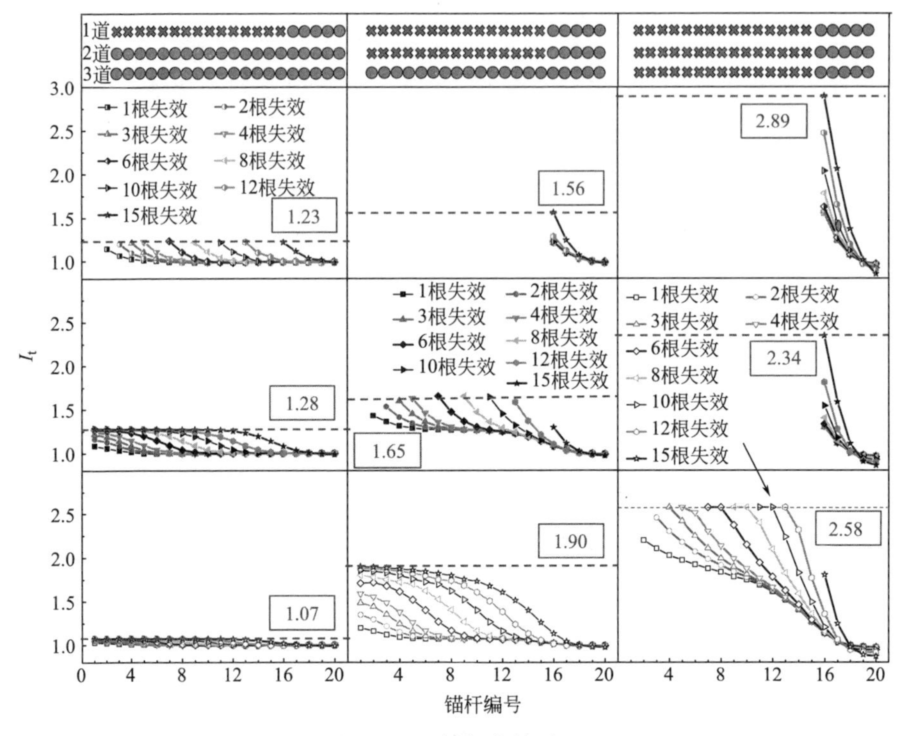

图 6.5-23　锚杆失效时 I_t

和工况 5 中支护桩最大的 I_m 接近，均达到了 4.5。总体来讲，3 层锚杆支护体系，1 层锚杆失效、2 层锚杆失效时，从下至上锚杆逐层失效对支护桩的影响（引发支护桩受弯破坏的可能性）均远大于从上至下锚杆逐层失效对支护桩的影响。因此，实际工程中，应避免最下层锚杆首先发生失效。同时，为避免下部局部锚杆失效引发支护桩发生受弯破坏直接导致基坑垮塌，支护桩进行强度设计时可以进行第 3 层局部锚杆失效工况下的设计，如图 6.5-24 所示，可以使支护桩的抗弯承载力安全系数大于 1.56。根据文献［48］，二级基坑围护桩的单桩抗弯安全系数可以达到 1.875，因此，支护桩的强度通常可以满足第 3 层局部锚杆失效工况下的设计，即第 3 层局部锚杆失效直接引发支护桩受弯破坏并引发基坑垮塌的可能性较低。

图 6.5-25（a）是工况 6～工况 8 锚杆失效时作用在 1 号支护桩土压力变化，图中 5 根表示 5 根锚杆失效，依此类推。随着锚杆失效数量的增加，因为支护桩上部变形增大，所以作用在开挖面以上的于 1 号支护桩桩土压力减小。图 6.5-25（b）为 3 种工况中 1 号支护桩弯矩变化。锚杆不同失效初始位置造成锚杆后续失效顺序不同，因此，3 种工况下 1 号支护桩弯矩在锚杆失效数量较少时（小于 10 根）变化规律有明显区别。工况 6 中，失效锚杆少于 7 根时，由于锚杆失效路径

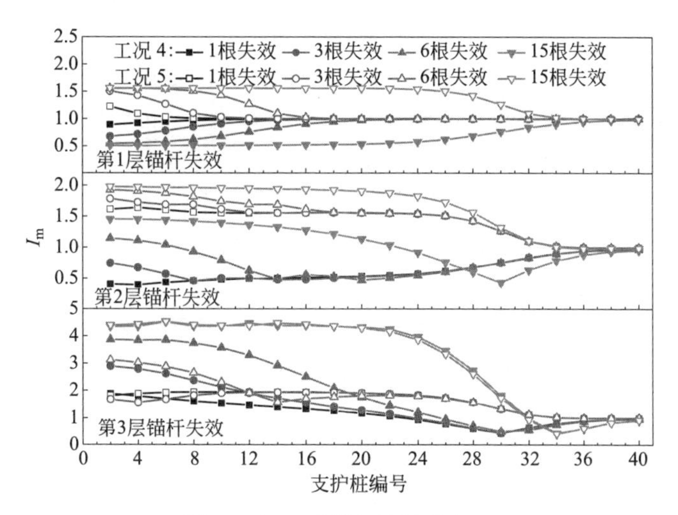

图 6.5-24 锚杆失效过程中 I_t

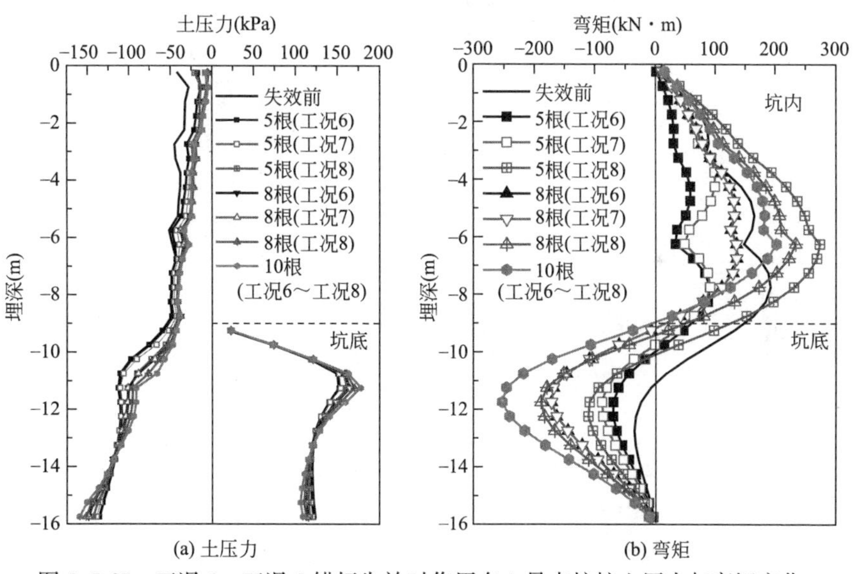

图 6.5-25 工况 6～工况 8 锚杆失效时作用在 1 号支护桩土压力与弯矩变化

更多在顶部第 1 层、第 2 层锚杆内沿水平向传递，因此，支护桩上部受力模式逐渐变为悬臂式，同时，支护桩产生负弯矩，锚杆失效阶段支护桩最大弯矩开始减小，锚杆失效数量较多后（8 根以上），失效范围扩展至第 3 层锚杆，支护桩最大弯矩增大。工况 7 中，失效锚杆数量少于 7 根时，锚杆失效顺序也在第 1 层、第 2 层锚杆内沿水平向传递，支护桩变化规律与工况 6 类似。工况 8 中，锚杆失效数量较少时（5 根以内），锚杆失效顺序在第 2 层、第 3 层锚杆内传递，支护桩弯矩增大，锚杆失效数量较多（5 根以上），锚杆失效顺序竖向扩展至第 1 层锚杆，造成1号支护桩范围内3层锚杆全部失效，之后，锚杆发生连续破坏，近似以整列失效的顺序沿水平方向扩展，使得支护桩最大弯矩开始减小，当第3层锚杆均存在局部失效，且失效范围较大时（10根以上），支护桩弯矩又逐渐转变为纯悬臂式，最大弯矩开始上升。

图6.5-26进一步验证了上述规律，当上部锚杆开始失效时，支护桩最大弯矩先减小后增大；当下部锚杆开始失效时，支护桩最大弯矩先增大后减小，随后再次增大。若冠（腰）梁在锚杆失效过程中不发生破坏，在3层锚杆局部失效范围呈现倒梯形的水平向扩展时，在支护桩最大弯矩达到极限前，可以在锚杆失效传递路径上设置锚杆连续破坏阻断单元，阻断锚杆连续失效。

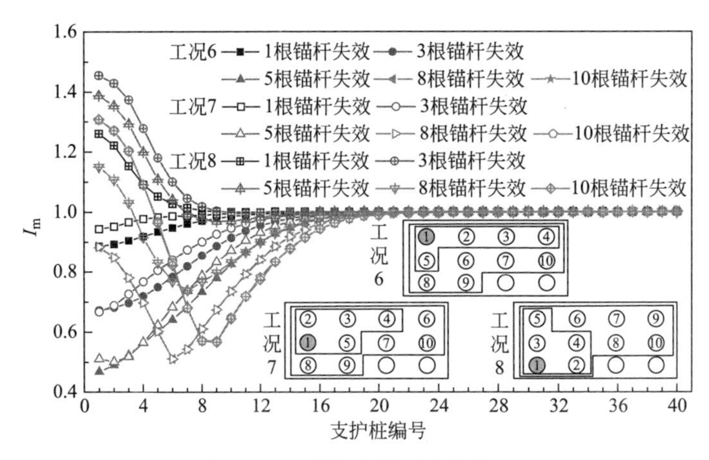

图6.5-26　锚杆失效时支护桩 I_m

6.5.3　小结

采用大型模型试验以及有限差分模拟两种方法研究了单层及多层锚杆支护基坑局部锚杆失效对土体应力和支护结构内力的影响。主要结论如下：

（1）单层锚杆失效会对邻近未失效锚杆产生明显加载作用，主要是通过结构内力重分布进行传递。由于结构内力重分布的影响范围有限，一般邻近3～4根未失效锚杆轴力增加较明显。锚杆 I_t 随着锚杆破断数量的增加而提高，但当局部破坏范围扩大到一定程度后，I_t 不再继续提高，说明存在极限荷载传递系数。

（2）单层桩锚支护基坑，局部锚杆失效会引发冠梁剪力与弯矩大幅上升，最大剪力和弯矩在邻近未失效第1根锚杆附近。失效锚杆数量较多时，破坏范围中部冠梁剪力和弯矩降至0，说明其对支护桩的支撑力降低为0。冠梁按照目前规范的最小配筋率进行构造配筋，不足以抵抗锚杆失效引发的冠梁受弯破坏。

（3）单层桩锚支护基坑，随着失效锚杆数量的增加，破坏范围内，支护桩桩顶受到的支撑力逐渐降低，受力模式由单点支撑式逐渐转变为悬臂式。支护桩桩身最大弯矩先减小（局部锚杆失效≤3 根），后增大，并逐渐趋于定值。与此同时，随着失效锚杆数量增加，支护桩最大弯矩位置由局部破坏前的坑底以上，下移至坑底以下。支护桩最大弯矩及其位置的变化由锚杆失效引发的支护桩桩顶支撑力与桩身土压力变化共同决定。

（4）单层桩锚支护基坑，在锚杆破坏数量较少时，邻近锚杆轴力增大，而支护桩最大弯矩减小，此时，锚杆是最薄弱的连续破坏传递节点。而锚杆破坏数量较多时（锚杆失效≥4 根），支护桩最大弯矩同样增大，且 $I_{\mathrm{m}}>I_{\mathrm{t}}$，支护桩更容易发生破坏，此时，连续破坏传递路径将转移至支护桩。

（5）2 层及 3 层等多层锚杆支护体系锚杆局部失效引发的荷载会沿水平和竖向传递，但水平影响范围均在邻近局部失效区域的 3～4 根锚杆，与单层锚杆支护体系接近。多层锚杆支护体系中，与基坑深度相同的单层锚杆支护体系相比，仅 1 层锚杆局部失效对邻近锚杆影响小，说明多层锚杆支护体系中有更多的荷载传递路径。然而，与单层锚杆局部失效相比，多层锚杆整列同时局部失效影响大；与基坑深度相同的单层锚杆支护体系相比，多层锚杆整列同时局部失效影响也大，也更容易引发后续锚杆的连续破坏。在多层锚杆支护体系中，为防止锚杆发生连续破坏，应适当增强第 1 层锚杆，防止其发生局部破坏，同时，可以采用隔层加强设计或施工措施，将局部锚杆失效控制在 1 层锚杆之内，避免局部锚杆失效引发其他层锚杆失效，防止荷载传递系数过高，引发不可控制的连续破坏。

（6）多层锚杆支护体系中，仅首层锚杆局部失效将引发支护桩弯矩下降，仅最下层锚杆局部失效将引发支护桩弯矩上升。为避免下层锚杆局部失效引发支护桩受弯破坏，使得基坑垮塌，对支护桩进行强度设计时，可以进行最下层锚杆局部失效工况下的设计。总体来讲，在多层锚杆支护体系中，仅 1 层锚杆失效通常不会引发支护桩的破坏，与相同基坑深度情况下单层锚杆支护体系相比，锚杆失效引发支护桩弯曲破坏的可能性低，整体安全性能高。但若局部锚杆整列失效，且数量较多时，与相同基坑深度情况下单层锚杆支护体系中局部锚杆失效工况相比，支护桩发生弯曲破坏导致基坑垮塌的可能性大幅提高。

6.6　基于三个水准的基坑防连续破坏设计

基于前述典型支护结构体系的连续破坏机理及防连续破坏控制措施研究，针对不同形式的深基坑工程，例如悬臂式排桩支护、内支撑式桩/墙支护、拉锚式桩/墙支护等，可以考虑建立基于三个水准的韧性设计理论与设计方法：

第一水准：防止局部破坏。

第二水准：防止局部破坏引发连续破坏。

第三水准：控制连续破坏发展范围。

6.6.1 第一水准

实现此水准的韧性要求，可以通过提高局部构件可靠性和局部稳定性来实现。经过前期连续破坏机理和控制措施研究，初步提出了如下防局部破坏方法：

(1) 加强支护结构连接节点的强度。

(2) 保证节点和构件具有足够的延性。

(3) 加强对关键构件的设计，其中关键构件为局部构件拆除或破坏后导致基坑支护体系冗余度较低的构件。对关键构件的识别可以通过拆除构件法实现。然而，目前尚无成熟的基坑支护结构冗余度和鲁棒性评价方法，因此，对于关键构件的识别和设计尚需深入研究。

由于从理论上完全消除局部破坏发生可能性的代价是无法承受的，因此，尚需考虑第二水准的防连续破坏的整体韧性性能控制。

6.6.2 第二水准

此水准韧性针对局部破坏出现时，不引起基坑沿深度、宽度和长度方向的连续破坏和连续垮塌。实现此水准的韧性要求，须建立相关韧性设计理论，提高整个基坑支护体系的冗余度和鲁棒性。

在提高整个基坑支护体系的冗余度和鲁棒性方面，在不同类型基坑支护结构的连续破坏机理和控制措施研究基础上，通过支护结构合理布置及设计，增加支护体系的传力路径，防止局部破坏引发连续破坏，从而防止连续破坏发生。通过合理的布置围护结构和支撑体系，采取必要的连接构造措施，在不增加支护体系造价或增加很少造价的前提下，增加支护体系的传力路径，防止局部支撑构件的削弱、破坏引起整个支撑体系的变形明显增大或连续失稳、失效，引发连续破坏。

例如对于本书之前描述的两种基坑水平内支撑体系，由于有角撑支撑体系中的传力路径较多，在某一构件发生破坏后，在设计荷载作用下，有角撑支撑体系的破坏概率和破坏程度明显低于无角撑支撑体系的破坏概率和破坏程度，如图6.6-1所示。

对于有多道支撑的基坑，依据杭州地铁湘湖站垮塌案例为原型进行了离散元模拟[11]，对比基坑水平支撑与地下连续墙连接较弱和水平支撑与地下连续墙连接较强时的基坑垮塌情况，见图6.6-2，前者，当墙体因左侧基坑失稳后产生逆时针旋转，导致沿深度方向的三道水平支撑掉落，引发基坑较为严重的垮塌。后者，当水平支撑与墙体的节点可承担较大拉应力和剪力时，即使左侧墙体断裂，

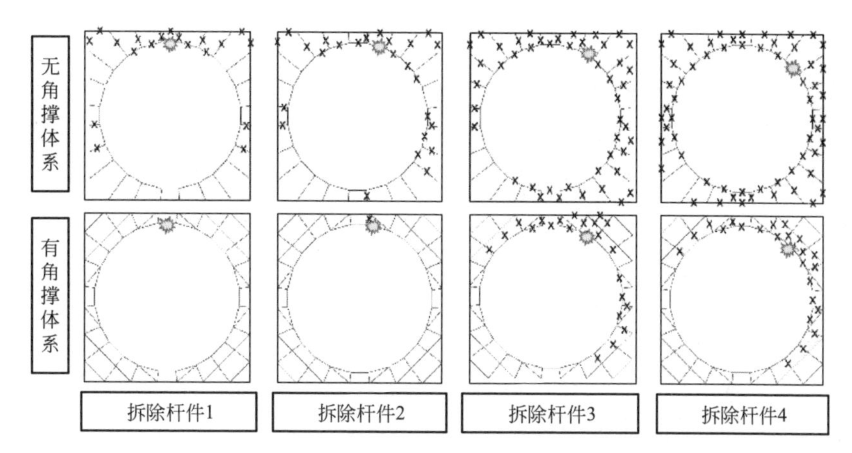

图 6.6-1 两种环梁支撑体系在局部破坏情况下的连续破坏发展

因水平支撑仍与墙体可靠连接，基坑被破坏，没有出现较为严重的垮塌。由此可见，当支护体系韧性提高后，基坑垮塌程度将大为减轻。

(a) 支撑与地下连续墙连接较弱

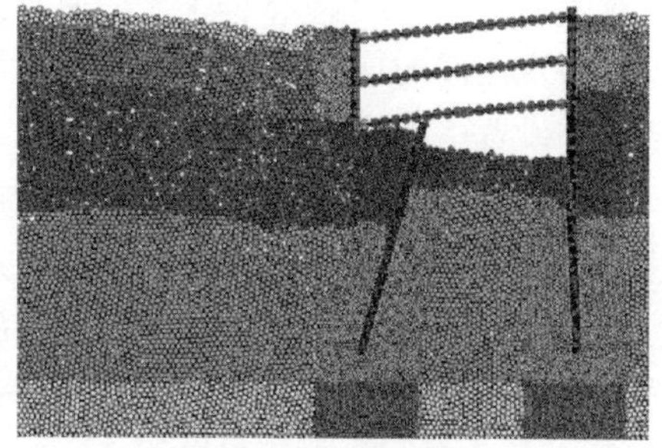

(b) 支撑与地下连续墙连接较强

图 6.6-2 水平支撑与墙体连接方式对基坑破坏沿深度、宽度方向传递的控制作用

更进一步，对如图 6.6-2 所示的多道水平钢支撑支护结构体系，研究揭示，只要将第一道水平支撑与支护桩（墙）顶可靠连接就可以改变围护桩（墙）断裂后顶部向坑外后仰引发支撑掉落并导致基坑整体倒塌的情况。例如，第一道水平支撑改为现浇钢筋混凝土支撑，将支撑两端与支护桩顶通过现浇钢筋混凝土帽梁浇筑形成整体现浇节点，即使第一道水平支撑之下的其他各道水平支撑两端与支护桩（墙）的节点仅仅是受压节点，当支护桩（墙）因入土深度不够，或因为在某个深度发生弯曲、剪切破坏时，出现支护桩（墙）有效入土深度不够而发生向基坑外旋转而远离支撑的稳定破坏时，支护桩（墙）失稳破坏的转动点被限制为支护桩（墙）顶与第一道水平支撑的连接节点，这样，支护桩（墙）失稳破坏的位移趋势是使第一道水平支撑之下的其他各道水平支撑均受压，这样就不会发生

支护桩（墙）远离支撑的失稳，就不会发生支撑的掉落并导致支护桩（墙）迅速倒塌。

第二水准的出发点是防止局部破坏引发连续破坏。从基于工程整体安全的韧性性能控制的成本和破坏引起损失的平衡角度，还应考虑第三水准的防连续破坏性能，即当局部破坏引发连续破坏发生后，是否可通过适当的构造措施控制连续破坏的发展范围，甚至可预设连续破坏的最大发展范围。

6.6.3 第三水准

在基坑支护体系局部破坏引发了连续破坏情况下，应尽力将连续破坏控制在有限范围内，或根据基坑周边环境条件设定和控制连续倒塌沿长度的传递范围，减轻连续垮塌的程度，尤其是使环境条件很重要的区域内不发生连续破坏。

针对基坑支护结构体系的低水准韧性需求，初步提出连续破坏传递的阻断单元法，例如，在6.3.3节中，基于悬臂式排桩支护基坑连续破坏机理，提出利用间隔设置连续破坏阻断单元法（简称阻断单元法）控制悬臂式排桩支护结构弯曲破坏的连续破坏发展。

对于单道对撑的长条形基坑，失效支撑释放的荷载会集中作用在最近的几根支撑，引发支撑的连续破坏，因此，为了阻断支撑的连续破坏发展，可间隔一定数量支撑设置一根或两根加强撑阻断单元。悬臂式支护和单道撑支护体系相对简单，在多道撑、多层锚杆支护等复杂支护结构体系中的预控连续破坏发展范围的韧性设计理论仍有待研究。此外，基于连续破坏传递路径，针对性研发基坑支护结构出现局部破坏事故时的快速抢险措施，及时切断连续破坏传递也是实现控制连续垮塌发展范围这一韧性水准的重要方式。

参考文献

[1] 肖晓春，袁金荣，朱雁飞．新加坡地铁环线C824标段失事原因分析（一）——工程总体情况及事故发生过程［J］．现代隧道技术，2009，46（5）：66-72.

[2] 肖晓春，袁金荣，朱雁飞．新加坡地铁环线C824标段失事原因分析（一）——反分析的瑕疵与施工监测不力［J］．现代隧道技术，2010，47（1）：22-28.

[3] COI（2005）. Report of the Committee of Inquiry into the incident at the MRT circle line worksite that led to collapse of Nicoll Highway on 20 April 2004［R］. Singapore：Ministry of Manpower，2004.

[4] ARTOLA J. A solution to the braced excavation collapse in Singapore（Master thesis）［D］. Boston：Massachusetts Institute of Technology，2005.

[5] Whittle A J，Davies R V. Nicoll Highway collapse：evaluation of geotechnical factors affecting design of excavation support system［C］//International Conference on Deep Excava-

tions. Singapore，2006.

[6] 张旷成，李继民．杭州地铁湘湖站“08.11.15”基坑坍塌事故分析 [J]. 岩土工程学报，2010，32 (S1)：338-342.

[7] 李广信，李学梅．软黏土地基中基坑稳定分析中的强度指标 [J]. 工程勘察，2010，1：1-4.

[8] Haack I A. Construction of the North-South-Metro Line in Cologne and the accident on March 3rd，2009 [C] //International Symposium on Social Management Systems (SSMS).

[9] 郑刚，程雪松，张雁．基坑环梁支撑结构的连续破坏模拟及冗余度研究 [J]. 岩土工程学报，2014，36 (1)：105-117.

[10] Zheng G，Cheng X S，Diao Y，et al. Concept and design methodology of redundancy in braced excavation and case histories [J]. Geotechnical Engineering Journal of the SEAGS & AGSSEA，2011，42 (3)：13-21.

[11] 郑刚，程雪松，刁钰．基坑垮塌的离散元模拟及冗余度分析 [J]. 岩土力学，2014，35 (2)：573-583.

[12] 程雪松，郑刚，黄天明，等．悬臂排桩支护基坑沿长度方向连续破坏的机理试验研究 [J]. 岩土工程学报，2016，38 (9)：1640-1649.

[13] Cheng X S，Zheng G，Diao Y，et al. Experimental study of the progressive collapse mechanism of excavations retained by cantilever piles [J]. Canadian Geotechnical Journal，2017，54：574-587.

[14] 程雪松，郑刚，邓楚涵，等．基坑悬臂排桩支护局部失效引发连续破坏机理研究 [J]. 岩土工程学报，2015，37 (7)：1249-1263.

[15] 黄茂松，宋晓宇，秦会来．K0 固结黏土基坑抗隆起稳定性上限分析 [J]. 岩土工程学报，2008，30 (2)：250-255.

[16] 刘建航，侯学渊．基坑工程手册 [M]. 北京：中国建筑工业出版社，1997.

[17] 上海市勘察设计行业协会．基坑工程技术规范：DG/TJ08-61-2010 [S]. 上海：上海市城乡建设和交通委员会，2010.

[18] Chang M. Basal stability analysis of braced cuts in clay [J]. Journal of Geotechnical and Geoenvironmental Engineering，2000，126 (3)：276-279.

[19] 刘国彬，王卫东．基坑工程手册：第二版 [M]. 北京：中国建筑工业出版社，2009.

[20] 章杨松，陈新民．多支撑挡墙边坡稳定性的强度参数折减有限元分析 [J]. 岩土工程学报，2006，28 (11)：1952-1956.

[21] Hsien P G，Ou C Y，Liu H T. Basal heave analysis of excavations with consideration of anisotropic undrained strength of clay [J]. Can. Geotech. J.，2008，45：788-799.

[22] Ukritchon B，Whittle A J，Sloan S W. Undrained stability of braced excavations in clay [J]. ASCE，2003，8：738-755.

[23] Anthony Goh，K. S. W. Three-dimensional analysis of strut failure for braced excavation in clay [J]. Southeast Asian Geotech，Soc，2009，40 (2)：137-143.

[24] Pong K F, Foo S L, Chinnaswamy C G, et al. Design considerations for one-strut failure according to TR26-a practical approach for practising engineers [J]. The IES Journal Part A: Civil & Structural Engineering, 2012, 5 (3), 166-180.

[25] Itoh K, Kikkawa N, Toyosawa Y, et al. Failure mechanism of anchored retaining wall due to the anchor head itself being broken [C] //Proceeding of TC302 Symposium Osaka 2011: International Symposium on Backwards Problem in Geotechnical Engineering and Monitoring of Geo-Construction. 2011: 13-18.

[26] Goh A T C, Fan Z, Hanlong L, et al. Numerical analysis on strut responses due to one-strut failure for braced excavation in clays [C] //Proceedings of the 2nd International Symposium on Asia Urban GeoEngineering. Springer, Singapore, 2018: 560-574.

[27] Zhao W, Han J Y, Chen Y, et al. A numerical study on the influence of anchorage failure for a deep excavation retained by anchored pile walls [J]. Advances in Mechanical Engineering, 2018, 10 (2): 1-17.

[28] 韩健勇，赵文，贾鹏蛟，等．局部锚固失效下桩锚支护体系深基坑力学响应分析 [J]. 东北大学学报：自然科学版，2018，39 (3)：426-430.

[29] 夏建中，顾家诚，徐云飞，等．基于冗余度的基坑多道水平支撑系统研究 [J]. 科技通报，2018，34 (8)：200-205.

[30] Lu Y, Tan Y. Overview of typical excavation failures in China [C] // Geo-Congress 2019: Soil Erosion, Underground Engineering and Risk Assessment. Reston, VA: American Society of Civil Engineers, 2019: 315-332.

[31] Choosrithong K, Schweiger H F. Numerical investigation of sequential strut failure on performance of deep excavations in soft soil [J]. International Journal of Geomechanics, 2020, 20 (6): 1-12.

[32] Öser C, Sayin B. Geotechnical assessment and rehabilitation of retaining structures collapsed partially due to environmental effects [J]. Engineering Failure Analysis, 2021, 119: 104998.

[33] E Murtha-Smith. Alternate path analysis of space trusses for progressive collapse [J]. Journal of Structural Engineering, 1988, 114 (9): 1978-1999.

[34] FEANGOPOL D M, CURLEY J P. Effects of damage and redundancy design for tall buildings [C] //ASCE, Structure 2000, Advanced Technology in Structural Engineering, Philadelphia, Pennsylvania, USA, 2000.

[35] LADD C. Stress-strain modulus of clay in undrained shear [J]. Journal of the Soil Mechanics and Foundations Division, 1964 (SM5): 103-131.

[36] LADD C C. Stability evaluation during staged construction [J]. Journal of Geotechnical Engineering, 1991, 117 (4): 540-615.

[37] BYRNE P M, CHEUNGA H, YAN L. Soil parameters for deformation analysisof sand masses [J]. Canadian Geotechnical Journal, 1987, 24 (3): 366-376.

[38] POULOS H G. Analysis of residual stress effects in piles [J]. Journal of Geotechnical En-

gineering，1987，113（3）：216-229.
[39] 中国建筑科学研究院．建筑基坑支护技术规程：JGJ 120—2012 [S]. 北京：中国建筑工业出版社，2012：10.
[40] 中国建筑科学研究院．混凝土结构设计标准：GB/T 50010—2010（2024 年版）[S]. 北京：中国建筑工业出版社，2011：7.
[41] 程雪松，郑刚，黄天明，等．悬臂排桩支护基坑沿长度方向连续破坏的机理试验研究 [J]. 岩土工程学报，2016，38（9）：1640-1649.
[42] 宋利文，谭燕秋．基于施工工况下冗余度的深基坑支护体系研究 [J]. 地下空间与工程学报，2019，15（S1）：321-326.
[43] Cheng X，Zheng G，Diao Y，et al. Experimental study of the progressive collapse mechanism of excavations retained by cantilever piles [J]. Canadian Geotechnical Journal，2017，54（4）：574-587.
[44] 刘树亚，潘晓明，欧阳蓉，等．用钢筋混凝土支撑代替钢支撑的深基坑支护特性研究 [J]. 岩土工程学报，2012，34（S1）：304-314.
[45] CHENG X S，ZHENG G，DIAO Y，et al. Study of the progressive collapse mechanism of excavations retained by cantilever contiguous piles [J]. Engineering Failure Analysis，2016，71：72-89.
[46] CHENG X S，ZHENG G，DIAO Y，et al. Experimental study of the progressive collapse mechanism of excavations retained by cantilever piles [J]. Canadian Geotechnical Journal，2017，54：574-587.
[47] 郑刚，雷亚伟，程雪松，等．局部锚杆失效对桩锚基坑支护体系的影响及其机理研究 [J]. 岩土工程学报，2020，42（3）：421-429.
[48] 程雪松，郑刚，邓楚涵，等．基坑悬臂排桩支护局部失效引发连续破坏机理研究 [J]. 岩土工程学报，2015，37（7）：1249-1263.
[49] 冯永．光大银行基坑支护方法的比较与数值模拟 [D]. 长春：吉林大学，2015.
[50] 郑刚，王若展，程雪松，等．多道锚杆基坑局部锚杆失效引发连续破坏的机理与控制 [J]. 岩土工程学报，2023，45（3）：468-477.